勘察设计注册土木工程师(道路工程)资格考试用书

(上册)

Zhuanye Jichu Zhishi

专业基础知识

全国勘察设计注册工程师道路工程专业管理委员会 主编

人民交通出版社

内 容 提 要

本书为全国勘察设计注册土木工程师(道路工程)资格考试用书专业基础知识分册,共分六篇,内容包括建筑材料、土质学与土力学、工程地质、工程测量、结构设计原理、职业法规。

本书由全国勘察设计注册工程师道路工程专业管理委员会根据考试大纲编写,供考生复习备考使用,也可供公路工程设计及施工人员参考。

图书在版编目(CIP)数据

勘察设计注册土木工程师(道路工程)资格考试用书(上册). 专业基础知识/全国勘察设计注册工程师道路工程专业管理委员会主编. —北京:人民交通出版社,2009.1

ISBN 978-7-114-07553-7

Ⅰ.勘… Ⅱ.全… Ⅲ.①道路工程-勘测-工程技术人员-资格考核-自学参考资料②道路工程—设计-工程技术人员-资格考核-自学参考资料 Ⅳ.U412

中国版本图书馆CIP数据核字(2009)第005524号

书　　名:勘察设计注册土木工程师(道路工程)资格考试用书(上册)　专业基础知识
著 作 者:全国勘察设计注册工程师道路工程专业管理委员会
责任编辑:沈鸿雁
出版发行:人民交通出版社
地　　址:(100011)北京市朝阳区安定门外外馆斜街3号
网　　址:http://www.ccpress.com.cn
销售电话:(010)59757973
总 经 销:人民交通出版社发行部
经　　销:各地新华书店
印　　刷:北京鑫正大印刷有限公司
开　　本:787×1092　1/16
印　　张:24.75
字　　数:607千
版　　次:2009年2月　第1版
印　　次:2019年1月　第1版　第4次印刷
书　　号:ISBN 978-7-114-07553-7
定　　价:75.00元

前　言

改革开放30年来,我国公路建设事业取得了巨大成就,实现了公路交通跨越式的发展。高速公路的网络化程度和规模不断加大,农村公路建设稳步推进,为促进国民经济健康发展、提高人民生活水平做出了重要贡献。当前,党中央、国务院作出进一步扩大内需、促进经济增长的重大战略部署,把加快交通基础设施建设作为扩大内需的重要举措。公路建设迎来了继1998年中央加快交通等基础设施建设之后的又一次重大发展机遇。

公路建设,勘察设计是龙头,是灵魂。在公路勘察设计过程中,以科学发展观为指导,坚持以人为本,坚持资源节约、环境友好的公路勘察设计理念,是实现我国公路建设可持续发展的关键所在,更是公路勘察设计人员所面临的重要课题。为了规范道路工程勘察设计人员管理,提高道路工程勘察设计人员综合素质,提升道路工程勘察设计整体水平,打造一支高素质的道路工程勘察设计队伍,原交通部会同原人事部和原建设部建立了勘察设计注册土木工程师(道路工程)制度,并于2007年4月1日起正式实施。

勘察设计注册土木工程师(道路工程)资格实行全国统一大纲、统一命题的考试制度。考试分为基础考试和专业考试两部分,基础考试包括公共基础考试和专业基础考试。基础考试合格并符合专业考试报名条件的,可参加专业考试。专业考试合格后,方可获得《中华人民共和国勘察设计注册土木工程师(道路工程)资格证书》。

为帮助广大考生复习备考,全国勘察设计注册工程师道路工程专业管理委员会组织全国公路、市政和林业系统的高校和勘察设计单位的专家,坚持"淡化理论,贴近实际,侧重能力"的原则,根据《勘察设计注册土木工程师(道路工程)资格考试大纲》,编写了《勘察设计注册土木工程师(道路工程)资格考试用书》。该书分上、下两册出版。上册为专业基础知识,共6篇,包括建筑材料、土质学与土力学、工程地质、工程测量、结构设计原理和职业法规。下册为专业知识,共6篇,包括道路路线设计、路基工程、路面工程、桥隧工程、交叉工程、道路工程施工组织及概预算。

希望该书的出版,能够在帮助道路工程勘察设计人员系统学习和总结理论知识、提高实际工作能力等方面起到一定的作用。

全国勘察设计注册工程师
道路工程专业管理委员会主任

二〇〇八年十二月

目 录

第一篇 建筑材料

第二篇　土质学与土力学

第三篇　工程地质

第四篇　工程测量

第五篇　结构设计原理

第六篇 职业法规

第一篇 建筑材料

第一章 砂石材料

第一节 集料的技术性质及其检测方法

集料是指在混合料中起骨架或填充作用的粒料，包括岩石天然风化而成的砾石（卵石）和砂等，以及由岩石经人工轧制的各种尺寸的碎石、机制砂、石屑等。

工程上一般将集料分为粗集料和细集料两类。

在沥青混合料中，粗集料是指粒径大于2.36mm的碎石、破碎砾石、筛选砾石和矿渣等；在水泥混凝土中，粗集料是指粒径大于4.75mm碎石、砾石和破碎砾石等。

一、粗集料的技术性质

1. 物理性质

1）物理常数

集料的体积和质量的关系如图1-1-1所示。

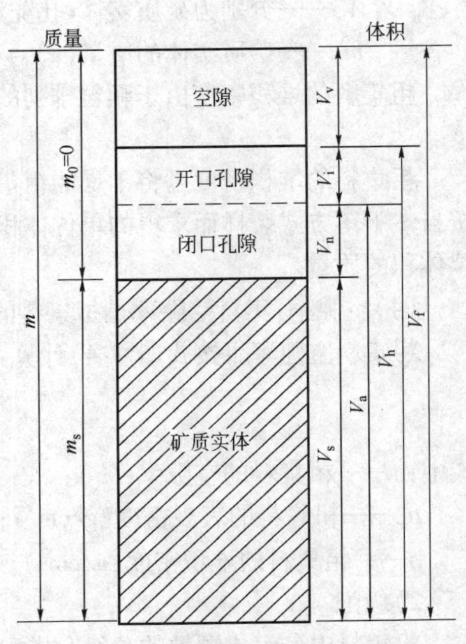

图1-1-1 粗集料的体积与质量关系示意图

集料除了由矿质实体和孔隙（包括开口孔隙和闭口孔隙）组成外，还有集料之间空隙。因此，集料堆积体积包括有：矿质实体、开口孔隙、闭口孔隙和空隙四部分。图中 V_a 为表观体积，V_h 为毛体积，V_f 为堆积体积。

（1）表观密度：粗集料的表观密度（简称视密度）是在规定条件（105℃ ±5℃烘干至恒重）下，单位表观体积（包括矿质实体和闭口孔隙的体积）的质量。

集料表观密度以 ρ_a 表示。由图1-1-1体积与质量的关系，可表示为：

$$\rho_a = \frac{m_s}{V_s + V_n} \tag{1-1-1}$$

式中：ρ_a——集料的表观密度（g/cm^3）；

m_s——矿质实体质量(g)；

V_s——矿质实体体积(cm^3)；

V_n——矿质实体中闭口孔隙体积(cm^3)。

粗集料表观密度测定方法是按《公路工程集料试验规程》(JTG E42—2005)规定采用网篮法，具体做法是：将已知质量的干燥粗集料装在金属吊篮中浸水24h，使开口孔隙吸饱水，然后在浸水天平上称出饱水后粗集料在水中的质量，按排水法可计算出包括闭口孔隙在内的体积，根据粗集料的质量和表观体积即可按式(1-1-1)计算出表观密度。

(2)毛体积密度：粗集料的毛体积密度是在规定的条件下，单位毛体积(包括矿质实体、闭口孔隙和开口孔隙)的质量。粗集料毛体积密度按图1-1-1，由下式求得：

$$\rho_b = \frac{m_s}{V_s + V_n + V_i} \tag{1-1-2}$$

式中：ρ_b——粗集料毛体积密度(g/cm^3)；

m_s——矿质实体质量(g)；

V_s、V_n、V_i——分别为粗集料矿质实体、闭口孔隙和开口孔隙体积(cm^3)。

集料毛体积密度的测定方法是将已知质量的干燥集料，经24h饱水后，用湿毛巾擦干而求得饱和面干质量，然后用排水法求得在水中的质量，按此测得集料质量和饱和面干体积。按式(1-1-2)即可求得集料毛体积密度。

(3)堆积密度：单位体积(含物质颗粒固体及其闭口、开口孔隙体积及颗粒间空隙体积)物质颗粒的质量。可按下式求得：

$$\rho = \frac{m_s}{V_s + V_n + V_i + V_v} \tag{1-1-3}$$

式中：ρ——粗集料的堆积密度(g/cm^3)；

V_s、V_n、V_i、V_v——分别为矿质实体、孔隙和空隙体积(cm^3)；

m_s——矿质实体的质量(g)。

粗集料的堆积密度由于颗粒排列的松紧程度不同，又可分为：自然堆积密度与振实堆积密度。

粗集料的堆积密度是将干燥的粗集料装入规定容积的容量筒来测定的。自然堆积密度是按自然下落方式装样而求得的单位体积的质量；振实堆积密度是用振摇方式装样而求得的单位体积的质量。

(4)空隙率：集料空隙率是指集料的颗粒之间空隙体积占集料总体积的百分比。

粗集料空隙率可按式(1-1-4)计算：

$$n = \left(1 - \frac{\rho}{\rho_a}\right) \times 100 \tag{1-1-4}$$

式中：n——粗集料的空隙率(%)；

ρ_a——粗集料的表观密度(g/cm^3)；

ρ——粗集料的堆积密度(g/cm^3)。

2)级配

粗集料中各组成颗粒的分级和搭配称为级配，级配是通过筛分试验确定的。筛分试验就是将粗集料通过一系列规定筛孔尺寸的标准筛，测定出存留在各个筛上的集料质量，根据集料

试样的质量与存留在各筛孔上的集料质量,就可求得一系列与集料级配有关的参数:(1)分计筛余百分率;(2)累计筛余百分率;(3)通过百分率。

3)坚固性

对已轧制成的碎石或天然的卵石,亦可采用规定级配的各粒级集料,按《公路工程集料试验规程》(JTG E42—2005)选取规定数量集料,分别装在金属网篮中浸入饱和硫酸钠溶液中进行干湿循环试验。经一定的循环次数后,观察其表面破坏情况,并用质量损失百分率来计算其坚固性。

2. 路用粗集料的力学性质

道路路面建筑用粗集料的力学性质,主要是压碎值和磨耗率;其次是抗滑表层用集料的三项试验,即磨光值、道瑞磨耗值和冲击值。

不同道路等级对抗滑表层集料的磨光值、道瑞磨耗值和冲击值的技术要求列于表1-1-1中。

抗滑表层用集料技术要求 表1-1-1

指 标	高速公路、一级公路	其他公路
石料磨光值(PSV)不小于	42	35
道瑞磨耗值(AAV)不大于	14	16
集料冲击值(AIV)不大于(%)	28	30

1)集料压碎值

集料压碎值是集料在连续增加的荷载下,抵抗压碎的能力。它作为相对衡量石料强度的一个指标,用以评价公路路面和基层用集料的适用性。按《公路工程集料试验规程》(JTG E42—2005)的规定,该方法是将9.5~13.2mm的集料试样3kg,用标准夯实法分三层装入压碎值测定仪的钢质圆筒内,每层夯棒夯25次,最后在碎石上再加一压头。将试模移于压力机上,于10min内加荷至400kN,使压头匀速压入筒内,部分集料即被压碎为碎屑。测定通过2.36mm筛余质量占原集料总质量的百分率,称为压碎值,可按下式求得:

$$Q'_a = \frac{m_1}{m_0} \times 100 \tag{1-1-5}$$

式中:Q'_a——石料压碎值(%);

m_0——试验前试样质量(g);

m_1——试验后通过2.36mm筛孔的细料质量(g)。

2)集料磨光值

现代高速交通的行车条件对路面的抗滑性提出更高的要求。作为路面用的集料,在车辆轮胎的作用下,不仅要求具有高的抗磨耗性,而且要求具有高的抗磨光性。集料的抗磨光性采用石料磨光值(PSV)来表示。

集料磨光值的试验方法是,选取9.5~13.2mm集料试样,密排于试模中,并且用砂填密集料间空隙,然后再用环氧树脂砂浆固结,经养护制成试件。每种集料要制备4块试件。将制备好的试件安装于加速磨光机的道路轮上,道路轮在轮胎带动下随之旋转,在两轮之间加入水和金刚砂,使试件受到磨料金刚砂的磨耗。经磨耗后取下试件,冲洗去金刚砂,用摆式摩擦系数仪测定试件的摩擦系数值,乘以折算系数及按标准试件磨光平均值换算后,即可得到石料磨光值。

得到的石料磨光值愈高，表示其抗滑性愈好。抗滑面层应选用磨光值高的集料，如玄武岩、安山岩、砂岩和花岗岩等。几种典型集料的磨光值示例如表1-1-2。

几种典型岩石的磨光值示例　　表1-1-2

岩石名称		石灰岩	角页岩	斑岩	石英岩	花岗岩	玄武岩	砂岩
磨光值（PSV）	平均值	43	45	56	58	59	62	72
	（范围）	（30~70）	（40~50）	（43~71）	（45~67）	（45~70）	（45~81）	（60~82）

3）集料冲击值（AIV）

集料抵抗多次连续重复冲击荷载作用的性能，称为抗冲击性。按我国现行集料试验规程规定，集料抗冲击能力采用"集料冲击值"（简称AIV）表示。

集料冲击值的试验方法是，选取粒径为9.5~13.2mm的集料试样，用金属量筒分三次捣实的方法确定试验用集料数量。将集料装于冲击值试验仪的盛样器中，用捣实杆捣实25次，使其初步压实。然后用质量为13.75kg的冲击锤，从量筒上方不超过50mm处自由落下锤击集料，并连续锤击15次，每次锤击间隔时间不少于1s。

将试验后的集料在2.36mm的筛上筛分并称量。冲击值按式（1-1-6）计算：

$$\mathrm{AIV}=\frac{m_1}{m}\times 100 \tag{1-1-6}$$

式中：AIV——集料的冲击值（%）；

m——试样总质量（g）；

m_1——试验后通过2.36mm的试样质量（g）。

4）集料磨耗值（AAV）

集料磨耗值用于评定抗滑表层的集料抵抗车轮磨耗的能力。我国现行集料试验规程，采用道瑞磨耗试验机来测定集料磨耗值（简称AAV）。其方法是选取粒径为9.5~13.2mm洗净、烘干的集料试样，单层紧排于两个试模内（不少于24粒），然后排砂并用环氧树脂砂浆填充密实。经养护24h后，拆模取出试件，刷清残砂，准确称出试件质量，然后将试件安装在试验机附的托盘上。为保证试件受磨时的压力固定，应使试件、托盘和配重的总质量为2 000g ± 10g。将试件安装于道瑞磨耗机上。道瑞磨耗机的磨盘以28~30r/min的转速旋转，与此同时，料斗上的石英砂、磨料可均匀地撒于磨盘上，石英砂磨料流速应保证为700~900g/min。可预磨100圈调整流速，然后再磨400圈，共磨500圈后，取出试件，刷净残砂，准确称出试件质量。每块试件的集料磨耗值按式（1-1-7）计算：

$$\mathrm{AAV}=\frac{3(m_0-m_1)}{\rho_s} \tag{1-1-7}$$

式中：AAV——集料磨耗值；

m_0——磨耗前试件的质量（g）；

m_1——磨耗后试件的质量（g）；

ρ_s——集料的表干密度（g/cm^3）。

集料磨耗值愈高，表示集料的耐磨性愈差。高速公路、一级公路抗滑层用集料的AAV应不大于14。

二、细集料的技术性质

细集料的技术性质与粗集料的技术性质基本相同,但是由于细度的特点,亦有不同之处。

1. 物理常数

细集料的表观密度、堆积密度和空隙率等物理常数的含意与粗集料完全相同,但是由于它的粒径较小,所需试样数量可以减少,测定精度亦可提高,因此测定计算的方法亦稍有不同。

2. 级配

级配是集料各级粒径颗粒的分配情况,砂的级配可通过砂的筛分试验确定。砂的筛分试验,是取试样500g,在一整套标准筛上进行筛分,分别求出试样存留在各筛上的质量。然后按下述方法计算其级配有关参数:

(1)分计筛余百分率,在某号筛上的筛余质量占试样总质量的百分率,可按式(1-1-8)求得:

$$a_i = \frac{m_i}{M} \times 100 \tag{1-1-8}$$

式中:a_i——某号筛的分计筛余(%);

m_i——存留在某号筛上的质量(g);

M——试样总质量(g)。

(2)累计筛余百分率,某号筛的分计筛余百分率和大于某号筛的各筛分计筛余百分率之总和可按式(1-1-9)求得:

$$A_i = a_1 + a_2 + \cdots + a_i \tag{1-1-9}$$

式中: A_i——累计筛余(%);

$a_1, a_2, \cdots, a_i$——从4.75mm,2.36mm……至计算的某号筛的分计筛余(%)。

(3)通过百分率,通过某筛的质量占试样总质量的百分率,亦即100与累计筛余百分率之差,按式(1-1-10)求得:

$$p_i = 100 - A_i \tag{1-1-10}$$

式中:p_i——通过百分率(%);

A_i——累计筛余(%)。

3. 粗度

粗度是评价砂粗细程度的一种指标。通常用细度模数表示。细度模数亦称细度模量,是各号筛的累计筛余百分率之和除以100之商。

$$M_x = \frac{(A_{0.15} + A_{0.3} + A_{0.6} + A_{1.18} + A_{2.36}) - 5A_{4.75}}{100 - A_{4.75}} \tag{1-1-11}$$

式中: M_x——细度模数;

$A_{0.15}$、$A_{0.3}$、…、$A_{4.75}$——0.15mm、0.3mm、…、4.75mm各筛的累计筛余(%)。

细度模数愈大,表示细集料愈粗。我国《建筑用砂》(GB/T 14684—2001)规定,砂的粗度按细度模数可分为下列三级:

$M_x = 3.7 \sim 3.1$ 为粗砂;

$M_x = 3.0 \sim 2.3$ 为中砂;

$M_x = 2.2 \sim 1.6$ 为细砂。

虽然细度模数在一定程度上能反映砂的粗细，但并未能全面反映砂的粒径分布情况，因为不同级配的砂可以具有相同的细度模数。

第二节　矿质混合料的组成设计

一、矿质混合料的级配理论

1. 矿质混合料的级配理论

1）级配曲线

各种不同粒径的集料，按照一定的比例搭配起来，以达到较高的密实度，可以采用下列两种级配组成。

（1）连续级配。连续级配是某一矿质混合料在标准筛孔配成的套筛中进行筛分时，所得的级配曲线平顺圆滑，具有连续的（不间断的）性质，相邻粒径的粒料之间，有一定的比例关系（按质量计）。这种由大到小，逐级粒径均有，并按比例互相搭配组成的矿质混合料，称为连续级配矿质混合料。

（2）间断级配。间断级配是在矿质混合料中剔除其中一个（或几个）分级，形成一种不连续的混合料。这种混合料为间断级配矿质混合料。

2）级配理论

（1）最大密度曲线理论

最大密度曲线是通过试验提出一种理想曲线。W. B. Fuller 研究认为：固体颗粒按粒度大小，有规则的组合排列，粗细搭配，可以得到密度最大、空隙最小的混合料。该理论认为："矿质混合料的颗粒级配曲线愈接近抛物线，则其密度愈大"。

当矿质混合料的级配曲线为抛物线时，最大密度理论曲线可用颗粒粒径（d）与通过量（p）表示如式（1-1-12）：

$$p^2 = kd \tag{1-1-12}$$

式中：d——矿质混合料各级颗粒粒径（mm）；

p——各级颗粒粒径集料的通过量（%）；

k——常数。

当颗粒粒径 d 等于最大粒径 D 时，则通过量 $p=100\%$。即 $d=D$ 时，$p=100$。

故：

$$k = 100^2 \cdot \frac{1}{D} \tag{1-1-13}$$

当希望求任一级颗粒径 d 的通过量 p 时，可用式（1-1-13）代入式（1-1-12）得：

$$p = 100\left(\frac{d}{D}\right)^{0.5} \tag{1-1-14}$$

或

$$p = 100\sqrt{\frac{d}{D}}$$

式中：d——希望计算的某级集料粒径（mm）；

D——矿质混合料的最大粒径（mm）；

p——希望计算的某级集料的通过量（%）。

式(1-1-14)就是最大密度理想曲线的级配组成计算公式。根据这个公式,可以计算出矿质混合料最大密度时各种颗粒粒径(d)的通过量(p)。

最大密度曲线是一种理论的级配曲线。在实际应用中,许多研究认为:这一公式的指数不应固定为0.5。有的研究认为在沥青混合料中应用,当 $n=0.45$ 时密度最大;有的研究认为在水泥混凝土中应用,当 $n=0.25\sim0.45$ 时工作性较好。通常使用的矿质混合料的级配范围(包括密级配和开级配)n 幂常在 $0.3\sim0.7$ 之间。因此在实际应用时,矿质混合料的级配曲线应该允许在一定范围内波动,所以目前多采用 n 次幂的通式表达如式(1-1-15)。

$$p = 100\left(\frac{d}{D}\right)^{n} \tag{1-1-15}$$

式中:p、d、D——意义同式(1-1-14);

n——实验指数。

(2)粒子干涉理论

粒子干涉理论根据 C. A. G 魏矛斯(Weymouth)研究认为:为达到最大密度,前一级颗粒之间的空隙,应由次一级颗粒所填充;其所余空隙又由再次小颗粒所填充,但填隙的颗粒粒径不得大于其间隙之距离,否则大小颗粒粒子之间势必发生干涉现象,为避免干涉起见,大小粒子之间应按一定数量分配,并从临界干涉的情况下可导出前一级颗粒间的距离应为:

$$t = \left[\left(\frac{\psi_0}{\psi_a}\right)^{1/3} - 1\right]D \tag{1-1-16}$$

式中:t——前粒级的间隙距离(即等于次粒级的粒径 d);

D——前粒的粒径;

ψ_0——次粒级的理论实积率(实积率即堆积密度与表观密度之比);

ψ_a——次粒级的实用实积率。

在应用时,如已知集料的堆积密度和表观密度,即可求得集料理论实积率(ψ_0)。连续级配时 $d/D=1/2$,则可按式(1-1-16)求得实用实积率(ψ_a)。由实用实积率可计算出各级集料的配量(即各级分计筛余)。

2. 级配曲线范围的绘制

以通过百分率为纵坐标轴,以粒径(mm)为横坐标轴,绘制成曲线,即为理论级配曲线。但由于矿料在轧制过程中的不均匀性,以及混合料配制时的误差等因素影响,使所配制的混合料往往不可能与理论级配完全相符合。因此,必须允许配料时的合成级配在适当的范围内波动,这就是"级配范围"。

我国沿用半对数坐标系绘制级配范围曲线的方法,首先要按对数计算出各种颗粒粒径(即筛孔尺寸)在横坐标轴上的位置,而表示通过(或存留)百分率的纵坐标则按普通算术坐标绘制。绘制好纵、横坐标后,最后将计算所得的各颗粒粒径(d_i)的通过百分率(p_i)绘制在坐标图上,再将确定的各点连接为光滑的曲线,在两个指数(n_1 和 n_2)之间所包络的范围即为级配范围。

二、矿质混合料的组成设计方法

天然或人工轧制的一种集料的级配往往很难完全符合某一级配范围的要求,因此必须采用两种或两种以上的集料配合起来才能符合级配范围的要求。矿质混合料配合组成设计的任务就是确定组成混合料各集料的比例。确定混合料配合比的方法很多,但是归纳起来主要可分为数解法与图解法两大类。

1. 数解法

用数解法求解矿质混合料组成的方法很多,最常用的为“试算法”和“线性规划法”。前者用于3~4种矿料组成,后者可用于多种矿料组成,所得结果准确,但计算较为繁杂,不如图解法简便。

1)线性规划法

多种集料采用数解法求算配合比,其基本原理是根据各种集料的筛分析数据和规范要求的级配中值,列出正规方程,然后用数学回归的方法或电算的方法求解。

设有 k 种集料,各种集料在 n 级筛析的通过百分率为 $p_{i(j)}$,欲配制为级配范围中值的矿质混合料,其组成如表1-1-3。

表1-1-3

通过百分率 \ 集料 \ 筛孔	各种集料				各种集料用量				级配范围中值
	1	2	…	k	x_1	x_2	…	x_k	
1	$p_{1(1)}$	$p_{2(1)}$	…	$p_{k(1)}$	$p_{1(1)}\cdot x_1$	$p_{2(1)}\cdot x_2$	…	$p_{k(1)}\cdot x_k$	$p_{(1)}$
2	$p_{1(2)}$	$p_{2(2)}$	…	$p_{k(2)}$	$p_{1(2)}\cdot x_1$	$p_{2(2)}\cdot x_2$	…	$p_{k(2)}\cdot x_k$	$p_{(2)}$
…	…	…		…	…	…		…	…
n	$p_{1(n)}$	$p_{2(n)}$		$p_{k(n)}$	$p_{1(n)}\cdot x_1$	$p_{2(n)}\cdot x_2$		$p_{k(n)}\cdot x_k$	$p_{(n)}$

设矿质混合料任何一级筛孔的通过率为 $p_{(j)}$,它是由各种组成集料在该级的通过百分率 $p_{i(j)}$,乘各种集料在混合料中的用量(x_i)之和。

即

$$\sum P_{i(j)}\cdot x_i = p_{(j)}$$

式中:i——集料种类,$i=1,2,\cdots,k$;

j——筛孔数,$j=1,2,\cdots,n$。

按表1-1-3级配组成可列为下列方程组:

$$\begin{cases} p_{1(1)}\cdot x_1 + p_{2(1)}\cdot x_2 + \cdots + p_{k(1)}\cdot x_k = p_{(1)} & (1)\\ p_{1(2)}\cdot x_1 + p_{2(2)}\cdot x_2 + \cdots + p_{k(2)}\cdot x_k = p_{(2)} & (2)\\ \cdots\cdots \\ p_{1(n)}\cdot x_1 + p_{2(n)}\cdot x_2 + \cdots + p_{k(n)}\cdot x_k = p_{(n)} & (n) \end{cases}$$

上述方程组可用数学回归法或电算法求解。

2)试算法

(1)基本原理

试算法的基本原理是,设有几种矿质集料,欲配制某一种一定级配要求的混合料。在决定各组成集料在混合料中的比例时,先假定混合料中某种粒径的颗粒是由某一种对该粒径占优势的集料所组成,而其他各种集料不含这种粒径。如此根据各个主要粒径去试算各种集料在混合料中的大致比例。如果比例不合适,则稍加调整,这样逐步渐进,最终达到符合混合料级配要求的各集料配合比例。

设有 A、B、C 三种集料,欲配制成级配为 M 的矿质混合料,求 A、B、C 集料在混合料中的比例,即为配合比。

按题意作下列两点假设:

①设 A、B、C 三种集料在混合料 M 中的用量比例为 X、Y、Z,则:

$$X + Y + Z = 100 \tag{1-1-17}$$

②又设混合料 M 中某一级粒径要求的含量为 $a_{M(i)}$,A、B、C 三种集料在该粒径的含量为 $a_{A(i)}$、$a_{B(i)}$、$a_{C(i)}$。则:

$$a_{A(i)} \cdot X + a_{B(i)} \cdot Y + a_{C(i)} \cdot Z = a_{M(i)} \tag{1-1-18}$$

(2)计算步骤

在上述两点假设的前提下,按下列步骤求 A、B、C 三种集料在混合料中的用量:

①计算 A 料在矿质混合料中的用量。在计算 A 料在混合料中的用量时,按 A 料在优势含量的某一粒径计算,而忽略其他集料在此粒径的含量。

设按粒径尺寸为 i(mm)的粒径来进行计算,则 B 料和 C 料在该粒径的含量 $a_{B(i)}$ 和 $a_{C(i)}$ 均等于零。由式(1-1-17)可得:

即 A 料在混合料中的用量:

$$X = \frac{a_{M(i)}}{a_{A(i)}} \times 100 \tag{1-1-19}$$

②计算 C 料在矿质混合料中的用量。同前理,在计算 C 料在混合料中的用量时,按 C 料占优势的某一粒径计算,而忽略其他集料在此粒级的含量。

设按 C 料粒径尺寸为 j(mm)的粒径来进行计算,则 A 料和 B 料在该粒径的含量 $a_{A(i)}$ 和 $a_{B(i)}$ 均等于零。由式(1-1-17)可得:

$$a_{C(i)} \cdot Z = a_{M(i)}$$

即 C 料在混合料中的用量:

$$Z = \frac{a_{M(j)}}{a_{C(j)}} \times 100 \tag{1-1-20}$$

③计算 B 料在矿质混合料中的用量。由式(1-1-19)和式(1-1-20)求得 A 料和 C 料在混合料的含量 X 和 Z 后,由式(1-1-17)即可得:

$$Y = 100 - (X + Z) \tag{1-1-21}$$

如为四种集料配合时,C 料和 D 料仍可按其占优势粒级用的试算法确定。

④校核调整。按以上计算的配合比,经校核如不在要求的级配范围内,应调整配合比,重新计算和复核,经几次调整,逐步渐进,直到符合要求为止。如经计算确不能满足级配要求时,可掺加某些单粒级集料,或调换其他原始集料。

2. 图解法

采用图解法来确定矿质混合料的组成,常用的有两种集料组成的"矩形法"和三种集料组配的"三角形法"等,但对于多种集料,则不能求解。确定多种集料级配的图解法,可采用"平衡面积法",该法是采用一条直线来代替集料的级配曲线,这条直线是使曲线左右两边的面积平衡(即相等),这样简化了曲线的复杂性。这个方法又经过许多研究者的修正,故称现行的图解方法为"修正平衡面积法"。

1)基本原理

（1）级配曲线的坐标图的绘制方法

通常级配曲线图是采用半对数坐标图，即纵坐标的通过量（p）为算术坐标，横坐标的粒径（d）为对数坐标。因此，按 $p=100(d/D)^n$ 所绘出的要求级配中值为一曲线。但图解法为使要求级配中值呈一直线，因此纵坐标的通过量（p）仍为算术坐标，而横坐标的粒径采用 $(d/D)^n$ 表示，则级配曲线中值呈为直线（如图 1-1-2）。

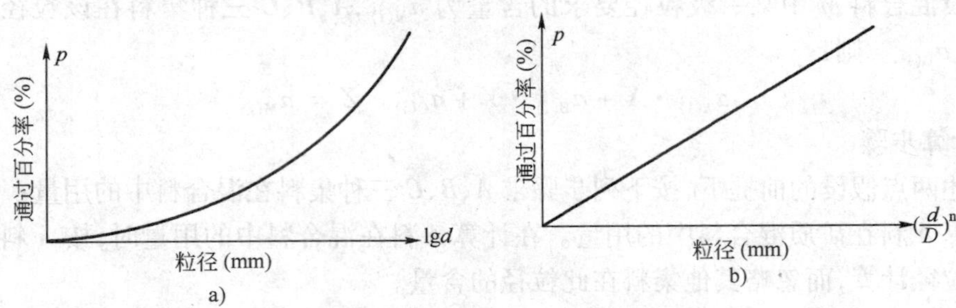

图 1-1-2　图解法级配曲线坐标图

a）$p-\lg d$；b）$p-(d/D)^n$

（2）各种集料用量的确定方法

将各种集料级配曲线绘于坐标图上。为简化起见，作下列假设：①各集料为单一粒径，即各种集料的级配曲线均为直线；②相邻两曲线相接，即在同一筛孔上，前一集料的通过量为 0% 时，而后一集料的通过量为 100%。因此将各集料级配曲线和设计混合料级配中值绘如图 1-1-3。

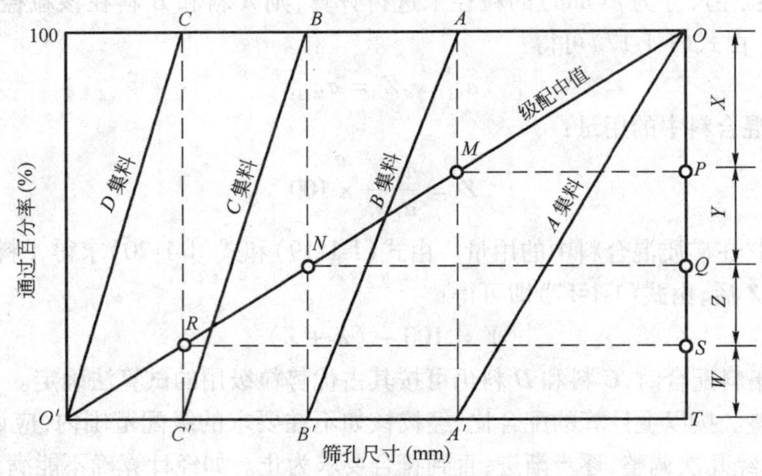

图 1-1-3　确定各集料配合比原理图

将 A、B、C 和 D 各集料首尾相连，即作垂线 AA'、BB' 和 CC'。各垂线与级配中值 OO' 相交于 M、N 和 R，由 M、N 和 R 作水平线与纵坐标交于 P、Q 和 S，则 OP、PQ、QS 和 ST，即为 A、B、C 和 D 四种集料在混合料的配合比为 X: Y: Z: W。

2）计算步骤

（1）绘制级配曲线坐标图

按上述原理，在设计说明书上按规定尺寸绘一方形图框。通常纵坐标通过量取 10cm，横坐标筛孔尺寸（或粒径）取 15cm。连对角线 OO'（图 1-1-4）作为要求级配曲线中值。纵坐标

按算术标尺，标出通过量百分率(0～100%)。根据要求级配中值(表1-1-4)的各筛孔通过百分率标于纵坐标上，则纵坐标引水平线与对角线相交，再从交点作垂线与横坐标相交，其交点即为各相应筛孔尺寸的位置。

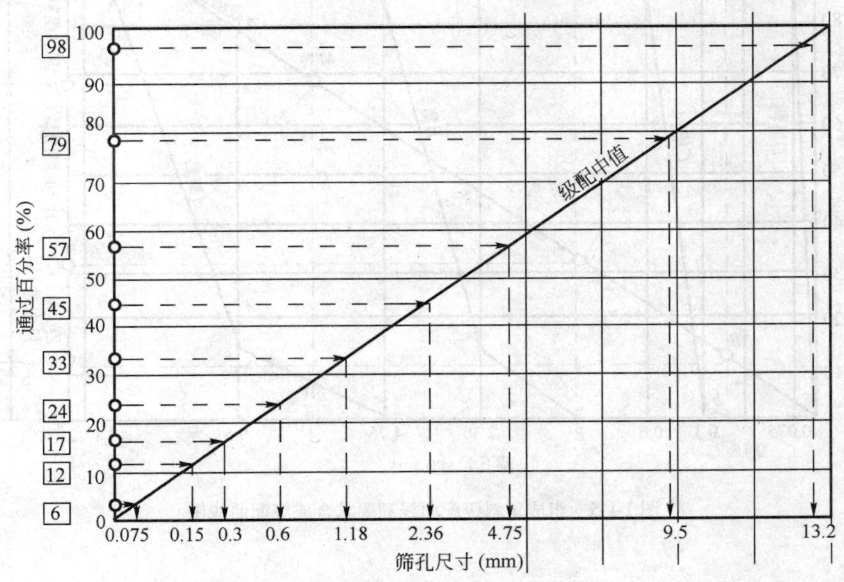

图1-1-4 图解法用级配曲线坐标图

细粒式沥青混合料用矿料级配范围 表1-1-4

筛孔尺寸(mm)	16.0	13.2	9.5	4.75	2.36	1.18	0.6	0.3	0.15	0.075
级配范围(mm)	100	95～100	70～88	48～68	36～53	24～41	18～30	12～22	8～16	4～8
级配中值(mm)	100	98	79	57	45	33	24	17	12	6

(2)确定各种集料用量

将各种集料的通过量绘于级配曲线坐标图上(图1-1-5)。因为实际集料的相邻级配曲线并不是像计算原理所述的那样，均为首尾相接的。可能有下列三种情况(图1-1-5)。根据各集料之间的关系，按下述方法即可确定各种集料用量。

①两相邻级配曲线重叠（如集料A级配曲线的下部与集料B级配曲线上部搭接时)，在两级配曲线之间引一根垂直于横坐标的直线(即$a = a'$)线AA'与对角线OO'交于点M，通过M作一水平线与纵坐标交于P点。OP即为集料A的用量。

②两相邻级配曲线相接（如集料B的级配曲线末端于集料C的级配曲线首端，正好在一垂直线上时)，将前一集料曲线末端与后一集料曲线首端作垂线相连，垂线BB'与对角线OO'相交于点N。通过N作一水平线与纵坐标交于Q点。PQ即为集料B的用量。

③两相邻级配曲线相离（如集料C的集配曲线末端与集料D的级配曲线首端，在水平方向彼此离开一段距离时)，作一垂直平分相离开的距离(即$b = b'$)，垂线CC'与对角线OO'相交于点R，通过R作一水平线与纵坐标交于S点，QS即为C集料的用量。剩余ST即为集料D

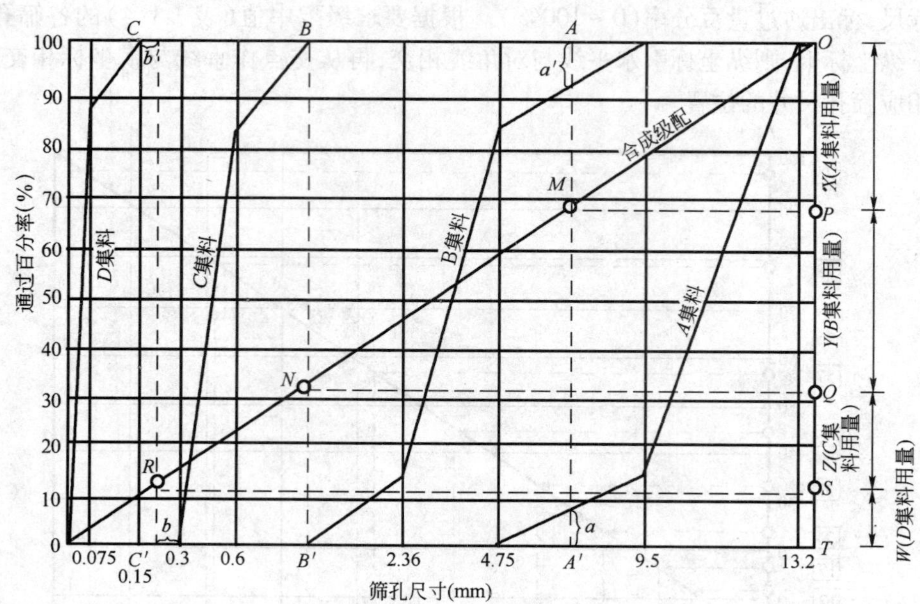

图 1-1-5　组成集料级配曲线和要求合成级配曲线图

用量。

（3）校核

按图解所得的各种集料用量，校核计算所得合成级配是否符合要求。如不能符合要求（超出级配范围），应调整各集料的用量。

第二章 石灰和水泥

第一节 石 灰

石灰是以碳酸盐类岩石(石灰石、白云石、白垩、贝壳等)为原料,经过900℃～1 300℃高温的煅烧,分解出二氧化碳(CO_2)后所得到的一种胶凝材料。其主要成分为氧化钙(CaO)和氧化镁(MgO)。

根据成品加工方法的不同,可分为:

(1)块状生石灰:由原料煅烧而成的原产品,主要成分为CaO。

(2)生石灰粉:由块状生石灰磨细而得到的细粉,其主要成分亦为CaO。

(3)消石灰:将生石灰用适量的水消化而得的粉末,亦称熟石灰,其主要成分为$Ca(OH)_2$。

(4)石灰浆:将生石灰加多量的水(约为石灰体积的3～4倍)消化而得可塑性浆体,称为石灰膏,主要成分为$Ca(OH)_2$和水。如果水分加得更多,则呈白色悬浮液,称为石灰乳。

在道路工程中,随着半刚性基层在高等级路面中的应用,近年来石灰稳定土、石灰粉煤灰稳定土及其稳定碎石等广泛用于路面基层。在桥梁工程中,石灰砂浆、石灰水泥砂浆、石灰粉煤灰砂浆广泛用于圬工砌体。

一、石灰的消化和硬化

1. 石灰的消化

烧制成的生石灰为块状的,在使用时必须加水使其"消化"成为粉末状的"消石灰",这一过程亦称"熟化",故消石灰亦称"熟石灰"。

消石灰的主要化学成分为氢氧化钙[$Ca(OH)_2$]。在石灰消化时,应注意加水速度。对活性大的石灰,如加水过慢,水量不够,则已消化的石灰颗粒生成$Ca(OH)_2$包围于未消化颗粒周围,使内部石灰不易消化,这种现象为"过烧"现象;相反,对于活性差的石灰,如加水过快,则发热量少,水温过低,增加了未消化颗粒,这种现象称为"过冷"现象。石灰消化时,为了消除"过火石灰"的危害,可以消化后"陈伏"半月左右再使用。石灰浆在陈伏期间,在其表面应有一层水分,使之与空气隔绝,以防止碳化。

2. 石灰的硬化

石灰的硬化过程包括干燥硬化和碳酸化两部分。

1)石灰浆的干燥硬化

石灰浆体干燥过程,由于水分蒸发形成网状孔隙,这时滞留在孔隙中的自由水由于表面张力的作用而产生毛细管压力,使石灰粒子更加密实,而获得"附加强度"。

此外,由于水分的蒸发,引起$Ca(OH)_2$溶液过饱和而结晶析出,并产生"结晶强度"。但从溶液中析出$Ca(OH)_2$数量极少,因此强度增长不显著。

2)硬化石灰浆的碳化

石灰浆体经碳化后获得的最终强度,称为"碳化强度"。石灰碳化作用只有在有水条件下才能进行。

二、石灰的技术要求和技术标准

1. 技术要求

用于道路与桥梁工程的石灰，应符合下列技术要求。

1）有效氧化钙和氧化镁含量

石灰中产生黏结性的有效成分是活性氧化钙和氧化镁，它们的含量是评价石灰质量的主要指标。

有效氧化钙和氧化镁含量测定的方法，按《公路工程无机结合料稳定材料试验规程》（JTJ 057—94）执行。

2）生石灰产浆量和未消化残渣含量

产浆量是单位质量（1kg）的生石灰经消化后，所产石灰浆体的体积（L）。石灰产浆量愈高，则表示其质量越好。未消化残渣含量是生石灰消化后，未能消化而存留在4.75mm方孔筛上的残渣占试样的百分率。

3）二氧化碳（CO_2）含量

生石灰或生石灰粉中CO_2含量指标，是为了控制石灰石在煅烧时“欠火”造成产品中未分解完成碳酸盐的含量。CO_2含量越高，即表示未分解完全的碳酸盐含量越高，则（CaO + MgO）含量相对降低，导致影响石灰的胶结性能。

4）消石灰粉游离水含量

游离水含量，指化学结合水以外的含水率。理论上，$Ca(OH)_2$中结合水占24.32%，但由于消化是一放热反应，部分水被蒸发，所以实际消化加水量是理论值的一倍左右。多加的水残留于氢氧化钙中，残余水分蒸发后，留下孔隙会加剧消石灰粉碳化现象的产生，因而影响其使用质量。

5）细度

细度与石灰的质量有密切联系，现行标准《建筑生石灰粉》（JC/T 480—92）和《建筑消石灰粉》（JC/T 481—92）以0.9mm和0.125mm筛余百分率控制。0.125mm筛余量包括：消化过程中未消化的“过烧”石灰颗粒；含有大量钙盐的石灰颗粒；以及“欠火”石粒或未燃尽的煤渣等。过量的筛余物影响石灰的黏结性。

2. 技术标准

1）生石灰技术标准

根据氧化镁含量按表（1-2-1）分为钙质生石灰和镁质生石灰两类，然后再按有效氧化钙 + 氧化镁含量、产浆量、未消解残渣和CO_2含量4个项目的指标分为优等品、一等品和合格品3个等级。如表1-2-1。

生石灰技术指标　　表1-2-1

项　目		钙质生石灰			镁质生石灰		
		优等品	一等品	合格品	优等品	一等品	合格品
1.（CaO + MgO）含量（%）	，不小于	90	85	80	85	80	75
2. 未消化残渣含量（5mm圆孔筛筛余量）（%）	，不大于	5	10	15	5	10	15
3. CO_2（%）	，不大于	5	7	9	6	8	10
4. 产浆量（L/kg）	，不小于	2.8	2.3	2.0	2.8	2.3	2.0

2)生石灰粉技术标准

根据氧化镁含量按表1-2-1分为钙石灰和镁石灰两类后,再按($CaO + MgO$)含量、CO_2含量和细度等项目的指标,分为优等品、一级品和合格品3个等级,如表1-2-2。

生石灰粉技术指标　表1-2-2

项目			钙质生石灰			镁质生石灰		
			优等品	一等品	合格品	优等品	一等品	合格品
1.($CaO + MgO$)含量(%)		,不小于	85	80	75	80	75	70
2.CO_2含量(%)		,不大于	7	9	11	8	10	12
3.细度	0.9mm筛筛余(%)	,不大于	0.2	0.5	1.5	0.2	0.5	1.5
	0.125mm筛筛余(%)	,不大于	7.0	12.0	18.0	7.0	12.0	18.0

3)消石灰粉技术标准

消石灰粉亦可根据氧化镁含量按表1-2-1分为钙石灰和镁石灰两类,然后再按($CaO + MgO$)含量、游离水和细度3项指标,分为优等品、一等品和合格品等3个等级,如表1-2-3。

消石灰粉技术指标　表1-2-3

项目		钙质生石灰			镁质消石灰			白云石消石灰		
		优等品	一等品	合格品	优等品	一等品	合格品	优等品	一等品	合格品
1.($CaO + MgO$)含量(%),不小于		70	65	60	65	60	55	65	60	55
2.游离水含量(%)		0.4~2.0			0.4~2.0			0.4~2.0		
3.体积安定性		合格	合格	—	合格	合格	—	合格	合格	—
4.细度	0.9mm筛筛余(%),不大于	0	0	0.5	0	0	0.5	0	0	0.5
	0.125mm筛筛余(%),不大于	3	10	15	3	10	15	3	10	15

第二节　硅酸盐水泥

水泥是一种多组分的人造矿物粉料,它与水拌和后成为塑性胶体,既能在空气中硬化,又能在水中硬化,并能将砂石等材料胶结成具有一定强度的整体,所以水泥是一种水硬性胶凝材料。

在道路与桥梁工程中通常应用的水泥有:硅酸盐水泥、普通硅酸盐水泥、矿渣硅酸盐水泥、火山灰质硅酸盐水泥和粉煤灰硅酸盐水泥五大品种水泥。由于道路路面工程对水泥的特殊要求,近年来已生产了道路水泥。此外,在某些特殊工程中,还使用高铝水泥、膨胀水泥、快硬水泥等。

凡由硅酸盐水泥熟料、0%~5%石灰石或粒化高炉矿渣、适量石膏磨细制成的水硬性胶凝材料,称为硅酸盐水泥。

硅酸盐水泥分两种类型,不掺加混合材料的称I型硅酸盐水泥,代号P·I。在硅酸盐水泥熟料粉磨时掺加不超过质量5%石灰石或粒化高炉矿渣混合材料的称II型硅酸盐水泥,代号P·II。

1．硅酸盐水泥的矿物组成

硅酸盐水泥的主要化学成分是由石灰质原料来的氧化钙（CaO）、由黏土质原料（或校正原料）来的氧化硅（SiO_2）、氧化铝（Al_2O_3）和氧化铁（Fe_2O_3）。

经过高温煅烧后，$CaO-SiO_2-Al_2O_3-Fe_2O_3$ 四种成分化合为熟料中的主要矿物组成：硅酸三钙（$3CaO \cdot SiO_2$，简式 C_3S）、硅酸二钙（$2CaO \cdot SiO_2$，简式 C_2S）、铝酸三钙（$3CaO \cdot Al_2O_3$，简式 C_3A）和铁铝酸四钙（$4CaO \cdot Al_2O_3 \cdot Fe_2O_3$，简式 C_4AF）。水泥原料的各化学成分及其经煅烧后水泥熟料的矿物组成可归纳如下式：

$$
\begin{array}{lll}
[\text{原料}]\ [\text{主要成分}] & & [\text{矿物组成}] \\
\left.\begin{array}{l}\text{石灰质材料}\quad CaO \\ \text{黏土质材料}\left\{\begin{array}{l}SiO_2 \\ Al_2O_3 \\ Fe_2O_3\end{array}\right.\end{array}\right\} & \xrightarrow[\text{煅烧}]{\triangle} & \left\{\begin{array}{l}3CaO \cdot SiO_2 \\ 2CaO \cdot SiO_2 \\ 3CaO \cdot Al_2O_3 \\ 4CaO \cdot Al_2O_3 \cdot Fe_2O_3\end{array}\right.
\end{array}
$$

硅酸盐水泥熟料四种主要矿物化学组成与含量列于表1-2-4。

硅酸盐水泥熟料的矿物组成　　表1-2-4

矿物组成	化学组成	常用缩写	大致含量（%）	矿物组成	化学组成	常用缩写	大致含量（%）
硅酸三钙	$3CaO \cdot SiO_2$	C_3S	35～65	铝酸三钙	$3CaO \cdot Al_2O_3$	C_3A	0～15
硅酸二钙	$2CaO \cdot SiO_2$	C_2S	10～40	铁铝酸四钙	$4CaO \cdot Al_2O_3 \cdot Fe_2O_3$	C_4AF	5～15

2．水泥熟料主要矿物组成的性质

1）矿物组成

（1）硅酸三钙

硅酸三钙是硅酸盐水泥中最主要的矿物组分，其含量通常在50%左右，它对硅酸盐水泥性质有重要的影响。硅酸三钙遇水，反应速度较快，水化热高，水化产物对水泥早期强度和后期强度起主要作用。

（2）硅酸二钙

硅酸二钙在硅酸盐水泥中的含量约为10%～40%，亦为主要矿物组分，遇水时对水反应速度较慢，水化热很低，它的水化产物对水泥早期强度贡献较小，但对水泥后期强度起重要作用。耐化学侵蚀性和干缩性较好。

（3）铝酸三钙

铝酸三钙在硅酸盐水泥中含量通常在15%以下。它是四种组分中遇水反应速度最快，水化热最高的组分。铝酸三钙的含量决定水泥的凝结速度和释热量。通常为调节水泥凝结速度需掺加石膏，硅酸三钙与石膏形成的水化产物，对水泥早期强度起一定作用。耐化学侵蚀性差，干缩性大。

（4）铁铝酸四钙

铁铝酸四钙在硅酸盐水泥中，通常含量为5%～15%，遇水反应较快，水化热较高，强度较低，但对水泥抗折强度起重要作用，耐化学侵蚀性好，干缩性小。

2）硅酸盐水泥组成矿物性能的比较

硅酸盐水泥熟料中这四种矿物组成的主要特性见表1-2-5。

硅酸盐水泥主要矿物组成与特性 表1-2-5

矿物组成		硅酸三钙 (C_3S)	硅酸二钙 (C_2S)	铝酸三钙 (C_3A)	铁铝酸四钙 (C_4AF)
与水反应速度		中	慢	快	中
水化热		中	低	高	中
对强度的作用	早期	良	差	良	良
	后期	良	优	中	中
耐化学侵蚀		中	良	差	优
干缩性		中	小	大	小

3. 硅酸盐水泥的凝结和硬化

硅酸盐水泥是由多种化合物组成的,这些化合物与水作用后,最终将导致水泥的凝结、硬化。

1)硅酸盐水泥的水化

硅酸盐水泥熟料矿物的水化主要包括:

(1)硅酸三钙的水化

(2)硅酸二钙的水化

(3)铝酸三钙的水化

(4)铁铝酸四钙的水化

硅酸盐水泥水化后主要有表1-2-6所列几种水化产物。

硅酸盐水泥的水化产物的化学组成 表1-2-6

水化产物名称	化学组成	常用缩写
1. 水化硅酸钙	$xCaO \cdot SiO_2 \cdot yH_2O$	C－S－H
2. 氢氧化钙	$Ca(OH)_2$	CH
3. 三硫型水化铝酸钙(钙矾石)	$3CaO \cdot Al_2O_3 \cdot 3CaSO_4 \cdot 32H_2O$	$C_3A3CS \cdot H_{32}$(或AFt)
4. 单硫型水化铝酸钙(单硫盐)	$3CaO \cdot Al_2O_3 \cdot CaSO_4 \cdot 12H_2O$	$C_3ACS \cdot H_{12}$(或AFm)
5. 三硫型水化铁铝酸钙	$3CaO(Al_2O_3,Fe_2O_3) \cdot 3CaSO_4 \cdot 32H_2O$	$C_3(A,F)3CSH_{32}$
6. 单硫型水化铁铝酸钙	$3CaO(Al_2O_3,Fe_2O_3) \cdot CaSO_4 \cdot 12H_2O$	$C_3(A,F)3CSH_{32}$

充分水化的水泥浆体中,主要水化产物为C－S－H凝胶约占70%,CH结晶约占20%,AFt和AFm约占7%,其余是未水化的水泥和次要组分。

2)硅酸盐水泥的凝结和硬化

水泥与水拌和后,熟料矿物发生水化反应,生成各种水化生成物,随着时间的推延,具有塑性的水泥浆体经过凝结,硬化逐渐成为具有一定强度的石状体。

水泥浆体凝结硬化过程中物态变化由可塑态,逐渐失去塑性,进而硬化产生强度,这样一个物理化学变化过程，从物态变化可以分为三个阶段（即潜化期、凝结期和硬化期）来描述。

（1）潜化期。水泥与水接触以后，很快就发生化学反应，但在表观上无法察觉到，水泥浆体仍然在相当一段时间内保持可塑性状态，实际上是潜在化学的活动状态阶段，所以称为“潜化期”（或称诱导期）。

（2）凝结期。经过一段时间（大约1h后），水泥浆体开始失去塑性，例如用稠度仪的标准针刺入，不能刺到底，表明水泥浆体开始凝结。再经过一段时间（大约6～8h）水泥浆体完全失去塑性，用标准针不能刺入浆体（即使能刺入也不能超过1mm），表示水泥浆体凝结终了。这段时间称为“凝结期”。

（3）硬化期。凝结期的终了，也就是硬化的开始，水泥浆体逐渐硬化，成为刚性的固体，强度随时间不断增长，这段时间称为“硬化期”，硬化期可以延续至很长时间，但28d基本表现出大部分强度。

4. 硅酸盐水泥的技术性质和技术标准

1）技术性质

按照我国现行国家标准《通用硅酸盐水泥》（GB 175—2007）规定，硅酸盐水泥的技术性质包括下列项目。

（1）化学性质

为了保证水泥的使用质量，水泥的化学指标主要是控制水泥中有害的化学成分，要求其不超过一定的限量。若超过最大允许限量，即意味着对水泥性能和质量可能产生有害或潜在的影响。

①氧化镁含量。在水泥熟料中，常含有少量未与其他矿物结合的游离氧化镁，这种多余的氧化镁是高温燃烧时形成的方镁石，它水化为氢氧化镁速度很慢，常在水泥硬化以后才开始水化，在水化时产生体积膨胀，可导致水泥石结构产生裂缝甚至破坏，因此它是引起水泥安定性不良的原因之一。

我国现行国家标准（GB 175—2007）规定，水泥中氧化镁含量不得超过5%。如果水泥经压蒸安定性试验合格，则水泥中氧化镁含量允许放宽到6.0%。

②三氧化硫含量。水泥中的三氧化硫主要是在水泥生产时为调节凝结时间加入石膏而来的；也可能是煅烧熟料时加入石膏矿化剂而带入熟料中的。适量石膏虽能改善水泥性能（如提高水泥强度、降低收缩性、改善抗冻、耐蚀和抗渗性等），但石膏超过一定限量后，水泥性能会变坏，甚至引起硬化后水泥石体积膨胀，导致结构物破坏。因此水泥中三氧化硫最大允许含量，必须加以限制。我国现行标准（GB 175—2007）规定：水泥中三氧化硫含量不得超过3.5%。

③烧失量。水泥煅烧不佳或受潮后，均会导致烧失量增加。烧失量测定是以水泥试样在950℃～1 000℃下烧灼15～20min冷至室温称量。如此反复灼烧，直至恒重，然后根据烧好前后质量变化计算烧失量。

④不溶物。水泥中不溶物是用盐酸溶解滤去不溶残渣，经碳酸钠处理再用盐酸中和，高温灼烧后称量，计算不溶物

（2）物理性质

水泥物理性质技术要求包括：细度、凝结时间、安定性和强度。

①细度。细度是指水泥颗粒粗细的程度。细度愈细，水泥与水起反应的面积愈大，水化

愈充分,水化速度愈快。所以相同矿物组成的水泥,细度愈大,早期强度愈高,凝结速度愈快,析水量减少。实践表明,细度提高,可使水泥混凝土的强度提高,工作性得到改善。但是,水泥细度提高,在空气中的硬化收缩也较大,使混凝土发生裂缝的可能性增加。此外,细度提高导致粉磨能耗增加,成本提高。为充分发挥水泥熟料的活性,改善水泥性能;同时考虑能耗的合理分配。因此,对水泥细度必须予以合理控制。水泥细度可用下列方法表示:

a. 筛析法,以 80μm 方孔筛上的筛余量百分率表示。我国现行国标(GB/T 1345—2005)规定,筛析法有:负压筛法和水筛法两种,有争议时,以负压筛法为准。

b. 比表面积法,以每千克水泥总表面积(m^2)表示。我国现行国标规定,比表面积测定采用(GB 8074—2008)勃压透气法测定。

我国现行标准(GB 175—2007)规定:硅酸盐水泥和普通硅酸盐水泥的细度以比表面积表示,其比表面积不小于 $300m^2/kg$;矿渣硅酸盐水泥、火山灰质硅酸盐水泥、粉煤灰硅酸盐水泥和复合硅酸盐水泥的细度以筛余表示,其 80μm 方孔筛筛余量不大于 10% 或 45μm 方孔筛筛余不大于 30%。

②水泥净浆标准稠度。为使水泥凝结时间和安定性的测定结果具有可比性,在此两项测定时必须采用标准稠度的水泥净浆。我国国标规定,水泥净浆稠度是采用稠度仪测定,以试锥沉入深度为 28mm ± 2mm 时的净浆为“标准稠度”,此时的用水量为标准用水量。

③凝结时间。凝结时间是水泥从加水开始,到水泥浆失去可塑性所需的时间。凝结时间分初凝时间和终凝时间。初凝时间是从水泥加水到水泥浆开始失去塑性的时间;终凝时间是从水泥加水到水泥浆完全失去塑性的时间。

凝结时间测定,我国国标规定采用凝结时间测定仪测定。方法是将标准稠度用水量制成的水泥净浆装在试模中,在凝结时间测定仪上,以标准针测试。从加水时起,至试针沉入沉浆中,距底板为 2 ~ 3mm 时所经历的时间为“初凝时间”从加水时起,至试针沉入净浆不超过 1.0mm时所经历的时间为“终凝时间”。

水泥的凝结时间对水泥混凝土的施工有重要意义。初凝时间太短,将影响混凝土拌和料的运输和浇灌;终凝时间过长,则影响混凝土工程的施工进度。我国现行国标(GB 175—2007)规定,硅酸盐水泥初凝时间不得早于 45min;终凝时间不大于 390min。普通硅酸盐水泥初凝时间不得早于 45min,终凝时间不大于 600min。

④安定性。水泥与水拌制成的水泥浆体,在凝结硬化过程中,一般都会发生体积变化。如果这种体积变化是在凝结硬化过程中,则对建筑物的质量并没有什么影响。但是如果混凝土硬化后,由于水泥中某些有害成分的作用,在水泥石内部产生了剧烈的、不均匀的体积变化时,在建筑物内部产生破坏应力,导致建筑物的强度降低。若破坏应力发展到超过建筑物的强度,则会引起建筑物的开裂、崩塌等严重质量事故。表征水泥硬化后体积变化均匀性的物理性能指标,称为水泥的体积安定性。

影响体积安定性的因素主要为:熟料中氧化镁含量和水泥中三氧化硫含量。

安定性检验方法:

a. 沸煮法。由于三氧化硫引起的安定性不良,可用沸煮法。按我国现行试验法(GB/T 1346—2001)规定,可采用试饼法或雷氏法。

试饼法是将水泥拌制成标准稠度净浆,制成直径 70 ~ 80mm、中心厚约 10mm 的试饼,在湿

气养护箱内养护24h,然后在沸煮箱中30min加热至沸,然后恒沸3h,最后根据试饼的变形,判断其安定性。

雷氏法是将标准稠度净浆装于雷氏夹的环形试模中,经湿养24h后,在沸煮箱中,30min加热至沸,继续恒沸3h。测定试件两指针尖端距离,两个试件在煮后,针尖端增加的距离平均值不大于5.0mm时,即认为该水泥安定性合格。有争议时,以雷氏法为主。

b.压蒸法。由于氧化镁引起的安定性不良,可采用压蒸法。按我国现行试验法(GB/T 750—1992),是将水泥制成净浆试体,经压蒸法,膨胀率不超过0.5%则认为合格。

⑤强度。强度是水泥技术要求中最基本的指标,它直接反映了水泥的质量水平和使用价值。水泥强度测定时可以将水泥制成水泥净浆、水泥砂浆或水泥混凝土的试件来检验其强度。净浆法只能反映水泥浆的内聚力,未能反映出水泥浆对砂石材料的胶结力,与水泥在混凝土中的实际使用情况有差距,因此通常不采用此方法。混凝土虽可较好地反映水泥在使用中的实际情况,但砂石材料条件很难统一,并且会增加检验工作的复杂性,目前只有个别国家采用混凝土法作为砂浆法的参比检验。砂浆法不仅可避免净浆法的缺点,又可克服混凝土法条件统一的困难,所以国际上都采用砂浆法作为水泥强度的标准检验方法。我国亦采用水泥胶砂来评定水泥的强度。

水泥的强度除了与水泥本身的性质(如熟料的矿物组成、细度等)有关外,并与水灰比、试件制作方法、养护条件和时间等有关。按我国《水泥胶砂强度检验方法》(GB/T 17671—1999)规定,是以1:3的水泥和标准砂,按规定的水灰比(0.5),用标准制作方法,制成4cm×4cm×16cm的标准试件。在标准养护条件下,达规定龄期(3d、28d或3d、7d、28d)时,测定其抗折和抗压强度,按《通用硅酸盐水泥》(GB 175—2007)规定的最低强度值来评定其所属强度等级。

a.水泥强度等级。按规定龄期抗压强度和抗折强度来划分,硅酸盐水泥各龄期强度不低于表1-2-7的数值。

硅酸盐水泥的强度指标(单位:MPa)　　表1-2-7

强度等级	抗压强度(MPa)		抗折强度(MPa)	
	3d	28d	3d	28d
42.5	≥17.0	≥42.5	≥3.5	≥6.5
42.5R	≥22.0		≥4.0	
52.5	≥23.0	≥52.5	≥4.0	≥7.0
52.5R	≥27.0		≥5.0	
62.5	≥28.0	≥62.5	≥5.0	≥8.0
62.5R	≥32.0		≥5.0	

b.水泥型号。为提高水泥早期强度,我国现行标准将水泥分为:普通型和早强型(或称R型)两个型号。早强型水泥的3d抗压强度较同强度等级的普通型强度提高10%~20%;早强型水泥的3d抗压强度可达28d抗压强度的50%。水泥混凝土路面用水泥,在供应条件允许,应尽量优先选用早强型水泥,以缩短混凝土养护时间,提早通车。

2)技术标准

硅酸盐水泥的技术标准,按GB 175—2007的有关规定,汇总摘列于表1-2-8。

硅酸盐水泥部分技术指标 表 1-2-8

技术性能	细度比表面积（m^2/kg）	凝结时间（min）		安定性（沸煮法）	抗压强度（MPa）	不溶物（%）		水泥中 MgO（%）	水泥中 SO_3（%）	烧失量（%）		水泥中碱含量按 $Na_2O+0.658K_2O$ 计（%）
		初凝	终凝			Ⅰ型	Ⅱ型			Ⅰ型	Ⅱ型	
质量	＞300	≥45	≤390	必须合格	见表 1-2-10	≤0.75	≤1.50	5.0	≤3.5	≤3.0	≤3.5	≤0.60
试验方法	GB/T 1345—2005	GB/T 1346—2001		GB/T 1346—2001	GB/T 17671—1999	GB/T 176						

第三章 无机结合料稳定类

第一节 石灰稳定类

在粉碎的土和原状松散的土(包括各种粗、中、细粒土)中,掺入适量的石灰和水,按照一定技术要求,经拌和,在最佳含水率下摊铺、压实及养生,其抗压强度符合规定要求的路面基层称为石灰稳定类基层。用石灰稳定细粒土得到的混合料简称石灰土,所做成的基层称石灰土基层(底基层)。

石灰剂量是石灰质量占全部土颗粒的干质量的百分率,即:

石灰剂量 = 石灰质量/干土质量

石灰稳定类材料适用于各级公路路面的底基层,可用作二级和二级以下公路的基层,但石灰土不应用作高等级公路的基层。

一、影响石灰稳定土强度的因素

1. 土质

各种成因的土都可以用石灰来稳定,但生产实践说明,黏性土较好,其稳定的效果显著,强度也高。当采用高液限黏土时施工不易粉碎;采用粉性土的石灰土早期强度较低,但后期强度也可满足行车要求;采用低液限土质时易拌和,但难以碾压成型,稳定的效果不显著。采用的土质,既要考虑其强度,还要考虑到施工时易于粉碎便于碾压成型。一般采用塑性指数12~18(100g平衡锥测液限,搓条法测塑限)的黏性土为好。塑性指数偏大的黏性土,要加强粉碎,粉碎后,土中15~25mm的土块不宜超过5%。经验证明,塑性指数小于12的土不宜用石灰稳定。对于硫酸盐类含量超过0.8%或腐殖质含量超过10%的土,因对强度有显著影响,不宜直接采用。

2. 灰质

石灰应是消石灰或生石灰粉,对高速公路或一级公路宜用磨细生石灰粉。

石灰质量应符合Ⅲ级以上的技术指标,并要尽量缩短石灰的存放时间。在同等石灰剂量下,质量好的石灰,稳定效果好。如采用质量差的石灰,为了满足石灰土的技术要求,就得适当增加石灰剂量。

3. 石灰剂量

石灰剂量对石灰土强度影响显著,石灰剂量较低(小于3%~4%)时,石灰主要起稳定作用,土的塑性、膨胀、吸水量减小,使土的密实度、强度得到改善。随着剂量的增加,强度和稳定性均提高,但剂量超过一定范围时,强度反而降低。生产实践中常用的最佳剂量范围,对于黏性土及粉性土为8%~14%;对砂性土则为9%~16%。剂量的确定应根据结构层技术要求进行混合料组成设计。

4. 含水率

水是石灰土的重要组成部分。它促使石灰土发生物理化学变化,形成强度;便于土的粉碎、拌和与压实,并且有利于养生。不同土质的石灰土有不同的最佳含水率,需通过标准击实试验确定,并用以控制施工中的实际加水量。所用水应是干净可供饮用的水。

5. 密实度

石灰土的强度随密实度的增加而增长。实践证明,石灰土的密实度每增减1%,强度约增减4%左右。而密实的石灰土,其抗冻性、水稳定性也好,缩裂现象也少。

6. 石灰土的龄期

石灰土的强度具有随龄期增长的特点。一般石灰土初期强度低,前期(1~2个月)增长速率较后期为快。石灰土强度与龄期关系可表示为:

$$R_t = R_i t^{\beta} \tag{1-3-1}$$

式中:R_i——一个月龄期抗压强度;

R_t——t个月龄期抗压强度;

β——系数,约为0.1~0.5。

7. 养生条件

养生条件主要指温度与湿度。养生条件不同,其强度也有差异。当温度高时,物理化学反应、硬化、强度增长快,反之强度增长慢,在负温条件下甚至不增长。因此,要求施工期的最低温度应在5℃以上,并在第一次重冰冻(-5℃~-3℃)到来之前1个月~1个半月完成。

多年的施工经验证明,热季施工的灰土强度高,质量可以保证,一般在使用中很少损坏。

养生的湿度条件对石灰土的强度也有很大影响。实践证明:在一定潮湿条件下养生强度的形成比在一般空气中养生要好。

二、石灰土基层的应用

石灰稳定土不但具有较高的抗压强度,而且也具有一定的抗弯强度,且强度随龄期逐渐增加。因此,石灰稳定土一般可以用于各类路面的基层或底基层。但石灰稳定土因其水稳定性较差不应做高速公路或一级公路的基层,必要时可以用作底基层。在冰冻地区的潮湿路段以及其他地区的过分潮湿路段,也不宜采用石灰土做基层。

三、石灰稳定土基层缩裂防治

1. 控制压实含水率

石灰稳定土因含水率过多产生的干缩裂缝显著,因而压实时含水率一定不要大于最佳含水率,其含水率应略小于最佳含水率。

2. 严格控制压实标准

实践证明,压实度小时产生的干缩要比压实度大时严重,因此,应尽可能达到最大压实度。

3. 控制施工条件

温缩的最不利季节是材料处于最佳含水率附近,而且温度在-10~0℃时。因此施工要在当地气温进入0℃前一个月结束,以防在不利季节产生严重温缩。石灰稳定土施工结束后要及早铺筑面层,使石灰土基层含水率不发生大变化,可减轻干缩裂隙。

4. 控制养护条件

干缩的最不利情况是石灰稳定土成型初期,因此,要重视初期养护,保证石灰土表面处于潮湿状况,禁防干晒。

5. 掺加粗集料

在石灰稳定土中掺加集料(砂砾、碎石等),使其集料含量为60% ~70%,使混合料满足最佳组成要求,不但提高强度和稳定性,而且具有较好的抗裂性。

6. 控制裂缝反射

基层的缩裂会反射到面层,为了防止基层裂缝的反射,国内外常采取以下措施。

(1)设置联结层。设置沥青碎石或沥青贯入式联结层,是防止反射裂缝的有效措施。

(2)铺筑碎石隔离过渡层。在石灰土与沥青面层间铺筑厚10 ~20cm 的碎石层或玻璃纤维网格,可减轻反射裂缝出现。

四、石灰土混合料设计

石灰稳定土是由土、石灰和水组成的。混合料的组成设计包括:根据强度标准,通过试验选取合适的土,确定必需的或最佳的石灰剂量和混合料的最佳含水率。

1. 石灰土的强度标准

石灰土的强度标准根据相应的公路等级和在路面结构中的层位而定。在规定温度保湿养生6d、浸水1d 后无侧限抗压强度标准如表1-3-1。

石灰稳定细粒土的强度(MPa)和压实度标准　　表1-3-1

使用层次	高速和一级公路		二级和二级以下公路	
	抗压强度	压实度(%)	抗压强度	压实度(%)
基层	—	—	≥0.8	中、粗粒土97%,细粒土93%
底基层	≥0.8	中、粗粒土96%,细粒土95%	0.5 ~0.7	中、粗粒土95%,细粒土93%

2. 混合料的设计步骤

(1)制备同一种土样、不同石灰剂量的石灰土混合料,根据不同的层位,可参照下列石灰剂量进行配制:

做基层用:

砂砾土和碎石土:3%,4%,5%,6%,7%。

塑性指数小于12 的黏性土:10%,12%,13%,14%,16%。

塑性指数大于12 的黏性土:5%,7%,9%,11%,13%。

做底基层用:

塑性指数小于12 的黏性土:8%,10%,11%,12%,14%。

塑性指数大于12 的黏性土:5%,7%,8%,9%,11%。

(2)确定混合料的最佳含水率和最大干压实密度(用重型击实标准试验),至少做三个不同石灰剂量混合料的击实试验,即最小剂量、中间剂量和最大剂量。

(3)按最佳含水率与工地预期达到的压实密度制备试件,进行强度试验时,做平行试验的试件数量应符合规定。

(4)试件在规定温度(北京冰冻地区为20℃ ±2℃,南方非冰冻地区为25℃ ±2℃)下保湿

养生 6d,浸水 1d,进行无侧限抗压强度试验,根据表 1-3-1 的强度标准,选定合适的石灰剂量,室内试验结果的平均抗压强度应符合公式(1-3-2)的要求:

$$\overline{R} \geqslant \frac{R_d}{1 - Z_\alpha C_v} \tag{1-3-2}$$

式中:R_d——设计抗压强度;

C_v——试验结果的偏差系数(小数计);

Z_α——标准正态分布表中随保证率(或置信度 α)而变的系数,重交通道路应取保证率 95%,此时 $Z_\alpha = 1.645$;其他道路可取保证率为 90%,即 $Z_\alpha = 1.282$。

工地实际采取的石灰剂量应较试验室内试验确定的剂量多 0.5% ~1.0%。

第二节 水泥稳定土基层

一、概述

在粉碎的或原状松散的土(包括各种粗、中、细粒土)中,掺入适当水泥和水,按照技术要求,经拌和摊铺,在最佳含水率时压实及养护成型,其抗压强度符合规定要求,以此修建的路面基层称水泥稳定类基层。当用水泥稳定细粒土(砂性土、粉性土或黏性土)时,简称水泥土。

水泥是水硬性结合料,绝大多数的土类(高塑性黏土和有机质较多的土除外)都可以用水泥来稳定,改善其物理力学性质,适应各种不同的气候条件与水文地质条件。水泥稳定类基层具有良好的整体性、足够的力学强度、抗水性和耐冻性。其初期强度较高,且随龄期增长而增长,所以应用范围很广。近年来,在我国一些路面工程中,水泥稳定土可用于路面结构的基层和底基层,在保证路面使用品质上取得了满意的效果。但水泥土禁止作为高速公路或一级公路路面的基层,只能用做底基层。在高等级公路的水泥混凝土路面板下,水泥土也不应做基层。

二、影响强度的因素

1. 土质

土的类别和性质是影响水泥稳定土强度的重要因素,各类砂砾土、砂土、粉土和黏土均可用水泥稳定,但稳定效果不同。试验和生产实践证明,用水泥稳定级配良好的碎(砾)石和砂砾,效果最好,不但强度高,而且水泥用量少;其次是砂性土;再次之是粉性土和黏性土。重黏土难于粉碎和拌和,不宜单独用水泥来稳定,因此,一般要求土的塑性指数不大于 17。

2. 水泥的成分和剂量

各种类型的水泥都可以用于稳定土。但试验研究证明,水泥的矿物成分和分散度对其稳定效果有明显影响。对于同一种土,通常情况下硅酸盐水泥的稳定效果好,而铝酸盐水泥较差。

在水泥硬化条件相似、矿物成分相同时,随着水泥分散度的增加,其活性程度和硬化能力也有所增大,从而水泥土的强度也大大提高。

水泥土的强度随水泥剂量的增加而增长,但过多的水泥用量,虽获得强度的增加,在经济上却不一定合理,在效果上也不一定显著,且容易开裂。试验和研究证明,水泥剂量为4% ~ 8%较为合理。

3. 含水率

含水率对水泥稳定土强度影响很大,当含水率不足时,水泥不能在混合料中完全水化和水解,发挥不了水泥对土的稳定作用,影响强度形成。同时,含水率小,达不到最佳含水率也影响水泥稳定土的压实度。因此,使含水率达到最佳含水率的同时,也要满足水泥完全水化和水解作用的需要为好。

水泥正常水化所需的水量约为水泥重的20%,对于砂性土,完全水化达到最高强度的含水率较最佳密度的含水率为小;而对于黏性土则相反。

三、施工工艺过程

水泥、土和水拌和得均匀,且在最佳含水率下充分压实,使之干密度最大,其强度和稳定性就高。水泥土从开始加水拌和到完成压实的延迟时间要尽可能最短,一般要在6h以内。若时间过长,则水泥凝结,在碾压时,不但达不到压实度要求,而且也会破坏已结硬水泥的胶凝作用,反而使水泥稳定土强度下降。在水泥终凝时间达不到规定要求时,可以使用一定剂量的缓凝剂,但缓凝剂的品种和具体数量应根据试验确定。

水泥稳定土需湿法养生,以满足水泥水化形成强度的需要。养生温度愈高,强度增长愈快,因此,要保证水泥稳定土养生的温度和湿度条件。

四、材料要求及混合料组成设计

1. 材料要求

1)土

凡能被粉碎的土都可用水泥稳定。宜做水泥稳定类基层的材料有:石渣、石屑、砂砾、碎石土、砾石土等。碎石或砾石的压碎值对于高速公路和一级公路应不大于30%,对二级和二级以下公路应不大于35%。

当用水泥稳定土做底基层时,对于高速公路和一级公路,颗粒最大粒径不应超过31.5mm(指方孔筛)。土的颗粒组成应符合表1-3-2规定,同时土的均匀系数(土的均匀系数为通过量60%的筛孔尺寸与通过量10%的筛孔尺寸的比值)应大于5,细粒土的塑性指数不应超过17。实际工作中,宜选用均匀系数大于10,塑性指数小于12的土。

水泥稳定土的颗粒组成 表1-3-2

筛孔尺寸(mm)	40	31.5	19	9.5	4.75	2.36	0.6	0.075	液限	塑限
通过百分率(%)(基层)		100	88 ~ 99	57 ~ 77	29 ~ 49	17 ~ 35	8 ~ 22	0 ~ 7	<28	<9
通过百分率(%)(底基层)	100	93 ~ 98	74 ~ 89	49 ~ 69	29 ~ 52	18 ~ 38	8 ~ 22	0 ~ 7	<28	<9

2)水泥

普通硅酸盐水泥、矿渣硅酸盐水泥或火山灰质硅酸盐水泥都可以用于稳定土,但应选用终凝时间较长(宜6h以上)的水泥。早强、快硬及受潮变质的水泥不应使用。宜采用强度等级较低的水泥,如42.5级水泥。

3)水

饮用的水均可以应用。

2. 混合料组成设计

水泥稳定土混合料组成设计与石灰稳定土基本相同。

1)强度和压实度标准

7d 无侧限抗压强度和压实度应根据公路等级和所在路面结构中的层位确定,如表 1-3-3 所示。

水泥混合料的强度(MPa)及压实度(%)标准 表 1-3-3

使用层次	高速和一级公路		二级和二级以下公路	
	强度	压实度(%)	强度	压实度(%)
基层	3~4	98%	2~3	中、粗粒土 97%,细粒土 95%
底基层	≥2.0	中、粗粒土 96%,细粒土 95%	≥0.8	中、粗粒土 95%,细粒土 93%

2)设计步骤

(1)制备同一种土样、不同水泥剂量的混合料,一般按下列水泥剂量配制。

做基层用时:

中粒土和粗粒土:3%,4%,5%,6%,7%;

塑性指数小于 12 的土:5%,7%,8%,9%,11%;

其他细粒土:8%,10%,12%,14%,16%。

做底基层时:

中粒土和粗粒土:2%,3%,4%,5%,6%;

塑性指数小于 12 的土:4%,5%,6%,7%,8%;

其他细粒土:6%,8%,9%,10%,12%。

(2)确定最佳含水率和最大干压实密度。

(3)按最佳含水率和计算得到的干密度制试件。根据表 1-3-3 强度标准选定合适的水泥剂量。此剂量试件室内试验结果的平均抗压强度 $\overline{R}$ 应符合式(1-3-2)的要求。

工地实际采用的水泥剂量应比室内试验确定剂量多 0.5%~1.0%。

第三节 工业废渣稳定土基层

一、概述

随着工业的发展,工业废渣逐渐增多,怎样综合利用工业废渣引起了国内外重视。近年来,我国利用工业废渣铺筑路面基层,取得显著成效,不但提高了路面使用品质,而且降低了工程造价,“变废为宝”,具有很大的经济意义。

公路上常用的工业废渣有:火力发电厂的粉煤灰和煤渣,钢铁厂的高炉渣和钢渣,化肥厂的电石渣,以及煤矿的煤矸石等。粉煤灰和煤渣中含有较多的二氧化硅、氧化钙或氧化铝等活性物质。用石灰稳定工业废渣时,石灰在水的作用下形成饱和的 $Ca(OH)_2$ 溶液,废渣的活性氧化硅和氧化铝在 $Ca(OH)_2$ 溶液中产生火山灰反应,生成水化硅酸钙和铝酸钙凝胶,把颗粒胶凝在一起,随水化物不断产生而结晶硬化,具有水硬性。温度较高时,强度增长快,因此石灰稳定工业废渣最好在热季施工,并加强保湿养生。

工业废渣材料主要用石灰与之综合稳定,即石灰工业废渣材料,主要有石灰粉煤灰类及石灰其他废渣类。

石灰稳定工业废渣基层具有:水硬性、缓凝性、强度高、稳定性好,成板体且强度随龄期不断增加,抗水、抗冻、抗裂而且收缩性小,适应各种气候环境和水文地质条件等特点。所以,近几年来,修筑高等级公路,常选用石灰稳定工业废渣做高级或次高级路面的基层或底基层。

二、对材料要求

1. 石灰

工业废渣基层所用的结合料是石灰。石灰的质量宜符合 III 级以上技术指标。

2. 废渣材料

粉煤灰是火力发电厂燃烧煤粉产生的粉状灰渣,主要成分是二氧化硅(SiO_2)和三氧化二铝(Al_2O_3),其总含量一般要求超过70%。粉煤灰的烧失量一般要小于20%,如达不到上述要求,应通过试验后,才能采用。干粉煤灰和湿粉煤灰都可以应用。干粉煤灰堆放时应洒水以防飞扬。湿粉煤灰堆放时,含水率不宜超过35%。

3. 粒料

高速公路和一级公路集料的压碎值应≤30%,二级公路和二级以下公路集料的压碎值应≤35%。颗粒最大粒径高速公路和一级公路不大于31.5mm(方孔筛),二级公路和二级以下公路不大于37.5mm。

石灰工业废渣混合料中粒料质量宜占80%以上,并有良好的级配;二灰砂砾混合料应符合表1-3-4规定,二灰碎石混合料应符合表1-3-5规定。

二灰砂砾混合料的级配范围　表1-3-4

筛孔尺寸(mm)	37.5	31.5	19	9.5	4.75	2.36	1.18	0.6	0.75
通过百分率(%)(基层)		100	83~98	55~75	39~59	29~49	20~40	12~32	0~15
通过百分率(%)(底基层)	100	89~100	69~89	52~72	39~59	29~49	20~40	12~32	0~15

二灰碎石混合料的级配范围　表1-3-5

筛孔尺寸(mm)	37.5	31.5	19	9.5	4.75	2.36	1.18	0.6	0.75
通过百分率(%)(基层)		100	81~98	52~70	30~50	18~38	10~27	6~20	0~7
通过百分率(%)(底基层)	100	90~100	72~90	48~68	30~50	18~38	10~27	6~20	0~7

三、混合料组成设计

石灰工业废渣混合料的组成设计内容包括:根据表1-3-6的强度标准,通过试验选取适宜

稳定的土，确定石灰与粉煤灰或石灰与煤渣的比例，确定石灰粉煤灰或石灰煤渣与土的比例（均为质量比），确定混合料的最佳含水率。

二灰混合料的强度和压实度标准表 表1-3-6

使用层次	高速和一级公路		二级和二级以下公路	
	强度（MPa）	压实度（%）	强度（MPa）	压实度（%）
基层	≥0.8	≥98%	≥0.6	中、粗粒土97%，粒土95%
底基层	≥0.5	中、粗粒土96%，细粒土95%	≥0.5	中、粗粒土95%，细粒土93%

混合料的设计方法和步骤，可参照石灰稳定土进行。

四、石灰粉煤灰类基层

1. 基本概念

石灰粉煤灰（简称二灰）基层是用石灰和粉煤灰按一定配比，加水拌和、摊铺、碾压及养生而成型的基层。在二灰中掺入一定量的土，经加水拌和、摊铺、碾压及养生成型的基层，称二灰土基层。混合料的配比组成，各地可根据当地的实践经验可参照下面配比选用。

采用石灰粉煤灰土做基层或底基层时，石灰与粉煤灰的比，常用1:2～1:4（对于粉土，以1:2为合适）。石灰粉煤灰与细粒土的比为30:70～50:50。

采用石灰粉煤灰与级配的中粒土和粗粒土时，石灰与粉煤灰的比为1:2～1:4，石灰粉煤灰与粒料的比常采用20:80～15:85。

根据最近研究提出，为了防止裂缝，采用石灰与粉煤灰的配比为1:3～1:4，集料含量为80%～85%为最佳，既可抗干缩又可抗温缩。不少地区在修筑高级或次高级路面时选用这种基层和底基层，既减少了因基层反射裂缝而引起的面层开裂问题，还减轻沥青路面的车辙。

石灰粉煤灰类的基层施工，同石灰稳定土基层的施工。施工时，应尽量安排在温暖高温季节，以利于形成早期强度而成型。

2. 施工

（1）石灰

石灰质量宜符合III级以上技术指标。

（2）粉煤灰

要求粉煤灰的 $SiO_2 + Al_2O_3$ 含量大于70%，CaO含量在2%～6%，烧失量不大于20%，粒径变化在0.001～0.3mm之间，其比表面积一般在2 000～3 500cm^2/g之间。干粉煤灰的堆放宜加水，以防飞扬；湿粉煤灰的含水率不宜超过35%。粉煤灰不应含有团块、腐殖质及有害杂质。使用时应将凝固的粉煤灰块打碎或过筛。

（3）集料

不同规格的集料应分别堆放，严禁混堆。

集料的均匀系数应大于10（通过量为60%的筛孔尺寸与通过量为10%的筛孔尺寸的比值）。

集料的级配组成及二灰的掺量应满足要求。

（4）混合料设计

应按指定的配比（包括最佳含水率和最大干密度），在二灰碎石层施工前10～15d进行现场试配，按照《公路工程无机结合料稳定材料试验规程》（JTJ 057—1994）的规定进行试验，养生湿度为95%，温度为25℃±2℃，养生6d后，第7d饱水，试件尺寸：15cm×15cm（高×直径）的圆柱体。

建议把提供的二灰掺量作中档值（例如20%），按15%、20%、25%三档二灰掺量（碎石掺量分别为85%、80%、75%）试验制件，按《公路工程无机结合料稳定材料试验规程》（JTJ 057—1994）的规定程序进行重型击实试验和强度试验。后者每组试验结果的偏差系数（C_v）大于10%时应重做试验。

第四章 水泥混凝土和砂浆

水泥混凝土是道路与桥梁工程建设中，应用最广泛、用量最大的建筑材料之一。随着现代高等级公路的发展，水泥混凝土与沥青混凝土一样，成为高等级路面的主要建筑材料。在现代公路桥梁中，钢筋混凝土桥是最主要的一种桥型，广泛应用于高等级公路和立交工程。

水泥混凝土是以水泥和水组成的水泥浆体为黏结介质，将分散其间的不同粒径的粗、细集料胶结起来，在一定条件下，硬化成为具有一定力学性能的一种人工石材。

水泥混凝土可按其组成、特性和功能等从不同角度进行分类。

按表观密度，水泥混凝土可分为：

(1)普通混凝土。由天然砂、卵石或碎石为集料的混凝土，一般干表观密度约为2 400kg/m³(通常波动在2 350~2 500kg/m³范围)，是道路路面和桥梁结构中最常用的混凝土。

(2)轻混凝土。为减轻现代大跨度钢筋混凝土桥梁结构自重，往往采用各种轻集料配制成轻集料结构混凝土，达到轻质高强，以增大桥梁的跨度。这种混凝土通常干表观密度可以轻达1 900kg/m³。

(3)重混凝土。为了屏蔽各种射线的辐射采用各种高密度集料配制的混凝土，这种混凝土的干表观密度可达3 200kg/m³。

按强度分级，水泥混凝土按抗压强度可分为三大类：

(1)低强度混凝土，抗压强度小于20MPa。

(2)中强度混凝土，抗压强度20~50MPa。

(3)高强度混凝土，抗压强度大于50MPa。

此外，为改善水泥混凝土的性能，适应现代道路与桥梁工程的需要，还发展了不同功能的混凝土，如：各种高聚物改性混凝土、纤维增强混凝土、补偿收缩混凝土、流态混凝土等。

第一节 普通水泥混凝土

普通水泥混凝土是以通常用水泥为胶结材料，用普通砂石为集料，并以水为原材料，按专门设计的配合比，经搅拌、成型、养护而得到的复合材料。现代水泥混凝土中，为了调节和改善其工艺性能和力学性能，还需加入各种化学外加剂和磨细矿质掺和料。

普通水泥混凝土具有原料丰富，便于施工和浇筑成各种形状的构件，硬化后性能优越、耐久性好，节约能源，成本低廉等优点。所以普通水泥混凝土广泛应用于道路与桥梁工程。

水泥混凝土的主要性质包括：新拌混凝土的工作性；硬化后混凝土的力学性质和耐久性。

一、新拌水泥混凝土的工作性(和易性)

水泥混凝土在尚未凝结硬化以前，称为新拌混凝土或混凝土拌和物。目前在生产实践上，对新拌混凝土的性质，主要用工作性(或和易性)来表征。

1．工作性的含意

工作性(或称和易性)这一术语的含义,通常认为它包含:“流动性”、“可塑性”、“稳定性”和“易密性”这四方面的含义。优质的新拌混凝土应该具有:满足输送和浇捣要求的流动性;不为外力作用产生脆断的可塑性;不产生分层、泌水的稳定性和易于浇捣密致的密实性。

2．工作性的测定方法

按我国国家标准《普通混凝土拌和物的试验方法》(GB/T 50080—2002)规定,混凝土拌和物的稠度试验方法有坍落度与坍落度扩展度法试验和维勃稠度试验两种方法。

(1)坍落度与坍落度扩展度法试验。本方法适用于骨料最大粒径不大于40mm、坍落度不小于10mm的混凝土拌和物稠度测定。坍落度与坍落扩展度试验所用的混凝土坍落度仪应符合《混凝土坍落度仪》(JG 3021—1994)中有关技术要求的规定。

《公路工程水泥及水泥混凝土试验规程》(JTG E30—2005)规定:坍落度试验是用标准坍落度圆锥筒测定,该筒为钢皮制成,高度 $H = 300$mm,上口直径 $d = 100$mm,下底直径 $D = 200$mm,试验时,将圆锥置于平板上,然后将混凝土拌和物分三层装入标准圆锥筒内(使捣实后每层高度为筒高的1/3左右),每层用弹头棒均匀地捣插25次。多余试样用镘刀刮平,然后垂直提取圆锥筒,将圆锥筒与混合料并排放于平板上,测量筒高与坍落后混凝土试件最高点之间的高差,即为新拌混凝土拌和物的坍落度,以mm为单位(精确至5mm)。进行坍落度试验同时,应观察混凝土拌和物的黏聚性、保水性和含砂情况等,以便全面地评价混凝土拌和物的和易性。坍落度是新拌混凝土自重引起的变形,坍落度只有对富水泥浆的新拌混凝土才比较敏感。相同性质的新拌混凝土,不同试样,坍落度可能相差很大;相反,不同组成的新拌混凝土,它们工作性虽有很大的差别,但却可得到相同的坍落度。因此,坍落度不是满意的工作性能指标。

(2)维勃稠度试验。本方法适用于骨料最大粒径不大于40mm,维勃稠度在5~30s之间的混凝土拌和物稠度测定。

《普通混凝土拌和物性能试验方法》(GB/T 50080—2002)规定:维勃稠度试验方法是将坍落度筒放在直径为240mm、高度为200mm圆筒中,圆筒安装在专用的振动台上。按坍落度试验的方法将新拌混凝土装入坍落度筒内后再拔去坍落度筒,并在新拌混凝土顶上置一透明圆盘。开动振动台并记录时间,从开始振动至透明圆盘底面被水泥浆布满瞬间止,所经历的时间,以s计(精确至1s),即为新拌混凝土的维勃稠度值。

此外,国际上测定工作性的试验方法,经常采用的还有密实因数试验、重塑性试验、球体贯入度试验。

根据我国现行《公路工程水泥及水泥混凝土试验规程》(JTG E30—2005)规定,路面混凝土稠度分析,如表1-4-1所示。

路面混凝土稠度分级表

表1-4-1

级　别	维勃稠度(s)	坍落度(mm)	级　别	维勃稠度(s)	坍落度(mm)
特干硬	≥31	—	低塑	10~5	50~90
很干稠	30~21	—	塑 性	≤4	100~150
干稠	20~11	10~40	流型	—	>160

3．影响新拌混凝土的工作性因素

1)组成材料质量及其用量的影响

(1)水泥特性的影响。水泥的品种、细度、矿物组成以及混合材料的掺量等都会影响需水量。由于不同品种的水泥达到标准稠度的需水量不同,所以不同品种水泥配制成的混凝土拌和物具有不同的工作性。通常普通水泥的混凝土拌和物比矿渣和火山灰的工作性好。矿渣水泥拌和物的流动性虽大,但黏聚性差,易泌水离析;火山灰水泥流动性小,但黏聚性最好。此外,水泥细度对混凝土拌和物的工作性亦有影响,适当提高水泥的细度可改善混凝土拌和物的黏聚性和保水性,减少泌水、离析现象。

(2)集料特性的影响。集料的特性包括集料的最大粒径、形状、表面纹理(卵石或碎石)、级配和吸水性等,这些特性将不同程度地影响新拌混凝土的工作性。其中最为明显的是,卵石拌制的混凝土拌和物较山砂的好。集料的最大粒径增大,可使集料的总表面积减小,拌和物的工作性也随之改善。此外,具有良好级配的混凝土拌和物具有较好的工作性。

(3)集浆比的影响。集浆比就是单位混凝土拌和物中,集料绝对体积与水泥浆绝对体积之比。水泥浆在混凝土拌和物中,除了填充集料间的空隙外,还包裹集料的表面,以减少集料颗粒间的摩阻力,使混凝土拌和物具有一定的流动性。在单位体积的混凝土拌和物中,如水灰比保持不变,则水泥浆的数量越多,拌和物的流动性愈大。但若水泥浆数量过多,则集料的含量相对减少,达一定限度时,将会出现流浆现象,使混凝土拌和物的黏聚性和保水性变差;同时对混凝土的强度和耐火性也会产生一定的影响。此外水泥浆数量增加,就要增加水泥用量,提高混凝土的单价。相反若水泥浆数量过少,不足以填满集料的空隙和包裹集料表面,则混凝土拌和物黏聚性变差,甚至产生崩坍现象。因此,混凝土拌和物中水泥浆数量应根据具体情况决定,在满足工作性要求的前提下,同时要考虑强度和耐久性要求,尽量采用较大的集浆比(即较少的水泥浆用量),以节约水泥用量。

(4)水灰比的影响。在单位混凝土拌和物中,集浆比确定后,即水泥浆的用量为一固定数值时,水灰比即决定水泥浆的稠度。水灰比较小,则水泥浆较稠,混凝土拌和物的流动性亦较小,当水灰比小于某一极限以下时,在一定施工方法下就不能保证密实成型;反之,水灰比较大,水泥浆较稀,混凝土拌和物的流动性虽然较大,但黏聚性和保水性却随之变差。当水灰比大于某一极限以上时,将产生严重离析、泌水现象。因此,为了使混凝土拌和物能够密实成型,所采用的水灰比值不能过小;为了保证混凝土拌和物具有良好的黏聚性和保水性,所采用的水灰比值又不能过大。在实际工程中,为增加拌和物的流动性而增加用水量时,必须保证水灰比不变,同时增加水泥用量,否则将显著降低混凝土的质量。因此,决不能以单纯改变用水量的办法来调整混凝土拌和物的流动性。在通常使用范围内,当混凝土中水量一定时,水灰比在小的范围内变化,对混凝土拌和物的流动性影响不大。

(5)砂率的影响。砂率是指混凝土中砂的质量占砂、石总质量的百分率。砂率表征混凝土拌和物中砂与石相对用量比例的组合。由于砂率变化,可导致集料的空隙率和总表面积的变化,因而混凝土拌和物的工作性亦随之产生变化。

当砂率过大时集料的空隙率和总表面积增大,在水泥浆用量一定的条件下,混凝土拌和物就显得干稠,流动性小。当砂率过小时,虽然集料的总表面积减小,但由于砂浆量不足,不能在粗集料的周围形成足够的砂浆层来起润滑作用,因而使混凝土拌和物的流动性降低。更严重的是影响了混凝土拌和物的黏聚性与保水性,使拌和物显得粗涩、粗集料离析、水泥浆流失,甚至出现溃散等不良现象。因此,在不同的砂率中应有一个合理砂率值。

混凝土拌和物的合理砂率是指在用水量和水泥用量一定的情况下,能使混凝土拌和物获得最大的流动性，且能保持黏聚性和保水性能良好的砂率。

(6)外加剂的影响。在拌制混凝土拌和物时，加入少量外加剂，可在不增加水泥用量的情况下，改善拌和物的工作性，同时尚能提高混凝土的强度和耐久性。

2)环境条件的影响

引起混凝土拌和物工作性降低的环境因素，主要有：温度、湿度和风速。对于给定组成材料性质和配合比例的混凝土拌和物，其工作性的变化，主要受水泥的水化率和水分的蒸发率所支配。因此，混凝土拌和物从搅拌到捣实的这段时间里，温度的升高会加速水化率以及水由于蒸发而损失，这些都会导致拌和物坍落度的减小。湿度会影响拌和物水分的蒸发率，因而影响坍落度。对于不同环境条件下，要保证拌和物具有一定的工作性，必须采用相应的改善工作性的措施。

3)时间的影响

混凝土拌和物在搅拌后，其坍落度随时间的增长而逐渐减小，称为坍落度损失。主要是由于拌和物中自由水随时间而蒸发、集料的吸水和水泥早期水化而损失的结果。混凝土拌和物工作性的损失率，受组成材料的性质（如水泥的水化和发热特性、外加剂的特剂、集料的空隙率等）以及环境因素的影响。

4. 改善新拌混凝土工作性的措施

改善新拌混凝土的工作性可从下列途径采取必要的技术措施：

(1)调节混凝土的材料组成。在保证混凝土强度、耐久性和经济性的前提下，适当调整混凝土的组成配合比例以提高工作性。

(2)掺加各种外加剂。如减水剂、塑化剂等均能提高新拌混凝土的工作性，同时并能提高强度、耐久性以及节约水泥。

(3)提高振捣机械的效能。由于振捣效能提高，可降低施工条件对混凝土拌和物工作性的要求，因而保持原有工作性能亦能达到捣实的效果。

5. 混凝土拌和物的工作性选择

混凝土拌和物的工作性，依据结构物的断面尺寸、钢筋配置的疏密以及捣实的机械类型和施工方法等来选择。一般对无筋、钢筋配置稀疏易于施工的结构，尽可能选用较小的坍落度，以节约水泥。反之，对横断面尺寸较小、形状复杂或配筋特密的结构，则应选用较大的坍落度，易于浇捣密实，以保证施工质量。公路桥梁与道路路面用混凝土可按下述选用。

1)公路桥涵用混凝土拌和物的工作性选择

公路桥涵用混凝土拌和物的工作性根据公路桥涵技术规范有关规定选择，有表1-4-2可供选用参考。

公路桥涵用混凝土拌和物的坍落度 表1-4-2

项 次	结构种类	坍落度
1	桥涵基础、墩台、仰拱、挡土墙及大型制块等便于灌筑捣实的结构	0～20mm
2	上列桥涵墩台等工程中较不便施工处	10～30mm
3	普通配筋的钢筋混凝土结构如钢筋混凝土板、梁、柱等	30～50mm
4	钢筋较密、断面较小的钢筋混凝土结构(梁、柱、墙等)	50～70mm
5	钢筋配制特密、断面高而狭小极不便灌注捣实的特殊结构部位	70～90mm

2)道路混凝土拌和物的工作性选择

水泥混凝土路面用道路混凝土拌和物的工作性,按《普通混凝土拌和物性能试验方法》(GB/T 50080—2002 规定,坍落度宜为10~25mm;采用维勃稠度仪测定维勃时间宜为5~30s。

二、硬化混凝土的力学性质

硬化后混凝土的力学性质,主要包括:强度和变形两方面。

1. 强度

强度是混凝土硬化后的主要力学性能,按我国国家标准《普通混凝土力学性能试验方法》(GB/T 50081—2002)规定,混凝土强度有:立方体抗压强度、棱柱体抗压强度、劈裂抗拉强度、抗折强度等。

1)抗压强度标准值和强度等级

钢筋混凝土和预应力钢筋混凝土桥梁结构设计时,混凝土材料的强度是用强度等级作为设计依据的。在结构设计时,混凝土各种力学强度的标准值,均可由强度等级换算出,所以强度等级是混凝土各种力学强度标准值的基础。

(1)立方体抗压强度。按照标准的制作方法制成边长为150mm的正方体试件,在标准养护条件(温度20℃±2℃,相对湿度95%以上)下,养护至28d龄期,按照标准的测定方法测定其抗压强度值,称为“混凝土立方体试件抗压强度”(简称“立方抗压强度”)。

(2)立方体抗压强度标准值,混凝土“立方体抗压强度标准值”,按《混凝土强度检验评定标准》(GBJ 107—87)和《混凝土结构设计规范》(GB 50010—2002)的定义是按照标准方法制作和养护的边长为150mm的立方体试件,在28d龄期,用标准试验方法测定的抗压强度总体分布中的一个值,强度低于该值的百分率不超过5%(即具有95%保证率的抗压强度),以N/mm^2即MPa计。

从以上定义可知,立方体抗压强度只是一组混凝土试件抗压强度的算术平均值,并未涉及数理统计、保证率的概念。而立方体抗压强度标准值是按数理统计方法确定,具有不低于95%保证率的立方体抗压强度。

(3)强度等级,混凝土“强度等级”是根据“立方体抗压强度标准值”来确定的。

强度等级表示方法,是用符号“C”和“立方体抗压强度标准值”两项内容表示。例如“C30”即表示混凝土立方体抗压强度标准值$f_{cu,k}=30MPa$。

《混凝土结构设计规范》(GB 50010—2002)规定,普通混凝土按立方抗压强度标准值划分为:C15、C20、C25、C30、C35、C40、C45、C50、C55 、C60、C65、C70、C75和C80等14个强度等级。

2)抗弯拉强度

道路路面或机场道路用水泥混凝土,以抗弯拉强度(或称抗折强度)为主要强度指标,抗压强度作为参考指标。根据我国《公路水泥混凝土路面设计规范》(JTG D40—2002)规定,不同交通量分级的水泥混凝土计算抗折强度如表1-4-3。道路水泥混凝土抗折强度与抗压强度的关系如表1-4-4。

路面水泥混凝土计算抗折强度 表1-4-3

交通量分级	特 重	重	中 等	轻
混凝土计算抗折强度f_{cf}(MPa)	5.0	5.0	4.5	4.0

道路水泥混凝土抗折强度与抗压强度的关系 表1-4-4

抗折强度f_{cf}(MPa)	4.0	4.5	5.0	5.5
抗压强度f_{cf}(MPa)	25.0	30.0	35.5	40.0

道路水泥混凝土的抗折强度是以标准制作方法制备成150mm×150mm×150mm的梁形试件，在标准条件下，经养护28d后，按三分点加荷方式，测定其抗折强度(f_{cf})。

2. 影响硬化后水泥混凝土强度的因素

影响硬化后水泥混凝土强度的因素，归纳起来主要有：材料组成、制备方法、养生条件和试验条件等四大方面。

1）材料组成对混凝土强度的影响

材料组成是混凝土强度形成的内因，主要取决于组成材料的质量及其在混凝土中的数量。

(1)水泥的强度和水灰比。水泥混凝土的强度主要取决于其内部起胶结作用的水泥石的质量，水泥石的质量则取决于水泥的特性和水灰比。

我国根据大量的试验资料统计结果，提出灰水比(C/W)、水泥实际强度(f_{ce})与混凝土28d立方体抗压强度($f_{cu,28}$)的关系公式：

$$f_{cu,28} = A \cdot f_{ce} \cdot \left(\frac{C}{W} - B\right) \tag{1-4-1}$$

式中：$f_{cu,28}$——混凝土28d龄期的立方体抗压强度(MPa)；

f_{ce}——水泥强度等级值(MPa)；

C/W——灰水比；

A、B——经验常数，按《普通混凝土配合比设计规程》(JGJ 55—2002)规定，混凝土强度公式的经验常数A、B列于表1-4-5。

混凝土强度公式的经验常数A、B 表1-4-5

集料类别	经验常数	
	A	B
碎石	0.46	0.48
卵石	0.07	0.33

(2)集料特性。集料对混凝土的强度有明显的影响，特别是粗集料的形状与表面性质对强度有着直接的关系。在我国现行混凝土强度公式中，对表面粗糙、有棱角的碎石以及表面光滑浑圆的卵石，它们的经验系数A和B均不同。

(3)浆集比。混凝土中水泥浆的体积和集料体积之比值，对混凝土的强度也有一定的影响。特别是高强度等级的混凝土更为明显，在水灰比相同的条件下，在达到最优浆集比后，混凝土的强度随着浆集比的增加而降低。

2）养护条件对混凝土强度的影响

对于相同配合组成和相同施工方法的水泥混凝土，其力学强度取决于养护的湿度、温度和养护时间(龄期)。

(1)湿度。混凝土浇筑成型后，如能保持湿润的状态，混凝土的强度将随龄期按水泥的特性成对数关系增长。

(2)温度。养护温度对混凝土强度发展有很大影响。在相同湿度的养护条件下,低温养护强度发展较慢,为了达到一定强度,低温养护较高温养护需要更长的龄期。

(3)龄期。混凝土的强度随着龄期的增长而提高。一般早期增长比例为显著,后期较为缓慢。

3)试验条件对混凝土强度的影响

相同材料组成、制备条件和养护条件制成的混凝土试件,其力学强度还取决于试验条件。影响混凝土力学强度的试验条件主要有:试件形状与尺寸、试件湿度、试件温度、支承条件和加载方式等。

3. 提高混凝土强度的措施

1)选用高强度水泥和早强型水泥

为提高路面用混凝土的强度,应选用高强度的水泥,目前重型交通的路面,抗折强度应大于5.0MPa,水灰比不大于0.46,水泥用量不大于360kg/m^3的条件下,必须采用高强水泥或道路水泥,才能满足混凝土强度高,且水泥用量少的要求。为缩短养护时间,及早通车,在供应条件允许时,应优先选用早强型水泥。

2)采用低水灰比和浆集比

为提高路面混凝土的强度,通常采用的水灰比不超过0.45,用水量不超过150kg/m^3(卵石不超过140kg/m^3)。对于掺加外加剂的混凝土还可用更低的水灰比和用水量。采用低的水灰比,可以减少混凝土中的游离水,从而减小混凝土中的空隙,提高混凝土的密实度和强度。另一方面降低了浆集比,减薄水泥浆层的厚度,可以充分发挥集料的骨架作用,对混凝土强度的提高亦有帮助。如采用适宜的最大粒径,可调节抗压和抗折强度之间的关系,以达到提高抗折强度的效果。

3)掺加混凝土外加剂和掺和料

目前桥梁工程用预应力混凝土,通常要求设计强度为C50以上,除了采用52.5级或62.5级硅酸盐水泥外,水灰比必须在0.30~0.40之间才能达到强度要求。而混凝土拌和物的坍落度又要求在50mm以上,必须采用高效减水剂等外加剂,才能保证混凝土拌和物的工作性和混凝土的强度。

4)采用湿热处理——蒸汽养护和蒸压养护

(1)蒸汽养护。蒸汽养护是使浇筑好的混凝土构件经1~3h时预养后,在90%以上的相对湿度、60℃以上温度的饱和水蒸气中养护,以加速混凝土强度的发展。

(2)蒸压养护。蒸压养护是将浇筑完的混凝土构件静停8~10h后,放入蒸压釜内,通入高压、高温(如大于或等于8个大气压,温度为175℃以上)饱和蒸汽进行养护。

5)采用机械搅拌和振捣

混凝土拌和物在强力搅拌和振捣作用下,水泥浆的凝聚结构暂时受到破坏,因而降低了水泥浆的黏度和集料间的摩阻力,提高了拌和物的流动性,混凝土拌和物能更好地充满模型并均匀密实,混凝土强度得到提高。

4. 变形

混凝土的变形,主要有弹性变形、收缩变形、徐变变形和温度变形等四类。

1)弹性变形

弹性变形是指当荷载施加于材料立即出现、荷载卸除后立即消失的变形。

2)弹性模量

(1)静力抗压弹性模量:对桥梁工程用混凝土按《普通混凝土力学性能试验方法标准》(GB/T 50081—2002)或(JTG E30—2005)规定,应力为棱柱体极限抗压强度的40%时的割线模量,作为混凝土静力抗压弹性模量。

(2)静力抗折弹性模量:对路面工程用混凝土应测定其抗折时的平均弹性模量。按现行行业标准(JTG E30—2005)规定,道路水泥混凝土的抗折弹性模量是取抗折极限荷载平均值的50%为抗折弹性模量的荷载标准,并经反复加荷变形验证后的割线模量测定。混凝土抗折弹性模量E_{cf}的测定是按简支梁三分点加荷的跨中挠度公式反算。

路面水泥混凝土的抗折弹性模量,可根据其抗折强度按表1-4-6建议的数据范围选用。

路面水泥混凝土的抗折弹性模量 表1-4-6

混凝土计算抗折强度f_{ch}(MPa)	4.0~4.5	4.5~5.5
混凝土抗折弹性模量E_{cf}($\times10^4$MPa)	2.7~3.1	2.8~3.5

3)影响混凝土弹性模量的因素

混凝土弹性模量和混凝土的强度一样,受其组成的孔隙率影响,混凝土强度愈高,弹性模量亦愈高。在组成相中,首先是粗集料,当混凝土中高弹性模量的粗集料含量越多,混凝土的弹性模量越高。

其次是水泥浆体的弹性模量决定于其孔隙率。控制水泥浆体的孔隙率因素,如水灰比、含气率、水化程度等均与弹性模量有关。此外,养护条件也对混凝土弹性模量有影响,如蒸汽养护混凝土的弹性模量比潮湿养护的要低。最后,弹性模量与测试条件和方法等同样有关,如在潮湿状态下的模量值比干燥时的高。

4)收缩

收缩是混凝土材料因物理和化学作用所产生的体积缩小的总称。

收缩能使混凝土产生内应力,导致路面或桥梁结构发生变形,甚至裂缝,从而降低其强度和刚度;此外,收缩还能使混凝土内部产生微裂缝,破坏混凝土的微结构,降低混凝土的耐久性。对预应力钢筋混凝土结构,由于混凝土收缩,会产生应力损失。

5)影响混凝土收缩的因素

影响混凝土收缩的因素,大致可分为组成材料的品种、质量、级配等内因与介质温度、湿度、约束钢筋等外因。后者影响比前者略大些。

(1)集料含量:混凝土产生收缩的主要组分是水泥石,增加集料的相对含量即可减少收缩。

(2)集料的质量:在混凝土配合比一定时,采用弹性模量值较高的集料,可以减少收缩。

(3)单位用水量:在混凝土中,水泥与水经水化反应而生成凝胶,凝胶吸湿则膨胀、干燥则收缩。干燥收缩主要是由于凝胶收缩而引起的,因此单位用水量对混凝土收缩有较大影响。

(4)相对湿度:周围介质的相对湿度是影响混凝土收缩的重要因素。相对湿度越低,混凝土收缩越大。

(5)养护方法:延长潮湿养护期,可以推迟混凝土的开始,但影响甚微。在水中养护,混凝土约膨胀$(100\sim200)\times10^{-6}$mm/mm,普通蒸汽养护可使混凝土收缩减少,压蒸汽养护对混凝土收缩减少更为显著。

(6)外加剂:不同化学外加剂对混凝土收缩影响不同,其中氯化钙对混凝土收缩影响最大。

6)减少收缩的措施

(1)正确设计密级配,并提高集浆比,使集料在混凝土中形成密实骨架;

(2)采用弹性模量较高的岩石所轧制的集料;

(3)在混凝土配比中除了采用较低的单位用水量和低的水灰比外,并重视水泥品种的选用,选用 C_4AF 含较高者;

(4)正确选用外加剂,不掺加氯盐早强剂;

(4)采用蒸养或压蒸养护。

5. 耐久性

对道路与桥梁建筑混凝土,由于无遮盖而裸露大气中,长期受风霜雨雪的侵蚀,因此耐久性的首要要求是抗冻性,其次对道路混凝土,因受车辆轮胎的作用,还要求其有耐磨性;桥梁墩台混凝土受海水或污水的侵蚀,还要求具抗化学侵蚀的耐蚀性。此外,近年来,碱—集料反应,引起高速公路及桥梁的破坏,亦引起了人们的关注。

1)抗冻性

混凝土遭受到冻融的循环作用,可导致强度降低甚至破坏。为评价混凝土的抗冻性,按《普通混凝土长期性能和耐久性能试验方法》(GBJ 80—85)规定,抗冻性能试验方法,可分为慢冻性和快冻法两种。对于抗冻性要求,我国现行交通行业标准《公路工程水泥及水泥混凝土试验规程》(JTG E30—2005)规定为采用“快冻法”。该方法是以 100mm × 100mm × 400mm 棱柱体混凝土试件,经 28d 龄期,于 -16℃和 3℃条件下快速冻结和融化循环。每 25 次冻融循环,对试件进行一次横向基频的测试并称重。当冻融至 300 次,或相对动弹模量下降至 60% 以下,或质量损失达到 5%,即可停止试验。然后分别计算:

当混凝土相对动弹模量降低至小于或等于 60%;或质量损失达 5% 时的循环次数,即为混凝土的抗冻标号。抗冻标号分为 D25、D50、D100、D150、D200、D250 和 D300 等。

混凝土抗冻性亦可用耐久性指数表示。耐久性指数按下式计算:

$$K_n = \frac{P \cdot n}{300} \tag{1-4-2}$$

式中:K_n——混凝土耐久性指数;

n——达到前述规定的冻融循环次数;

P——经 n 次冻融循环后试件的相对动弹性模量(%)。

2)耐磨性

耐磨性是路面和桥梁用混凝土的重要性能之一。作为高级路面的水泥混凝土,必须具有抵抗车辆轮胎磨耗和磨光的性能。作用大型桥梁的墩台用水泥混凝土也需要具有抵抗湍流空蚀的能力。混凝土耐磨性评价,按《公路工程水泥及水泥混凝土试验规程》(JTG E30—2005),是以 150mm × 150mm × 150mm 立方体试件,养生至 27d 龄期,在 60℃烘干恒量,然后在带有花轮磨头的混凝土磨耗试验机上,在 200N 负荷下磨削 60 转。计算单位面积上的磨损量。

3)碱—集料反应

水泥混凝土中水泥的碱与某些碱活性集料发生化学反应,可引起混凝土产生膨胀、开裂,甚至破坏,这种化学反应称为碱—集料反应。含有这种碱活性矿物的集料,称为碱活性集料

（简称碱集料）。碱—集料反应会导致高速公路路面或大型桥梁墩台的开裂和破坏，并且这种破坏会继续发展下去，难以补救，因此，引起世界各国的普遍关注。近年来，我国水泥含碱量的增加、水泥用量的提高，以及含碱外加剂的普遍应用，增加了碱—集料反应破坏的潜在危险，因此，对混凝土用砂石料的碱活性问题，必须引起重视。

碱—集料反应有两种类型：

（1）碱—硅反应是指碱与集料中活性二氧化硅反应。

（2）碱—碳酸盐反应是指碱与集料中活性碳酸盐反应。

第二节　普通水泥混凝土的组成材料

一、水泥

水泥是混凝土的胶结材料，混凝土的性能很大程度上取决于水泥的质量。所以在选择混凝土组成材料时，对水泥的品种和强度的选择必须特别慎重。

1. 水泥品种的选择

可根据混凝土工程的特点、所处环境、施工气候和条件等因素，参照表1-4-7建议进行选用。

常用水泥品种的选用参考表　　表1-4-7

工程性质 \ 适用范围 \ 水泥品种		硅酸盐水泥(P)	普通水泥(P.O)	矿渣水泥(P.S)	火山灰水泥(P.P)	粉煤灰水泥(P.F)
工程特点	1. 厚大体积混凝土	×	△	☆	☆	☆
	2. 快硬混凝土	☆	△	×	×	×
	3. 高强（大于C40级）混凝土	☆	△	△	×	×
	4. 有抗渗要求的混凝土	☆	☆	×	☆	☆
	5. 耐磨混凝土（水泥等级应≥42.5级）	☆	☆	△	×	×
环境条件	1. 在普通气候环境中的混凝土	△	☆	△	△	△
	2. 在干燥环境中的混凝土	△	☆	△	×	×
	3. 在高湿度环境中或永远处在水下的混凝土	△	△	☆	△	△
	4. 严寒地区的露天混凝土，严寒地区处在水位升降范围内的混凝土（水泥等级应≥42.5级）	☆	☆	△	×	×
	5. 严寒地区处在水位升降范围内的混凝土（水泥等级应≥42.5级）	☆	☆	×	×	×

2. 水泥等级的选择

选用水泥的强度应与要求配制的混凝土强度等级相适应。如水泥强度选用过高，则混凝土中水泥用量过低，影响混凝土的和易性和耐久性。反之，如水泥强度选用过低，则混凝土中水泥用量太多，非但不经济，而且降低混凝土的某些技术品质（如收缩率增大等）。通常，配制一般混凝土时，水泥强度为混凝土抗压强度的1.5～2.0倍；配制高强度混凝土时，为混凝土抗

压强度的0.9~1.5倍。但是,随着混凝土要求的强度等级不断提高,近代高强度混凝土并不受此比例的约束。

水泥混凝土路面用水泥的等级与品种的选择,应根据路面的交通等级所要求的设计抗折强度来确定。水泥供应条件允许,应优先选用早强型水泥,以缩短养护时间。

二、细集料

1. 级配和细度模数

1)级配

优质的混凝土用砂希望具有高的密度和小的比表面,这样才能达到既保证新拌混凝土有适宜的工作性和硬化后混凝土有一定的强度、耐久性;同时,又达到节约水泥的目的。

混凝土用细集料的级配要求,应与一定的粗集料级配所组成的矿质混合料一并考虑。但是,如细集料的级配不良则很难配制成良好的矿质混合料。混凝土用砂的级配根据《普通混凝土用砂、石质量及检验方法标准》(JGJ 52—2006)的规定,是以细度模数 M_x =1.6~3.7的砂,按0.63mm筛孔的累计筛余划分为3个级配区,级配范围如表1-4-8所示。

砂的颗粒级配区 表1-4-8

级配区	筛孔尺寸(mm)						
	10.0	5.00	2.50	1.25	0.630	0.315	0.160
	累计筛余(%)						
Ⅰ区	0	10~0	35~5	65~35	85~71	95~80	100~90
Ⅱ区	0	10~0	25~0	50~10	70~41	92~70	100~90
Ⅲ区	0	10~0	15~0	25~0	40~16	85~55	100~90

Ⅰ区砂属于粗砂范畴,用Ⅰ区砂配制混凝土时,应较Ⅱ区砂采用较大的砂率。否则,新拌混凝土的内摩擦阻力较大、保水性差、不易捣实成型。Ⅱ区砂是中砂和一部分偏粗的细砂组成,Ⅲ区砂系细砂的一部分偏细的中砂组成。当应用Ⅲ区砂配制混凝土时,应较Ⅱ区砂采用较小的砂率,因应用Ⅲ区砂所配制成的新拌混凝土黏性略大,比较明软,易插捣成型,而且由于Ⅲ区砂的级配细、比表面积大,所以对新拌混凝土的工作性影响比较敏感。

对要求耐磨的混凝土,小于0.08mm的颗粒不应超过3%,其他混凝土,则不应超过5%。当其颗粒成分为石粉时,此限值可分别增至7%。

2)细度模数

砂的粗细程度,用细度模数来表示。砂按细度模数分为:粗砂(M_x =3.7~3.1)、中砂(M_x =3.7~3.2)和细砂(M_x =2.2~1.6)三级。

2. 有害杂质含量

集料中含有妨碍水泥水化,或能降低集料与水泥石黏附性,以及能与水泥水化产物产生不良化学反应的各种物质,称为有害杂质。

砂中常含有的有害杂质,主要有含泥量和泥块含量,以及云母、轻物质、硫酸盐和硫化物以及有机质等。

(1)含泥量和泥块含量。砂石中含泥量是指粒径小于0.080mm的颗粒的含量;泥块是指原颗粒粒径大于5mm,经水洗手捏后变成小于2.5mm的颗粒。泥块主要有三种类型:①纯泥块:由纯泥组成粒径大于5mm的团块;②泥砂团或石屑团:由砂或石屑与泥混成粒径大于5mm的团块;③包裹型的泥:是包裹在石子表面的泥。这三种存在形式中,包裹型的泥是以表面覆盖层的形式存在,它妨碍集料与水泥净浆的黏结,影响混凝土的强度和耐久性。

(2)云母含量。某些砂中含有云母。云母呈薄片状,表面光滑,且极易沿节理裂开,因此它与水泥石的黏附性极差。砂中含有云母,对混凝土拌和物的和易性和硬化后混凝土的抗冻性和抗渗性都有不利的影响。白云母似乎较黑云母更为有害。按标准规定,砂中云母含量不得大于2%。对于有抗冻性、抗渗性要求的混凝土,则应通过混凝土试件的相应试验,确定其有害量。

(3)轻物质含量。砂中的轻物质是指相对密度小于2.0的颗粒(如煤和褐煤等)。规范规定,轻物质含量不宜大于1%。轻物质的含量用相对密度为1.95～2.00的重液进行分离测定。

(4)有机质含量。天然砂中有时混杂有有机物质(如动植物的腐殖质、腐殖土等),这类有机物质将延缓水泥的硬化过程,并降低混凝土的强度,特别是早期强度。

规范规定,应用比色法测定砂中有机物含量,试液颜色不应深于标准颜色,如深于标准颜色时,则应进行混凝土(或砂浆)强度的对比试验。

为了消除砂中有机物的影响,可采用石灰水淘洗,或在拌和混凝土时加入少量消石灰。此外,亦可将砂在露天摊成薄层,经接触空气和阳光照射后也可消除有机物的不良影响。

(5)硫化物和硫酸盐含量。在天然砂中,常掺杂有硫铁矿(FeS_2)或石膏($CaSO_4 \cdot 2H_2O$)的碎屑,如含量过多,将在已硬化的混凝土中与水化铝酸钙发生反应,生成水化硫铝酸钙结晶,体积膨胀,在混凝土内产生破坏作用。所以,规范规定,其含量(折算为SO_3)不得超过砂重的1%。对无筋混凝土,砂中硫化物和硫酸盐含量可酌情放宽。

砂中有无硫化物及硫酸盐,可先用氯化钡溶液做定性试验,如有白色沉淀,再做定量试验。《普通混凝土用砂、石质量及检验方法标准》(JGJ 52—2006)对混凝土用砂的有害杂质含量规定如表1-4-9所示。

混凝土用砂的有害杂质限值 表1-4-9

项 目	制量指标
云母含量(质量,%)	≤2.0
轻物质含量(质量,%)	≤1.0
硫化物及硫酸盐含量(折算成SO_3,质量,%)	≤1.0
有机物含量(用比色法试验)	颜色不应深于标准色,如深于标准色则应进行水泥胶砂强度对比试验,抗压强度比不应低于0.95

3. 细集料的含水率和湿胀

在工程应用中砂是露天堆放的,砂的含水率随着天气而变化,砂的体积亦发生变化。

(1)细集料的含水率。砂从干到湿,可分为四种状态,全干状态,气干状态,饱和面干状态,湿润状态。

(2)细集料的湿胀。砂从全干至饱和面干状态,它的体积都不变化,及至湿润状态后由于砂颗粒表面水膜的存在,使颗粒相互接触处积存一些水,这些水会缩小自己的面积而向夹缝里

缩，其结果是把两颗粒子张开，从而使湿砂的体积膨胀起来。

在施工现场按体积计量砂的用量时，因含水率的变化，砂的体积亦随即变化，通常配合比计算时是按饱和面干时的体积为标准的。为此，必须将现场含水率时，砂的体积进行折算。

三、粗集料

1. 强度

为保证混凝土强度，要求碎石必须具备有一定的强度。碎石的强度可用岩石的抗压强度和压碎指标值表示。通常岩石的抗压强度，由碎石生产单位提供。在混凝土工程中，可用压碎指标值控制。碎石和卵石要求的压碎指标值，根据混凝土的强度等级确定。

2. 坚固性

为保证混凝土的耐久性，用作混凝土的粗集料，应具有足够的坚固性，以抵抗冻融和自然因素的风化作用。混凝土用粗集料的坚固性用硫酸钠溶液法检验，试样经5次循环后，求其质量损失。

3. 级配

为获得密实、高强的混凝土，并能节约水泥，要求粗细集料组成的矿质混合料要有良好的级配。矿质混合料的级配首先取决于粗集料的级配。混凝土用粗集料的级配，采用连续级配或间断级配均可。

连续级配矿质集料的要求级配范围，可参考《普通混凝土用砂、石质量及检验方法标准》(JGJ 52—2006)规定的连续粒级的矿质混合料。当连续粒级不能配合成满意的混合料时，可掺加单粒级集料配合。连续级配矿质混合料的优点是所配制的新拌混凝土较为密实，特别是具有优良的工作性，不易产生离析等现象，故为经常采用的级配。但连续级配与间断级配矿质混合料相比较，配制相同强度的混凝土，所需要的水泥耗量较高。

间断级配矿质混合料的级配要求，可根据粒子干涉理论计算，亦可参考各种经验的级配。间断级配矿质混合料的最大优点是它的空隙率低，可以配制成密实高强的混凝土，而且水泥耗量较小，但是间断级配混凝土拌和物容易产生离析现象，适宜于配制稠硬性拌和物，并须采用强力振捣。

4. 最大粒径的选择

粗集料中公称粒级的上限称为该粒级的最大粒径。对5~25mm粒级而言，其上限粒径25mm即为最大粒径。新拌混凝土随着最大粒径的增大，单位用水量应减少。在固定的用水量和水灰比的条件下，加大最大粒径，可获得较好的和易性，或减少水灰比而提高混凝土强度和耐久性。通常在结构截面允许条件下，尽量增大最大粒径以节约水泥。根据《混凝土结构工程施工质量验收规范》(GB 50204—2002)规定：混凝土用粗集料，其最大颗粒粒径不得超过构件截面最小尺寸的1/4，同时不得超过钢筋间最小净距的3/4。对于混凝土实心板，允许采用最大粒径不宜超过1/3板厚的最大粒径，但最大粒径不得超过40mm。

5. 表面特征和形状

表面粗糙且多棱角的碎石与表面光滑和圆形的卵石相比较，碎石配制成的混凝土，由于它对水泥石的黏附性好，故具有较高的强度，但是相同单位用水量(即相同水泥浆用量)条件下，卵石配制的新拌混凝土具有较好的和易性。

粗集料的粒形接近正立方体者为佳，不宜含有较多针状颗粒(颗粒长度大于该颗粒所属粒级平均粒径的2.4倍者）和片状颗粒（颗粒厚度小于该颗粒所属粒级平均径的0.4倍）。否则将显著降低水泥混凝土的抗折强度，同时影响新拌混凝土的和易性。混凝土用粗集料的针片状颗粒含量按《普通混凝土用砂、石质量及检验方法标准》（JGJ 52—2006）规定如表1-4-10。对强度等级≤C10的混凝土，其针片状颗粒含量可放度到40%。

混凝土用粗集料针片状颗粒含量限值　表1-4-10

混凝土强度等级	≥C60	C55 - 30	≤25
针、片状颗粒含量（质量，%）不大于	8	15	25

6. 含泥量和泥块含量

混凝土用碎石（或卵石）中的含泥量，是指粒径小于0.080mm颗粒的含量。泥块含量是指原颗粒大于5mm，经水洗、手捏后可破碎成小于2.5mm的颗粒含量。它们对混凝土强度和耐久性的影响详见砂中含泥量与泥块含量。碎石（或卵石）中的含泥量，按《普通混凝土用砂、石质量及检验方法标准》（JGJ 52—2006）应符合表1-4-12要求。对于有抗冻、抗渗要求的混凝土，其所用碎石或卵石的含泥量应不大于1.0%。如含泥基本上是非黏土质的石粉时，含泥量可由表1-4-11的0.5%，1.0%，2.0%，分别提高到1.0%，1.5%，3.0%。

混凝土用碎石或卵石含泥量和泥块含量限制　表1-4-11

混凝土强度等级	含泥量（质量，%）	泥块含量（质量，%）
≥C60	≤0.5	≤0.2
C55～30	≤1.0	≤0.5
≤25	≤2.0	≤0.7

7. 有害杂质含量

混凝土用粗集料不应含有某些对混凝土强度形成的有害杂质（主要有硫化物和硫酸盐含量，以及有机质含量）。这些有害杂质含量的限制如表1-4-12所示。

碎石（或卵石）中有害物质限值　表1-4-12

项　目	质量要求	项　目	质量要求
硫化物及硫酸盐含量（折算为SO_3按质量计，%）	≤1.0	卵石中有机质含量（用比色法试验）	颜色应不深于标准色，如深于标准色，则应配制成混凝土进行强度对比试验抗压强度比应不低于0.95

8. 碱活性检验

对于重要混凝土工程用集料，应进行集料碱活性检验，首先应用岩相法确定活性集料的种类和数量。若岩石中含有活性二氧化硅时，应用化学法或砂浆长度法检验，确定其是否含有潜在危险。

四、混凝土拌和用水

按《混凝土拌和用水标准》（JGJ 63—2006）规定，混凝土拌和用水根据其对混凝土（或砂浆）物理力学性能的影响和有害物质含量，控制质量。具体要求如下：

(1)有害物质含量控制。混凝土拌和用水中的有害物质含量应符合表1-4-13的规定。

混凝土拌和用水质量要求 表1-4-13

项　目	素混凝土	钢筋混凝土	预应力混凝土	项　目	素混凝土	钢筋混凝土	预应力混凝土
1. pH值,不小于	4.5	4.5	5.0	4. 氯化物(以 Cl^- 计)(mg/L)不大于	3 500	1 000	500
2. 不溶物(mg/L)不大于	5 000	2 000	2 000	5. 硫酸盐(以 SO_4^{2-} 计)(mg/L)不大于	2 700	2 000	600
3. 可溶物(mg/L)不大于	10 000	5 000	2 000	6. 碱含量(mg/L)不大于	1 500	1 500	1 500

(2)对混凝土凝结时间的影响。用待检验水与蒸馏水(或符合国家标准生活用水)进行水泥凝结时间试验,两者的初凝时间差及终凝时间差,均不得大于30min。待检验水拌制的水泥浆的凝结时间尚应符合水泥国家标准的规定。

(3)对混凝土强度的影响。用待检验水配制水泥砂浆或混凝土,并测定其28d抗压强度(若有早期强度要求时,需增做3d抗压强度),其强度值不应低于饮用水(或符合国家标准的生活用水)拌制的相应砂浆或混凝土抗压强度的90%。

第三节　普通水泥混凝土的组成设计

一、概述

混凝土配合比设计包括两方面的内容:

(1)选料——按照道路和桥梁工程设计和施工的要求,选择适合制备所需混凝土的材料。

(2)配料——根据道路与桥梁设计中指定的混凝土性能(包括工作性、强度、耐久性等)和经济的原则,选择混凝土各组分的最佳配合和用料量。

1. 混凝土配合比表示方法

水泥混凝土配合比表示方法,有下列两种:

(1)单位用量表示法。以每 $1m^3$ 混凝土中各种材料的用量表示(例如水泥:水:细集料:粗集料=330kg:150kg:706kg:1 264kg)。

(2)相对用量表示法。以水泥的质量为1,并按"水泥:细集料:粗集料;水灰比"的顺序排列表示(例如1:2.14:3.82;$W/C=0.45$)。

2. 配合比设计的基本要求

混凝土配合比设计,应满足下列四项基本要求:

1)满足结构物设计强度的要求

不论混凝土路面或桥梁,在设计时都会对不同的结构部位提出不同的"设计强度"要求。为了保证结构物的可靠性,在配制混凝土配合比时,必须要考虑到结构物的重要性、施工单位的施工水平等因素,采用一个比设计强度高的"配制强度",才能满足设计强度的要求。配制强度定得太低,结构物不安全;定得太高又浪费资金。

2)满足施工工作性的要求

按照结构物断面尺寸和形状、配筋的疏密以及施工方法和设备来确定工作性（坍落度或维勃稠度）。

3）满足环境耐久性的要求

根据结构物所处环境条件，如严寒地区的路面或桥梁、桥梁墩台在水位升降范围等，为保证结构的耐久性，在设计混凝土配合比时应考虑允许的“最大水灰比”和“最小水泥用量”。

4）满足经济的要求

在满足设计强度、工作性和耐久性的前提下，配合比设计中尽量降低高价材料（水泥）的用量，并考虑应用就地材料和工业废料（如粉煤灰等），以配制成性能优越、价格便宜的混凝土。

3．混凝土配合比设计的三参数

由水泥、水、细集料和粗集料组成的普通混凝土配合比设计，就是确定这四组之间的分配比例，四组分的比例可以由下列三参数来控制。

1）水灰比

水与水泥组成水泥浆体。水泥浆体的性能，在水与水泥性质固定的条件下，就决定水与水泥的比例，这一比例就称为“水灰比”。

2）砂率

细集料（砂）与粗集料（石）组成矿质混合料。矿料骨架的性能，在砂石性质固定的条件下，就取决于砂与石之间的用量比例，这一比例称为“砂石比”。但现行混凝土配合比设计方法对砂石之间的用量比例，是采用“砂率”来表示。砂率就是砂的用量占砂石总用量的质量百分率，所以实质上砂率即表征砂与石之间的相对含量。

3）用水量

水泥浆与集料组成混凝土拌和物。拌和物的性能，在水泥浆与集料性质固定的条件下，就取决于水泥浆与集料的比例，这一比例称为“浆集比”。但现行混凝土配合比设计方法对水泥浆与集料之间的比例关系，是用“单位用水量”（简称用水量）来表示。所谓单位用水量，是指 $1m^3$ 混凝土拌和物中水的用量（kg/m^3）。当水灰比固定的条件下，用水量既定，水泥用量亦随之确定。在 $1m^3$ 拌和物中，水与水泥用量既定，当然集料的总用量亦确定。所以用水量即表示水泥浆与集料之间的用量比例关系。

上述三参数与四组分间的关系可表示为如图 1-4-1 所示。在混凝土配合比设计中，如能正确处理好四种组成材料之间的三参数关系，就能使设计的混凝土达到上述基本要求。三参数与技术性能的关系如图 1-4-2。

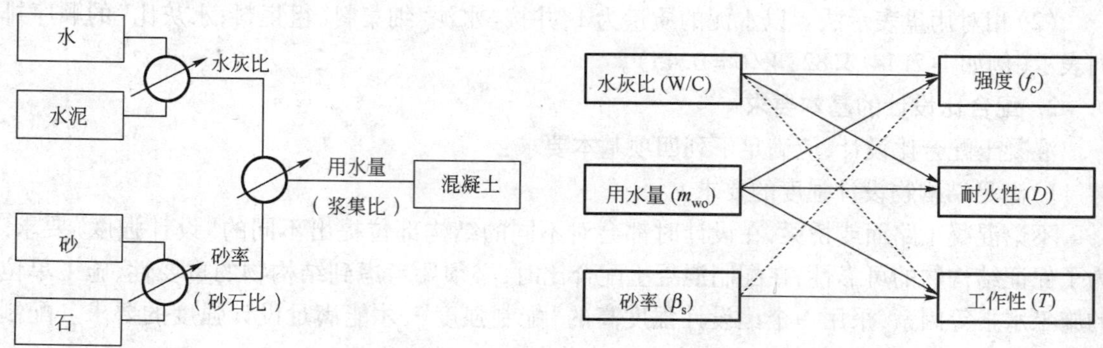

图 1-4-1　混凝土四组分三参数的关系图

图 1-4-2　三参数对技术性能的影响

4. 混凝土配合比设计的步骤

混凝土配合比设计可按下列步骤进行：

(1)计算“初步配合比” 根据原始资料，按我国现行的配合比设计方法，计算初步配合比，即水泥: 水: 细集料: 粗集料 = m_{co}: m_{wo}: m_{so}: m_{Go}。

(2)提出“基准配合比” 根据初步配合比，采用施工实际材料，进行试拌，测定混凝土拌和物的工作性(坍落度或维勃稠度)，调整材料用量，提出一个满足工作性要求的“基准配合比”，即 m_{ca}: m_{wa}: m_{sa}: m_{Ga}。

(3)确定“试验室配合比” 以基准配合比为基础，增加和减少水灰比，拟定几组(通常为三组)适合工作性要求的配合比，通过制备试块、测定强度，确定既符合强度和工作性要求，又较经济的试验室配合比，即 m_{cb}: m_{wb}: m_{sb}: m_{Gb}。

(4)换算“工地配合比” 根据工地现场材料的实际含水率，将试验室配合比，换算为工地配合比，即 m_c: m_w: m_s: m_G 或 1: m_w/m_c: m_s/m_c: m_G/m_c。

二、路面水泥混凝土配合比设计方法

水泥混凝土路面用混凝土配合比设计方法，按我国现行《水泥混凝土路面施工技术规范》(JTG F30—2003)的规定，采用抗弯拉强度为指标的方法。

[设计要求]

路面水泥混凝土配合比设计，应满足：施工工作性、抗弯拉强度、耐久性(包括耐磨性)和经济合理的要求。

1. 计算初步配合比

(1)确定配制强度。混凝土配合比设计时的混凝土试配弯拉强度的均值应按式(1-4-3)确定。

$$f_{rm} = \frac{f_r}{1 - 1.04c_v} + ts \tag{1-4-3}$$

式中：f_{rm}——混凝土试配弯拉强度的均值(MPa)；

f_r——混凝土弯拉强度标准值(MPa)；

c_v——混凝土弯拉强度的变异系数；

s——混凝土弯拉强度试验样本的标准差；

t——保证率系数，按样本数 n 和判别概率 P 参照表 1-4-14 确定。

保证率系数 表 1-4-14

公路等级	判别概率 P	样本数 n				
		3	6	9	15	20
高速公路	0.05	1.36	0.79	0.61	0.45	0.39
一级公路	0.10	0.95	0.59	0.46	0.35	0.30
二级公路	0.15	0.72	0.46	0.37	0.28	0.24
三、四级公路	0.20	0.56	0.37	0.29	0.22	0.19

(2)计算水灰比(W/C)。混凝土拌和物的水灰比根据已知的混凝土配制抗弯拉强度(f_c)和水泥的实际抗弯拉强度(f_s)，代入式(1-4-4)或式(1-4-5)得到灰水比，然后可计算为水灰

比。

对碎石混凝土：

$$\frac{W}{C}=\frac{1.5684}{f_c+1.0097-0.3595f_s} \tag{1-4-4}$$

对砾（卵）石混凝土：

$$\frac{W}{C}=\frac{1.2618}{f_c+1.5492-0.4709f_s} \tag{1-4-5}$$

式中：f_c——混凝土配制抗弯拉强度（MPa）；

f_s——水泥实际抗弯拉强度（MPa）；

W/C——水灰比。

路面混凝土水灰比一般不小于0.40不大于0.50。

（3）计算单位用水量（W_0）。混凝土拌和物每$1m^3$的用水量（kg），按式（1-4-6）或式（1-4-7）确定。

对碎石混凝土：

$$W_0=104.97+0.309S_L+11.27\frac{C}{W}+0.61S_P \tag{1-4-6}$$

对卵石混凝土：

$$W_0=86.89+0.370S_L+11.24\frac{C}{W}+1.00S_P \tag{1-4-7}$$

式中：S_L——混凝土拌和物坍落度（cm）；

S_P——砂率（%），参考表1-4-15选定。

混凝土拌和物砂率范围　　表1-4-15

砂细度模数		2.2～2.5	2.5～2.8	2.8～3.1	3.1～3.4	3.4～3.7
砂率 S_P（%）	碎石	30～34	32～36	34～38	36～40	38～42
	卵石	28～32	30～34	32～36	34～38	36～40

（4）计算单位水泥用量（C_0）。混凝土拌和物每$1m^3$水泥用量（kg），按式（1-4-8）计算

$$C_0=\left(\frac{C}{W}\right)W_0 \tag{1-4-8}$$

路面混凝土单位水泥用量一般不小于$300kg/m^3$，不大于$360kg/m^3$。

（5）计算砂石材料单位用量。砂石用量可以采用密度发或体积法计算。

2．试拌调整、提出基准配合比

（1）试拌。取施工现场实际材料，配制$0.03m^3$混凝土拌和物。

（2）测定工作性。测定坍落度（或维勃稠度），并观察黏聚性和保水性。

（3）调整配比。如流动性不符合要求，应在水灰比不变情况下，增减水泥浆用量；如黏聚性和保水性不符合要求，应稠整砂率。

（4）提出基准配合比。根据调整后，提出一个流动性、黏聚性和保水性均符合要求的基准配合比。

3．强度测定，确定试验室配合比

（1）制备抗弯拉强度试件。接基准配合比，增加和减少水灰比0.03，再计算2组配合比，

用3组配合比制备抗弯拉强度试件。

(2)抗弯拉强度测定。3组试件经28d在标准条件下养护后,按标准方法测定其抗弯拉强度。

(3)确定试验室配合比。根据抗弯拉强度,确定符合工作性和强度符合要求、并且最经济合理的实验室配合比(或称理论配合比)。

4. 换算工地配合比

根据施工现场材料性质、砂石材料颗粒表面含水率,对理论配比进行换算,最后得出施工配合比。

第四节 混凝土外加剂

混凝土外加剂是在拌制混凝土过程中掺入,用以改善混凝土性质的物质。外加剂掺量一般不大于水泥质量的5%。

一、外加剂的分类

混凝土外加剂按其主要功能可分为下列四类:

(1)改善混凝土拌和物流变性能的外加剂,如各种减水剂、引气剂、泵送剂、保水剂、灌浆剂等。

(2)调节混凝土凝结时间和硬化性能的外加剂,如缓凝剂、早强剂、速凝剂等。

(3)改善混凝土耐久性的外加剂,如引气剂、阻锈剂、防水剂等。

(4)改善混凝土其他性能的外加剂,如加气剂、膨胀剂、防冻剂、着色剂、碱—集料反应抑制剂等。

二、减水剂

减水剂是在混凝土坍落度基本相同的条件下,能减少拌和用水的外加剂。

减水剂对新拌混凝土的作用机理主要有下列作用。

1)吸附—分散作用

水泥在加水搅拌后,会产生一种絮凝状结构。产生这种絮凝结构的原因很多,可能因为水泥矿物在水化过程中所带电荷不同,产生异性电荷相互吸引而絮凝;或因水泥颗粒在溶液中的热运动,在某些棱角处互相碰撞,相互吸引而形成的;或因水泥矿物水化后溶剂化水膜产生某些缔合作用等。由于上述原因,在这些絮凝状结构中,包裹着很多拌和水,从而降低了新拌混凝土的工作性。施工中为了保持新拌混凝土所需的工作性,就必须在拌和时相应地增加用水量,这样就会促使水泥石结构中形成过多的孔隙,从而严重影响硬化混凝土的一系列物理—力学性质。当加入减水剂后,减水剂的憎水基团定向吸附于水泥质点表面。亲水基团朝向水溶液,形成单分子(或多分子)的吸附膜。由于减水剂的定向排列,使水泥质点表面均带有相同电荷,在电性斥力的作用下,不但使水泥—水体系处于相对稳定的悬浮状态;另外,在水泥颗粒表面形成一层溶剂化水膜;同时并使水泥絮凝状体内的游离水释放出来,因而达到减水的目的。

2)润滑作用

减水剂在水泥颗粒表面吸附定向排列,其亲水端极性很强,带有负电,很容易与水分子中氢键产生缔合作用,再加上水分子间的氢键缔合,使水泥颗粒表面形成一层稳定的溶剂化水膜,它不仅能阻止水泥颗粒间的直接接触,并在颗粒间起润滑作用。

第五节　建 筑 砂 浆

道路和桥隧工程中,砂浆主要用来砌筑圬工桥涵、挡土墙和隧道衬砌等砌体,以及修饰这些构筑物的表面。故按其用途,可分为砌筑砂浆和抹面砂浆两类。

一、砌筑砂浆

1. 组成材料

砂浆的组成材料除了不含粗集料外,基本上与混凝土的组成材料要求相同,但亦有其差异之处,现就其特点分述如下:

(1)水泥。常用的各种品种水泥均可作为砂浆的结合料。但由于砂浆的等级较低,所以水泥的强度不宜太高,否则水泥的用量太低,会导致砂浆的保水性不良。通常水泥的强度应为砂浆强度等级的4~5倍为宜。

(2)掺和料。为提高砂浆的和易性,除了水泥外,还掺加各种掺和料(如石灰、黏土和粉煤灰等)作为结合料,配制成各种混合砂浆,以达到提高质量、降低成本为目的。

(3)细集料。细集料为砂浆的骨料,其最大粒径不应超过灰缝的1/4~1/5。砖砌体用砂浆,砂的最大粒径为2.5mm;石砌体用砂浆,砂的最大粒径为5.0mm。为保证砂浆质量,砂中含泥量应予以限制。

(4)水。拌制砂浆用水与混凝土用水相同。

(5)外加剂。为提高砂浆和易性,节约结合料的用量,必要时可掺加外加剂,最常用的是一种松香热聚物微沫剂,掺量为水泥质量的0.005%~0.010%,已取得良好效果。

2. 技术性质

1)新拌砂浆和易性

砂浆在硬化前应具有良好的和易性,和易性包括流动性和保水性。

(1)流动性。砂浆的流动性是指其在自重或外力作用下流动的性能。

砂浆的流动性与用水量、胶结材的品种和用量、细集料的级配和表面特征、掺和料及外加剂的特性和用量、拌和时间等因素有关。

砂浆的流动性是用“稠度”来表示。稠度是采用稠度仪测定。测定方法是将砂浆拌和物一次装入稠度仪的容器中,使砂浆表面低于容器口1mm左右,用捣棒插捣25次,然后轻轻将容器摇动或敲击5~6下,使砂浆表面平整,将容器置于稠度仪上,使试锥与砂浆表面接触,旋紧制动螺丝,使指针对准零点。拧开制动螺丝,同时计时间,待10s立即固定螺丝,从刻度盘读出试锥下沉深度(精确至1mm)即为砂浆的稠度。

在选用砂浆的稠度时,可根据砌体的类型、气候条件、施工条件等因素决定。

(2)保水性。砂浆保水性是指砂浆能保持水分的性能。砂浆在运输、静置或砌筑过程,水分不应从砂浆中离析,并使砂浆保持必要的稠度,便于操作;同时使水泥正常水化,保证砌体强度。

砂浆的保水性与胶结材的类型和用量,细集料的级配、用水量以及有无掺和料和外加剂等有关。为提高保水性,可掺加石灰膏、粉煤灰和微沫剂等。

砂浆的保水性是采用"分层度"表示。分层度是用分层度仪测定。其方法是将已测定稠度的砂浆,一次装入分层度筒内,待装满后,用木锤在容器周围距离大致相等的4个不同地方轻轻敲击1~2下,如砂浆沉落到低于筒口,则应随时添加,然后刮去多余的砂浆并抹平。静置30min后,去掉上节200mm砂浆,剩余的砂浆,倒出放在拌和锅中拌2min,测定其稠度。前后测得的稠度之差即为该砂浆的分层度(以cm计)。

良好保水性的砂浆,其分层度应不大于2cm。分层度大于2cm的砂浆容易离析,不便施工;但分层度小于1cm,硬化后易产生干缩裂缝。

2)硬化后砂浆的强度

砂浆硬化后应具有足够的强度。而砂浆在圬工砌体中,主要是传递压力,所以要求砌筑砂浆应具有一定的抗压强度。砂浆抗压强度是确定其强度等级的重要依据。

砂浆抗压强度等级是以70.7mm×70.7mm×70.7mm的正方体试件,在标准温度(20℃±3℃)和规定湿度(水泥混合砂浆相对湿度为60%~80%,水泥砂浆和微沫砂浆相对湿度为90%以上)的条件下,养护28d龄期的平均极限抗压强度而确定的。

我国现行《砌体结构设计规范》(GB 50003—2001)规定,砂浆分为:M15、M10、M7.5、M5、M2.5等5个强度等级。公路圬工桥涵常用砂浆的强度,根据结构物类型和用途而决定。

砂浆的强度除了与水泥的强度和用量有关外,并与砌体材料的吸水性有关。

3. 配合比设计

1)一般原则

路桥工程砌体用砂浆,可根据构筑物的部位,确定设计强度等级,然后查阅图表选定配合比。但在工程量较大时,为保证质量和降低造价,应进行配合比设计,并经试验调整,最后确定配合比。

目前常用的砂浆有:水泥砂浆、水泥石灰砂浆、水泥粉煤灰砂浆和水泥石灰粉煤灰砂浆等。它们配合比设计方法略有不同,但水泥石灰粉煤灰砂浆的配合比设计方法,包括了各类砂浆的配合比设计方法。

2)设计步骤。

(1)确定试配强度。为了使砌筑砂浆的强度具有一定的保证率,配制强度按设计强度提高15%计算。

$$f_{mo} = 1.15 f_m \tag{1-4-9}$$

式中:f_{mo}——砂浆配制强度(MPa);

f_m——砂浆设计强度(MPa)。

(2)计算水泥用量(m_{co})。每立方米水泥砂浆的水泥用量,由式(1-4-10)得:

$$m_{co} = \frac{f_{mo}}{a \cdot f_{ce,k}} \times 1\,000 \tag{1-4-10}$$

式中:f_{mo}——砂浆配制强度(MPa);

$f_{ce,k}$——水泥强度(MPa);

a——调整系数,见表1-4-16。

调 整 系 数 表　　表 1-4-16

水泥强度 $f_{ce,k}$(MPa)	砂浆强度等级			
	M10.0	M7.5	M5.0	M2.5
	a 值			
52.5	0.885	0.815	0.725	0.584
42.5	0.931	0.855	0.758	0.608
32.5	0.998	0.915	0.806	0.643
27.5	1.048	0.957	0.839	0.667
22.5	1.113	1.012	0.884	0.698

(3)计算石灰膏用量(m_{Do})。如配制水泥石灰混合砂浆时，应按式(1-4-11)计算石灰膏的用量：

$$m_{Do} = 350 - m_{co} \tag{1-4-11}$$

式中：m_{Do}——石灰膏用量(kg/m^3)；

m_{co}——水泥用量(kg/m^3)。

(4)计算掺粉煤灰后的水泥用量(m_c)。如配制掺粉煤灰的水泥混合砂浆时，还应按式(1-4-12)计算出粉煤灰取代后的水泥用量：

$$m_c = m_{co}(1 - \beta_C) \tag{1-4-12}$$

式中：m_{co}——未掺粉煤灰的水泥用量(kg/m^3)；

m_c——掺粉煤灰后的水泥用量(kg/m^3)；

β_C——粉煤灰取代水泥率(查表 1-4-17)。

砂浆中粉煤灰取代水泥率(β)及超量系数(δ)表　　表 1-4-17

砂 浆 品 种		砂浆强度等级			
		M2.5	M5.0	M7.5	M10.0
水泥石灰砂浆	β_D(%)	15~40		10~25	
	δ_D	1.2~1.7		1.1~1.5	
水泥砂浆	β_C(%)	25~40	20~30	15~25	10~20
	δ_C	1.3~2.0		1.2~1.7	

(5)计算掺粉煤灰后的石灰膏用量(m_p)。如配制掺粉煤灰的石灰水泥混合砂浆时，还要按式(1-4-13)计算出粉煤灰取代后的石灰膏用量：

$$m_D = m_{Do}(1 - \beta_D) \tag{1-4-13}$$

式中：m_{Do}——未掺粉煤灰的石灰膏用量(kg/m^3)；

m_D——掺粉煤灰后的石灰膏用量(kg/m^3)；

β_D——粉煤灰取代石灰膏率(表 1-4-19)。

(6)粉煤灰砂浆的粉煤灰用量(m_f)。粉煤灰用量按式(1-4-14)：

$$m_f = \delta_m[(m_{co} - m_c) + (m_{Do} - m_D)] \tag{1-4-14}$$

式中：δ_m——粉煤灰超量系数；

m_{co}、m_c——未掺粉煤灰与掺粉煤灰砂浆的水泥用量(kg/m^3);

m_{Do}、m_D——未掺粉煤灰与掺粉煤灰砂浆的石灰膏用量(kg/m^3)。

(7)粉煤灰砂浆的砂用量(m_s)。水泥、粉煤灰、石灰膏和砂的绝对体积,求出粉煤灰超出水泥部分的体积,并扣除用体积砂的用量:

$$m_s = m_{so} - \left(\frac{m_c}{\rho_c} + \frac{m_f}{\rho_f} + \frac{m_D}{\rho_D} - \frac{m_{co}}{\rho_c} - \frac{m_{Do}}{\rho_D}\right)\rho_s \tag{1-4-15}$$

(8)计算初步配合比。按上述计算求得各材料用量,即可得到初步配合比:

$$m_c : m_D : m_f : m_s = 1 : \frac{m_D}{m_c} : \frac{m_f}{m_c} : \frac{m_s}{m_c} \tag{1-4-16}$$

(9)确定用量。通过试拌,根据要求稠度决定用水量。

第五章　沥青材料

第一节　石油沥青的组成结构

一、元素组成

石油沥青是由多种碳氢化合物及其非金属（氧、硫、氮）的衍生物组成的混合物。所以它的组成主要是碳（80%～87%）、氢（10%～15%），其次是非烃元素，如氧、硫、氮等（<3%）。此外，还含有一些微量的金属元素，如镍、钒、铁、锰、钙、镁、钠等，但含量都很少，约为几个至几十个 ppm。

二、化学组分

化学组分分析就是将沥青分离为化学性质相近，而且与其路用性质有一定联系的几个组，这些组就称为“组分”。

四组分是将沥青分为：饱和分、芳香分、胶质和沥青质。我国现行四组分分析法是将沥青试样先用正庚烷沉淀沥青质，再将可溶分（即软沥青质）吸附于氧化铝谱柱上，先用正庚烷冲洗，所得的组分称为“饱和分”；继续用甲苯冲洗，所得的组分称为芳香分；最后用甲苯—乙醇、甲苯、乙醇冲洗，所得组分称为胶质。

第二节　石油沥青的技术性质与要求

用于现代沥青路面的沥青材料，应具备下列主要技术性质。

一、技术性质

1. 物理特征常数

1）密度

沥青密度是在规定温度条件下，单位体积的质量，单位为 kg/m^3 或 g/cm^3。我国现行《公路工程沥青及沥青混合料试验规程》（JTJ 052—2000）规定温度为 15℃。也可用相对密度表示，相对密度是指在规定温度下，沥青质量与同体积水质量之比。

通常黏稠沥青的相对密度波动范围在 0.96～1.04。

2）热胀系数

沥青在温度上升 1℃时的长度或体积的变化，分别称为线胀系数或体胀系数，统称热胀系数。

沥青路面的开裂，与沥青混合料的温缩系数有关。沥青混合料的温缩系数，主要取决于沥青热学性质。特别是含蜡沥青，当温度降低时，蜡由液态转变为固态，比容突然增大，沥青的温缩系数发生突变，因而易导致路面产生开裂。

3）介电常数

沥青的介电常数与沥青使用的耐久性有关,沥青的介电常数与沥青路面抗滑性有很好的相关性。

2. 黏滞性

沥青的黏滞性(简称黏性)是与沥青路面力学行为联系最密切的一种性质。在现代交通条件下,为防止路面出现车辙,沥青黏度的选择是首要考虑的参数。沥青的黏性通常用黏度表示,所以黏度是现代沥青等级(标号)划分的主要依据。

(1)动力黏度计量单位,按 SI 单位制为"帕·秒"(Pa·s)。目前还有沿用 CGS 制单位"泊"(P),1 泊等于 0.1 帕·秒(即 1P = 0.1Pa·s)。

在运动状态下,测定沥青黏度时,考虑到密度的影响,动力黏度还可采用另一种量描述,即沥青在某一温度下的动力黏度与同温度下沥青密度之比,称为"运动黏度"(或称"动比密黏度")。运动黏度(ν)表示如下:

$$\nu = \eta/\rho \tag{1-5-1}$$

式中:ν——运动黏度($10^{-4}m^2/s$);

η——动力黏度(Pa·s);

ρ——密度(g/cm^3)。

运动黏度的计量单位,按 SI 单位制为"米^2/秒"(m^2/s)。目前还有沿用 CGS 制单位"斯(托克)"(St),1 斯等于 10^{-4}米^2/秒(即 $1St = 10^{-4}m^2/s$)。

沥青黏度的测定方法可分为两类,一类为"绝对黏度"法,另一类为"相对黏度"(或称"条件黏度")法。前者毛细管黏度计测定。后者,常用各种流出型的黏度计如道路标准黏度计、赛氏黏度计和恩氏黏度计等测定。

(2)针入度法。针入度试验是国际上经常用来测定黏稠(固体、半固体)沥青稠度的一种方法。该法是沥青材料在规定温度条件下,以规定质量的标准针经过规定时间贯入沥青试样的深度(以 0.1mm 为单位计)。试验条件以 $P_{T,m,t}$ 表示,其中 P 为针入度,T 为试验温度,m 为标准针(包括连杆及砝码)的质量,t 为贯入时间。我国现行《公路工程沥青及沥青混合料试验规程》(JTJ 052—2000)规定:常用的试验条件为 $P_{25℃,100g,5s}$。此外,为确定针入度指数(PI)时,针入度试验常用条件为 5℃、15℃、25℃和 35℃等,但标准针质量和贯入时间均为 100g 和 5s。

按上述方法测定的针入度值愈大,表示沥青愈软(稠度愈小)。

(3)软化点。沥青材料是一种非晶质高分子材料,它由液态凝结为固态,或由固态熔化为液态时,没有敏锐的固化点或液化点,通常采用条件的硬化点和滴落点来表示。沥青材料在硬化点至滴落点之间的温度阶段时,是一种黏滞流动状态,在工程实用中为保证沥青不致由于温度升高而产生流动的状态,因此取液化点与固化点之间温度间隔的 87.21% 作为软化点。

我国现行试验法是采用环与球法软化点。该法是沥青试样注于内径为 18.9mm 的铜环中,环上置一重 3.5g 的钢球,在规定的加热速度(5℃/min)下进行加热,沥青试样逐渐软化,直至在钢球荷重作用下,使沥青产生 25.4mm 挠度时的温度,称为软化点。

3. 延性和脆性

1)延性

沥青的延性是当其受到外力的拉伸作用时,所能承受的塑性变形的总能力,通常是用延度作为条件延性指标来表征。延度试验方法是,将沥青试样制成 8 字形标准试件(最小断面 $1cm^2$),在规定拉伸速度和规定温度下拉断时的长度(以 cm 计)称为延度。沥青的延度是采用延度仪来测定。

2)脆性

沥青材料在低温下,受到瞬时荷载时,它常表现为脆性破坏。沥青脆性的测定极为复杂,通常采用A. 费拉斯(Fraass)脆点作为条件脆性指标。

脆点试验的方法是,将沥青试样0.4g在一个标准的金属薄片上摊成薄层,涂有沥青薄膜的金属片置于有冷却设备的脆点仪内,摇动脆点仪的曲柄,能使涂有沥青薄膜的金属片产生弯曲。随着冷却设备中制冷剂温度以1℃/min的速度降低,沥青薄膜的温度亦逐渐降低,当降至某一温度时,沥青薄膜在规定弯曲条件下产生断裂时的温度,即为沥青的脆点。

4. 流变特性

流变学是根据应力、应变时间来研究物质流动和变形的构成与发展的一般规律的科学。沥青材料是一种具有流变特性的典型材料,它的流动和变形不仅与应力有关,而且与时间和温度有关。

1)感温性

沥青材料的温度感应性与沥青路面的施工(如拌和、摊铺、碾压)和使用性能(如高温稳定性和低温抗裂性)都有密切关系,所以它是评价沥青技术性质的一个重要指标。沥青的感温性是采用“黏度”随“温度”而变化的行为(黏—温关系)来表达。目前最常用的有下述两种方法。

(1)针入度指数法。针入度指数是一种评价沥青感温性的指标。建立这一指标的基本思路是:沥青针入度值的对数($\lg P$)与温度(T)具有线性关系,即

$$\lg P = AT + K \tag{1-5-2}$$

式中:A——直线斜率;

K——截距(常数)。

采用斜率$A=\mathrm{d}(\lg P)/\mathrm{d}T$来表征沥青针入度($\lg P$)随温度($T$)的变化率,故称$A$为针入度—温度感应性系数。

针入度指数计算公式为:

$$\mathrm{PI} = \frac{20-500A}{1+50A} \tag{1-5-3}$$

针入度指数(PI)值愈大,表示沥青的感温性愈低。通常,按PI来评价沥青的感温性时,要求沥青的PI = −1 ~ +1之间。

此外,针入度指数(PI)值亦可作为沥青胶体结构类型的评价标准。

(2)修正的针入度指数法。P. Ph. 普费确定针入度指数的方法是,假定沥青在软化点($T_{R\&B}$)时的针入度值为800(0.1mm)为前提的。实际上,沥青在软化点(环与球法)时的针入度可波动于600~1 000(0.1mm)之间。特别是高含蜡量沥青,在软化点时的针入度值会波动在更宽的范围。因此,在使用时,必须修正软化点[即寻求在针入度值为800(0.1mm)时的温度T_{800}];然后再按T_{800}求出修正的针入度指数$(\mathrm{PI})_c$。针入度指数的修正,可以采用诺模图法或计算法。

(3)针入度—黏度指数法。针入度指数(PI)通常仅能表征低于软化点温度的沥青感温性,沥青在道路使用中或在施工时,还需要了解高于软化点温度时沥青的感温性。N. W. Mcleod提出了“针入度—黏度指数”(PVN)法。该法是应用沥青25℃时的针入度值和135℃(或60℃)时的黏度值与温度的关系来计算沥青感温性的方法。

①已知25℃时针入度值P(0.1mm)和135℃时运动黏度值ν(cm^2/s)时,按式(1-5-4)计算PVN:

$$(\mathrm{PVN})_1 = \left(\frac{10.258-0.7967-\lg\nu}{1.050-0.2234\lg P}\right)\cdot(-1.5) \tag{1-5-4}$$

②已知25℃时针入度值P(0.1mm)和60℃绝对黏度值η(Pa·s)时,可按式(1-5-5)计算PVN:

$$(PVN)_2 = \left(\frac{5.489 - 1.590\lg P - \lg\eta}{1.050 - 0.2234\lg P}\right)\cdot(-1.5) \tag{1-5-5}$$

针入度黏度数PVN愈大,表示沥青的感温性愈低。

2)感时性

沥青材料的时间感应性,简称感时性。感时性与感温性一样,是表征沥青流变特性的一个重要指标。感时性可以采用不同的方法表征,最常用的为采用“针入度和贯入时间的关系”来表达的方法。

针入度—贯入时间的关系:采用“位移传感器式针入度仪”可以自动测出沥青不同温度条件下,不同贯入时间(t)的针入度值(P)。将两者取对数,得到关系式:

$$\lg P = B\lg t + K \tag{1-5-6}$$

式中:B—$\lg P-\lg t$ 直线的斜率,即$B=\frac{d(\lg P)}{d(\lg t)}$称为“针入度—贯入时间指数”;

K为直线的截距,为一常数。

沥青的针入度—贯入时间指数B越大,表示在相同的荷载下,经历相同的时间,它的剪切变形越大;也就是这种沥青的时间感应性越高。

3)沥青劲度模量

沥青的劲度模量(S_b)是在一定荷载时间(t)和温度(T)条件下,应力(σ)与总应变(ε)之比。即:

$$S_b = \left(\frac{\sigma}{\varepsilon}\right)_{t,T} \tag{1-5-7}$$

式中:S_b——沥青的劲度模量(Pa);

σ——应力(Pa);

ε——总应变;

t——荷载作用时间(s);

T——温度(℃)。

当沥青在低温(高黏度)和瞬时荷载作用下,弹性形变占主要地位;而在高温(低黏度)和长时间荷载作用下,主要为黏性变形。在大多数实际使用情况下,沥青表现为弹—黏性。

5. 黏附性

沥青与集料的黏附性直接影响沥青路面的使用质量和耐久性,所以黏附性是评价沥青技术性能的一个重要指标。沥青裹覆集料后的抗水性(即抗剥性)不仅与沥青的性质有密切关系,而且亦与集料性质有关。

评价沥青与集料黏附的方法最常采用的有下列方法:

水煮法和水浸法。我国现行试验法规定,沥青与集料的黏附性试验,根据沥青混合料的最大粒径决定,大于13.2mm者采用水煮法;小于(或等于)13.2mm者采用水浸法。水煮法是选取粒径为13.2~19mm形状按近正立方体的规则集料5个,经沥青裹覆后,在蒸馏水中沸煮3min,按沥青膜剥落的情况分为5个等级来评价沥青与集料的黏附性。水浸法是选取9.5~13.2mm的集料100g与5.5g的沥青在规定温度条件下拌和。配制成沥青—集料混合料,冷却后浸入80℃的蒸馏水中保持30min,然后按剥落面积百分率来评定沥青与集料的黏附性。

6. 耐久性

1）影响因素

沥青在路面施工时，需要在空气介质中进行加热。路面建成后，长期裸露在现代工业环境中，经受日照、降水、气温变化等自然因素的作用。因此，影响沥青耐久性的因素，主要有：大气（氧）、日照（光）、温度（热）、雨雪（水）、环境（氧化剂）以及交通（应力）等因素。

（1）热的影响。热能加速沥青分子的运动，除了引起沥青的蒸发外，并能促进沥青化学反应的加速，最终导致沥青技术性能降低。尤其是在施工加热（160℃ ~180℃）时，由于有空气中的氧参与共同作用，可使沥青性质产生严重的劣化。

（2）氧的影响。空气中的氧，在加热的条件下，能促使沥青组分对其吸收，并产生脱氢作用，使沥青的组分发生移行（如芳香分转变为胶质，胶质转变为沥青质）。

（3）光的影响。日光（特别是紫外线）对沥青照射后，能产生光化学反应，促使氧化速率加快；使沥青中羟基、羧基和碳氧基等基因增加。

（4）水的影响。水在与光、氧和热共同作用时，能起催化剂的作用。

综上所述，沥青在上述因素的综合作用下，产生“不可逆”的化学变化，导致路用性能的逐渐劣化，这种变化过程称为“老化”。

2）评价方法

（1）热致老化。沥青薄膜加热试验又称“薄膜烘箱试验”（TFOT）。试验方法是将50g沥青试样，盛于内径139.7mm、深为9.5mm的铝皿中，使沥青成为厚约3mm的薄膜。沥青薄膜在（163℃ ±1℃）的标准烘箱中加热5h。以加热前后的质量损失、针入度比和25℃及15℃的延度值作为评价指标。

薄膜加热试验后的性质与沥青在拌和机中加热拌和后的性质有很好的相关性。沥青在薄膜加热试验后的性质，相当于在150℃拌和机中拌和1.0 ~1.5min后的性质。后来又发展了“旋转薄膜烘箱试验”（RTFOT）。这种试验方法的优点是：试样在垂直方向旋转，沥青膜较薄；能连续鼓入热空气，以加速老化，使试验时间缩短为75min；并且试验结果精度较高。

（2）耐候性

评价沥青在气候因素（光、氧、热和水）的综合作用下，路用性能衰降的程度，可以采用“自然老化”和“人工加速老化”试验。人工加速老化试验，是在由计算机程序控制有氙灯光源和自动调温、鼓风、喷水设备的耐候仪中进行的，通常只有在科研时才进行耐候性试验。

7. 安全性

沥青材料在使用时必须加热，当加热至一定温度时，沥青材料中挥发的油分蒸汽与周围空气组成混合气体，此混合气体遇火焰则易发生闪火。若继续加热，油分蒸汽的饱和度增加，由于此种蒸汽与空气组成的混合气体遇火焰极易燃烧，而引起溶油车间发生火灾或使沥青烧坏的损失。为此，必须测定沥青加热闪火和燃烧的温度，即所谓闪点和燃点。

闪点和燃点是保证沥青加热质量和施工安全的一项重要指标。我国现行行业标准规定，对黏稠石油沥青采用克利夫兰开口杯法，简称COC法测定闪、燃点。闪燃点试验方法是，将沥青试样盛于标准杯中，按规定加热速度进行加热。当加热到某一温度时，点火器扫拂过沥青试样任何一部分表面，出现一瞬即灭的蓝色火焰状闪光时，此时温度即为闪火点。按规定加热速度继续加热，至达点火器扫拂过沥青试样表面发生燃烧火焰，并持续5s以上，此时的温度即为燃烧点。

二、道路石油沥青的技术要求（表1-5-1）

道路石油沥青技术要求 表 1-5-1

指 标	单位	等级	沥青标号																	试验方法[①]
			160 号[④]	130 号[④]	110 号			90 号					70 号[③]					50 号[③]	30 号[④]	
针入度(25℃,5s,100g)	0.1mm		140 ~ 200	120 ~ 140	100 ~ 120			80 ~ 100					60 ~ 80					40 ~ 60	20 ~ 40	T 0604
适合的气候分区			注④	注④	2 - 1	2 - 2	3 - 2	1 - 1	1 - 2	1 - 3	2 - 2	2 - 3	1 - 3	1 - 4	2 - 2	2 - 3	2 - 4	1 - 4	注④	
针入度指数 PI[②]		A	-1.5 ~ +1.0																	T 0604
		B	-1.8 ~ +1.0																	
软化点($T_{R\&B}$),不小于	℃	A	38	40	43			45			44		46		45			49	55	T 0606
		B	36	39	42			43			42		44		43			46	53	
		C	35	37	41			42										45	50	
60℃动力黏度[②],不小于	Pa · s	A	—	60	120			160			140		180		160			200	260	T 0620
10℃延度[②],不小于	cm	A	50	50	40			45	30	20	30	20	20	15	25	20	15	15	10	T 0605
		B	30	30	30			30	20	15	20	15	15	10	20	15	10	10	8	
15℃延度,不小于	cm	A、B	100															80	50	
		C	80	80	60			50					40					30	20	
腊含量(蒸馏法),不大于	%	A	2.2																	T 0615
		B	3.0																	
		C	4.5																	

续上表

指　　标	单位	等级	沥青标号							试验方法[①]
			160号[④]	130号[④]	110号	90号	70号[③]	50号[③]	30号[④]	
闪点，不小于	℃		230			245	260			T 0611
溶解度，不小于	%		99.5							T 0607
密度（15℃）	g/cm³		实测记录							T 0603
TFOT（或RTFOT）后[⑤]										T 0610 或 T 0609
质量变化，不大于	%		±0.8							
残留针入度比（25℃），不小于	%	A	48	54	55	57	61	63	65	T 0604
		B	45	50	53	54	58	60	62	
		C	40	45	48	50	54	58	60	
残留延度（10℃），不小于	cm	A	12	12	10	8	6	4	—	T 0605
		B	10	10	8	6	4	2	—	
残留延度（15℃），不小于	cm	C	40	35	30	20	15	10	—	T 0605

注：①试验方法按照现行《公路工程沥青及沥青混合料试验规程》（JTJ 052—2000）规定的方法执行。用于仲裁试验求取PI时的5个温度的针入度关系的相关系数不得小于0.997。

②经建设单位同意，表中PI值、60℃动力黏度、10℃延度可作为选择性指标，也可不作为施工质量检验指标。

③70号沥青可根据需要要求供应商提供针入度范围为60～70(0.1mm)或70～80(0.1mm)的沥青，50号沥青可要求提供针入度范围为40～50(0.1mm)或50～60 (0.1mm)的沥青。

④30号沥青仅适用于沥青稳定基层。130号和160号沥青除寒冷地区可直接在中低级公路上直接应用外，通常用作乳化沥青、稀释沥青、改性沥青的基质沥青。

⑤老化试验以TFOT为准，也可以RTFOT代替。

第六章 沥青混合料

按照现代沥青路面的建筑工艺,沥青与不同组成的矿质集料可以修建成不同结构的沥青路面。最常用的沥青路面包括:沥青表面处治、沥青贯入式、沥青碎石和沥青混凝土等4种。

第一节 定 义

沥青混凝土混合料是沥青混凝土混合料和沥青碎石混合料的总称。

(1)沥青混凝土混合料 由适当比例的粗集料、细集料及填料与沥青在严格控制条件下拌和的沥青混合料。

(2)沥青碎石混合料 由适当比例的粗集料、细集料及填料(或不加填料)与沥青拌和的沥青混合料。

第二节 沥青混合料的分类

1)按结合料分类

(1)石油沥青混合料 以石油沥青为结合料的沥青混合料(包括:黏稠石油沥青、乳化石油沥青及液体石油沥青)。

(2)煤沥青混合料 以煤沥青为结合料的沥青混合料。

2)按施工温度分类

按沥青混合料拌制和摊铺温度分为:

(1)热拌热铺沥青混合料 简称热拌沥青混合料。沥青与矿料在热态拌和、热态铺筑的混合料。

(2)常温沥青混合料 以乳化沥青或稀释沥青与矿料在常温状态下拌制、铺筑的混合料。

3)按矿质集料级配类型分类

(1)连续级配沥青混合料 沥青混合料中的矿料是按级配原则,从大到小各级粒径都有,按比例相互搭配组成的混合料,称为连续级配混合料。

(2)间断级配沥青混合料 连续级配沥青混合料矿料中缺少一个或两个档次粒径的沥青混合料称为间断级配沥青混合料。

4)按混合料密实度分类

(1)密级配沥青混凝土混合料 按密实级配原则设计的连续型密级配沥青混合料,但其粒径递减系数较小,剩余空隙率小于10%。密级配沥青混凝土混合料按其剩余空隙率又可分为：

①I 型沥青混凝土混合料：剩余空隙率 3% ～6%；

②II 型沥青混凝土混合料：剩余空隙率 4% ～10%。

(2)开级配沥青混凝土混合料　按级配原则设计的连续型级配混合料，但其粒径递减系数较大，剩余空隙率大于 15%。

亦有将剩余空隙率介于密级配和开级配之间的（即剩余空隙率 10% ～15%）混合料称为半开级配沥青混合料。

5)按最大粒径分类

沥青混凝土混合料的集料最大粒径可分为下列 4 类：

(1)粗粒式沥青混合料　集料最大粒径等于或大于 26.5mm 的沥青混合料。

(2)中粒式沥青混合料　集料最大粒径为 16mm 或 19mm 的沥青混合料。

(3)细粒式沥青混合料　集料最大粒径为 9.5mm 或 13.2mm 的沥青混合料。

(4)砂粒式沥青混合料　集料最大粒径等于或小于 4.75mm 的沥青混合料，也称为沥青石屑或沥青砂。

沥青碎石混合料除上述四类外，已有：特粗式沥青碎石混合料，集料最大粒径 37.5mm 以上。

第三节　沥青混合料的组成结构和强度形成原理

沥青混合料是一种复合材料，它是由沥青、粗集料、细集料和矿粉以及外加剂所组成。这些组成材料在混合料中，由于组成材料质量的差异和数量的多寡，可形成不同的组成结构，并表现为不同的力学性能。

一、沥青混合料的组成结构类型

通常沥青—集料混合料按其组成结构可分为下列三类：

(1)悬浮—密实结构　当采用连续型密级配矿质混合料与沥青组成的沥青混合料时，按粒子干涉理论，为避免次级集料对前级集料密排的干涉，前级集料之间必须留出比次级集料粒径稍大的空隙供次级集料排布。按此组成的沥青混合料，经过多级密垛虽然可以获得很大的密实度，但是各级集料均为次级集料所隔开，不能直接靠拢而形成骨架，有如悬浮于次级集料及沥青胶浆之间。这种结构的沥青混合料，虽然具有较高的黏聚力 c，但摩阻角 φ 较低，因此高温稳定性较差。

(2)骨架—空隙结构　当采用连续型开级配矿质混合料与沥青组成的沥青混合料时，由于这矿质混合料递减系数较大，粗集料所占的比例较高，细集料则很少，甚至没有。按此组成的沥青混合料，粗集料可以互相靠拢形成骨架；但由于细料数量过少，不足以填满粗集料之间的空隙，因此形成“骨架—空隙”结构，虽然具有较高的内摩阻角 φ，但黏聚力 c 较低。

(3)密实—骨架结构　当采用间断型密级配矿质混合料与沥青组成的沥青混合料时，由

于这种矿质混合料断去了中间尺寸粒径的集料,既有较多数量的粗集料可形成空间骨架,同时又有相当数量的细集料可填密骨架的空隙,因此形成“密实—骨架”结构,不仅具有较高的黏聚力 c,而且具有较高的内摩擦角 φ。

二、沥青混合料的强度形成原理

1. 沥青混合料抗剪强度的材料参数

沥青混合料在路面结构中产生破坏的情况,主要是发生在高温时由于抗剪强度不足或塑性变形过剩而产生推挤等现象,以及低温时抗拉强度不足或变形能力较差而产生裂缝现象。目前沥青混合料强度和稳定性理论,主要是要求沥青混合料在高温时必须具有一定的抗剪强度和抵抗变形的能力。

沥青混合料的抗剪强度主要取决于黏聚力 c 和内摩擦角 φ 两个参数,即

$$\tau = f(c,\varphi) \tag{1-6-1}$$

2. 影响沥青混合料抗剪强度的因素

1)影响沥青混合料抗剪强度的内因

(1)沥青黏度的影响　在其他因素固定的条件下,沥青混合料的黏聚力 c 是随着沥青黏度的提高而增加的。

(2)沥青与矿料化学性质的影响　在沥青混合料中,沥青与矿粉交互作用后,沥青在矿粉表面产生化学组分的重新排列,在矿粉表面形成一层厚度为 δ_0 的扩散溶剂化膜。在此膜厚度以内的沥青称为“结构沥青”,在此膜厚度以外的沥青称为“自由沥青”。

如果矿粉颗粒之间接触处是由结构沥青膜所联结,这样促成沥青具有更高的黏度和更大的扩散溶化膜的接触面积,因而可以获得更大的黏聚力。反之,如颗粒之间接触处是自由沥青所联结,则具有较小的黏聚力。

沥青与矿料相互作用不仅与沥青的化学性质有关,而且与矿粉的性质有关

2)影响沥青混合料抗剪强度的外因

(1)温度的影响。

(2)形变速率的影响。

第四节　沥青混合料的技术性质与技术标准

一、技术性质

1. 高温稳定性

沥青路面的强度与刚度随温度升高而显著下降,为了保证沥青路面于高温季节在行车荷载的反复作用下不致产生诸如波浪、推移、车辙、泛油、黏轮等病害,沥青路面应具有良好的高温稳定性,即在高温时具有足够的强度与刚度。

为了提高沥青路面的高温稳定性,可采用在混合料中增加粗集料含量,或控制剩余空隙

率，使粗集料形成空间骨架结构，以提高沥青混合料的内摩阻力；适当地提高沥青材料的稠度，控制沥青与矿粉的比例，严格控制沥青用量，采用活性较高的矿粉，以改善沥青与矿料之间的相互作用，从而提高沥青混合料的黏聚力。此外，在沥青中掺入聚合物改善沥青性能，亦可取得较为满意的结果。

2．低温抗裂性

裂缝是沥青路面的一种主要破坏形式，且裂缝的出现往往是路面损坏急剧增加的开始。

沥青路面的裂缝可归为两种类型：一种是在交通荷载反复作用下的疲劳开裂；另一种是由于降温而产生的温度收缩裂缝，或由于半刚性基层开裂而引起的反射裂缝。

由于沥青路面在高温时变形能力较强，而低温时较差，故不论哪种裂缝，以在低温时发生的居多。从低温抗裂性的要求出发，沥青路面在低温时应具有较低的劲度和较大的抗变形能力，且在行车荷载和其他因素的反复作用下不致产生疲劳开裂。

使用稠度较低及温度敏感性低的沥青，可提高沥青路面的低温抗裂性能。沥青材料的老化会使其低温抗裂性能恶化，故为了提高沥青路面的低温抗裂性能，应选用抗老化能力较强的沥青。往沥青中掺加橡胶类高分子聚合物，对提高沥青路面的低温抗裂性能具有较为明显的效果。在沥青路面结构层中铺设沥青橡胶、土工布或塑料格栅等应力吸收薄膜，对防止沥青路面的低温开裂具有显著的作用。

3．耐久性

沥青路面应具有抵抗温度、阳光、空气、水等各种大气因素作用的能力，即在这些因素的作用下，沥青路面的性质不致很快恶化——失去黏性、性质变脆，以致在行车荷载和其他因素的作用下发生碎裂，导致沥青与矿料脱离，使路面松散破坏。

研究表明，沥青路面的使用寿命与沥青混合料中的沥青含量有很大关系。当沥青用量不足时，则沥青膜变薄，沥青路面的延伸能力降低，脆性增加，且沥青路面的空隙率增大，使沥青膜暴露增多，从而促进了老化作用。此外，空隙率增大也会使混合料的渗水率增加，从而加剧了水对沥青膜的剥落作用。

4．抗滑能力

现代交通车速不断提高，对路面的抗滑能力也提出更高的要求。沥青路面应具有足够的抗滑能力，以保证在最不利的情况下（当路面潮湿时），车辆能够高速安全行驶，而且在外界因素作用下其抗滑能力不致很快降低。

沥青路面的粗糙度与矿质集料的微表面性质、混合料的级配组成，以及沥青用量等因素有关。保证沥青路面的粗糙度不致很快降低，应选择硬质有棱角的石料。研究表明，沥青用量对抗滑性的影响相当敏感，当沥青量超过最佳用量0.5%时就会导致抗滑系数的明显降低。

5．防渗能力

当沥青路面防渗能力较差时，不仅影响路面本身的稳定性，而且还会影响到基层的稳定性。因此，沥青路面必须具有较好的抗渗能力。在潮湿多雨地区尤为重要。

沥青路面的抗渗能力主要取决于沥青路面的空隙率。空隙率大，其抗渗能力越差。

二、技术标准（表1-6-1）

密级配沥青混凝土混合料马歇尔试验技术标准（本表适用于公称最大粒径≤26.5mm 的密级配沥青混凝土混合料） 表 1-6-1

试验指标		单位	高速公路、一级公路				其他等级公路	行人道路
			夏炎热区（1-1、1-2、1-3、1-4 区）		夏热区及夏凉区（2-1、2-2、2-3、2-4、3-2 区）			
			中轻交通	重载交通	中轻交通	重载交通		
击实次数（双面）		次	75				50	50
试件尺寸		mm	ϕ101.6mm×63.5mm					
空隙率 VV	深约 90mm 以内	%	3～5	4～6	2～4	3～5	3～6	2～4
	深约 90mm 以下	%	3～6		2～4	3～6	3～6	—
稳定度 MS，不小于		kN	8				5	3
流值 FL		mm	2～4	1.5～4	2～4.5	2～4	2～4.5	2～5
矿料间隙率 VMA（%），不小于	设计空隙率（%）		相应于以下公称最大粒径（mm）的最小 VMA 及 VFA 技术要求（%）					
			26.5	19	16	13.2	9.5	4.75
	2		10	11	11.5	12	13	15
	3		11	12	12.5	13	12	16
	4		12	13	13.5	14	15	17
	5		13	14	14.5	15	16	18
	6		14	15	15.5	16	17	19
沥青饱和度 VFA（%）			55～70		65～75		70～85	

第五节 沥青路面混合料组成设计

沥青混合料配合比设计包括:试验室配合比设计、生产配合比设计和试拌试铺配合比调整等三个阶段。

1. 试验室配合比设计

试验室配合比设计可分为矿质混合料组成设计和沥青用量确定两部分。它是沥青混合料配合比设计的重点。

矿质混合料配合组成设计的目的,是选配一个具有足够密实度并且具有较高内摩阻力的矿质混合料,并根据级配理论,计算出需要的矿质混合料的级配范围。为了应用已有的研究成果和实践经验,通常是采用规范推荐的矿质混合料级配范围来确定。按现行规范《公路沥青路面施工技术规范》(JTG F40—2004)规定,依下列步骤进行:

(1)确定沥青混合料类型。沥青混合料类型,根据道路等级、路面类型,所处的结构层位来确定。

(2)按下列步骤确定矿料的最大粒径。

①制备试样:

a. 按确定的矿质混合料配合比,计算各种矿质材料的用量。

b. 根据经验的沥青用量范围,估计适宜的沥青用量(或油石比)。

②测定物理、力学指标:以估计沥青用量为中值,以 0.5% 间隔上下变化沥青用量制备马歇尔试件不少于 5 组,然后在规定的试验温度及试验时间内用马歇尔仪测定稳定度和流值,同时计算空隙率、饱和度及矿料间隙率。

③马歇尔试验结果分析:

a. 绘制沥青用量与物理、力学指标关系图。以沥青用量为横坐标,以视密度、空隙率、饱和度、稳定度、流值为纵坐标,将试验结果绘制成沥青用量与各项指标的关系曲线如图 1-6-1。

b. 从图 1-6-1 中求取相应于密度最大值、稳定度最大值、目标空隙率(或中值)、沥青饱和度范围的中值的沥青用量 a_1、a_2、a_3、a_4。按下式取平均值作为初始值:

$$OAC_1 = (a_1 + a_2 + a_3 + a_4)/4$$

如果所选择的沥青用量范围未能在沥青饱和度的要求范围内,则按下式求取三者的平均值作为 OAC_1。

$$OAC_1 = (a_1 + a_2 + a_3)/3$$

对所选择试验的沥青用量范围,密度或稳定度没有出现峰值(最大值经常在曲线的两端)时,可直接以目标空隙率所对应的沥青用量 a_3 作为 OAC_1,但 OAC_1 必须介于 $OAC_{min} \sim OAC_{max}$ 的范围内,否则应重新进行配合比设计。

c. 求出各项指标均符合沥青混合料技术标准(表 1-6-1)的沥青用量范围 $OAC_{min} \sim OAC_{max}$,其中值为 OAC_2,即:

$$OAC_2 = (OAC_{min} + OAC_{max})/2$$

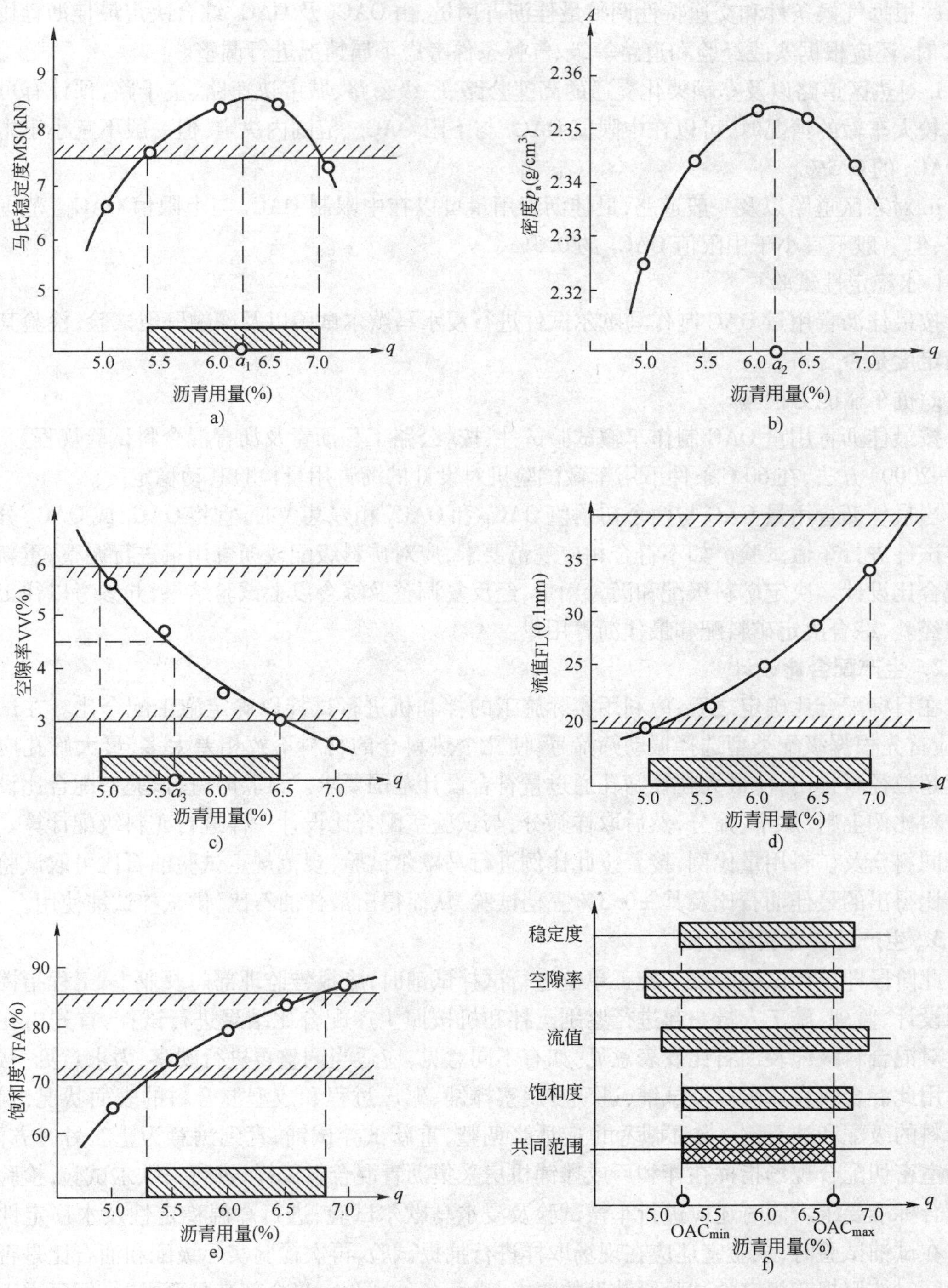

图 1-6-1　沥青用量与物理、力学指标关系图

d. 根据 OAC_1 和 OAC_2 综合确定沥青最佳用量（OAC），按最佳沥青用量的初始值 OAC_1 在图中求取相应的各项指标值，检查其是否符合表 1-6-1 规定的马歇尔设计配合比技术标准。同时检验 VMA 是否符合要求。如能符合时，由 OAC_1 及 OAC_2 综合决定最佳沥青用量 OAC；如不能符合，应调整级配，重新进行配合比设计马歇尔试验，直至各项指标均能符合要求为止。

e. 根据气候条件和交通特性调整最佳沥青用量，由 OAC_1 及 OAC_2 综合决定最佳沥青用量 OAC 时，还应根据实践经验和道路等级、气候条件考虑下属情况进行调整。

i. 对热区道路以及车辆渠化交通的高速公路、一级公路、城市快速路、主干路，预计有可能造成较大车辙的情况时，可以在中限值 OAC_2 与下限 OAC_{min} 范围内决定，但一般不宜小于中限值 OAC_2 的 0.5%。

ii. 对寒区道路以及一般道路，最佳沥青用量可以在中限制 OAC_2 与上限值 OAC_{max} 范围内决定，但一般不宜小于中限值 OAC_2 的 0.3%。

f. 水稳定性试验

按最佳沥青用量 OAC 制作马歇尔试件进行浸水马歇尔试验以及冻融劈裂试验，检验其残留稳定度是否合格。

g. 抗车辙能力检验

按最佳沥青用量 OAC 制作车辙试验试件，按《公路工程沥青及沥青混合料试验规程》（JTJ 052—2000）方法，在 60℃ 条件下用车辙试验机对设计的沥青用量检验其动稳定度。

当最佳沥青用量 OAC 与两个初始值 OAC_1 和 OAC_2 相差甚大时，宜将 OAC_1 或 OAC_2 分别制作试件进行车辙试验。如不符合相应规范要求，应对矿料级配或沥青用量进行调整，重新进行配合比设计。决定矿料级配和沥青用量，经反复调整及综合以上试验结果，并参考以往工程实践经验，综合决定矿料配和最佳沥青用量。

2. 生产配合比设计

在目标配合比确定之后，应利用实际施工的拌和机进行试拌以确定施工配合比。在试验前，应首先根据级配类型选择振动筛筛号，使几个热料仓的材料不致相差太多，最大筛孔应保证使超粒径料排出，使最大粒径筛孔通过量符合设计范围要求。试验时，按试验室配合比设计的冷料比例上料、烘干、筛分，然后取样筛分，与试验室配合比设计一样进行矿料级配计算。得出不同料仓及矿料用量比例，接着按此比例进行马歇尔试验，规范规定试验油石比可取试验室配合比得出的最佳油石比及其 ±0.3% 三档试验，从而得出最佳油石比，供试拌试铺使用。

3. 生产配合比验证阶段

此阶段即试拌试铺阶段。施工单位进行试拌试铺时，应报告监理部门及业主，工程指挥部会同设计、监理、施工人员一起进行鉴别。拌和机按照生产配合比结果进行试拌，首先由在场人员对混合料级配及油石比发表意见，如有不同意见，应适当调整再进行观察，力求意见一致，然后用此混合料在试验段上试铺，进一步观察摊铺、碾压过程和成型混合料的表面状况，判断混合料的级配和油石比。如不满意也应适当调整，重新试拌试铺，直到满意为止。另一方面，试验室密切配合现场指挥在拌和厂或摊铺机房采集沥青混合料试样，进行马歇尔试验，检验是否符合标准要求。同时还应进行车辙试验及浸水马歇尔试验，进行高温稳定性及水稳定性验证。在试铺试验时，试验室还应在现场取样进行抽提试验，再次检验实际级配和油石比是否合格。同时按照规范规定的试验段铺设的要求，进行各种试验。当全部满足要求时，便可进入正常生产阶段。

第七章 建筑钢材

第一节 钢材的分类及建筑钢材的类属

1．钢材的分类

钢的分类方法很多，较常用的有下列分类方法。

1）按冶炼方法分类

（1）按生产的炉型分类。根据冶炼用炉的不同，钢可分为平炉钢、转炉钢、电炉钢等几类。根据所用耐火炉衬的不同，又可分为酸性钢和碱性钢。

建筑用钢多为平炉钢、空气转炉钢和顶吹氧气转炉钢。

（2）按脱氧程度分类：

①沸腾钢　是脱氧不充分的钢，在浇铸及钢液冷却时，有大量的一氧化碳气体逸出，钢液呈激烈沸腾状。

②镇静钢　脱氧充分，钢水较纯净，浇铸钢锭时钢水平静。镇静钢材质致密均匀，质量高于沸腾钢。

③半镇静钢　脱氧程度及钢水质量介于上述两者之间。

2）按化学成分分类

钢按化学成分的不同可分为：

（1）碳素钢，亦称"碳钢"。含碳量低于2.0%的铁碳合金。除铁、碳外，常含有如锰、硅、硫、磷、氧、氮等杂质。碳素钢按含碳量可分为：

①低碳钢　含碳量小于0.25%。

②中碳钢　含碳量为0.30%～0.55%。

③高碳钢　含碳量大于0.6%。

（2）合金钢。为改善钢的性能，在钢中特意加入某些合金元素（如锰、硅、钡、钛等），使钢材具有特殊的力学性能。合金钢按合金元素含量可分为：

①低合金钢　合金元素总含量小于5%。

②中合金钢　合金元素总含量5%～10%。

③高合金钢　合金元素总含量大于10%。

3）按质量分类

碳素钢按供应的钢材化学成分中有害杂质的含量不同，又可划分为：

（1）普通钢　钢中磷含量不大于0.045%，硫含量不大于0.055%。

（2）优质钢　所含杂元素较普通钢低，磷含量不大于0.035%～0.040%，硫含量不大于0.040%。

4）按用途分类

钢材按用途的不同可分为：

(1)结构钢　用于建筑结构,机械制造等,一般为低、中碳钢。

(2)工具钢　用于各种工具,一般为高碳钢。

(3)特殊钢　具有各种特殊物理化学性能的钢材,如不锈钢等。

2. 建筑钢材的类属

由于桥梁结构需要承受车辆等荷载的作用,同时需要经受各种大气因素的考验,对于桥梁用钢材要求具有高的强度、良好的塑性、韧性和可焊性。因此,桥梁建筑用钢材,钢筋混凝土用钢筋,就其用途分类来说,均属于结构钢;就其质量分类来说,都属于普通钢;按其含碳量的分类来说,均属于低碳钢。所以桥梁结构用钢和混凝土用钢筋是属于碳素结构钢或低合金结构钢。

第二节　建筑钢材的技术性质

桥梁建筑用钢和钢筋混凝土用钢筋的基本技术性质包括:屈服强度、抗拉强度、伸长率、冲击韧性、冷弯和硬度等。

一、强度

钢材在承受抗拉试验时,可绘出拉伸图(拉力—变形关系),根据拉伸图改换坐标可作出应力—应变曲线。

1. 屈服强度

它是钢材开始丧失对变形的抵抗能力,并开始产生大量塑性变形时所对应的应力。在屈服阶段,锯齿形的最高点所对应的应力称为上屈服 (f_{SU});锯齿形的最低点所对应的应力称为下屈服点(f_{SL})。因为上屈服点与试验过程中的许多因素有关,而下屈服点较为稳定,所以我国现行规范规定以下屈服点的应力作为钢材的屈服极限。屈服强度(f_y)以 MPa 表达,并按式(1-7-1a)计算:

$$f_y = \frac{F_s}{A_0} \tag{1-7-1a}$$

式中:F_s——相当于所求应力的荷载(N);

A_0——试件的原横截面积(mm^2)。

中碳钢和高碳钢没有明显的屈服点,通常以残余变形 0.2% 的应力作为屈服强度,表示为 $f_{y(0.2)}$,屈服强度以 MPa 表达,并按式(1-7-1b)计算:

$$f_{y(0.2)} = \frac{F_{0.2}}{A_0} \tag{1-7-1b}$$

式中:$F_{0.2}$——相当于所求应力的荷载(N);

A_0——试样的原横截面积(mm^2)。

屈服强度对钢材使用有重要的意义,当构件的实际应力超过屈服点时,将产生不可恢复的永久变形;另一方面,当应力超过屈服点时,受力较高的部位应力不再提高,而自动将荷载重新分配给某些应力较低的部分。因此,屈服强度是确定钢结构容许应力的主要依据。

2. 抗拉强度

是钢材所能承受的最大拉应力，即当拉应力达到强度极限时，钢材完全丧失了对变形的抵抗能力而断裂。抗拉强度虽然不能直接作为计算依据，但屈服强度和抗拉强度的比值，即“屈强比”(f_y/f_u)对使用有较大的意义。此值越小。则结构的可靠性越高，即延缓结构损坏过程的潜力愈大，但此值太小时，钢材强度的有效利用率低。所以屈服强度和抗拉强度是钢材力学性能的主要检验指标。抗拉强度(f_u)以 MPa 表达，并按式(1-7-2)计算：

$$f_u = \frac{F_b}{A_0} \tag{1-7-2}$$

式中：F_b——试件拉断前的最大荷载(N)；

A_0——试件的原横截面积(mm^2)。

二、塑性

钢材在受力破坏前可以经受永久变形的性能，称为塑性，在工程应用中钢材的塑性指标通常用伸长率和断面收缩率表示。

1. 伸长率

伸长率是钢材发生断裂时所能承受的永久变形的能力。试件拉断后标距长度的增量与原标距长度之比的百分率即为伸长率。伸长率(δ)以%表示，并按式(1-7-3)计算：

$$\delta_n = \frac{L_1 - L_0}{L_0} \times 100 \tag{1-7-3}$$

式中：L_1——试件拉断后标距部分的长度(mm)；

L_0——试件的原标距长度(mm)；

n——长或短试件的标志。例如对长试件，$n=10$，表示为 δ_{10}；对短试件，$n=5$，表示为 δ_5。

2. 断面收缩率

收缩率是试件拉断后缩颈处横断面积的最大缩减量占横截面积的百分率。断面收缩率(ψ)以%表示，并按式(1-7-4)计算：

$$\psi = \frac{A_0 - A_1}{A_0} \times 100 \tag{1-7-4}$$

式中：A_0——试样的原横截面积(mm^2)；

A_1——试样裂断(缩颈)处的横截面积(mm^2)。

三、硬度

钢材表面局部体积内抵抗更硬物体压入的能力称为硬度。钢材硬度值愈高，表示它抵抗局部塑性变形的能力愈大。硬度值与强度指标(如 f_y，f_u)和塑性指标(δ，ψ)有一定的相关性。

我国现行国家标准测定金属硬度的方法有：布氏硬度、洛氏硬度和维氏硬度等 3 种。最常用的为布氏硬度和洛氏硬度。

1. 布氏硬度

布氏硬度试验是用一个直径为 D 的硬质合金球，以一定的荷载 F，将其压入试样表面，并保持一定时间，然后卸除荷载，测定试样表面上压出压痕直径 d，根据式(1-7-5)可计算出单位面积上所承受的平均应力值，其值作为硬度指标，称为布氏硬度。根据国家标准（GB 231.1—2002）规定：压头用硬质合金钢时，符号为 HBW。

$$\begin{aligned}\text{布氏硬度} &= \text{常数} \times \frac{\text{试验力}}{\text{压痕表面积}} \\ &= 0.102 \times \frac{2F}{\pi D(D-\sqrt{D^2-d^2})}\end{aligned} \tag{1-7-5}$$

式中：F——施加荷载（N）；

D——钢球直径（mm）；

d——压痕平均直径（mm）。

2. 洛氏硬度

将压头（金刚石圆锥、钢球或硬质合金球）按图 1-7-1 分两个步骤压入试样表面，经规定保持时间后，卸除主试验力，测量在初试验力下的残余压痕深度 h。根据 h 值及常数 N 和 S，用式(1-7-6)计算洛氏硬度：

$$\text{洛氏硬底} = N - \frac{h}{S} \tag{1-7-6}$$

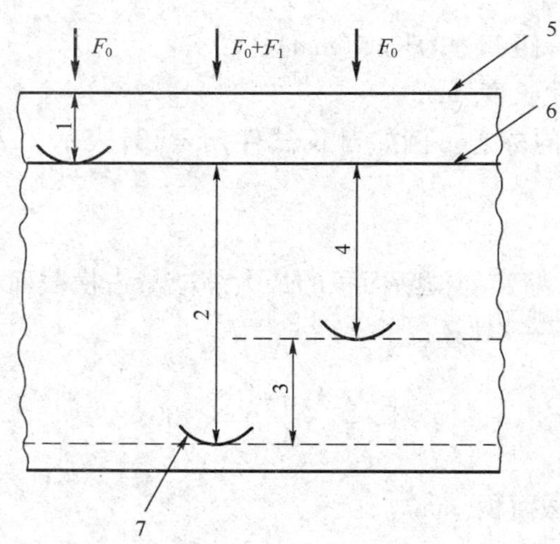

图 1-7-1 洛氏硬度试验图

1-在初试验力 F_0 下的压入深度；2-由主试验力 F_1 引起的压入深度；3-卸除主试验力 F_1 后的弹性回复深度；4-残余压入深度 h；5-试样表面；6-测量基准面；7-压头位置

四、冲击韧性

冲击韧性是钢材在瞬间动荷载作用下，抵抗破坏的能力。试验方法按我国现行国家标准

(GB/T 229—2007)是以摆冲法、横梁式为标准方法,即按规定制成有槽口的标准试件,以横梁式安放在摆冲式冲击试验机上,当摆锤冲击试件,试件破坏时单位面积所消耗的能为冲击韧度指标。

以上论述了强度、塑性、硬度和韧度四个方面最基本的力学性质。实际上真正独立的是强度与塑性,前者表示钢材的塑性变形抗力和断裂拉力,后者表示材料的塑性变形能力。硬度是强度(即塑性变形抗力)的另一种表达方式,而韧度则受强度和塑性二者综合影响。因此通常检验钢材机械性能时,主要是强度和塑性两项指标。

五、冷弯性能

冷弯性能是钢材在常温条件下承受规定弯曲程度的弯曲变形的能力,并且是显示缺陷的一种工艺性能。

钢材的冷弯性能是以规定尺寸的试件,在常温条件下进行弯曲试验。弯曲的指标与试件被弯曲的角度、弯心的直径与试件的厚度(或直径)的比值有关。弯曲角度愈大,弯心直径与试件厚度比愈小,则表示弯曲性能的要求愈高。按我国现行国家标准《金属材料弯曲试验方法》(GB 232—1999)有下列三种类型:①达到某规定的角度 α 的弯曲;②绕着弯心弯到两面平行;③弯到两面接触的重合弯曲。按规定试件弯曲外表面无肉眼可见裂纹应认为合格。

第八章　其他建筑材料

第一节　纤维材料的技术性质

纤维分为天然纤维和化学纤维,天然纤维包括棉、毛、麻等,化学纤维是由各种不同原料经过化学处理和机械加工而成的纤维。化学纤维包括人造纤维和合成纤维。

现在沥青路面和水泥混凝土路面中较常使用的纤维包括木质纤维、矿物纤维和聚酯纤维。

木质素纤维是天然木材经过化学处理得到的有机纤维。其常用于SMA中用来保持沥青,其技术指标一般包括:纤维长度和组成、纤维杂质含量、pH值、吸油率、含水率等。

矿物纤维,最早使用的是石棉纤维,但由于环保问题,现使用的较少,现在常使用的是玄武岩矿物纤维,其技术性能指标包括纤维长度、纤维厚度以及球状颗粒含量等。

在有机化学纤维中,聚酯纤维和丙烯酸纤维是最适用的纤维品种。聚酯纤维常被用于沥青混合料中作为加筋材料,来改善沥青混合料的抗裂性能。聚丙烯纤维常用于水泥混凝土中来改善水泥混凝土的耐久性。

第二节　土工合成材料技术性质

土工织物突出的优点是:质量轻,整体连续性好,施工方便,拉伸强度高,耐磨性和抗微生物侵蚀性好,缺点是抗紫外线能力低,易老化。

土工织物的技术性质一般包括:产品形态,物理性质(单位面积质量、厚度、开孔尺寸),力学性质(拉伸强度、伸长率、撕裂强度、冲击强度、蠕变等),渗透性,耐久性等。

土工织物常用于路堤加筋,过滤与排水、路堤防护路面裂缝防治等工程中。

土工格栅是在聚丙烯式高密度聚乙烯板材上先冲孔,然后进行拉伸而得到的长方形或方形孔的板材。土工格栅因其强度和低伸长率而成为加筋的良好材料。

土工格栅的技术性质包括拉伸强度,伸长率,耐久性施工性能其适用于加筋工程以及过滤与排水工程中。

第三节　木　　材

木材在公路工程中,常用作模板,其物理力学性质包括密度、含水率、抗压强度、抗拉强度、抗剪强度等。

建筑结构用木材,按其允许的缺陷可以分为三个材质等级,在本结构设计时,应根据构件的受力种类适用适当等级的木材,受拉或拉弯构件应选用I级,受弯或压弯构件应选用II级,受压构件及次要受弯构件可适用III级。

第二篇　土质学与土力学

第一章　土的物理化学性质及工程分类

土作为一种与土木工程建设密切相关的物质，其三相成分的组成从根本上决定了土的工程性质。本节主要讨论土的物质组成以及定性、定量描述其物质组成的方法，包括土的三相指标、黏性土的界限含水率、砂土的密实度和土的工程分类等。

第一节　土的三相比例指标

土是由固体颗粒、水和气体三部分组成的，通常称之为土的三相组成（固相、液相和气相），随着三相物质的质量和体积的比例不同，土的性质也不同。土的三相物质在体积和质量上的比例关系称为三相比例指标。三相比例指标反映了土的干燥与潮湿、疏松与紧密，是评价土的工程性质的最基本的物理性质指标。三相比例指标可分为两种，一种是试验指标，另一种是换算指标。

1. 试验指标

通过试验测定的指标有土的密度、土粒密度和含水率。

（1）土的密度 ρ。是单位体积土的质量，如令土的体积为 V，质量为 m，则可由下式表示：

$$\rho = \frac{m}{V} \tag{2-1-1a}$$

土的密度常用环刀法测定，其常用单位是 g/cm^3，一般土的密度为 1.60 ~ 2.20g/cm^3。由土的质量产生的单位体积的重力称为重力密度 γ，简称为重度；重度由密度（t/m^3）乘以重力加速度求得，其单位是 kN/m^3，但在工程上为简化计重力加速度常取为 10N/kg，则有：

$$\gamma(kN/m^3) = \rho(t/m^3)g(N/kg) = 10\rho \tag{2-1-1b}$$

对天然土求得的密度称为天然密度，相应的重度称为天然重度，以区别于其他条件下的指标。

（2）土粒密度 ρ_s。是干土粒的质量 m_s 与其体积 V_s 之比，由下式表示：

$$\rho_s = \frac{m_s}{V_s} \tag{2-1-2}$$

其值可由试验求得。土粒密度主要取决于土的矿物成分，其变化幅度不大，在有经验的地区可按经验值选用。

(3)含水率 w。是土中水的质量 m_w 与固体(土粒)质量 m_s 之比，由下式表示：

$$w = \frac{m_w}{m_s} \times 100\% \tag{2-1-3}$$

含水率常用烘干法测定，是描述土的干湿程度的重要指标，常以百分数表示。土的天然含水率变化范围很大，从干砂的含水率接近于零到蒙脱土的含水率可达百分之几百。

2．换算指标

可由上述三个试验指标计算求得的指标，称为换算指标，包括土的干密度(干重度)、饱和密度(饱和重度)、有效重度、孔隙比、孔隙率和饱和度。

(1)干密度 ρ_d。是土的固相质量 m_s 与土的总体积 V 之比，可由下式表示：

$$\rho_d = \frac{m_s}{V} \tag{2-1-4}$$

土的干密度越大，土越密实，强度就越高，水稳定性也好。干密度常用作填土密实度的施工控制指标。

(2)饱和密度 ρ_{sat}。是当土的孔隙中全部被水充满时的密度，即全部充满孔隙的水的质量 m_w 与固相质量 m_s 之和与土的总体积 V 之比，由下式表示：

$$\rho_{sat} = \frac{m_w + m_s}{V} \tag{2-1-5}$$

当用干密度或饱和密度计算重力时，也应乘以 10 变换为干重度或饱和重度。

(3)有效重度 γ'。当土浸没在水中时，土的固相受到水的浮力作用，土体的重力也应扣除浮力。计算地下水位以下土层的自重应力时应当用有效重度，有效重度是扣除浮力以后的固相重力与土的总体积之比(又称为浮重度)，由下式表示：

$$\gamma' = \frac{10m_s - V_s\gamma_w}{V} = \gamma_{sat} - \gamma_w \tag{2-1-6}$$

式中：γ_w——水的重度(kN/m^3)，纯水在4℃时的重度等于9.81kN/m^3，在工程上化整为10kN/m^3。

(4)土的孔隙比。是孔隙的体积 V_v 与固相体积 V_s 之比，以小数计，由下式表示：

$$e = \frac{V_v}{V_s} \tag{2-1-7}$$

孔隙比用来评价土的紧密程度，或从孔隙比的变化推算土的压密程度。

(5)土的孔隙率。是孔隙的体积 V_v 与土的总体积 V 之比，由下式表示：

$$n = \frac{V_v}{V} \tag{2-1-8}$$

(6)土的饱和度。是指孔隙中水的体积 V_w 与孔隙体积 V_v 之比，由下式表示：

$$S_r = \frac{V_w}{V_v} \tag{2-1-9}$$

3．三相比例指标的互相换算

土的三相比例指标之间可以互相换算，为便于应用，将常用换算关系列于表2-1-1。

三相指标的换算关系　　表2-1-1

换 算 指 标	用试验指标计算的公式	用其他指标计算的公式
孔隙比	$e=\frac{\gamma_s(1+w)}{\gamma}-1$	$e=\frac{\gamma_s}{\gamma_d}-1$　$e=\frac{w\gamma_s}{S_r\gamma_w}$
饱和重度	$\gamma_{sat}=\frac{\gamma(\gamma_s-\gamma_w)}{\gamma_s(1+w)}+\gamma_w$	$\gamma_{sat}=\frac{\gamma_s+e\gamma_w}{1+e}$　$\gamma_{sat}=\gamma'+\gamma_w$
饱和度	$S_r=\frac{\gamma\gamma_s w}{\gamma_w[\gamma_s(1+w)-\gamma]}$	$S_r=\frac{w\gamma_s}{e\gamma_w}$
干重度	$\gamma_d=\frac{\gamma}{1+w}$	$\gamma_d=\frac{\gamma_s}{1+e}$
孔隙率	$n=1-\frac{\gamma}{\gamma_s(1+w)}$	$n=\frac{e}{1+e}$
有效重度		$\gamma'=\gamma_{sat}-\gamma_w$

第二节　黏性土的状态与界限含水率

1．黏土颗粒与水的相互作用

土中水与固体颗粒之间并不是机械地混合，而是存在着复杂的物理化学作用。黏土颗粒粒径非常微小，一般小于0.002mm。构成黏土颗粒的矿物其结晶结构决定了微小的黏土颗粒具有表面带电性。同时，水分子是极性分子，因此在电场作用下具有定向排列的特性；另外它极易与被溶解的物质，如水中的阳离子结合而成水化离子。

由于土的颗粒表面通常带有负电荷，因此水在带电固体颗粒之间，受到表面电荷电场的作用，水分子和水化阳离子就会向土颗粒周围聚集。根据受颗粒表面静电引力作用的强弱，可以划分三种类型：强结合水、弱结合水和自由水。

(1)强结合水。是指紧靠土颗粒表面的水，受表面电荷静电引力最强。静电引力把极性水分子和水化阳离子牢固地吸附在颗粒表面上形成固定层。这部分水的特征是没有溶解能力，不能传递静水压力、不能自由移动，只有吸热变成蒸汽时才能移动。它极其牢固地结合在土粒表面上，其性质接近于固体，密度约为1.2～2.4g/cm^3，冰点为－78℃，具有很大的黏滞性。

(2)弱结合水。就是紧靠强结合水外围的一层水膜。在这层水膜范围内的水分子和水化阳离子仍受到一定程度的静电引力，离颗粒表面距离越远，受静电引力越小。这部分水仍然不能传递静水压力，但水膜较厚的弱结合水能向邻近较薄水膜处缓慢转移。

(3)自由水。又称重力水，是指不受土粒表面电荷电场影响的水。它的性质和普通水一样，能传递静水压力，在水头差作用下流动，冰点为0℃，具有溶解能力。

2．界限含水率

黏性土可从泥泞到坚硬具有不同的物理状态，其状态变化与含水率有直接关系。含水率很大时土成为泥浆，是一种黏滞流动的液体，称为流动状态；含水率逐渐减少时，黏滞流动的特点渐渐消失而显示出塑性。所谓塑性就是指可以塑成任何形状而不出现裂缝，并在解除外力后能保持已有形状不变的性质。当含水率继续减少时，可塑性逐渐消失，从可塑状态变为半固体状态。如果同时测定含水率减少过程中的体积变化，则可发现土的体积随着含水率的减少而减小；但当含水率很小的时候，土的体积不再随含水率的减少而减小，这种状态称为固体状态。从一种状态变到另一种状态的分界点对应的含水率称为界限含水率。流动状态与可塑状态间的界限含水率称为液限 w_L；可塑状态与半固体状态间的界限含水率称为塑限 w_p；半固体状态与固体状态间的界限含水率称为缩限 w_s。

塑限 w_p 和液限 w_L 是反映黏性土物理性质的重要指标。塑限 w_p 是用搓条法测定的。液限 w_L 可用两种不同的仪器测定，分别是碟式液限仪和锥式液限仪。在欧美等国家，大多采用碟式液限仪测定液限，我国采用平衡锥式液限仪测定，公路系统采用的液限塑限联合测定法与前两种方法有所不同。

液限测定标准的差别给不同系统之间数据的交流与利用带来了困难，基于这些指标的一系列技术标准也存在一定的差异，不能互相通用。

3. 塑性指数

可塑性是黏性土区别于砂土的重要特征。可塑性的大小可用土处在塑性状态的含水率变化范围来衡量，从液限到塑限含水率的变化范围愈大，土的可塑性愈好。这个范围称为塑性指数 I_p，习惯上用不带%的数值表示。

$$I_p = w_L - w_p \tag{2-1-10}$$

塑性指数是黏性土的最基本、最重要的物理指标之一，它综合地反映了土的物质组成，广泛应用于土的分类和评价。但由于液限测定标准的差别，同一土类按不同标准可能得到不同的塑性指数；塑性指数相同的土，其土类可能完全不同。

4. 液性指数

由于土的天然含水率的绝对数值不能确切地说明土处在什么状态，因此需要提出一个能表示天然含水率与界限含水率相对关系的指标来描述土的状态，这个称为液性指数的指标由下式定义：

$$I_L = \frac{w - w_p}{w_L - w_p} \tag{2-1-11}$$

可塑状态的土的液性指数在 0 ~ 1 之间，液性指数越大，表示土越软；液性指数大于 1 的土处于流动状态；小于 0 的土则处于固体状态或半固体状态。

第三节　砂土的密实度

砂土的密实度对其工程性质具有重要的影响。密实的砂土具有较高的强度和较低的压缩性，是良好的建筑物地基；但松散的砂土，尤其是饱和的松散砂土，不仅强度低，且水稳定性很差，容易产生流砂、液化等工程事故。对砂土评价的主要问题是正确地划分其密实度，孔隙比、相对密度和标准贯入击数都可以描述砂土的密实程度。

1. 相对密实度

土的孔隙比一般可以用来描述土的密实程度,但砂土的密实程度并不单独取决于孔隙比,其在很大程度上还取决于土的级配情况。粒径级配不同的砂土即使具有相同的孔隙比,但由于颗粒大小不同,颗粒排列不同,所处的密实状态也会不同。为了同时考虑孔隙比和级配的影响,引入砂土相对密实度的概念。

当砂土处于最密实状态时,其孔隙比称为最小孔隙比 e_{min};而砂土处于最疏松状态时的孔隙比则称为最大孔隙比 e_{max}。试验标准规定了一定的方法测定砂土的最小孔隙比和最大孔隙比,然后可按下式计算砂土的相对密实度 D_r:

$$D_r = \frac{e_{max} - e}{e_{max} - e_{min}} \tag{2-1-12}$$

从上式可以看出,当砂土的天然孔隙比接近于最小孔隙比时,相对密实度 D_r 接近于1,表明砂土接近于最密实的状态;而当天然孔隙比接近于最大孔隙比,则表明砂土处于最松散的状态,其相对密实度接近于0。根据砂土的相对密实度可以将砂土划分为密实、中密和松散三种密实度。

2. 标准贯入试验

从理论上讲,用相对密实度划分砂土的密实度是比较合理的。但由于测定砂土的最大孔隙比和最小孔隙比试验方法的缺陷,试验结果常有较大的出入;同时由于很难在地下水位以下的砂层中取得原状砂样,砂土的天然孔隙比很难准确地测定,这就使相对密实度的应用受到限制。因此,在工程实践中通常用标准贯入击数来划分砂土的密实度。

标准贯入试验是用规定的锤重(63.5kg)和落距(76cm)把标准贯入器(带有刃口的对开管,外径50mm,内径35mm)打入土中,记录贯入一定深度(30cm)所需的锤击数N值的原位测试方法。标准贯入试验的贯入锤击数反映了土层的松密和软硬程度,是一种简便的测试手段。《岩土工程勘察规范》(GB 50021—2001)规定砂土的密实度应根据标准贯入锤击数划分为密实、中密、稍密和松散四种状态。

第四节　土体工程性质的变化机理

1. 砂土的振动密实和液化

由于砂土颗粒之间没有或几乎没有联结作用,土粒的自重也不大,当受到高频振动时,土粒就不停地跳动、碰撞和分离,其情况类似重液的分子活动。故置于砂土表面上重物会像在重液中那样下沉,而在砂土中的轻物也会像在重液中那样上浮。振动打桩就是利用了前面一种的特点。松砂受振时土粒在跳动中调整相互位置,土的结构趋于更加稳定、密实。

如果是饱和砂土且颗粒较小时,在突然振密而排水不畅的情况下,土粒受到孔隙水的反作用力而处于悬浮状态。这时砂土突然转化成液体状,称为液化。这种现象常是建(构)筑物地基破坏的重要原因。

2. 黏性土的结构性和灵敏度

黏性土在保持天然结构时(原状土)的工程性质与它的结构被破坏后(扰动土)的工程性质常有很大差别,这就是它具有的结构性。灵敏度 S_t 是常用的评价黏性土结构性对强度影响的指标。

灵敏度是同一黏性土的原状土与重塑土(结构彻底破坏的扰动土)在土中孔隙和水的含量不变情况下的无侧限抗压强度比(或不排水抗剪强度比)。故黏性土的灵敏度越高,其天然结构破坏后的强度降低得越明显。

3. 黏粒的触变性

触变性是胶体的凝聚和胶溶过程的可逆转变特性,也是含有微小黏粒的黏性土常具有结构性的重要原因。黏粒在受到扰动前互相吸引和凝聚,并与被它吸附的阳离子和极性水分子处于静平衡状态。离子和水分子是定向排列的。当受到外来扰动因素(如振动、搅拌、超声波、电流等)的影响时,黏粒之间的相对位置和离子及水分子的定向排列被打乱,这使粒间的吸引作用大大减弱,部分粒间结合水转为自由水,黏粒由凝聚状态转为分散状态(或称胶溶状态)。因而结构的联结被破坏,土的强度大大降低。当外界因素消失并静置一段时间后,已转变为自由水的水分子重新被黏粒及阳离子吸附而定向排列,成为结合水,分散状态的黏粒重新凝聚,结构的联结也得到不同程度的恢复(被破坏的胶结联结不能恢复)。触变过程是在温度和孔隙水含量不变的情况下进行的。这种现象在原状土中自由水含量较多、胶结联结占的比重较大时常会更加突出。

4. 黏性土颗粒的定向作用

黏性土颗粒的定向作用是指在外力作用下黏性土的结构会发生土粒沿某一方向重新排列的现象。

例如在淡水中分散下沉的黏粒会大致同上覆压力正交地定向排列,并逐渐形成较紧密的平行结构,使土的力学性质得到提高。但这种结构的土表现出各向异性的特点。又如黏性土长期受到剪切作用,会使黏粒沿剪切方向逐渐定向排列。其结果是对剪切破坏的抗力减小,即土的强度降低。

黏性土因渗透性(透水性)小,自由水的转移比较慢,而结合水的移动则因受到粒面的引力更为缓慢。所以,上述黏性土的压实和定向过程是在相当长的时间内完成的。这就决定了黏性土压密过程的长期性和在一定的剪应力作用下剪切变形会缓慢持续增长的特性。后面这一特性使黏性土的抗剪强度随剪切作用时间的增加而降低。因此,黏性土结构的受力定向作用对土的工程性质也是具有重要意义的。

第五节 土的工程分类

从为工程服务的目的来说,土的分类系统是把不同的土分别安排到各个具有相近性质的组合中去,其目的是为了人们有可能根据同类土已知的性质去评价其性质,或为工程师提供一个可供采用的描述与评价土的方法。由于各类工程的特点不同,分类依据的侧重面也就不同,因而形成了服务于不同工程类型的分类体系。对同样的土如果采用不同的规范分类,定出的土名可能会有差别。在使用规范时必须充分注意这个问题。

目前我国各行业的标准中关于土的分类存在着不同的体系,即使在公路行业中,不同的规范之间也存在差异。为了适应各种不同行业技术工作的需要,下面同时介绍公路工程和建筑工程两个行业的土分类标准。

1. 碎石土分类

碎石土是指粒径大于2mm的颗粒含量超过总质量的50%的土,按粒径和颗粒形状可进一步划分为漂石、块石、卵石、碎石、圆砾和角砾,《岩土工程勘察规范》(GB 50021—2001)和《公路桥涵地基与基础设计规范》(JTG D63—2007)采用相同的划分标准,见表2-1-2。

碎石土的分类 表2-1-2

土的名称	颗粒形状	粒组含量
漂石 块石	圆形及亚圆形为主 棱角形为主	粒径大于200mm的颗粒含量超过总质量的50%
卵石 碎石	圆形及亚圆形为主 棱角形为主	粒径大于20mm的颗粒含量超过总质量的50%
圆砾 角砾	圆形及亚圆形为主 棱角形为主	粒径大于2mm的颗粒含量超过总质量的50%

注:分类时应根据粒组含量由大到小以最先符合者确定。

碎石土的密实度一般用定性的方法由野外描述确定,卵石的密实度可按超重型动力触探的锤击数N_{120}划分,划分的界限见表2-1-3。

按超重型动力触探锤击数划分卵石密实度 表2-1-3

N_{120}	3~6	6~10	10~14	14~20
密实度	稍密	中密	密实	极密

2. 砂土分类

砂土是指粒径大于2mm的颗粒含量不超过总质量的50%且粒径大于0.075mm的颗粒含量超过总质量的50%的土。砂土可再划分为5个亚类,即砾砂、粗砂、中砂、细砂和粉砂,《岩土工程勘察规范》(GB 50021—2001)和《公路桥涵地基与基础设计规范》(JTG D63—2007)采用相似的划分标准,见表2-1-4。

砂土的分类 表2-1-4

土的名称	粒组含量
砾砂	粒径大于2mm的颗粒含量占总质量的25%~50%
粗砂	粒径大于0.5mm的颗粒含量超过总质量的50%
中砂	粒径大于0.25mm的颗粒含量超过总质量的50%
细砂	粒径大于0.075mm的颗粒含量超过总质量的85% *
粉砂	粒径大于0.075mm的颗粒含量超过总质量的50% **

注:①分类时应根据粒组含量由大到小以最先符合者确定。

②*《公路桥涵地基与基础设计规范》(JTG D63—2007)的规定:粒径大于0.10mm的颗粒含量超过总质量的75%。

③**《公路桥涵地基与基础设计规范》(JTG D63—2007)的规定:粒径大于0.1mm的颗粒含量不超过总质量的75%。

3. 细粒土分类

粒径大于0.075mm的颗粒含量不超过总质量的50%的土属于细粒土,细粒土可划分为

粉土和黏性土两大类，黏性土可再划分为粉质黏土和黏土两个亚类，划分标准见表2-1-5。

细粒土分类　　表2-1-5

塑性指数	土的名称	塑性指数	土的名称
$I_P > 17$	黏土	$I_P \leq 10$	粉土
$10 < I_P \leq 17$	粉质黏土		

粉土是介于砂土和黏性土之间的过渡性土类，它具有砂土和黏性土的某些特征，根据黏粒含量可以将粉土再划分为砂质粉土和黏质粉土，具体划分标准见表2-1-6。

粉土亚类的划分　　表2-1-6

土的名称	黏粒含量
砂质粉土	粒径小于0.005mm的颗粒含量小于等于总质量的10%
黏质粉土	粒径小于0.005mm的颗粒含量超过总质量的10%

4．塑性图分类

塑性图分类最早由美国卡萨格兰特（Casagrande）于1942年提出，是美国试验与材料协会（ASTM）统一分类法体系中细粒土的分类方法，后来为欧美许多国家所采用。塑性图以塑性指数为纵坐标，液限为横坐标，如图2-1-1所示。图中有两条经验界限，斜线称为A线，它的方程为$I_P = 0.73(w_L - 20)$，作用是区分有机土和无机土、黏土和粉土。根据卡萨格兰特的建议，A线上侧是无机黏土，下侧是无机粉土或有机土；竖线称为B线，其方程为$w_L = 50\%$，作用是区分高塑性土和低塑性土。

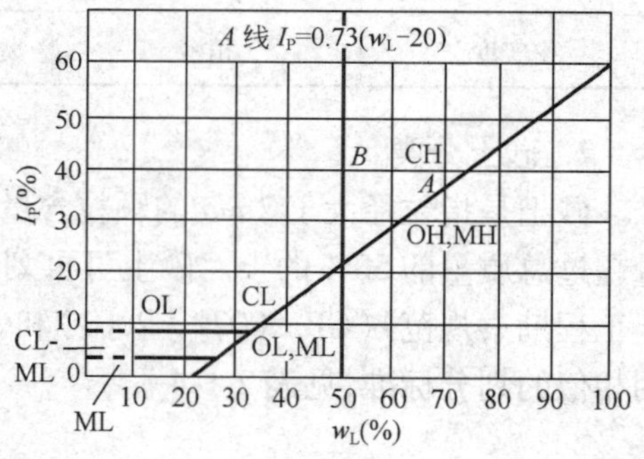

图2-1-1　塑性图

在ASTM的分类体系中，在A线以上的土分类为黏土，如果液限大于50%，称为高塑性黏土CH，液限小于50%的土称为低塑性黏土CL；在A线以下的土分类为粉土，液限大于50%的土称为高塑性粉土MH，液限小于50%的土称为低塑性粉土ML。在低塑性区，如果土样处于A线以上，而塑性指数范围在4～7之间，则土的分类应给以相应的搭界分类CL-ML。

在应用ASTM塑性图分类时应注意其试验标准与我国的标准不同，其液限是用卡萨格兰特碟式仪测定的，碟式仪是在欧美国家通用的液限仪。我国“土的工程分类标准”则采用锥式仪沉入深度17mm的标准，由于试验标准不同，测定的结果不一样，因此用塑性图分类的结果也可能不同。

《公路土工试验规程》（JTG E40—2007）采用与上述几本规范不同的土分类体系，将土分为巨粒土、粗粒土、细粒土三大类，见表2-1-7。巨粒粒组质量多于总质量50%的土称为巨粒土；粗粒组质量多于总质量50%的土称为粗粒土，粗粒土中再分为砾类土和砂类土，各以砾粒组或砂粒组的质量多于总质量的50%作为定名的标准；当土中细粒组的质量多于总质量50%时称为细粒土，细粒土再按在塑性图上的位置进一步定名为粉质土和黏质土。

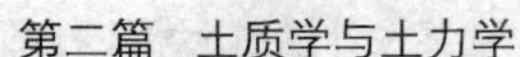

《公路土工试验规程》(JTG E40—2007)的土分类标准　　表2-1-7

土　类	划分标准	亚　类	划分标准
巨粒土	巨粒含量超过50%	漂(卵)石	巨粒含量75%～100%
		漂(卵)石夹土	巨粒含量50%～75%
粗粒土	粗粒含量超过50%	砾类土	砾粒含量超过50%
		砂类土	砂粒含量超过50%
细粒土	细粒含量超过50%	粉质土	位于塑性图A线上方
		黏质土	位于塑性图A线下方

第二章　土中水的运动规律

土中水并非处于静止不变的状态，而是运动着的。土中水的运动将对土的性质产生影响，在许多工程实践中碰到的问题，如流沙、冻胀、渗透固结、渗流时的边坡稳定等，都与土中水的运动有关。本节着重讨论土中水的运动规律及其对土性质的影响。

第一节　土的毛细特性

土的毛细性是指能够产生毛细现象的性质。土的毛细现象是指土中水在表面张力作用下，沿着细的孔隙向上及向其他方向移动的现象。这种细微孔隙中的水被称为毛细水。土的毛细现象在以下几个方面对工程有影响：

(1)毛细水的上升是引起路基冻害的因素之一。

(2)对于房屋建筑，毛细水的上升会引起地下室过分潮湿。

(3)毛细水的上升可能引起土的沼泽化和盐渍化，对建筑工程及农业经济都有很大影响。

为了认识土的毛细现象，下面分别讨论土层中的毛细水带、毛细水上升高度和上升速度。

1. 土层中的毛细水带

土层中由于毛细现象所湿润的范围称为毛细水带。根据毛细水带的形成条件和分布状况，可分为三种，即正常毛细水带、毛细网状水带和毛细悬挂水带。

(1)正常毛细水带(又称毛细饱和带)。位于毛细水带的下部，与地下潜水连通。这一部分的毛细水主要是由潜水面直接上升而形成的，毛细水几乎充满了全部孔隙。正常毛细水带随着地下水位的升降而作相应的移动。

(2)毛细网状水带。位于毛细水带的中部。当地下水位急剧下降时，它也随之急速下降，这时在较细的毛细孔隙中有一部分毛细水来不及移动，仍残留在孔隙中，而在较粗的孔隙中因毛细水下降，孔隙中留下空气泡，这样使毛细水呈网状分布。毛细网状水带中的水，可以在表面张力和重力作用下移动。

(3)毛细悬挂水带。位于毛细带的上部。这一带的毛细水是由地表水渗入而成的，水悬挂在土颗粒之间，不与中部或下部的毛细水相连。当地表有大气降水补给时，毛细悬挂水在重力作用下向下移动。

上述三个毛细水带不一定同时存在，这取决于当地的水文地质条件。如地下水位很高时，可能就只有正常毛细水带，而没有毛细悬挂水带和毛细网状水带；反之，当地下水位较低时，则3个毛细水带可能同时出现。

在毛细水带内，土的含水率是随着深度而变化的，自地下水位向上含水率逐渐减少，但到毛细悬挂水带后，含水率可能有所增加。

2. 毛细水上升高度及上升速度

水在毛细管内上升最大高度的计算公式如下：

$$h_{max} = \frac{2\sigma}{r\gamma_w} = \frac{4\sigma}{d\gamma_w} \tag{2-2-1}$$

式中：d——毛细管的直径。

从式(2-2-1)可以看出，毛细水上升高度与毛细管的直径成反比，毛细管直径越细，毛细水上升高度越大。

在天然土层中的毛细水上升高度是不能简单地直接引用式(2-2-1)计算的，这是因为土中的孔隙是不规则的，与圆柱状的毛细管根本不同，特别是土颗粒与水之间积极的物理化学作用，使得天然土层中的毛细现象比毛细管的情况要复杂得多。例如，假定黏土颗粒的直径等于0.000 5mm的圆球，那么这种假想土粒堆置起来的孔隙直径$d \approx 0.000\,01$cm，代入式(2-2-1)中将得到毛细水上升高度$h_{max}=300$m，这在实际土中是根本不可能发生的。在天然土层中毛细水上升的实际高度很少超过数米。

在实践中有一些估算毛细水上升高度的经验公式，如海森(A. Hazen)的经验公式：

$$h_0 = \frac{C}{ed_{10}} \tag{2-2-2}$$

式中：h_0——毛细水的上升高度(m)；

e——土的孔隙比；

d_{10}——土的有效粒径(m)；

C——系数(m^2)，与土粒形状及表面洁净情况有关，$C=1\times10^{-5}\sim5\times10^{-5}m^2$。

在黏性土颗粒周围吸附着一层结合水膜，这一水膜将影响毛细水弯面的形成。此外，结合水膜将减小土中孔隙的有效直径，使得毛细水在上升时受到很大阻力，上升速度很慢，上升的高度也受到影响。当土颗粒间的孔隙被结合水完全充满时，毛细水的上升也就停止了。

第二节　土的渗透性

土孔隙中的自由水在重力作用下发生运动的现象，称为土的渗透性。在道路及桥梁工程中常需要了解土的渗透性。下面讨论土中孔隙水(主要是指重力水)的运动规律。

1. 土的层流渗透定律

若土中孔隙水在压力梯度下发生渗流，水自高水头点流向低水头点。由于土的孔隙较小，在大多数情况下水在孔隙中的流速较小，可以认为是属于层流(即水流流线是互相平行地流动)。法国学者达西(H. Darcy)根据砂土的试验结果得到水在土中的渗透速度与水头梯度成正比的规律，即：

$$v = kI \tag{2-2-3}$$

或

$$q = kIF \tag{2-2-4}$$

式中：v——渗透速度(m/s)；

I——水头梯度，即沿着水流方向单位长度上的水头差；

k——渗透系数(m/s)；

q——渗透流量(m^3/s)，即单位时间内流过土截面积F(m^2)的流量。

以上关系式反映了土中水的渗流规律，称为达西定律。由于达西定律只适用于层流的情况，故一般只适用于中砂、细砂、粉砂等。对粗砂、砾石、卵石等粗颗粒土就不适合，因为这时水的渗流速度较大，已不再是层流而是紊流了。黏土中的渗流规律不完全符合达西定律，因此需进行修正。

在黏土中，土颗粒周围存在着结合水，结合水因受到分子引力作用而呈现黏滞性。因此，黏土中自由水的渗流由于结合水的黏滞作用受到很大阻力，只有克服结合水的抗剪强度后才能开始渗流。克服此抗剪强度所需要的水头梯度，称为黏土的起始水头梯度 I_0。这样在黏土中，应按下述修正后的达西定律计算渗流速度：

$$v = k(I - I_0) \tag{2-2-5}$$

在图 2-2-1 中绘出了砂土与黏土的渗透规律。直线 a 表示砂土的 v—I 关系，它是通过原点的一条直线。黏土的 v—I 关系是曲线 b（图中虚线所示），d 点是黏土的起始水头梯度，当土中水头梯度超过此值后水才开始渗流。一般常用折线 c（图中 Oef 线）代替曲线 b，即认为 e 点是黏土的起始水头梯度 I_0，其渗流规律用式(2-2-5)表示。

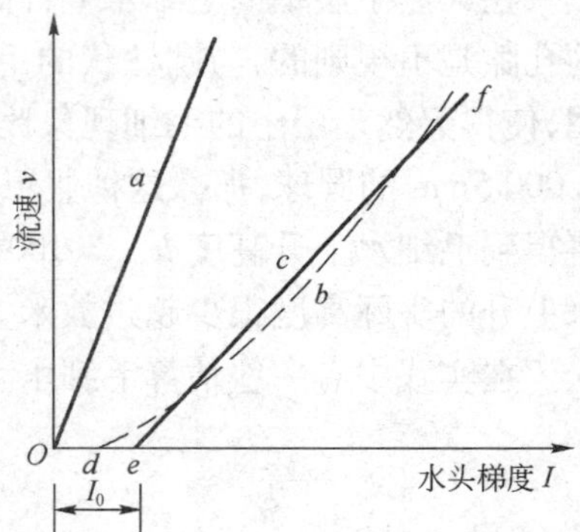

图 2-2-1　砂土和黏土的渗透规律

2. 土的渗透系数

渗透系数 k 是综合反映土体渗透能力的一个指标，其数值的正确确定对渗透计算有着非常重要的意义。渗透系数可以在试验室通过常水头或变水头渗透试验测定，也可进行现场抽水试验测定。

成层土的渗透性可通过平均渗透系数反映，计算方法如下：

土层水平向的平均渗透系数 k_h 为：

$$k_h = \frac{\sum k_i h_i}{\sum h_i} \tag{2-2-6}$$

土层竖向的平均渗透系数 k_v 为：

$$k_v = \frac{\sum h_i}{\sum \frac{h_i}{k_i}} \tag{2-2-7}$$

式中：k_i——各层土的渗透系数；

h_i——各层土的厚度。

3. 影响土的渗透性的因素

影响土的渗透性的因素主要有以下几种：

(1)土的粒度成分及矿物成分。土的颗粒大小、形状及级配，影响土中孔隙大小及形状，因而影响土的渗透性。土颗粒越粗、越浑圆、越均匀时渗透性就越大。砂土中含有较多粉土及黏土颗粒时，其渗透性就大大降低。

土的矿物成分对于卵石、砂土和粉土的渗透性影响不大，但对于黏土的渗透性影响较大。黏性土中含有亲水性较强的黏土矿物（如蒙脱石）或有机质时，由于它们具有很大的膨胀性，从而大大降低土的渗透性。含有大量有机质的淤泥几乎是不透水的。

(2)结合水膜的厚度。黏性土中若土粒的结合水膜厚度较厚时，会阻塞土的孔隙，降低土的渗透性。如钠黏土，由于钠离子的存在，使黏土颗粒的扩散层厚度增加，所以透水性很低。

(3)土的结构构造。天然土层通常不是各向同性的,在渗透性方面往往也是如此。如黄土具有竖直方向的大孔隙,所以竖直方向的渗透系数要比水平方向大得多。层状黏土常夹有薄的粉砂层,它的水平方向的渗透系数要比竖直方向大得多。

(4)土中气体。当土孔隙中存在密闭气泡时,会阻塞水的渗流,从而降低土的渗透性。

第三节　动水力的概念及流砂现象

1. 动水力的概念

水在土中渗流时,受到土颗粒的阻力作用,这个力的作用方向是与水流方向相反的。根据作用力与反作用力相等的原理,水流也必然有一个相等的力作用在土颗粒上,我们把水流作用在单位体积土体中土颗粒上的力称为动水力 G_D(kN/m^3),也称为渗流力。动水力的作用方向与水流方向一致。

动水力的计算在工程实践中具有重要意义,例如研究土体在水渗流时的稳定性问题,就要考虑动水力的影响。动水力的计算公式为:

$$G_D = \gamma_w I \tag{2-2-8}$$

式中:I——水头梯度;

γ_w——水的重度。

2. 流沙现象和临界水头梯度

由于动水力的方向与水流方向一致,因此当水的渗流自上向下时,动水力方向与土体重力方向一致,这样将增加土颗粒间的压力;若水的渗流方向自下而上,当向上的动水力与土的有效重度相等时,土颗粒间的压力将等于零,土颗粒将处于悬浮状态而失去稳定,这种现象就称为流沙现象。这时的水头梯度称为临界水头梯度 I_{cr},计算式如下:

$$I_{cr} = \frac{\gamma'}{\gamma_w} = \frac{\gamma_{sat}}{\gamma_w} - 1 \tag{2-2-9}$$

工程中将临界水头梯度 I_{cr} 除以安全系数 K 作为容许水头梯度 $[I]$。设计时渗流逸出处的水头梯度应满足如下要求:

$$I \leqslant [I] = \frac{I_{cr}}{K} \tag{2-2-10}$$

对流沙的安全性进行评价时,K 一般可取 2.0 ~ 2.5。

流沙现象是发生在土体表面渗流逸出处,不发生于土体内部。流沙现象主要发生在细砂、粉砂及粉土等土层中。对饱和的低塑性黏性土,如受到扰动,也会发生流沙;而在粗颗粒及黏土中则不易产生。

第四节　冻胀的机理与影响因素

在冻土地区,随着土中水的冻结和融化,会发生一些独特的现象,称为冻土现象。冻土现象严重地威胁着建筑物的稳定及安全,因此有必要清楚其发生的机理及影响因素,以采取必要的防治措施。

1. 冻胀的原因

土发生冻胀的原因是因为冻结时土中的水向冻结区迁移和积聚。解释水分迁移的学说很多,其中以“结合水迁移学说”较为流行。

土中水分为结合水和自由水两大类。结合水根据其所受分子引力的大小分为强结合水和弱结合水,自由水又分为重力水与毛细水。重力水在0℃时冻结,毛细水因受表面张力的作用其冰点稍低于0℃;结合水的冰点则随其受到的引力增加而降低,弱结合水的外层在-0.5℃时冻结,越靠近土粒表面其冰点越低,弱结合水要在-20~-30℃时才全部冻结,而强结合水在-78℃仍不冻结。

当大气温度降至负温时,土层中的温度也随之降低,土体孔隙中的自由水首先在0℃时冻结成冰晶体。随着气温的继续下降,弱结合水的最外层也开始冻结,使冰晶体逐渐扩大。这样使冰晶体周围土粒的结合水膜减薄,土粒就产生剩余的分子引力。另外,由于结合水膜的减薄,使得水膜中的离子浓度增加(因为结合水中的水分子结成冰晶体,使离子浓度相应增加),这样就产生渗附压力(即当两种水溶液的浓度不同时,会在它们之间产生一种压力差,使浓度较小溶液中的水向浓度较大的溶液渗流)。在这两种引力作用下,附近未冻结区水膜较厚处的结合水,被吸引到冻结区的水膜较薄处。一旦水分被吸引到冻结区后,因为负温作用,水即冻结,使冰晶体增大,而不平衡引力继续存在。若未冻结区存在着水源(如地下水距冻结区很近)及适当的水源补给通道(即毛细通道),就能够源源不断地补充被吸收的结合水,则未冻结的水分就会不断地向冻结区迁移积聚,使冰晶体扩大,在土层中形成冰夹层,土体积发生隆胀,即冻胀现象。这种冰晶体的不断增大,一直要到水源的补给断绝后才停止。

2. 影响冻胀的因素

从上述土冻胀的机理分析中可以看到,土的冻胀现象是在一定条件下形成的。影响冻胀的因素有下列三方面:

(1)土的因素。冻胀现象通常发生在细粒土中,特别是粉土、粉质黏土中,冻结时水分迁移积聚最为强烈,冻胀现象严重。这是因为这类土具有较显著的毛细现象,上升高度大,上升速度快,具有较通畅的水源补给通道,同时,这类土的颗粒较细,表面能大,土粒矿物成分亲水性强,能持有较多的结合水,从而能使大量结合水迁移和积聚。相反,黏土虽有较厚的结合水膜,但毛细孔隙较小,对水分迁移的阻力很大,没有通畅的水源补给通道,所以其冻胀性较上述粉质土为小。

砂砾等粗颗粒土,没有或具有很少量的结合水,孔隙中自由水冻结后,不会发生水分的迁移积聚,同时由于砂砾的毛细现象不显著,因而不会发生冻胀。所以,在工程实践中常在路基中换填砂土,以防治冻胀。

(2)水的因素。前面已经指出,土层发生冻胀的原因是水分的迁移和积聚。因此,当冻结区附近地下水水位较高,毛细水上升高度能够达到或接近冻结线,使冻结区能得到水源的补给时,将发生比较强烈的冻胀现象。这样,可以区分两种类型的冻胀:一种是冻结过程中有外来水源补给的,叫做开敞型冻胀;另一种是冻结过程中没有外来水分补给的,叫做封闭型冻胀。开敞型冻胀往往在土层中形成很厚的冰夹层,产生强烈冻胀;而封闭型冻胀土中冰夹层薄,冻胀量也小。

(3)温度的因素。如气温骤降且冷却强度很大时,土的冻结迅速向下推移,即冻结速度很

快。这时,土中弱结合水及毛细水来不及向冻结区迁移就在原地冻结成冰,毛细通道也被冰晶体所堵塞。这样,水分的迁移和积聚不会发生,在土层中看不到冰夹层,只有散布于土孔隙中的冰晶体,这时形成的冻土一般无明显的冻胀。

如气温缓慢下降,冷却强度小,但负温持续的时间较长,则能促使未冻结区水分不断地向冻结区迁移积聚,在土中形成冰夹层,出现明显的冻胀现象。

上述三方面的因素是土层发生冻胀的三个必要因素。因此,在持续负温作用下,地下水位较高处的粉砂、粉土、粉质黏土等土层常具有较大的冻胀危害。但是,也可以根据影响冻胀的三个因素,采取相应的防治冻胀的工程措施。

第三章　土中应力计算

土中应力是指土体在自身重力、构筑物荷载以及其他因素（如土中水渗流、地震等）作用下，土中所产生的应力。土中应力包括自重应力与附加应力，前者是因土受到重力作用而产生，因其一般随着土的形成就存在，因此也将它称为长驻应力；后者是因受到建筑物等外荷载作用而产生的。由于产生的条件不同，因此，分布规律和计算方法也不同。

土中应力增量将引起土的变形，从而使建筑物发生下沉、倾斜及水平位移等，如果这种变形过大，往往会影响建筑物的正常使用。此外，土中应力过大时，也会导致土的强度破坏，甚至使土体发生滑动而失去稳定。因此，研究土体的变形、强度及稳定性等力学问题时，都必须先掌握土中应力状态。所以计算土中应力分布是土力学的重要内容之一。

目前计算土中应力的计算方法，主要是采用弹性力学公式，也就是把地基土视为均匀的、各向同性的半无限弹性体。这虽然同土体的实际情况有差别，但其计算结果还是能满足实际工程的要求。

第一节　土中有效应力

1. 有效应力原理

在土中某点截取一水平截面，截面上作用的应力 σ 是由上面土体的重力、静水压力及外荷载所产生的应力，称为总应力。总应力一部分是由土颗粒间的接触面承担，称为有效应力；另一部分是由土体孔隙内的水及气体承担，称为孔隙应力（也称孔隙压力）。

根据该截面两侧土体的平衡条件，可得如下关系式：

$$\sigma = \sigma' + u \tag{2-3-1}$$

式中：σ'——土颗粒间的接触应力在截面积 F 上的平均应力，称为土的有效应力；

u——孔隙水压力。

这个关系式在土力学中很重要，称为有效应力公式。

土中任意点的孔隙压力 u 对各个方向作用是相等的，因此它只能使土颗粒产生压缩（由于土颗粒本身的压缩量是很微小的，在土力学中均不考虑），而不能使土颗粒产生位移。土颗粒间的有效应力作用，则会引起土颗粒的位移，使孔隙体积改变，土体发生压缩变形，同时有效应力的大小也影响土的抗剪强度。由此得到土力学中很重要的有效应力原理，它包含下述两点：

（1）土的有效应力 σ' 等于总应力 σ 减去孔隙水压力 u。

（2）土的有效应力控制土的变形及强度性能。

2. 不同条件下有效应力的计算

当孔隙水处于静止状态时,饱和土中的有效应力为:

$$\sigma' = \gamma' h \tag{2-3-2}$$

当孔隙水处于流动状态时,则有效应力将会发生变化。根据渗流的方向,可分为两种情况计算。

(1)向下渗流时有效应力可按下式计算:

$$\sigma' = h(\gamma' + i\gamma_w) \tag{2-3-3}$$

(2)向上渗流时有效应力可按下式计算:

$$\sigma' = h(\gamma' - i\gamma_w) \tag{2-3-4}$$

式中:σ'——土的有效应力;

γ'——土的浮重度;

γ_w——水的重度;

h——计算点的深度;

i——水力坡度。

第二节　土的自重应力

假定土体是均质的半无限体,重度为 γ,土体在自身重力作用下自重应力计算公式如下:

$$\sigma_{cz} = \gamma z \tag{2-3-5}$$

由式(2-3-5)可以看出,自重应力随深度呈线性增加,并呈三角形分布。

当土体成层时,设各土层厚度及重度分别为 h_i 和 $\gamma_i(i=1,2,\cdots,n)$,则在第 n 层土的底面,自重应力计算公式为:

$$\sigma_{cz} = \gamma_1 h_1 + \gamma_2 h_2 + \cdots + \gamma_n h_n = \sum_{i=1}^{n} \gamma_i h_i \tag{2-3-6}$$

土层中有地下水时,计算地下水位以下土的自重应力时,应根据土的性质确定是否需考虑水的浮力作用。通常认为砂性土是应该考虑浮力作用的,黏性土则视其物理状态而定。一般认为,若水下的黏性土其液性指数 $I_L \geqslant 1$,则土处于流动状态,土颗粒间存在着大量自由水,此时可以认为土体受到水的浮力作用;若 $I_L \leqslant 0$,则土处于固体状态,土中自由水受到土颗粒间结合水膜的阻碍不能传递静水压力,故认为土体不受水的浮力作用;若 $0 < I_L < 1$,土处于塑性状态时,土颗粒是否受到水的浮力作用就较难确定,一般在实践中均按不利状态来考虑。

若地下水位以下的土受到水的浮力作用,则水下部分土的重度应按浮重度 γ' 计算,其计算方法如同成层土的情况。

在地下水位以下,如埋藏有不透水层(例如岩层或只含结合水的坚硬黏土层),由于不透水层中不存在水的浮力，所以层面及层面以下的自重应力应按上覆土层的水土总重计算。

土的水平向自重应力 σ_{cx} 和 σ_{cy}，可按下式计算：

$$\sigma_{cx} = \sigma_{cy} = K_0\sigma_{cz} \tag{2-3-7}$$

式中：K_0——侧压力系数，也称静止土压力系数。

K_0 值可以在试验室测定，它与土的强度指标或变形指标间存在着理论或经验关系。

第三节　基底压力的简化算法

土中的附加应力是由建筑物荷载作用所引起的应力增量，而建筑物的荷载是通过基础传到土中的，因此基础底面的压力分布形式将对土中附加应力的分布产生影响。基底压力的分布是比较复杂的，但根据弹性理论中的圣维南原理以及从土中实际应力的测量结果得知，当作用在基础上的荷载总值一定时，基底压力分布形状只在一定深度范围内对土中应力分布产生影响，一般距基底的深度超过基础宽度的 1.5～2.0 倍时，它的影响已很不显著。因此，在实用上对基底压力的分布可近似地认为是按直线规律变化，采用简化方法计算。

（1）中心荷载作用时［图 2-3-1a）］，基底压力 p 按中心受压公式计算：

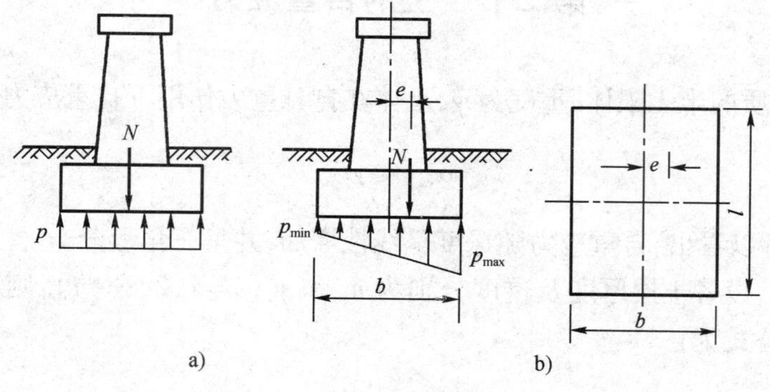

图 2-3-1　基底压力分布的简化计算

a）中心荷载时；b）偏心荷载时

$$p = \frac{N}{F} \tag{2-3-8}$$

式中：N——作用在基础底面中心的竖直荷载；

F——基础底面积。

（2）偏心荷载时［图 2-3-1b）］，基底压力按偏心受压公式计算：

$$p_{\substack{max\\min}} = \frac{N}{F} \pm \frac{M}{W} = \frac{N}{F}\left(1 \pm \frac{6e}{b}\right) \tag{2-3-9}$$

式中：N、M——作用在基础底面中心的竖直荷载及弯矩，$M = Ne$；

e——荷载偏心距；

W——基础底面的抵抗矩，对矩形基础 $W = \frac{lb^2}{6}$；

b、l——基础底面的宽度与长度。

从式(2-3-9)可知，由于荷载偏心距 e 的大小不同，基底压力的分布可能出现下述三种情况，如图 2-3-2 所示。

①当 $e < \frac{b}{6}$ 时，由式(2-3-9)知 $p_{\min} > 0$，基底压力呈梯形分布[图 2-3-2a)]；

②当 $e = \frac{b}{6}$ 时，$p_{\min} = 0$，基底压力呈三角形分布[图 2-3-2b)]；

③当 $e > \frac{b}{6}$ 时，$p_{\min} < 0$，也即产生拉应力[图 2-3-2c)]，但基底与土之间是不能承受拉应力的，这时产生拉应力部分的基底将与土脱开，而不能传递荷载，基底压力将重新分布，如图 2-3-2d)所示。重新分布后的基底最大压应力 $p'_{\max}$ 可以根据平衡条件求得：

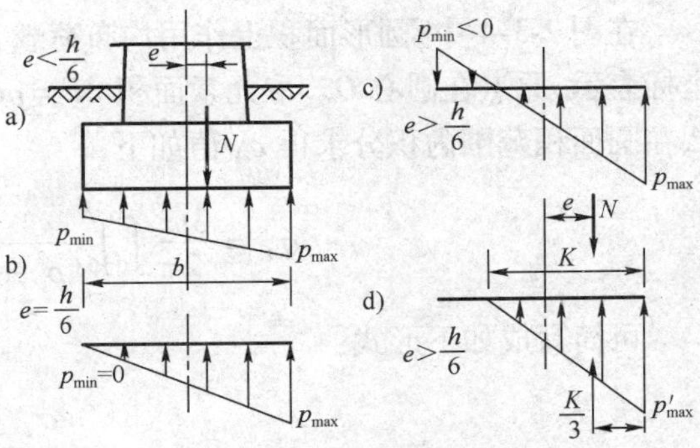

图 2-3-2　偏心荷载时基底压力分布的几种情况

$$p'_{\max} = \frac{2N}{3\left(\frac{b}{2} - e\right)l} \tag{2-3-10}$$

第四节　附加应力的计算方法

土中附加应力是由建筑物荷载引起的应力增量。根据集中力作用下土的应力计算公式，通过叠加原理或者数值积分的方法可以得到各种分布荷载作用时的土中应力计算公式。

1. 竖向集中力作用下的土中应力计算

在均匀的各向同性的半无限弹性体表面，作用一竖向集中力 Q(图 2-3-3)，计算半无限体内任一点 M 的应力(不考虑弹性体的体积力)。这个课题已在弹性理论中由布西奈斯克(J. V. Boussinesq，1885)解得，其竖向应力的表达式为：

$$\sigma_z = \frac{3Qz^3}{2\pi R^5} \tag{2-3-11a}$$

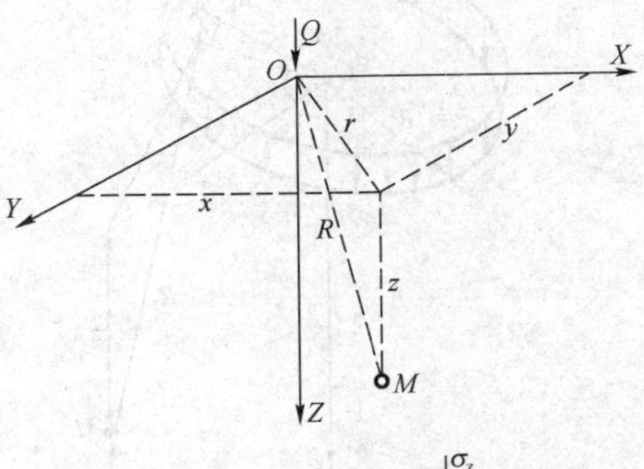

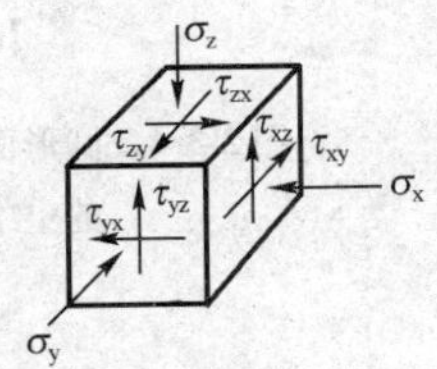

图 2-3-3　布西奈斯克课题

上述的应力计算公式，在集中力作用点处是不适用的，因为当 $R \to 0$ 时，从上述公式可见应力趋于无穷大，这时土已发生塑性变形，按弹性理论解得的公式已不适用了。

为了应用方便,式(2-3-11a)的 σ_z 表达式可以写成如下形式:

$$\sigma_z = \frac{3Qz^3}{2\pi R^5} = \frac{3Q}{2\pi z^2}\frac{1}{\left[1+\left(\frac{r}{z}\right)^2\right]^{5/2}} = \alpha\frac{Q}{z^2} \tag{2-3-11b}$$

式中,应力系数 $\alpha = \dfrac{3}{2\pi\left[1+\left(\frac{r}{z}\right)^2\right]^{5/2}}$ 是 $\left(\dfrac{r}{z}\right)$ 的函数,可制成表格查用。

2. 圆形面积上作用均布荷载时,土中竖向应力 σ_z 的计算

在图2-3-4中,圆形面积上作用均布荷载 p,计算土中任一点 $M(r,z)$ 的竖应力。若采用极坐标表示,原点在圆心 O。取元素面积 $dF=\rho d\varphi d\rho$,其上作用元素荷载 $dQ=pdF=p\rho d\varphi d\rho$,那么在圆面积范围内积分求得 σ_z 值如下:

$$\sigma_z = \frac{3pz^3}{2\pi}\int_0^{2\pi}\int_0^R \frac{\rho d\rho d\varphi}{(\rho^2+r^2-2\rho r\cos\varphi+z^2)^{5/2}} \tag{2-3-12a}$$

可简写成如下形式:

$$\sigma_z = \alpha_c p \tag{2-3-12b}$$

式中:α_c——应力系数,它是 $\dfrac{r}{R}$ 及 $\dfrac{z}{R}$ 的函数,可查表得到;

R——圆面积的半径;

r——应力计算点 M 到 z 轴的水平距离。

3. 矩形面积均布荷载作用时土中竖向应力 σ_z 的计算

(1)矩形面积中点 O 下土中竖向应力 σ_z 的计算。图2-3-5表示在地基表面 σ_z 值,在矩形面积范围内积分求得 σ_z 值如下:

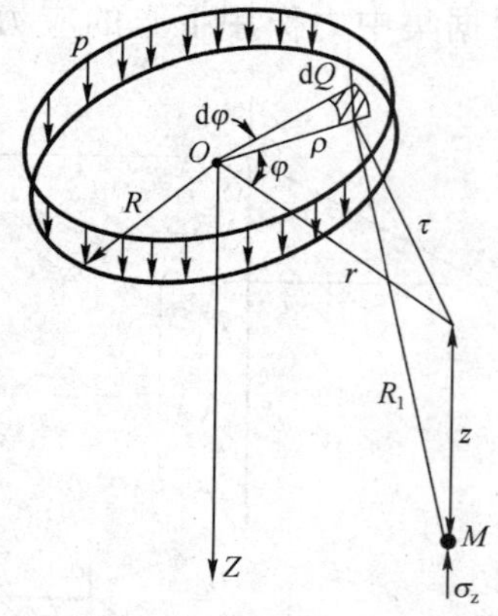

图2-3-4　圆形面积均布荷载作用下的土中应力计算

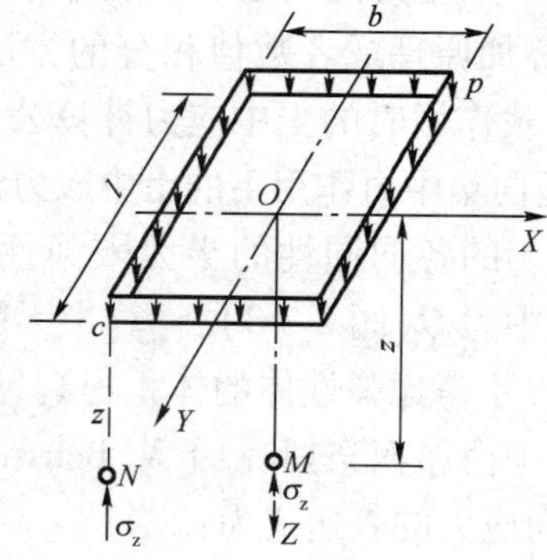

图2-3-5　矩形面积均布荷载作用下中点及角点竖向应力 σ_z 的计算

$$\sigma_z = \frac{3z^3}{2\pi}p\int_{-\frac{l}{2}}^{\frac{l}{2}}\int_{-\frac{b}{2}}^{\frac{b}{2}} \frac{d\eta d\xi}{\left(\sqrt{\xi^2+\eta^2+z^2}\right)^5} = \alpha_0 p \tag{2-3-13}$$

式中，$\alpha_0=\dfrac{2}{\pi}\left[\dfrac{2mn(1+n^2+8m^2)}{\sqrt{1+n^2+4m^2(1+4m^2)(n^2+4m^2)}}+\arctan\dfrac{n}{2m\sqrt{1+n^2+4m^2}}\right]$，$\alpha_0$ 是 $n=\dfrac{l}{b}$ 和 $m=\dfrac{z}{b}$ 的函数，可查表得到。

(2)矩形面积角点 c 下土中竖向应力 σ_z 的计算。在图 2-3-5 所示均布荷载 p 作用下，计算矩形面积角点 c 下某深度处 N 点的竖向应力 σ_z 时，在矩形面积范围内积分求得 σ_z 值如下：

$$\sigma_z=\iint_F \mathrm{d}\sigma_z=\frac{3z^3}{2\pi}p\int_{-\frac{l}{2}}^{\frac{l}{2}}\int_{-\frac{b}{2}}^{\frac{b}{2}}\frac{\mathrm{d}\eta\mathrm{d}\xi}{\left[\left(\frac{b}{2}-\xi\right)^2+\left(\frac{l}{2}-\eta\right)^2+z^2\right]^{5/2}}=\alpha_a p \tag{2-3-14}$$

式中，应力系数 $\alpha_a=\dfrac{1}{2\pi}\left[\dfrac{mn(1+n^2+2m^2)}{\sqrt{1+m^2+n^2(m^2+n^2)(1+m^2)}}+\arctan\dfrac{n}{m\sqrt{1+n^2+m^2}}\right]$，$\alpha_a$ 是 $n=\dfrac{l}{b}$ 和 $m=\dfrac{z}{b}$ 的函数，可查表得到。

(3)矩形面积均布荷载作用时，土中任意点的竖向应力 σ_z 计算。如图 2-3-6 所示，在矩形面积 $abcd$ 上作用均布荷载 p，要求计算任意点 M 的竖向应力 σ_z，M 点既不在矩形面积中点的下面，也不在角点的下面，而是任意点。M 点的竖直投影点 A 可以在矩形面积 $abcd$ 范围之内，也可能在范围之外。这时可以按下述叠加方法进行计算，这种计算方法一般称为角点法。

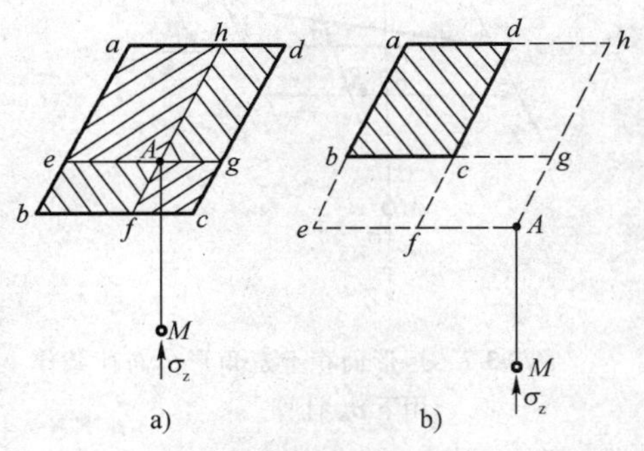

图 2-3-6　角点法

若 A 点在矩形面积范围之内[图 2-3-6a)]，计算时可以通过 A 点将受荷面积 $abcd$ 划分为 4 个小矩形面积 $aeAh$、$ebfA$、$hAgd$ 及 $Afcg$。这时 A 点分别在 4 个小矩形面积的角点，这样就可以用公式(2-3-14)分别计算 4 个小矩形面积均布荷载在角点 A 下引起的竖向应力 σ_{zi}，再叠加起来即得：

$$\sigma_z=\sum\sigma_{zi}=\sigma_{z(aeAh)}+\sigma_{z(ebfA)}+\sigma_{z(hAgd)}+\sigma_{z(Afcg)}$$

若 A 点在矩形面积范围之外[图 2-3-6b)]，计算时可按图 2-3-6b)划分的方法，分别计算矩形面积 $aeAh$、$beAg$、$dfAh$ 及 $cfAg$ 在角点 A 下引起的竖向应力 σ_{zi}，然后按下述叠加方法计算：

$$\sigma_z=\sum\sigma_{zi}=\sigma_{z(aeAh)}-\sigma_{z(beAg)}-\sigma_{z(dfAh)}+\sigma_{z(cfAg)}$$

4. 矩形面积上作用三角形分布荷载时土中竖向应力 σ_z 计算

如图 2-3-7 所示，在地基表面矩形面积上作用三角形分布荷载，计算荷载为零的角点下深度 z 处 M 点的竖向应力 σ_z 时，将坐标原点取在荷载为零的角点上，z 轴通过 M 点。在矩形面积范围内积分求得 σ_z 值如下：

$$\sigma_z=\frac{3z^3}{2\pi}p\int_0^l\int_0^b\frac{\frac{x}{b}\mathrm{d}x\mathrm{d}y}{(x^2+y^2+z^2)^{5/2}}=\alpha_t p \tag{2-3-15}$$

式中，应力系数 $\alpha_t = \frac{mn}{2\pi}\left[\frac{1}{\sqrt{n^2+m^2}} - \frac{m^2}{(1+m^2)\sqrt{1+m^2+n^2}}\right]$，$\alpha_t$ 是 $m=\frac{z}{b}$，$n=\frac{l}{b}$ 的函数，可以查表得到。应注意上述 b 值不是指基础的宽度，而是指三角形荷载分布方向的基础边长，如图 2-3-7 所示。

5．均布线性荷载作用时土中应力计算

在地基土表面作用无限分布的均布线荷载 p，如图 2-3-8 所示，计算土中任一点 M 的应力时，同样可以积分求得：

$$\sigma_z = \frac{3z^3}{2\pi}p\int_{-\infty}^{\infty}\frac{dy}{[x^2+y^2+z^2]^{5/2}} = \frac{2z^3p}{\pi(x^2+z^2)^2} \tag{2-3-16}$$

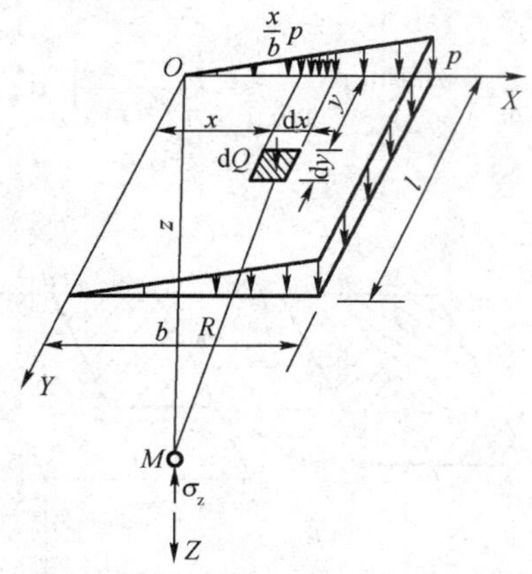

图 2-3-7　矩形面积上三角形分布荷载作用下 σ_z 计算

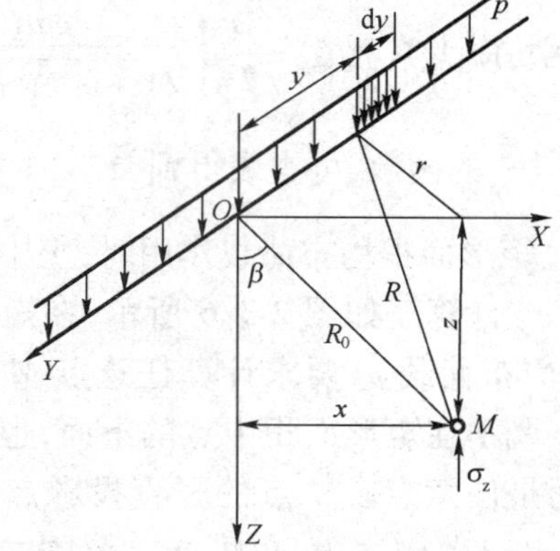

图 2-3-8　均布线荷载作用时土中应力计算

6．均布条形荷载作用下土中应力 σ_z 计算

在土体表面作用均布条形荷载 p，其分布宽度为 b，如图 2-3-9 所示，计算土中任一点 $M(x,z)$ 的竖向应力 σ_z 时，可以在荷载分布宽度 b 范围内积分求得。

$$\sigma_z = \int_{-\frac{b}{2}}^{\frac{b}{2}}\frac{2z^3p\,d\xi}{\pi[(x-\xi)^2+z^2]^2} = \alpha_u p \tag{2-3-17}$$

式中，应力系数 $\alpha_u = \frac{1}{\pi}\left[\arctan\frac{1-2n'}{2m} + \arctan\frac{1+2n'}{2m} - \frac{4m(4n'^2-4m^2-1)}{(4n'^2-4m^2-1)^2+16m^2}\right]$，它是 $n'=\frac{x}{b}$ 及 $m=\frac{z}{b}$ 的函数，可查表得到。注意坐标轴的原点是在均布荷载的中点处。

7．三角形分布条形荷载作用时土中应力计算

三角形分布条形荷载作用（图 2-3-10）其最大值为 p，计算土中 M 点 (x,y) 的竖向应力 σ_z 时，可在宽度范围 b 内积分即得：

$$\sigma_z = \frac{2z^3p}{\pi b}\int_0^b\frac{\xi\,d\xi}{[(x-\xi)^2+z^2]^2} = \alpha_s p \tag{2-3-18}$$

式中，应力系数 $\alpha_s = \frac{1}{\pi}\left[n'\left(\arctan\frac{n'}{m} - \arctan\frac{n'-1}{m}\right) - \frac{m(n'-1)}{(n'-1)^2+m^2}\right]$，它是 $n'=\frac{x}{b}$ 及 $m=$

$\frac{z}{b}$的函数,可查表得到。注意坐标轴的原点在三角形荷载的零点处。

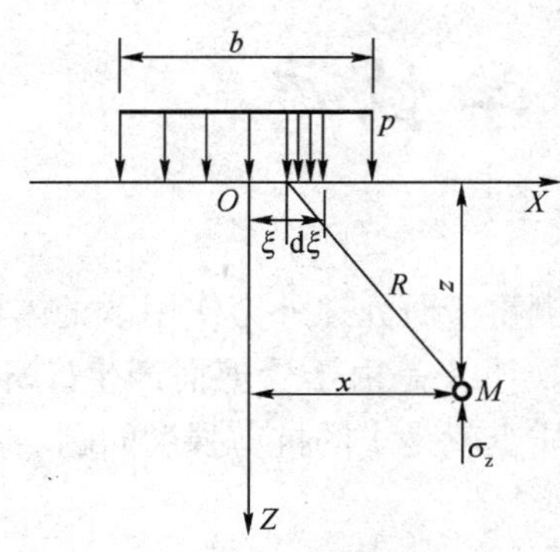

图 2-3-9　均布条形荷载作用下土中 σ_z 计算

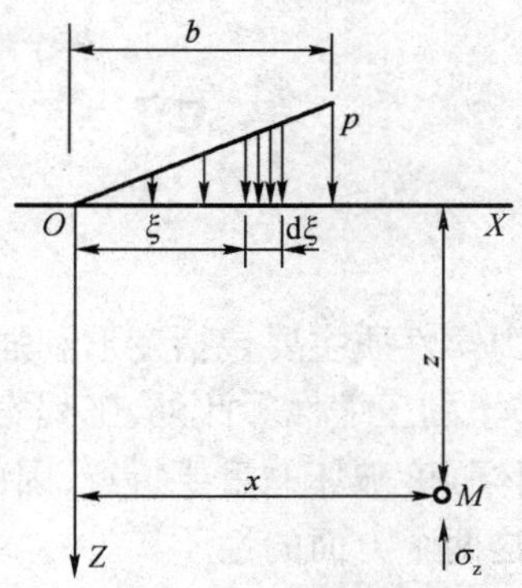

图 2-3-10　三角形分布条形荷载作用下土中竖向应力 σ_z 计算

第四章　土的力学性质

土的力学性质主要包括变形和强度两个方面。变形侧重于研究在外力作用下土体积缩小的特性,即土的压缩性。此外,工程实践和室内试验都证实了土是由于受剪而产生破坏,剪切破坏是土体强度破坏的重要特点,因此,土的强度问题实质上就是土的抗剪强度问题。本节将分别讨论这两个方面的性质。

第一节　土的压缩特性与变形指标

1. 室内侧限压缩试验及压缩模量

室内侧限压缩试验(亦称固结试验)是研究土压缩性的最基本的方法。根据压缩试验得到的压缩量与荷载关系,可以得到土样相应的孔隙比与加荷等级之间的 $e—p$ 关系,从而可以绘制出土的 $e—p$ 曲线及 $e—\lg p$ 曲线等。

(1)$e—p$ 曲线及有关指标。通常将常规压缩试验的 $e—p$ 关系采用普通直角坐标绘制成如图 2-4-1a)的 $e—p$ 曲线,图中给出了两条典型的软黏土和密实砂土的压缩曲线。

①压缩系数 a。从图 2-4-1a)可以看出,由于软黏土的压缩性大,当发生压力变化 Δp 时,则相应的孔隙比的变化 Δe 也大,因而曲线就比较陡;反之,像密实砂土的压缩性小,当发生相同压力变化 Δp 时,相应的孔隙比的变化 Δe 就小,因而曲线比较平缓。因此,可用曲线的斜率来反映土压缩性的大小。

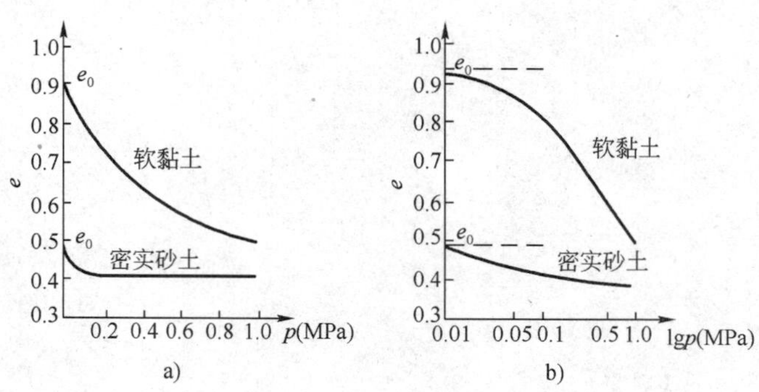

图 2-4-1　土的压缩曲线

a)$e—p$ 压缩曲线;b)$e—\lg p$ 压缩曲线

如图 2-4-2a)所示,设压力由 p_1 增至 p_2,相应的孔隙比由 e_1 减小到 e_2,当压力变化范围不大时,可将 M_1M_2 一小段曲线用割线来代替,用割线 M_1M_2 的斜率来表示土在这一段压力范围的压缩性,即:

$$a = \tan\alpha = \frac{\Delta e}{\Delta p} = \frac{e_1 - e_2}{p_2 - p_1} \tag{2-4-1}$$

式中：a——压缩系数（MPa^{-1}），压缩系数愈大，土的压缩性愈高。

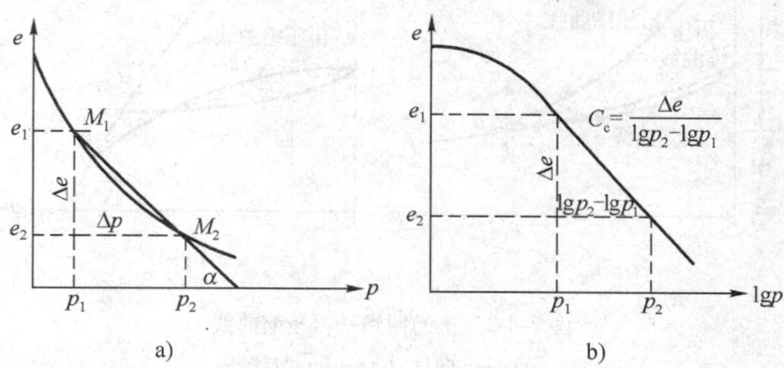

图 2-4-2　由压缩曲线确定压缩指标

a）由 e—p 曲线确定压缩系数 a；b）由 e—lg$p$ 曲线确定压缩指数 C_c

从图 2-4-2a）还可以看出，压缩系数 a 值与土所受的荷载大小有关。为了便于比较，一般采用压力间隔 $p_1 = 100\text{kPa}$ 至 $p_2 = 200\text{kPa}$ 时对应的压缩系数 a_{1-2} 来评价土的压缩性，即：$a_{1-2} < 0.1\text{MPa}^{-1}$ 时，属低压缩性土；$0.1\text{MPa}^{-1} \leqslant a_{1-2} < 0.5\text{MPa}^{-1}$ 时，属中压缩性土；$a_{1-2} \geqslant 0.5\text{MPa}^{-1}$ 时，属高压缩性土。

②压缩模量 E_s。根据 e—p 曲线，可以得到一个重要的侧限压缩指标——侧限压缩模量，简称压缩模量，用 E_s 来表示，其定义为土在完全侧限的条件下竖向应力增量 Δp（如从 p_1 增至 p_2）与相应的应变增量 $\Delta\varepsilon$ 的比值。根据这个定义和在无侧向变形时土粒所占高度不变的条件得到：

$$E_s = \frac{\Delta p}{\Delta e/(1 + e_1)} = \frac{1 + e_1}{a} \tag{2-4-2}$$

同压缩系数 a 一样，压缩模量 E_s 也不是常数，而是随着压力大小而变化。显然，在压力小的时候，压缩系数 a 大，压缩模量 E_s 小；在压力大的时候，压缩系数 a 小，压缩模量 E_s 大。因此，在运用到沉降计算中时，比较合理的做法是根据实际竖向应力的大小在压缩曲线上取相应的值计算这些指标。

（2）土的侧限回弹曲线和再压缩曲线。上面在室内侧限压缩试验中连续递增加压，得到了常规的压缩曲线，现在如果加压到某一值 p_i［相应于图 2-4-3a）中曲线上的 b 点］后不再加压，而是逐级进行卸载直至零，并且测得各卸载等级下土样回弹稳定后土样高度，进而换算得到相应的孔隙比，即可绘制出卸载阶段的 e—p 关系曲线，如图 2-4-3a）中 bc 曲线所示，称为回弹曲线（或膨胀曲线）。可以看到不同于一般弹性材料的是，回弹曲线不和初始加载的曲线 ab 重合，卸载至零时，土样的孔隙比没有恢复到初始压力为零时的孔隙比 e_0。这就显示土残留了一部分压缩变形，称之为残余变形，但也恢复了一部分压缩变形，称之为弹性变形。

若接着重新逐级加压，则可测得土样在各级荷载作用下再压缩稳定后的孔隙比，相应地可绘制出再压缩曲线，如图 2-4-3a）中 cdf 曲线所示。可以发现其中 df 段像是 ab 段的延续，犹如期间没有经过卸载和再加压的过程一样。

（3）室内压缩试验 e—lg$p$ 曲线及有关指标。当采用半对数的直角坐标来绘制室内侧限压

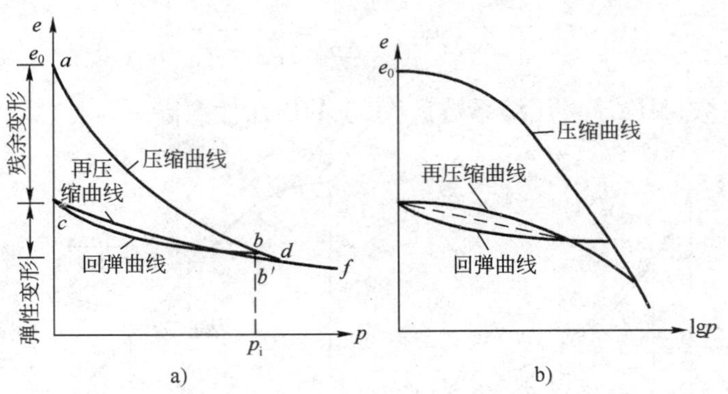

图 2-4-3　土的回弹—再压缩曲线

a) e—p 曲线；b) e—lg$p$ 曲线

缩试验 e—p 关系时，就得到了 e—lg$p$ 曲线[图 2-4-1b)]，可以看到，在压力较大部分，e—lg$p$ 关系接近直线，这是这种表示方法区别于 e—p 曲线的独特的优点。同样图 2-4-3a) 中的回弹再压缩曲线也可绘制成 e—lg$p$ 曲线[图 2-4-3b)]。

①压缩指数和回弹指数。将图 2-4-2b) 中 e—lg$p$ 曲线直线段的斜率用 C_c 来表示，称为压缩指数，它是无量纲量。

$$C_c = \frac{e_1 - e_2}{\lg p_2 - \lg p_1} = \frac{e_1 - e_2}{\lg \frac{p_2}{p_1}} \tag{2-4-3}$$

压缩指数 C_c 与压缩系数 a 不同，a 值随压力变化而变化，而 C_c 值在压力较大时为常数，不随压力变化而变化。C_c 值越大，土的压缩性越高，低压缩性土的 C_c 一般小于 0.2，高压缩性土的 C_c 值一般大于 0.4。

卸载段和再压缩段的平均斜率[图 2-4-3b)]称为回弹指数或再压缩指数 C_e，$C_e \ll C_c$，一般黏性土的 $C_e \approx (0.1 \sim 0.2) C_c$。

②前期固结压力。试验表明，在 e—lg$p$ 曲线上，对应于曲线段过渡到直线段的某拐弯点的压力值是土层历史上所曾经承受过的最大固结压力，也就是土体在固结过程中所受的最大有效应力，称为前期固结压力，用 p_c 来表示，是了解土层应力历史的重要指标。

目前通常根据室内压缩试验作出 e—lg$p$ 曲线，并采用卡萨格兰德(Cassagrande)1936 年提出的经验作图法确定 p_c。

通过测定的前期固结压力 p_c 和土层自重应力 p_0（即自重作用下固结稳定的有效竖向应力）状态的比较，将天然土层划分为正常固结土、超固结土和欠固结土三类固结状态，并用超固结比 $\mathrm{OCR} = \frac{p_c}{p_0}$ 来判别，即：OCR = 1 时为正常固结土；OCR > 1 时为超固结土；OCR < 1 时为欠固结土。

某些结构性强的土，其室内 e—lg$p$ 曲线也会有曲率突变的点，但不是由于前期固结压力所致，而是结构强度的一种反映。该点并不代表前期固结压力，而是土的结构强度，当然土的结构强度主要与前期固结压力有关。

2. 现场载荷试验及变形模量

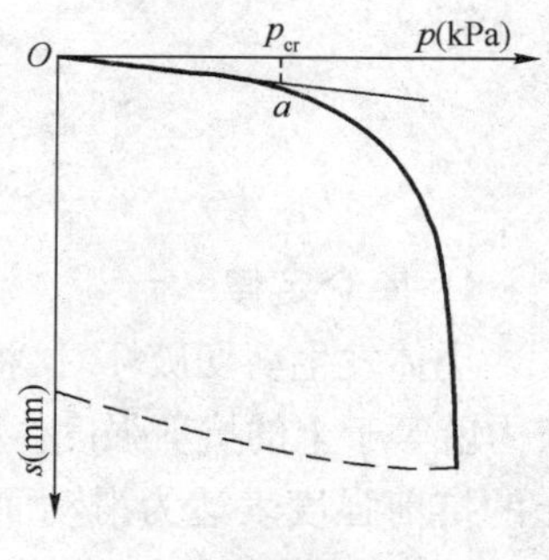

图 2-4-4　荷载试验 p—s 曲线

研究测定土的压缩性，除了室内侧限压缩试验之外，还可以通过做现场载荷试验的方法。试验时，通过千斤顶逐级给载荷板施加荷载到 p，观测记录沉降随时间的发展以及稳定时的沉降量 s，直至加到终止加载条件满足时为止。将上述试验得到的各级荷载与相应的稳定沉降量绘制成 p—s 曲线，如图 2-4-4 所示。此外通常还进行卸荷试验，并进行沉降观测，得到图中虚线所示的回弹曲线，这样就可以知道卸荷时的回弹变形（即弹性变形）和残余变形。

从图中 p—s 曲线可看出，当荷载小于某数值时，荷载 p 与载荷板沉降之间呈直线关系，如图 2-4-4 中 oa 段。根据弹性力学公式可反求地基的变形模量：

$$E_0 = \omega \frac{pb(1-\mu^2)}{s} \tag{2-4-4}$$

式中：E_0——土的变形模量（MPa）；

p——直线段的荷载强度（kPa）；

s——相应于 p 的载荷板下沉量；

b——载荷板的宽度或直径；

μ——土的泊松比，砂土可取 0.2～0.25，黏性土可取 0.25～0.45；

ω——沉降影响系数，可查表得到，对刚性载荷板取 $\omega_r = 0.88$（方板）或 0.79（圆板）。

变形模量也是反映土的压缩性的重要指标之一。

3. 弹性模量及试验测定

弹性模量是指正应力 σ 与弹性（即可恢复）正应变 ε_d 的比值，通常用 E 来表示。

弹性模量的概念在实际工程中有一定的意义。在计算高耸结构物在风荷载作用下的倾斜时发现，如果用土的压缩模量或变形模量指标进行计算，将得到实际上不可能那么大的倾斜值。这是因为风荷载是瞬时重复荷载，在很短的时间内土体中的孔隙水来不及排出或不完全排出，土的体积压缩变形来不及发生，这样荷载作用结束之后，发生的大部分变形可以恢复，因此用弹性模量计算就比较合理一些。再比如，在计算饱和黏性土地基上瞬时加荷所产生的瞬时沉降时，同样也应采用弹性模量。

一般采用三轴仪进行三轴重复压缩试验，得到的应力—应变曲线上的初始切线模量 E_i 或再加荷模量 E_r 可作为弹性模量。

4. 关于三种模量的讨论

根据上述三种模量的定义可看出：压缩模量和变形模量的应变为总的应变，既包括可恢复的弹性应变，又包括不可恢复的塑性应变；而弹性模量的应变只包含弹性应变。因此在进行沉降计算时应根据不同情况选用合适的模量。压缩模量用于采用分层总和法的地基最终沉降计算中，变形模量用于弹性理论法最终沉降估算中，弹性模量常用于用弹性理论公式估算建筑物的初始瞬时沉降。

第二节　土的强度理论

1. 库仑定律

土体发生剪切破坏时，将沿着其内部某一曲面（滑动面）产生相对滑动，而该滑动面上的剪应力就等于土的抗剪强度。1776 年，法国的库仑（Coulomb）根据砂土试验结果［图 2-4-5a)］，将土的抗剪强度表达为滑动面上法向应力的函数，即：

$$\tau_f = \sigma\tan\varphi \tag{2-4-5}$$

随后，库仑根据黏性土的试验结果［图 2-4-5b)］，又提出更为普遍的抗剪强度表达形式：

$$\tau_f = c + \sigma\tan\varphi \tag{2-4-6}$$

式（2-4-5）和式（2-4-6）就是土的强度规律的数学表达式，它是库仑在 18 世纪 70 年代提出的，所以也称为库仑定律，它表明在一般应力水平时土的抗剪强度与滑动面上的法向应力之间呈直线关系，其中 c、φ 称为土的抗剪强度指标。

2. 极限平衡理论

1910 年摩尔（Mohr）提出材料的破坏是剪切破坏，并指出在破坏面上的剪应力 τ 是该面上法向应力 σ 的函数，即：

$$\tau_f = f(\sigma) \tag{2-4-7}$$

这个函数在 τ_f—σ 坐标系中是一条曲线，称为摩尔包线，如图 2-4-6 实线所示。摩尔包线表示材料受到不同应力作用达到极限状态时，滑动面上法向应力 σ 与剪应力 τ_f 的关系。土的摩尔包线通常可以近似地用直线表示，如图 2-4-6 虚线所示，该直线方程就是库仑定律所表示的方程。由库仑公式表示摩尔包线的土体强度理论称为摩尔—库仑强度理论。

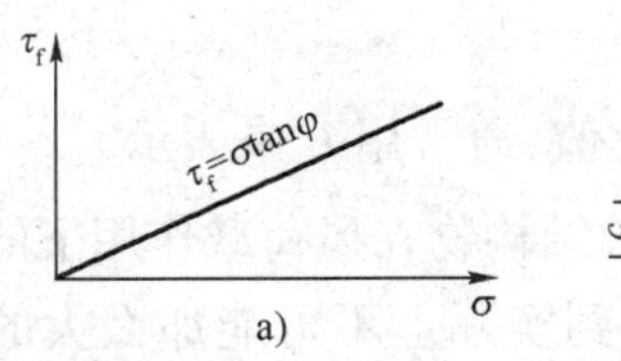

图 2-4-5　土的抗剪强度与法向应力之间的关系

a）砂土；b）黏性土

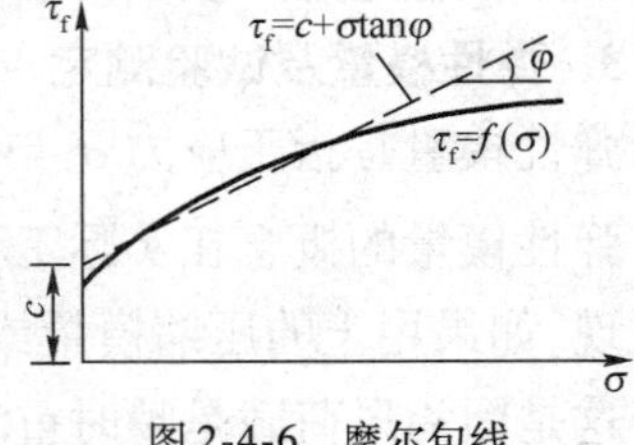

图 2-4-6　摩尔包线

当土体中任意一点在某一平面上的剪应力达到土的抗剪强度时，就发生剪切破坏，该点也即处于极限平衡状态。为了简化分析，下面仅就平面问题来建立土的极限平衡条件，并且引用材料力学中有关表达一点应力状态的摩尔圆方法。

根据材料力学，设某一土体单元上作用着的大、小主应力分别为 σ_1 和 σ_3，则在土体内与大主应力 σ_1 作用平面成任意角 α 的平面 a—a 上的正应力 σ 和剪应力 τ，可用 τ—σ 坐标系中直径为（$\sigma_1-\sigma_3$）的摩尔应力圆上的一点（逆时针旋转 2α，如图 2-4-7 中 A 点）的坐标大小来表示，即：

$$\sigma = \frac{1}{2}(\sigma_1+\sigma_3)+\frac{1}{2}(\sigma_1-\sigma_3)\cos2\alpha \tag{2-4-8a}$$

$$\tau = \frac{1}{2}(\sigma_1-\sigma_3)\sin2\alpha \tag{2-4-8b}$$

为了建立土体中一点的极限平衡条件，可将抗剪强度包线与摩尔应力圆画在同一张坐标图上，如图 2-4-8 所示。它们之间的关系可以有三种情况：

(1)整个摩尔应力圆位于抗剪强度包线的下方(圆 I)，说明通过该点的任意平面上的剪应力都小于土的抗剪强度，因此不会发生剪切破坏；

(2)摩尔应力圆与抗剪强度包线相割(圆 III)，表明该点某些平面上的剪应力已超过了土的抗剪强度，事实上该应力圆所代表的应力状态在土中是不可能发生的；

(3)摩尔应力圆与抗剪强度包线相切(圆 II)，切点为 A 点，说明在 A 点所代表的平面上，剪应力正好等于土的抗剪强度，即该点处于极限平衡状态，圆 II 称为极限应力圆。根据极限应力圆与抗剪强度包线之间的几何关系，可建立土的极限平衡条件。

设土体中某点剪切破坏时的破裂面与大主应力的作用面成 α 角，如图 2-4-9a) 所示，则该点处于极限平衡状态时的摩尔圆如图 2-4-9b) 所示。将抗剪强度线延长与 σ 轴相交于 B 点，由直角三角形 ABO_1 可知：

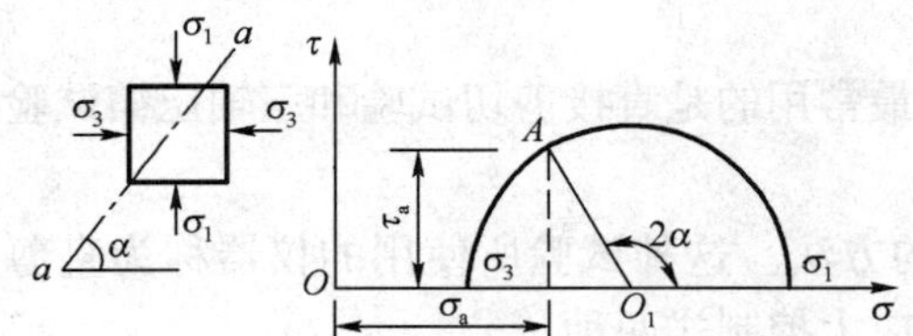

图 2-4-7　用摩尔圆表示的土体中任意点的应力

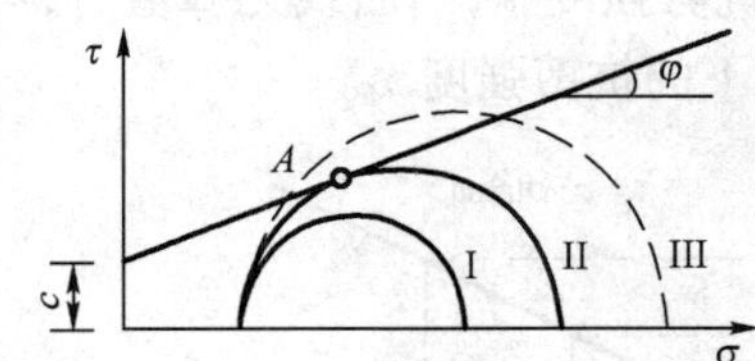

图 2-4-8　摩尔圆与抗剪强度包线之间的关系

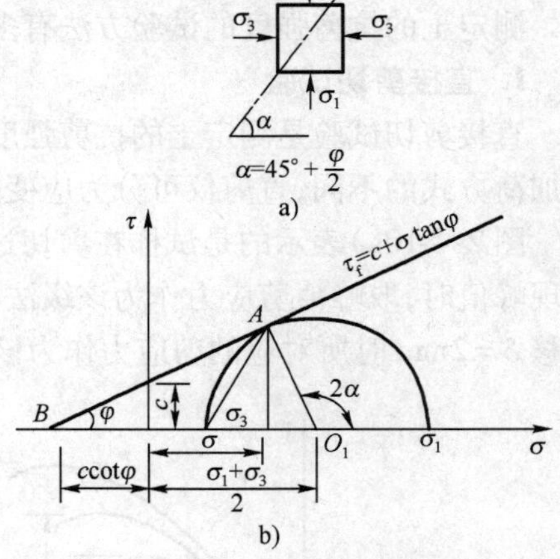

图 2-4-9　土体中一点达到极限平衡状态时的摩尔圆

$$\frac{1}{2}(\sigma_1-\sigma_3)=\left[c\cdot\cot\varphi+\frac{1}{2}(\sigma_1+\sigma_3)\right]\sin\varphi \tag{2-4-9}$$

化简并通过三角函数间的变换关系，从而可得到土的极限平衡条件为：

$$\sigma_1=\sigma_3\tan^2\left(45°+\frac{\varphi}{2}\right)+2c\cdot\tan\left(45°+\frac{\varphi}{2}\right) \tag{2-4-10a}$$

$$\sigma_3=\sigma_1\tan^2\left(45°-\frac{\varphi}{2}\right)-2c\cdot\tan\left(45°-\frac{\varphi}{2}\right) \tag{2-4-10b}$$

由直角三角形 ABO_1 外角与内角的关系可得：

$$2\alpha=90°+\varphi$$

即：

$$\alpha=45°+\frac{\varphi}{2} \tag{2-4-11}$$

因此，破裂面与大主应力的作用面成 $\left(45°+\frac{\varphi}{2}\right)$ 的夹角。

式(2-4-9)～式(2-4-11)是验算土体中某点是否达到极限平衡状态的基本表达式。从上述关系式以及图2-4-9可以看出：

(1)判断土体中一点是否处于极限平衡状态，必须同时掌握大、小主应力以及土的抗剪强度指标的大小及其关系，即为式(2-4-10)所表达的极限平衡条件。

(2)土体剪切破坏时的破裂面不是发生在最大剪应力 τ_{max} 的作用面（$\alpha=45°$）上，而是发生在与大主应力的作用面成$\left(\alpha=45°+\frac{\varphi}{2}\right)$的平面上。

(3)如果同一种土有几个试样在不同的大、小主应力组合下受剪破坏，则在 τ—σ 图上可得到几个摩尔极限应力圆，这些应力圆的公切线就是其强度包线，这条包线实际上是一条曲线，但在实用上常作直线处理，以简化分析。

第三节　土体抗剪强度试验及强度指标

测定土的抗剪强度的试验方法有多种，目前最常用的是直接剪切试验和三轴压缩试验。

1．直接剪切试验

直接剪切试验是测定土的抗剪强度最简单的方法。这种试验所使用的仪器称为直剪仪，按加荷方式的不同，直剪仪可分为应变控制式和应力控制式两种。

图2-4-10a)表示的是试样在剪切过程中剪应力 τ 与剪切位移 δ 之间的关系曲线。当曲线出现峰值时，取峰值剪应力作为该级法向应力 σ 下的抗剪强度 τ_f；当曲线无峰值时，可取剪切位移 $\delta=2$mm 时所对应的剪应力作为该级法向应力 σ 下的抗剪强度 τ_f。

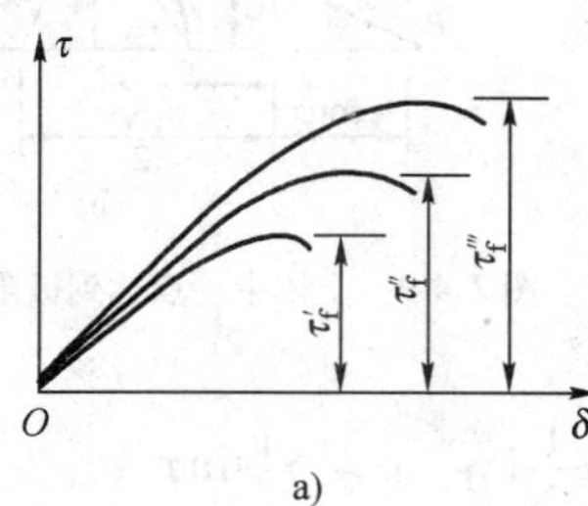

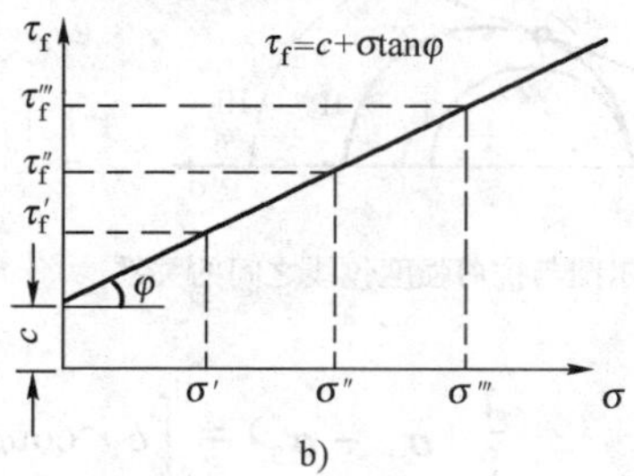

图2-4-10　直剪试验结果

a)剪应力—剪切位移关系；b)抗剪强度—法向应力关系

对同一种土取3～4个试样，分别在不同的法向应力 σ 下剪切破坏，可将试验结果绘制成如图2-4-10b)所示的抗剪强度 τ_f 与法向应力 σ 之间的关系。试验结果表明，对于黏性土，抗剪强度与法向应力之间基本成直线关系，该直线与横轴的夹角为内摩擦角 φ，在纵轴上的截距为黏聚力 c，直线方程可用库仑公式(2-4-6)表示；对于砂性土，抗剪强度与法向应力之间的关系则是一条通过原点的直线，可用式(2-4-5)表示。

直接剪切试验目前依然是土的抗剪强度最基本的室内测定方法。但是直剪仪的构造无法做到任意控制土样是否排水的要求，为了近似模拟土体在现场受剪的排水条件，直剪试验有快剪、固结快剪和慢剪三种试验方法。

(1)快剪。对试样施加竖向压力后，立即快速施加水平剪应力使试样剪切破坏。一般从加荷到剪坏只用3～5min。由于剪切速率较快，对于渗透系数比较低的土，可认为土样在这短

暂时间内没有排水固结，得到的抗剪强度指标用 c_q、φ_q 表示。

(2)固结快剪。对试样施加竖向压力后，让试样充分排水，待固结稳定后，再快速施加水平剪应力使试样剪切破坏，得到的抗剪强度指标用 c_{cq}、φ_{cq} 表示。

(3)慢剪。对试样施加竖向压力后，让试样充分排水，待固结稳定后，以缓慢的速率施加水平剪应力直至试样剪切破坏，从而使试样在受剪过程中一直充分排水和产生体积变形，得到的抗剪强度指标用 c_s、φ_s 表示。

直剪试验具有设备简单，土样制备及试验操作方便等优点，因而至今仍为国内一般工程所广泛使用。

2. 三轴压缩试验

三轴压缩试验也称三轴剪切试验，是测定抗剪强度的一种较为完善的方法。

(1)三轴试验的基本原理。常规三轴试验的一般步骤是：将土样切制成圆柱体套在橡胶膜内，放在密闭的压力室中，然后向压力室内注入气压或液压，使试件在各向均受到周围压力 σ_3，并使该周围压力在整个试验过程中保持不变，这时试件内各向的主应力都相等，因此在试件内不产生任何剪应力，见图 2-4-11a)。然后通过轴向加荷系统对试件施加竖向压力，当作用在试件上的水平向压力保持不变，而竖向压力逐渐增大时，试件终因受剪而破坏，见图 2-4-11b)。设剪切破坏时轴向加荷系统加在试件上的竖向压应力(称为偏应力)为 $\Delta\sigma_1$，则试件上的大主应力为 $\sigma_1=\sigma_3+\Delta\sigma_1$，而小主应力为 σ_3，据此可作出一个摩尔极限应力圆，如图 2-4-11c)中的圆 I。同理，用同一种土样的若干个试件(三个以上)分别在不同的周围压力 σ_3 下进行试验，可得一组摩尔极限应力圆，并作一条公切线，由此可求得土的抗剪强度指标 c、φ 值。

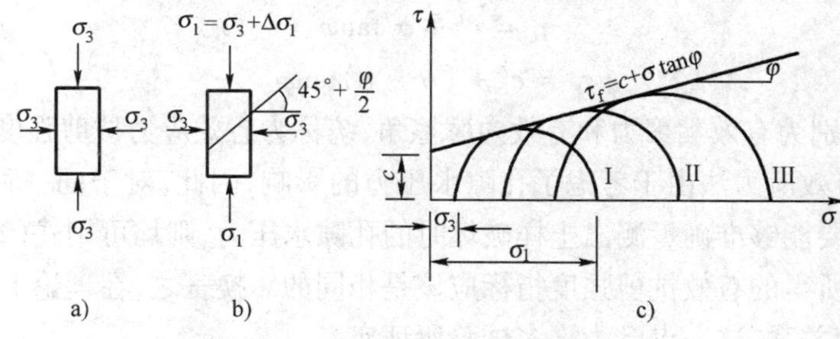

图 2-4-11　三轴压缩试验原理

a)试样受周围压力；b)破坏时试样的主应力；c)摩尔破坏包线

(2)三轴试验方法。根据土样剪切前是否固结和剪切时的排水条件，三轴试验可分为以下三种试验方法。

①不固结不排水剪(UU 试验)。试样在施加周围压力和随后施加偏应力直至剪坏的整个试验过程中都不允许排水，这样从开始加压直至试样剪坏，土中的含水率始终保持不变，孔隙水压力也不可能消散。这种试验方法所对应的实际工程条件相当于饱和软黏土中快速加荷时的应力状况，得到的抗剪强度指标用 c_u、φ_u 表示。

②固结不排水剪(CU 试验)。在施加周围压力 σ_3 时，将排水阀门打开，允许试样充分排水，待固结稳定后关闭排水阀门，然后再施加偏应力，使试样在不排水的条件下剪切破坏。由于不排水，试样在剪切过程中没有任何体积变形。若要在受剪过程中量测孔隙水压力，则要打开试样与孔隙水压力量测系统间的管路阀门，得到的抗剪强度指标用 c_{cu}、φ_{cu} 表示。

固结不排水剪试验是经常要做的工程试验,它适用的实际工程条件常常是一般正常固结土层在工程竣工或在使用阶段受到大量、快速的活荷载或新增加的荷载作用时所对应的受力情况。

③固结排水剪(CD 试验)。在施加周围压力和随后施加偏应力直至剪坏的整个试验过程中都将排水阀门打开,并给予充分的时间让试样中的孔隙水压力能够完全消散,得到的抗剪强度指标 c_d、φ_d 表示。

三轴试验的突出优点是能够控制排水条件以及可以量测土样中孔隙水压力的变化。此外,三轴试验中试件的应力状态也比较明确,剪切破坏时的破裂面在试件的最弱处,而不像直剪试验那样限定在上下盒之间。

(3)土体强度理论的有效应力法。从以上不同试验方法的讨论可以看到,同一种土施加的总应力 σ 虽然相同,但若试验方法不同,或者说控制的排水条件不同,则所得的强度指标就不相同,故土的抗剪强度与总应力之间没有唯一的对应关系。有效应力原理指出,土中某点的总应力 σ 等于有效应力 σ' 和孔隙水压力 u 之和,即 $\sigma=\sigma'+u$。因此,若在试验时量测土样的孔隙水压力,据此算出土中的有效应力,从而就可以用有效应力与抗剪强度的关系表达试验成果。

土的抗剪强度的试验成果一般有两种表示方法。一种是在 τ_f—σ 关系图中的横坐标用总应力 σ 表示,称为总应力法,其表达式为:

$$\tau_f = c + \sigma\tan\varphi$$

式中:c、φ——以总应力法表示的黏聚力和内摩擦角,统称为总应力抗剪强度指标。

另一种是在 τ_f'—σ 关系图中的横坐标用有效应力 σ' 表示,称为有效应力法,其表达式为:

$$\tau_f = c' + \sigma'\tan\varphi' \tag{2-4-12a}$$

$$\tau_f = c' + (\sigma - u)\tan\varphi' \tag{2-4-12b}$$

式中:c'、φ'——分别为有效黏聚力和有效内摩擦角,统称为有效应力抗剪强度指标。

抗剪强度的有效应力法由于考虑了孔隙水压力的影响,因此,对于同一种土,不论采取哪一种试验方法,只要能够准确量测出土样破坏时的孔隙水压力,则均可用式(2-4-12)来表示土的强度关系,而且所得的有效抗剪强度指标应该是相同的。换言之,在理论上土的抗剪强度与有效应力应有对应关系,这一点已为许多试验所证实。

第四节　软土在荷载作用下的强度增长规律

饱和软黏土地基在外荷载作用下,随着孔隙水压力的消散以及土层的固结,土的抗剪强度也将会随之而增长。

图 2-4-12 表示饱和软土强度增长的概念。当地面瞬时加荷时,地基中某一点总应力状态可用 A 圆表示,若孔隙水压力为 u,则有效应力状态可用 A'圆表示;如果有效应力圆与强度包线相切,该点就处于极限平衡状态。随着孔隙水压力 u 逐渐消散,有效应力圆慢慢向右移动,即离开土强度包线的距离越来越大,也就是说该点由极限状态转入弹性状态。当孔隙水压力 u 消散到零时,A'圆向右移到 A 圆位置,两者重合为一,抗剪强度则由 τ 增加至 $\tau+\Delta\tau$。

对于正常固结土,通常有效黏聚力 $c'=0$,则由图 2-4-12 中关系可得:

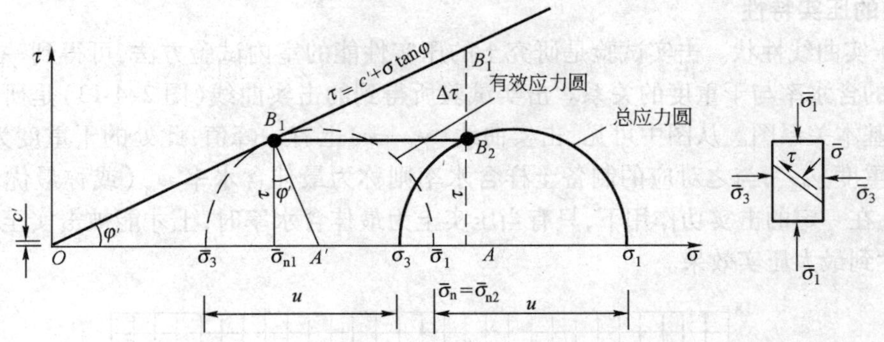

图 2-4-12 饱和软土强度的增长

$$
\begin{cases}
\dfrac{\tau_f}{\cos\varphi'} = \dfrac{\sigma_1 - \sigma_3}{2} \\[2ex]
\sigma'_3 = \sigma'_1 \dfrac{1 - \sin\varphi'}{1 + \sin\varphi'}
\end{cases}
$$

所以

$$
\tau_f = \frac{\sigma'_1}{2}\cos\varphi'\left(1 - \frac{1 - \sin\varphi'}{1 + \sin\varphi'}\right) = \sigma'_1 \frac{\sin\varphi'\cos\varphi'}{1 + \sin\varphi'} \tag{2-4-13}
$$

若总应力增量为 $\Delta\sigma_1$，某一时刻达到的固结度为 U，则 $\Delta\sigma_1$ 产生的强度增量为：

$$
\Delta\tau_f = \Delta\sigma_1 U \frac{\sin\varphi'\cos\varphi'}{1 + \sin\varphi'} \tag{2-4-14}
$$

式中：φ'——有效内摩擦角。

土体的实际受力情况和排水条件是十分复杂的，不可能在试验室内完全得到模拟。为了简化，工程中有时采用只模拟在压力作用下的排水固结过程，而不模拟剪力作用下的附加压缩的方法。对于荷载面积相对于土层厚度比较大的预压工程，正常固结的饱和黏性土，由于土层固结而增长的强度可按下式计算：

$$
\Delta\tau_f = \Delta\sigma'_1 \tan\varphi_{cu} = \Delta\sigma_1 U \tan\varphi_{cu} \tag{2-4-15}
$$

式中：φ_{cu}——固结不排水剪强度指标。

式(2-4-15)所表示的强度增长方法，由于用的是总应力指标，所以是近似的估算方法，但试验和计算都比较简单，在工程上已得到广泛的应用。

饱和软土地基在外荷作用下的强度增长对工程问题十分重要。在工程实践中，例如老建筑物加层时的地基承载力问题、材料堆场和油罐地基分级加荷的稳定分析等，都涉及到地基的强度增长问题。

第五节 土的压实特性与压实土的力学特性

在工程建设中，经常遇到填土或松软地基，为了改善这些土的工程性质，常采用压实的方法使土变得密实，这往往是一种经济合理的改善土的工程性质的方法。由于土的基本性质复杂多变，同一压实功能对于不同种类、不同状态的土的压实效果可以完全不同。因此为了技术上可靠和经济上合理，需要了解土的压实特性与变化规律，以利工程实践。

1. 土的压实特性

(1)压实曲线性状。击实试验是研究土的压实性能的室内试验方法，可得到一定击实功作用下土的含水率与干重度的关系。击实试验所得到的击实曲线（图2-4-13）是研究土的压实特性的基本关系图。从图中可见，击实曲线（$\gamma_d—w$）上有一峰值，此处的干重度为最大，称为最大干重度γ_{dmax}；与之对应的制备土样含水率则称为最佳含水率w_{op}（或称最优含水率）。峰点表明，在一定的击实功作用下，只有当压实土为最佳含水率时，土才能被击实至最大干重度，才能达到最大压实效果。

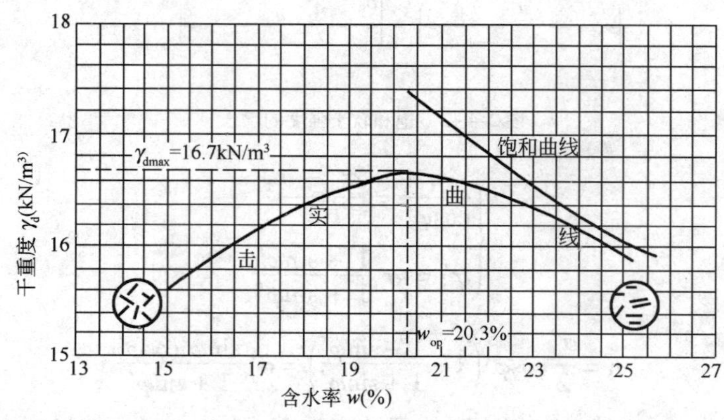

图2-4-13　击实曲线

从图2-4-13的曲线形态还可看到，曲线左段比右段的坡度陡。这表明含水率变化对于干重度影响在偏干（指含水率低于最佳含水率）时比偏湿（指含水率高于最佳含水率）时更为明显。

在$\gamma_d—w$曲线中还给出了饱和曲线，它表示当土处于饱和状态时的$\gamma_d—w$关系。饱和曲线与击实曲线的位置说明，土是不可能被击实到完全饱和状态的。试验表明，黏性土在最佳击实情况下（即击实曲线峰点），其饱和度通常为80%左右，整个击实曲线始终在饱和曲线左下侧。这一点可以这样理解：当土的含水率接近和大于最佳值时，土孔隙中的气体将处于与大气不连通的状态，击实作用已不能将其排出土外。

(2)不同土类与不同击实功能对压实特性的影响。在同一击实功能条件下，不同土类的击实特性是不一样的。图2-4-14是五种不同土料的击实试验结果，图2-4-14a)是其不同的粒径曲线，图2-4-14b)是五种土料在同一标准击实试验中所得到的五条击实曲线。从图可见，含粗粒越多的土样最大干重度越大，而最佳含水率越小，即随着粗颗粒增多，曲线形态不变而峰点向左上方移动。另外，土的颗粒级配对压实效果也影响颇大，颗粒级配良好的土容易被压

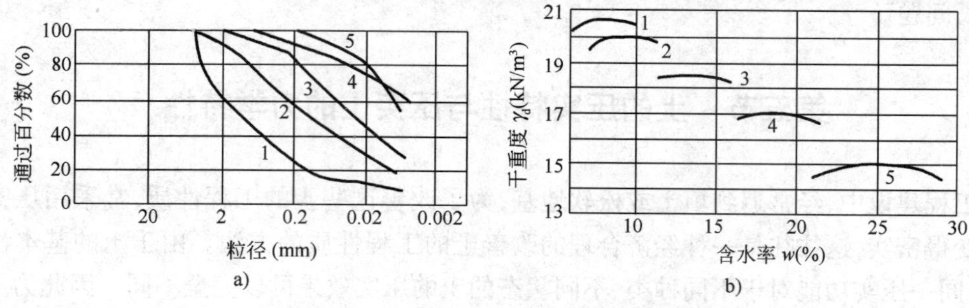

图2-4-14　不同土料击实曲线的比较

实，颗粒级配均匀则最大干重度偏小。

图 2-4-15 表示同一种土样在不同击实功能作用下所得到的压实曲线。随着压实功能的增大，击实曲线形态不变，但位置发生了向左上方的移动，即 γ_{dmax} 增大而 w_{op} 减小。图中的曲线形态还表明，当土为偏干时，增加击实功对提高干重度的影响较大，偏湿时则收效不大，故对偏湿的土企图用增大击实功的办法提高击实效果是不经济的。

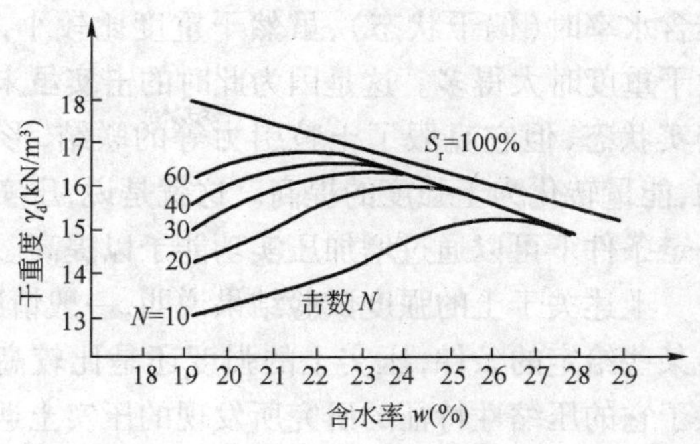

图 2-4-15　压实功能对击实曲线的影响

2. 压实土的压缩性和强度

(1)压缩性。压实土的压缩性取决于它的密度和加荷时的含水率，以击实土作压缩试验时可以发现，在某一荷载作用下，有些土样压缩稳定后，如加水使之饱和，土样就会在同一荷载作用下出现明显的附加压缩。而这一现象出现与否和击实试样时的含水率很有关系。即使土的干重度相同，但偏湿土样附加压缩的增加比偏干时附加压缩的增长来得大。这一现象在路堤填筑工程的设计与施工控制中必须引起注意，特别是被水浸润的路堤构筑物可能因此造成损坏和行车不安全。为了消除这一不利影响，就有必要确定填土受水饱和时不会产生附加压缩所需的最小含水率。

一般说来，填土在压实到一定密度以后，其压缩性就大为减小。当填土的干重度 $\gamma_d >$ 16.5kN/m^3 时，变形模量 E_0 显著提高。这对于作为建筑物地基的填土显得尤为重要。

(2)强度。压实土的抗剪强度性状也主要取决于受剪时的密度和含水率。图 2-4-16 表示两个含水率不同(偏干和偏湿)的压实土试样无侧限抗压强度试验曲线。由图可见，偏干试样的强度大，但试样具有明显的脆性破坏特点。图 2-4-17 则是对同样条件的击实土试样，进行三轴不固结不排水(UU)试验和固结不排水(CU)试验的对比曲线，试验时所施加的侧压力同为 $\sigma_3 = 175$kPa。图中可见，当试样受到一定大小的侧压力时，偏干试样强度也大，但不呈现明显的脆性破坏特性。所以就强度而言，用偏干的土样去填筑是大有好处的。这一室内试验得出的论点已为相当多的现场资料所证实。

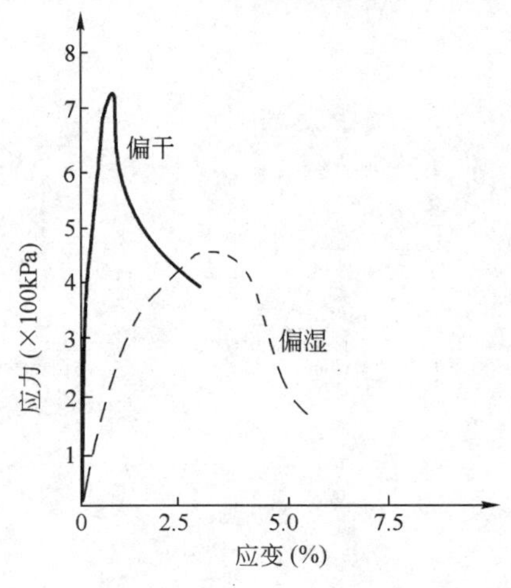

图 2-4-16　不同含水率压实土的无侧限抗压强度试验

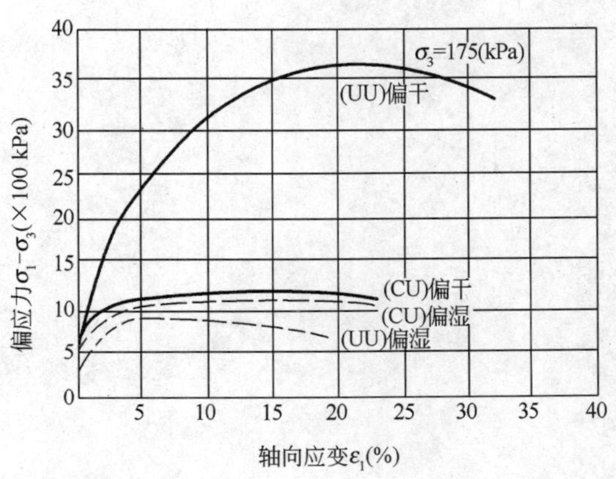

图 2-4-17　不同含水率压实土的三轴试验

从图 2-4-18 所示曲线可见，当压实土的含水率低于最佳含水率时（偏干状态），虽然干重度比较小，强度却比最大干重度时大得多。这是因为此时的击实虽未使土达到最密实状态，但它克服了土粒引力等的联结，形成了新的结构，能量转化为土强度的提高。这就是说，压实土的强度在一定条件下可以通过增加压实功能予以提高。

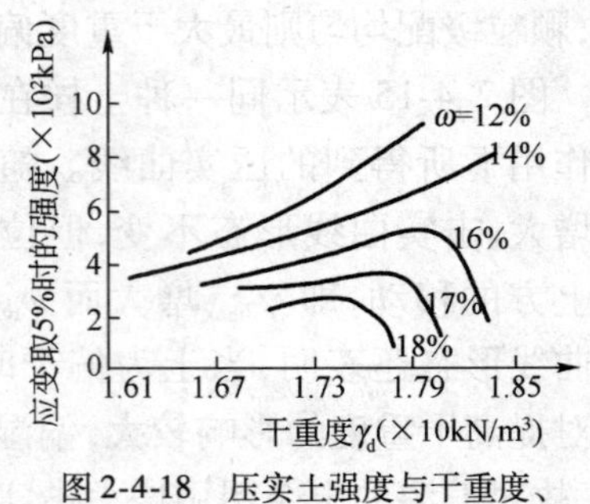

图 2-4-18　压实土强度与干重度、含水率的关系

上述关于土的强度试验结果说明，一般情况下，只要满足某些给定的条件，压实土的强度还是比较高的。但正如关于它的压缩性特征的研究所发现的压实土遇水饱和会发生附加压缩问题一样，在强度方面它也有潜在危险的一面，即浸水软化会使强度降低（实际上附加压缩可以看作是强度软化的外观表现形态），这就是所谓水稳定性问题。公路、铁路的路堤和堤坝等土工构筑物都无法避免浸水润湿，尤其是那些修筑于河滩地带的过水路堤，水稳定性的研究与控制更是重要。

第五章　地基沉降计算与地基承载力

在建筑物荷载作用下,地基土主要由于压缩而引起的竖直方向的位移称为沉降,计算地基沉降量最常用的方法是分层总和法。

第一节　分层总和法计算最终沉降

1. 基本假设

(1)一般取基底中心点下地基附加应力来计算各分层土的竖向压缩量,认为基础的平均沉降量 s 为各分层土竖向压缩量 s_i 之和,即:

$$s=\sum_{i=1}^{n}\Delta s_i \tag{2-5-1}$$

(2)计算 Δs_i 时,假设地基土只在竖向发生压缩变形,没有侧向变形,故可利用室内侧限压缩试验成果进行计算。

2. 计算步骤(图 2-5-1)

(1)地基土分层。成层土的层面(不同土层的压缩性及重度不同)及地下水面(水面上下土的有效重度不同)是当然的分层界面,此外,分层厚度一般不宜大于 0.4b(b 为基底宽度。附加应力沿深度的变化是非线性的,土的 e—p 曲线也是非线性的,因此分层厚度太大将产生较大的误差)。

(2)计算各分层界面处土自重应力。土自重应力应从天然地面起算,地下水位以下一般应取有效重度。

(3)计算各分层界面处基底中心下竖向附加应力。

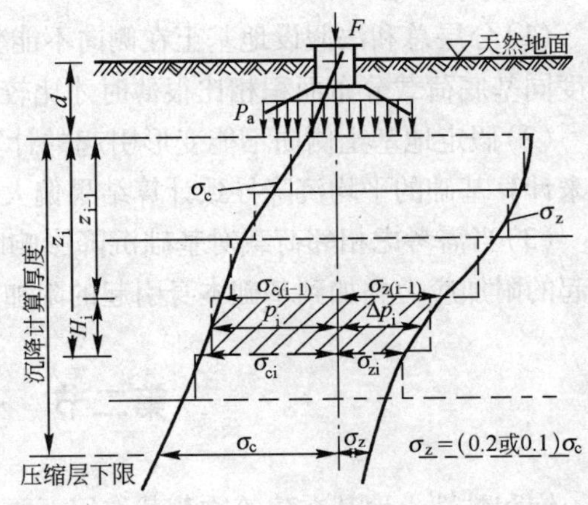

图 2-5-1　分层总和法计算地基最终沉降量

(4)确定地基沉降计算深度(或压缩层厚度)。附加应力随深度递减,自重应力随深度递增,因此到了一定深度之后,附加应力与自重应力相比很小,引起的压缩变形就可忽略不计了。一般取地基附加应力等于自重应力的 20%($\sigma_z=0.2\sigma_c$)深度处作为沉降计算深度的限值;若在该深度以下为高压缩性土,则应取地基附加应力等于自重应力的 10%($\sigma_z=0.1\sigma_c$)深度处作为沉降计算深度的限值。

(5)计算各分层土的压缩量 Δs_i。根据基本假设(2),可利用室内压缩试验成果进行计算。

$$\Delta s_i = \varepsilon_i H_i = \frac{\Delta e_i}{1 + e_{1i}} H_i = \frac{e_{1i} - e_{2i}}{1 + e_{1i}} H_i \tag{2-5-2a}$$

$$= \frac{a_i (p_{2i} - p_{1i})}{1 + e_{1i}} H_i \tag{2-5-2b}$$

$$= \frac{\Delta p_i}{E_{si}} H_i \tag{2-5-2c}$$

根据已知条件,具体可选用式(2-5-2a)~式(2-5-2c)中一个进行计算。

式中:ε_i——第 i 分层土的平均压缩应变;

H_i——第 i 分层土的厚度;

e_{1i}——对应于第 i 分层土上下层面自重应力值的平均值 $p_{1i} = \frac{\sigma_{c(i-1)} + \sigma_{ci}}{2}$ 从土的压缩曲线上得到的孔隙比;

e_{2i}——对应于第 i 分层土自重应力值平均值 p_{1i} 与上下层面附加应力值的平均值 $\Delta p_i = \frac{\sigma_{z(i-1)} + \sigma_{zi}}{2}$ 之和($p_{2i} = p_{1i} + \Delta p_i$)从土的压缩曲线上得到的孔隙比;

a_i——第 i 分层对应于 p_{1i}—p_{2i} 段的压缩系数;

E_{si}——第 i 分层对应于 p_{1i}—p_{2i} 段的压缩模量。

(6)按式(2-5-1)计算基础的平均沉降量。

3. 简单讨论

(1)分层总和法假设地基土在侧向不能变形,而只在竖向发生压缩,这种假设在压缩土层厚度同基底荷载分布面积相比很薄时才比较接近。

(2)假定地基土侧向不能变形引起的计算结果偏小,取基底中心点下的地基中的附加应力来计算基础的平均沉降导致计算结果偏大,因此在一定程度上得到了相互弥补。

(3)当需考虑相邻荷载对基础沉降影响时,通过将相邻荷载在基底中心下各分层深度处引起的附加应力叠加到基础本身引起的附加应力中去来进行计算。

第二节 一维固结理论

饱和黏性土地基在建筑物荷载作用下要经过相当长时间才能达到最终沉降。为了建筑物的安全与正常使用,对于一些重要特殊的建筑物应在工程实践和分析研究中掌握沉降与时间关系的规律性,这是因为较快的沉降速率对于建筑物有较大的危害。解决这一问题最常用的是太沙基一维渗流固结理论。

1. 基本假设

太沙基一维渗流固结理论需作如下假设:土是均质的、完全饱和的;土粒和水是不可压缩的;土层的压缩和土中水的渗流只沿竖向发生,是一维的;土中水的渗流服从达西定律,且渗透系数 k 保持不变;孔隙比的变化与有效应力的变化成正比,即 $-\mathrm{d}e/\mathrm{d}\sigma' = a$,且压缩系数 a 保持不变;外荷载是一次瞬时施加的。

2. 固结微分方程的建立

在厚度为 H 的饱和土层上施加无限宽广的均布荷载 p，土中附加应力沿深度均匀分布，土层上面为排水边界，有关条件符合基本假定，考察土层顶面以下 z 深度的微元体 $\mathrm{d}x\mathrm{d}y\mathrm{d}z$ 在 $\mathrm{d}t$ 时间内的变化。

根据连续性条件、达西定律、有效应力原理以及侧限条件下孔隙比的变化与竖向有效应力变化的关系（见基本假设）得到：

$$\frac{a}{1+e_1}\frac{\partial u}{\partial t}=\frac{k}{\gamma_w}\frac{\partial^2 u}{\partial^2 z} \tag{2-5-3}$$

令 $C_v=\frac{k(1+e_1)}{a\gamma_w}=\frac{kE_s}{\gamma_w}$，则式(2-5-3)成为：

$$\frac{\partial u}{\partial t}=C_v\frac{\partial^2 u}{\partial^2 z} \tag{2-5-4}$$

上式即为太沙基一维固结微分方程，其中 C_v 称为土的竖向固结系数(cm^2/s)。

3. 固结微分方程的求解

以下针对几种较简单的初始条件及边界条件对式(2-5-4)进行求解。

(1)土层单面排水，起始超孔隙水压力沿深度为线性分布，如图 2-5-2 所示。

定义 $\alpha=p_1/p_2$，初始条件及边界条件见表 2-5-1。

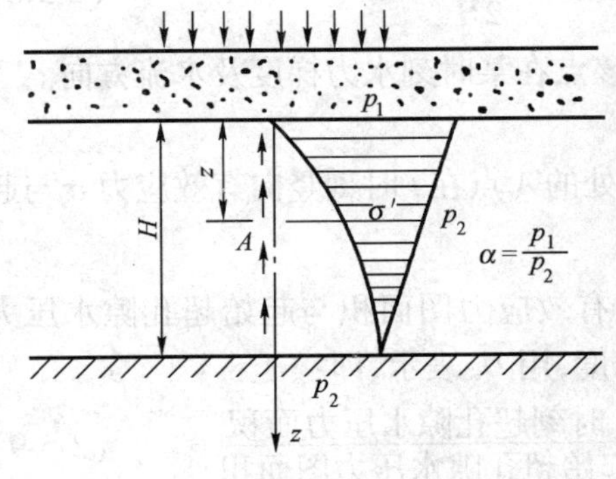

图 2-5-2 单面排水条件下超孔隙水压力的消散

单面排水的初始条件及边界条件 表 2-5-1

次序	时 间	坐 标	已 知 条 件
1	$t=0$	$0\leqslant z\leqslant H$	$u=p_2\left[1+(\alpha-1)\frac{H-z}{H}\right]$
2	$0<t\leqslant\infty$	$z=0$	$u=0$
3	$0\leqslant t\leqslant\infty$	$z=H$	$\frac{\partial u}{\partial z}=0$
4	$t=\infty$	$0\leqslant z\leqslant H$	$u=0$

采用分离变量法求得式(2-5-4)的特解为：

$$u(z,t)=\frac{4p_2}{\pi^2}\sum_{m=1}^{\infty}\frac{1}{m^2}\left[m\pi\alpha+2(-1)^{\frac{m-1}{2}}(1-\alpha)\right]e^{-\frac{m^2\pi^2}{4}T_v}\cdot\sin\frac{m\pi z}{2H} \tag{2-5-5}$$

在实用中常取第一项，即取 $m=1$ 得：

$$u(z,t)=\frac{4p_2}{\pi^2}\left[\alpha(\pi-2)+2\right]e^{-\frac{\pi^2}{4}T_v}\cdot\sin\frac{\pi z}{2H} \tag{2-5-6}$$

式中：m——奇正整数($m=1,3,5,\cdots$)；

e——自然对数的底，e = 2.718 2；

H——孔隙水的最大渗径，在单面排水条件下为土层厚度；

T_v——时间因数，$T_v=\frac{C_v t}{H^2}$。

（2）土层双面排水，起始超孔隙水压力沿深度为线性分布，如图2-5-3所示。

定义 $\alpha=p_1/p_2$，令土层厚度为 $2H$，初始条件及边界条件见表2-5-2。

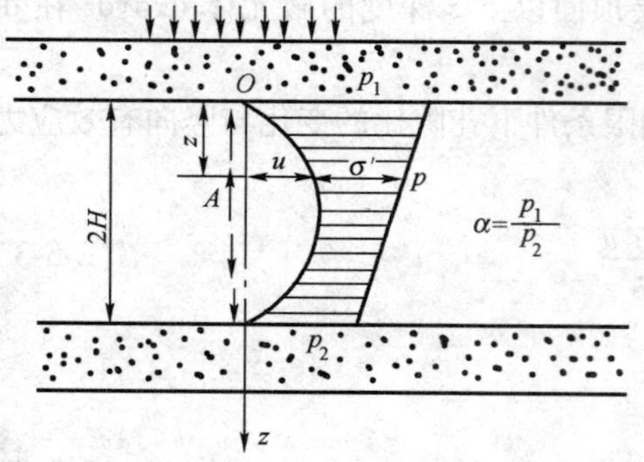

图2-5-3　双面排水条件下超孔隙水压力的消散

双面排水的初始条件及边界条件　表2-5-2

次序	时　间	坐　标	已知条件
1	$t=0$	$0\leqslant z\leqslant H$	$u=p_2\left[1+(\alpha-1)\frac{H-z}{H}\right]$
2	$0<t\leqslant\infty$	$z=0$	$u=0$
3	$0<t\leqslant\infty$	$z=H$	$u=0$

采用分离变量法求得式（2-5-4）的特解为：

$$u(z,t)=\frac{p_2}{\pi}\sum_{m=1}^{\infty}\frac{2}{m}\left[1-(-1)^m\alpha\right]e^{-\frac{m^2\pi^2}{4}T_v}\cdot\sin\frac{m\pi(2H-z)}{2H}\tag{2-5-7}$$

在实用中常取第一项，即取 $m=1$ 得：

$$u(z,t)=\frac{2p_2}{\pi}(1+\alpha)e^{-\frac{\pi^2}{4}T_v}\cdot\sin\frac{\pi(2H-z)}{2H}\tag{2-5-8}$$

超孔隙水压力随深度分布曲线上各点斜率反映出该点在某时刻水力梯度及水流方向。

4．固结度

（1）基本概念。如图2-5-2及图2-5-3所示，深度 z 处的 A 点在 t 时刻竖向有效应力 σ_t' 与起始超孔隙水压力 p 的比值，称为 A 点 t 时刻的固结度。

土层的平均固结度：t 时刻土层各点土骨架承担的有效应力图面积与起始超孔隙水压力（或附加应力）图面积之比，称为 t 时刻土层的平均固结度，用 U_t 表示，即：

$$U_t=\frac{\text{有效应力图面积}}{\text{起始超孔隙水压力图面积}}=1-\frac{t\text{时刻超孔隙水压力面积}}{\text{起始超孔隙水压力图面积}}\tag{2-5-9}$$

根据有效应力原理，土的变形只取决于有效应力，因此，对于一维竖向渗流固结，根据式（2-5-9）土层的平均固结度又可定义为：

$$U_t=1-\frac{\int_0^H u(z,t)\,dz}{\int_0^H p(z)\,dz}=\frac{\int_0^H \sigma'(z,t)\,dz}{\int_0^H p(z)\,dz}=\frac{\int_0^H \frac{a}{1+e_1}\sigma'(z,t)\,dz}{\int_0^H \frac{a}{1+e_1}p(z)\,dz}=\frac{S_{ct}}{S_c}\tag{2-5-10}$$

式中：$\frac{a}{1+e_1}$——根据基本假设，在整个渗流固结过程中为常数；

S_{ct}——地基某时刻 t 的固结沉降；

S_c——地基最终的固结沉降。

（2）起始超孔隙水压力沿深度线性分布情况下的固结度计算。起始超孔隙水压力沿深度线性分布的几种情况见图2-5-4。

①将式（2-5-6）代入式（2-5-10）得到单面排水情况下，土层任一时刻 t 的固结度 U_t 的近似值：

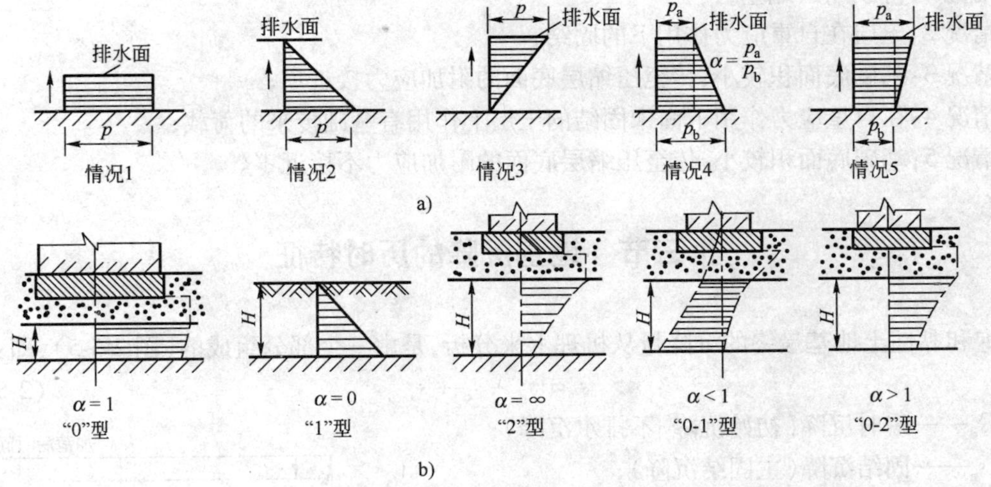

图 2-5-4　起始超孔隙水压力的几种情况

a)简化得到的线性分布；b)实际的分布

$$U_t = 1 - \frac{\left(\frac{\pi}{2}\alpha - \alpha + 1\right)}{1 + \alpha} \cdot \frac{32}{\pi^3} \cdot e^{-\frac{\pi^2}{4}T_v} \tag{2-5-11}$$

α 取 1，即"0"型，起始超孔隙水压力分布图为矩形，代入上式得：

$$U_0 = 1 - \frac{8}{\pi^2} \cdot e^{-\frac{\pi^2}{4}T_v} \tag{2-5-12}$$

α 取 0，即"1"型，起始超孔隙水压力分布图为三角形，代入上式得：

$$U_1 = 1 - \frac{32}{\pi^3} \cdot e^{-\frac{\pi^2}{4}T_v} \tag{2-5-13}$$

不同 α 值时的固结度可按式(2-5-11)来求，也可利用式(2-5-12)及式(2-5-13)求得的 U_0 及 U_1，按下式来计算：

$$U_\alpha = \frac{2\alpha U_0 + (1-\alpha)U_1}{1 + \alpha} \tag{2-5-14}$$

②将式(2-5-8)代入式(2-5-10)即得到双面排水、起始超孔隙水压力沿深度线性分布情况下，土层任一时刻 t 的固结度 U_t 的近似值：

$$U_t = 1 - \frac{8}{\pi^2} \cdot e^{-\frac{\pi^2}{4}T_v} \tag{2-5-15}$$

从上式可看出，固结度 U_t 与 α 值无关，且形式上与土层单面排水时的 U_0 相同，注意式(2-5-15)中 $T_v = \frac{C_v t}{H^2}$ 中的 H 为固结土层厚度的一半，而式(2-5-12)中 $T_v = \frac{C_v t}{H^2}$ 中的 H 为固结土层厚度。因此，双面排水、起始超孔隙水压力沿深度线性分布情况下 t 时刻的固结度，可以用式(2-5-12)来求，只是要注意取前者土层厚度的一半作为 H 代入。

图 2-5-4a)为起始超孔隙水压力为沿深度为线性分布的几种情况，联系到工程实际问题时，应考虑如何将实际的超孔隙水压力分布简化成图 2-5-4a)中的计算图式，以便进行简化计算分析。图 2-5-4b)列出了 5 种实际情况下的起始超孔隙水压力分布图。

情况1:薄压缩层地基;

情况2:土层在自重应力作用下的固结;

情况3:基础底面积较小,传至压缩层底面的附加应力接近零;

情况4:在自重应力作用下尚未固结的土层上作用有基础传来的荷载;

情况5:基础底面积较小,传至压缩层底面的附加应力不接近零。

第三节　地基沉降的历时特征

饱和黏性土地基最终的沉降量从机理上来分析,是由三个部分组成的(图2-5-5),即:

$$s = s_d + s_c + s_a \tag{2-5-16}$$

式中:s_d——瞬时沉降(初始沉降、不排水沉降);

s_c——固结沉降(主固结沉降);

s_a——次固结沉降(次压缩沉降、徐变沉降)。

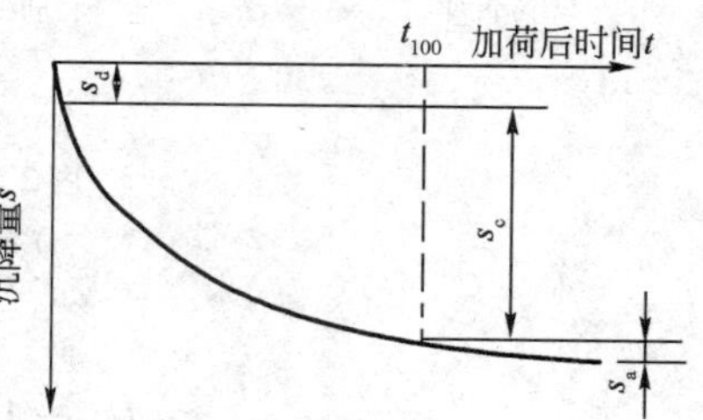

图2-5-5　黏性土地基沉降的三个组成部分

下面分别介绍这三种沉降产生的主要机理及常用的计算方法。

1. 瞬时沉降

瞬时沉降是在施加荷载后瞬时发生的,在很短的时间内,孔隙中的水来不及排出,因此对于饱和的黏性土来说,沉降是在没有体积变形的条件下产生的,这种变形实质上是通过剪应变引起的侧向挤出,是形状变形。因此这一沉降计算是考虑了侧向变形的地基沉降计算,而像分层总和法等实用的沉降计算方法则没有考虑这一过程。在单向压缩(如薄压缩层地基上大面积均匀堆载)时由于没有剪应力,也就没有侧向变形,可以不考虑瞬时沉降这一分量。

大比例尺的室内试验及现场实测表明,可以用弹性理论公式来分析计算瞬时沉降。

2. 固结沉降

固结沉降是在荷载作用下,孔隙水被逐渐挤出,孔隙体积逐渐减小,从而土体压密产生体积变形而引起的沉降,是黏性土地基沉降最主要的组成部分。

在实用中可采用分层总和法等计算固结沉降,只是这些方法基于侧限假定,即按一维问题来考虑,与实际的二、三维应力状态不符,但由于确定压缩性指标等复杂困难,所以难以严格按二、三维应力状态考虑。

3. 次固结沉降

次固结沉降是指超静孔隙水压力消散为零,在有效应力基本上不变的情况下,随时间继续发生的沉降量,一般认为这是在恒定应力状态下,土中的结合水以黏滞流动的形态缓慢移动,造成水膜厚度相应地发生变化,使土骨架产生徐变的结果。

事实上这三种沉降并不能截然分开,而是交错发生的,只是某个阶段以一种沉降变形为主而已。不同的土,三个组成部分的相对大小及时间是不同的。例如,干净的粗砂地基沉降可认为是在荷载施加后瞬间发生的(包括瞬时沉降和固结沉降,此时已很难分开),次固结沉降不明显。对于饱和软黏土,实测的瞬时沉降可占最终沉降量的30%~40%,次固结沉降量同固结沉降量相比往往是不重要的。但对于含有有机质的软黏土,就不能不考虑次固结沉降。

第四节　地基破坏的性状及地基承载力的概念

建筑物因地基问题引起破坏，一般有两种情形：一是建筑物荷载过大，超过了地基所能承受的荷载能力而使地基破坏失稳，即强度和稳定性问题；二是由于建筑物荷载作用下，地基和基础产生了过大的沉降和沉降差，使建筑物产生结构性损坏或丧失使用功能，即变形问题。

地基承载力是指地基土单位面积上所能承受荷载的能力，以 kPa 计。通常把地基不致失稳时地基土单位面积上所能承受的最大荷载称为极限承载力(p_u)。由于工程设计中必须确保地基有足够的稳定性，必须限制建筑物基础基底的压力(p)，使其不得超过地基的容许承载力(p_a)，因此地基容许承载力是指考虑一定安全储备后的地基承载力。同时根据地基承载力进行基础设计时，应考虑不同建筑物对地基变形的控制要求，进行地基变形验算。

1. 地基破坏的性状

为了了解地基承载力的概念以及地基土受荷后剪切破坏的过程及性状，可以通过现场载荷试验或室内模型试验来研究。

通过试验得到载荷板下各级压力 p 与相应的稳定沉降量 s 之间的关系，绘得 p—s 曲线，如图 2-5-6 所示。对 p—s 曲线的特性进行分析，可以了解地基破坏的机理。

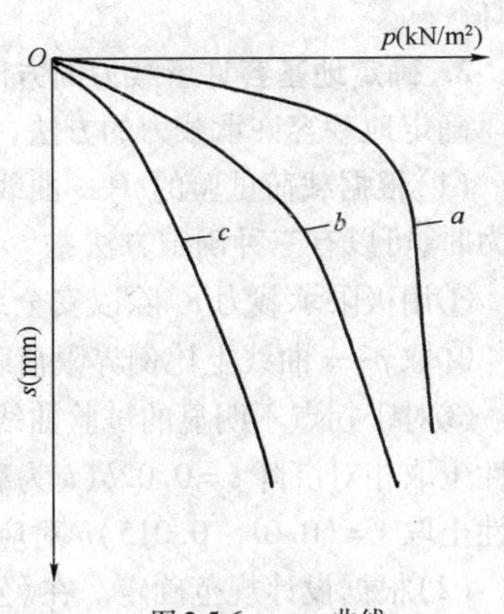

图 2-5-6　p—s 曲线

a-整体剪切破坏；b-局部剪切破坏；c-刺入剪切破坏

太沙基(1943)根据试验研究提出两种典型的地基破坏型式，即整体剪切破坏和局部剪切破坏。

整体剪切破坏的特征是，当基础上荷载较小时，基础下形成一个三角形压密区 I[图 2-5-7a)]，随同基础压入土中，这时 p—s 曲线呈直线关系(见图 2-5-6 中曲线 a)。随着荷载增加，压密区 I 向两侧挤压，土中产生塑性区，塑性区先在基础边缘产生，然后逐步扩大形成图 2-5-7a)中的 II、III 塑性区。这时基础的沉降增长率较前一阶段增大，故 p—s 曲线呈曲线状。当荷载达到最大值后，土中形成连续滑动面，并延伸到地面，土从基础两侧挤出并隆起，基础沉降急剧增加，整个地基失稳破坏，如图 2-5-7a)所示。这时 p—s 曲线上出现明显的转折点，其相应的荷载称为极限荷载 p_u，见图 2-5-6 曲线 a。整体剪切破坏常发生在浅埋基础下的密砂或硬黏土等坚实地基中。

局部剪切破坏的特征是，随着荷载的增加，基础下也产生压密区 I 及塑性区 II，但塑性区仅仅发展到地基某一范围内，土中滑动面并不延伸到地面，见图 2-5-7b)，基础两侧地面微微隆起，没有出现明显的裂缝。其 p—s 曲线如图 2-5-6 中的曲线 b 所示，曲线也有一个转折点，但不像整体剪切破坏那么明显。p—s 曲线在转折点后，其沉降量增长率虽较前一阶段为大，但不像整体剪切破坏那样急剧增加，在转折点之后，p—s 曲线还是呈线性关系。局部剪切破坏常发生于中等密实砂土中。

魏锡克(A. S. Vesic，1963)提出除上述两种破坏情况外，还有一种刺入剪切破坏。这种破坏形式发生在松砂及软土中，其破坏的特征是，随着荷载的增加，基础下土层发生压缩变形，基础随之下沉，当荷载继续增加，基础周围附近土体发生竖向剪切破坏，使基础刺入土中。基础两边的土体没有移动,如图 2-5-7c)所示。刺入剪切破坏的 $p—s$ 曲线如图 2-5-6 中曲线 c,沉降随着荷载的增大而不断增加,但 $p—s$ 曲线上没有明显的转折点,没有明显的比例界限及极限荷载。

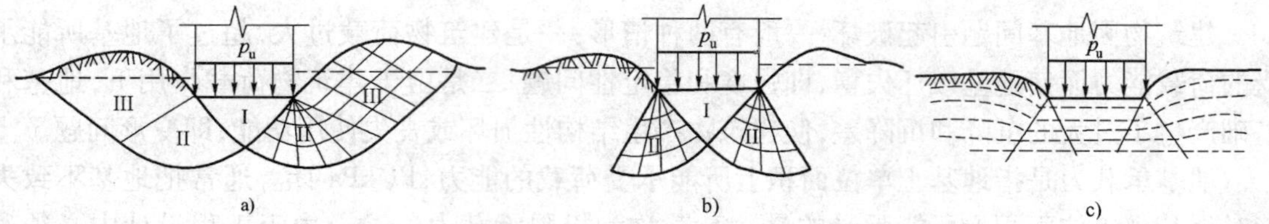

图 2-5-7　地基破坏形式

a)整体剪切破坏;b)局部剪切破坏;c)刺入剪切破坏

地基的剪切破坏形式,除了与地基土的性质有关外,还同基础埋置深度、加荷速度等因素有关。如在密砂地基中,一般会出现整体剪切破坏,但当基础埋置很深时,密砂在很大荷载作用下也会产生压缩变形,而出现刺入剪切破坏;在软黏土中,当加荷速度较慢时会产生压缩变形而出现刺入剪切破坏,但当加荷很快时,由于土体不能产生压缩变形,就可能发生整体剪切破坏。

2. 确定地基容许承载力的方法

确定地基容许承载力的方法,一般有以下三种:

(1)根据载荷试验的 $p—s$ 曲线来确定地基容许承载力。从载荷试验曲线确定地基容许承载力时,可以有三种确定方法:

①用极限承载力 p_u 除以安全系数 K 可得到容许承载力,一般安全系数取 2 ~ 3。

②取 $p—s$ 曲线上比例界限荷载 p_{pr} 作为地基容许承载力。

③对于拐点不明显的试验曲线,可以用相对变形来确定地基容许承载力。对软塑或可塑黏性土取相对沉降 $s=0.02b$(b 为载荷板高度)对应的压力为地基容许承载力;对砂土或坚硬黏性土取 $s=(0.01 \sim 0.015)b$ 对应的压力为地基容许承载力。

(2)根据设计规范确定。在《公路桥涵地基与基础设计规范》(JTJ　D63—2007)中给出了各种土类的地基容许承载力表,这些表是根据在各类土上所做的大量的载荷试验资料,以及工程经验总结经过统计分析而得到的。使用时可根据现场土的物理力学性质指标,以及基础的宽度和埋置深度,按规范中的表格和公式得到地基容许承载力。

(3)根据地基承载力理论公式确定地基容许承载力。地基承载力的理论公式中,一种是根据土体极限平衡条件导得的临塑荷载和临界荷载计算公式,另一种是根据地基土刚塑性假定而导得的极限承载力计算公式。工程实践中,根据建筑物不同要求,可以用临塑荷载或临界荷载作为地基容许承载力,也可以用极限承载力公式计算极限承载力除以一定安全系数作为地基容许承载力。

第五节　按临界荷载确定地基承载力

在荷载作用下地基变形的发展经历 3 个阶段,即压密阶段、剪切阶段及破坏阶段。地基变形的剪切阶段也是土中塑性区范围随着作用荷载的增加而不断发展的阶段,我们把土中塑性

区开展到不同深度时，其相应的荷载称为临界荷载。

在地基表面作用条形均布荷载p_0，根据均布条形荷载作用下的附加应力公式和土体极限平衡强度理论，可得土中塑性区边界方程：

$$z = \frac{p-\gamma d}{\gamma\pi}\left(\frac{\sin 2\alpha}{\sin\varphi}-2\alpha\right)-\frac{c\cdot\cot\varphi}{\gamma}-d \tag{2-5-17}$$

在条形均布荷载p作用下，计算地基中塑性区开展的最大深度z_{max}值时，将公式(2-5-17)对α的导数等于零时对应的α角代入公式(2-5-17)，即得地基中塑性区开展最大深度的表达式为：

$$z_{max} = \frac{p-\gamma d}{\gamma\pi}\left[\cot\varphi-\left(\frac{\pi}{2}-\varphi\right)\right]-\frac{c\cdot\cot\varphi}{\gamma}-d \tag{2-5-18}$$

由公式(2-5-18)也可得到如下相应的基底均布荷载p的表达式：

$$p = \frac{\pi}{\cot\varphi+\varphi-\frac{\pi}{2}}\gamma z_{max}+\frac{\cot\varphi+\varphi+\frac{\pi}{2}}{\cot\varphi+\varphi-\frac{\pi}{2}}\gamma d+\frac{\pi\cot\varphi}{\cot\varphi+\varphi-\frac{\pi}{2}}c \tag{2-5-19}$$

式(2-5-19)是计算临塑荷载及临界荷载的基本公式。

如令$z_{max}=0$，代入式(2-5-19)，此时的基底压力p即为临塑荷载p_{cr}，其计算公式为：

$$p_{cr} = N_q\gamma d + N_c C \tag{2-5-20}$$

式中：

$$N_q = \frac{\cot\varphi+\varphi+\frac{\pi}{2}}{\cot\varphi+\varphi-\frac{\pi}{2}}$$

$$N_c = \frac{\pi\cot\varphi}{\cot\varphi+\varphi-\frac{\pi}{2}}$$

若地基中允许塑性区开展的深度$z_{max}=B/4$（B为基础宽度），则代入式(2-5-18)，即得相应的临界荷载p的计算公式：

$$p_{\frac{1}{4}} = \gamma BN_r + \gamma dN_q + cN_c \tag{2-5-21}$$

式中：

$$N_r = \frac{\pi}{4\left(\cot\varphi+\varphi-\frac{\pi}{2}\right)}$$

其余符号意义同前。

N_q、N_r、N_c称为承载力系数，只与土的内摩擦角φ有关。

第六节　按极限荷载确定地基承载力的方法

地基极限承载力除了可以从载荷试验求得外，还可以用半理论半经验公式计算，这些公式都是在刚塑体极限平衡理论基础上解得的。下面介绍常用的几个极限承载力公式。

1. 普朗特尔地基极限承载力公式

(1)普朗特尔基本解。普朗特尔（L. Prandtl，1920）根据极限平衡理论，推导出当不考虑土的重力（$\gamma=0$），且假定基底面光滑无摩擦力时，置于地基表面的条形基础的极限荷载公式如下：

$$p_u = c\left[e^{\pi\tan\varphi}\tan^2\left(\frac{\pi}{4}+\frac{\varphi}{2}\right)-1\right]\cot\varphi = cN_c \tag{2-5-22}$$

式中，承载力系数 $N_c=\left[e^{\pi\tan\varphi}\tan^2\left(\frac{\pi}{4}+\frac{\varphi}{2}\right)-1\right]\cot\varphi$，是土内摩擦角 φ 的函数。

（2）雷斯诺对普朗特尔公式的补充。普朗特尔公式是假定基础设置于地基的表面，但一般基础均有一定的埋置深度，若埋置深度较浅时，为简化起见，可忽略基础底面以上土的抗剪强度，而将这部分土作为分布在基础两侧的均布荷载 $q=\gamma d$ 作用在 GF 面上，见图2-5-8。雷斯诺（H. Reissner，1924）在普朗特尔公式假定的基础上，导得了由超载 q 产生的极限荷载公式：

$$p_u = qe^{\pi\tan\varphi}\tan^2\left(\frac{\pi}{4}+\frac{\varphi}{2}\right) = qN_q \tag{2-5-23}$$

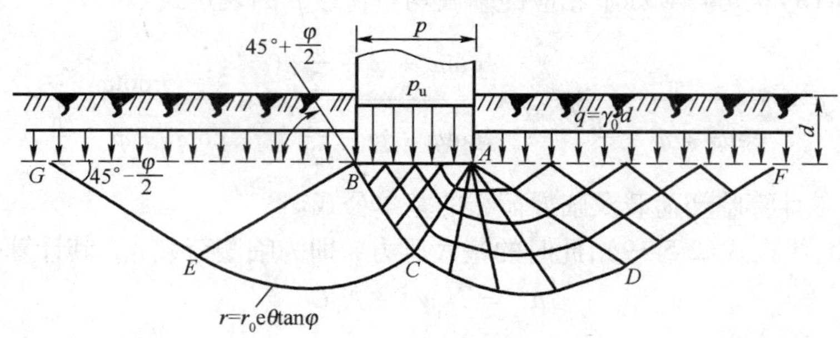

图2-5-8　有埋置深度时的雷斯诺解

式中，承载力系数 $N_q=e^{\pi\tan\varphi}\tan^2\left(\frac{\pi}{4}+\frac{\varphi}{2}\right)$，是土内摩擦角 φ 的函数。

将式（2-5-22）及式（2-5-23）合并，得到当不考虑土重力时，埋置深度为 d 的条形基础的极限荷载公式：

$$p_u = qN_q + cN_c \tag{2-5-24}$$

式中，承载力系数 N_q、N_c 可按土的内摩擦角 φ 值查表得到。

上述普朗特尔及雷斯诺导得的公式，均是假定土的重度 $\gamma=0$，但是由于土的强度很小，同时内摩擦角 φ 又不等于零，因此不考虑土的重力作用是不妥当的。若考虑土的重力时，其滑动面形状很复杂，目前尚无法按极限平衡理论求得其解析解，只能采用数值计算方法求得。

（3）泰勒（D. W. Taylor，1948）对普朗特尔公式的补充。泰勒在1948年提出，若考虑土体重力时，假定其滑动面与普朗特尔公式相同，那么滑动土体的重力将使滑动面上土的抗剪强度增加。泰勒假定其增加值可用一个换算黏聚力来表示，即得考虑滑动土体重力时的普朗特尔极限荷载计算公式：

$$\begin{aligned}p_u &= qN_q + (c+c')N_c = qN_q + cN_c + c'N_c\\&= qN_q + cN_c + \gamma\frac{B}{2}\tan\left(\frac{\pi}{4}+\frac{\varphi}{2}\right)\left[e^{\pi\tan\varphi}\tan^2\left(\frac{\pi}{4}+\frac{\varphi}{2}\right)-1\right]\\&= \frac{1}{2}\gamma BN_r + qN_q + c'N_c\end{aligned} \tag{2-5-25}$$

式中，承载力系数 $N_q=\tan\left(\frac{\pi}{4}+\frac{\varphi}{2}\right)\left[e^{\pi\tan\varphi}\tan^2\left(\frac{\pi}{4}+\frac{\varphi}{2}\right)-1\right]$，可按 φ 值查表得到。

2. 太沙基极限承载力公式

太沙基(K. Terzaghi,1943)提出了确定条形浅基础的极限荷载公式。太沙基认为从实用考虑,当基础的长宽比 $L/B \geqslant 5$ 及基础的埋置深度 $d \leqslant B$ 时,就可视为是条形浅基础。基底以上的土体看作是作用在基础两侧的均布荷载 $q=\gamma d$。

太沙基假定基础底面是粗糙的,地基滑动面的形状,也可以分成 3 个区,如图 2-5-9 所示。

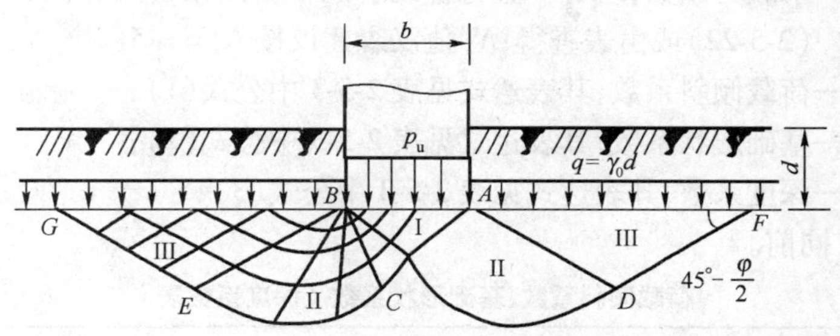

图 2-5-9 太沙基公式滑动面形状

据此可得太沙基的极限承载力公式:

$$p_u = \frac{1}{2}\gamma B N_r + qN_q + cN_c \tag{2-5-26}$$

上式(2-5-26)只适用于条形基础。对于圆形或方形基础,太沙基提出了半经验的极限荷载公式:

圆形基础
$$p_u = 0.6\gamma R N_r + qN_q + 1.2cN_c \tag{2-5-27}$$

式中:R——圆形基础的半径;

其余符号意义同前。

方形基础
$$p_u = 0.4\gamma R N_r + qN_q + 1.2cN_c \tag{2-5-28}$$

式(2-5-26)~式(2-5-28)只适用于地基土是整体剪切破坏的情况,即地基土较密实,其 p—s 曲线有明显的转折点,破坏前沉降不大等情况。对于松软土质,地基破坏是局部剪切破坏,沉降较大,其极限荷载较小,太沙基建议在这种情况下采用较小的 φ'、c'值代入上列各式计算极限荷载。即令:

$$\tan\varphi' = \frac{2}{3}\tan\varphi \tag{2-5-29}$$

$$c' = \frac{2}{3}c$$

根据 φ'值查表得到承载力系数,并用 c'代入公式计算。

用太沙基极限荷载公式计算地基承载力时,其安全系数应取为 3。

3. 考虑其他因素影响时的极限荷载计算公式

前面所介绍的普朗特尔、雷斯诺及太沙基等的极限荷载公式,都只适用于中心竖向荷载作用时的条形基础,同时不考虑基底以上土的抗剪强度的作用。因此,若基础上作用的荷载是倾斜的或有偏心,基底的形状是矩形或圆形,基础的埋置深度较深,计算时需要考虑基底以上土的抗剪强度影响。但要考虑这么多影响因素的极限荷载公式是很困难的,许多学者做了一些对比的试验研究,提出了对上述极限荷载公式(如普朗特尔—雷斯诺公式)进行修正的公式,可供一般使用。下面介绍汉森(B. Hanson,1961,1970)提出的在中心倾斜荷载作用下,不同基础形状及不同埋置深度时的极限荷载计算公式：

$$p_u = \frac{1}{2}\gamma B N_r i_r s_r d_r + q N_q i_q s_q d_q + c N_c i_c s_c d_c \tag{2-5-30}$$

式中：N_r、N_q、N_c——承载力系数,N_q、N_c 值与普朗特尔—雷斯诺公式相同,见式(2-5-23)及式(2-5-22)或由表查得;N_r 值汉森建议按 $N_r = 1.5(N_q - 1)\tan\varphi$ 计算;

i_r、i_q、i_c——荷载倾斜系数,其表达式见表2-5-3中公式(1);

s_r、s_q、s_c——基础形状系数,其表达式见表2-5-3中公式(2);

d_r、d_q、d_c——深度系数,其表达式见表2-5-3中公式(3);

其余符号意义同前。

荷载倾斜系数、基础形状系数及深度系数表　　表2-5-3

<table>
<tr><td colspan="2">荷载倾斜系数</td><td></td></tr>
<tr><td colspan="2">$i_r = \left(1 - \frac{0.7H}{N + Ac\cdot\cot\varphi}\right)^5 > 0$
$i_q = \left(1 - \frac{0.5H}{N + Ac\cdot\cot\varphi}\right)^5 > 0$
$i_c = i_q - \frac{1 - i_q}{N_q - 1}$(当 $\varphi > 0$)
$i_c = 0.5 - 0.5\sqrt{1 - \frac{H}{Ac}}$(当 $\varphi = 0$)
式中：N、H——作用在基础底面的竖向荷载及水平荷载;
A——基础底面积,$A = B \times L$(偏心荷载时为有效面积 $A = B' \times L'$)。</td><td>(1)</td></tr>
<tr><td colspan="2">基础形状系数</td><td></td></tr>
<tr><td>矩形基础</td><td>方形或圆形基础</td><td></td></tr>
<tr><td>$s_r = 1 - 0.4 i_r \frac{B}{L}$
$s_q = 1 + i_q \frac{B}{L}\sin\varphi$
$s_c = 1 + 0.2 i_c \frac{B}{L}$</td><td>$s_r = 1 - 0.4 i_r$
$s_q = 1 + i_q \sin\varphi$
$s_c = 1 + 0.2 i_c$</td><td>(2)</td></tr>
<tr><td colspan="2">深度系数</td><td></td></tr>
<tr><td>$\frac{d}{B} \leqslant 1$
$d_r = 1$
$d_q = 1 + 2\tan\varphi(1 - \sin\varphi)^2\left(\frac{d}{B}\right)$
$d_c = d_q - \frac{1 - d_q}{N_q - 1}(\varphi > 0)$
$d_c = 1 + 0.4\left(\frac{d}{B}\right)(\varphi = 0)$</td><td>$\frac{d}{B} > 1$
$d_r = 1$
$d_q = 1 + 2\tan\varphi(1 - \sin\varphi)^2 \arctan\left(\frac{d}{B}\right)$
$d_c = d_q - \frac{1 - d_q}{N_q - 1}$
$d_c = 1 + 0.4\arctan\left(\frac{d}{B}\right)$</td><td>(3)</td></tr>
</table>

注：偏心荷载时,表中的 B、L 均采用有效宽(长)度 B'、L'。

(1)荷载偏心及倾斜的影响。如果作用在基础底面的荷载是竖直偏心荷载、那么计算极限荷载时,可引入假想的基础有效宽度 $B'=B-2e_B$ 来代替基础的实际宽度 B,其中 e_B 为荷载偏心距。这个修正方法对基础长度方向的偏心荷载也同样适用,即用有效长度 $L'=L-2e_L$ 代替基础实际长度 L。

如果作用的荷载是倾斜的,汉森建议可以把中心竖向荷载作用时的极限荷载公式中的各项分别乘以荷载倾斜系数 i_r、i_q、i_c[见表 2-5-3 中(1)],作为考虑荷载倾斜的影响。

(2)基础底面形状及埋置深度的影响。矩形或圆形基础的极限荷载计算在数学上求解比较困难,目前都是根据各种形状基础所做的对比载荷试验,提出了将条形基础极限荷载公式进行逐项修正的公式。在表 2-5-3 中的式(2)给出了汉森提出的基础形状系数 s_r、s_q、s_c 的表达式。

前述的极限荷载计算公式,都忽略了基础底面以上土的抗剪强度影响,也即假定滑动面发展到基底水平面为止。这对基础埋深较浅,或基底以上土层较弱时是适用的,但当基础埋深较大,或基底以上土层的抗剪强度较大时,就应该考虑这一范围内土的抗剪强度影响。汉森建议用深度系数 d_r、d_q、d_c 对前述极限荷载公式进行逐项修正,他所提出的深度系数列于表 2-5-3 中的式(3)。

(3)地下水的影响。式(2-5-30)的第一项中的 γ 是基底下最大滑动深度范围内地基土的重度,第二项($q=\gamma d$)中的 γ 是基底以上地基土的重度,在进行承载力计算时,水下的土均应采用有效重度,如果在各自范围内的地基由重度不同的多层土组成,应按层厚加权平均取值。

第七节　地基容许承载力的修正方法

在我国《公路桥涵地基与基础设计规范》(JTG D63—2007)里给出了各类土的承载力基本容许值$[f_{a0}]$,以供公路桥涵设计时使用。地基承载力的验算,应以修正后的地基承载力容许值$[f_a]$控制。该值系在$[f_{a0}]$的基础上,经修正而得。修正后的$[f_a]$按式(2-5-31)确定。当基础位于地层上时,$[f_a]$按平均常水位至一般冲刷线的水深每米再增大 10kPa。

$$[f_a]=[f_{a0}]+k_1\gamma_1(b-2)+k_2\gamma_2(h-3) \tag{2-5-31}$$

式中:$[f_a]$——修正后的地基承载力容许值(kPa);

b——基础底面的最小边宽(m);当 $b<2$m 时,取 $b=2$m;当 $b>10$m 时,取 $b=10$m;

h——基底埋置深度(m),自天然地面起算,有水流冲刷时自一般冲刷线起算;当 $h<3$m时,取 $h=3$m;当 $h/b>4$ 时,取 $h=4b$;

k_1、k_2——基底宽度、深度修正系数,根据基底持力层土的类别按表 2-5-4 确定;

γ_1——基底持力层土的天然重度(kN/m^3);若持力层在水面以下且为透水者,应取浮重度;

γ_2——基底以上土层的加权平均重度(kN/m^3);换算时若持力层在水面以下,且不透水时,不论基底以上土的透水性质如何,一律取饱和重度;当透水时,水中部分土层则应取浮重度。

地基土承载力宽度、深度修正系数 k_1、k_2　　表 2-5-4

土类 / 系数	黏性土				粉土	砂土								碎石土			
	老黏性土	一般黏性土		新近沉积黏性土	—	粉砂		细砂		中砂		砾砂、粗砂		碎石、圆砾、角砾		卵石	
		$I_L \geq 0.5$	$I_L < 0.5$		—	中密	密实	中密	密实	中密	密实	中密	密实	中密	密实	中密	密实
k_1	0	0	0	0	0	1.0	1.2	1.5	2.0	2.0	3.0	3.0	4.0	3.0	4.0	3.0	4.0
k_2	2.5	1.5	2.5	1.0	1.5	2.0	2.5	3.0	4.0	4.0	5.5	5.0	6.0	5.0	6.0	6.0	10.0

注：①对于稍密和松散状态的砂、碎石土，k_1、k_2 值可采用表列中密值的 50%。

②强风化和全风化的岩石，可参照所风化成的相应土类取值；其他状态下的岩石不修正。

第六章　土坡稳定分析

在道路及桥梁工程中常常会遇到路堑、路堤或基坑开挖时的边坡稳定性问题。在工程实践中，分析土坡稳定的目的是检验所设计的土坡断面是否安全与合理，边坡过陡可能发生明塌，过缓则使土方量增加。土坡的稳定安全度是用稳定安全系数 K 表示的，它是指土的抗剪强度与土坡中可能滑动面上产生的剪应力间的比值，即 $K = \tau_f / \tau$。土坡稳定分析是一个比较复杂的问题，因为尚有一些不定因素有待研究。如滑动面形式的确定，按实际情况合理地取用土的抗剪强度参数，土的非均匀性及土坡内有水渗流时的影响等。本节主要介绍土坡稳定分析的基本原理。

第一节　砂性土土坡稳定分析

在分析砂性土的土坡稳定时，根据实际观测，同时为了计算简便起见，一般均假定滑动面是平面。

如图 2-6-1 所示的简单土坡，已知土坡高度为 H，坡角为 φ，土的重度为 γ，土的抗剪强度 $\tau_f = \sigma\tan\varphi$。若假定滑动面是通过坡脚 A 的平面 AC，AC 的倾角为 α，则可计算滑动土体 ABC 沿 AC 面上滑动的稳定安全系数 K 值。

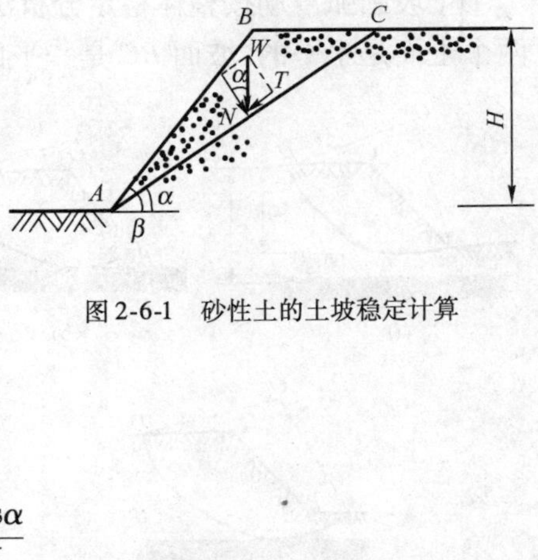

图 2-6-1　砂性土的土坡稳定计算

沿土坡长度方向截取单位长度土坡，作为平面应变问题分析。已知滑动土体 ABC 的重力为：

$$W = \gamma S_{\Delta ABC}$$

W 在滑动面 AC 上的法向分力 N 及正应力 σ 为：

$$N = W\cos\alpha$$

$$\sigma = \frac{N}{\overline{AC}} = \frac{W\cos\alpha}{\overline{AC}}$$

W 在滑动面 AC 上的切向分力 T 及剪力 τ 为：

$$T = W\sin\alpha$$

$$\tau = \frac{T}{\overline{AC}} = \frac{W\sin\alpha}{\overline{AC}}$$

土坡的滑动安全系数为：

$$K = \frac{\tau_f}{\tau} = \frac{\sigma\tan\varphi}{\tau} = \frac{\dfrac{W\cos\alpha}{\overline{AC}}\tan\varphi}{\dfrac{W\sin\alpha}{\overline{AC}}} = \frac{\tan\varphi}{\tan\alpha} \tag{2-6-1}$$

从式(2-6-1)可见，当 $\alpha=\beta$ 时滑动稳定安全系数最小，也即土坡面上的一层土是最容易滑动的。因此，砂性土的土坡稳定安全系数为：

$$K=\frac{\tan\varphi}{\tan\beta} \tag{2-6-2}$$

第二节　黏性土土坡圆弧滑动体整体稳定分析

均质黏性土的土坡失稳破坏时，其滑动面常常是曲面，通常可近似地假定为圆弧滑动面。圆弧滑动面的形式一般有以下三种：

(1)圆弧滑动面通过坡脚 B 点（见图 2-6-2），称为坡脚圆。

(2)圆弧滑动面通过坡面上 E 点（见图 2-6-2），称为坡面圆。

(3)圆弧滑动面通过坡脚以外的 A 点（见图 2-6-2），称为中点圆。

上述三种圆弧滑动面的产生，与土坡的坡角大小、土的强度指标，以及土中硬层的位置等因素有关。

土坡稳定分析时采用圆弧滑动面首先由彼德森（K. E. Petterson，1916）提出，此后费伦纽斯（W. Fellenius，1927）和泰勒（D. W. Taylor，1948）做了研究和改进。他们提出的分析方法可以分为两种：

①土坡圆弧滑动按整体稳定分析法，主要适用均质简单土坡，所谓简单土坡是指土坡上、下两个土面是水平的，坡面 BC 是一平面，如图 2-6-3 所示。

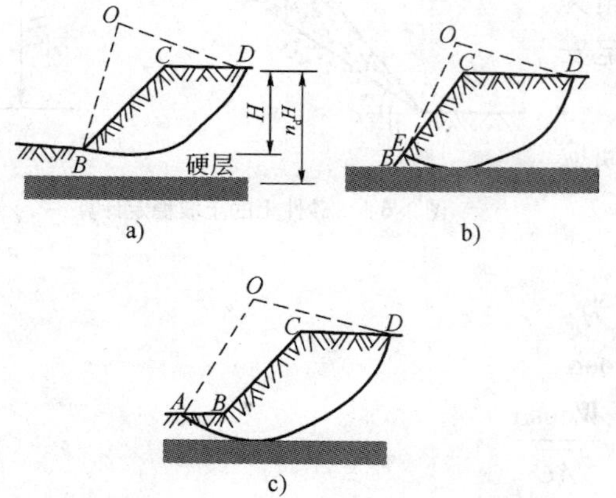

图 2-6-2　匀质黏性土土坡的三种圆弧滑动面
a）坡角圆；b）坡面圆；c）中点圆

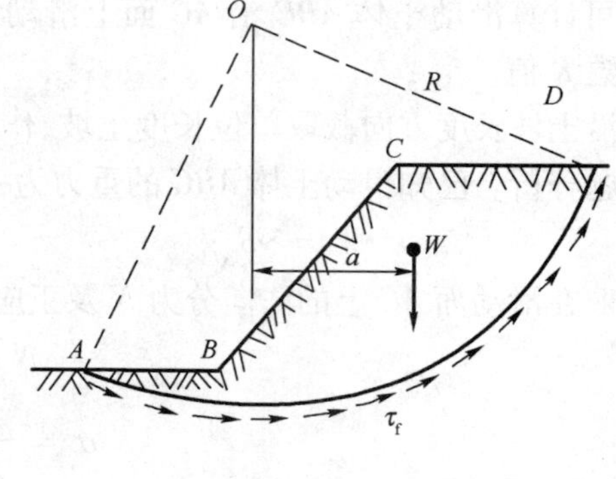

图 2-6-3　土坡的整体稳定分析

②用条分法分析土坡稳定，条分法对非均质土坡、土坡外形复杂、土坡部分在水下时均适用。

1. 基本概念

分析图 2-6-3 所示均质简单土坡，若可能的圆弧滑动面为 AD，其圆心为 O，半径为 R。分析时在土坡长度方向截取单位长土坡，按平面问题分析。滑动土体 $ABCD$ 的重力为 W，它是促使土坡滑动的力；沿着滑动面 AD 上分布的土的抗剪强度 τ_f 是抵抗土坡滑动的力。将滑动力

W 及抗滑力 τ_f 分别对圆心 O 取矩，得滑动力矩 M_s 及稳定力矩 M_r 为：

$$M_s = Wa \tag{2-6-3}$$

$$M_r = \tau_f LR \tag{2-6-4}$$

式中：W——滑动体 $ABCDA$ 的重力(kN)；

a——W 对 O 点的力臂(m)；

τ_f——土的抗剪强度，按库仑定律 $\tau_f = c + \sigma\tan\varphi$(kPa)；

L——滑动圆弧 AD 的长度(m)；

R——滑动圆弧面的半径。

土坡滑动的稳定安全系数 K 也可以用稳定力矩 M_r 与滑动力矩 M_s 的比值表示，即：

$$K = \frac{M_r}{M_s} = \frac{\tau_f LR}{Wa} \tag{2-6-5}$$

由于土的抗剪强度沿滑动面 AD 上的分布是不均匀的，因此直接按式(2-6-5)计算土坡的稳定安全系数有一定的误差。

2. 摩擦圆法

摩擦圆法由泰勒提出，他认为如图 2-6-4 所示滑动面 AD 上的抵抗力包括土的摩阻力及黏聚力两部分，它们的合力分别为 F 及 C。假定滑动面上的摩阻力首先得到发挥，然后才由土的黏聚力补充。下面分别讨论作用在滑动土体 $ABCDA$ 上的 3 个力：

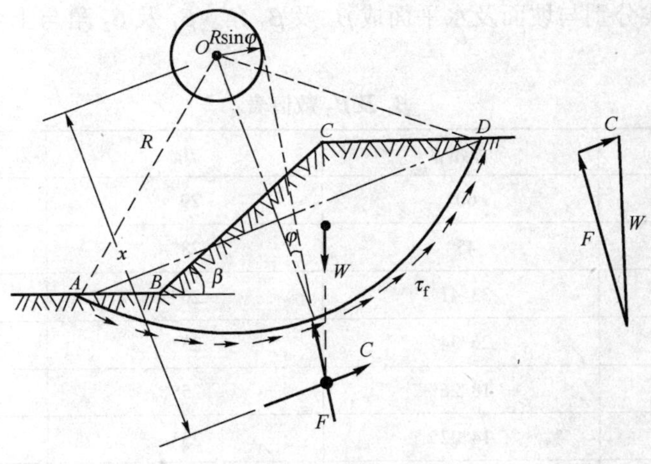

图 2-6-4　摩擦圆法

第一个力是滑动土体的重力 W，它等于滑动土体 $ABCDA$ 的面积与土的重度的乘积，其作用点的位置在滑动土体面积的形心。因此，W 的大小和作用线都是已知的。

第二个力是作用在滑动面 AD 上黏聚力的合力 C。为了维持土坡的稳定，沿滑动面 AD 上分布的需要发挥的黏聚力为 c_1，可以求得黏聚力的合力 C 及其对圆心的力臂 x 分别为：

$$C = c_1 \cdot \overline{AD} \tag{2-6-6}$$

$$x = \frac{\overset{\frown}{AD}}{\overline{AD}} \cdot R$$

式中，$\overset{\frown}{AD}$ 及 $\overline{AD}$ 分别为 AD 的弧长和弦长。所以 C 的作用线是已知的，但其大小未知(因为 c_1

是未知值）。

第三个力是作用在滑动面 AD 上的法向力及摩擦力的合力，用 F 表示。泰勒假定 F 的作用线与圆弧 AD 的法线成 φ 角，也即 F 与圆心 O 点处半径为 $R\sin\varphi$ 的圆（称摩擦圆）相切，同时 F 还一定通过 W 与 C 的交点。因此，F 的作用线是已知的，其大小未知。

根据滑动土体 $ABCDA$ 上的 3 个作用力 W、F、C 的静力平衡条件，可以从图 2-6-4 所示的力三角形中求得 C 值，由式(2-6-6)可求得维持土体平衡时滑动面上所需要发挥的黏聚力 c_1 值。这时土体的稳定安全系数 K 为：

$$K = \frac{c}{c_1} \tag{2-6-7}$$

式中：c——土的实际黏聚力。

上述计算中，滑动面 AD 是任意假定的，因此，需要试算许多个可能的滑动面。相应于最小稳定安全系数 $K_{\min}$ 的滑动面才是最危险的滑动面。$K_{\min}$ 值必须满足规定数值。由此可以看出，土坡稳定分析的计算工作量是很大的。因此，费伦纽斯对均质的简单土坡做了大量的分析计算工作，提出了确定最危险滑动面圆心的经验方法。

3. 费伦纽斯确定最危险滑动面圆心的方法

(1)土的内摩擦角 $\varphi=0$。费伦纽斯提出当土的内摩擦角 $\varphi=0$ 时，土坡的最危险圆弧滑动面通过坡脚，其圆心为 D 点，如图 2-6-5 所示。D 点是由坡脚 B 及坡顶 C 分别作 BD 及 CD 线的交点，BD 与 CD 线分别与坡面及水平面成 β_1 及 β_2 角。β_1 及 β_2 角与土坡坡角 β 有关，可由表 2-6-1 查得。

β_1 及 β_2 数值表　　表 2-6-1

土坡坡度（竖直:水平）	坡角 β	β_1	β_2
1:0.58	60°	29°	40°
1:1	45°	28°	37°
1:1.5	33°41′	26°	35°
1:2	26°34′	25°	35°
1:3	18°26′	25°	35°
1:4	14°02′	25°	37°
1:5	11°19′	25°	37°

(2)土的内摩擦角 $\varphi>0$。费伦纽斯提出这时最危险滑动面也通过坡脚，其圆心在 ED 的延长线上，见图 2-6-5。E 点的位置距坡脚 B 点的水平距离为 $4.5H$。φ 值越大，圆心越向外移。计算时从 D 点向外延伸取几个试算圆心 O_1、O_2、…，分别求得其相应的滑动安全系数 K_1、K_2、…，绘 K 值曲线可得到最小安全系数值 $K_{\min}$，其相应的圆心 O_m 即为最危险滑动面的圆心。

实际上土坡的最危险滑动面圆心位置有时并不一定在 ED 的延长线上，而可能在其左右附近，因此圆心 O_m 可能并不是最危险滑动面的圆心，这时可以通过 O_m 点作 DE 线的垂线 FG，在 FG 上取几个试算滑动面的圆心 O'_1、O'_2、…，求得其相应的滑动稳定安全系数 K'_1、K'_2、…，绘得 K' 值曲线，相应于 $K'_{\min}$ 值的圆心 O 才是最危险滑动面的圆心。

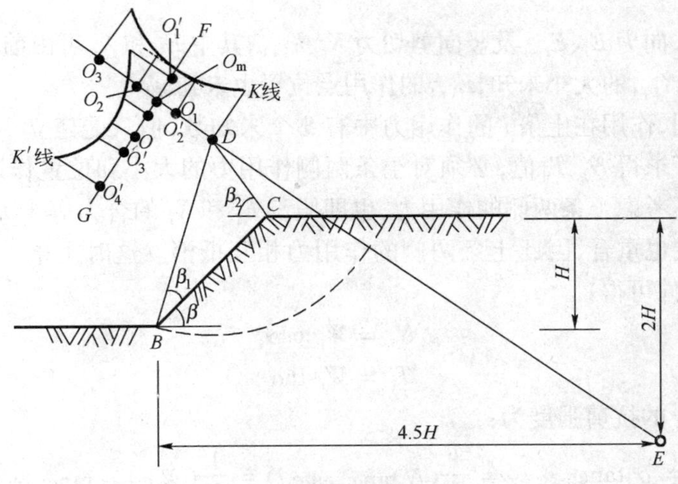

图 2-6-5　确定最危险滑动面圆心的位置

第三节　条分法的基本原理

从前面分析知道，由于圆弧滑动面上各点的法向应力不同，因此土的抗剪强度各点也不相同，这样就不能直接应用式(2-6-5)计算土坡稳定安全系数。费伦纽斯提出的条分法是解决这一问题的基本方法，至今仍得到广泛应用。

1. 基本原理

如图 2-6-6 所示土坡，取单位长度土坡按平面问题计算。设可能滑动面是一圆弧 AD，圆心为 O，半径为 R。将滑动土体 $ABCDA$ 分成许多竖向土条，土条的宽度一般可取 $b=0.1R$，任一土条 i 上的作用力包括：

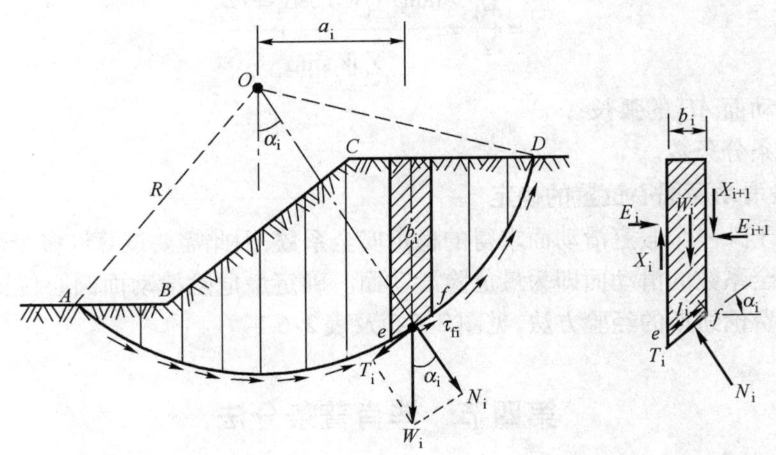

图 2-6-6　用条分法计算土坡稳定

土条的重力为 W_i，其大小、作用点位置及方向均为已知。

滑动面 ef 上的法向力 N_i 及切向反力 T_i，假定 N_i、T_i 作用在滑动面 ef 的中点，它们的大小均未知。

土条两侧的法向力 E_i、E_{i+1} 及竖向剪切力 X_i、X_{i+1}，其中 E_i 和 X_i 可由前一个土条的平衡条件求得，而 E_{i+1} 和 X_{i+1} 的大小未知，E_{i+1} 的作用点位置也未知。

由此可以看到，作用在土条 i 的作用力中有 5 个未知数，但只能建立 3 个平衡方程，故为静不定问题。为了求得 N_i、T_i 值，必须对土条两侧作用力的大小和位置作适当的假定。费伦纽斯的条分法是不考虑土条两侧的作用力，也即假设 E_i 和 X_i 的合力等于 E_{i+1} 和 X_{i+1} 的合力，同时它们的作用线也重合，因此土条两侧的作用力相互抵消。这时土条 i 仅有作用力 W_i、N_i 及 T_i，根据平衡条件可得：

$$N_i = W_i\cos\alpha_i$$
$$T_i = W_i\sin\alpha_i$$

滑动面 ef 上土的抗剪强度为：

$$\tau_{fi} = \sigma_i\tan\varphi_i + c_i = \frac{1}{l_i}(N_i\tan\varphi_i + c_i l) = \frac{1}{l_i}(W_i\cos\alpha_i\tan\varphi_i + c_i l)$$

式中：α_i——土条 i 滑动面的法线（亦即半径）与竖直线的夹角；

l_i——土条 i 滑动面 ef 的弧长；

c_i、φ_i——滑动面上的黏聚力及内摩擦角。

土条 i 上的作用力对圆心 O 产生的滑动力矩 M_s 及稳定力矩 M_r 分别为：

$$M_s = T_i R = W_i R\sin\alpha_i$$
$$M_r = \tau_{fi} l_i R = (W_i\cos\alpha_i\tan\varphi_i + c_i l_i)R$$

整个土坡相应于滑动面为 AD 时的稳定系数为：

$$K = \frac{M_r}{M_s} = \frac{R\sum_{i=1}^{i=n}(W_i\cos\alpha_i\tan\varphi_i + c_i l_i)}{R\sum_{i=1}^{i=n}W_i\sin\alpha_i} \tag{2-6-8}$$

对于均质土坡，$c_i = c$、$\varphi_i = \varphi$，则得：

$$K = \frac{M_r}{M_s} = \frac{\tan\varphi\sum_{i=1}^{i=n}W_i\cos\alpha_i + cL}{\sum_{i=1}^{i=n}W_i\sin\alpha_i} \tag{2-6-9}$$

式中：L——滑动面 AD 的弧长；

n——土条分条数。

2. 最危险滑动面圆心位置的确定

上面是对于某一个假定滑动面求得的稳定安全系数，因此需要试算许多个可能的滑动面，相应于最小安全系数的滑动面即为最危险滑动面。确定最危险滑动面圆心位置的方法，同样可以利用前述费伦纽斯的经验方法，见图 2-6-5 及表 2-6-1。

第四节　毕肖普条分法

用条分法分析土坡稳定问题时，任一土条的受力情况是一个静不定问题。为了解决这一问题，费伦纽斯的简单条分法假定不考虑土条间的作用力，一般说这样得到的稳定安全系数是偏小的。在工程实践中，为了改进条分法的计算精度，许多人都认为应该考虑土条间的作用

力，以求得比较合理的结果。目前已有许多解决问题的办法，其中以毕肖普（A. W. Bishop，1955）提出的简化方法为比较合理实用。

如图2-6-6所示土坡，前面已经指出任一土条 i 上的受力条件是一个静不定问题，土条 i 上的作用力有5个未知，故属二次静不定问题。毕肖普在求解时补充了两个假设条件：忽略土条间的竖向剪切力 X_i 及 X_{i+1} 作用；对滑动面上的切向力 T_i 的大小做了规定。

根据土条 i 的竖向平衡条件可得：

$$W_i - X_i + X_{i+1} - T_i\sin\alpha_i - N_i\cos\alpha_i = 0$$

即：

$$N_i\cos\alpha_i = W_i + (X_{i+1} - X_i) - T_i\sin\alpha_i \tag{2-6-10}$$

若土坡的稳定安全系数为 K，则土条 i 滑动面上的抗剪强度 τ_{fi} 也只发挥了一部分，毕肖普假设 τ_{fi} 与滑动面上的切向力 T_i 相平衡，即：

$$T_i = \tau_{fi}l_i = \frac{1}{K}(N_i\tan\varphi_i + c_il_i) \tag{2-6-11}$$

将式(2-6-11)代入式(2-6-10)得：

$$N_i = \frac{W_i + (X_{i+1} - X_i) - \dfrac{c_il_i}{K}\sin\alpha_i}{\cos\alpha_i + \dfrac{1}{K}\tan\varphi_i\sin\varphi_i} \tag{2-6-12}$$

由式(2-6-8)知土坡的安全系数 K 为：

$$K = \frac{M_r}{M_s} = \frac{\sum(N_i\tan\varphi_i + c_il_i)}{\sum W_i\sin\alpha_i} \tag{2-6-13}$$

将式(2-6-12)代入式(2-6-13)得：

$$K = \frac{\sum\limits_{i=1}^{i=n}\dfrac{[W_i + (X_{i+1} - X_i)]\tan\varphi_i + c_il_i\cos\alpha_i}{\cos\alpha_i + \dfrac{1}{K}\tan\varphi_i\sin\alpha_i}}{\sum\limits_{i=1}^{i=n}W_i\sin\alpha_i} \tag{2-6-14}$$

由于上式中 X_i 及 X_{i+1} 是未知的，故求解尚有困难。毕肖普假定土条间竖向剪切力均略去不计，即 $(X_{i+1} - X_i) = 0$，则式(2-6-14)可简化为：

$$K = \frac{\sum\limits_{i=1}^{i=n}\dfrac{1}{m_{\alpha i}}[W_i\tan\varphi_i + c_il_i\cos\alpha_i]}{\sum\limits_{i=1}^{i=n}W_i\sin\alpha_i} \tag{2-6-15}$$

式中：

$$m_{\alpha i} = \cos\alpha_i + \frac{1}{K}\tan\varphi_i\sin\alpha_i \tag{2-6-16}$$

式(2-6-15)就是简化毕肖普法计算土坡稳定安全系数的公式。由于式中 $m_{\alpha i}$ 也包含 K 值，因此式(2-6-15)须用迭代法求解，即先假定一个 K 值，按式(2-6-16)求得 $m_{\alpha i}$ 值，代入式(2-6-15)中求出 K 值。若此值与假定值不符，则用此 K 值重新计算 $m_{\alpha i}$ 求得新的 K 值，如此反复迭代，直至假定的 K 值与求得的 K 值相近为止。为了方便计算，可将式(2-6-16)的 $m_{\alpha i}$ 值制成曲线(图 2-6-7)，按 α_i 及 $\frac{\tan\varphi_i}{K}$ 值直接查得 $m_{\alpha i}$ 值。

最危险滑动面圆心位置的确定方法，仍可按前述经验方法确定。

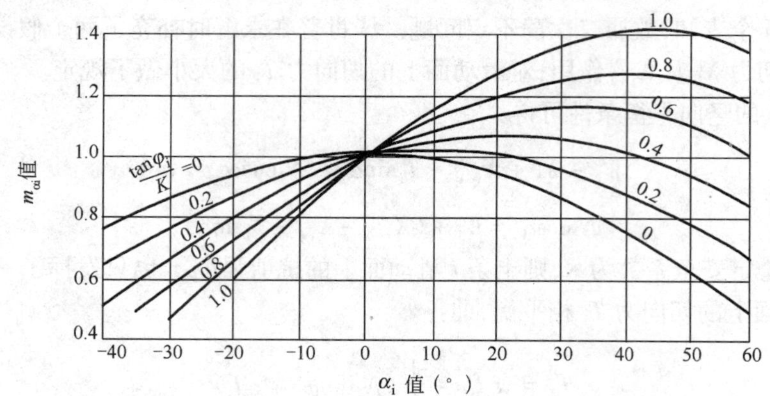

图 2-6-7　$m_{\alpha i}$值曲线

第五节　土坡稳定分析中一些特殊问题

1. 土的抗剪强度指标及安全系数的选用

黏性土边坡的稳定计算，不仅要求提出计算方法，更重要的是如何测定土的抗剪强度指标，以及如何确定安全系数。这对于软黏土尤为重要，因为采用不同的试验仪器及试验方法得到的抗剪强度指标有很大的差异。

在实践中，应该结合土坡的实际加载情况、填土性质和排水条件等，选用合适的抗剪强度指标。如验算土坡施工结束时的稳定情况，若土坡施工速度较快，填土的渗透性较差，则土中孔隙水压力不易消散，这时宜采用快剪或三轴不排水剪试验指标，用总应力法分析。如验算土坡长期稳定性时，应采用排水剪试验或固结不排水剪试验强度指标，用有效应力法分析。

2. 坡顶开裂时的稳定计算

在黏性土路堤的坡顶附近，可能因土的收缩及张力作用而发生裂缝。地表水渗入裂缝后，将产生静水压力，它是促使土坡滑动的作用力，故在土坡稳定分析中应该考虑进去。

坡顶出现裂缝对土坡的稳定是不利的，在工程中应当避免这种情况出现。例如对于暴露时间较长、雨水较多的基坑边坡，应在土坡滑动范围外边设置水沟拦截水流，在土坡滑动范围内的坡面上采用水泥砂浆或塑料布铺面防水。如果坡顶出现裂缝，则应立即采用水泥砂浆嵌缝，以防止水流入土坡内而造成对土坡的损害。

3. 有水渗流时土坡稳定的计算

河滩路堤两侧水位不同时，水将由水位高的一侧向低的一侧渗流。有时河滩与沿河路堤，当水位缓慢上涨而急剧下降时，路堤内的水将向外渗流。上述情况应考虑路堤内水的渗流所产生的动水压力，其方向指向路堤边坡，对路堤的稳定是不利的。此外，在浸润线以下部分应考虑水的浮力作用，采用浮重度。

4．按有效应力法分析土坡稳定

前面所介绍的土坡稳定安全系数计算公式都是属于总应力法，采用的抗剪强度指标也是总应力指标。若土坡是用饱和黏土填筑，因填土或施加的荷载速度较快，土中孔隙水来不及排除，将产生孔隙水压力，使土的有效应力减小，增加土坡滑动的危险。这时，土坡稳定分析应该考虑孔隙水压力的影响，采用有效应力方法计算。其稳定安全系数计算公式，可将前述总应力方法公式修正后得到。如条分法的式(2-6-9)可改写为：

$$K=\frac{\tan\varphi'\sum_{i=1}^{i=n}(W_i\cos\alpha_i-u_il_i)+c'L}{\sum_{i=1}^{i=n}W_i\sin\alpha_i}\tag{2-6-17}$$

式中：φ'、c'——土的有效内摩擦角和有效内聚力；

u_i——作用在土条 i 滑动面上的平均孔隙水压力。

其余符号意义同前。

毕肖普法的式(2-6-15)可改写成：

$$K=\frac{\sum_{i=1}^{i=n}\frac{1}{m_{\alpha i}}[(W_i-u_il_i\cos\alpha_i)\tan\varphi_i+c_il_i\cos\alpha_i]}{\sum_{i=1}^{i=n}W_i\sin\alpha_i}\tag{2-6-18}$$

5．挖方、填方边坡的特点

从边坡有效应力分析的稳定安全系数式(2-6-17)、式(2-6-18)中可以看出，孔隙水压力是影响边坡滑动面上土的抗剪强度的重要因素。在总应力保持不变的情况下，孔隙水压力增大，土的抗剪强度就会减小，边坡的稳定安全系数也会相应地下降；反之，孔隙水压力变小，边坡的稳定安全系数就会相应地增大。

在饱和黏性土地基上修筑路堤或堆载形成的边坡，如图2-6-8所示。以 a 点为例，从图2-6-9可见，超孔隙水压力随着填土荷载的不断增大而加大，如果近似地认为在施工过程中不发生排水，则填土荷载将全部由孔隙水来承担，施工过程中土的有效应力和土的抗剪强度也保持不变。竣工以后，土中的总应力保持不变，而超孔隙水压力则由于黏性土的固结而消散，直至趋于零[图2-6-9b)]，相应地土的有效应力和抗剪强度就会不断地增加[图2-6-9c)]。因此，

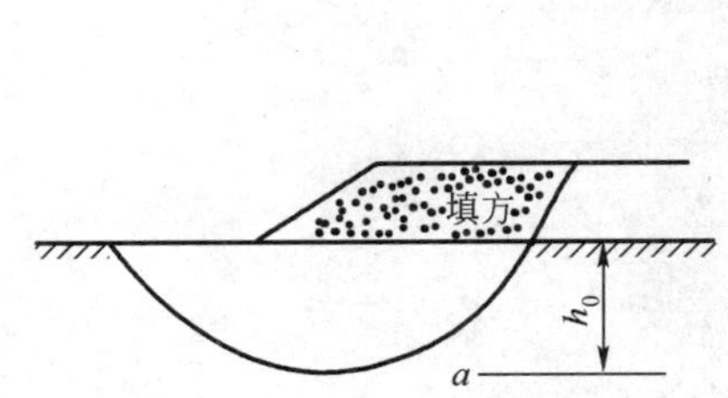

图2-6-8　路堤边坡

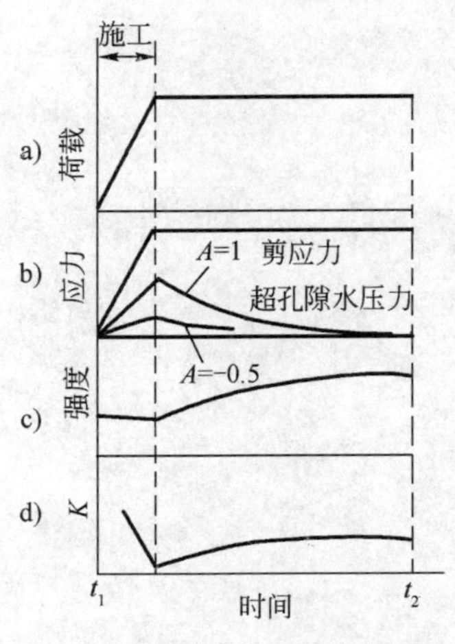

图2-6-9　填方边坡稳定性分析

当填土结束时边坡的稳定性应用总应力法和不排水强度来分析,而长期稳定性则应用有效应力和有效参数来分析。边坡的安全系数在施工刚结束时最小,并随着时间的增长而增大。

黏性土中挖方形成的边坡如图 2-6-10 所示,也近似地以点 a 为例,从图 2-6-11 中可知,随着总应力的减小,孔隙水压力不断地下降,直至出现负值。如果同样地在施工期间不实施排水,则土的有效应力和土的抗剪强度保持不变;竣工以后,负超孔隙水压力随着时间逐渐消散[图 2-6-11b)],伴随而来的是黏性土的膨胀和抗剪强度的下降[图 2-6-11c)]。因此,竣工时的稳定性和长期稳定性应分别采用卸载条件的不排水和排水抗剪强度来表示。与填方边坡不同,挖方边坡的最不利条件是其长期稳定性[图 2-6-11d)]。

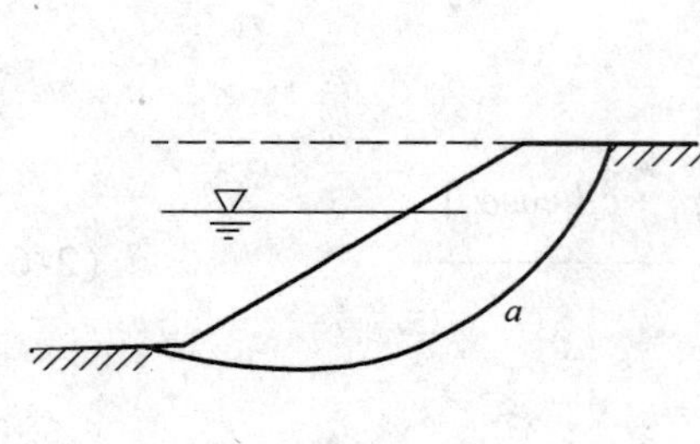

图 2-6-10 挖方边坡

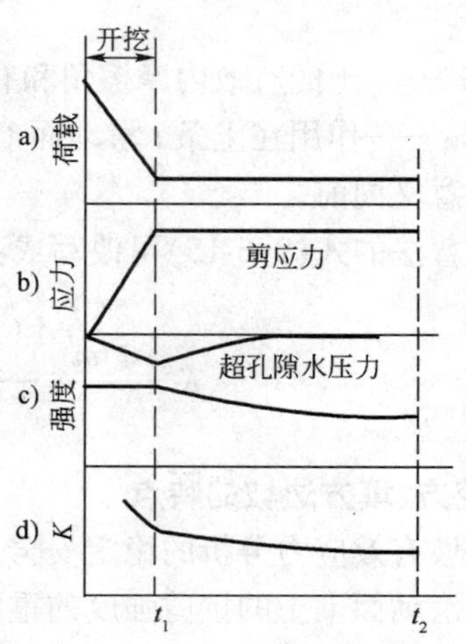

图 2-6-11 挖方边坡稳定性分析

第三篇　工程地质

第一章　岩石与矿物

在地质作用下产生的，由一种或多种矿物以一定的规律组成的自然集合体，称为岩石。矿物的成分、性质及其在各种因素影响下的变化，都会对岩石的强度和稳定性发生影响。岩石是道路建设环境的物质基础。

地壳内具有一定化学成分和物理性质的自然元素或化合物，称为矿物，其中构成岩石的主要矿物，称为造岩矿物。常见的造岩矿物有石英、正长石、斜长石、角闪石、辉石、橄榄石、方解石、白云石、高岭石、伊利石、蒙脱石、绿泥石、蛇纹石等。

自然界的矿物，都是在一定的地质环境中形成的，随后并因经受各种地质作用而不断地发生变化。每一种矿物只是在一定的物理和化学条件下才是相对稳定的，当外界条件改变到一定程度后，矿物原来的成分、内部构造和性质就会发生变化，形成新的次生矿物。

自然界有各种各样的岩石，按成因，可分为岩浆岩、沉积岩和变质岩三大类。

第一节　岩　浆　岩

岩浆岩是由岩浆冷凝形成的岩石，生产实践中有时也称为火成岩。岩浆存在于地壳的深处，是处于高温、高压下的硅酸盐熔融体，它的主要成分是硅酸盐，还有其他元素、化合物以及溶解的气体（H_2O、CO_2 等）。

岩浆经常处于活动状态中，当地壳发生变动或受到其他内力作用时，承受巨大压力的岩浆，就会沿着构造薄弱带上升，侵入地壳或喷出地面。岩浆在上升过程中，压力减小，热量散失，经复杂的物理化学过程，最后冷却凝结，就形成了岩浆岩。

岩浆上升侵入围岩，在地壳深处结晶形成的岩石；称为深成岩；在地面以下较浅处形成的岩石，称为浅成岩，两者统称为侵入岩。由喷出地面的熔岩凝固形成的岩石，称为喷出岩。侵入岩和喷出岩，由于形成时的物理环境不同，因而具有不同的结构和构造。

岩浆岩中常见矿物石英、正长石、斜长石、角闪石、黑云母、辉石和橄榄石。

组成岩浆岩的矿物，根据颜色，可分为浅色矿物和深色矿物两类：

（1）浅色矿物：有石英、正长石、斜长石及白云母等。

（2）深色矿物：有黑云母、角闪石、辉石及橄榄石等。

岩浆岩的矿物成分，是岩浆化学成分的反映。岩浆的化学成分相当复杂，但含量高、对岩石的矿物成分影响最大的是 SiO_2。根据 SiO_2 的含量，岩浆岩可分为酸性岩类（SiO_2 含量 $>65\%$）、中性岩类（SiO_2 含量 $65\% \sim 52\%$）、基性岩类（SiO_2 含量 $52\% \sim 45\%$）和超基性岩类（$SiO_2 < 45\%$）几类。

SiO_2 含量与岩浆岩颜色关系密切。一般 SiO_2 含量高，岩浆岩较颜色浅；反之，岩石颜色较深。

岩浆岩与沥青材料的结合能力受岩浆化学成分影响明显。一般来讲，SiO_2 含量愈高，结合能力愈差，即酸性岩最差、中性岩次之、基性岩最好，超基性岩在地表极少分布。

岩浆岩的结构和构造是识别和确定岩浆岩类型的重要依据。《公路工程地质勘察规范》（JTJ 064—98）（以下简称 JTJ 064—98）中要求对岩浆岩应进行矿物结晶颗粒大小和结晶程度的描述，即反映了岩浆岩结构特性对岩石工程性质影响的重视。

岩浆岩的结构，是指组成岩石的矿物的结晶程度、晶粒大小、晶体形状及其相互结合的情况。岩浆岩的结构特征，是岩浆冷凝时物理环境的综合反映。岩浆岩中矿物结晶程度愈好（晶体颗粒大）、愈均匀，岩浆冷凝时埋藏愈深；反之，则埋藏愈浅，甚至为岩浆喷出地表冷凝成岩。

岩浆岩的构造，是指矿物在岩石中排列和充填方式所反映出来的外貌特征。岩浆岩的构造特征，也主要决定于岩浆冷凝时的环境。常见的岩浆岩构造有块状构造、流纹状构造、气孔状构造、杏仁状构造。

块状构造为矿物在岩石中分布比较均匀，无一定的排列方向，主要为深成岩如花岗岩、闪长岩、辉长岩等所具有。

流纹状构造是岩石中不同颜色的条纹、拉长了的气孔以及长条形矿物沿一定方向排列所形成的流动状构造。流纹状构造主要为酸性喷出岩所特有。

岩浆凝固时，挥发性的气体未能及时逸出，以致在岩石中留下许多圆形、椭圆形及长管形的孔洞称为气孔构造，当气孔被后期矿物（如方解石、石英等）所充填则成为杏仁状构造。气孔状构造、杏仁状构造常为玄武岩及安山岩等喷出岩所具有。

常见的岩浆岩有以下几类：

1. 酸性岩类

（1）花岗岩。为深成侵入岩，多呈肉红、浅灰、灰白等色。矿物成分主要为石英和正长石，其次有黑云母、角闪石和其他矿物。全晶质等粒结构，块状构造。根据所含深色矿物的不同，可进一步分为黑云母花岗岩、角闪石花岗岩等。花岗岩分布广泛，性质均匀坚固，是良好的建筑石料。

（2）花岗斑岩。是浅成侵入岩，成分与花岗岩相似，所不同的是具斑状结构，斑晶为长石或石英，石基多由细小的长石、石英及其他矿物组成。

（3）流纹岩。是喷出岩，呈岩流状产出，常呈灰白、灰红、浅黄褐等色。矿物成分同花岗岩，具典型的流纹构造，隐晶质斑状结构。细小的斑晶常由石英或长石组成。

2. 中性岩类

（1）正长岩。是深成侵入岩。多呈肉红色、浅灰或浅黄色；全晶质等粒结构，块状构造。主要矿物成分为正长石，其次为黑云母和角闪石，一般石英含量极少，其物理力学性质与花岗岩相似，但不如花岗岩坚硬，且易风化。

（2）正长斑岩。属浅成侵入岩，一般呈棕灰色或浅红褐色；矿物成分同正长岩，与正长岩

所不同的是具斑状结构，斑晶主要是正长石，石基比较致密。

(3)粗面岩。是喷出岩，常呈浅灰、浅褐黄或淡红色；斑状结构，斑晶为正长石，石基多为隐晶质，具细小孔隙，表面粗糙。

(4)闪长岩。为深成侵入岩，灰白、深灰至黑灰色，主要矿物为斜长石和角闪石，其次有黑云母和辉石，全晶质等粒结构，块状构造。闪长岩结构致密，强度高，且具有较高的韧性和抗风化能力，是良好的建筑石料。

(5)闪长玢岩。是浅成侵入岩，灰色或灰绿色。矿物成分与闪长岩相同，具斑状结构，斑晶主要为斜长石，有时为角闪石。岩石中常有绿泥石、高岭石和方解石等次生矿物。

(6)安山岩。是喷出岩，灰色、紫色或灰紫色；斑状结构，斑晶常为斜长石；气孔状或杏仁状构造。

3. 基性岩类

(1)辉长岩。为深成侵入岩，灰黑至黑色，全晶质等粒结构，块状构造，主要矿物为斜长石和辉石，其次有橄榄石、角闪石和黑云母。辉长岩强度高，抗风化能力强。

(2)辉绿岩。是浅成侵入岩，灰绿或黑绿色，具特殊的辉绿结构(辉石充填于斜长石晶体格架的空隙中)，矿物成分与辉长岩相同，但常含有方解石、绿泥石等次生矿物；强度高。

(3)玄武岩。是喷出岩，灰黑至黑色，主要矿物成分与辉长岩相同；呈隐晶质细粒或斑状结构，气孔或杏仁状构造。玄武岩致密坚硬、性脆，强度很高。

第二节 沉 积 岩

沉积岩是在地表环境中形成的地质体，沉积物质来自先前存在的岩石(岩浆岩、变质岩和早已形成的沉积岩)的化学和物理破坏产物。沉积岩是地表面分布最广的一种岩石，虽然它的体积只占地壳的5%，但是出露面积约占陆地表面积的75%。

沉积岩的形成是一个长期而复杂的地质作用过程。出露地表的各种岩石，经长期的日晒雨淋，风化破坏，逐渐地松散分解，或成为岩石碎屑，或成为细粒黏土矿物，或成为其他溶解物质。这些先成岩石的风化产物，大部分被流水等运动介质搬运到河、湖、海洋等低洼的地方沉积下来，成为松散的堆积物。这些松散的堆积物经过压密、胶结、重结晶等作用，逐渐形成沉积岩。

沉积岩主要由下面的一些物质组成：

(1)碎屑物质。为已有岩石经物理风化作用产生的碎屑物质。碎屑物质还需胶结物胶结而成沉积岩，碎屑岩类岩石物理力学性质的好坏，与其胶结物有密切关系。常见的胶结物有硅质、铁质、钙质和泥质四种，以上胶结物的物理力学性质依次由好到差。JTJ 064—98 中要求对沉积岩的碎屑物颗粒大小、形状和胶结物成分、胶结程度进行观察与描述。

(2)黏土矿物。主要是一些由含铝硅酸盐类矿物的岩石，经化学风化作用形成的次生矿物，如高岭石、伊利石及蒙脱石等。这类矿物的颗粒极细(粒径 <0.005mm)，具有很大的亲水性、可塑性及膨胀性。黏土矿物的含量直接影响到沉积岩的工程性质，含量愈高工程性质愈差；反之，则好。

(3)化学沉积矿物。是由纯化学作用或生物化学作用从溶液中沉积结晶产生的沉积矿物，主要有方解石、白云石，其他还有石膏、石盐、铁和锰的氧化物或氢氧化物等。

(4)有机质及生物残骸。由生物残骸或有机化学变化而成的物质，如贝壳、泥岩及其他有机质等。

在上述的沉积岩组成物质中，黏土矿物、方解石、白云石、有机质等，是沉积岩所特有的，是物质组成上区别于岩浆岩的一个重要特征。

与四种物质组成相对应，沉积岩具有碎屑结构、泥质结构、结晶结构和生物结构四种结构。

沉积岩的构造是指其组成部分的空间分布及其相互间的排列关系。沉积岩最主要的构造是层理构造、层面构造和生物化石。

沉积岩的层理构造、层面特征和含有化石，是沉积岩在构造上区别于岩浆岩、变质岩的重要特征。

常见的沉积岩有以下几类：

1. 碎屑岩类

沉积碎屑岩是由先成岩石风化后的碎屑物质，经搬运、沉积、胶结而成的岩石。常见的有：

(1)砾岩及角砾岩。砾状结构，由50%以上粒径>2mm的粗大碎屑胶结而成，黏土含量<25%。由浑圆状砾石胶结而成的称为砾岩；由棱角状的角砾胶结而成的称为角砾岩。角砾岩的岩性成分比较单一。砾岩的岩性成分一般比较复杂，经常由多种岩石的碎屑和矿物颗粒组成。胶结物的成分有钙质、泥质、铁质及硅质等。

(2)砂岩。砂质结构，由50%以上粒径介于2~0.05mm的砂粒胶结而成，黏土含量<25%。按砂粒粒径的大小，可分为粗粒砂岩、中粒砂岩和细粒砂岩。胶结物的成分对砂岩的物理力学性质有重要影响。根据胶结物的成分，可将砂岩分为硅质砂岩、铁质砂岩、钙质砂岩及泥质砂岩几个亚类。硅质砂岩的颜色浅，强度高，抵抗风化的能力强。泥质砂岩一般呈黄褐色，吸水性大，易软化，强度和稳定性差。铁质砂岩常呈紫红色或棕红色，钙质砂岩呈白色或灰白色，强度和稳定性介于硅质与泥质砂岩之间。砂岩分布很广，易于开采加工，是工程上广泛采用的建筑石料。

(3)粉砂岩。粉砂质结构，常有清晰的水平层理，由50%以上粒径介于0.05~0.005mm的粉砂胶结而成，黏土含量<25%，结构较疏松，强度和稳定性不高。

2. 黏土岩类

(1)页岩。是由黏土脱水胶结而成，以黏土矿物为主，大部分有明显的薄层理，呈页片状。可分为硅质页岩、黏土质页岩、砂质页岩、钙质页岩及炭质页岩。除硅质页岩强度稍高外，其余岩性软弱，易风化成碎片，强度低，与水作用易于软化而丧失稳定性。

(2)泥岩。成分与页岩相似，常成厚层状。以高岭石为主要成分的泥岩，常呈灰白色或黄白色，吸水性强，遇水后易软化。以微晶高岭石为主要成分的泥岩，常呈白色、玫瑰色或浅绿色，表面有滑感，可塑性小，吸水性高，吸水后体积急剧膨胀。

黏土岩夹于坚硬岩层之间，形成软弱夹层，浸水后易于软化滑动。

3. 化学及生物化学岩类

(1)石灰岩，简称灰岩。矿物成分以方解石为主，其次含有少量的白云石和黏土矿物。常呈深灰、浅灰色，纯质灰岩呈白色。由纯化学作用生成的具有结晶结构，但晶粒极细，经重结晶作用即可形成晶粒比较明显的结晶灰岩。由生物化学作用生成的灰岩，常含有丰富的有机物残骸。石灰岩中一般都含有一些白云石和黏土矿物，当黏土矿物含量达25%~50%时，称为泥灰岩。

石灰岩分布相当广泛，岩性均一，易于开采加工，是一种用途很广的建筑石料。

(2)白云岩。主要矿物成分为白云石，也含有方解石和黏土矿物。结晶结构。纯质白云岩为白色，随所含杂质的不同，可出现不同的颜色。性质与石灰岩相似，但强度和稳定性比石灰岩高，是一种良好的建筑石料。

白云岩的外观特征与石灰岩近似，在野外难于区别，可用盐酸起泡程度辨认，白云岩起泡较石灰岩弱。

第三节 变质岩

地壳内部原有的岩石(岩浆岩、沉积岩和变质岩)，由于受到高温、高压及化学成分加入的影响，改变原来的矿物成分和结构、构造，形成新的岩石，称为变质岩。变质岩不仅具有变质过程中所产生的特征，而且还常保留着原来岩石的某些特点。

变质岩的矿物成分可分为两大类：一类是岩浆岩、沉积岩也有的，如石英、长石、云母、角闪石、辉石、方解石等；另一类是在变质作用中产生的变质岩所特有的矿物，如石墨、滑石、蛇纹石、石榴子石、绿泥石、绢云母、硅灰石、兰晶石、红柱石等，称为变质矿物。根据这些变质矿物的存在，可以把变质岩与其他岩石区别开来。

岩石变质过程中物质成分、颜色成层排列的性质与现象称为片理，层与层之间的面称为片理面。

变质岩的构造可分为以下几类：

(1)板状构造。岩石中矿物颗粒细小，肉眼不能分辨，片理面平直，沿片理面偶有绢云母、绿泥石出现，光泽微弱，易沿片理面裂开成厚度一致的薄板，如板岩。

(2)千枚状构造。岩石中矿物颗粒细小，肉眼难以分辨，片理面较平直，沿片理面有绢云母出现，呈丝绢光泽，易沿片理面劈成薄片状，如千枚岩。

(3)片状构造。岩石中含有大量片状、板状或柱状矿物，沿片理面富集，平行排列，光泽较强，沿片理面易剥开成不规则的薄片，如云母片岩。

(4)片麻状构造。岩石由粒状矿物和片状或柱状矿物相间平行排列，呈条带状，沿片理面不易劈开，如片麻岩。

(5)块状构造。岩石由粒状结晶矿物组成，矿物均匀分布，无定向排列，结构均一，不能定向裂开，如大理岩、石英岩等。

板状、千枚状、片状、片麻状等片理构造是变质岩所特有的，也是识别变质岩的显著标志。

变质岩的分类和常见的变质岩如表3-1-1所示。

变质岩分类简表 表3-1-1

岩类	构造	岩石名称	主要亚类及其矿物成分
片理状岩类	片麻状	片麻岩	花岗片麻岩：长石、石英、云母为主，其次为角闪石，有时含石榴子石； 角闪石片麻岩：长石、石英、角闪石为主，其次为云母，有时含石榴子石
	片状	片岩	云母片岩：云母、石英为主，其次有角闪石等； 滑石片岩：滑石、绢云母为主，其次有绿泥石、方解石等； 绿泥石片岩：绿泥石、石英为主，其次有滑石、方解石等

续上表

岩类	构造	岩石名称	主要亚类及其矿物成分
片理状岩类	千枚状	千枚岩	以绢云母为主，其次有石英、绿泥石等
	板状	板岩	黏土矿物、绢云母、石英、绿泥石、黑云母、白云母等
块状岩类	块状	大理岩	方解石为主，其次有白云石等
		石英岩	石英为主，有时含有绢云母、白云母等

第四节　岩石的工程地质性质

岩石的工程地质性质包括物理性质、水理性质和力学性质三个主要方面。岩石的物理性质包括密度、相对密度、孔隙率等；岩石的水理性质包括吸水性、透水性、溶解性、软化性和抗冻性；岩石的力学性质则包括岩石的强度指标即抗压强度、抗拉强度、抗剪强度（抗剪断强度、抗剪强度、抗切强度）和岩石的变形指标（弹性模量、变形模量、泊松比）。就大多数的工程地质问题来看，岩体的工程地质性质，主要决定于岩体内部裂隙系统的性质及其分布情况，但岩石本身的性质也起着重要的作用。

岩石的抗压强度最高，抗剪强度居中，抗拉强度最小。岩石越坚硬，其值相差越大。岩石的抗剪强度和抗压强度是评价岩石稳定性的重要指标。

影响岩石工程地质性质的因素是多方面的，但归纳起来，主要的有两个方面：一是岩石的地质特征，如岩石的矿物成分、结构、构造及成因等；另一个是岩石形成后所受外部因素的影响，如水的作用及风化作用等。因此，JTJ 064—98 要求在进行公路工程地质勘察时，对岩石的成因、年代、名称、颜色、主要矿物、结构、构造、风化程度和岩层厚度等内容给以重视。

1．矿物成分

岩石是由矿物组成的，岩石的矿物成分对岩石的物理力学性质产生直接的影响，含有高强度矿物的岩石，其强度一般较高。

从工程要求来看，大多数岩石的强度相对来说都是比较高的。所以，在对岩石的工程地质性质进行分析和评价时，更应该注意那些可能降低岩石强度的因素，如石灰岩、砂岩中黏土类矿物的含量是否过高。石灰岩和砂岩，当黏土类矿物的含量 $>20\%$ 时，就会直接降低岩石的强度和稳定性。

从岩石矿物组成来看属于硬岩的有岩浆岩的全部，沉积岩中的硅质、铁质及钙质胶结的碎屑岩、石灰岩、白云岩，变质岩中的石英岩、片麻岩、大理岩等；属于软岩的有沉积岩的黏土岩及黏土含量高的碎屑岩、化学沉积岩，变质岩中的千枚岩、片岩等。

2．结构

岩石的结构特征，是影响岩石物理力学性质的一个重要因素。根据岩石的结构特征，可将岩石分为两类：一类是结晶联结的岩石，如大部分的岩浆岩、变质岩和一部分沉积岩；另一类是由胶结物联结的岩石，如沉积岩中的碎屑岩等。

结晶联结是由岩浆或溶液结晶或重结晶形成的。矿物的结晶颗粒靠直接接触产生的力牢固地联结在一起，结合力强，孔隙度小，比胶结联结的岩石具有较高的强度和稳定性。结晶联结的岩石，结晶颗粒的大小对岩石的强度有明显影响，一般晶粒越大强度越低，反之则高。

胶结联结的岩石，其强度和稳定性主要决定于胶结物的成分和胶结的形式，同时也受碎屑成分的影响。就胶结物的成分来说，硅质胶结的强度和稳定性高，泥质胶结的强度和稳定性低，铁质和钙质胶结的介于两者之间。

3. 构造

构造对岩石物理力学性质的影响，主要是由矿物成分在岩石中分布的不均匀性，和岩石结构的不连续性所决定的。前者是指某些岩石所具有的片状构造、板状构造、千枚状构造、片麻构造以及流纹构造等。岩石的这些构造，往往使矿物成分在岩石中的分布极不均匀。一些强度低、易风化的矿物，多沿一定方向富集，或成条带状分布，或成局部的聚集体，从而使岩石的物理力学性质在局部发生很大变化。岩石受力破坏和岩石遭受风化，首先都是从岩石的这些缺陷中开始发生的。后者是指不同的矿物成分虽然在岩石中的分布是均匀的，但由于存在着层理、裂隙致使岩石结构的连续性与整体性受到一定程度的影响，从而使岩石的强度和透水性在不同的方向上发生明显的差异。一般来说，垂直层面的抗压强度大于平行层面的抗压强度，平行层面的透水性大于垂直层面的透水性。

4. 水

岩石饱水后强度降低。当岩石受到水的作用时，水就沿着岩石中可见和不可见的孔隙、裂隙侵入，浸湿岩石自由表面上的矿物颗粒，并继续沿着矿物颗粒间的接触面向深部浸入，削弱矿物颗粒间的联结，使岩石的强度受到影响。

5. 风化

风化是在温度、水、气体及生物等综合因素影响下，改变岩石状态、性质的物理化学过程。它是自然界最普遍的一种地质现象。

风化作用促使岩石的原有裂隙进一步扩大，并产生新的风化裂隙，使岩石矿物颗粒间的联结松散和使矿物颗粒沿解理面崩解。风化作用的这种物理过程，能促使岩石的结构、构造和整体性遭到破坏，孔隙度增大，密度减小，吸水性和透水性显著增高，强度和稳定性大为降低。随着物理过程的加强，则会引起岩石中的某些矿物发生次生变化，从根本上改变岩石原有的工程地质性质。

JTJ 064—98 要求工程勘察中对岩石需调查和描述如下内容：

对岩石描述应包括成因、年代、名称、颜色、主要矿物、结构、构造、风化程度及岩层厚度等内容。

对沉积岩还应描述沉积矿物的颗粒大小、形状、胶结物成分和胶结程度。

对岩浆岩及变质岩还应描述矿物结晶的大小和结晶程度。

JTJ 064—98 要求描述的成因是岩石的成因类型，即岩浆岩、沉积岩和变质岩。从规范要求中可以看到岩石矿物成分、结构构造和风化程度，对岩石工程性质是有影响的。另外，还可看出规范对沉积岩的胶结物成分、胶结程度的重视，对岩浆岩和变质岩结晶程度的重视。因为这些方面都对岩石的工程性质产生重要影响。

与路基工程关系较为密切的岩石工程性质主要有岩石的坚硬程度和岩体的稳定程度，前者影响路基施工的开挖难易程度，后者则影响岩质边坡的稳定性。

公路工程按照钻进难易程度、爆破效果和开挖方法进行土石工程分级，将岩石分为软石、次坚石和坚石（见 JTJ 064—98 相关内容）；铁路工程则是根据钻进难易程度、岩石单轴饱和抗压强度和开挖方法进行岩土施工工程分级，同样分为软石、次坚石和坚石三类[《铁路工程地质勘察规范》(TB 10012—2001)]。两个分类中，软石有：泥质岩类、煤层、凝灰岩、云母片岩和千枚岩；次坚石有：硅质页岩、钙质砂岩、泥灰岩、片岩、片麻岩，以及部分相对较软的石灰岩、白云岩、玄武岩、花岗岩等；坚石包括：硅质砂岩、硅质砾岩、石灰岩、白云岩、玄武岩、闪长岩、花岗岩、正长岩、大理岩、石英岩等。这里划分各软石、次坚石和坚石主要以岩石物质成分为主，未考虑风化和裂隙对岩石的影响。

岩体稳定程度除与岩石自身性质有关外，更多的受岩体中各类结构面切割状况的影响，工程中更加关注结构面的性质、结构面密度（岩体破碎程度）、结构面产状与组合情况等，这些方面是影响岩体稳定性的主要因素。

第二章 地质构造

在地球历史演变过程中，地壳不断地运动、发展和变化，这种运动称为地壳运动又称构造运动。地壳运动按其运动方向分为水平运动和垂直运动两种基本形式。水平运动使得地壳受到水平挤压或拉张，使岩层产生褶皱和断裂，甚至形成巨大的褶皱山系或裂谷。垂直运动表现为地壳大面积的上升和下降，形成大规模的隆起和凹陷，产生海陆变迁。水平运动和垂直运动是紧密相连的，在时间和空间上往往交替发生。

地壳运动在岩层或岩体中留下的变形和变位形迹称为地质构造，因此地壳运动也称为构造运动，地质构造主要有褶皱与断裂两大基本类型。构造运动除了形成地质构造外，也会带来地震、火山喷发、地裂缝产生等地质现象的发生，晚第三纪以来的新构造运动带常是地震活跃的地带。

地质构造是工程地质条件的重要内容，直接影响到工程建筑物的稳定性和安全性，对工程建设难易程度和建设投资也有重大影响，新构造运动强烈地带还是地震、地表变形以及滑坡、崩塌、泥石流等地质灾害的活跃带。因此，地质构造是道路路线和路基、桥梁、隧道设计的重要工程地质资料和工程评价内容。

一、地层

反映形成的地质历史时期和新老关系的岩层就称为地层，即地层是具有时间关系的岩层。

二、地层接触关系

地层在形成过程中总是一层一层叠置起来的，先形成的岩层被掩埋在下面，后形成的覆盖在老岩层上面，因此地层存在着下面老、上面新的相对关系。但一个地区在地质历史上不可能永远处于沉积状态，常常是一个时期沉积，另一个时期剥蚀，造成沉积间断。因此，沉积岩的接触基本上可分为整合接触和不整合接触两大类型。

(1)整合接触。一个地区在持续稳定的沉积环境下，地层依次沉积，各地层之间彼此平行，地层间的这种连续、平行的接触关系称为整合接触。其特点是沉积时间连续，上、下岩层产状基本一致，层与层之间呈平行关系。

(2)不整合接触。当沉积岩层之间有明显的沉积间断时，即沉积时间明显不连续，有一段时间没有沉积的接触关系，称为不整合接触。不整合接触又可分为平行不整合接触和角度不整合接触两类。不整合接触的两套地层间的界面称为不整合面或不整合带，JTJ 064—98 关于不整合接触带是这样定义的：是表示岩层层序的连贯性发生间断的风化面、侵蚀面或停止沉积面的接触地带。由于沉积间断，不整合面常成为工程性质较差的软弱结构面。

①角度不整合接触。指上、下两套地层间，既有沉积间断，同时岩层产状又彼此呈角度相交的接触关系。它反映了地壳先下降沉积，然后挤压变形和上升剥蚀，再下降沉积的地质历史过程。

②平行不整合接触，又称假整合接触。指上下两套地层间沉积间断，但岩层的产状彼此平行的接触关系，即在基本上互相平行的岩层之间有起伏不平的埋藏侵蚀面。它反映了地壳先下降接受稳定沉积，然后抬升到侵蚀基准面以上接受风化侵蚀，再后地壳又均匀下降接受稳定沉积的地质历史过程。

三、产状三要素

地壳运动会造成形成时期处于水平状态的岩层发生倾斜和弯曲变形，也会造成岩层破裂和错动，岩层和破裂面的空间分布状态称为它的产状。岩层产状一般用岩层在空间的水平延伸方向、倾斜方向和倾斜程度进行描述。分别称为岩层的走向、倾向和倾角，三者也称为产状三要素，见图3-2-1。产状三要素不仅是对岩层空间状态的表述，也用来描述地质构造空间的展布情况。

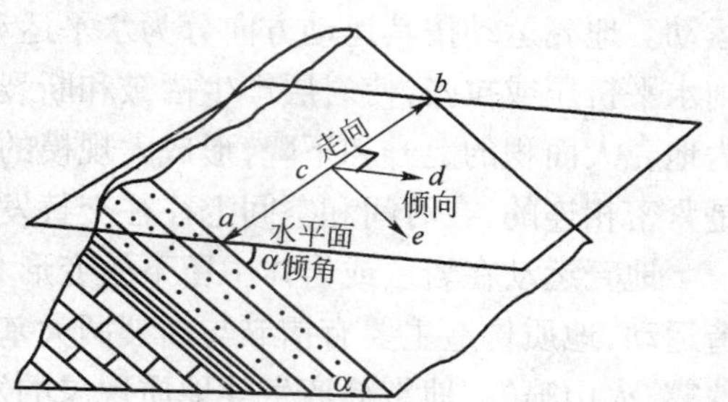

图3-2-1　岩层的产状要素

ab-走向；*cd*-倾向；α-倾角。

1．走向

岩层层面与水平面交线的方向称为岩层的走向。它有两个方向，两者相差180°。如图3-2-1中的 *ab* 直线。

2．倾向

垂直走向沿倾斜面向下引出一条直线，该直线在水平面上的投影所指的方向称为岩层的倾向，如图3-2-1中 *cd* 线。岩层的倾向表示岩层在空间的倾斜方向。岩层的走向和倾向相差90°，即是相互垂直的关系。

3．倾角

岩层层面与水平面所夹的最大锐角称为岩层的倾角，如图3-2-1中的 α 角。岩层的倾角表示岩层在空间倾斜角度的大小。

实践中一般把倾角≤10°的岩层看作水平岩层，≥80°为直立岩层，其余为倾斜岩层。岩体稳定程度与岩层或结构面倾斜程度关系密切。《公路路基设计规范》（JTG D30—2004）中岩质边坡的岩体分类将结构面倾角35°和75°作为重要指标，就是因为35°～75°的倾斜岩层稳定性较差，当岩层倾向与边坡坡向相同且岩层倾角在此范围内时，易于发生顺层变形与滑动。

四、褶皱构造

组成地壳的岩层，受构造应力的长期强烈作用，使岩层形成一系列波状弯曲而未丧失其连续性的构造，称为褶皱构造。褶皱构造是岩层产生的塑性变形，是地壳表层广泛发育的基本地质构造之一。

褶皱构造中任何一个单独的弯曲都称为褶曲，褶曲是组成褶皱的基本单元。褶曲的基本形式是背斜和向斜。

1．背斜

两翼岩层倾向相背的褶皱称为背斜褶曲。背斜在形态上一般表现为岩层向上隆起，它的岩层以褶曲轴为中心向两翼倾斜，当地面受到剥蚀而露出有不同地质年代的岩层时，较老的岩

层出现在褶曲的轴部,从轴部向两翼依次出现的是较新的岩层,并且两翼岩层对称出现。

2. 向斜

两翼岩层倾向相向(相对)的褶皱称为向斜褶曲。向斜在形态上一般表现为岩层向下凹陷弯曲,在向斜褶皱中,岩层的倾斜方向与背斜相反,两翼的岩层都向褶曲的轴部倾斜。如地面遭受剥蚀,在褶曲轴部出露的是较新的岩层,向两翼依次出露的是较老的岩层,其两翼岩层也对称分布。

在一般情况下,人们容易认为背斜为山,向斜处为谷,但实际情况要比这复杂得多。因为背斜遭受长期剥蚀,不但可以逐渐地被夷为平地,而且往往由于背斜轴部的岩层遭到构造作用的强烈破坏,岩层较两翼部破碎,在一定的外力条件下,甚至可以发展成为谷地,所以向斜山与背斜谷的情况在野外也是比较常见的。将背斜为山,向斜为谷的地形称为顺(正)地形;反之,称为逆(负)地形。

五、裂隙

岩层受力发生破裂,沿断裂面两侧的岩层无明显相对位移或仅发生了微小错动的断裂构造称为裂隙或节理。

裂隙普遍存在于岩体或岩层中,按成因可分为构造裂隙和非构造裂隙。

1. 构造裂隙

构造裂隙是由于构造应力作用而形成,它是对岩体稳定产生主要影响的裂隙类型。构造裂隙具有明显的方向性和规律性,其成因与褶皱和断层形成过程密切相关,对不同性质的岩石和在不同构造部位,构造裂隙的力学性质和发育程度都不相同。

根据裂隙的力学成因,可把构造裂隙分为剪裂隙(亦称扭裂隙)和张裂隙两类。

(1)剪裂隙。岩石受剪(扭)应力作用形成的破裂面称为剪裂隙,在同一应力作用下往往形成两组产状不同的裂隙,其两组剪切面一般形成"X"形的裂隙,故又称为X裂隙。剪裂隙常与褶皱、断层相伴生。剪裂隙的主要特征是:裂隙产状稳定,沿走向和倾向延伸较远;裂隙面平直光滑;剪裂隙面两壁间的裂缝很小,一般呈闭合状。由于剪裂隙交叉互相切割岩层成碎块体,破坏岩体的完整性,故剪裂隙面常是易于滑动的软弱面。

(2)张裂隙。岩层受拉张应力作用而形成的破裂面称为张裂隙。在褶皱岩层中,多在弯曲顶部产生与褶皱轴走向一致的张裂隙。张裂隙的主要特征是:裂隙产状不稳定,延伸不远即行消失,裂隙面弯曲且粗糙,张裂隙两壁间的裂缝较宽,呈开口或楔形,并常被岩脉充填;张裂隙一般发育较稀,裂隙间距较大,很少密集成带。张裂隙往往是地下水渗漏的良好通道和地下储水空间。

剪裂隙和张裂隙是地质构造应力作用所形成的主要裂隙类型,在地壳岩体中广泛分布,对岩体的稳定性影响很大。

2. 非构造裂隙

除了构造裂隙之外,还有非构造裂隙。非构造裂隙是由成岩作用、外动力和重力等非构造因素所形成的裂缝,如风化裂隙和卸荷裂隙等,其中具有普遍意义的是风化裂隙。风化裂隙广泛发育在岩层(体)靠近地面的部分,风化裂隙分布零乱,无明显的方向性,但相互间连通性强。风化裂隙使地表岩石破碎甚至完全松散,岩石工程地质性质降低,也是基岩山区浅层地下水的赋存空间,风化裂隙对山区公路路堑、隧道进出口的边坡稳定性影响极大。

裂隙对岩体工程性质影响极大，不仅影响到岩体的完整性和稳定性，还是地下水储存的空间和风化作用进行的场所，裂隙的存在与发育使得岩体工程性质下降，因而是工程建设关注的主要问题之一。因此，裂隙成为工程岩体分类的重要因素和工程地质条件评价的重要内容，其中裂隙类型与性质、延展情况、胶结程度和裂隙密集程度等是各类工程岩体分类和评价的重要指标。

六、断层

岩石受力发生断裂后，两侧岩块沿断裂面发生了显著位移的断裂构造，称为断层，其包含了破裂和位移两重含义。断层是地壳中广泛发育的地质构造之一，其形态各异，规模大小不同，小的几米，大的上千公里，相对位移从几厘米到几十公里。晚更新世（10～15 万年）以来仍在活动的断层称为活断层或活动断层，位移变形速率较均匀的蠕变型活断层常造成地表长期错的，形成地裂缝而导致建筑物破坏；突发型活断层的活动则会造成地震的发生，因此活断层常成为地震分布的集中地带，即所谓的地震带。

1. 断层要素

断层由以下几个部分组成：

（1）断层面和破碎带。两侧岩块发生相对位移的断裂面，称为断层面。断层面可以是直立的，但大多数情况下是倾斜的，断层在空间的延伸展布情况即断层的产状，用断层面的走向、倾向和倾角表示。规模大的断层，经常不是沿着一个简单的面发生，而往往是沿着一个错动带发生，称为断层破碎带或构造破碎带。JTJ 064—98 对构造破碎带是这样定义的：由于地质构造作用，使岩层断裂并发生相对运动，常使断层面附近岩石破坏成碎石或粉末，从而形成断层角砾或断层泥的地带。破碎带宽度从数厘米到数百米不等，断层的规模越大，破碎带也就越宽，越复杂。由于两侧岩块沿断层面发生错动，所以在断层面上常留有擦痕，在断层破碎带中常形成糜棱岩、断层角砾和断层泥等。断层（构造）破碎带因岩层破裂不仅强度低，也是地下水的运动通道和储存空间，还利于风化作用的进行，成为岩体中工程性质不良地段。

（2）断层线。断层面与地面的交线，称为断层线。断层线反映断层的延伸方向，其形状决定于断层面的形状和地面的起伏情况。为减轻断层对道路的影响，路线和工程构造物应尽可能的垂直穿越断层线，避免近距离与断层线平行。

（3）断盘。断层面两侧发生相对位移的岩块，称为断盘。当断层面倾斜时，位于断层面之上的一盘称为上盘，位于断层面之下的称为下盘。当断层面直立时，常用断块所在的方位表示，如东盘、西盘等。若以断盘位移的相对关系为依据，则将相对上升的一盘称为上升盘；相对下降的一盘称为下降盘。上升盘和上盘，下降盘和下盘并不完全一致，上升盘可以是上盘，也可以是下盘。同样，下降盘可以是下盘，也可以是上盘，二者不能混淆。

（4）断距。断层两盘沿断层面相对移动的距离，断距的大小是反映断层规模大小的指标之一。

2. 断层的基本类型

断层的分类方法很多，所以断层有各种不同的类型。根据断层两盘相对位移的情况，可以分为下面三种基本类型。

（1）正断层。是指上盘沿断层面相对下降，下盘相对上升的断层。正断层一般是由于岩体受到水平张应力及重力共同作用，使上盘沿断层面向下错动而成。

与张裂隙相似一般正断层的断层面和断层线不太平直，断层面倾角较陡，常大于45°。正断层破碎带较窄但连同性和开启程度较好，常是地下水的储水空间和集水廊道。

(2)逆断层。是指上盘沿断层面相对上升，下盘相对下降的断层。逆断层一般是由于地层岩体受到水平方向强烈挤压力的作用，使上盘沿断面向上错动而成。逆断层断层线的方向常和岩层走向或褶皱轴的方向近于一致，和压应力作用的方向垂直。断层面从陡倾角至缓倾角都有。其中断层面倾角大于45°的称为冲断层；介于25°~45°之间的称为逆掩断层；小于25°的称为辗掩断层。逆掩断层和辗掩断层常是规模很大的区域性断层。

逆断层由于受强烈水平挤压应力作用，所以破碎带较宽，破碎带内岩石破碎强烈，但挤压密实。

(3)平推断层。由于岩体受水平扭应力作用，使两盘沿断层面发生相对水平位移的断层为平推断层，也称为走滑断层。平推断层根据断层两盘相对位移方向可有右旋和左旋之分，站在一盘观测对面盘相对向右错动的为右旋，反之为左旋。平推断层的倾角一般较大，断层面近于直立，断层线比较平直。

断层的三种基本类型的错动中可能会出现逆冲与平推或正断层与平推断层组合的情况，如2008年5月12日发生汶川特大地震的断层就为逆冲右旋走滑断层，即伴随“5.12”地震的发生断层产生了上盘向上和对面盘向右侧同时错动的现象。作为逆断层，地震时在映秀镇、北川县城和都江堰虹口乡等重灾区断层西侧地面(上盘)出现达5m的上升，震前为平地震后则成为陡坎。受发震断层水平错动方向的影响，汶川地震灾区伸缩缝与断层线走向平行的梁桥北侧梁、板普遍出现向东错动，南侧则相对向西错动，错动距离多在数十厘米，平武县南坝镇涪江桥错动距离甚至达到一米多；伸缩缝与断层线走向垂直的梁桥则较多出现桥面垮塌现象。

七、地质图

地质图是反映一个地区各种地质现象，如地层、地质构造等信息的基本地质资料，并用规定的符号按一定的比例将这些信息投影绘制在平面上的图件。地质图是工程实践中需要搜集和研究的一项重要地质资料。一幅完整的地质图，应包括平面图、剖面图和综合地层柱状图，并标明图名、比例、图例和接图等。平面图反映地表相应位置分布的地质现象，剖面图反映某地面以下的地质特征，综合地层柱状图反映测区内所出露地层的顺序、厚度、岩性和接触关系。通过对已有地质图的分析和阅读，就可使我们具体了解一个地区的地质情况，研究路线的布局，确定野外工程地质工作的重点。

由于工作目的不同，绘制的地质图也可不同，常见的地质图有以下几种：

(1)普通地质图。主要表示地质图所涉范围内地层分布、岩性和地质构造等基本地质内容的图件。一幅完整的普通地质图包括地质平面图、地质剖面图和综合地层柱状图。普通地质图简称为地质图。

(2)构造地质图。用线条和符号，专门反映褶皱、断层等地质构造和地层的图件。

(3)第四纪地质图。反映第四纪松散沉积物的成因、年代、成分和分布情况的图件。

(4)基岩地质图。假想把第四纪松散沉积物“剥掉”，只反映第四纪以前基岩的时代、岩性和分布的图件。

(5)水文地质图。反映地区水文地质资料的图件。可分为岩层含水性图、地下水化学成分图、潜水等水位线图、综合水文地质图等类型。

(6)工程地质图。反映区域工程地质条件或建筑场地条件,为各类工程规划、设计、建设所专用的地质图。如区域工程地质图、地质灾害分布图、房屋建筑工程地质图、水库坝址工程地质图、矿山工程地质图、铁路工程地质图、公路工程地质图、港口工程地质图、机场工程地质图等。还可根据具体工程项目细分。如公路工程地质图还可分为路线工程地质图、工点工程地质图。工点工程地质图又可分为桥梁工程地质图、隧道工程地质图等。

JTJ 064—98 对公路工程地质勘察所提交的勘察报告资料中就要求勘察单位需提交:工程地质平面图、工程地质纵断面图、工程地质横断面图、钻孔地质柱状图等图件。规范对不同勘察阶段应提交的工程地质图也作出了明确规定:预可勘察提交 1∶100 000 ~ 1∶500 000 的全线工程地质图;工可勘察提交 1∶50 000 ~ 1∶200 000 的全线综合地质图和主要工点的 1∶5 000 ~ 1∶10 000地质断面图;路线初勘应提交 1∶10 000 ~ 1∶20 000 的以路线图为底图的工程地质平面图及 1∶2 000 ~ 1∶10 000 的不良地质地段工程地质平面图,还需提交水平比例尺 1∶2 000 ~ 1∶20 000、垂直比例尺 1∶ 200 ~ 1∶2 000 的路线工程地质纵断面图;详勘阶段针对高路堤、深路堑、陡坡路段、支挡工程、河岸防护工程等路段应提交路段工程地质图。

工程地质图一般在普通地质图的基础上,增加各种与工程建筑有关的工程地质内容而成。如在隧道工程地质纵剖面图上,表示出围岩类别、地下水位、岩石风化界限、节理产状、及影响隧道稳定性的各项地质因素等;在线路工程地质平面图上,绘出滑坡,泥石流及崩塌等不良的地质现象;在桥梁工程地质纵剖面图上,表示出洪水位、常水位及桥基的地质条件。

地质平面图应有图名、图例、比例尺、编制单位和编制日期等。

在地质图的图例中,从新地层到老地层,严格要求自上而下或自左到右顺次排列。

比例尺的大小反映了图的精细程度,比例尺越大,图的精度越高,对地质条件的反映也越详细、越准确。

地质图是根据野外地质勘测资料在地形图上填绘编制而成的。它除了应用地形图的轮廓和等高线外,还需要用各种地质符号来表明地层的岩性、地质年代和地质构造情况。所以,要分析和阅读地质图,了解地质图所表达的具体内容,就需要了解和认识常用的各种地质符号。

1. 地层年代符号

在小于 1∶100 000 的地质图上,沉积地层的年代是采用国际通用的标准色来表示的,在彩色的底子上,再加注地层年代和岩性符号。在每一系中,又用淡色表示新地层,深色表示老地层。岩浆岩的分布一般用不同的颜色加注岩性符号表示。在大比例的地质图上,多用单色线条或岩石花纹符号再加注地质年代符号的方法表示。当基岩被第四纪松散沉积层覆盖时,在大比例的地质图上,一般根据沉积层的成因类型,用第四纪沉积成因分类符号表示。

2. 岩石符号

岩石符号是用来表示岩浆岩、沉积岩和变质岩的符号,由反映岩石成因特征的花纹及点线组成。在地质图上,这些符号画在什么地方,表示这些岩石分布到什么地方。

3. 地质构造符号

地质构造符号,是用来说明地质构造的。组成地壳的岩层,经构造变动形成各种地质构造,这就不仅要用岩层产状符号表明岩层变动后的空间形态,而且要用褶皱轴、断层线、不整合面等符号说明这些构造的具体位置和空间分布情况。

在地质图上,是通过地层分界线、地层年代符号、岩性符号和地质构造符号,把不同地质构造的形态特征和分布情况反映出来的。常见的地质构造在地质图上表示方法如下。

(1)水平构造。水平构造的地层分界线在地质平面图上与地形等高线平行或者一致,地形等高线怎样弯曲,地层分界线随着也怎样弯曲。较新的岩层分布在地势较高的地方,较老的岩层出露在地势较低的地方。

(2)单斜构造。单斜构造的地层分界线在大比例尺的地质平面图上是一条随地形起伏而弯曲的曲线,曲线弯曲的形状和方向与岩层产状和地形起伏状况有关。

(3)直立岩层。除岩层走向有变化外,直立岩层的分界线在地质平面图上为一条直线,不受地形起伏的影响。

(4)褶皱。轴面直立的褶皱遭受剥蚀后,其地层分界线在地质平面图上呈带状分布,对称的向一个方向平行延伸。倾状褶皱的地层分界线在转折端闭合,当倾伏背斜与倾伏向斜相间排列时,地层分界线呈"S"形曲线。

(5)断层。断层在地质图上用断层线表示。由于断层倾角一般较大,所以断层线在地质平面图上通常是一段直线,或近于直线的曲线。在断层线两侧存在有岩层中断、重复、缺失、宽窄变化或前后错动现象。

当断层与褶皱轴线垂直或斜交时,不仅表现为翼部岩层顺走向不连续,而且还表现为褶曲轴部岩层的宽度在断层线两侧有变化。在背斜,上升盘轴部岩层出露的范围变宽,下降盘轴部岩层出露的范围变窄。向斜的情况与背斜相反,上升盘轴部岩层变窄而下降盘轴部岩层变宽。平推断层两盘轴部岩层的宽度不发生变化,在断层线两侧仅表现为褶曲轴线及岩层错开。

(6)不整合。平行不整合在地质平面图上表现为上下两套岩层的产状一致,岩层分界线彼此平行,但地质年代不连续。角度不整合不仅上下两套岩层之间的地质年代不连续,而且产状也不相同,新岩层的分界线遮断了下部老岩层的分界线。

地质构造是道路建设的重要地质条件之一,直接影响路线、桥位和隧道位置的选择,是路线工程地质选线的重要考虑内容之一,对结构物类型选择和设计也有重大影响,《公路工程地质勘察规范》(JTJ 064—98)和《铁路工程地质勘察规范》(TB 10012—2001)中地质构造的勘察都是不同勘察阶段的重要任务。

第三章　外动力地质作用

以太阳的辐射能和日月的引力能为主要能源,在地表或地表附近进行的地质作用称为外动力作用,也简称外力地质作用。外力作用实质上是以地壳表层的水、大气、生物为能源,改造雕塑地壳(主要是地壳表面)的过程。外力作用的主要类型有风化作用、剥蚀作用、搬运作用、沉积作用、成岩作用。其中剥蚀、搬运与沉积作用,按动力性质可分为风力作用、地表流水作用、地下水作用、湖海作用以及冰川作用等。

外力地质作用与公路工程有密切关系,是公路工程地质研究的主要对象之一。其中具有普遍意义的是风化作用和地表流水的地质作用。

第一节　风化作用

一、风化作用

地壳表层的岩石,在太阳辐射、大气、水和生物等风化营力的作用下,发生物理和化学的变化,使岩石崩解破碎以至逐渐分解的作用,称为风化作用。风化作用是最普遍的一种外力地质作用,在大陆的各种地理环境中,都有风化作用在进行。风化作用在地表最显著,随着深度的增加,其影响就逐渐减弱以至消失。

风化作用使坚硬致密的岩石松散破坏,改变了岩石原有的矿物组成和化学成分,使岩石的强度和稳定性大为降低,对工程建筑条件起着不良的影响。此外,如滑坡、崩塌、碎落、岩堆及泥石流等不良地质现象,大部分都是在风化作用的基础上逐渐形成和发展起来的。所以了解风化作用,认识风化现象,分析岩石的风化程度,对评价工程建筑条件是必不可少的。

风化作用按其占优势的营力及岩石变化的性质,可分为物理风化、化学风化及生物风化三个密切联系的类型。

1. 物理风化作用

在地表或接近地表条件下,岩石、矿物在原地发生机械性破碎而不改变其化学成分、不形成新矿物的作用,称为物理风化作用或机械风化作用。

温度变化是引起物理风化作用的最主要因素。由于温度的变化产生温差,温差可促使岩石膨胀和收缩交替地进行,引起岩石由表及里地不断崩解、破碎成大大小小的碎块。

岩石是热的不良导体,导热性差,白昼当它受太阳照射时,表层首先受热发生膨胀,而内部还未受热,仍然保持着原来的体积,这样,必然会在岩石的表层引起壳状脱离。在夜间,外层首先冷却收缩,而内部余热未散,仍保持着受热状态时的体积,这样表层便会发生径向开裂,形成裂缝。由于温度变化所引起的这种表里不协调的膨胀和收缩作用,昼夜不停地长期进行,就会削弱岩石表层和内部之间的联结,使之逐渐松动。在重力或其他外力作用下产生表层剥落。

此外,不同矿物受热的体积膨胀系数各不相同,故由多种矿物组成的岩石在温度变化的影响下,各种矿物的体积胀、缩亦有差异,在它们的接触界面产生应力,从而破坏它们之间的结合能力。这样,岩石便可产生纵横交错的裂缝,有的裂缝平行岩石表面,形成层状剥离现象,有的裂缝垂直于岩石表面。长此以往,岩石裂缝可逐渐加大加深,由表及里地不断崩解、破碎成大大小小的碎块,如图3-3-1所示。

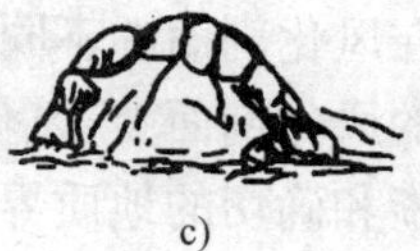

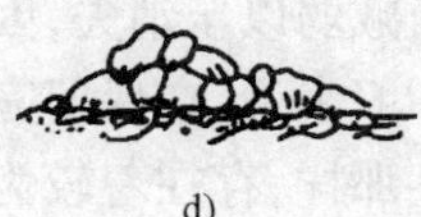

图 3-3-1 温差风化使岩石逐渐崩解的过程示意图

温差风化的强弱主要决定于温度变化的速度和幅度,特别是昼夜温度变化的幅度越大,温差风化则越强烈。

对物理风化影响最强烈的因素是温度,特别是温差。因此,远离海洋的大陆腹地,因温差大而物理风化强烈。我国西北及内蒙地区、中亚各国及蒙古国等亚欧大陆腹地的干旱、半干旱地区广泛分布的戈壁、沙漠等就是强烈物理风化的产物。

2. 化学风化作用

处于地表的岩石,与水溶液和气体等在原地发生化学反应逐渐使岩石破坏,不仅改变其物理状态,同时也改变其化学成分,并形成新矿物的作用,称为化学风化作用。化学风化作用的方式主要有溶解作用、水化作用、水解作用、碳酸化作用和氧化作用等。

地表松散堆积物中广泛存在的黏土矿物,如高岭石、伊利石(也称水云母)、蒙脱石等就是原生矿物在水、空气等因素作用下的化学风化产物,也称为次生矿物。黏土矿物是各类土的主要组成物质,其总体特征是颗粒细小,但不同黏土矿物性质差异较大,因此不同土类的工程性质差异也很大,一些工程性质较差且特殊的土被称为特殊土,如膨胀土、盐渍土、软土、黄土等。各类土的形成与风化作用,特别是化学风化作用密切相关,所以了解风化作用的特点有助于掌握土的类型分布和土的特殊性质。

化学风化作用在温暖、潮湿的地区最为活跃,进行得也比较彻底。因此,我国南方地区化学风化作用较北方和内陆地区强烈,一般南方土颗粒较细,黏性较强,土层也较厚。

3. 生物风化作用

岩石在动植物及微生物影响下发生的破坏作用,称为生物风化作用。生物风化作用主要发生在岩石的表层和土中。生物风化作用既有机械的,也有化学的,但生物化学作用对于土壤形成和有机质的产生具有主要影响。

岩石、矿物经过物理、化学风化作用以后,再经过生物的化学风化作用,就不再是单纯的无机矿物组成的松散物质,因为它还具有植物生长必不可少的腐殖质。这种具有腐殖质、矿物质、水和空气的松散物质叫土壤。土壤在物质组成、分布和性质等方面都有其特殊性,所以在概念上应与工程土类相区别,不可混用。

从物理风化、化学风化和生物风化的产物来看,一般物理风化碎屑物颗粒较粗,黏结性和吸水性较差,但内摩擦角较大;化学风化的产物颗粒细小,内聚力较大,黏结性较好,吸水能力强,内摩擦角较小;生物风化往往是在物理和化学风化的基础上进行,但它的发生条件和影响因素与化学风化相近,因此风化物质的性质与化学风化接近,只是其中含有的有机质带来性质的改变是明显区别。从风化类型的分布看,物理风化在气候干燥、温差较大的内陆腹地强烈,而化学风化和生物风化则在气候湿热的地区强烈。

二、风化岩层的分带

岩石的风化是由表及里的,地表部分受风化作用的影响最显著,由地表往下风化作用的影响逐渐减弱以至消失,因此在风化剖面的不同深度上,岩石的物理力学性质也有明显的差异。

一般来说,在保留完整的风化剖面上,风化程度不同的岩石是逐渐过渡的,其间并不像地层岩性那样,存在着较为清晰和确切的地质界面。但在整个风化剖面上,地表为松软土,深部为新鲜岩,从上到下存在着性质迥然不同的岩石。不同深度的岩石与风化营力接触的时间不同,造成风化壳在铅直剖面上,岩体从上到下在颜色、破碎程度、矿物成分和水理及物理力学性质等方面存在着明显的不同。从工程地质的角度,一般把风化岩层自下而上分为以下四个带:

1. 整石带

肉眼看不出岩石风化碎裂迹象,外观上与新鲜岩石无明显的区别,但岩石颗粒间的联结因受风化的影响而受到一定的削弱,抗压和抗剪强度有所降低。

2. 块石带

岩石的原有裂隙已扩展,并产生大量的风化裂隙,将岩石分割成不同大小的碎块,在裂隙面上出现次生矿物,力学性质与整石带已有明显区别,抗压和抗剪强度显著降低,渗透性增强。

3. 碎石带

由一触即碎的母岩碎石和大量风化矿物组成;有时有可溶盐析出,渗透性略有减小,抗压和抗剪强度大为降低。

4. 粉碎带

岩石已彻底风化破坏,残余的原生矿物已经粉碎,基本上由风化产生的细粒次生矿物组成,渗透性很低,抗剪强度小,压缩性大,并产生了黏性、可塑性、膨胀性和收缩性等新的性质。

岩石风化带的界线,在公路工程实践中是一项重要的工程地质资料。在许多地方都需要运用风化带的概念来划分地表岩体不同风化带的分界线,作为拟定挖方边坡坡度,基坑开挖深度,以及采取相应的加固与补强措施的参考。但是到目前为止,还没有一个比较确切的定量指标作为划分界线的依据,通常只是根据当地的地质条件并结合实践经验予以确定。

三、岩石风化程度的分级

1. 岩石风化程度的判断

岩石受到风化以后,不论其外观特征或物理力学性质,都会发生一系列的变化,根据岩石的颜色、矿物成分、破碎程度和强度的变化,我们可以概略的判断岩石的风化程度。

2. 岩石风化程度的分级

根据上述四方面的变化,将岩石风化程度划分为未风化、微风化、中等风化、强风化和全风化五级,详见表3-3-1。

岩石风化程度分级 表 3-3-1

<table>
<tr><th rowspan="2">岩石类别</th><th rowspan="2">风化程度</th><th rowspan="2">野 外 特 征</th><th colspan="3">指 标</th></tr>
<tr><th>压缩波速度
v_p(m/s)</th><th>波速比
K_v</th><th>风化系数
K_f</th></tr>
<tr><td rowspan="5">硬质岩石</td><td>未风化</td><td>岩质新鲜,未见风化痕迹</td><td>>5 000</td><td>0.9~1.0</td><td>0.9~1.0</td></tr>
<tr><td>微风化</td><td>组织结构基本未变,仅节理面有铁锰质渲染或矿物略有变色,有少量风化裂隙</td><td>4 000~5 000</td><td>0.8~0.9</td><td>0.8~0.9</td></tr>
<tr><td>中等风化</td><td>组织结构部分破坏,矿物成分基本未变化,仅沿节理面出现次生矿物。风化裂隙发育。岩体被切割成 20~50cm 的岩块。锤击声脆,且不易击碎,不能用镐挖掘,岩芯钻方可钻进</td><td>2 000~4 000</td><td>0.6~0.8</td><td>0.4~0.8</td></tr>
<tr><td>强风化</td><td>组织结构已大部分破坏,矿物成分已显著变化。长石、云母已风化成次生矿物。裂隙很发育,岩体破碎。岩体被切割成 2~20cm 的岩块,可用手折断。用镐可挖掘,干钻不易钻进</td><td>1 000~2 000</td><td>0.4~0.6</td><td><0.4</td></tr>
<tr><td>全风化</td><td>组织结构已基本破坏,但尚可辨认,并且有微弱的残余结构强度,可用镐挖,干钻可钻进</td><td>500~1 000</td><td>0.2~0.4</td><td></td></tr>
<tr><td colspan="2">残积土</td><td>组织结构已全部破坏。矿物成分除石英外,大部分已风化成土状,锹镐易挖掘,干钻易钻进,具可塑性</td><td><500</td><td><0.2</td><td></td></tr>
<tr><td rowspan="5">软质岩石</td><td>未风化</td><td>岩质新鲜,未见风化痕迹</td><td>>4 000</td><td>0.9~1.0</td><td>0.9~1.0</td></tr>
<tr><td>微风化</td><td>组织结构基本未变,仅节理面有铁锰质渲染或矿物略有变色。有少量风化裂隙</td><td>3 000~4 000</td><td>0.8~0.9</td><td>0.8~0.9</td></tr>
<tr><td>中等风化</td><td>组织结构部分破坏。矿物成分发生变化,节理面附近的矿物已风化成土状。风化裂隙发育。岩体被切割成 20~50cm 的岩块,锤击易碎,用镐难挖掘。岩芯钻方可钻进</td><td>1 500~3 000</td><td>0.5~0.8</td><td>0.3~0.8</td></tr>
<tr><td>强风化</td><td>组织结构已大部分破坏,矿物成分已显著变化,含大量黏土质黏土矿物。风化裂隙很发育,岩体破碎。岩体被切割成碎块,干时可用手折断或捍碎,浸水或干湿交替时可较迅速地软化或崩解。用镐或锹可挖掘,干钻可钻进</td><td>700~1 500</td><td>0.3~0.5</td><td><0.3</td></tr>
<tr><td>全风化</td><td>组织结构已基本破坏,但尚可辨认并且有微弱残余结构强度,可用镐挖,干钻可钻进</td><td>300~700</td><td>0.1~0.3</td><td></td></tr>
<tr><td colspan="2">残积土</td><td>组织结构已基本破坏,矿物成分已全部改变并已风化成土状,锹镐易挖掘,干钻易钻进,具可塑性</td><td><300</td><td><0.1</td><td></td></tr>
</table>

注:①波速比(K_v)为风化岩石与新鲜岩石压缩波速之比。

②风化系数(K_f)为风化岩石与新鲜岩石饱和单轴抗压强度之比。

③岩石风化程度,除按表列野外特征和定量指标划分外,亦可根据地区经验按点荷载试验资料划分。

④花岗岩强风化与全风化,全风化与残积土的划分,宜采用标准贯入试验,其划分标准分别为强风化:$N \geqslant 50$;全风化:$50 > N \geqslant 30$;残积土:$N < 30$。

第二节　地表流水地质作用

一、暂时性流水作用

地表流水可分为暂时流水和经常流水两类。暂时流水是一种季节性、间歇性流水,它主要以大气降水以及积雪冰川融化为水源,所以一年中有时有水,有时干枯,暂时流水根据流水特征又可以分为坡面细流和山洪急流二类。经常流水在一年中大部分时间流水不断,它的水量虽然也随季节发生变化,但不会较长期的干枯无水,这就是通常所说的河流。不论长期流水或暂时流水,在流动过程中都要与地表的土石发生相互作用,产生侵蚀、搬运和堆积作用,形成各种地貌和不同的松散沉积层。地表流水不仅是影响地表形态不断发展变化的一个带有普遍性的重要自然因素,而且经常影响着公路的建筑条件。

1. 坡面细流的地质作用

雨水降落到地面或覆盖地面的积雪融化时,其中一部分被蒸发,一部分渗入地下,剩下的部分则形成无数的网状坡面细流,从高处沿斜坡向低处缓慢流动,流动过程中时而冲刷,时而沉积,不断地使坡面的风化岩屑和黏土物质沿斜坡向下移动,最后在坡脚或山坡低凹处沉积下来,这就是坡面细流的地质作用。总的来看,坡面细流的地质作用强度比较小,但其作用范围和作用时间相对较广,对山区公路建设影响较为普遍,坡面细流的侵蚀作用是边坡坡面冲刷的主要动因,坡面细流的堆积物则常常成为山区公路边坡的坡体,其稳定性直接关系到边坡稳定。

2. 山洪急流的地质作用

集中暴雨或积雪骤然大量融化,都会在短时间内形成巨大的地表暂时流水,一般称为山洪急流。山洪急流具有极强的侵蚀和搬运能力,并把冲刷下来的碎屑物质带到山麓平原或沟谷口堆积下来。

山洪急流沿沟谷流动时,由于集中了大量的水,沟底坡度大,流速快,因而,拥有巨大的动能,对沟谷的岩石有很大的破坏力。水流以其自身的水力和携带的砂石,对沟底和沟壁进行冲击和磨蚀,这个过程称为洪流的冲刷作用。由冲刷作用形成的沟底狭窄、两壁陡峭的沟谷叫冲沟。初始形成的冲沟在洪流的不断作用下,可以不断地加深,展宽和向沟头方向伸长,并可在冲沟沟壁上形成支沟。在降雨量较集中,缺少植被保护,由第四纪松散沉积物堆积的地区,冲沟极易形成。我国黄土区是冲沟发育最为典型的地区,在黄土中冲沟发展迅速,常常把地面切割得支离破碎,千沟万壑。

冲沟的发展是以溯(逆)源侵蚀的方式向上逐渐延伸扩展的,即由沟内某一部位向沟的上游侵蚀发展。

冲沟的发展常使路基被冲毁、边坡坍塌,给道路工程建设和养护造成很大困难。

二、河流的侵蚀作用

1. 河流的侵蚀作用

河水在流动的过程中不断加深和拓宽河床的作用称为河流的侵蚀作用。按其作用的方式,可分为溶蚀和机械侵蚀两种。溶蚀是指河水对组成河床的可溶性岩石不断地进行化学溶

解，使之逐渐随水流失。河流的溶蚀作用在石灰岩、白云岩等可溶性岩类分布地区比较显著。机械侵蚀作用包括流动的河水对河床组成物质的直接冲击和夹带的砂砾、卵石等固体物质对河床的磨蚀。机械侵蚀在河流的侵蚀作用中具有普遍的意义，它是山区河流的一种主要侵蚀方式。

河流的侵蚀作用，按照河床不断加深和拓宽的发展过程，可分为下蚀作用和侧蚀作用。下蚀和侧蚀是河流侵蚀统一过程中互相制约和互相影响的两个方面，不过在河流的不同发展阶段，或同一条河流的不同部分，由于河水动力条件的差异，不仅下蚀和侧蚀所显示的优势会有明显的区别，而且河流的侵蚀和沉积优势也会有显著的差别。

2. 下蚀作用

河水在流动过程中使河床逐渐下切加深的作用，称为河流的下蚀作用。河水夹带固体物质对河床的机械破坏，是使河流下蚀的主要因素。其作用强度取决于河水的流速和流量，同时，也与河床的岩性和地质构造有密切的关系。很明显，河水的流速和流量大时，则下蚀作用的能量大，如果组成河床的岩石坚硬且无构造破坏现象，则会抑制河水对河床的下切的速度。反之，如岩性松软或受到构造作用的破坏，则下蚀易于进行，河床下切过程加快。

河流的侵蚀过程总是从河的下游逐渐向河源方向发展的，这种溯源推进的侵蚀过程称为溯源侵蚀也称为逆源侵蚀。

河流的下蚀作用并不是无止境的进行下去，因为随着下蚀作用的发展，河床不断加深，河流的纵坡逐渐变缓，流速降低，侵蚀能量削弱，达到一定的位置后，河流的侵蚀作用将趋于消失。河流下蚀作用消失的平面，称为侵蚀基准面。流入主流的支流，基本上以主流的水面为其侵蚀基准面；流入湖泊、海洋的河流，则以湖面或海平面为其侵蚀基准面。大陆上的河流绝大部分都流入海洋，而且海洋的水面也较稳定，所以又把海平面称为基本侵蚀基准面。侵蚀基准面并不是固定不变的，由于构造运动的区域性和差异性，会引起水系侵蚀基准面发生变化。侵蚀基准面一经变动，则会引起相关水系的侵蚀和堆积过程发生重大的改变。

3. 侧蚀作用

河流以携带的泥、砂、砾石为工具，并以自身的动能和溶解力对河床两岸的岩石进行侵蚀，使河谷加宽的作用称为侧蚀作用。侧蚀作用是山区公路水毁的重要动因。

河水运动过程的横向环流作用，是促使河流产生侧蚀的经常性因素。此外，如河水受支流或支沟排泄的洪积物以及其他重力堆积物的障碍顶托，致使主流流向发生改变，引起对岸产生局部冲刷，这也是一种在特殊条件下产生的河流侧蚀现象。在天然河道上能形成横向环流的地方很多，但在河湾部分最为显著。当运动的河水进入河湾后，由于受离心力的作用，表层水流以很大的流速冲向凹岸，产生强烈冲刷，使凹岸岸壁不断坍塌后退，并将冲刷下来的碎屑物质由底层水流带向凸岸堆积下来。由于横向环流的作用，使凹岸不断受到冲刷，凸岸不断发生堆积，结果使河湾的曲率增大，并受纵向流的影响，使河湾逐渐向下游移动，因而导致河床发生平面摆动。这样天长日久，整个河床就被河水的侧蚀作用逐渐地拓宽。河流的中、下游以及平原区的河流，由于河床坡度较为平缓，侧蚀作用占主导地位。

沿河布设的公路，往往由于河流的水位变化及侧蚀，常使路基发生水毁现象，特别是河湾凹岸地段，最为显著。因此，在确定路线具体位置时，必须加以注意。由于在河湾部分横向环流作用明显加强，容易发生坍岸，并产生局部剧烈冲刷和堆积作用，河床容易发生平面摆动，因此对于桥梁和桥头引道建筑，也是很不利的。

下蚀和侧蚀是河流侵蚀作用的两个密切联系的方面，在河流下蚀与侧蚀的共同作用下，使河床不断地加深和拓宽。一般在河流的中下游、平原区河流或处于老年期的河流，由于河湾增多，纵坡变小，流速降低，横向环流的作用相对增强，从这个意义上来说，以侧蚀作用为主；在河流的上游，由于河床纵坡大、流速大、纵流占主导地位，从总体上来说，以下蚀作用为主。

第三节　常见的第四系松散堆积物

一、残积层

地表岩石经过长期风化作用以后，改变了矿物成分、结构和构造，形成和原来岩石性质不同的风化产物，其中除一部分易溶物质被水溶解流失外，大部分物质残留在原地，这种残留物质称为残积物，这种松散堆积层称为残积层。残积物向上逐渐过渡为土壤层。土壤层直接分布在地表，因富含有机质颜色较深或有植物根系分布其中。残积层向下逐渐过渡为半风化岩石的弱风化岩石。土壤层、残积层和风化岩层形成完整的风化壳。残积碎屑物由地表向深处由细变粗是其最重要的特征。

残积物具有无层理，碎屑物质大小不均匀、棱角显著，无分选，粒度和成分受气候条件和母岩岩性控制的特点。

残积物的厚度往往与地形条件有关，在陡坡和山顶部位常被侵蚀而厚度小。平缓的斜坡和山谷低洼处因不易被侵蚀而厚度较大。

残积层的工程地质性质，主要取决于矿物成分、结构和构造等因素。残积层具有较多的孔隙和裂缝，易遭冲刷，强度和稳定性较差。由于残积层孔隙多，又加成分和厚度很不均匀，所以作为建筑物的地基时，应考虑其承载能力和可能产生的不均匀沉陷。此外，由于残积层结构比较松散，作为路堑边坡时，应考虑可能出现的坍塌和冲刷等问题。

二、坡积层

由坡面细流的侵蚀、搬运和沉积作用在坡脚或山坡低凹处形成新的沉积层称坡积层。坡积层是山区公路勘测设计中经常遇到的第四纪陆相沉积物中的一个成因类型，它顺着坡面沿山坡的坡脚或山坡的凹坡呈缓倾斜裙状分布，在地貌上称为坡积裙。

坡积层具有下述特征：

(1)坡积层可分为山地坡积层和山麓平原坡积层两个亚组：其厚度变化较大，一般是中下部较厚，向山坡上部及远离山脚方向均逐渐变薄尖灭。

(2)坡积层多由碎石和黏性土组成，其成分与下伏基岩无关，而与山坡上部基岩成分有关。

(3)由于从山坡上部到坡脚搬运距离较短，故坡积层层理不明显，碎石棱角清楚。

(4)坡积层松散、富水，作为建筑物地基强度很差。坡积层很容易发生滑动，概括起来影响坡积层稳定性的因素，主要有以下三个方面：

①下伏基岩顶面的倾斜程度；

②下伏基岩与坡积层接触带的含水情况；

③坡积层本身的性质。

当坡积层的厚度较小时，其稳定程度首先取决于下伏岩层顶面的倾斜程度，如下伏地形或岩层顶面与坡积层的倾斜方向一致且坡度较陡时，尽管地面坡度很缓，也易于发生滑动。山坡或河谷谷坡上的坡积层的滑动，经常是沿着下伏地面或基岩的顶面发生的。

当坡积层与下伏基岩接触带有水渗入而变得软弱湿润时，将显著减低坡积层与基岩顶面的摩阻力，更容易引起坡积层发生滑动。坡积层内的挖方边坡在久雨之后容易产生坍塌，水的作用是一个带有普遍性的原因。

三、洪积层

洪积层是由山洪急流搬运、沉积的碎屑物质组成的。当山洪夹带大量的泥砂石块流出沟口后，由于沟床纵坡变缓，地形开阔，水流分散，流速降低，搬运能力骤然减小，所夹带的石块、岩屑、砂砾等粗大碎屑先在沟口堆积下来，较细的泥砂继续随水搬运，多堆积在沟口外围一带。由于山洪急流的长期作用，在沟口一带就形成了扇形展布的堆积体，在地貌上称为洪积扇。洪积扇的规模逐年增大，有时与相邻沟谷的洪积扇互相连接起来，形成规模更大的洪积裙或洪积冲积平原。

洪积层是第四纪陆相堆积物中的一个类型，从工程地质观点来看，洪积层有以下一些主要特征：

(1)组成物质分选不良，粗细混杂，碎屑物质多带棱角，磨圆度不佳。

(2)有不规则的交错层理、透镜体、尖灭及夹层等。

(3)山前洪积层由于周期性的干燥，常含有可溶盐类物质，在土粒和细碎屑间，往往形成局部的软弱结晶联结，但遇水作用后，联结就会破坏。

洪积层主要分布于山麓坡脚的沟谷出口地带及山前平原，从地形上看，是有利于工程建筑的。由于洪积物在搬运和沉积过程中的某些特点，规模很大的洪积层一般可划分为三个工程地质条件不同的地段：靠近山坡沟口的粗碎屑沉积地段，孔隙大，透水性强，地下水埋藏深，压缩性小，承载力比较高，是良好的天然地基；洪积层外围的细碎屑沉积地段，如果在沉积过程中受到周期性的干燥，黏土颗粒发生凝聚并析出可溶盐分时，则洪积层的结构颇为结实，承载力也是比较高的。在上述两地段之间和过渡带，因为常有地下水溢出，水文地质条件不良，对工程建筑不利。

四、冲积层

河流在运动过程中，能量不断受到损失，当河水夹带的泥沙、砾石等搬运物质超过了河水的搬运能力时，被搬运的物质便在重力作用下逐渐沉积下来，称沉积作用，河流的沉积物称冲积层。

冲积层的特点从河谷单元来看，可以分为两大部分：河床相与河漫滩相。河床相沉积物颗粒较粗。河漫滩相下部为河床沉积物，颗粒粗；表层为洪水期沉积物，颗粒细，以黏土、粉土为主。这样两种不同特点的沉积层称为“二元结构”。

从河流纵向延伸来看，由于不同地段流速降低的情况不同，各处形成的沉积层就具有不同特点，基本可分为四大类型段：

(1)在山区，河床纵坡陡、流速大，侵蚀能力较强，沉积作用较弱。河床冲积层松散堆积物较薄，且以巨砾、卵石和粗砂为主。

(2)当河流由山区进入平原时，流速骤然降低，大量物质沉积下来，形成冲积扇。冲积扇的形状和特征与前述洪积扇相似，但冲积扇规模较大，冲积层的分选性及磨圆度更高。例如北京及其附近广大地区就位于永定河冲积扇上。冲积扇还常分布在大山的山麓地带，例如祁连山北麓、天山北麓和燕山南麓的大量冲积扇。如果山麓地带几个大冲积扇相互连接起来，则形成山前倾斜平原。在山前，河流沉积常与山洪急流沉积共同进行，因此山前倾斜平原也常称为冲洪积平原。

(3)在河流中、下游，则由细小颗粒的沉积物组成广大的冲积平原，例如黄河下游、海河及淮河的冲积层构成的华北大平原。冲积平原也常分布有牛轭湖相沉积，如长江的江汉平原。

(4)在河流入海的河口处，流速几乎降到零，河流携带的泥砂绝大部分都要沉积下来。沉积物在水面以下呈扇形分布，扇顶位于河口，扇缘则伸入海中，露出水面的部分形如一个其顶角指向河口的倒三角形，故称河口冲积层为三角洲。

从冲积层的形成过程，可知它具有以下特征：

(1)积层分布在河床、冲积扇、冲积平原或三角洲中；冲积层的成分非常复杂，河流汇水面积内的所有岩石和土都能成为该河流冲积层的物质来源。与前面讨论过的三种第四纪沉积层相比，冲积层分选性好，层理明显，磨圆度高。

(2)山区河流沉积物较薄，颗粒较粗，承载力较高且易清除，地基条件较好。

(3)由于冲积平原分布广，表面坡度比较平缓，多数大、中城市都坐落在冲积层上；道路也多选择在冲积层上通过。作为工程建筑物的地基，砂、卵石的承载力较高，黏性土较低。在冲积平原特别应当注意冲积层中两种不良沉积物，一种是软弱土层，例如牛轭湖、沼泽地中的淤泥、泥炭等；另一种是容易发生液化、流砂现象的细、粉砂层。遇到它们时应当采取专门的设计和施工措施。

(4)三角洲沉积物含水量高，常呈饱和状态，承载力较低。但其最上层，因长期干燥比较硬实，承载力较下面高，俗称硬壳层，可用作低层建筑物的天然地基。

(5)冲积层中的砂、卵石、砾石常被选用为建筑材料。厚度稳定、延续性好的砂、卵石层是丰富的含水层，可以作为良好的供水水源。

第四章　地　　貌

地貌是指地球表面在内、外地质营力的长期相互作用下，形成的成因不同、规模不等的地表形态。

应该指出，随着地貌学的发展，人们对于地形和地貌两个词已分别赋予了不同的含义。地形一词，通常用来专指地表既成形态的某些外部特征，如高低起伏、坡度大小和空间分布等，它不涉及这些形态的地质结构、成因及发展，一般只是用等高线把这些形态特征表示出来就可以了，地形图通常反映的就是这方面的内容。地貌一词则含义相对广泛，它不仅包括地表形态的全部外部特征，如高低起伏、坡度大小、空间分布、地形组合及其与邻近地区地形形态之间的相互关系等，更为重要的是，还包括运用地质动力学的观点，分析和研究这些形态的成因和发展。

地貌条件与公路工程的建设及运营有着密切的关系。公路常穿越不同的地貌单元，地貌条件是评价公路工程地质条件的重要内容之一。各种不同的地貌，都关系到公路勘测设计、桥隧位置选择的技术经济问题和养护工程等。

地壳表面的各种地貌都在不断地形成和发展变化。促使地貌形成和发展变化的动力，是内、外力地质作用。

(1)内力作用形成了地壳表面的基本起伏，对地貌的形成和发展起决定性作用。首先，地壳的构造运动不仅使地壳岩层受到强烈的挤压、拉伸或扭动而形成一系列褶皱带和断裂带，而且还在地壳表面造成大规模的隆起区和沉降区。隆起区将形成大陆、高原、山岭；沉降区则形成海洋、平原、盆地。内力作用不仅形成了地壳表面的基本起伏，而且还对外力作用的条件、方式及过程产生深刻的影响。例如，地壳上升，侵蚀、剥蚀、搬运等作用增强，堆积作用就变弱；地壳下降，则情况相反。

(2)外力作用对由内力作用所形成的基本地貌形态，不断地进行雕塑、加工，起着改造作用，其总趋势是削高补低，力图把地表夷平，即把由内力作用所造成的隆起部分进行剥蚀破坏，同时把破坏的碎屑物质搬运堆积到由内力作用所造成的低地和海洋中去。

地貌的形成和发展是内、外力共同作用的结果。我们现在看到的各种地貌形态，就是地壳在内、外力作用下发展到现阶段的形态表现。

地貌的形成和发展变化，首先取决于内、外力作用之间的量的对比。例如，在内力作用使地表上升的情况下，如果上升量大于外力作用的剥蚀量，地表就会升高，最后形成山岭地貌；反之，如果上升量小于外力作用的剥蚀量，地表就会降低或被削平，最后形成剥蚀平原。同样，在内力作用使地表下降的情况下，如果下降量大于外力作用所造成的堆积量，地表就会下降，形成低地；反之，如果下降量小于外力作用所造成的堆积量，地表就会被填平甚至增高，形成堆积平原或各种堆积地貌。

第一节　河流阶地

河谷内河流侵蚀和沉积作用交互进行所形成的沿河床两侧断续分布的阶梯状台地称为河流阶地。

河流阶地是地壳运动平稳、上升反复变化引起河流相应的不断侧蚀、下蚀作用的结果。地壳运动平稳阶段河流侵蚀基准面稳定,河流以侧蚀作用为主,河床不断拓宽;之后若地壳剧烈上升,使河流侵蚀基准面相对下降,大大加速了下蚀的强度,河床底被迅速向下切割,河水面随之下降,原来的老河床出露于河水之上,除了大洪水不能被淹没,原来的老河床就变成了阶地,如此反复进行可形成多级河流阶地。多级河流阶地按位置从低到高称为Ⅰ级阶地、Ⅱ级阶地、…。

一条河流有多少级阶地是由该地区地壳运动平稳、上升周期次数决定的,每剧烈上升一次就应当有相应的一级阶地,阶地编号愈大,生成年代愈老,则可能被侵蚀破坏得愈严重,愈不易完整保存下来。

根据阶地的形成过程,在野外辨认河流阶地时应注意下述两方面特征:形态特征和物质组成特征。从形态上看,阶地表面一般较平缓,纵向微向下游倾斜,倾斜度与本段河床底坡接近,横向微向河中心倾斜。河床两侧同一级阶地,其阶地表面距河水面高差应当相近。应当指出,不能只从形态上辨认阶地,以免与人工梯田、台坎混淆,还必须从物质组成上研究。从物质组成上看,由于阶地是由老的河漫滩形成,具有二元结构,即表层由颗粒较细的黏性土、下部由颗粒相对较粗的砂、卵石等冲积层组成。因此,二元结构和冲积物是阶地物质组成中最重要的物质特征。

由于河流的长期侵蚀堆积,成形的河谷一般都有不同规模的阶地存在,它一方面缓和了山谷坡脚地形的平面曲折和纵向起伏,有利于路线平纵面设计和减少工程量,另一方面又不易遭受山坡变形和洪水淹没的威胁,容易保证路基稳定。所以阶地在通常情况下,是河谷地貌中敷设路线的理想地貌部位,山区沿河公路多展布于河流阶地。当有多级阶地时,除考虑过岭高程外,一般以利用一、二级阶地敷设路线为好。

第二节　山岭地貌

山岭地貌具有山顶、山坡、山脚等明显的形态要素,山岭地貌是山区公路路线布设、越岭展线的重要地貌单元。

1. 山顶

山顶是山岭地貌的最高部分,山顶呈长条状延伸时称山脊。山脊高程较低的鞍部,即相连的两山顶之间较低的部分称为垭口。一般来说,山体岩性坚硬、岩层倾斜或因受冰川的侵蚀时,多呈尖顶或很狭窄的山脊。在气候湿热,风化作用强烈的花岗岩或其他松软岩石分布地区,岩体经风化剥蚀,多呈圆顶;在水平岩层或古夷平面分布地区,则多呈平顶,典型的如方山、桌状山等。

2. 山坡

山坡是山岭地貌的重要组成部分,在山岭地区,山坡分布的面积最广。山坡的形状有直线

形、凹形、凸形以及复合形等各种类型，这取决于新构造运动、岩性、岩层产状及坡面剥蚀和堆积的演化过程等因素。

山坡的纵向坡度，小于15°的为微坡，介于16°~30°之间的为缓坡，介于31°~70°的为陡坡，山坡坡度大于70°的为垂直坡。

稳定性高、坡度平缓的山坡便于公路展线，对于布设路线是有利的，但应注意考察其工程地质条件。平缓山坡特别是在山坡的一些坳洼部分，通常有厚度较大的坡积物和其他重力堆积物分布，坡面径流也容易在这里汇聚；当这些堆积物与下伏基岩的接触面因开挖而被揭露后，遇到不良水文情况，就可能引起堆积物沿基岩顶面发生滑动。

山坡中，坡面倾斜方向与岩层倾向相同的山坡称为顺(倾)向坡或构造坡，相反时则称为逆(倾)向坡或剥蚀坡。在单斜岩层山区，沟谷两侧山坡中总是一侧为顺向坡，另一侧则为逆向坡，见图3-4-1。一般来讲，顺向坡坡度较缓，坡脚坡积层等松散堆积物较厚；而逆向坡相对较陡，基岩裸露或松散堆积物较薄，因为顺向坡坡度较缓，地形相对平坦，所以山区公路常常布设在顺向坡一侧。总体来看，逆向坡岩体稳定性较好，但会出现崩塌和坠石等现象；顺向坡松散堆积物稳定性较差，易出现沿基岩顶面或坡积层内部的滑坡。

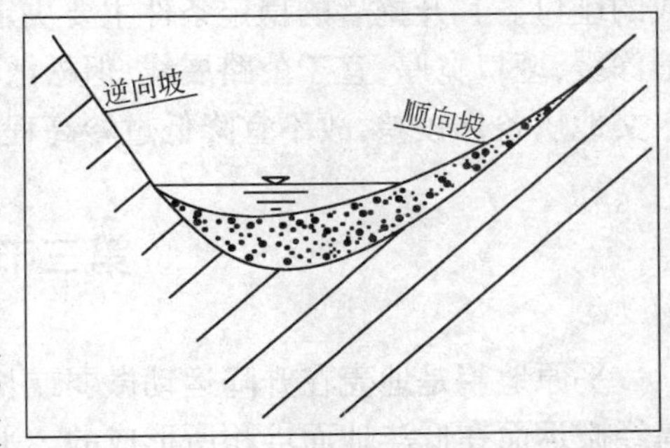

图3-4-1 山坡坡向示意图

3. 山脚

山脚是山坡与周围平地的交接处。由于坡面剥蚀和坡脚堆积，使山脚在地貌上一般并不明显，在那里通常有一个起着缓和作用的过渡地带，它主要是由一些坡积裙、冲积锥、洪积扇及岩堆、滑坡堆积体等流水堆积地貌和重力堆积地貌组成，即主要由第四系松散堆积物构成。山脚是山区公路布设的主要场所，第四系松散堆积物的稳定性是边坡和路基工程的主要问题。

4. 垭口

对于公路工程来说，研究山岭地貌必须研究垭口。因为越岭的公路路线若能寻找合适的垭口，可以降低公路高程和减少展线里程。从地质作用看，可以将垭口归纳为构造型垭口、剥蚀型垭口和剥蚀—堆积型垭口三个基本类型。

(1)构造型垭口又可分为以下三种类型：

①断层破碎带型垭口。这种垭口的工程地质条件比较差。岩体的整体性被破坏，经地表水侵入和风化，岩体破碎严重，一般不宜采用隧道方案，如采用路堑，也需控制开挖深度或考虑边坡防护，以防止边坡发生崩塌。

②背斜张裂带型垭口。这种垭口虽然构造裂隙发育，岩层破碎，但工程地质条件较断层破碎带型为好，这是因为垭口两侧岩层外倾，有利于排除地下水，也有利于边坡稳定，一般可采用较陡的边坡坡度，使挖方工程量和防护工程量都比较小。如果选用隧道方案，施工费用和洞内衬砌也比较节省，是一种较好的垭口类型。

③单斜软弱层型垭口。这种垭口主要由页岩、千枚岩等易于风化的软弱岩层构成。两侧斜坡多不对称，岩层倾向与斜坡坡向相反的一坡(逆向坡)坡度较陡一些，另一侧(顺向坡)坡度较缓。由于岩性松软，风化严重，稳定性差，故不宜深挖；若采取路堑深挖方案，与岩层倾向一致的一侧边坡坡角应小于岩层的倾角，两侧坡面都应有防风化的措施，必要时应设置护坡或

挡土墙。穿越这一类垭口，宜优先考虑隧道方案，可以避免因风化带来的路基病害，还有利于降低越岭线的高程，缩短展线里程或提高公路线形标准。

(2)剥蚀型垭口的特点是松散覆盖层很薄，基岩多半裸露。垭口的肥瘦（厚薄）和形态特点主要取决于岩性、气候及外力的切割等因素。在气候干燥寒冷地带，岩性坚硬和切割较深的垭口本身较薄，宜采用隧道方案；采用路堑深挖也比较有利，是一种良好的垭口类型。在气候温湿地区和岩性较软弱的垭口，则本身较平缓宽厚，采用深挖路堑或隧道对穿都比较稳定，但工程量比较大。在石灰岩地区的溶蚀性垭口，无论是明挖路堑或开凿隧道，都应注意溶洞或其他地下溶蚀地貌的影响。

(3)剥蚀—堆积型垭口是在山体地质结构的基础上，以剥蚀和堆积作用为主导因素所形成的垭口。其开挖后的稳定条件主要决定于堆积层的地质特征和水文地质条件。这类垭口外形浑缓，垭口宽厚，宜于公路展线，但松散堆积层的厚度较大，有时还发育有湿地或高地沼泽，水文地质条件较差，故不宜降低过岭高程，通常多以低填或浅挖的断面形式通过。

第三节　平 原 地 貌

平原地貌是地壳在升降运动微弱或长期稳定的条件下，经过风化剥蚀夷平或岩石风化碎屑经搬运而在低洼地面堆积所形成的。平原地貌具有大地表面开阔平坦、地势高低起伏不大的外部形态。一般说来，平原地貌有利于公路选线，在选择有利地质条件的前提下，可以设计成比较理想的公路线形。

按高程，平原可分为高原、高平原、低平原和洼地；按成因，平原可分为构造平原、剥蚀平原和堆积平原。

(1)构造平原主要是由地壳构造运动所形成，其特点是地形面与岩层面一致，堆积物厚度不大。由于基岩埋藏不深，所以构造平原的地下水一般埋藏较浅。在干旱或半干旱地区如排水不畅，常易形成盐渍化。在多雨的冰冻地区则常易造成道路的冻胀和翻浆。

(2)剥蚀平原系在地壳上升微弱的条件下，经外力的长期剥蚀夷平所形成，其特点是地形面与岩层面不一致，松散堆积物常常很薄，基岩常常裸露地表，只是在低洼地段有时才覆盖有厚度稍大的残积物、坡积物、洪积物等。剥蚀平原形成后，往往因地壳运动变得活跃，剥蚀作用重新加剧，使剥蚀平原遭到破坏，故其分布面积常常不大。剥蚀平原的工程地质条件一般较好。

(3)堆积平原是在地壳缓慢而稳定下降的条件下，经各种外力作用的堆积填平所形成，其特点是地形开阔平缓，起伏不大，往往分布有厚度很大的松散堆积物。按外力堆积作用的动力性质不同，堆积平原又可分为河流冲积平原、山前洪积冲积平原、湖积平原、风积平原和冰碛平原，其中较为常见的是前面三种。

①河流冲积平原系由河流改道及多条河流共同沉积所形成。它大多分布于河流的中、下游地带，因为在这地带河床常常很宽，堆积作用很强，当河水泛滥将河床以外广大地区淹没时，流速骤减，堆积面积愈来愈大，堆积物愈来愈细，久而久之，便形成广阔的冲积平原。我国著名的冲积平原有黄淮海平原、长江三角洲平原和珠江三角洲平原等。

河流冲积平原地形开阔平坦，具有良好的工程建设条件，对公路选线也十分有利。但其下伏基岩往往埋藏很深，第四纪堆积物很厚，且地下水一般埋藏较浅，地基土的承载力较低，在冰

冻潮湿地区道路的冻胀翻浆问题比较突出。

②湖积平原系由河流注入湖泊时，将所挟带的泥沙堆积湖底使湖底逐渐淤高，湖水溢出、干涸所形成。其地形之平坦为各种平原之最。总体来看，湖积平原工程地质条件较差，公路建设应考虑地基承载力、地基压缩变形和地下水危害等问题。

湖积平原中的堆积物，由于是在静水条件下形成的，故淤泥和有机质的含量较多，其总厚度一般也较大，其中往往夹有多层呈水平层理的薄层细砂或黏土，很少见到圆砾或卵石，且土颗粒由湖岸向湖心逐渐由粗变细。其沉积物由于富含淤泥和泥炭，常具可塑性和流动性，孔隙度大，压缩性高，故承载力很低。

湖积平原地下水一般埋藏较浅，地下水量较丰富。

第五章　水文地质

埋藏在地表下面土中孔隙、岩石孔隙和裂隙中的水，称为地下水。

研究地下水的学科称为水文地质学，与地下水的赋存、补给、径流和排泄等有关的条件称为水文地质条件。地下水的富集必须具备三个条件：有较多的储水空间；有充足的补给水源；有良好的汇水条件。地下水在重力作用下不停地运动着，运动特点主要决定于岩土的透水性。岩土的透水又决定于岩土中空隙的大小、数量和连通程度。岩土按相对的透水能力分为透水的、半透水的和不透水的三类。透水的（有时包括半透水的）岩土层称透水层；不透水的岩土层称隔水层；当透水层被水充满时称含水层。

地下水分布很广，与人们的生产、生活和工程活动的关系也很密切。它一方面是生活、灌溉和工业供水的重要水源之一，是宝贵的天然资源；另一方面，它与土石相互作用会使土体和岩体的强度和稳定性降低，产生各种不良的自然地质现象和工程地质现象，给工程的建设和正常使用造成危害。诸多不良地质现象和工程病害，如滑坡、岩溶、潜蚀、土体盐渍化和路基盐胀、多年冻土和季节冻土中冰的富集、地基沉陷、道路冻胀和翻浆等都与地下水的存在和活动有关，地下水还常常给隧道施工和运营带来困难，甚至带来灾害。

地下水的埋藏条件是指含水岩层在地质剖面中所处的部位以及受隔水层限制的情况。根据地下水的埋藏条件，可以把地下水划分为上层滞水、潜水和承压水。按含水层空隙性质（含水介质）的不同，可将地下水区分为孔隙水、裂隙水和岩溶水。

一、上层滞水

在包气带（孔隙内主要为空气的岩土层）内局部隔水层上积聚的具有自由水面的重力水称为上层滞水。上层滞水接近地表，接受大气降水的补给，以蒸发形式或向隔水底板边缘排泄。其主要特征是：埋藏浅，在垂直和平面上分布均不稳定，分布区、补给区和排泄区一致；水量和水质受气候控制，季节性变化明显，雨季水量多，旱季水量少，甚至干涸。

上层滞水的存在，可使地基土的强度减弱。在寒冷的北方地区，易引起道路的冻胀和翻浆。此外，由于其分布和水位变化大，常给工程的设计、施工带来困难。

二、潜水

地表下面第一个连续隔水层之上的含水层中具有自由表面的水称为潜水。潜水一般是存在于第四纪松散堆积物的孔隙中（孔隙潜水）及地表的基岩裂隙（裂隙潜水）和溶洞中（岩溶潜水）。

潜水的水面为自由水面，称为潜水面。潜水面上各点的高程称作潜水位。从潜水面到隔水底板的垂直距离为潜水含水层厚度。潜水面到地面的距离为潜水埋藏深度。

潜水的基本特征与规律：

潜水含水层直接与包气带相接，所以潜水在其分布范围内，都可以通过包气带接受大气降水、地表水或凝结水的补给。

潜水在重力作用下，通常由水位高的地方向水位低的地方径流。流动快慢取决于含水层的渗透能力和水力坡度。潜水面的形状或水力坡度大小与地形有一定程度的一致性，地面坡度越大，潜水面的坡度越大，但比地形的起伏要平缓。因此，一般地形切割强烈，潜水就径流、循环快，含水层厚度小，水的矿化度低；地形完整开阔则相反。

潜水的排泄方式有两种：一种是径流到适当地形处，以泉、渗流等形式泄出地表或流入地表水，即径流排泄也称水平排泄。另一种是通过包气带或植物蒸发进入大气，即蒸发排泄也称垂直排泄。水平排泄在地形切割强烈的山区最为普遍，而垂直排泄则在干旱和平原地区较为明显。

潜水直接通过包气带与地表发生联系，气象、水文因素的变动，对它影响显著，丰水季节或年份，潜水接受的补给量大于排泄量，潜水面上升，含水层厚度增加，埋藏深度变小。干旱季节排泄量大于补给量，潜水面下降，含水层变薄，埋藏深度增大。因此，潜水的动态有明显的季节变化。潜水动态变化的影响因素有自然因素和人为因素两方面。自然因素有气象、水文、地质和生物等。人为因素主要有兴修水利、大面积灌溉和疏干等。只要人们掌握潜水的动态变化规律，就能合理地利用地下水，防止地下水可能造成的对建筑工程的危害。

潜水的化学成分变化很大。主要取决于气候、地形及岩性条件。湿润气候和地形切割强烈的地区，利于潜水的径流排泄，而不利于蒸发排泄，往往形成含盐量低的淡水。干旱气候和低平地形区，潜水以蒸发排泄为主时，因为只有水分蒸发，而将盐分留下，所以常形成含盐量高的咸水以及形成地表盐渍化。盐渍土对筑路不利，因此在盐渍土地区筑路必须重视浅层地下水问题，通常采用降低地下水位和设置隔离层等办法以防止潜水蒸发排泄而引起的盐分集中。

一般情况下，潜水面是向排泄区倾斜的曲面，其起伏基本与地形一致，但较地形起伏平缓。在山区和河流上游地区，一般潜水埋藏在沟谷两侧斜坡下，水位较高，而河流位于沟谷底部，水位低，因此是潜水通过径流补给地表河流；平原地区则相反，常常是地表水补给潜水。

三、承压水

充满于两个隔水层之间的含水层中的地下水叫做承压水。承压水含水层上部的隔水层称作隔水顶板，下部的隔水层叫做隔水底板。顶底板之间的距离为含水层厚度。

承压性是承压水的一个重要特征。受到隔水顶底板的限制，含水层充满水，水自身承受隔水顶板以上岩土层压力，并以一定的压力作用于隔水顶板。当用钻孔揭露含水层时，水位将上升到含水层顶板以上一定高度才静止下来或喷出井口。

承压水受隔水层的限制，与地表水联系较弱。因此气候、水文因素的变化对承压水的影响较小，承压水动态变化稳定。

适宜形成承压水的地质构造大致有两种：一为向斜构造或盆地称为自流盆地；另一为单斜构造称为自流斜地。

过量抽取地下承压水使得含水层空隙压缩变形，是导致地面沉陷的主要原因，治理的主要措施就是减少地下承压水的抽取量和向地下注水。

承压水一般水量较大且稳定，隧道和桥基施工若钻透隔水层，会造成突然而猛烈的涌水，处理不当将给工程带来重大损失。

四、裂隙水

埋藏在基岩裂隙中的地下水叫裂隙水。裂隙水分布很不均匀，水力联系也很复杂。裂隙水的这些特点与裂隙介质的特征有关。根据裂隙水赋存介质的不同，将裂隙水划分为脉状裂隙水和层状裂隙水两种类型。脉状裂隙水主要分布于坚硬基石中，该类裂隙分布不均匀、连通性差、方向性明显，因此脉状裂隙水分布不均匀、水力联系差、但往往水量较大；层状裂隙水具有统一水力联系、水量分布均匀呈层状分布。另外，按基岩裂隙成因的不同，可将裂隙水分为：风化裂隙水、成岩裂隙水和构造裂隙水三种类型。

1. 风化裂隙水

分布于风化裂隙中的地下水一般为层状裂隙水，受风化壳的控制，风化裂隙水多属潜水。通常情况下，风化壳规模和厚度相当有限，风化裂隙含水层水量不大，就地补给，就地排泄。但风化裂隙水在基岩山区分布十分广泛，对边坡工程影响很大，常常是边坡失稳和浅层滑坡形成的重要原因。

2. 成岩裂隙水

沉积岩和深成岩浆岩的成岩裂隙多是闭合的，含水意义不大，对工程建设影响也较小。

3. 构造裂隙水

构造裂隙是岩石在构造运动中受力产生的。在岩石性质和构造应力的控制下，裂隙的张开性、密度、方向性和连通性均有显著的区别。因此，构造裂隙水的分布规律相当复杂，呈现出不均匀性和各向异性的主要特点。构造裂隙水可以是潜水，也可以是承压水。构造裂隙水一般水量比较丰富，特别是当构造裂隙贯穿或联通其他含水层时，不仅水量丰富而且水量稳定，常常是良好的供水水源，但对隧道施工往往造成危害，如产生突然涌水事故等。

五、岩溶水

赋存与运移于可溶岩的空隙、裂隙以及溶洞中的地下水叫岩溶水。岩溶水受岩溶作用规律的控制，其埋藏分布、运动、水量动态变化和水质等与其他类型地下水都有明显差异。

岩溶水具有以下基本特征和规律：

与地表水的流域系统相似，岩溶含水层系统独立完整，空隙、裂隙、竖井、落水洞中水向支流管道汇集，支流管道向暗河集中；岩溶水空间分布极不均匀，主要集中于岩溶管道或暗河系统中，地表及地下岩溶现象不发育地区则严重缺水；岩溶管道和暗河中水流动迅速，运动规律与地表河流相似；水量在时间上变化大，受气候影响明显，雨季水量大，旱季明显减小；水的矿化度低，但易污染。总的来看，岩溶水虽属地下水，但许多特征与地表水相近，因埋藏于地下则比地表水更为复杂。

岩溶水可以是潜水，也可以是承压水。

岩溶水分布不均匀、水量大给工程预测预防带来困难，尤其是隧道施工难度大，也常造成路基水毁。

第六章 道路工程地质问题

第一节 路基工程地质问题

路基是公路的重要组成部分,它主要承受车辆的动力荷载和其上部建筑的重量。坚固、稳定的路基是公路安全运行的保障。路基所出现的各种软化、变形和整体失稳一般称为路基病害。路基病害常与特殊的工程地质条件有关,其实质是路基工程地质问题。

路基不均匀变形是常见的路基病害,以路基沉陷变形较为常见,但也包括鼓胀变形。除路基施工碾压不够外,特殊的工程地质条件常是不均匀变形的主要原因。软土、湿陷性黄土、多年冻土、岩溶空洞和地下矿山采空区等分布区域的路基常出现路基沉陷变形,而在盐渍土和膨胀土分布地区的路基则出现不均匀鼓胀变形,冰冻地区路基顶部水分集中与冻融变化是路基冻胀翻浆的原因。

边坡变形与失稳是严重影响道路正常使用的工程问题。边坡受岩性、构造等地质条件和风化、水的渗入和冲刷等自然地质作用以及人工开挖等工程活动的影响,常出现坡面变形和整体失稳破坏二类工程病、灾害。在山区高等级公路建设中高大边坡大量出现,因此边坡工程地质问题会愈来愈严重,破坏和造成的损失也会更加严重。

边坡整体失稳是指边坡的整体塌滑或滑坡。塌滑时边坡上部或顶部地面下沉、出现多条拉张裂缝,边坡中、下部向外鼓胀,显示出边坡整体滑动和破坏的征兆。

边坡整体塌滑和滑坡是路基工程中的重要工程地质问题。山区道路常常需要在斜坡坡脚开挖路堑,修建人工边坡。这种工程活动改变了斜坡内初始的应力状态,使坡脚剪应力更趋于集中,开挖的人工边坡切断斜坡岩体内各种结构面,破坏了边坡岩体的稳定性。

这种由工程开挖引起的边坡滑动,常发生在岩层顺坡倾斜,层间夹有泥化的页岩或泥岩层中,倾角大于泥化层层间的内摩擦角,一旦开挖切断坡脚岩层,即刻引起顺层滑动。

斜坡坡脚坡积物广泛分布,公路傍山修建切割坡脚,截断坡积层,降低其稳定性,引起坡积层沿下伏基岩面向线路方向滑动。因此,山区公路坡积层内发生的滑坡是常见的边坡病害。

山区河谷斜坡是自然地质作用强烈地段,河岸两侧也是边坡整体稳定病害多发地段。受河流侵蚀作用和岩层产状影响,河谷斜坡处于不同稳定状态。一般来看,顺倾向岸坡地形较缓,但整体稳定性较差;反倾向坡地形陡峭,但整体稳定性较好。

岩质边坡的破坏失稳与岩体中发育的各种结构面有很大关系。结构面破坏了岩体的完整性,使岩体成为各种结构面分割的岩块组合体。相比之下结构面的强度远低于岩块。岩体破坏都是沿着结构面发生,特别是边坡岩体中结构面贯通,产状有利于滑动破坏时,尤为不利。

桥梁是公路工程建筑的重要组成部分。线路跨越河流、沟谷或道路,需要架设桥梁,桥梁也是线路通过地质灾害频繁发生地区的主要工程。

查明桥梁场址周围的工程地质条件、选择适宜的桥位、评价桥梁基坑稳定性和正确选定桥基承载力,是桥梁工程地质工作的重要内容。

桥梁位置的选择应该综合考虑线路方向、选线设计技术要求、城乡建设、交通水利设施的要求和地形、地质条件等多方面因素。一般，中、小桥位置由线路条件决定，特大桥或大桥则往往先选好桥位，然后再统一考虑线路条件。大桥和特大桥位的选定，除综合考虑政治、经济等因素外，还必须十分重视桥位地段的地质、地貌特征和河流水文特征。

桥位应选择在岸坡稳定、地基条件良好、无不良地质现象的地段；应尽可能避开大断裂带，尤其不可在未胶结的断层破碎带和具有活动可能的断裂带上造桥。

从河流的情况来看，最理想的桥位应选择在水流集中、河床稳定、河道顺直、坡降均匀、河谷较窄的地段，桥梁的轴线与河流方向垂直。

河道水流是一种螺旋状的环流。它以自己特有的侵蚀—搬运—沉积方式，不断地深切河床、拓宽河谷和加长流路。对于某一具体河段，它正处在特定的发育阶段。因此，在某一地段选择桥位时，首先要研究地貌条件，了解河水对河床和岸坡冲刷作用的规律，避开那些有河床变迁，巨大河湾、活动砂洲的不良地段；还要大致判定河谷内覆盖层的厚薄、基岩埋藏深浅，以便合理选定桥位。

山区河流多在山峦起伏的深涧峡谷中流动，其特点是坡降大，水流急，河谷较深，河床中常有基岩裸露，或由巨砾、粗砂沉积覆盖，覆盖层一般较平原河流薄。桥头及其引线应避开滑坡、崩塌、泥石流等地质灾害发生场所。

第二节　不良地质与特殊土

一、崩塌

在陡峻的斜坡上，巨大岩块在重力作用下突然而猛烈地向下倾倒、翻滚、坠落的现象，称为崩塌。崩塌不仅发生在山区的陡峻山坡上，也可以发生在河流、湖泊及海边的高陡岸坡上，还可以发生在公路路堑的高陡边坡上。规模巨大的山坡崩塌称为山崩。斜坡的表层岩石由于强烈风化，沿坡面发生经常性的岩屑顺坡滚落现象，称为碎落。悬崖陡坡上个别较大岩块的崩落称为落石。小的崩塌对行车安全及路基养护工作影响较大；大的崩塌不仅会损坏路面、路基，阻断交通，甚至会迫使放弃已有道路的使用。

（一）崩塌的形成条件及因素

崩塌虽发生比较突然，但有它一定的形成条件和发展过程。崩塌形成的基本条件，归纳起来，主要的有以下几个方面：

1. 地形条件

斜坡高、陡是形成崩塌的必要条件。调查表明，规模较大的崩塌，一般多产生在高度大于30m，坡度大于45°（大多数介于55°~75°之间）的陡峻斜坡上。斜坡的外部形状，对崩塌的形成也有一定的影响。一般在上缓下陡的凸坡和凹凸不平的陡坡（图3-6-1）易于发生崩塌。

2. 岩性条件

坚硬的岩石（如厚层石灰岩、花岗岩、砂岩、石英岩、玄武岩等）具有较大的抗剪强度和抗风化能力，能形成高峻的斜坡，在外来因素影响下，一旦斜坡稳定性遭到破坏，即产生崩塌现象。所以，崩塌常发生在由坚硬性脆的岩石构成的斜坡上。此外，由软硬互层（如砂页岩互层、石灰岩与泥灰岩互层、石英岩与千枚岩互层等）构成的陡峻斜坡，由于差异风化，斜坡外形

凹凸不平，因而也容易产生崩塌。

3. 构造条件

如果斜坡岩层或岩体的完整性好，就不易发生崩塌。实际上，自然界的斜坡，经常是由性质不同的岩层以各种不同的构造和产状组合而成的，而且常常为各种构造面所切割，从而削弱了岩体内部的联结，为产生崩塌创造了条件。一般说来，岩层的层面、裂隙面、断层面、软弱夹层或其他的软弱岩性带都是抗剪性能较低的"软弱面"。如果这些软弱面倾向临空且倾角较陡时，当斜坡受力情况突然变化时，被切割的不稳定岩块就可能沿着这些软弱面发生崩塌。图3-6-2为两组与坡面斜交的裂隙，其组合交线倾向临空，被切割的楔形岩块沿楔形凹槽发生崩塌的示意图。

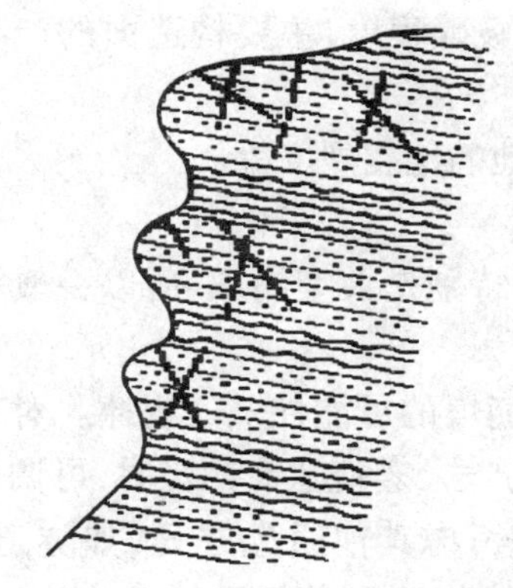

图3-6-1　软硬岩互层形成的锯齿

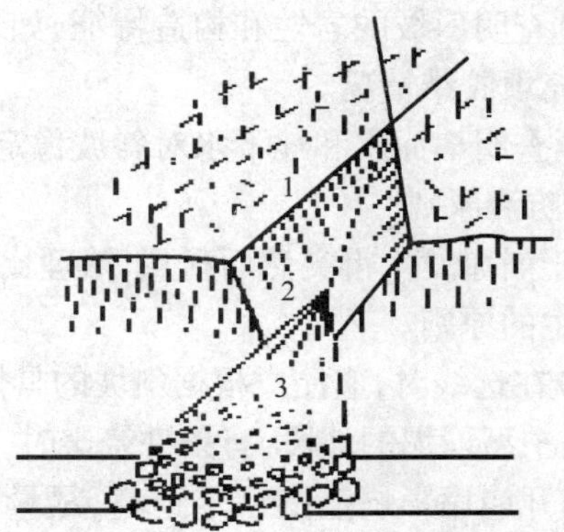

图3-6-2　楔形体崩塌示意图

1-裂隙;2-楔形槽;3-崩塌堆积体

4. 其他自然因素

岩石的强烈风化，裂隙水的冻融，植物根系的楔入等，都能促使斜坡岩体发生崩塌现象。但大规模的崩塌多发生在暴雨、久雨或强震之后。这是因为降雨渗入岩体裂隙后，一方面会增加岩体的质量，另一方面能使裂隙中的充填物或岩体中的某些软弱夹层软化，并产生静水压力及动水压力，使斜坡岩体的稳定性降低；或者由于流水冲掏坡脚，削弱斜坡的支撑部分等，都会促使斜坡岩体产生崩塌现象。

地震能使斜坡岩体突然承受巨大的惯性荷载，因而往往都促成大规模的崩塌。例如2008年5月12日汶川8级特大地震在长度500km，宽度50km的范围内形成大量规模不等的崩塌，其中有数千、万立方米以上的山崩，也有单个体积达上百立方米的巨大落石。地震灾区崩塌除掩埋、砸毁房屋，造成巨大生命财产损失外，因为山区道路多沿沟谷河畔展布，因而对道路危害极大。地震崩塌对道路的危害主要有：巨大落石会砸毁路面、桥梁与车辆，强烈的汶川地震造成宝成铁路109隧道口发生强烈崩塌，巨大落石击中行驶中的机车和油罐车并引起起火，大火烧毁了全部车辆和隧道；山崩可掩埋道路及车辆，汶川地震失踪的一万多人员中有相当数量是被掩埋于山崩体之下，都（江堰）汶（川）公路映秀镇至草坡段崩塌密度达6.87处/km，公路被连片山崩所掩埋，过往车辆也未能幸免；山崩所形成的岩堆表面坡度一般为自然休止角，处于临界稳定状态，因而给清除带来极大危险，所以映秀镇至草坡段成为汶川地震灾后道路打通的最困难路段之一；大规模山崩会堵塞河道形成堰塞湖，堰塞湖水位上升则淹没沿河道路，导致灾区公路中断，加大灾情。

上面说的是形成崩塌的基本条件和促使斜坡岩体发生崩塌的一些主要的自然因素，但是，人类不合理的工程活动，如公路路堑开挖过深，边坡过陡，也常引起边坡发生崩塌。由于开挖路基，改变了斜坡外形，使斜坡变陡，软弱构造面暴露，使部分被切割的岩体失去支撑，结果引起崩塌。此外，如坡顶弃方荷载过大或不妥当的爆破施工，也常促使斜坡发生崩塌现象。

（二）崩塌的防治

1. 勘测调查要点

要有效地防治崩塌，必须首先进行详细的调查研究，掌握崩塌形成的基本条件及其影响因素，根据不同的具体情况，采取相应的措施。调查崩塌时，应注意以下几个方面：

（1）查明斜坡的地形条件，如斜坡的高度、坡度、外形等。

（2）查明斜坡的岩性和构造特征，如岩石的类型，风化破碎程度，主要构造面的产状以及裂隙的充填胶结情况。

（3）查明地面水和地下水对斜坡稳定性的影响以及当地的地震烈度等。

2. 防治原则

由于崩塌发生得突然而猛烈，治理比较困难而且复杂，特别是大型崩塌，所以一般多采取以防为主的原则。

（1）在选线时，应注意根据斜坡的具体条件，认真分析崩塌的可能性及其规律。对有可能发生大、中型崩塌的地段，有条件绕避时，宜优先采用绕避方案。若绕避有困难时，可调整路线位置，离开崩塌影响范围一定距离，尽量减少防治工程，或考虑其他通过方案（如隧道、明洞等），确保行车安全。对可能发生小型崩塌或落石的地段，应视地形条件进行经济比较，确定绕避还是设置防护工程通过。如拟通过，路线应尽量争取设在崩塌停积区范围之外。如有困难，也应使路线离坡脚有适当距离，以便设置防护工程。

（2）在设计和施工中，避免使用不合理的高陡边坡，避免大挖大切，以维持山体的平衡。在岩体松散或构造破碎地段，不宜使用大爆破施工，以免由于工程技术上的错误而引起崩塌。

3. 防治措施

（1）清除坡面危石。

（2）坡面加固。如坡面喷浆、抹面、砌石铺盖等以防治软弱岩层进一步风化；灌浆、勾缝、镶嵌、锚栓以恢复和增强岩体的完整性。

（3）危岩支顶。如用石砌或用混凝土作支垛、护壁、支柱、支墩、支墙等以增加斜坡的稳定性。

（4）拦截防御。如修筑落石平台、落石网、落石槽、拦石堤、拦石墙等。

（5）调整水流。如修筑截水沟、堵塞裂隙、封底加固附近的灌溉引水、排水沟渠等，防止水流大量渗入岩体而恶化斜坡的稳定性。

二、滑坡

斜坡大量土体和岩体在重力作用下，沿一定的滑动面（或带）整体向下滑动的现象，称为滑坡。

滑坡是山区公路的主要病害之一。由于山坡或路基边坡发生滑坡，常使交通中断，影响公路的正常使用。大规模的滑坡，可以堵塞河道，摧毁公路，破坏厂矿，掩埋村庄，对山区建设和交通设施危害很大。西南地区（云、贵、川、藏）是我国滑坡分布的主要地区，不仅滑坡的规模

大,类型多,而且分布广泛,发生频繁,危害严重。我国其他地区的山区、丘陵区,包括黄土高原,也有不同类型的滑坡分布。

(一)滑坡的形态

一个发育完全的典型滑坡,一般具有下面一些基本的组成部分,如图3-6-3所示。

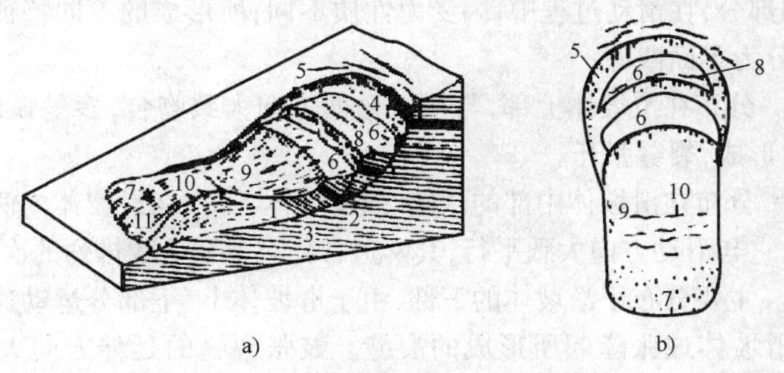

图3-6-3　滑坡要素示意图

a)剖面示意图;b)平面示意图

1-滑坡体;2-滑动面;3-滑坡床;4-滑坡壁;5-滑坡周界;6-滑坡台阶;7-滑坡舌;8-拉张裂隙;9-剪切裂隙;10-鼓张裂隙;11-扇形裂隙

1. 滑坡体

斜坡沿滑动面向下滑动的土体或岩体称为滑坡体。其内部一般仍保持着未滑动前的层位和结构,但产生许多新的裂缝,个别部位还可能遭受较强烈的扰动。

2. 滑动面、滑动带和滑坡床

滑坡体沿其向下滑动的面称为滑动面。滑动面以上,被揉皱了的厚数厘米至数米的结构扰动带,称为滑动带。有些滑坡的滑动面(带)可能不止一个。在最后滑动面以下稳定的土体或岩体称为滑坡床。滑动面(滑动带)是表征滑坡内部结构的主要标志,它的位置、数量、形状和滑动面(带)土石的物理力学性质,对滑坡的推力计算和工程治理有重要意义。

在一般情况下,滑动面(带)的土石挤压破碎,扰动严重,富水软弱,颜色异常,常含有夹杂物质。当滑动面(带)为黏性土时,在滑动剪切作用下,常产生光滑的镜面,有时还可见到与滑动方向一致的滑坡擦痕。在勘探中,常可根据这些特征,确定滑动面的位置。

滑动面的形状,因地质条件而异。一般说来,发生在均质土中的滑坡,滑动面多呈圆弧形;沿岩层层面或构造裂隙发育的滑坡,滑动面多呈直线形或折线形。

滑动面最前端的部位称为滑坡的剪出口,剪出口是抗滑工程布设的重要位置。

3. 滑坡壁

滑动面的上缘,即滑动体与斜坡断开下滑后形成的陡壁,称为滑坡壁。它在平面上多呈圈椅状,其高度自几厘米至几十米,陡度一般为60°~80°。

4. 滑坡周界

滑坡体与周围未滑动的稳定斜坡在平面上的分界线,称为滑坡周界。滑坡周界圈定了滑坡的范围。

5. 滑坡台阶

有几个滑动面或经过多次滑动的滑坡,由于各段滑坡体的运动速度不同,而在滑坡体上出现的阶段梯状的错台,称为滑坡台阶。

6. 滑坡舌

滑坡体的前缘,形如舌状伸出的部分,称为滑坡舌。

7. 滑坡裂缝

滑坡体的不同部分,在滑动过程中,因受力性质不同,所形成的不同特征的裂缝。按受力性质,滑坡裂缝可分为下面四种:

(1)拉张裂缝。分布在滑坡体上部,与滑坡壁的方向大致吻合,多呈弧形,因滑坡体向下滑动时产生的拉力形成,裂缝张开。

(2)剪切裂缝。分布在滑坡体中部的两侧,因滑坡体下滑,在滑坡体内两侧所产生的剪切作用形成的裂缝。它与滑动方向大致平行,其两边常伴有呈羽毛状排列的次一级裂缝。

(3)鼓张裂缝。主要分布于滑坡体的下部,由于滑坡体上、下部分运动速度的不同或滑坡体下滑受阻,致使滑坡体鼓张隆起所形成的裂缝。鼓张裂缝的延伸方向大体上与滑动方向垂直。

(4)扇形张裂缝。分布在滑坡体的中下部(尤以舌部为多),当滑坡体向下滑动时,滑坡体的前缘向两侧扩散引张而形成的张开裂缝。其方向在滑动体中部与滑动方向大致平行,在舌部则呈放射状,故称为扇形张裂缝。

8. 滑坡洼地

滑坡滑动后,滑坡体与滑坡壁之间常拉开成沟槽,构成四周高中间低的封闭洼地,称为滑坡洼地。滑坡洼地往往由于地下水在此处出露,或者由于地表水的汇集,常成为湿地或水塘。

(二)滑坡的形成条件和影响因素

1. 滑坡的形成条件

滑坡的发生,是斜坡岩(土)体平衡条件遭到破坏的结果。由于斜坡岩(土)体的特性不同,滑动面的形状有各种形式,基本的为平面形和圆柱状两种。二者表现虽有不同,但平衡关系的基本原理还是一致的。

当斜坡岩(土)体沿平面 AB 滑动时的力系如图 3-6-4 所示。

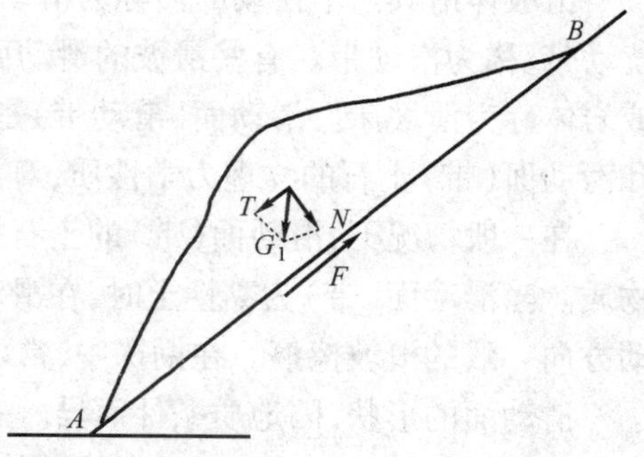

图 3-6-4 平面滑动的平衡示意图

其平衡条件为由岩(土)体重力 G 所产生的侧向滑动分力 T 等于或小于滑动面的抗滑阻力 F。通常以稳定系数 K 表示这两力之比。即:

$$K = \frac{\text{总抗骨力}}{\text{总下滑力}} = \frac{F}{T}$$

很显然,若 $K<1$,斜坡平衡条件将遭破坏而形成滑坡。若 $K\geqslant1$,则斜坡处于稳定或极限平衡状态。

斜坡岩(土)体沿圆柱面滑动时的力系如图 3-6-5 所示。

图中 AB 为假定的滑动圆弧面,其相应的滑动中心为 O 点,R 为滑弧半径。过滑动圆心 O 作一铅直线 OO',将滑体分成两部分,在 OO' 线右侧部分为"滑动部分",其重心为 O_1,重量为 G_1,它使斜坡岩(土)体具有向下滑动的趋势,对 O 点的滑动力矩为 G_1d_1;在线 OO' 线左侧部分为"随动部分",起着阻止斜坡滑动的作用,具有与滑动力矩方向相反的抗滑力矩 G_2d_2。因此,

其平衡条件为滑动部分对 O 点的滑动力矩 G_1d_1 等于或小于随动部分对 O 点的抗滑力矩 G_2d_2 与滑动面上的抗滑力矩 $\tau\widehat{AB}R$ 之和。即：

$$G_1d_1 \leqslant G_2d_2 + \tau\widehat{AB}R$$

式中：τ——滑动面上的抗剪强度。

其稳定系数 K 为：

$$K = \frac{\text{总抗滑力矩}}{\text{总滑动力矩}} = \frac{G_2 \cdot d_2 + \tau \cdot \widehat{AB} \cdot R}{G_1 \cdot d_1}$$

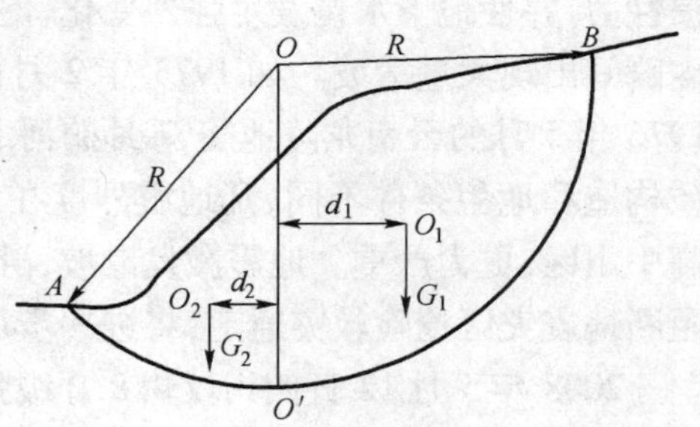

图 3-6-5　圆弧滑动的平衡示意图

同理，$K<1$ 将形成滑坡；$K \geqslant 1$ 斜坡处于稳定和极限平衡状态。

2. 影响滑坡的因素

从上述分析可以看出，斜坡平衡条件的破坏与否，也就是说滑坡发生与否，取决于下滑力（矩）与抗滑力（矩）的对比关系。而斜坡的外形，基本上决定了斜坡内部的应力状态（剪切力的大小及其分布），组成斜坡的岩土性质和结构决定了斜坡各部分抗剪强度的大小。当斜坡内部的剪切力大于岩土的抗剪强度时，斜坡将发生剪切破坏而滑动，自动地调整其外形来与之相适应。因此，凡是引起改变斜坡外形和使岩土性质恶化的所有因素，都将是影响滑坡形成的因素。这些因素概括起来主要有以下几点。

1）岩性

滑坡主要发生在易于亲水软化的土层中和一些软质岩层中，当坚硬岩层或岩体内存在有利于滑动的软弱面时，在适当的条件下也可能形成滑坡。

容易产生滑坡的土层有胀缩黏土、黄土和黄土类土，以及黏性的山坡堆积层等。它们有的与水作用容易膨胀和软化，有的结构疏松，透水性好，遇水容易崩解，强度和稳定性容易受到破坏。

容易产生滑坡的软质岩层有页岩、泥岩、泥灰岩等遇水易软化的岩层。此外，千枚岩、片岩等在一定的条件下也容易产生滑坡。

2）构造

埋藏于土体或岩体中倾向与斜坡一致的层面、夹层、基岩顶面、古剥蚀面、不整合面、层间错动面、断层面、裂隙面、片理面等，一般都是抗剪强度较低的软弱面，当斜坡受力情况突然变化时，都可能成为滑坡的滑动面。如黄土滑坡的滑动面，往往就是下伏的基岩面或是黄土的层面；有些黏土滑坡的滑动面，就是自身的裂隙面。

3）水

水对斜坡土石的作用，是形成滑坡的重要条件。地表水可以改变斜坡的外形，当水渗入滑坡体后，不但可以增大滑坡的下滑力，而且将迅速改变滑动面（带）土石的性质，降低其抗剪强度，起到“润滑剂”的作用。所以有些滑坡就是沿着含水层的顶板或底板滑动的，不少黄土滑坡的滑动面，往往就在含水层中。两级滑坡的衔接处常有泉水出露，以及大规模的滑坡多在久雨之后发生，都可以说明水在滑坡形成和发展中的重要作用。

4）地震

地震是激发滑坡发生的重要因素。由于地震的加速度，使斜坡土体（或岩体）承受巨大的惯性力，并使地下水位发生强烈变化，促使斜坡发生大规模滑动，强烈地震可造成在较大范围内瞬间出现大量滑坡。如 1973 年 2 月的四川炉霍地震，1974 年 5 月的云南昭通地震，以及 1976 年 5 月的云南龙陵地震，7 月的河北唐山地震，8 月的四川松潘—平武地震，尽管区域地质构造和地貌条件不同，凡地震烈度在 VII 度以上的地区，都有不同类型的滑坡发生，尤其在高中山区，更为严重。地震激发滑坡，滑坡摧毁、掩埋道路，堵塞江河导致水位上升淹没道路，阻断地震灾区抢险救灾通道，将进一步加重灾情。

2008 年 5 月 12 日四川汶川 8.0 级强烈地震导致大量滑坡发生，其中滑坡体积大于 1 千万立方米的特大滑坡就有 26 处之多。地震激发的特大滑坡常常是高速滑坡，上千万立方米的岩土体伴随着地震十余秒时间内冲出数百米，甚至上公里。滑坡体高速运动过程中产生巨大冲击力将所经途中的房屋、道路、桥梁等建筑摧毁，掩埋人员及车辆，滑坡是汶川地震人民生命财产损失的主要原因之一。如汶川地震中发生的大光包—黄河子沟大滑坡涉及范围宽达 7.4km，体积上亿立方米，冲滑水平距离达 2.7 km，垂直滑降 680m。滑坡还是地震灾区堰塞湖形成的主要原因，汶川特大地震滑坡、崩塌堵塞河道形成 34 处大小不等堰塞湖，其中唐家山至马滚岩间 17km 河段有 7 处堵江，最大一处堰塞湖——唐家山堰塞湖坝高 82.65 ~ 124.4m、坝长 803m、宽 611m，库容 3.16 亿 m^3，实际蓄水 2.47 亿 m^3，成为震后其下游地区最大的威胁。

此外，如风化作用，降雨，人为不合理的切坡或坡顶加载，地表水对坡脚的冲刷等，都能促使上述条件发生有利于斜坡土石向下滑动的变化，诱发斜坡产生滑动现象。

3. 滑坡的分类

为了对滑坡进行深入研究和采取有效的防治措施，需要对滑坡进行分类。但由于自然地质条件的复杂性，且分类的目的、原则和指标也不尽相同，因此，对滑坡的分类至今尚无统一的认识。结合我国的区域地质特点和道路工程实践，铁路和公路部门认为，按滑坡体的主要物质组成和滑动时的力学特征进行的分类，有一定的现实意义。

按滑坡体的主要物质组成，可以把滑坡分为以下四个类型：

(1)堆积层滑坡。公路工程中经常碰到的一种滑坡类型，多出现在河谷缓坡地带或山麓的坡积、残积、洪积及其他重力堆积层中。它的产生往往与地表水和地下水直接参与有关。滑坡体一般多沿下伏的基岩顶面、不同地质年代或不同成因的堆积物的接触面，以及堆积层本身的松散层面滑动。滑坡体厚度一般从几米到几十米。

(2)黄土滑坡。发生在不同时期的黄土层中的滑坡，称为黄土滑坡。它的产生常与裂隙及黄土对水的不稳定性有关，多见于河谷两岸高阶地的前缘斜坡上，常成群出现，且大多为中、深层滑坡。其中有些滑坡的滑动速度很快，变形急剧，破坏力强，是属于崩塌性的滑坡。

(3)黏土滑坡。发生在均质或非均质黏土层中的滑坡，称为黏土滑坡。黏土滑坡的滑动面呈圆弧形，滑动带呈软塑状。黏土的干湿效应明显，干缩时多张裂，遇水作用后呈软塑或流动状态，抗剪强度急剧降低，所以黏土滑坡多发生在久雨或受水作用之后，多属中、浅层滑坡。

(4)岩层滑坡。发生在各种基岩岩层中的滑坡，属岩层滑坡，它多沿岩层层面或其他构造软弱面滑动。这种沿岩层层面、裂隙面和前述的堆积层与基岩交界面滑动的滑坡，统称为顺层滑坡，如图 3-6-6 所示。但有些岩层滑坡也可能切穿层面滑动而成为切层滑坡，如图 3-6-7 所示。岩层滑坡多发生在由砂岩、页岩、泥岩、泥灰岩以及片理化岩层（片岩、千枚岩等）组成的斜坡上。

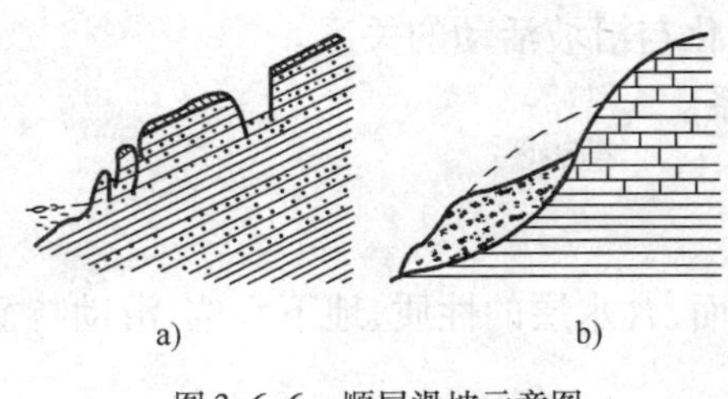

图 3-6-6　顺层滑坡示意图

a)沿岩层层面滑动;b)沿坡积层与基岩交界面滑动

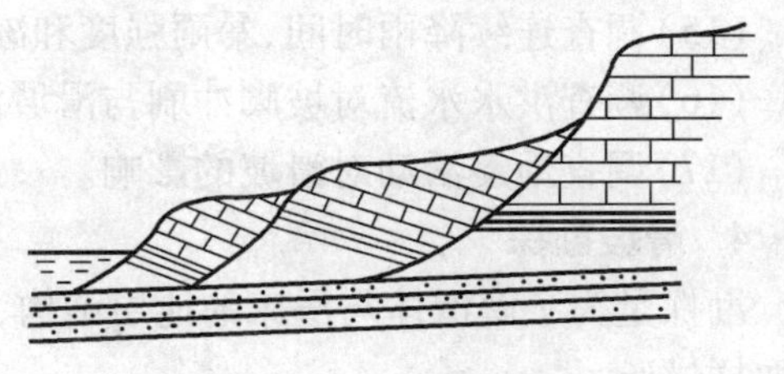

图 3-6-7　切层滑坡示意图

在上述滑坡中,如按滑坡体规模的大小,还可以进一步分为:小型滑坡(滑坡体小于 3 万 m^3);中型滑坡(滑坡体介于 3 ~50 万 m^3);大型滑坡(滑坡体介于 50 ~300 万 m^3);巨型滑坡(滑坡体大于 300 万 m^3)。如按滑坡体的厚度大小,又可分为:浅层滑坡(滑坡体厚度小于 6m);中层滑坡(滑坡体厚度为 6 ~20m);深层滑坡(滑坡体厚度大于 20m)。

按滑坡的力学特征,可分为牵引式滑坡和推动式滑坡。

(1)牵引式滑坡。主要是由于坡脚被切割(人为开挖或河流冲刷等)使斜坡下部先变形滑动,因而使斜坡的上部失去支撑,引起斜坡上部相继向下滑动。牵引式滑坡的滑动速度比较缓慢,但会逐渐向上延伸,规模越来越大。

(2)推动式滑坡。主要是由于斜坡上部不恰当地加荷(如建筑、填堤、弃渣等)或在各种自然因素作用下,斜坡的上部先变形滑动,并挤压推动下部斜坡向下滑动。推动式滑坡的滑动速度一般较快,但其规模在通常情况下不再有较大发展。

滑坡勘察是为了查明滑坡组成部分的情况、滑坡的性质与影响因素的特点,为滑坡稳定性计算与滑坡防治设计提供依据。勘察内容包括调查、勘探与试验。

滑坡工程地质调查,主要调查下列内容:

(1)滑坡壁的形状、位置、高差及坡度。

(2)滑坡台阶的形状、位置、高差、坡度及其形成次序。

(3)滑坡体隆起和洼地范围及形成特征。

(4)滑坡裂隙分布范围、密度、特征及其力学性质。

(5)滑坡舌前缘隆起、冲刷、滑塌与人工破坏状况。

(6)剪出口位置、距地面高度、滑坡面坡度及擦痕方向。

(7)滑体各部位(主轴线上)的稳定状态,如蠕动、挤压、初滑、滑动、速滑、终止。

(8)滑体上冲沟发育部位、切割深度、切割地层岩性、沟槽横断面形状、泉水的形成、沟岸稳定状况。

(9)调查坡脚破坏的原因与破坏速度。

(10)滑坡地区地层、岩性、地质构造与节理裂隙发育、分布规律。调查范围应包括滑坡体及其周边稳定地段。

(11)收集区域水文地质资料。

(12)地下水露头(如井、泉、积水洼地、潮湿地、喜湿植物群落等)的分布及发展变化的规律。

(13)调查含水层出露与埋藏条件、地下水位变化及地下水补给、排泄关系。

(14)调查滑坡附近的水利设施、灌溉习惯与滑坡活动的关系。

(15)调查连续降雨时间、暴雨强度和冻融季节变化与滑坡活动的关系。

(16)调查洪水水流对坡脚冲刷与滑坡活动的关系。

(17)调查地震活动对滑坡的影响。

4. 滑坡勘探

勘探是为了解滑体与滑床的地层结构、软弱结构面、含水层的性质、地下水位、滑动特征以及取样试验。

控制性的勘探线按滑体中心的主滑方向布置，长度应超过滑坡影响范围以外40m。

大型滑坡宜设2~3个地质断面，勘探点间距不宜大于50m。各勘探点的布置应便于绘出垂直滑动方向的横断面。

控制性勘探线上的勘探点不得少于3个（含钻探、挖探、露头）。同时，在稳定地段也应有勘探点。

滑坡后缘断裂壁坡脚、前缘剪出口处尽量采用挖探，探明滑动面特征。

视地层结构、地面形态等条件选择物探种类，大型滑坡可采用多种物探方法，互相配合验证。

控制性断面上的关键勘探点必须采用钻探。钻探深度要伸入到滑床2~3m。钻探终孔口径不小于110mm。

5. 试验

常用试验项目有相对密度、天然密度、天然含水、颗粒分析、液限、塑限、内摩擦角、黏聚力等。

对破碎岩石、碎石土及其他无法取得原状样测定内摩擦角、内聚力的土体，可采用反算法求得。

对不同滑动状态土体的样品，其抗剪强度应测定受力条件相似的数值（如重复剪切并求出残余剪切强度等）。

通过勘察应绘制该滑坡工程地质平面图（比例尺1:500~1:2 000），各项防治工程纵、横工程地质断面图（比例尺1:100~1:200），滑坡防治设计推荐方案平面示意图（比例尺1:500~1:2 000）。

三、泥石流

泥石流是一种突然暴发的含有大量泥沙、石块的特殊洪流。它主要发生在地质不良，地形陡峻的山区及山前区。由于泥石流含有大量的固体物质，突然暴发，持续时间短，侵蚀、搬运和沉积过程异常迅速，因而比一般洪水具有更大的能量，能在很短的时间内冲出数万至数百万立方米的固体物质，将数十至数百吨的巨石冲出山外。泥石流可以摧毁房屋村镇，淹没农田，堵塞河道，给山区交通和工农业建设造成严重危害。

泥石流对公路的危害是多方面的，主要通过堵塞、淤埋、冲刷和撞击等方式对路基、桥涵及其附属构造物产生直接危害；同时也经常由于堆积物压缩和堵塞河道，使水位壅升，淹没上游沿河路基，或者迫使主河槽的流向发生变化，冲刷对岸路基，造成间接水毁。

我国是世界上泥石流活动最多的国家之一，主要分布在西南、西北及华北的山区，如四川西部山区、云南西部和北部山区、西藏东部和南部山区、甘肃东南部山区、青海东部山区、祁连山地区、昆仑山及天山地区；黄土高原、太行山和北京西山地区、秦岭山区、鄂西及豫西山区等。

此外，在东北西部和南部山区、华北部分山区以及华南、台湾、海南岛等山区也有零星分布。

（一）泥石流的流域分区

典型的泥石流流域，一般可以分为形成、流通和堆积三个动态区，如图3-6-8所示。

（1）形成区。位于流域上游，包括汇水动力区和固体物质供给区。多为高山环抱的山间小盆地，山坡陡峻，沟床下切，纵坡较陡，有较大的汇水面积，区内岩层破碎，风化严重，山坡不稳，植被稀少，水土流失严重，崩塌、滑坡发育，松散堆积物储量丰富。区内岩性及剥蚀强度直接影响着泥石流的性质和规模。

（2）流通区。一般位于流域的中、下游地段，多为沟谷地形，沟壁陡峻，河床狭窄、纵坡大，多陡坎或跌水。

（3）堆积区。多在沟谷的出口处。地形开阔，纵坡平缓，泥石流至此多漫流扩散，流速减低，固体物质大量堆积，形成规模不同的堆积扇。

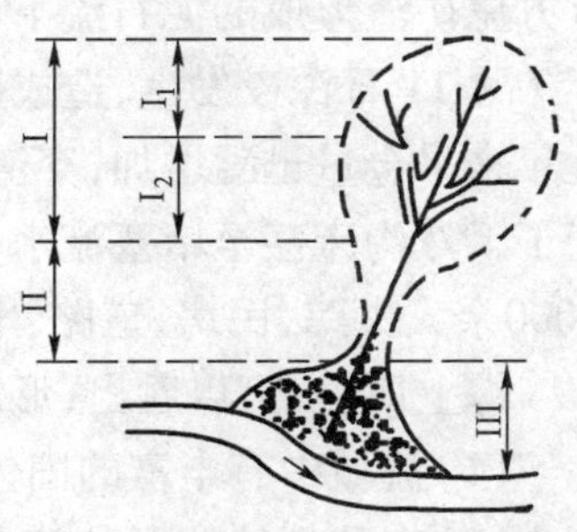

图3-6-8　泥石流流域分区示意图
I-形成区（I_1-汇水动力区，I_2-固体物质供给区）；II-流通区；III-堆积区

以上几个分区，仅对一般的泥石流流域而言，由于泥石流的类型不同，常难于明显区分，有的流通区伴有沉积，如山坡型泥石流其形成区域就流通区，有的泥石流往往直接排入河流而被带走，无明显的堆积层。

（二）泥石流的形成条件

泥石流的形成和发展，与流域的地质、地形和水文气象条件有密切的关系，同时也受人类经济活动的深刻影响。

1. 地质条件

凡是泥石流发育的地方，都是岩性软弱，风化强烈，地质构造复杂，褶皱、断裂发育，新构造运动强烈，地震频繁的地区。由于这些原因，导致岩层破碎，崩塌、滑坡等各种不良地质现象普遍发育，为形成泥石流提供了丰富的固体物质来源。我国的一些著名的泥石流沟群，如云南东川、四川西昌、甘肃武都和西藏东南部山区大都是沿着构造断裂带分布的。

2. 地形条件

泥石流流域的地形特征，是山高谷深，地形陡峻，沟床纵坡大。完整的泥石流流域，它的上游多是三面环山，一面出口的漏斗状圈谷。这样的地形既利于储积来自周围山坡的固体物质，也有利于汇集坡面径流。

3. 水文气象条件

水既是泥石流的组成部分之一，也是泥石流活动的基本动力和触发条件。降雨，特别是强度大的暴雨，在我国广大山区泥石流的形成中具有普遍的意义。我国降雨过程主要受东南和西南季风控制，多集中在5月至10月，在此期间，也是泥石流暴发频繁的季节。在高山冰川分布地区，冰川、积雪的急剧消融，往往能形成规模巨大的泥石流。此外，因湖的溃决而形成泥石流，在西藏东南部山区，也是屡见不鲜的。

4. 人类活动的影响

良好的植被，可以减弱剥蚀过程，延缓径流汇集，防止冲刷，保护坡面。在山区建设中，如果滥伐山林，使山坡失去保护，将导致泥石流逐渐形成。或促使已经退缩的泥石流又重新发展。如东川、西昌、武都等地的泥石流，其形成和发展都是与过去滥伐山林有着密切联系。此外，在山区建设中，由于矿山剥土、工程弃渣处理不当，也可导致发生泥石流。

随着国家经济建设规模的加大，工程弃渣、尾矿形成的泥石流灾害威胁越来越大，近年来屡次发生此类重大灾情，应引起充分重视。山西襄汾2008年9月8日铁矿尾矿坝决坝，数十万方尾矿渣形成的泥石流下泄近2km，冲毁掩埋沿途的村镇，造成二百多人死亡。又如1994年7月11日深夜发生、造成严重灾害的陕西省潼关县西峪金矿泥石流，其形成的主要原因是近年来采金量迅猛增加，弃渣、弃石量亦随之迅速增加，弃渣多堆放在沟谷中，淤堵、缩窄或改变了天然沟床甚至堵塞流水，因此在一场大暴雨的引发作用下暴发了泥石流，造成56人死亡，2 000余人失踪，民房、道路、电线杆、汽车、机器和护堤等均遭毁坏。

综上所述，可以看出，形成泥石流有三个基本条件：

(1)流域中有丰富的固体物质补给泥石流。

(2)有陡峭的地形和较大的沟床纵坡。

(3)流域的中、上游有强大的暴雨或冰雪强烈消融等形成的充沛水源。

(三)泥石流的发育特点

从上述形成泥石流的三个基本条件可以看出，泥石流的发育，具有区域性和间歇性(周期性)的特点。不是所有的山区都会发生泥石流，即使有，也并非年年暴发。

水文气象、地形、地质条件的分布有区域性的规律，因此泥石流的发育，也具有区域性的特点。如前所述，我国的泥石流，多分布于大断裂发育、地震活动强烈或高山积雪、有冰川分布的山区。

由于水文气象具有周期性变化的特点，同时泥石流流域内大量松散固体物质的再积累，也不是短期内所能完成的。因此，泥石流的发育，具有一定的间歇性。那些具严重破坏力的大型泥石流，往往需几年、十几年甚至更长时间才发生一次。一般多发生在较长的干旱年头之后(积累了大量固体物质)，出现集中而强度较大的暴雨年份(提供了充沛的水源)。

(四)泥石流的分类

泥石流的分类，目前尚不统一。这里根据泥石流的形成、发展和运动规律，结合防治措施的需要，介绍以下三种主要分类系统。

1. 按泥石流的固体物质组成分类

(1)泥流。所含固体物质以黏土、粉土为主(约占80%~90%)，仅有少量岩屑碎石，黏度大，呈不同稠度的泥浆状。主要分布于甘肃的天水、兰州及青海的西宁等黄土高原山区和黄河的各大支流、如渭河、湟水、洛河、泾河等地区。

(2)泥石流。固体物质由黏土、粉土及石块、砂砾所组成。它是一种比较典型的泥石流类型。西藏波密地区、四川西昌地区、云南东川地区及甘肃武都地区的泥石流，大都属于此类。

(3)水石流。固体物质主要是一些坚硬的石块、漂砾、岩屑及砂等，粉土和黏土含量很少，一般<10%，主要分布于石灰岩、石英岩、大理岩、白云岩、玄武岩及砂岩分布地区。如陕西华山、山西太行山、北京西山及辽东山地的泥石流多属此类。

2. 按泥石流的流体性质分类

(1)黏性泥石流。也称结构型泥石流。其固体物质的体积含量一般约达40%~80%，其中黏土含量一般在8%~15%左右，其密度多介于1 700~2 100kg/m³。固体物质和水混合组成黏稠的整体，作等速运动，具层流性质。在运动过程中，常发生断流，有明显阵流现象。阵流

前锋常形成高大的"龙头",具有巨大的惯性力,冲淤作用强烈。流体到达堆积区后仍不扩散,固液两相不离析,堆积物一般具有棱角,无分选性。堆积地形起伏不平,呈"舌状"或"岗状",仍保持运动时的结构特征,故又称结构型泥石流。

(2)稀性泥石流。也称紊流型泥石流。其固体物质的体积含量一般小于40%,粉土、黏土含量一般小于5%,其密度多介于1 300 ~1 700kg/m^3,搬运介质为浑水或稀泥浆,砂粒、石块在搬运介质中滚动或跃移前进,浑水或泥浆流速大于固体物质的运动速度,运动过程中发生垂直交换,具紊流性质,故又称紊流型泥石流。它在运动过程中,无阵流现象。停积后固液两相立即离析,堆积物呈扇形散流,有一定分选性,堆积地形较平坦。

3. 按泥石流流域的形态特征分类

(1)标准型泥石流。具有明显的形成、流通、沉积三个区段。形成区多崩塌、滑坡等不良地质现象,地面坡度陡峻。流通区较稳定,沟谷断面多呈V形。沉积区一般均形成扇形地,沉积物棱角明显,破坏能力强,规模较大。

(2)河谷型泥石流。流域呈狭长形,形成区分散在河谷的中、上游。固体物质远离堆积区,沿河谷既有堆积亦有冲刷,沉积物棱角不明显。破坏能力较强,周期较长,规模较大。

(3)山坡型泥石流。也叫坡面型泥石流。沟小流短,沟坡与山坡基本一致,没有明显的流通区,形成区直接与堆积区相连。洪积扇坡陡而小,沉积物棱角尖锐、明显,大颗粒滚落扇脚。冲击力大,淤积速度较快,但规模较小。

(五)泥石流的防治

1. 泥石流的勘测要点

在勘测时,应通过调查和访问,查明泥石流的类型、规模、活动规律、危害程度、形成条件和发展趋势等,作为路线布局和选择通过方案的依据,并收集工程设计所需要的流速与流量等方面的资料。

对泥石流流域三个区的调查应查明:泥石流形成区的滑坡、错落、崩塌、岩堆、坡残积物及流域面积内可能形成泥石流的固体物质储备量,溯源侵蚀状况;流通区沟谷特征,如沟谷的曲折、横断面类型、岸坡形状、纵坡角度、通过长度、冲淤规律、泥石流痕迹残留厚度等;堆积区洪积扇的形状、大小、各部位地面坡度、各部位的颗粒天然级配、颗粒的岩石或矿物成分、岩组排列、疏松、固结(胶结)状况、较新泥石流沉积体互相叠覆状况、冲沟在洪积扇上发育状况(如位置变迁、切割深度、横断面形状等)。

除收集一般气象资料外,还应调查最大降雨延续时间、降雨强度、出现年份以及对发生泥石流的影响程度;收集或绘制流域地形图并圈定泥石流的汇水面积;调查泥石流对河床稳定的影响,泥石流挤压河床,迫使河流外移,泥石流堵塞江河造成回水的范围和高程;确定公路沿河各路段的年平均淤积量。

发生过泥石流的沟谷,常遗留有泥石流运动的痕迹。如离河较远,不受河水冲刷,则在沟口沉积区都发育有不同规模的洪积扇或洪积锥,扇上堆积有新沉积的泥石物质,有的还沉积有表面嵌有角砾、碎石的泥球;在通过区,往往由于沟槽窄,经泥石流的强烈挤夺和摩擦,沟壁常遗留有泥痕、擦痕及冲撞的痕迹。

在有些地区,虽然未曾发生过泥石流,但存在形成泥石流的条件,在某些异常因素(如大地震、特大洪水等)的作用下,有可能促使泥石流的突然暴发,对此,在勘测时应特别予以注意。

2．泥石流地区道路选线原则

选线是泥石流地区公路设计的首要环节。选线恰当，可以避免或减少泥石流危害；选线不当，可导致或增加泥石流危害。线路平面及纵面的布置，基本上决定了泥石流防治可能采取的措施，所以，防治泥石流首先要从选线考虑。

(1)高等级公路最好避开泥石流地区。在无法避开时，也应按避重就轻的原则，尽量避开规模大、危害严重、治理困难的泥石流，而走危害较轻的一岸，或在两岸迂回穿插，如图 3-6-9 所示。如过河绕避困难或不适合时，也可在沟底以隧道或明洞穿过。

(2)当河谷很开阔，洪积扇未达到河边时，可将公路线路选在洪积扇淤积范围之外通过。这时路线线型一般比较舒顺，纵坡也比较平缓，但可能存在以下问题：洪积扇逐年向下延伸淤埋路基；河道摆动，使路基遭受水毁。

(3)在大河峡谷段，如支沟泥石流有可能暂时堵塞河道而使水位升高时，应注意把线路选在较高的位置，以免被淹没。

(4)跨越泥石流时，首先应考虑在流通区沟口建桥跨越的方案。这里一般沟道较窄，沟床较稳定、冲淤变化不大，有利于建桥跨越。但应注意这里泥石流搬运力及冲击力最强；还应注意这里有无转化为堆积区的趋势，桥下应留有足够的排洪净空。

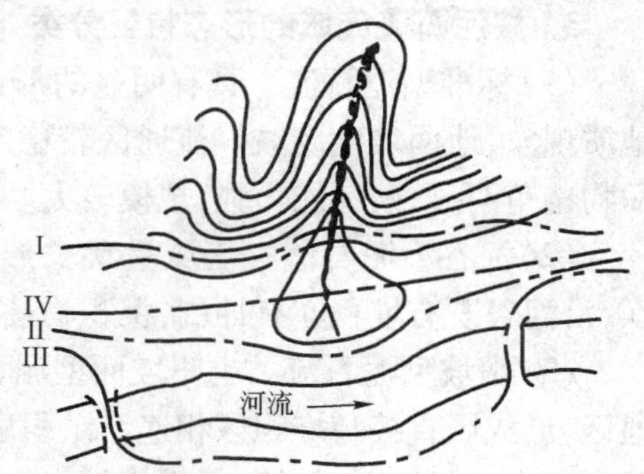

图 3-6-9　公路通过泥石流地段的几种方案示意
I-从堆积扇顶部通过；II-从堆积扇外缘通过；III-跨河绕越通过；IV-从堆积扇中部通过

(5)当需跨越洪积扇定线时，要注意防治淤积、漫流、冲击和冲刷四种病害，特别是淤积病害。由于各种病害随洪积扇部位不同而异，基于利弊分析，定线常争取在扇缘跨越，只在特殊情况下才考虑在扇顶或扇腰部位通过。

(6)在山坡型泥石流集中发育地段，线路应避免选在山脚的边坡点，因为这里坡度很陡的洪积锥经常会堵塞桥涵的进口。最好把线路选在山坡上，以利泥石流排泄。如山坡陡峻或不够稳定时，则宜选在远离山脚处，并以高路堤通过，以便设置宣泄泥石流的桥涵。

（六）泥石流的防治措施

防治泥石流应全面考虑跨越、排导、拦截以及水土保持等措施，根据因地制宜和就地取材的原则，注意总体规划，采取综合防治措施。

1．水土保持

包括封山育林、植树造林、平整山坡、修筑梯田，修筑排水系统及支挡工程等措施。水土保持虽是根治泥石流的一种方法，但需要一定的自然条件，收效时间也较长，一般应与其他措施配合进行。

2．跨越

根据具体情况，可以采用桥梁、涵洞、过水路面、明洞及隧道、渡槽等方式跨越泥石流。采用桥梁跨越泥石流时，既要考虑淤积问题，也要考虑冲刷问题。确定桥梁孔径时，除考虑设计流量外，还应考虑泥石流的阵流特性，应有足够的净空和跨径，保证泥石流能顺利通过。桥位应选在沟道顺直、沟床稳定处，并应尽量与沟床正交。不应把桥位设在沟床纵坡由陡变缓的变坡点附近。

3. 排导

采用排导沟、急流槽、导流堤等措施使泥石流顺利排走,以防止掩埋道路、堵塞桥涵。泥石流排导沟是常用的一种建筑物,设计排导沟应考虑泥石流的类型和特征。为减小沟道冲淤,防止决堤漫溢,排导沟应尽可能按直线布设,必须转变时,应有足够大的弯道半径。排导沟纵坡宜一坡到底,如必须变坡时,从上往下应逐渐弯陡。排导沟的出口处最好能与地面有一定的高差,同时必须有足够的堆淤场地,最好能与大河直接衔接。

4. 滞流与拦截

滞流措施是在泥石流沟中修筑一系列低矮的拦挡坝,其作用是:拦蓄部分泥砂石块,减弱泥石流的规模;固定泥石流沟床,防止沟床下切和谷坡坍塌;减缓沟床纵坡,降低流速。拦截措施是修建拦渣坝或停淤场,将泥石流中的固体物质全部拦淤,只许余水过坝。

四、软土

软土一般是指天然含水率大、压缩性高、承载力低和抗剪强度很低的呈软塑——流塑状态的黏性土。软土是一类土的总称,并非指某一种特定的土,一般将软土分为软黏性土、淤泥质土、淤泥、泥炭质土和泥炭等,即其性质大体与上述概念相近的土都可以归为软土。《公路工程地质勘察规范》(JTJ 064—98)则定义滨海、湖沼、谷地、河滩沉积的天然含水率大于液限,天然孔隙比大于或等1.0,压缩系数不大于0.5MPa^{-1},不排水抗剪强度小于30kPa的细粒土为软土。交通部2004年颁布的《公路路基设计规范》(JTG D30—2004)中规定软土的鉴别指标如下表3-6-1所示。各规范定义软土的指标内容有所差别,但都包含了天然含水率、孔隙性、强度和压缩系数,其界线值也基本相同。

软土鉴别指标 表3-6-1

土 类	天然含水率(%)		天然孔隙比	直剪内摩擦角(°)	十字板剪切强度(kPa)	压缩系数 $a_{0.1\text{-}0.2}$(MPa^{-1})
黏质土、有机土	≥35	≥液限	≥1.0	宜小于5	<35	宜大于0.5
粉质土	≥30		≥0.9	宜小于8		宜大于0.3

软土主要是在静水或缓慢流水环境中沉积的以细颗粒为主的第四纪沉积物,一般有下列特征:

(1)软土的颜色多为灰绿、灰黑色,手摸有滑腻感,能染指,有机质含量高时,有腥臭味。

(2)软土的粒度成分主要为黏粒及粉粒,黏粒含量高达60%~70%。

(3)软土的矿物成分,除粉粒中的石英、长石、云母外,黏粒中的黏土矿物主要是伊利石,高岭石次之。此外,软土中常有一定量的有机质,可高达8%~9%。

(4)软土具有典型的海绵状或蜂窝状结构,这是造成软土孔隙比大、含水率高、透水性小、压缩性大、强度低的主要原因之一。

(5)软土常具有层理构造,软土和薄层的粉砂、泥炭层等相互交替沉积、或呈透镜体相间形成性质复杂的土体。

软土具有孔隙比大(一般大于1.0,高的可达5.8),含水率高(最大可达300%),透水性小和固结缓慢,压缩性高,强度低且具有触变性、流变性的工程性质特点。

软土地区道路工程地质勘察的重点:

(1)查明与路线方案有关的软土工程地质问题,为优选路线方案提供依据。

(2)在路线基本走向范围内,对可能布置线路的区间取得几种(或几条)路线通过方案的工程地质资料。

(3)查明对路线的方案起控制作用的软土地基区段、工程地质条件与水文地质条件。

(4)调查软土地基、分布范围,研究分析危害程度,对拟选线路的环境作出工程地质评价。

(5)初步查明土的物理、力学性能与水理性质,对地基沉降与滑移的防治方案提供工程地质资料。

(6)提出对软土地区路线能否绕避,或提出通过软土区段的方案。

勘察工作应着重调查软土地基分布路段的地形、地貌及第四系地层沉积的关系。各层的成因类型、分布范围、基底性质与结构特点。各软弱层及与其相间存在的土类的含水情况,土质颗粒组成、稠度、结构状况,以及所含排水砂层的有关物理、力学性能。地下水位位置、类型、活动情况、补给与排水条件,以及地下水与地表水的联系。

软土地基勘探一般应采用挖探、钎探、触探与钻探和其他原位测试方法,条件适宜时辅以物探的方法,采取这些综合勘探手段,使勘探资料得以互相验证与补充。

五、黄土

黄土是第四纪以来,在干旱、半干旱气候条件下,陆相沉积的一种特殊土。标准的或典型的黄土具有下列六项特征:

(1)颜色为淡黄、褐色或灰黄色。

(2)颗粒组成以粉土颗粒(粒径为0.075～0.005mm)为主,约占60%～70%。

(3)黄土中含有多种可溶盐,特别富含碳酸盐,主要是碳酸钙,含量可达10%～30%,局部密集形成钙质结核,又称姜结石。

(4)结构疏松,孔隙多,有肉眼可见的大孔隙或虫孔、植物根孔等各种孔洞,孔隙度一般为33%～64%。

(5)质地均一无层理,但具有柱状节理和垂直节理,天然条件下能保持近于垂直的边坡。

(6)湿陷性。黄土湿陷性是指天然黄土在自重压力,或自重压力与附加压力作用下,受水浸蚀后,土的结构迅速破坏,发生显著的湿陷变形的性质。但并非所有黄土都具有湿陷性。具有湿陷性的黄土称为湿陷性黄土。

从黄土的一般工程性质看,干燥状态下黄土的工程力学性质并不是很差的,但遇水软化甚至发生湿陷后,常引起工程建筑物的破坏,所以湿陷性是湿陷性黄土的最不良的性质。

黄土湿陷发生在一定的压力下,这个压力称为湿陷起始压力,当土体受到的压力小于起始压力时,不产生湿陷。如果湿陷发生在土的饱和自重压力下称为自重湿陷,如果湿陷发生在自重压力和建筑物的附加压力下称为非自重湿陷。自重湿陷的黄土,湿陷起始压力小于自重压力,非自重湿陷黄土的湿陷起始压力大于自重压力,黄土的非自重湿陷比较普遍。

黄土的湿陷起始压力随着土的密度、湿度、胶结物含量以及土的埋藏深度等的增加而增加。

湿陷性黄土地基这种特性,会对结构物带来不同程度的危害,使结构物大幅度沉降、开裂、倾斜,严重影响其安全和使用。湿陷性黄土占我国黄土地区总面积的60%以上,而且又多出现在地表上层,主要分布在山西、陕西、甘肃大部分地区以及河南西部。

在黄土地区勘察中,必须对湿陷性进行评价,评价的正确与否直接影响设计措施的采取。

黄土的湿陷性计算与评价，按一般的工作次序，其内容主要有：

(1)判别湿陷性与非湿陷性黄土；

(2)判别自重与非自重湿陷性黄土；

(3)判别湿陷性黄土场地的湿陷类型；

(4)判别湿陷等级；

(5)确定湿陷起始压力等。

黄土的湿陷性一般是自地表以下逐渐减弱，埋深7～8m以上的黄土湿陷性较强。不同地区，不同时代的黄土是不同的，这与土的成因、固结成岩作用、所处的环境等条件有关。湿陷性黄土场地的湿陷类型的划分，应按照实测自重湿陷量或计算自重湿陷量制定建筑物场地的湿陷类型。实测自重湿陷量应根据现场试坑浸水试验确定。

1. 黄土地区道路工程地质调查

(1)调查路线通过范围的原、梁、峁、冲沟、阶地、冲积平原、洪积平原等地貌单元的类型和特征，各地貌单元边界上的微地貌变化。

(2)调查冲沟发育程度、横断面形状、纵坡坡度及变化点的位置、沟头陡坎高度及形状，溯源侵蚀及侧向侵蚀程度、沟岸稳定状况及发展趋势。

(3)黄土陷穴的形态类型、形状、深度、分布规律、连通关系、地面坡度，潜蚀洞穴的形状、大小、长度，有关陷穴出口处地层特性。

(4)黄土地层、地质年代、地层厚度、分布情况、产状、成因类型。黄土的颜色、结构、颗粒、大孔隙、盐类析出分布形状、钙质结核分布等。

(5)黄土地层节理、裂隙的发育情况。

(6)地下水露头、地下水位、地下水埋深及其补给与排泄情况。

(7)湿陷性黄土分布层次及岩性特征。

2. 黄土地区路基勘探

黄土地区公路路基的工程地质勘探，应在全面分析研究地貌、气象、水文、植被调查、地质调查资料的基础上，确定勘探工程的位置，选择勘探方法。

(1)勘探线应结合地貌单元及黄土地层类型，选代表性断面布线。对路线处于黄土源、宽阔阶地、宽阔的洪积扇，勘探线沿路中线布置。对路线处于黄土梁、峁、斜坡地形，土体有可能产生滑塌的深路堑、高路堤路基，勘探线纵向沿路线，横向垂直地形等高线成十字形布线。

(2)跨越黄土冲沟的高填方、黄土土桥或坝式路堤，勘探线纵向沿路中线，横向沿沟底纵坡线布线。

(3)勘探线数量及勘探点数量，视地形、黄土地层类型、工程难易程度而定，以满足初步设计要求为原则。

(4)每条勘探线不宜少于3个勘探点。

(5)勘探深度一般应穿透湿陷性黄土地层。

(6)勘探方法宜以挖探(探井)为主，钻探可用轻型钻机。

六、膨胀土

膨胀土是一种黏性土，具有明显的膨胀、收缩特性。它的粒度成分以黏粒为主，黏粒的主要矿物是蒙脱石、伊利石，这两类矿物具有强烈的亲水性，吸收水分后强烈膨胀，失水后收缩，多次膨胀、收缩,强度很快衰减,导致修建在膨胀土上的工程建筑物开裂、下沉、失稳破坏。

膨胀土主要由含硅酸盐的岩石(包括沉积岩、岩浆岩和变质岩中富铝硅酸盐岩类)经风化破碎,在氧化(还原)条件下经水合作用、淋浴作用及水解作用等地球化学的演变,在湿热气候环境中形成的。

1. 膨胀土的特征

(1)膨胀土颜色多为灰白、棕黄、棕红、褐色等。

(2)粒度成分以黏粒为主,含量在35%~50%以上,其次是粉粒,砂粒最少。

(3)黏粒的黏土矿物以蒙脱石、伊利石为主,高岭石含量很少。

(4)天然状态下,膨胀土结构紧密、孔隙比小,干密度达1.6~1.8g/cm^3,塑性指数为18~23。

(5)具有强烈的膨胀、收缩特性,吸水时膨胀,产生膨胀压力,失水收缩时产生收缩裂隙,干燥时强度较高,多次反复胀缩后,强度降低。

(6)天然状态下,膨胀土的剪切强度、弹性模量都比较高,但遇水后强度降低,有的甚至接近饱和淤泥的强度。

(7)膨胀土中各种成因的裂隙十分发育。

(8)早期(第四纪以前或第四纪早期)生成的膨胀土具有超固结性。

表示膨胀土的胀缩性指标有自由膨胀率、膨胀率和线缩率。

2. 膨胀岩土地区道路工程地质勘察

应查明膨胀岩土的岩性、成因类型、分布范围、成层特点、岩层产状、裂隙发育情况、膨胀潜势大小和胀缩特性的空间变化规律;查明膨胀岩土分布区的地形地貌特征、微地貌主要形态、天然斜坡坡度及稳定状况,由于岩土的胀缩变化而形成的各种不良地质现象的类型、规律及分布特点,判定膨胀岩土的膨胀等级;查明地下水类型、埋藏条件和运动规律,地表水的积聚和排泄条件,人工渠塘分布情况和对膨胀岩土的影响;查明膨胀岩土分布区地温和含水率随深度的变化情况。

3. 膨胀岩土地区的路基勘探

应采用钻探、人力钻和挖探等方法进行,勘探点应沿中线布置。在平原微丘区,勘探点间距为100~200m,在山岭、重丘区,每个主要地貌单元应有一个勘探点;当膨胀土层厚度不大时,钻孔应钻至下卧的非膨胀土层内一定深度;当膨胀土层较厚时,填方路段钻孔深度不应小于6m,挖方路段钻孔应钻至路基设计高程以下5m;在地表以下或路基设计高程以下1.5m深度内应采取岩土试样,其下每间隔2.0m取一组试样;原位测试孔和取样孔的数量应占孔总数的1/4~1/2。

4. 膨胀土试验

(1)常规试验。密度、相对密度、含水率,界限含水率(液限、塑限、缩限),岩土的矿物成分化学分析,土的黏粒含量测定。

(2)膨胀岩土工程特性指标试验。自由膨胀率及不同应力下的膨胀率、膨胀力、收缩系数试验。

(3)力学强度试验。压缩试验、剪切试验、浸水后剪切试验。

七、盐渍土

土体中易溶盐含量大于0.5%,且具有吸湿、松胀等特性的土称为盐渍土。

(1)按形成条件,盐渍土可分为盐土、碱土和胶碱土等类型。

①以含有氯盐及硫酸盐为主的盐渍土称为盐土。盐土通常是在矿化了的地下水位很高的低地内形成的,盐分由于毛细管作用,经过蒸发而聚集在土的表层。

②碱土是在表土层中含有较多的碳酸钠和重碳酸钠,不含或仅含微量的其他易溶盐类,黏土胶体部分地为吸附性钠离子所饱和。碱土在水中的溶液具有碱性反应,碱土与盐土常常共生和相互交替。盐碱土多分布在草原和河流或湖泊的阶地上,以及平原的小盆地中。

③胶碱土又称龟裂黏土,生成于荒漠或半荒漠的地形低洼处,大部分是黏性土或粉性土,表面平坦,不长植物。干燥时非常坚硬,干裂成多角形。潮湿时立即膨胀,裂缝挤紧,成为不透水层,非常泥泞。胶碱土的整个剖面内,易溶盐的含量均较少,盐类被淋溶至0.5m以下的地层内,而表层往往含有吸附性的钠离子。

(2)按含盐成分,盐渍土分为氯盐渍土、亚氯盐渍土、亚硫酸盐渍土、硫酸盐渍土和碳酸盐渍土,其中亚硫酸盐渍土、硫酸盐渍土的胀松性最大。

1. 盐渍土的膨胀性(盐胀性)

硫酸盐沉淀结晶时,体积增大,脱水时体积缩小。干旱地区日温差较大。由于温度的变化,硫酸盐的体积时缩时胀,致使土体结构疏松。在冬季温度下降幅度较大,便产生大量的结晶,使土体剧烈膨胀。一般认为含量在2%以内时,膨胀带来的危害性较小,高于这个含量则膨胀量迅速增加。

2. 盐渍土的力学性质

在一定含水率的条件下,因土粒中含有盐分,使土粒间的距离增大,而内聚力及内摩擦角则随之减小,土体的强度降低,土在潮湿状态时,土中的含盐量愈大,则其强度愈低。当含盐量增加到某一程度后,盐分能起胶结作用时,或土中含水率减小,盐分开始结晶,晶体充填于土孔隙中起骨架作用时则土的内聚力及内摩擦角增大,其强度反而比不含盐的同类土的强度高。因此,盐渍土的强度与土的含水率关系密切,含水率较低且含盐率较高时,土的强度就较高,反之较低。

3. 盐渍土的水稳性

水对盐渍土的稳定性影响很大,在潮湿的情况下,一般均表现为吸湿软化,因此盐渍土的水稳定性较低。

盐渍土地区道路工程地质调查,需注意查明当地气候、水文与水文地质、植被、地貌与土及其成分等条件,具体的有:

(1)收集气象资料,侧重于多年或至少连续一年的降水、蒸发、气温、地温(地面下25cm、50cm、75cm、100cm地温)的变化资料。

(2)查明沟、渠、河网的分布、流向、纵坡及洪水泛滥时淹没范围、排泄路径,调查水库的修建、农田水利建设、灌溉习惯对地下水位的影响程度。

(3)调查植被覆盖程度,喜湿、耐旱、耐盐碱植物种群分布。

(4)收集区域水文地质资料,了解地下水补给、渗透、排泄总的趋势,调绘井、泉、湿地的分布,调查地下水位、地下水矿化度、矿化类型的变化规律及总的趋势,调查古河道走向及深层淡水的埋藏和开采条件。

(5)调查沿线地层结构及其岩性变化,盐渍土的地面特征,如石膏漠、龟裂土、蓬松土、盐霜、盐结皮、盐壳及盐盖等在平面上的分布规律。

(6)调查土壤盐渍化程度、类型在平面上、剖面上的分布规律,调查土壤盐渍化程度、类型随埋深变化的规律和土壤盐分聚积、淋溶、迁移与气候、水文、微地形条件变化的规律。

(7)调查原有公路路基横断面、地下水位、盐渍土类型、路面结构、路面变形破坏形式及状况。

4. 盐渍土道路工程地质勘察

宜以挖探、洛阳铲勘探为主要手段,水源勘探应采用钻探。对于新建道路,可视所通过盐渍土地面特征,选代表性横断面布置勘探线,每个横断面不少于3个勘探点;对于原有公路,应视盐渍土地面特征与路基、路面破坏程度,选代表性横断面布置勘探线。每处横断面在原地面、路肩、路中均应设有勘探点;在代表性横向勘探线间盐渍土地面特征变化处设勘探点,共同组成纵向勘探线;勘探深度一般控制在地下水位以下能够取出水样为限;盐渍土的取样,应于干旱季节进行,自地表往下逐段连续取样。

5. 盐渍土地区路基设计

应结合当地气象、地形、土质、水文、盐渍化程度、盐类成分和含量等自然条件予以详细研究分析,掌握有关自然条件的特殊变化规律,及其对路基稳定性的影响,采取正确合理的工程技术措施,进行路基特殊设计,以期达到路基工程具有足够的强度和整体稳定性的目的。

盐渍土路基设计应注意:路基填料含盐量控制、路基排水设计应保证排水畅通、保证路基高度、隔断毛细水上升通道、路肩及边坡加固等。

第三节　工程地质选线

公路是线(带)状建筑物,路线穿越不同的自然环境单元,受地质条件影响明显。因此,选择路线方案应十分重视工程地质条件,即所谓工程地质选线。当区域稳定条件差,有不良地质现象和特殊性岩土存在,山体或基底有可能失稳时,尤应衡量地质条件对工程稳定、施工条件和安全及营运养护的长期影响,合理选定路线方案。

工程地质选线工作,应由有经验的工程地质人员和工程专业人员共同进行。综合考虑地质条件和各种因素,初步选定路线位置。然后在充分研究并掌握沿线的工程地质条件下,尽可能对有价值的方案进行比较,将路线、大桥、隧道及立交等重点工程选定在工程地质条件相对较好的区间内,以避免在详测时因地质问题而发生路线或桥位、隧址方案变动。

对规模大、分布广、治理难的不良地质和特殊性岩土地带,路线应尽量绕避。必须通过时,应选择以最短的距离、最有利的部位通过,并应对其采取切实有效的工程措施。

各类地质条件路线布设应遵循的基本原则:

1. 按不同地形、地貌条件进行工程地质选线

(1)河谷路线。路线宜布设在地势平坦或有阶地的一岸;顺岩层走向发育的纵向河谷,若地形允许,路线一般应布设在逆倾向坡一岸,以保障边坡稳定;顺大断裂发育的河谷,路线一般应布设在断层下盘岸或分支断裂较少的一岸。

(2)越岭路线。避免沿构造轴线,尤其是避免沿大断裂的破碎带和地下水发育带布线,路线应尽可能垂直通过破碎带,避免在破碎带展线。

2. 按不良地质路段进行工程地质选线

(1)岩溶区。通过岩溶区时,路线应布设在可溶岩与非溶岩互层的岩溶发育相对较弱区;

避免沿厚层可溶岩与非溶岩接触带、构造破碎带、褶曲轴部和倾伏端布线;通过岩溶坡立谷、丘陵区,线位宜靠山坡;通过溶蚀洼地的路线选在洞穴少、埋深大,岩溶水排泄条件弱的地段。

(2)滑坡区。路线通过滑坡的原则,应力求不恶化滑坡体,并增强其稳定性。根据路线高低选择布线位置,一般是滑坡上缘或下缘比滑坡中部好。通过滑坡上缘,一般以挖方路基为宜;通过下缘,以路堤为宜。

(3)岩堆区。处于发展阶段、上方山坡有大量物质来源的岩堆应及早提坡从上方山体的稳定地带通过;趋于稳定的岩堆,如地形条件允许,路线宜在岩堆坡脚外适当距离通过。如地形受限,也可在下部以路堤形式通过;对已稳定的岩堆,布设路线应注意不破坏其稳定性和选择在堆积物较薄、基底稳定条件较好的部位。

(4)崩塌区。通过崩塌区,路线不宜紧靠崩塌体脚下,并设置遮挡建筑物;小型、零星落石段,宜将路线设置在崩塌落石停积区外,以路堤形式通过。

(5)泥石流区。通过泥石流区时,首先应考虑从流通区或河床比较稳定、冲淤变化不大的洪积扇顶部以桥跨越;基本稳定或规模不大的泥石流,路线可从堆积区通过,但应注意路桥结合和导流防护措施。

(6)水库区。路线必须设在塌岸带内时,应有确保路基稳定的工程措施,路线宜选择在基岩露头良好、上层薄的坡体稳定段;路线走向宜与主导风向一致或逆风向一侧。

(7)风沙地区。路线通过沙漠地区时,宜尽量避开严重的流沙地段,选择在沙害较轻的湖盆滩地、河谷阶地、古河床及扇缘地带布线;必须通过流沙时,路线宜以最短的距离布设在沙丘起伏不大和在沙丘的中立地带;路线的走向宜与当地的主导风向大致平行;路线宜靠近材料产地和水源地。

(8)采空区。通过采空区,应选择在矿层薄、埋藏深、倾角缓、垂直矿层走向等有利条件处。

(9)积雪区。风吹雪地区,路线宜避开风速严重减缓区;通过山地丘陵时,应尽量利用几面通风的开阔地、台地、山梁、垅岗等;路线走向应尽可能与风雪流的主导方向平行或交角小于30°。一般积雪区,越岭或沿河路线宜设在阳坡上。

(10)雪崩区。路线应尽可能绕避严重雪崩区;在森林区路线应注意靠近森林较多、较密的一侧通过;通过雪崩的沟槽时,如河谷较宽,应从堆积区的外侧通过;通过雪崩堆积区或运动区时,应结合防治雪崩的工程措施选择合理的位置。如采取拦阻雪崩或导雪措施时,路线应尽可能在堆积区的下方通过。如采用防雪走廊时,路线应尽量靠近陡坡。越岭展线地段应避免多次经过同一雪崩沟槽,山坡上路线不宜设挖方。

(11)强震区。路线应力求绕避近期活动的断裂带、断层破碎带和断裂交叉带、易液化砂土及软土等松软地基、不稳定悬崖深谷、易塌陷地下空洞等抗震不利地段、路线宜选择在地势平坦或地貌单一的平缓坡地。

3. 按特殊性岩土进行工程地质选线

(1)冻土区。路线通过山坡时,宜选择在平缓、干燥、向阳的地带;在积雪地段,应选择在积雪轻微的山坡上;沿大河河谷定线,宜选择在阶地或大河融区,但应避免在融区附近的多年冻土边缘地带;穿过冻土时,应以较短的距离通过多年冻上地带;路线宜选择土质良好的地带,并尽量靠近取土地点,以及砂、石和保温材料产地;在厚层地下冰和冻土沼泽地段,宜从较窄、较薄且埋藏较深处通过;在热融滑坍、冰丘、冰椎地段,路线宜在下方较高处通过。

(2)软土区。选线应注意避开泥沼及软土地段，力求绕避陡山坡上的泥沼、古湖盆的泥沼以及中间聚水地带的泥沼；通过泥沼及软土地段时线位应尽可能选在泥沼及软土分布范围最窄，泥炭淤泥层不厚、沼底横坡不大，有较厚覆盖层或硬壳层，地势较高，取土条件较好的地段；宽广的软土地区，路线应避免沿排灌渠道边缘或湖塘边缘布设；选线应注意利用微地貌，如风成高地及丘陵坡麓的堆积高地。

(3)盐渍土。对于有可能遭受洪水冲淹的低洼地区，以及经常处于潮湿或积水的强盐渍土、过盐渍土或盐沼地带，路线应尽可能避绕；在一般的渍土地区或小面积岛状零星分布的盐渍土地带，路线应选择在地势较高、含盐量较小、地下水位较低、地表排水便利和通过距离最短、距渗水性土分布地最近的地段。

(4)膨胀土区。路线应选择在膨胀土分布范围窄、膨胀性能弱、膨胀土层薄的地段；路线横穿膨胀土垄岗脊时，应选择前缘部位，垂直脊线穿越；通过既有建筑区时，应尽量远离建筑群及重要建筑物。

(5)黄土区。路线应选择平坦的宽谷，在湿陷比较小、地表排水较好的地带通过，避开深沟、陡坡、陷穴、冲沟密集，下伏岩层面陡倾和地下水发育的斜坡地段。

第七章　道路工程地质勘察

公路工程地质勘察必须根据不同的勘察阶段，完成各项勘察任务。各勘察阶段的工作内容和工作深度应与公路各设计阶段的要求相适应。公路建设项目可行性研究工程地质勘察是为研究各工程方案场地内的区域性工程地质条件，尤其是对工程方案的比较有关键性影响的不良地质、特殊性岩土、重点工程地段的工程地质条件，进行必要的工程地质勘察，并提出工程方案比选的地质依据；初勘的目的是根据合同或协议书要求，在工程可行性研究的基础上，对公路工程建筑场地进一步做好工程地质比选工作，为初步选定工程场地、设计方案和编制初步设计文件提供必需的工程地质依据；详细工程地质勘察工作的目的，是根据已批准的初步设计文件中所确定的修建原则、设计方案、技术要求等资料，有针对性地进行工程地质勘察工作，为确定公路路线、工程构造物的位置和编制施工图设计文件，提供准确、完整的工程地质资料。

第一节　公路工程地质勘察内容

公路工程地质勘察，通常包括以下几个方面的内容：

1. 路线工程地质勘察

在可行性研究、初测、定测各个阶段，与路线、桥梁、隧道等专业人员密切配合，查明与路线方案及路线布设有关的地质问题，选择地质条件相对良好的路线方案，在地形、地质条件复杂的地段确定路线的合理布设。在路线工程地质勘察中，并不要求查明全部工程地质条件，但对路线方案与路线布设起控制作用的特殊地质、不良地质地区的勘察应作为重点，查明其地质问题，并提出确切的工程措施。对于复杂的工点，需根据任务要求及现场条件，组织专门力量进行工程地质勘察。

2. 特殊地质、不良地质地区（地段）的工程地质勘察

特殊地质地段及不良地质现象，如泥沼及软土、黄土、膨胀土、盐渍土、多年冻土、岩堆、崩塌、滑坡、泥石流、冰川、雪崩、积雪、涎流冰、沙漠、岩溶等，往往影响路线方案的选择、路线的布设与构造物的设计，在工程地质勘察的各个阶段均应作为重点，进行逐步深入的勘测，查明其类型、规模、性质、发生原因、发展趋势、危害程度等，提出避绕依据或处理措施。特殊地质和不良地质地段道路工程地质勘察，详细内容见前述各不良地质与特殊土部分。

3. 路基、路面工程地质勘察

在初测、定测阶段，根据选定的路线方案和确定的路线位置，对中线两侧一定范围的地带进行工程地质勘察，为路基、路面的设计和施工提供岩土、地质、水文及水文地质方面的依据。其中，详勘阶段主要是进行定量调查，取得有关的资料，对一般路基或比较特殊的路基（如高填路堤、深挖路堑等）均要求进行详细的勘探与试验。

4. 桥渡工程地质勘察

大桥桥位影响路线方案的选择，大、中桥桥位多是路线布设的控制点，常有比较方案。因此，桥渡工程地质勘察一般应包括两项内容，首先应对各比较方案进行调查，配合路线、桥梁专业人员，选择地质条件比较好的桥位；然后对选定的桥位进行详细的工程地质勘察，为桥梁及其附属工程的设计和施工提供所需要的地质资料。前一项工作一般是在可行性研究与初测时进行，后一项则在初测与定测时分阶段陆续完成。

5. 隧道工程地质勘察

隧道多是路线布设的控制点，长隧道还会影响路线方案的选择。隧道工程地质勘察同桥渡勘察一样，通常包括两项内容：一是隧道方案与位置的选择，二是隧道洞口与洞身的勘察。前者除几个隧道位置的比较方案外，有时还包括隧道与展线或明挖的比较；后者是对选定的方案进行详细的工程地质勘察，为隧道的设计和施工提供所需的地质资料。前一项工作一般应在可行性研究及初测时完成，后一项则在初测与定测时分阶段陆续完成。

6. 天然建筑材料勘察

修建公路需要大量的筑路材料，其中绝大部分都是就地取材，特别如石料、砾石、砂、黏土、水等天然材料更是如此。这些材料品质的好坏和运输距离的远近等，直接影响工程的质量和造价，有时还会影响路线的布局。筑路材料勘察的任务是充分发掘、改造和利用沿线的一切就地材料，当就近材料不能满足要求时，则由近及远地扩大调查范围，以求得数量足够、品质适用、开采及运输方便的筑路材料产地。勘察的内容包括筑路材料的储量、位置、品质与性质、运输方式及距离，以及用于公路工程的可能性、实用性等。

第二节　公路工程地质勘探

勘探是工程地质勘察的重要方法，是获得深部地质资料必不可少的手段。勘探工作必须在调查测绘的基础上进行。在进行勘探时，应充分利用地面调查测绘资料，合理布置勘探点，以减少不必要的工作量，同时应充分利用地面调查测绘资料，分析勘探成果，以避免判断的错误。

在初勘阶段，勘探点的位置与数量，应在工程可行性研究阶段的勘探基础上，视地质条件的复杂程度及实际需要而定。在详勘阶段，勘探点的数量，应满足各类工程施工图设计对工程地质资料的需要。具体要求可查阅有关规程、规范和手册等。

公路工程地质勘探的方法有挖探、钻探、地球物理勘探等几类。

1. 挖探

挖探是公路工程地质勘探中广泛采用的一种方法。这种方法最大的优点是能取得详尽的直观资料和原状土样并可做原位试验，但勘探深度有限，而且劳动强度大。在工程地质勘探中，常用的坑、槽探主要有坑、槽、井洞等几种形式，而在公路工程地质工作中的挖探主要采用坑、槽两种形式。

坑探是垂直向下掘进的土坑，浅者称为试坑，深者称为探井。坑探断面一般采用 1.5m × 1.0m 的矩形，或直径 0.8 ~ 1.0m 的圆形。坑探深度一般为 2 ~ 3m，较深的需进行加固。坑探适用于不含水或地下水量微少的较稳固地层，主要用来查明覆盖层的厚度和性质、滑动面、断层、地下水位及采取原状土样等。

槽探挖掘成狭长的槽形，其宽度一般为 0.6 ~ 1.0m，长度视需要而定，深度通常小于 2m。槽探适用于基岩覆盖层不厚的地方，常用来追索构造线，查明坡积层、残积层的厚度和性质，揭

露地层层序等。槽探一般应垂直于岩层走向或构造线布置。

2. 钻探

在工程地质勘测工作中,钻探是广泛采用的一种最重要的勘探手段,它可以获得探部地层的可靠地质资料,而且通过钻探的钻孔采取原状岩土样和做现场力学试验也是工程地质钻探的任务之一。

钻探是指用钻机在地层中钻孔,以鉴别和划分地表下地层,并可以沿钻孔取样的一种勘察方法。钻探是工程地质勘察中应用最为广泛的一种勘探手段。钻探主要用于桥梁、隧道及大型滑坡等不良地质现象的勘探,一般是在挖探、简易钻探不能达到目的时采用。

根据钻进时破碎岩石的方法,钻探可分为冲击钻进、回转钻进、冲击—回转钻进及振动钻进等几种。公路工程地质勘探常用的钻进方法,主要是机械回转钻进和冲击—回转钻进。

钻孔地质柱状图是综合表示该钻孔所穿过地层的图表。图中表示有地质年代、岩土层埋藏深度、岩土层厚度、岩土层底部的绝对高程、岩土的描述、柱状图、地面绝对高程、地下水水位和测量日期、岩土样选取位置等。柱状图的比例尺一般为1:100～1:500。

除采用钻机钻探外,采用简易钻探也是公路工程地质勘探中经常采用的方法。其优点是:工具轻,体积小,操作方便,进尺较快,劳动强度较小。缺点是:不能采取原状土样或不能取样,在密实或坚硬的地层内不易钻进或不能使用。

常用的简易钻探工具有洛阳铲、锥铲与小螺纹钻等。

(1)小螺纹钻勘探。是用人工加压加转钻进,适用于黏性土及亚砂土地层,可以取得扰动土样。钻探深度小于6m。

(2)锥探。是用锥具向下冲入土中,凭感觉探查疏松覆盖层的厚度或基岩的埋藏深度。探深一般可达10m左右。常用来查明黄土陷穴,沼泽、软土的厚度及其基底的坡度等。

(3)洛阳铲勘探。是借助洛阳铲的重力冲入土中,钻成直径小而深度较大的圆孔,可采取扰动土样。冲进深度一般为10m,在黄土层中可达30余米。

3. 地球物理勘探

地球物理勘探简称物探,它是通过研究和观测各种地球物理场的变化来探测地层岩性、地质构造等地质条件。各种地球物理场有电场、重力场、磁场、弹性波的应力场、辐射场等。由于组成地壳的不同岩层介质往往在密度、弹性、导电性、磁性、放射性以及导热性等方面存在差异,这些差异将引起相应的地球物理场的局部变化。通过量测这些物理场的分布和变化特征,结合已知地质资料进行分析研究,就可以达到推断地质性状的目的。和钻探相比,物探具有设备轻便、成本低、效率高、工作空间广等优点。

物探由于不能取样,不能直接观察,属于间接勘探手段,其勘探结果必须与直接方法(挖探、钻探)进行验证,故多与钻探配合使用。

物探宜适用于下列场合:

(1)作为钻探的先行手段,了解隐蔽的地质界线、界面或异常点。

(2)作为钻探的辅助手段,在钻孔之间增加地球物理勘察点,为钻探成果的内插、外推提供依据。

(3)作为原位测试手段,测定岩土体的波速、动弹性模量、特征周期、土对金属的腐蚀等参数。

在工程地质勘探中采用物探与调查测绘、挖探、钻探密切配合时,对指导地质判断、合理布置钻孔、减少钻探工作量等方面都能取得良好的效果。

物探按其工作条件的不同可分为地面物探、井下物探与航空物探、航天物探。按其所利用的岩、土物理性质的不同可分为电法勘探、电磁法勘探、地震勘探、声波探测、重力勘探、磁力勘探与放射性勘探等。在公路工程地质工作中，较常用的有电法勘探、地震勘探、地质雷达勘探等。此外，声波探测在工程地质工作中也有较广泛的应用，它是利用声波在岩体（岩石）中的传播特性及其变化规律，测试岩体（岩石）的物理力学性质，也可利用在应力作用下岩体（岩石）的发声特性对岩体进行稳定性监测。

地震勘探是根据岩、土弹性性质的差异，通过人工激发的弹性波的传播，来探测地下地质情况的一种物探方法。由敲击或爆炸引起的弹性波，在不同地层的分界面上发生反射和折射，产生可以返回地面的反射波和折射波，利用地震仪记录它们传播到地面各接收点的时间，并研究振动波的特性，就可以确定引起反射或折射的地质界面的埋藏深度、产状及岩石性质等。

地震勘探直接利用岩石的固有性质（密度与弹性），较其他物探方法准确，且能探测很大深度，因此在石油地质勘探等部门得到广泛的应用。地震勘探在工程地质勘探中也日益得到推广使用，主要用于：①探测覆盖层的厚度、岩层的埋藏深度及厚度、断层破碎带的位置及产状等；②研究岩石的弹性，测定岩石的弹性系数等。在公路工程地质勘探中，地震勘探目前主要应用于隧道的勘探。

第四篇　工 程 测 量

第一章　测量基本概念

第一节　概　　述

一、测量学任务

测量学是一门研究如何确定地球的形状和大小,如何确定地球表面上点的位置,如何将地球表面的地貌、地物、行政和权属界线测绘成图,以及将规划设计好的点和线在实地上定位的科学。它的任务包括测绘和测设两部分。

(1)测绘是指使用测量仪器和工具,通过测量和计算得到一系列测量信息,把地球表面的地形和地物绘成地形图和数据资料,供经济建设、规划设计、科学研究和国防建设使用。

(2)测设是指把图纸上规划设计好的建筑物、构筑物的位置在地面上标定出来,作为施工的依据,又称施工放样。

二、测量学在公路工程建设中的应用

测量工作对于国家的经济建设和国防建设具有非常重要的作用,在公路、桥梁及隧道工程建设中也有着广泛的应用。

在公路建设中,为获得一条最经济、最合理的路线,首先要进行路线的勘测,根据测量得到的数据资料进行路线选线。确定路线方案后,还要进行路线的详细测设,也就是进行路线的中线测量、纵断面测量、横断面测量、地形测量和有关调查测量等,以便为路线设计提供准确、详细的外业资料。当路线跨越河流需设置桥梁时,应测绘河流两岸的地形图,测定桥轴线的长度及桥位处的河床断面,为桥梁方案选择及结构设计提供必要的数据。当路线穿越高山,采用隧道工程时,应测绘隧址处地形图,测定隧道的轴线、洞口、竖井等位置,为隧道设计提供必要的数据。

第二节　测量学的几个基本概念

一、地球的形状和大小

地球的表面是不规则的,有陆地、海洋、高山和平原。地表高低起伏变化虽然较大,但它与地球庞大的体积相比,这些几乎是可以忽略不计的,人们往往把地球看成一个椭球。地球上海

洋占71%，陆地仅为29%。因此，可以将地球看成一个被海水包围的球体。我们设想海水面是静止的，它沿其自然表面延伸包围整个地球，形成一个封闭的曲面，这个封闭的海水面我们称其为水准面。由于海水面有潮汐，时高时低，所以水准面有无数个，其中，通过平均海水面的那个水准面称为大地水准面，它所包围的形体称为大地体。

水准面的特性是处处与铅垂线相垂直，这个特点是进行测量工作的主要依据。但是，由于铅垂线方向取决于地球的吸引力，而吸引力与地球内部的密度有关，地球内部的密度是不均匀的，引起地面上各点的铅垂线方向产生不规则的变化，因而水准面是有微小起伏的不规则曲面。大地水准面也就同样是一个不规则的曲面。

由于大地水准面的不规则，以此面作为测量的基准面是无法进行测量计算工作的。为此，在测量中就需用一个规则的并接近于大地表面的曲面代替大地水准面，以此作为测量计算的基准面，这个面称为参考椭球面，它所包围的椭球体称为参考椭球体。

参考椭球体与大地体的形状、大小相近，参考椭球体是椭圆绕其短轴（图4-1-1）旋转而成的，各国根据自己的观测成果及国情不同，采用的参考椭球体的基本元素也不尽相同。我国采用的参考椭球体是1980年国家大地测量坐标系，其椭球元素为：

长半轴：　$a = 6\,378\,140\text{m}$

短半轴：　$b = 6\,356\,755\text{m}$

扁率：　$\alpha = \dfrac{a-b}{a} = \dfrac{1}{298.257}$

由于参考椭球体的扁率很小，在普通测量学范围内，可把地球作为圆球看待，其半径为：

$$R = 6\,371\text{km}$$

二、点的地理坐标

测量过程中，最基本的工作就是确定地面点的空间位置。点的位置是通过坐标表示的，当研究对象为整个地球或较大区域时，就要建立一个球面坐标系统，以便准确地确定地面点的空间位置。由于地球是一个近似于椭球的形体，因此，地理坐标系统是以参考椭球体为依据而建立的。

如图4-1-1所示，N表示北极，S表示南极，O表示地球中心。

通过椭球中心与椭球旋转轴正交的平面称为赤道平面。赤道平面与地球表面的交线称为赤道。通过椭球旋转轴的平面称为子午面。其中通过英国格林尼治天文台的子午面称为起始子午面。子午面与椭球面的交线称为子午线。

图4-1-1中P点的大地经度就是通过该点的子午面与起始子午面的夹角，用L表示。从起始子午面算起，向东称为东经，（0～180°）；向西为西经（0～180°）。

P点的大地纬度是该点的法线（与椭球面垂直的线）与赤道面的交角，用B表示。从赤道面算起，向北称为北纬（0～90°）；向南称为南纬（0～90°）。

以经度L和纬度B来表示点位坐标的方式称为点的地理坐标。

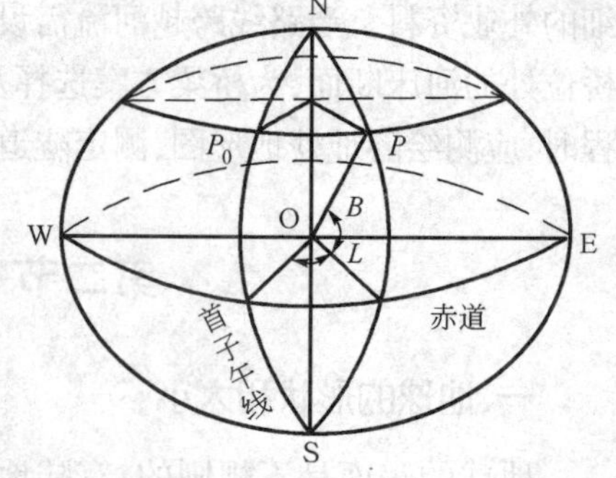

图　4-1-1

三、高斯平面直角坐标

当测区范围较大时，就不能把水准面当作水平面，但把旋转椭球面上的图形展绘到平面图纸上，又必将产生变形，因此必须采用适当的方法使其变形减小。测量工作中通常采用高斯投影法。

高斯投影法是将地球划分成若干带，然后将每带投影到平面上。如图 4-1-2 所示，投影带是从起始子午线起，每隔经差 6°划一带（称为 6°带）自西向东将整个地球划分成经差相等的 60 个带，各带从首子午线起，自西向东依次编号用数字 1、2、3、…、60 表示。位于各带中央的子午线，称为该带的中央子午线。第 1 个 6°带的中央子午线的经度为 3°，任意带的中子午线经度 L_0 可按下式计算：

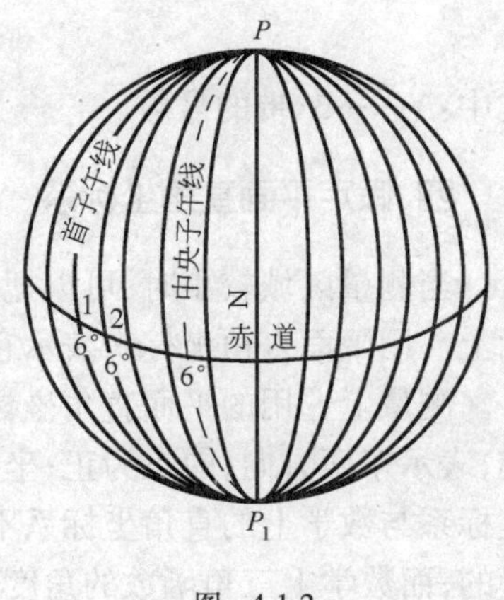

图 4-1-2

$$L_0 = 6N - 3 \tag{4-1-1}$$

式中：N——投影带的号数。

按上述方法划分投影带后，即可进行高斯投影。如图 4-1-3a）所示，设想把一个平面卷成空心椭圆柱，把它横着套在旋转椭球外面，使椭圆柱的中心轴线位于赤道面内并通过球心，且使旋转椭球上某 6°带的中央子午线与椭圆柱面相切。

在椭球面上的图形与椭球柱面上的图形保持等角的情况下，将整个 6°带投影到椭球柱面上。然后将椭球柱沿着通过南北极的母线切开并展成平面，便得到 6°带在平面上的影像，如图 4-1-3b）。中央子午线经投影展开后是一条直线，以此直线作为纵轴，即 x 轴；赤道是一条与中央子午线相垂直的直线，将它作为横轴，即 y 轴；两直线的交点作为原点，则组成了高斯平面直角坐标系。

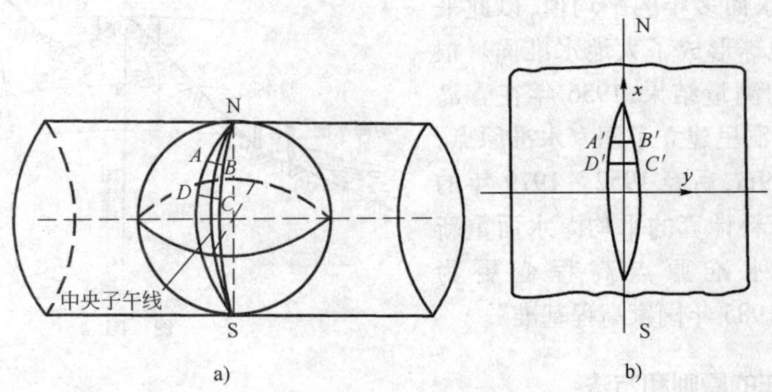

图 4-1-3

我国位于北半球，x 坐标均为正值，而 y 坐标有正有负。为避免横坐标 y 出现负值，故规定把坐标纵轴向西平移 500km。另外，为了根据横坐标能确定该点位于哪一个 6°带内，还规定在横坐标值前冠以带号，例如，y_A = 20 225 760m，表示 A 点位于第 20 带内，其真正的横坐标值为：225 760m − 500 000m = −274.240m。

在高斯投影中，离中央子午线近的部分变形小，离中央子午线愈远变形愈大，两侧对称。

当测绘大比例尺图要求投影变形更小时,可采用3°分带投影法。它是从东经1°30′起,自西向东每隔经差3°划分一带,将整个地球划分120个带,每带中央子午线的经度L_0'可按下式计算:

$$L_0' = 3N \tag{4-1-2}$$

式中:N——3°带的号数。

四、假定平面直角坐标系

当测量区域较小时,可以把该测区的球面当做平面看待,直接将地面点沿垂线投影到水平面上。用平面直角坐标来表示它的投影位置。

测量上选用的平面直角坐标系,规定纵轴为x轴,表示南北方向,向北为正;横坐标轴为y轴,表示东西方向,向东为正;坐标原点可假定。象限按顺时针方向编号,测量所用的平面直角坐标系与数学上的直角坐标系不同。因为测量上的直线方向是从纵坐标轴北端顺时针方向度量的;而数学上三角函数的角度则是从横坐标轴正端按逆时针方向计算的。把x轴与y轴互换后,各点的坐标计算就可以直接使用数学公式来完成。

五、点的高程

点的高程就是地面点到水准面的铅垂距离。如果这个水准面是大地水准面,则这个高程称为绝对高程或海拔;如果这个水准面是假定的,则这个高程称为相对高程或假定高程,两点间的高程之差称为高差。

如图4-1-4中,A、B两点间高差为:

$$h_{AB} = H_B - H_A = H_B' - H_A' \tag{4-1-3}$$

由于水准面有无数个,为了能建立全国统一的高程起算系统,我国在青岛设立了验潮站,测定了海水面多年的平均值,以此平均海水面包围地球形成了大地水准面。根据平均海水面的测量结果,1956年在青岛观象山的一个山洞里建立了国家水准原点,其高程为72.289m,后经1952~1979年的历年潮汐观测资料计算的平均海水面重新推算后,国家水准原点高程变更为72.260m,称为“1985年国家高程基准”。

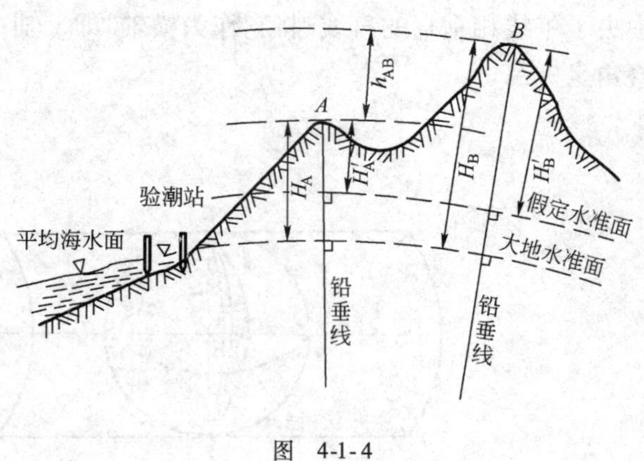

图 4-1-4

六、测量工作的原则和方法

在进行某项测量工作时,往往需要确定许多地面点的位置,假如从一个已知点出发,逐点进行测量和推导,最后虽然可得到各欲测点的位置,但这些点很可能是不正确的。因为测量中必然带有误差,越是后测的点位,其误差也就越大。为了避免误差的累积,在测量工作中必须遵守如下原则:在布局上“由整体到局部”;在精度上“由高级到低级”;在次序上“先控制后碎部”。也就是在整个测区内选择一些有控制意义的点,首先把它们的位置及高程精确地测定

出来,然后再以这些点的位置及高程来确定其他地面点的位置及高程。这些有控制意义的点称为控制点,其他一些非控制点称为碎部点。对控制点的测量称为控制测量,对碎部点的测量称为碎部测量。要先进行控制测量再进行碎部测量,在这样的测量原则和方法之下完成的测量及放样工作,就避免了误差的累积和传递,测量的精度才可能达到规定的要求。

测量工作有外业和内业之分。在野外利用测量仪器和工具测定地面上点与点之间的水平距离、角度、高差,称为测量的外业工作。在室内将外业的测量成果进行数据处理、计算和绘图,称为测量的内业工作。测量的基本工作就是测角、量距、测高差,这些数据是研究点与点之间相对位置的基础。

第二章 基本测量方法

第一节 水准测量

一、水准测量原理

水准测量原理是利用水准仪提供的一条水平视线,在已知高程点和未知高程点上竖立水准尺并读取读数,测定两点间的高差,从而由已知点的高程推算出未知点的高程。

如图 4-2-1 所示,欲测出 A、B 两点的高差,先在 A、B 两点间安置水准仪,在 A、B 点上各立水准尺,利用水准仪的水平视线在 A 点上的水准尺读数为 a,在 B 点上的水准尺读数为 b,则 A、B 两点的高差为:

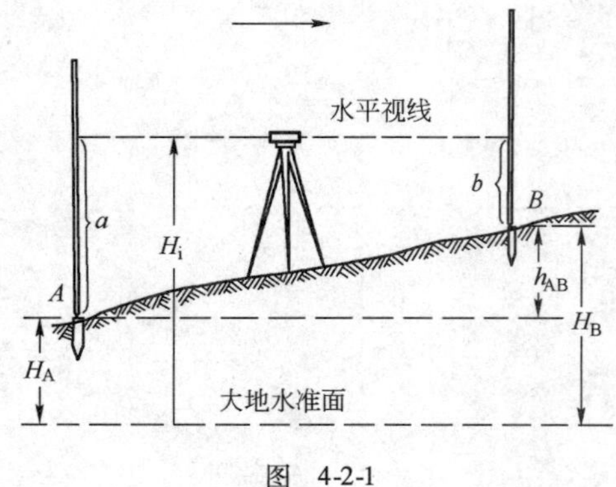

图 4-2-1

$$h_{AB} = a - b \tag{4-2-1}$$

如果 A 点为已知高程点,向未知高程点 B 前进,则 A 为后视点,a 为后视读数;B 为前视点,b 为前视读数。由此可见,两点间的高差等于后视读数减前视读数,若高差为正,表示前视点高于后视点;反之,表示前视点低于后视点。

测得两点的高差后,若已知 A 点的高程为 H_A,则 B 点的高程 H_B 可按下式计算:

$$H_B = H_A + h_{AB} = H_A + (a - b) \tag{4-2-2}$$

一般情况下,用式(4-2-2)计算待定点的高程,称为高差法。

二、水准测量的外业和内业工作

(一)水准点和水准路线

1. 水准点

水准点是通过水准测量方法获得其高程的高程控制点,用 BM 表示。水准点有永久性和临时性两种。

2. 水准路线

在水准点之间进行水准测量所经过的路线称为水准路线。根据测区的情况不同,水准路线可布设成以下几种形式:

(1)闭合水准路线:从某一已知水准点 BM 开始,沿待求水准点进行水准测量,最后仍回到原水准点 BM 上,形成闭合环状,称为闭合水准路线。

(2)附合水准路线:从已知水准点 BM_I 开始,沿待求水准点进行水准测量,最后附合到另

一已知水准点 BM_{II}上,称为附合水准路线。

(3)支水准路线:从一个已知水准点 BM 开始,沿待求水准点进行水准测量,其路线既不闭合又不附合,称为支水准路线。

(二)微倾水准仪的使用

安置水准仪前,首先要调节好三脚架的高度,为便于整平仪器,还要求使三脚架的架头面大致水平,并使脚架稳定。

用水准仪进行水准测量的操作步骤为:

(1)粗平:粗平即粗略整平仪器。旋转脚螺旋使圆水准气泡居中,从而使望远镜的视准轴大致水平。旋转脚螺旋方向与圆水准气泡移动方向的规律是:用左手旋转脚螺旋,则左手大拇指移动方向即为水准气泡移动方向;用右手旋转脚螺旋,则右手食指移动方向即为水准气泡移动方向。

(2)瞄准水准尺:首先进行目镜对光。将望远镜对准明亮的背景,旋转目镜调焦螺旋,使十字丝清晰。再松开制动螺旋,转动望远镜,用望远镜上的准星和照门瞄准水准尺,拧紧制动螺旋。从望远镜中观察目标,旋转物镜调焦螺旋,使目标清晰,再旋转微动螺旋,使竖丝对准水准尺。

(3)精平:旋转微倾螺旋,使附合气泡观察窗中的两个气泡影像吻合。

(4)读数:仪器精平后,应立即用十字丝的横丝在水准尺上读数。

(三)水准测量的施测

由已知水准点测至待测点时,如果待测点距已知水准点较远或高差较大,安置一次仪器不可能测出两点间的高差,可连续安置多次仪器,计算出各站高差之和即为两点间高差。如图4-2-2,已知水准点 BM_A 的高程,欲测定 BM_B 点的高程,其操作方法如下:

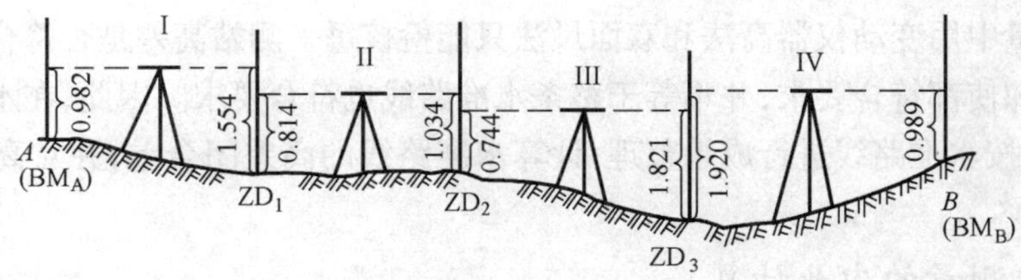

图 4-2-2　水准测量的实例

(1)在由 A 点通向 B 点的方向线上,距 A 点适当距离处选一转点 ZD_1。

(2)在 A 点和 ZD_1 点中间,并距两点大约相等距离的地方安置仪器,分别在两点上立水准尺,A 上的水准尺立在 BM_A 标志上,ZD_1 上的水准尺立在踏牢尺垫的半圆球上。

(3)水准仪瞄准 A 点上的水准尺,精平后读出后视读数 0.982,记入记录表中的后视栏内,相同方法将前视读数 1.554 记入前视栏内。至此 I 站上的工作便告结束。把水准仪和后尺移动到 II 站的相应位置,以相同的方法继续下一测站,直到待求点 B 为止。

(4)计算步骤如下:

①各测站的高差分别为:

$$h_1 = a_1 - b_1$$

$$h_2 = a_2 - b_2$$

$$\vdots$$

$$h_n = a_n - b_n$$

以上各式相加得：$\sum h = \sum a - \sum b$　即 A、B 两点间高差等于后视读数总和减去前视读数总和。

②已知 A 点的高程为 H_A，A、B 两点间高差为 $\sum h$，则 B 点的高程 H_B 为：

$$H_B = H_A + \sum h \tag{4-2-3}$$

（四）水准测量中的校核

1. 计算校核

为确保计算正确，必须对计算结果进行校核。计算校核方法为：

$$\sum a - \sum b = \sum h = H_B - H_A \tag{4-2-4}$$

需要说明的是，计算校核只能检查计算过程是否正确。

2. 测站校核

（1）变动仪器高法。在一个测站上分别用不同高度架设两次仪器，两次测得的高差之差必须小于一个允许数值。若满足要求，则取其两次高差的平均值作为本测站的最后结果，否则必须重测。

（2）双面尺法。双面尺的黑面尺端点是从零向上注记，而红面尺端点是从某一常数（4 687mm或4 787mm）开始向上注记。在每一测站上，仪器不动，分别读取黑面尺的前、后视读数，得高差，和读取红面尺的前、后视读数，得高差，若两高差之差不超过允许误差，则取两高差的平均值作为该站的高差值。

3. 路线校核

在水准测量中用变动仪器高法和双面尺法只能检核每一测站高差是否符合限差要求。每一测站的高差即使都符合要求，并不等于整条水准路线也符合要求。因此，在水准测量的外业工作结束后，应按水准路线进行成果整理，计算水准路线的高差闭合差，并对高差闭合差进行分配。

（五）水准测量的内业计算

1. 计算高差闭合差

在水准测量中由于测量误差的影响，使水准路线的实测高差值与应有值不相符合，其差值称为高差闭合差，用 f_h 表示。高差闭合差的计算随水准路线的形式不同而不同。

1）闭合水准路线

闭合水准路线的高差总和理论上应等于零，即 $\sum h_{理} = 0$，由于测量误差的存在，闭合水准路线的实测高差总和 $\sum h_{测}$ 不等于零，其闭合差 f_h 为：

$$f_h = \sum h_{测} \tag{4-2-5}$$

2）附合水准路线

附合水准路线的终点高程与起点高程之差即为起、终点高差总和的理论值，即：

$$\sum h_{理} = H_{终} - H_{始}$$

附合水准路线实测高差的总和$\sum h_{测}$和理论值$\sum h_{理}$之差，就是附合水准路线的高差闭合差：

$$\begin{aligned} f_h &= \sum h_{测} - \sum h_{理} \\ &= \sum h_{测} - (H_{终} - H_{始}) \end{aligned} \tag{4-2-6}$$

3）支水准路线

支水准路线一般需要往、返观测。由于往、返观测的方向相反，所以测得的高差$\sum h_{往}$和$\sum h_{返}$绝对值应相近而符号相反，即往返测得的高差代数和在理论上等于零。实际上由于测量误差的存在，往、返测量的高差代数和不等于零，其闭合差为：

$$f_h = \sum h_{往} + \sum h_{返} \tag{4-2-7}$$

当闭合差在容许误差的范围之内时，认为精度合格，成果可用。超过容许范围时，应查明原因进行重测，直到符合要求。普通水准测量的容许高差闭合差的一般规定为：

$$f_{h容} = 40\sqrt{L} \tag{4-2-8}$$

或

$$f_{h容} = 12\sqrt{n} \tag{4-2-9}$$

式中：$f_{h容}$——容许闭和差（mm）；

L——水准路线长度（km）；

n——测站数。

式（4-2-8）适用于平原区，式（4-2-9）适用于山区。

2. 分配高差闭合差

当$|f_h| < |f_{h容}|$时，说明水准测量的成果合格，可进行高差闭合差的分配。对于闭合和附合水准路线按与距离L或测站数n成正比的原则，将高差闭合差反号分配到各个高差上，使改正后的高差总和满足理论值，最后按改正后的高差计算各待定点的高程。

对于支水准路线，则取其往返观测高差的平均值作为观测结果，高差正负号以往测为准，最后计算待定点的高程。

如图4-2-3所示，是一条附合水准路线观测成果略图。BM_1和BM_2是已知高程控制点，图中箭头表示水准路线施测方向，路线上方的数字为测得的两点间的高差值，路线下方数字为该水准测量路段的长度值。由已知数据和观测高差可得：

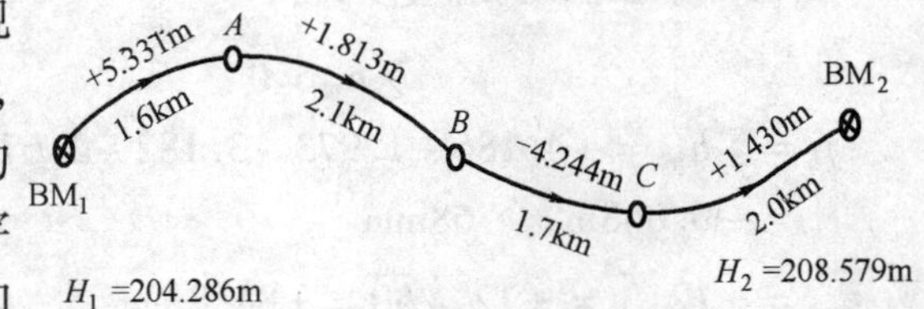

图4-2-3　附合水准线观测成果

$$\begin{aligned} \sum h_{理} &= H_{终} - H_{始} \\ &= H_2 - H_1 = 208.579 - 204.286 = +4.293 \end{aligned}$$

$$\begin{aligned} f_h &= \sum h_{测} - (H_{终} - H_{始}) \\ &= \sum h_{测} - (H_2 - H_1) = +4.330\text{m} - 4.293\text{m} = +37\text{mm} \end{aligned}$$

$$f_{h容} = \pm 40\sqrt{L} = \pm 40\sqrt{7.4} = \pm 109\text{mm}$$

由此证明

$$f_h < f_{h容}$$

故可将高差闭合差 +37mm,按各段距离成正比分配到各段高差上。首先计算每公里的高差改正数,然后将每公里高差改正数乘以各段相应的距离,即得该路段的高差改正数。将测得的高差加上相应的改正数,就得到该段改正后的高差。最后计算 A、B、C 点的高程。

将计算结果,列于表 4-2-1 中。

$$每公里高差改正数 = \frac{-f_h}{\sum L} = \frac{-37}{7.4} = -5\text{mm/km}$$

$$各段高差改正数 = 每公里高差改正数 \times D_i = -5\text{mm/km} \times D_i$$

式中:D_i——某段高差的距离值(km)。

附合水准测量高差数值表　　表 4-2-1

点　号	距离(km)	测得高差(m)	改正数(mm)	改正后高差(m)	高程(m)	备　注
BM_1					204.286	已知点
	1.6	+5.331	−8	+5.323		
A					209.609	
	2.1	+1.813	−11	+1.802		
B					211.411	
	1.7	−4.244	−8	−4.252		
C					207.159	
	2.0	+1.430	−10	+1.420		
BM_2					208.579	已知点
∑	7.4	+4.330	−37	+4.293		

如图 4-2-4 所示,是一条闭合水准路线观测成果略图。BM_1 是已知高程控制点,图中箭头表示水准路线施测方向,路线外侧的数字为测得的两点间的高差值,路线内侧数字为该水准测量路段的测站数。

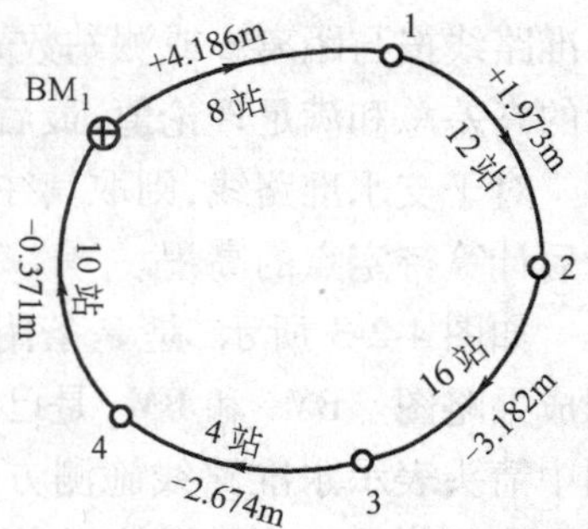

图 4-2-4　闭合水准路线观测成果

由已知数据和观测高差可得:

$$\sum h_{理} = 0$$

$$f_h = \sum h_{测} = +4.186 + 1.973 - 3.182 - 2.674 - 0.371$$
$$= -0.068\text{m} = -68\text{mm}$$

$$f_{h容} = \pm 12\sqrt{n} = \pm 12\sqrt{50} = \pm 84.8\text{mm}$$

由此

$$f_h < f_{h容}$$

故可将高差闭合差 −68mm,按各段测站数成正比分配到各段高差上。首先计算每测站的高差改正数,然后将每测站高差改正数乘以各段相应的测站数,即得该路段的高差改正数。将测得的高差加上相应的改正数,就得到该段改正后的高差。最后计算 1、2、3、4 点的高程。

$$每测站高差改正数 = \frac{-f_h}{\sum n} = \frac{+68}{50} = +1.36\text{mm/测站}$$

$$各段高差改正数 = 每测站高差改正数 \times n_i = +1.36\text{mm/测站} \times n_i$$

式中:n_i——某段高差的测站数。

三、水准测量误差及注意事项

（一）水准测量误差

水准测量误差来源于仪器误差、操作误差和外界条件影响三个方面。

1. 仪器误差

（1）视准轴不平行于水准管轴：水准仪经检验和校正后，仍存在有视准轴不平行于水准管轴的残余误差。为了消除或削弱这项误差的影响，在作业时应尽可能保持前、后视距相等。

（2）水准尺误差：水准尺长度刻画不准，有的水准尺总长准确，而刻画不均匀；有的水准尺的总长本身和标准尺不等。有的水准尺零点位置不准确，则可在两水准点间布置成偶数测站，使其在总高差中自行消除水准尺零点误差。

2. 操作误差

（1）水准气泡未严格居中：由于观测者眼睛的鉴别能力有限，使水准气泡未严格居中，这种误差的大小与水准管的灵敏度和视线长度有关。当水准管的分划值为20″/2mm时，气泡偏离中央1mm，视线长度80～100m时，对读数的影响达4～5mm。因此水准测量时必须严格检查气泡的居中情况。

（2）视差未消除：在观测过程中没有仔细地进行物镜对光，视差未消除，影响读数的正确性。

（3）估读毫米数误差：由于观测者眼睛的鉴别能力有限，在估读毫米数时，不可能十分准确，尤其在视线较长、成像不良的天气条件下，对估读的影响更大。为提高估读的正确性，应适当控制视线的长度。

（4）水准尺未竖直

水准尺如果左右倾斜，观测者在望远镜内可以发现并纠正。水准尺前、后倾斜，在望远镜内不易发现，且无论是前倾还是后倾总是使读数偏大，特别是在地面倾斜时尤其要注意。

3. 外界条件影响产生的误差

（1）地球曲率：如图4-2-5所示，测定高差时，水准仪在水准尺上的读数必然要受地球曲率的影响，即图4-2-5中的数值。为了消除此项误差的影响，可以把仪器架设在两水准尺中间，这样在计算本站高差时就消除了该项误差的影响。

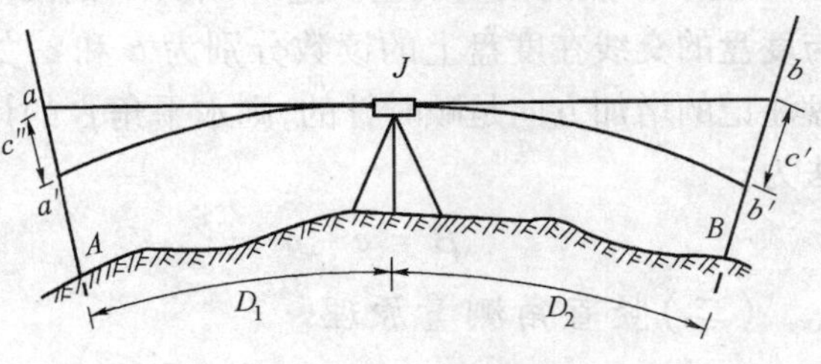

图4-2-5　消除地球曲率误差

（2）大气折光：由于大气折光的影响，使视线下弯，使实际的读数要比水平视线的读数小一个数值，这个数值称为大气折光差。大气折光差约为地球曲率误差的1/7。这项误差可以用降低前、后视线高度的方法来消除。

（3）太阳光和风力：当强烈的日光照射水准仪时，仪器各部分受热不均匀，而引起变形，使观测产生误差，所以应撑伞保护仪器。由于大风可使水准尺竖不直，使水准仪的水准气泡不稳定，故应避免在大风的天气里进行水准测量。

（二）水准测量时应注意的事项

水准测量成果不符合要求多数是由于测量人员疏忽大意造成的，为此要求测量人员对工作认真负责，在测量时注意以下事项：

(1)观察符合水准气泡居中后，方可读数，读数后应检查符合水准气泡是否居中。

(2)读尺时不能误读整米数，如误把6读成9。

(3)未读数之前，后立尺员不能将转点上的尺垫碰撞或拔起。

(4)用塔尺进行水准测量时，尺节要伸出到位。

(5)避免记录人听错、记错，或把前、后视读数位置颠倒。

(6)避免误把十字丝的上、下视距丝当作十字丝横丝在水准尺上读数。

第二节　角度测量与经纬仪

一、角度测量原理

(一)水平角测量原理

地面上从一点出发的两直线之间的夹角在水平面上的投影称为水平角，一般用β表示。如图4-2-6所示，A、B、C为地面上任意3个点。将此3个点沿铅垂线方向投影到同一水平面上，得到A_1、B_1、C_1 3个点。水平面上B_1A_1与B_1C_1之间的夹角即是地面上BA和BC两方向之间的水平角。或者说，地面上任意两方向之间的水平角就是通过这两个方向的竖直面所夹的二面角。

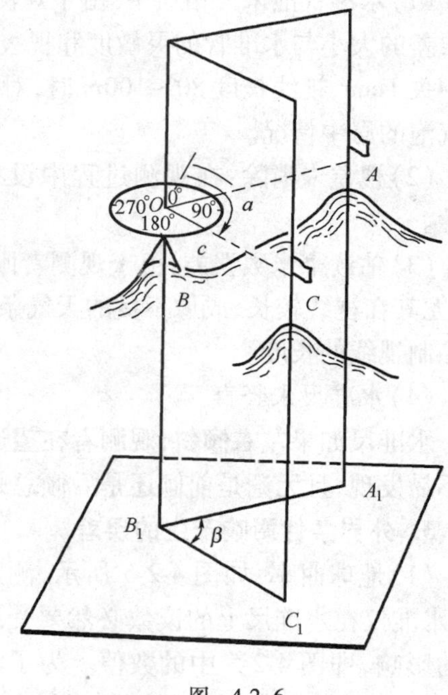

图　4-2-6

为了测出水平角的大小，设在B点水平放置一个度盘，度盘的刻度中心O通过二面角的交线，也就是使O位于B点的铅垂线上。过BA和BC的两竖直面与度盘的交线在度盘上的读数分别为a和c，如果度盘注记的增加方向是顺时针的，则水平角β的计算方法为：

$$\beta = c - a$$

(二)竖直角测量原理

在同一竖直面内，瞄准目标的视线方向与水平线之间的夹角称为竖直角，一般用α表示。当视线方向位于水平线之上时，竖直角为正值，称为仰角；反之，竖直角为负值，称为俯角。

为了测定竖直角，可在B点上放置竖直度盘，使竖直度盘平面与通过视线方向的竖直平面重合，此时视线方向与水平线在竖直度盘上的读数之差，即为所求的竖直角。

二、水平角、竖直角测量

(一)经纬仪的安置

经纬仪的安置包括对中和整平两项工作。具体操作如下：

1. 对中

对中可以采用垂球对中和光学对中器对中两种方法。

1)用垂球对中

把垂球悬挂在连接螺旋中心的挂钩上,调整垂球线长度,使垂球尖离地面点位的垂直距离在3~5mm,如果平面距离偏差较大,可平移三脚架;然后踏牢,使三脚架稳固。当垂球尖与地面平面位置偏差不大时,可稍旋松连接螺旋,在三脚架架头平台上平移仪器,使垂球严格对中,再将连接螺旋旋紧。

2)用光学对中器对中

光学对中的步骤如下:

(1)使三脚架架头中心目估对中,架头平面大致水平,踩实三角架;架上仪器,连接中心螺旋并固定。

(2)转动光学对中器目镜调焦螺旋,使对中标志(小圆圈或十字)清晰,再转动物镜调焦螺旋(有些仪器为伸缩目镜),使地面点清晰。

(3)旋转脚螺旋,使地面点位于对中标志中心,此过程不考虑圆水准器是否居中。

(4)伸缩三脚架的相应架腿,使圆水准气泡居中,此过程基本上不影响第(3)步的对中或影响很小。

(5)从光学对中器中检查对中情况,如果有微小偏差,可略松连接螺旋,在架头平面上平移仪器,使仪器严格对中。

2. 整平

首先用圆水准器粗平仪器,方法同水准仪的粗平。若采用的是光学对中器对中,则仪器已经粗平。

精平仪器时,松开水平制动螺旋,转动照准部,使水准管大致平行于任意两个脚螺旋的连线,如图4-2-7a),两手同时向内或向外旋转这两个脚螺旋使气泡居中。气泡的移动方向与左手大拇指移动的方向一致。再将照准部旋转90°,水准管处于原来位置的垂直位置,如图4-2-7b),用另一个脚螺旋使气泡居中。如此反复操作,直至照准部转到任何位置,气泡始终居中为止。

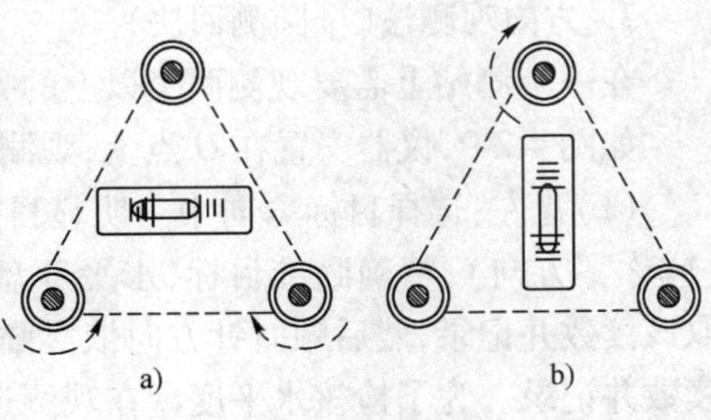

图4-2-7 整平

(二)水平角测量方法

1. 测回法

测回法适用于观测只有两个方向的单角。这种方法要用盘左和盘右两个位置进行观测。观测时目镜朝向观测者,如果竖盘位于望远镜的左侧,称为盘左;如果位于右侧,则称为盘右。通常先以盘左位置测角,称为上半测回;然后置于盘右位置测角,称为下半测回。两个半测回合在一起称为一测回。为了测出高精度角度值,有时水平角需要观测多测回。

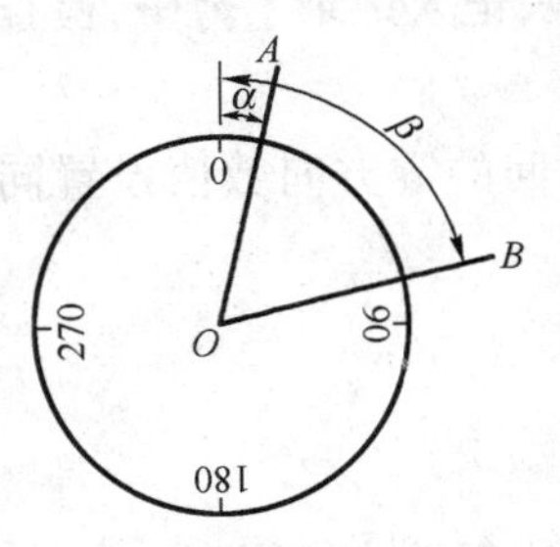

图4-2-8 测回法

如图4-2-8,将仪器安置在O点上,用测回法观测水平角$\angle AOB$,具体步骤如下:

(1)盘左位置,松开水平制动螺旋和望远镜制动螺旋,用望远镜上的概略瞄准器瞄准左边的目标A,旋紧两制动螺旋,进行目镜和物

镜对光，使十字丝和目标成像清晰，消除视差；再用水平微动螺旋和望远镜微动螺旋使十字丝竖丝精确瞄准目标的下部，读取水平度盘读数a_1（0°01′24″），记入记录手簿。松开两制动螺旋，转动照准部及望远镜，以同样方法精确瞄准右边的目标B，读取水平度盘读数b_1（86°28′36″），记入手簿。

上半测回所测角值为：

$$\beta_1 = b_1 - a_1 = 86°28'36'' - 0°01'24'' = 86°27'12''$$

（2）倒镜成为盘右位置，先瞄准右边的目标B，读取水平度盘读数b_2（266°28′54″），记入手簿。再瞄准左边的目标A，读取读数a_2（180°01′30″），记入手簿。

下半测回所测角值为：

$$\beta_2 = b_2 - a_2 = 266°28'54'' - 180°01'30'' = 86°27'24''$$

J_6级光学经纬仪盘左、盘右两个"半测回"角值之差不超过40″时，取其平均值即为一测回角值：

$$\beta = \frac{1}{2}(\beta_1 + \beta_2) = 86°27'18''$$

由于水平度盘注记是顺时针方向递增的，因此在计算角值时，无论是盘左还是盘右均用右边目标的读数减去左边目标的读数，如果不够减，则应加上360°再减。

当观测几个测回时，为了减少度盘分划误差的影响，各测回应根据测回数n，按180°/n变换水平度盘位置。

2．方向观测法（全圆测回法）

在一个测站上需要观测两个以上的方向时，一般采用方向观测法。

如图4-2-9，仪器安置在O点上，观测A、B、C、D各方向之间的水平角，其观测步骤如下：

（1）盘左：选择目标方向中一明显目标如A作为起始方向（或称零方向），精确瞄准目标，水平度盘配置在0°稍大些，读取该读数并记录，然后顺时针方向依次瞄准B、C、D目标，读取读数并记录。为了检核水平度盘在观测过程中是否发生变动，应再次瞄准A，读取水平度盘读数，此项观测称为归零，A方向两次水平度盘读数之差称为半测回归零差。当方向数为3个时，可以不做归零，当方向数为4个及以上时，必须归零。以上称为上半测回。

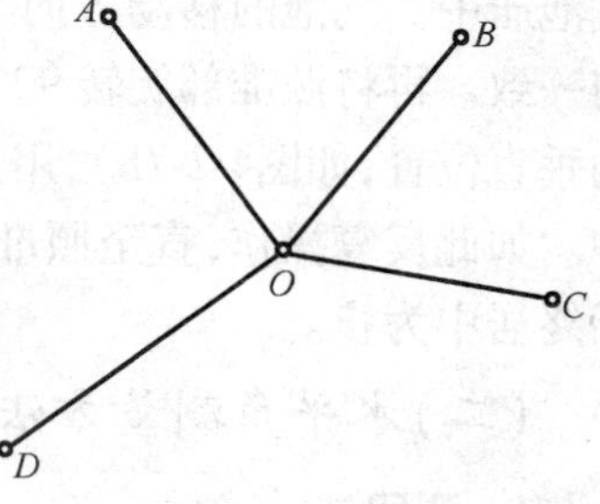

图4-2-9　全圆测回法

（2）盘右：按逆时针方向依次瞄准A、D、C、B、A，读取水平度盘读数，记入记录手簿中，检查半测回归零差，此为下半测回。

这样就完成了一个测回的观测工作。如果要观测n个测回，每测回的零方向数值设置同测回法。

（三）竖直角测量

1．竖直度盘的构造

竖直度盘包括竖盘、竖盘指标水准管和竖盘指标水准管微动螺旋，如图4-2-10所示。竖盘固定在望远镜横轴的一端，其面与横轴垂直。望远镜绕横轴旋转时，竖盘亦随之转动，而竖

盘指标不动。竖盘指标分划线与竖盘指标水准管固连在一起，当旋转竖盘指标水准管微动螺旋使指标水准管气泡居中时，竖盘指标即处于正确位置。

竖盘的注记形式有顺时针与逆时针两种。当望远镜视线水平，竖盘指标水准管气泡居中时，盘左竖盘读数应为 90°，盘右竖盘读数应为 270°。

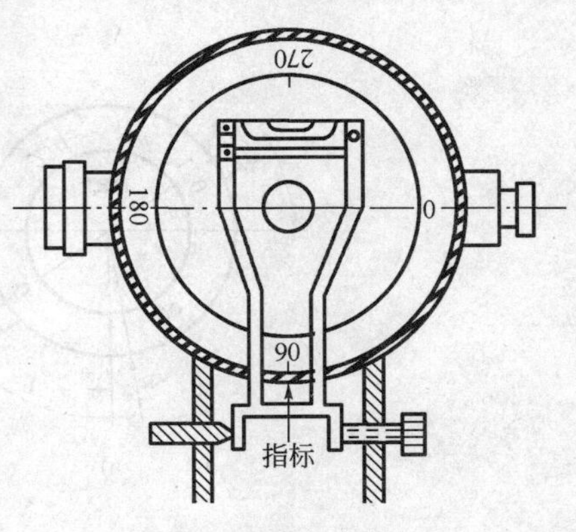

图 4-2-10　竖直度盘

2. 竖直角计算公式

如前所述，竖直角为同一竖直面内目标视线方向与水平线的夹角。所以观测竖直角与观测水平角一样也是两个方向读数之差，但有两点不同，即：

(1) 竖直角的两个方向中有一个是水平方向，它的读数是固定不变的，观测时只须读取目标视线方向的竖盘读数即可。

(2) 由于竖盘注记有顺时针和逆时针两种形式，因此竖直角的计算公式也不同。

①顺时针注记形式（图 4-2-11）。盘左时，视线水平时的读数为 90°，当望远镜物镜逐渐抬高（仰角），竖盘读数在减少，因此竖直角为：

$$\alpha_{左} = 90° - L \tag{4-2-10}$$

同理

$$\alpha_{右} = R - 270° \tag{4-2-11}$$

式中：L、R——分别为盘左、盘右瞄准目标的竖盘读数，又称天顶距。

一测回的竖直角值为：

$$\alpha = \frac{1}{2}(\alpha_{左} + \alpha_{右}) \tag{4-2-12}$$

或者

$$\alpha = \frac{1}{2}(R - L - 180°) \tag{4-2-13}$$

②逆时针注记形式。仿照顺时针注记的推求方法，可得其竖直角计算公式：

$$\alpha_{左} = L - 90° \tag{4-2-14}$$

$$\alpha_{右} = 270° - R \tag{4-2-15}$$

一测回的竖直角值为：

$$\alpha = \frac{1}{2}(\alpha_{左} + \alpha_{右}) \tag{4-2-16}$$

或者

$$\alpha = \frac{1}{2}(L - R + 180°) \tag{4-2-17}$$

3. 竖盘指标差

上面述及的是一种理想的仪器本身不存在误差的情况，即当视线水平，竖盘指标水准管气泡居中时，竖盘读数为 90°或 270°。但实际上这个条件往往不能满足，竖盘指标不是恰好指在 90°或 270°整数上，而与 90°或 270°相差一个 x 角，此角称为竖盘指标差。如图 4-2-11 所示，竖盘指标的偏移方向与竖盘注记增加方向一致时，x 值为正，反之为负。

下面以图 4-2-11 顺时针注记竖盘为例，说明竖盘指标差的计算公式。

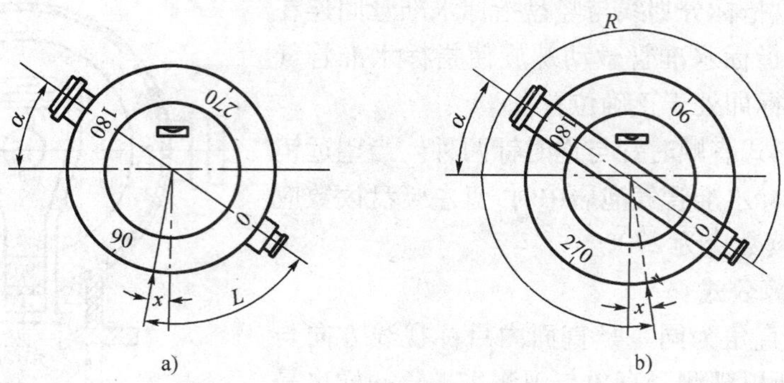

图 4-2-11 顺时针注记竖盘

由图可以明显看出，由于指标差的存在，使得盘左、盘右读得的 L、R 均大了一个 x。为了得到正确的竖直角 α，则：

$$\alpha_{左} = 90° - (L - x) \tag{4-2-18}$$

$$\alpha_{右} = (R - x) - 270° \tag{4-2-19}$$

式(4-2-18)与式(4-2-19)相加，可得：

$$\alpha = \frac{1}{2}(R - L - 180°)$$

这与式(4-2-12)完全相同，说明用盘左、盘右各观测一次竖直角，然后取其平均值作为最后结果，可以消除指标差的影响。如将式(4-2-18)与式(4-2-19)相减，可得：

$$x = \frac{1}{2}(L + R - 360°) \tag{4-2-20}$$

式(4-2-20)即为竖盘指标差 x 的计算公式。对于逆时针注记的竖盘同样适用。

4. 竖直角观测

将仪器安置在测站点上，按下列步骤进行观测：

(1)盘左精确瞄准目标，使十字丝的横丝与目标相切。旋转竖盘指标水准管微动螺旋，使竖盘指标水准管气泡居中。读取竖盘读数 L，记入记录手簿。

(2)盘右精确瞄准原目标。旋转竖盘指标水准管微动螺旋，使竖盘指标水准管气泡居中。读取竖盘读数 R，记入手簿。测回观测结束。

(3)根据竖盘注记形式确定竖直角计算公式，将 L、R 代入公式计算竖直角。

竖盘指标差属于仪器误差。一般情况下，竖盘指标差的变化很小，可视为定值。如果观测各目标计算的指标差变化较大，说明观测质量较差。规范规定，J_6 级经纬仪竖盘指标差的变化范围不应超过 15″。

三、水平角测量误差及其注意事项

(一)仪器误差

1. 视准轴误差

如图 4-2-12，当竖直角为 α 时，若视准轴垂直于横轴，视准轴即位于正确位置 OA，由于视准轴误差 c 的存在，盘左、盘右视准轴的位置为 OA_1、OA_2。它们在水平面上的投影分别为 OA'、

OA_1' 和 OA_2'。x_c 为视准轴误差 c 的水平投影，亦即观测方向的水平度盘读数误差。

由图 4-2-12 可以看出，对于同一方向盘左、盘右观测时，视准轴误差所引起的水平度盘读数误差 x_c 的数值相等而符号相反。因此，盘左、盘右观测取其平均值，可以消除视准轴误差的影响。视准轴水平时，x_c 具有最小值 c。

2. 横轴误差

如图 4-2-13，仪器整平后，竖轴位于铅垂线上。若横轴不垂直于竖轴，则横轴倾斜一个 i 角，位于 H_2H_2 位置。抬高望远镜后，在竖直面上的轨迹是倾斜角度为 i 的斜线 N_1A，所引起的水平度盘读数误差 x_i。用盘左、盘右观测同一方向，横轴误差所引起的水平度盘读数误差对盘左和盘右读数的影响数值为大小相等而符号相反，因此采用盘左和盘右观测，可以消除横轴误差的影响。竖直角 α 越大，横轴误差对水平度盘读数的影响就越大。

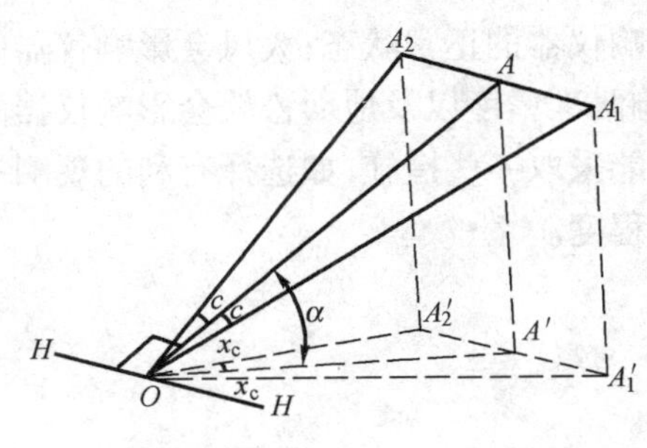

图 4-2-12　视准轴视差

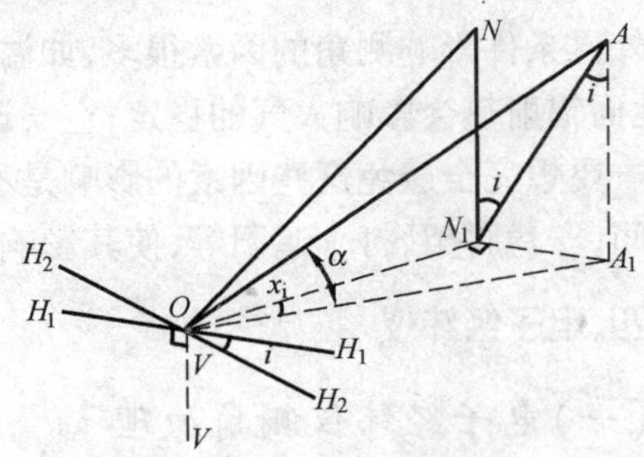

图 4-2-13　横轴视差

3. 竖轴误差

照准部水准管轴不垂直于竖轴，或者仪器在使用时没有严格整平，都会产生竖轴误差。用盘左、盘右观测同一方向，竖轴误差所引起的水平度盘读数误差大小相等但符号相同，因此不能用盘左和盘右观测消除其影响。此外这一影响亦与竖直角的大小成正比，所以在山区或坡度较大的地区进行测量时，应对仪器进行严格的检验和校正，并在测量中仔细整平。

4. 照准部偏心差

照准部偏心差是指水平度盘的刻划中心与照准部的旋转中心不重合而产生的误差。对于单指标读数的 J_6 级光学经纬仪，取同一方向盘左、盘右观测的平均值，即可消除此项影响。由于 J_2 级光学经纬仪采用了对径符合读数装置，在读数中已消除照准部偏心差的影响。

（二）观测误差

1. 对中误差

对中误差是指仪器中心没有置于测站点的铅垂线上所产生的误差。对中误差对测角的影响与偏心距成正比，与边长成反比，此外与所测角度的大小和偏心的方向有关。在水平角测量时，应认真精确地进行对中，在边长较短的情况下尤应如此。

2. 目标偏心差

目标偏心差是指实际瞄准的目标位置偏离地面标志点而产生的误差。目标偏心对测角的影响是不容忽视的。目标倾斜越大，瞄准部位越高，则目标偏心越大，对测角的影响就越大，因此观测时应尽量瞄准花杆底部，花杆也要尽量竖直。另外，目标偏心对测角的影响与边长成反比，在边长较短时，应特别注意目标偏心。

3. 瞄准误差

望远镜瞄准精度主要受人眼的分辨角 ε 和望远镜的放大率 v 的影响，表示为：

$$m_{瞄} = \frac{\varepsilon}{v} \tag{4-2-21}$$

当以十字丝双丝瞄准时，ε 可取10″，望远镜放大率 v 为28倍，代入式(4-2-21)得 $m_{瞄}=0.4''$。实际上，瞄准精度还要受目标的形状、亮度、影像稳定及大气条件等因素的影响。

4. 读数误差

读数误差主要取决于仪器的读数设备。对于 J_6 级光学经纬仪，读数误差不超过分划值的十分之一，即不超过±6"。如果读数显微镜目镜未调好，视场照明不佳，则误差还会增大。

（三）外界条件的影响

外界条件影响测角的因素很多，如温度变化会影响仪器的正常状态；大风会影响仪器的稳定；地面辐射热会影响大气的稳定；空气透明度会影响瞄准精度以及地面松软会影响仪器的稳定等。要想完全避免这些因素的影响是不可能的，只能采取一些措施，如选择有利的观测条件和时间，安稳脚架、打伞遮阳等，使其影响降低到最小程度。

四、电子经纬仪

（一）电子经纬仪测角原理

电子经纬仪的轴系、望远镜和制动、微动机构与光学经纬仪类似，最主要的区别在于读数系统。电子经纬仪是采用光电扫描度盘和自动显示系统。目前，电子经纬仪测角有编码度盘、光栅度盘和格区式度盘三种度盘形式。

1. 编码度盘测角原理

编码度盘属于绝对式度盘，即度盘的每一个位置，均可读出绝对的数值。

图4-2-14为一编码度盘。整个圆盘被均匀地分成16个扇形区间，每个扇形区间由里到外分成4个环带，称为4条码道。图中黑色部分表示透光区，白色部分表示不透光区。透光表示二进制代码“1”，不透光表示为“0”。这样通过各区间的4个码道的透光和不透光，即可由里向外读出4位二进制数，分别表示不同的角度值。另外，只通过16个扇区来识别出高精度读数是不可能的；因此，在每个扇区区间内还要通过电子识别系统进行细分，才能得到比较高的读数数值。

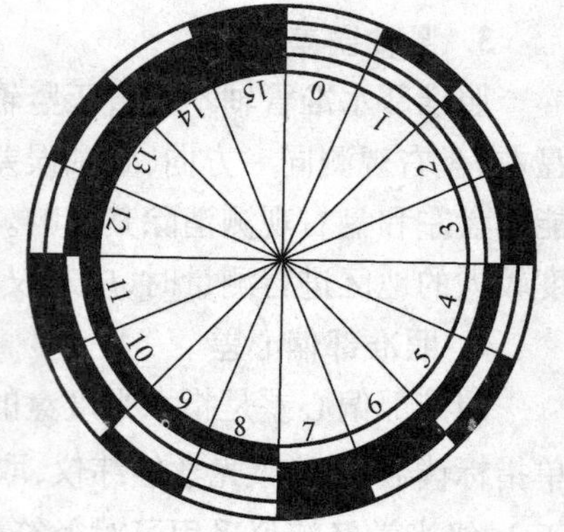

图4-2-14　编码度盘

2. 光栅度盘测角原理

在光学玻璃圆盘上全圆360°均匀而密集地刻画出许多径向刻线，构成等间隔的明暗条纹——光栅，称做光栅度盘。

通常光栅的刻线宽度与缝隙宽度相同，两者之和称为光栅的栅距，栅距所对应的圆心角即为栅距的分划值。如在光栅度盘上、下对应位置安装照明器和光电接收管，光栅的刻线之间不透光，缝隙透光，即可把光信号转换为电信号。当照明器和接收管随照准部相对于光栅度盘转动，由计数器计出转动时累计的栅距数，就可得到转动的角度值。因为光栅度盘是累计计数的，所以通常称这种系统为增量式读数系统。

仪器在操作中会顺时针转动和逆时针转动，因此计数器在累计栅距数时也有增有减。

（二）两种电子经纬仪的技术指标

表4-2-2列出了两种电子经纬仪的技术指标。

电子经纬仪的技术指标　　表4-2-2

仪器型号	厂家	测角精度(″)	倍率(倍)	视场	自动补偿	最短视距(m)
ETH302	日本宾得	2	30	1°30′	有	1.35
DT102C	苏州一光	2	30	1°20′	有	2

第三节　距离测量与直线定向

一、光电测距仪测距

（一）光电测距仪的基本工作原理

电磁波测距是用电磁波（光波或微波）作为载波传输测距信号，以测量两点间距离的一种方法。与传统的量距方法相比，电磁波测距具有精度高、作业快、几乎不受地形限制等优点。以激光或红外光作为载波的测距仪称为光电测距仪。

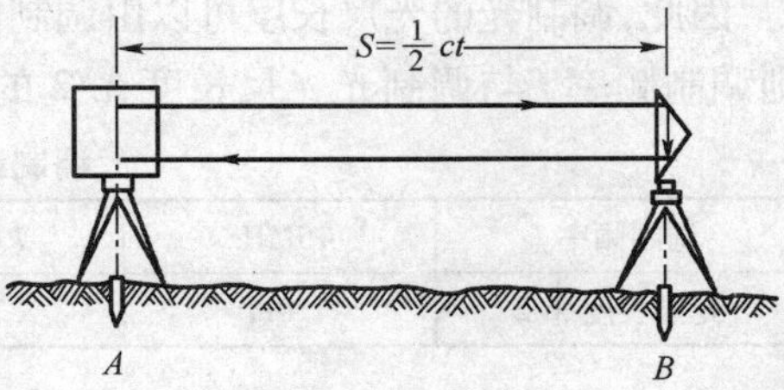

光电测距仪的基本工作原理是利用已知光速 c，测定它在两点间的传播时间 t，来计算距离。如图4-2-15所示，欲测定 A、B 两点间的距离时，将一台发射和接收光波的测距仪主机放在 A 点，在 B 点上放置反射棱镜，则其距离 S 可按式(4-2-22)计算：

图4-2-15　光电测距仪原理

$$S = \frac{1}{2}ct \qquad (4\text{-}2\text{-}22)$$

A、B 两点一般并不同高，光电测距测定的数值为倾斜距离 S，再通过垂直角观测，将斜距 S 归算为平距 D 和高差 h。

光速是接近于 3.0×10^5km/s 的已知数，其相对误差很小，测距的精度主要决定于测定时间的精度。例如，利用先进的电子脉冲计数，能精确测定到 $\pm10^{-8}$s，但由此引起的测距误差为 ±2m。为了进一步提高光电测距的精度，必须采用精度更高的间接测时手段——相位法测时，据此测定距离称为相位式测距。

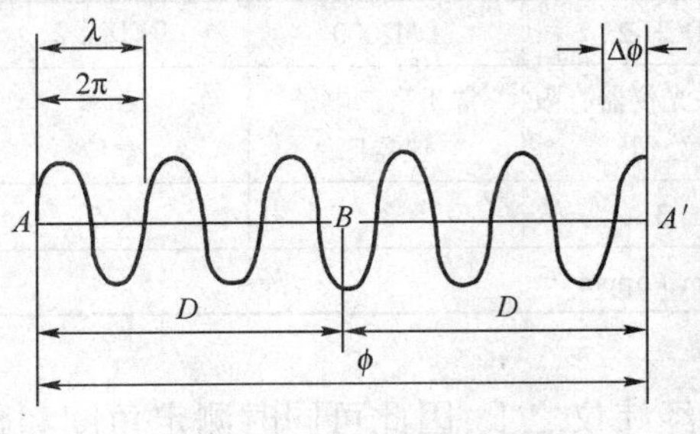

图4-2-16　相位式光电测距原理

（二）相位式光电测距的原理

采用周期为 T 的高频电磁振荡对测距仪的发射光源进行连续的振幅调制，使光强随电磁振荡的频率而周期性地明暗变化，调制光波（调制信号）在待测距离上往返传播，使在同一瞬间发射光与接收光产生相位移（相位差）$\Delta\phi$，如图4-2-16所示。根据相位差间接计算出传播时间，从而计算距离。

设调制信号的频率为f,则其周期为$T=1/f$,因此调制光的波长λ为:

$$\lambda = cT = \frac{c}{f} \tag{4-2-23}$$

因此

$$c = \lambda f = \frac{\lambda}{T} \tag{4-2-24}$$

可得到调制光波往返传播的时间为:

$$t = T(N + \frac{\Delta\phi}{2\pi}) \tag{2-2-25}$$

将式(4-2-24)、式(4-2-25)式代入式(4-2-22),得相位式光电测距的基本公式:

$$S = \frac{\lambda}{2}(N + \frac{\Delta\phi}{2\pi}) \tag{4-2-26}$$

由此可见,相位式光电测距仪的原理和钢卷尺量距相仿,相当于用一根长度为$\lambda/2$的"光尺"来丈量距离,N为"整尺段数",$\frac{\lambda}{2}\cdot\frac{\Delta\phi}{2\pi}$为"零数"。

对于某种光源的波长λ_g,在标准气象状态下($t=15℃$,$p=101.3\text{kPa}$)的光速可以精确求得,因此,调制光的光尺长度可以由调制信号的频率f来决定。如近似地取光速$c=3\times10^8\text{m/s}$,则调制频率f与调制光光尺长度$\lambda/2$的关系如表4-2-3所示。

调制频率与"光尺"长度对照　表4-2-3

调制频率f	15MHz	7.5MHz	1.5MHz	150kHz	75kHz
光尺长度$\lambda/2$	10m	20m	100m	1km	2km

由此可见,调制频率决定光尺长度。当仪器在使用过程中,由于电子元件老化等原因,实际的调制频率与设计的标准频率有微小变化时,其影响大小与距离的长度成正比。测距仪经过检定,可以得到改正距离用的比例系数,称为测距仪的乘常数b。另外,在用测距仪测定距离时,测定距离与实际距离相差一个固定的常数值,此值与测定距离长短无关,这个数值称为测距仪的加常数a。

(三)短程红外测距仪

测程在3km以下的测距仪称为短程测距仪,一般都采用红外光源,因此,又称为短程红外测距仪。国内外仪器生产厂家很多,型号各有不同,表4-2-4所示为其中的一部分。

短程红外测距仪　表4-2-4

仪器型号	DI1001	DCH-1	DCH-2	DM2000	$\text{RED}_{\text{mini}}2$
制造厂	瑞士 莱卡	北京 光学仪器厂	苏州一光仪器有限 公司	常州第二电子 仪器厂	日本 索佳
测程(km)	1.3	1	3	3	1.5
测距中误差	5mm+5ppm				

注:ppm为百万分率。

短程红外测距仪的体积一般都比较小,可安装于经纬仪之上,因此可同时测定角度和距离。从光电测距本身来讲,也需要利用经纬仪的高倍望远镜来寻找和瞄准目标,并根据经纬仪

的竖盘读数来计算视线的垂直角，再用倾斜距离计算出水平距离和高差。

（四）光电测距成果整理

测距时所测得的一测回或几测回距离读数的平均值 S 为野外测得的斜距，此数值还必须经过各项改正，才能得到两点间正确的水平距离。

1. 距离加常数和乘常数改正

测距仪测距精度表示方式为：

$$m_s = \pm (a + b\text{ppm} \cdot S)$$

式中：a——距离加常数（mm）；

b——距离乘常数（mm/km）。

距离的加常数 a 与距离的长短无关，因此，加常数改正值 ΔS_a 为：$\Delta S_a = a$。

距离的乘常数改正 ΔS_b 与所测距离成正比，即：$\Delta S_b = b \cdot S$。

2. 气象改正

影响光速的大气折射率 n 为光的波长、气温和气压的函数。对于某一型号的测距仪，采用一定的光源，其波长为一定值，因此，根据距离测量时测定的气温和气压，可以计算距离的气象改正。距离的气象改正与距离的长度成正比，因此，气象改正数 A 也相当于一乘常数，其单位取 mm/km，在仪器的说明书中给出 A 的计算公式。距离的气象改正值为：

$$\Delta S_A = A \cdot S$$

例如，观测时 $t = 30℃$，$p = 98.67\text{kPa}$，测距精度为 $m_s = \pm(5\text{mm} + 5\text{ppm} \cdot S)$，则 $A = +21\text{mm/km}$，对于斜距 $S = 816.350\text{m}$，则：

$$\Delta S_a = a = +5\text{mm}$$

$$\Delta S_b = b\text{ppm} \cdot S = +5 \times 0.81635 = +4\text{mm}$$

$$\Delta S_A = A \cdot S = +21\text{mm/km} \times 0.81635\text{km} = +17\text{mm}$$

3. 改正后的斜距、平距和高差的计算

斜距数值 S 经过加常数改正、乘常数改正和气象改正后，得到改正后的斜距：

$$S_{改} = S + \Delta S_a + \Delta S_b + \Delta S_A$$

上例的斜距 S，经各项改正后，得到改正后的斜距 $S_{改}$：

$$S_{改} = 816.350\text{m} + 0.005\text{m} + 0.004\text{m} + 0.017\text{m} = 816.376\text{m}$$

水平距离 D 和测距仪与棱镜的高差 h 的计算：

$$D = S \cdot \cos\alpha \qquad h = S \cdot \sin\alpha$$

式中：α——经纬仪测定斜距方向的竖直角。

二、全站仪简介

（一）全站仪的结构原理

全站型电子速测仪简称全站仪，它由光电测距仪、电子经纬仪和数据处理系统组成。一台全站仪，除能自动测距、测角外，还能快速完成一个测站所需完成的工作，包括平距、高差、高程、坐标以及放样等方面功能。

全站仪分为分体式和整体式两类。分体式全站仪的测距头和电子经纬仪不是一个整体，进行作业时需将测距头安装在电子经纬仪上，作业结束后卸下来分开装箱。整体式全站仪是将测距头与电子经纬仪的望远镜结合在一起，形成一个整体，使用起来更为方便。

全站仪的组成结构包含有测量的四大光电系统，即测距、测水平角、测竖直角和双轴自动补偿系统。键盘指令是测量过程的控制系统，测量人员通过按键便可调用内部指令指挥仪器的测量工作过程和进行数据处理。以上各系统通过I/O接口总线与电子计算机联系起来。

微处理器是全站仪的核心部件，它如同计算机的中央处理器（CPU），主要由寄存器系列（缓冲寄存器、数据寄存器、指令寄存器等）、运算器和控制器组成。微处理器的主要功能是根据键盘指令启动仪器进行测量工作，执行测量过程的检核和数据的传输、处理、显示、储存等工作，保证整个光电测量工作有条不紊地完成。输入输出单元是与外部设备连接的装置。为便于测量人员设计软件系统，处理某种目的的测量工作，在全站仪的存储器中还提供有各种测量实用程序。

（二）部分全站仪及其技术指标

下面介绍4个厂家测角精度为2"的几种全站仪，见表4-2-5。

部分全站仪的技术指标　　表4-2-5

型　号	厂　家	测角精度(")	测距精度	单棱镜测程(km)	内　存
SET230R	日本索佳	2	2+2ppm	5	10 000点
TC/TCR402	瑞士莱卡	2	2+2ppm	2~3	9 000点
天宝5602	美国天宝	2	1mm+1ppm	5.5	
NTS-350	中国南方	2	3mm+2ppm	2.6	8 000点

（三）仪器使用的注意事项

(1)新购置的仪器，首次使用前，应结合仪器认真阅读使用说明书。

(2)全站仪的测距头不能直接照准太阳，以免损坏测距仪的发光二极管。

(3)在阳光下或阴雨天气进行作业时，应打伞遮阳、遮雨，尽量避免雨水淋湿。

(4)在整个操作过程中，观测者不得离开仪器，以避免仪器发生意外。

(5)仪器应保持干燥，遇雨后应将仪器擦干，放在通风处，完全凉干后才能装箱。

(6)全站仪在迁站时，即使很近，也应取下仪器装箱。

(7)运输过程中必须注意防震，长途运输最好装在原包装箱内。

三、直线定向

（一）基本方向线

在测量上经常要确定一条直线与基本方向线之间的夹角，称为直线定向。用于直线定向的基本方向线有真子午线、磁子午线和坐标纵线三种。

1. 真子午线

通过地面上一点指向地球南北极的方向线就是该点的真子午线。真子午线可用天文观测北极星（或太阳）的方法获得，也可以用陀螺经纬仪来测定。

地球表面上任何一点都有它自己的真子午线方向,各点的真子午线都向两极收敛而相交于两极。地面上两点真子午线间的夹角称为子午线收敛角。收敛角的大小与两点所在的纬度及经度差有关。

2．磁子午线

磁针静止时所指的方向,是该点的磁子午线方向,磁子午线方向可用罗盘仪测定。

由于地球的磁南北极与地球南北极并不一致,磁北极位于西经约101°,北纬约74°,磁南极位于东经约114°,南纬约68°,地面上同一点的真、磁子午线不重合,其夹角称为磁偏角,用δ表示。当磁子午线在真子午线东侧,称为东偏,δ为正;磁子午线在真子午线西侧,称为西偏,δ为负。磁偏角δ是因时因地而变化,因此磁子午线不宜作为精密定向的基本方向线。但是,由于确定磁子午线的方法比较方便,在独立地区和低等级公路仍可以利用它作为起始方向线。

3．坐标纵线

坐标纵轴所指的方向,为坐标纵线方向,在高斯投影的6°或3°带内,高斯平面直角坐标系的纵轴是处处平行于中央子午线的。因此,坐标纵线方向,就是中央子午线的方向。

在中央子午线上,其真子午线方向和坐标纵线方向一致。在其他地区,真子午线与坐标纵线不重合,两者所夹的角即为中央子午线与某地方子午线所夹的收敛角γ。当坐标纵线在真子午线以东时γ为正;反之,坐标纵线在真子午线以西时,γ为负。

(二)方位角

如图4-2-17所示,由基本方向线北端算起,顺时针方向到某一测线所夹的水平角,称为该直线的方位角,方位角的角值范围为0°～360°。

(1)由真子午线北端起算的方位角称为真方位角,用A表示。

(2)由磁子午线北端起算的方位角称为磁方位角,用A_m表示。

(3)由坐标纵线北端起算的方位角,称为坐标方位角,用α表示。

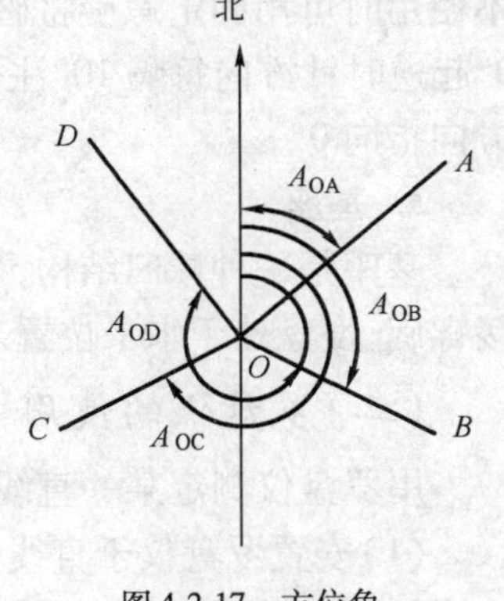

图4-2-17　方位角

如图4-2-18所示,根据真子午线方向、磁子午线方向、坐标纵线方向三者的关系,可以确定三种方位角有以下关系:

$$A = A_m + \delta(\delta\text{东偏为正,西偏为负}) \quad (4\text{-}2\text{-}27)$$

$$A = \alpha + \gamma(\gamma\text{以东为正,以西为负}) \quad (4\text{-}2\text{-}28)$$

因此
$$A_m + \delta = \alpha + \gamma$$

所以
$$\alpha = A_m + \delta - \gamma \quad (4\text{-}2\text{-}29)$$

设直线AB的坐标方位角α_{AB}为正坐标方位角,如图4-2-19所示,其相反方向BA的坐标方位角α_{BA}则为反坐标方位角。同一直线正、反坐标方位角相差180°,即:

$$\alpha_{\text{正}} = \alpha_{\text{反}} \pm 180°$$

四、罗盘仪及其应用

(一)罗盘仪的组成

罗盘仪是测定直线磁方位角的仪器,如图4-2-20,它主要由望远镜、罗盘盒和基座三部分组成。

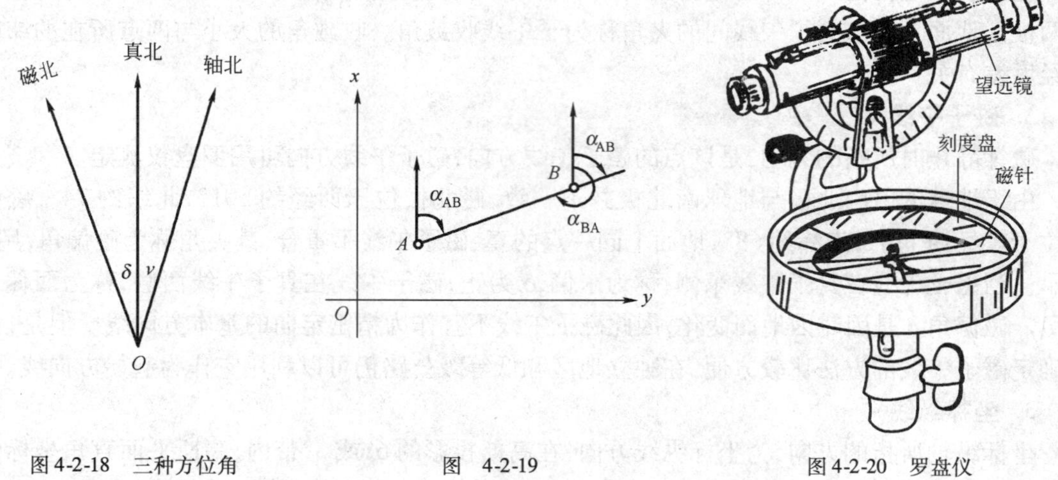

图 4-2-18　三种方位角　　图　4-2-19　　图 4-2-20　罗盘仪

1. 望远镜

瞄准目标用的照准设备，和经纬仪上的望远镜相似。望远镜的一侧附有一个竖直度盘，可以测竖直角。

2. 罗盘盒

罗盘盒有磁针和刻度盘。磁针安装在度盘中心顶针上，可自由转动，为减少顶针的磨损，不使用时可用固定螺旋将磁针升起固定。刻度盘为金属圆盘，全圆刻度 360°，最小刻划 1°，从 0°起逆时针方向每隔 10°注一数字。望远镜的视准轴与刻度盘 0°和 180°的连线一致，且物镜方向指向 0°。

3. 基座

基座是一种球臼结构，松开球臼接头螺旋，摆动罗盘盒，使水准器气泡居中，再旋紧球臼连接螺旋，度盘处于水平位置。

（二）罗盘仪的使用

用罗盘仪测定某一直线磁方位角的方法如下：

（1）安置罗盘仪于直线一端，对中整平。

（2）松开磁针固定螺旋，使它自由转动。

（3）用望远镜瞄准直线的另一端点，待磁针静止时，读出磁针北端（非铜丝缠绕的一端）所指的度盘读数。

（三）使用罗盘仪应注意事项

（1）罗盘仪不能在高压线、铁矿区、铁路旁等使用。

（2）罗盘仪使用完毕后，应将磁针升起，固定在顶盖上。

第四节　全球定位系统

一、GPS 全球定位系统简介及其组成

全球定位系统 GPS 的英文全称是 Mavigation Satellite Timing and Ranging Global Positioning System（导航星测时与测距全球定位系统），简称 GPS ，有时也被称作 NAVSTAR GPS。根据

沃顿(Wooden)1985 年所给出的定义:NAVSTAR 全球定位系统(GPS)是一个全天候导航系统,它由美国国防部开发,用以满足军方在地面或近地空间内获取在一个通用参照系中的位置、速度和时间信息的要求。

GPS 卫星定位技术与常规测量相比,具有定位精度高、观测速度快、功能齐全、操作简便、全天候等优点。GPS 系统由空间部分、地面监控部分和用户设备部分三部分组成。

1. 空间部分

GPS 系统的空间部分是指每个 GPS 工作卫星星座。GPS 工作卫星星座由 24 颗卫星组成,其中 21 颗工作卫星和 3 颗备用卫星,均匀分布在 6 个轨道上。卫星轨道平面相对地球赤道的倾角为 55°,各个轨道平面之间交角为 60°。轨道平均高度 20 200km,卫星运行周期为 11h58min,同一轨道上各卫星之间的交角为 90°,GPS 卫星的上述时空配置,保证了地球上任意地点,在任何时刻均至少可以同时观测到 4 颗卫星,因而满足精密导航和定位的需要。每颗 GPS 卫星上装有 4 台高精度的原子钟,其中 2 台为铷钟,2 台为铯钟。原子种为 GPS 定位提供高精度的时间标准。

GPS 卫星的基本功能是:

(1)执行地面监控站的控制指令,接收和储存由地面监控站发来的导航信息。

(2)向 GPS 用户发送导航电文和定位信息。

(3)通过高精度原子钟(铷钟和铯钟)向用户提供精密的时间标准。

2. 地面监控部分

GPS 地面监控部分目前由 5 个地面站组成,按功能分为主控站、信息注入站和监测站,主控站设在美国本土科罗拉多的联合空间执行中心 CSOC,主控站除协调、管理所有的地面监控系统的工作外,其主要任务还有:

(1)根据各监测站提供的观测资料推算编制各颗卫星的星历、卫星钟差和大气层修正参数等,并把这数据传送到注入站。

(2)提供全球定位系统的时间与监测站和 GPS 卫星的原子钟,均应与主控站的原子钟同步,或算出其间的钟差,并将钟差信息编入导航电文送到注入站。

(3)调整偏离轨道的卫星,使之沿预定的轨道运行。

(4)启用备用卫星以取代失效的工作卫星。

3. 用户设备部分

GPS 系统的用户设备部分由 GPS 接收机硬件和相应的数据处理软件以及微处理机及其终端设备组成。GPS 接收机硬件包括接收机主机、天线和电源,它的主要功能是接收 GPS 卫星发射的信号,以获得必要的导航和定位信息及观测量,并经简单数据处理而实现实时导航和定位。GPS 软件是指各种后处理软件包,它通常由厂家提供,其主要作用是对观测数据进行精加工,以便获得精密定位结果。

GPS 接收机的类型一般可分为导航型、测量型和授时型三类,测量单位使用的 GPS 接收机一般为测量型。

二、GPS 的基本定位原理

卫星不间断地发送自身的星历参数和时间信息,用户接收到这些信息后,经过计算求出接收机的三维位置、三维方向以及运动速度和时间信息。

GPS 接收机可接收到可用于授时的准确至纳秒级的时间信息；用于预报未来几个月内卫星所处概略位置的预报星历；用于计算定位时所需卫星坐标的广播星历，精度为几米至几十米（各个卫星不同，随时变化）；以及 GPS 系统信息。

GPS 接收机对码的量测就可得到卫星到接收机的距离，由于含有接收机卫星钟的误差及大气传播误差，故称为伪距。对 C/A 码测得的伪距称为 C/A 码伪距，精度约为 20m，对 P 码测得的伪距称为 P 码伪距，精度约为 2m。

GPS 接收机对收到的卫星信号，进行解码或采用其他技术，将调制在载波上的信息去掉后，就可以恢复载波。严格地说，载波相位应被称为载波拍频相位，它收到的是受多普勒频移影响的卫星信号载波相位与接收机本机振荡产生信号相位之差。一般在接收机钟确定的历元时刻量测，保持对卫星信号的跟踪，就可记录下相位的变化值，但开始观测时的接收机和卫星振荡器的相位初值是不知道的，起始历元的相位整数也是不知道的，即整周模糊度，只能在数据处理中作为参数解算。相位观测值的精度高至毫米，但前提是解出整周模糊度，因此只有在相对定位、并有一段连续观测值时才能使用相位观测值，而要达到优于米级的定位精度也只能采用相位观测值。大地测量或工程测量均采用相位观测值进行相对定位。

在 GPS 观测量中包含了卫星和接收机的钟差、大气传播延迟、多路径效应等误差，在定位计算时还要受到卫星广播星历误差的影响，在进行相对定位时大部分公共误差被抵消或削弱，因此定位精度将大大提高，双频接收机可以根据两个频率的观测量抵消大气中电离层误差的主要部分，在精度要求高，接收机间距离较远时，应选用双频接收机。

三、RTK 技术

RTK（载波相位差分定位技术）是能够在野外实时得到厘米级定位精度的测量方法，它采用了载波相位动态实时差分（real - time kinematic）方法。

高精度的 GPS 测量必须采用载波相位观测值，RTK 定位技术就是基于载波相位观测值的实时动态定位技术，它能够实时地提供测站点在指定坐标系中的三维定位结果，并达到厘米级精度。在 RTK 作业模式下，基准站通过数据链将其观测值和测站坐标信息一起传送给流动站。流动站不仅通过数据链接收来自基准站的数据，还要采集 GPS 观测数据，并在系统内组成差分观测值进行实时处理，同时给出厘米级定位结果，历时不到 1s。流动站可处于静止状态，也可处于运动状态；可在固定点上先进行初始化后再进入动态作业，也可在动态条件下直接开机，并在动态环境下完成周模糊度的搜索求解。在整周末知数解固定后，即可进行每个历元的实时处理，只要能保持 4 颗以上卫星相位观测值的跟踪和必要的几何图形，则流动站可随时给出厘米级定位结果。

RTK 可广泛用于以下几方面：

1. 各种控制测量

采用 RTK 来进行控制测量，能够实时知道定位精度，如果点位精度满足要求，用户就可以停止观测。如果把 RTK 用于公路控制测量、大地测量，可以大大减少人力强度、节省费用，提高工作效率，在几分钟甚至于几秒钟内就可完成一个控制点的测量。

2. 地形测图

采用 RTK 测图，仅需一人背着仪器在要测的碎部点上 1 ~ 2s，并同时输入特征编码，通过手簿可以实时知道点位精度，把一个区域测完后回到室内，由专业的软件接口就可以输出所要

求的地形图,采用 RTK 配合电子手簿可以测绘各种地形图,如普通测图、铁路线路带状地形图和公路管线地形图,配合测深仪可以用于测水库地形图、航海海洋图等。

3. 放样

采用 RTK 技术放样,仅需把设计好的点位坐标输入到电子手簿中,背着 GPS 接收机,它会提醒用户走到要放样点的位置,既迅速又方便,由于 GPS 是通过坐标来直接放样的,而且精度很高也很均匀,因而在外业放样中效率会大大提高,且只需一个人操作。

第五节　测量误差的基础知识

一、测量误差概述

测量工作中,尽管观测者按照规定的操作要求认真进行观测,但在同一量的各观测值之间,或在各观测值与其理论值之间仍存在差异。例如,对某一三角形的三个内角进行观测,其和不等于 180°;又如所测闭合水准路线的高差闭合差不等于零等,这说明观测值中包含有观测误差。研究观测误差的来源及其规律,采取各种措施消除或减小其误差影响,是测量工作者的一项主要任务。

观测误差产生的原因主要有以下三个方面:

1. 观测者

由于观测者感觉器官鉴别能力有一定的局限性,在仪器安置、照准、读数等方面都会产生误差。同时观测者的技术水平、工作态度及状态都对测量成果的质量有直接影响。

2. 测量仪器

每种仪器都有一定限度的精密程度,因而观测值的精确度也必然受到一定的影响;同时仪器本身在设计、制造、安装、校正等方面也存在一定的误差。

3. 外界条件

观测时所处的外界条件,如温度、湿度、风力、大气折光等因素都会对观测结果产生一定的影响。外界条件发生变化,观测成果将随之变化。

上述三方面的因素是引起观测误差的主要来源,因此把这三方面因素综合起来称为观测条件。观测条件的好坏与观测成果的质量有着密切的联系。

观测误差按其对观测成果的影响性质,可分为系统误差和偶然误差两大类。

1. 系统误差

在相同的观测条件下作一系列观测,若误差的大小及符号表现出系统性,或按一定的规律变化,那么这类误差称为系统误差。例如,用一把名义为 30m 长,而实际长度为 30.02m 的钢尺丈量距离,每量一尺段就要少量 2cm,该 2cm 误差在数值上和符号上都是固定的,且随着尺段的增多呈累积性。系统误差对测量成果影响较大,且具有累积性,应尽可能消除或限制到最小程度。

2. 偶然误差

在相同的观测条件下作一系列观测,若误差的大小及符号都表现出偶然性,即从单个误差来看,该误差的大小及符号没有规律,但从大量误差的总体来看,具有一定的统计规律,这类误差称为偶然误差,或随机误差。例如,用经纬仪测角时,测角误差实际上是许多微小误差项的总和,而每项微小误差随着偶然因素影响不断变化,因而测角误差也表现出偶然性。对同一角度的若干次观测,其值不尽相同,观测结果中不可避免地存在着偶然误差的影响。

二、偶然误差的特性

偶然误差是由多种因素综合影响产生的,观测结果中不可避免地存在偶然误差,因而偶然误差是误差理论主要研究的对象。由上节知,就单个偶然误差而言,其大小和符号都没有规律性,呈现出随机性,但就其总体而言却呈现出一定的统计规律性,并且是服从正态分布的随机变量。即在相同观测条件下,大量偶然误差分布表现出一定的统计规律性。

偶然误差有以下 4 个特性:

(1)在一定的观测条件下,误差的绝对值有一定的限值,也就是说,超出一定限值的误差其出现的概率为零。

(2)绝对值较小的误差比绝对值较大的误差出现的概率大。

(3)绝对值相等的正、负误差出现的概率相同。

(4)偶然误差的数学期望为零,即　$E(\Delta)=0$。

换句话讲,偶然误差的理论平均值为零,即　$\lim\limits_{n\to\infty}\frac{[\Delta]}{n}=0$。

三、衡量精度的标准

在一定的观测条件下进行的一组观测,对应着一种确定的误差分布。若误差较集中于零附近,我们可以讲其误差分布较为密集或离散度小;反之我们称其误差分布较为离散或离散度大。不难理解,离散度小,表明该组观测质量较好,也就是观测精度高;离散度大,表明该组观测质量较差,也就是观测精度低。所谓精度,就是指误差分布的密集或离散的程度。精度的衡量,人们需要对精度有一个数字概念,这种具体的数字能够反映其离散度的大小,因此称为衡量精度的指标。衡量精度的指标有多种,其中常用的有中误差和容许误差。

(一)中误差

1. 用真误差 Δ 计算观测值的中误差

真误差 Δ_i 可用下式算出:

$$\Delta_i = L_i - X \tag{4-2-30}$$

式中:L_i——观测值;

X——真值。

真误差 Δ 的概率密度函数为:

$$f(\Delta) = \frac{1}{\sqrt{2\pi}\sigma}e^{-\frac{\Delta^2}{2\sigma^2}} \tag{4-2-31}$$

式中:σ^2——误差分布的方差。

而 σ 就是标准差(均方差):

$$\sigma = \sqrt{E(\Delta^2)} \tag{4-2-32}$$

不同的 σ 对应着不同形状的分布曲线,σ 越小,曲线愈为陡峭;σ 越大,曲线越为平缓。σ 的大小反映了精度的高低,故用标准差作为衡量精度的指标。

如果在相同的条件下得到一组独立的观测误差,并根据积分的定义可以写出:

$$\sigma^2 = \lim_{n\to\infty} \frac{[\Delta\Delta]}{n}$$

故

$$\sigma = \lim_{n\to\infty} \sqrt{\frac{[\Delta\Delta]}{n}}$$

式中,标准差 σ 为极限值,是理论值。实际的观测个数是有限的,由有限个观测值的真误差只能求得标准差的估值,称为中误差,即:

$$m = \pm\sqrt{\frac{[\Delta\Delta]}{n}} \tag{4-2-33}$$

上式即为根据一组同精度观测值的真误差而计算中误差的基本公式。中误差 m 并不等于每个观测值的真误差,而是一个反映一组真误差离散大小的指标。

2. 用改正数计算观测值的中误差

由于观测量的真值 X 往往未知,所以其真误差也无法算出,故按上式求中误差有很大的局限性。下面通过观测值的改正数 V_i 求其中误差。首先计算出观测值的算术平均值(最或然值)x:

$$x = \frac{[L]}{n} \tag{4-2-34}$$

式中:$[L]$——观测值累加和;

n——观测值个数。

改正数的计算方法为:

$$V_i = x - L_i \tag{4-2-35}$$

$$m = \pm\sqrt{\frac{[VV]}{n-1}} \tag{4-2-36}$$

(二)容许误差

由偶然误差的第一特性可知,在一定的观测条件下偶然误差的绝对值不会超过一定的限值。在大量同精度观测的一组误差中,误差落在$(-\sigma,+\sigma)$、$(-2\sigma,+2\sigma)$、$(-3\sigma,+3\sigma)$的概率分别为:

$$P(-\sigma < \Delta < +\sigma) = 68.3\%$$

$$P(-2\sigma < \Delta < +2\sigma) = 95.5\%$$

$$P(-3\sigma < \Delta < +3\sigma) = 99.7\%$$

可见绝对值大于3倍中误差的偶然误差出现的概率仅有0.3%,其概率接近于零,可以认为属不可能事件,因此通常以3倍中误差作为偶然误差的极限值 $\Delta_{限}$,并称为极限误差或容许误差。实践中,也常用 $2m$ 作为容许误差。

（三）相对误差

对于距离测量结果，有时单靠中误差还不能完全表达测量结果的好坏。例如，分别丈量100m和200m的两段距离，中误差均为±2cm，虽然两者的中误差相同，但就单位长度而言，两者精度并不相同，因此引入衡量其精度与观测量本身大小相关的精度指标——相对误差。

相对误差为误差的绝对值与观测值之比，一般用K来表示。相对误差是个无名数，在测量中一般将分子化为1，分母为一个数值N。相对误差有相对中误差、相对容许误差、相对真误差。相对误差的分母N越大，精度越高，对于相对容许误差，如在导线测量中所规定的导线全长相对闭合差不能超过1/2 000，就是相对容许误差。而在实测中所产生的全长相对闭合差，则为相对真误差。相对误差不能用于评定角度测量的精度，因为角度误差与测角大小无关。

四、误差的传播定律及应用

（一）误差传播定律

1. 观测值的函数

对于某一量直接进行多次观测，以求得其平均值（最或是值），计算观测值的中误差，作为衡量精度的标准。但是，在测量工作中，有一些需要知道的量并非直接观测得到，而是通过观测值以一定的函数关系计算而得，因此称这些量为观测值的函数。由于观测值中含有误差，使函数受其影响也含有误差，此种误差关系，称之为误差传播。

观测值的函数一般为倍数函数、和差函数，两者统称为线性函数；另外还有非线性函数，统称为一般函数。

2. 函数的中误差计算

根据观测值的中误差求观测值函数的中误差，必须用误差传播定律。误差传播定律是根据函数的形式推导出误差传播的数学公式。

1）一般函数的中误差计算

设有函数

$$Z = f(x_1, x_2, \cdots, x_n)$$

式中，x_1、x_2、⋯、x_n为具有中误差m_1、m_2、⋯、m_n的独立观测值，当各观测值x_i的真误差为Δ_i时，函数Z也必然产生真误差ΔZ，有：

$$Z + \Delta Z = f(x_1 + \Delta_1, x_2 + \Delta_2, \cdots, x_n + \Delta_n)$$

由于Δ_i很小，对函数全微分并以真误差代替微分：

$$\Delta Z = \frac{\partial f}{\partial x_1}\Delta_1 + \frac{\partial f}{\partial x_2}\Delta_2 + \cdots + \frac{\partial f}{\partial x_n}\Delta_n$$

式中，$\frac{\partial f}{\partial x_i}$为原函数的偏导数，其值由观测值代入求得。故可得一般函数的中误差关系式：

$$m_Z^2 = \left(\frac{\partial f}{\partial x_1}\right)^2 m_1^2 + \left(\frac{\partial f}{\partial x_2}\right)^2 m_2^2 + \cdots + \left(\frac{\partial f}{\partial x_n}\right)^2 m_n^2 \tag{4-2-37}$$

2)倍数函数的中误差计算

倍数函数为:

$$y = kx$$

按照误差传播定律,则倍数函数的中误差为:

$$m_y = km_x$$

3)和差函数的中误差计算

设有和差函数:

$$y = x_1 \pm x_2 \pm \cdots \pm x_n$$

式中,x_1、x_2、…、x_n 为直接观测值(独立变量),其中误差分别为 m_1、m_2、…、m_n,按照误差传播定律,和差函数的中误差为:

$$m_y^2 = m_1^2 + m_2^2 + \cdots + m_n^2$$

4)线性函数中误差的计算

设有线性函数:

$$y = k_1x_1 + k_2x_2 + \cdots + k_nx_n$$

式中,k_1、…、k_n 为任意常数,x_1、…、x_n 为独立观测值,其中误差分别为 m_1、…、m_n。按照一般函数误差传播定律式(4-2-37),得到线性函数的中误差为:

$$m_y^2 = k_1^2m_1^2 + k_2^2m_2^2 + \cdots + k_n^2m_n^2$$

(二)误差传播定律的应用

1. 距离测量的精度

用长度为 L 的钢尺丈量一段水平距离 D,共量 n 个尺段,设一尺段的量距中误差为 m,距离 D 的中误差为 m_D。则函数式为:

$$D = L_1 + L_2 + \cdots + L_n$$

按照等精度和差函数的公式得:

$$m_D = m\sqrt{n}$$

或

$$m_D = m\sqrt{\frac{D}{L}}$$

一定长度的钢尺,在一定的观测条件下量距,其丈量一次的中误差 m 为一常数。

$$\mu = \frac{m}{\sqrt{L}} \tag{4-2-38}$$

μ 称为"单位长度的量距中误差",则距离 D 的量距中误差为:

$$m_D = \pm\mu\sqrt{D} \tag{4-2-39}$$

由此可见,距离丈量的中误差与距离的平方根成正比。

例如，用 $L=30\text{m}$ 的钢尺丈量一段长度为100m的距离 D，一尺段的丈量中误差为 ±7mm，则按式(4-2-38)算得 $\mu=1.28$，再按式(4-2-39)算得 $m_D=\pm12.8\text{mm}$。

2. 角度测量精度

[例4-2-1]　用 DJ_6 级经纬仪观测水平角，根据仪器的标称精度，即一测回方向观测中误差 $m_{方}=\pm6''$，角度为两个方向值之差，因此，一测回水平角的中误差为：

$$m_\beta = m_{方}\sqrt{2} = \pm6''\sqrt{2} = \pm8.5''$$

由于一测回水平角值是由盘左、盘右两个半测回角值的平均值，故半测回水平角的中误差可以按照下列方法计算：

$$\beta_{一测回} = \frac{1}{2}(\beta_{左半测回} + \beta_{右半测回})$$

设 $m_{\beta左半测回}=m_{\beta左半测回}=m_{半}$，$\beta_{一测回}$ 角值中误差为 m_β，则：

$$m_\beta^2 = (\frac{1}{2})^2 m_{半}^2 + (\frac{1}{2})^2 m_{半}^2 = \frac{1}{2} m_{半}^2$$

得：

$$m_{半} = m_\beta\sqrt{2}$$

[例4-2-2]　对某个水平角以等精度观测4个测回，观测值列于表4-2-6，计算一测回的中误差 m、算术平均值 x 和中误差 m_x。

水平角观测值及其计算表　　表4-2-6

次序	观测值 L			改正数 $\nu\nu$	$\nu\nu$	计算
	°	′	″	″		
1	84	37	38	+4	16	$m=\pm\sqrt{\frac{[VV]}{n-1}}=\pm\sqrt{\frac{34}{4-1}}=\pm3.4''$
2	84	37	41	+1	1	$x=\frac{[L]}{n}=\frac{338°30'48''}{4}=84°37'42''$
3	84	37	46	−4	16	$m_x=\frac{m}{\sqrt{n}}=\frac{\pm3.4''}{\sqrt{4}}=\pm1.7''$
4	84	37	43	−1	1	
Σ	338	30	48	0	34	

3. 水准测量精度

[例4-2-3]　水准测量一测站的高差计算公式为：

$$h = a - b$$

如果水准仪在前后水准尺上的读数中误差均为 $m=\pm1\text{mm}$，则一测站高差中误差为：

$$m_h = m\sqrt{2} = \pm1.4\text{mm}$$

如果在水准路线 AB 上连续观测了10站，则 AB 两点之间的高差中误差为：

$$m_{AB} = m_h\sqrt{10} = \pm4.5\text{mm}$$

[例4-2-4]　在水准路线 AB 上进行水准测量，水准仪在前后水准尺上的读数中误差均为 $m=\pm1\text{mm}$，如果 AB 两点之间的高差中误差不能超过7mm，那么，AB 路线上最多能测几站？

首先计算出一测站高差中误差，与[例4-2-1]同：

$$m_h = m\sqrt{2} = \pm 1.4\text{mm}$$

设最多能测 n 测站，则 AB 两点之间的高差中误差为：

$$m_{AB} = m_h\sqrt{n} = \pm 1.4\sqrt{n} \leqslant \pm 7\text{mm}$$

结果为：

$$n \leqslant 24.5$$

最多能测24站。

第三章　小区域控制测量

第一节　控制测量概述

在测区内所选定的若干个控制点而构成的几何图形,称为控制网。控制网分为平面控制网和高程控制网两种。测定控制点平面位置(x、y)的工作,称为平面控制测量。测定控制点高程(H)的工作,称为高程控制测量。

在全国范围内建立的控制网,称为国家控制网,它是全国各种比例尺测图的基本控制,并为确定地球的形状和大小提供研究资料。国家控制网是用精密测量仪器和方法依照施测精度按一、二、三、四等4个等级建立的。

一等三角锁是国家平面控制网的骨干;二等三角网布设于一等三角锁环内,是国家平面控制网的基础;三、四等三角网为二等三角网的进一步加密。

一等水准网是国家高程控制网的骨干。二等水准网布设于一等水准环内,是国家高程控制网的基础。三、四等水准网为国家高程控制网的进一步加密。建立国家高程控制网,采用精密水准测量的方法。

在小区域(面积15km^{2}以下)内建立的控制网,称为小区域控制网。测定小区域控制网的工作,称为小区域控制测量。小区域控制网分为平面控制网和高程控制网两种。小区域控制网应尽可能以国家或城市已建立的高级控制网为基础进行连测,将国家或城市高级控制点的坐标和高程作为小区域控制网的起算和校核数据。若测区内或附近无国家或城市控制点,则建立测区独立控制网。高等级公路的控制网一般应与附近的国家或城市控制网连测。

第二节　导线测量

一、导线测量的布设形式

根据测区的情况和要求,导线可布设成以下3种形式:

1. 闭合导线

如图4-3-1所示,从一点出发,最后仍回到这一点,组成一闭合多边形。导线起始方位角和起始坐标可以分别测定和假定。导线附近若有高级控制点,应尽量使导线与高级控制点连接。其中β_A为连接角。连接后可获得起算数据,使之与高级控制点连成统一的整体。闭合导线多用在面积较宽阔的独立地区测图控制。

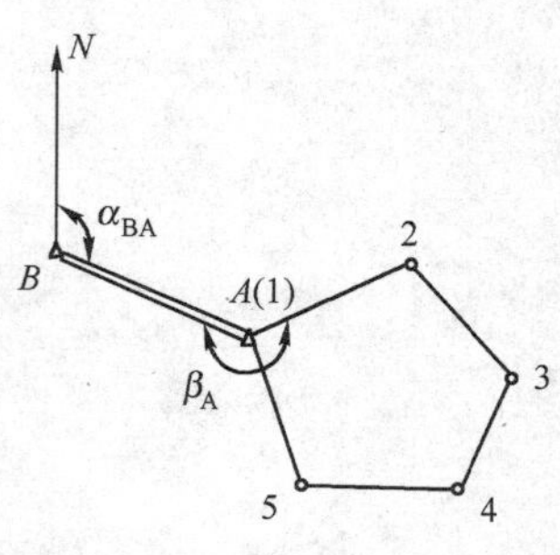

图4-3-1　闭合导线

2. 附合导线

如图 4-3-2 所示,从一高级控制点 A 出发,通过各待求平面点 2、3、4、5 后,附合到另一高级控制点 C 上。附合导线多用在带状地区测图控制。此外,也广泛用于公路、铁路、水利等工程的勘测与施工。

3. 支导线

如图 4-3-3 所示,从一控制点 A 出发,导线既不闭合到起始已知点,也不附合于其他已知点。

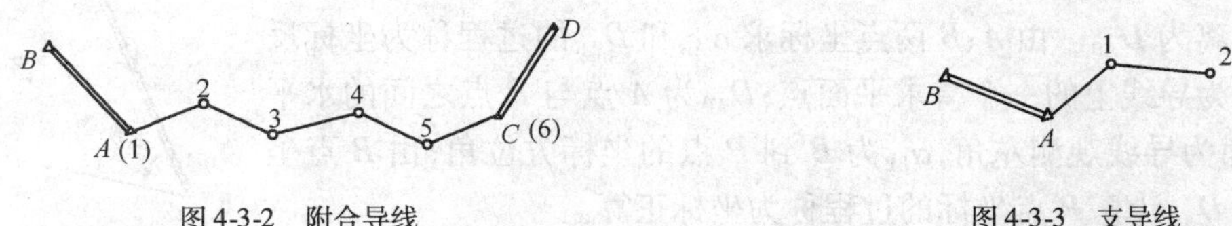

图 4-3-2 附合导线　　图 4-3-3 支导线

闭合导线和附合导线都有检核条件,并能对导线整体精度进行计算和评价,因此,它们是布设导线的主要形式。支导线没有校核条件,整体精度计算和评价无法进行,因此,差错不易发现,故不宜用支导线布设控制点,如果受地形限制必须采用支导线,就要对支导线附加一些要求和限制:第一,待求控制点的点数不宜超过 3 个,一般仅作补点使用;第二,支导线要求往返测或左、右角同时观测,以确保待求控制点的正确性。

此外,根据测区的具体条件,导线还可以布设成具有结点或多个闭合环的导线网。

在局部地区的地形测量和一般工程测量中,根据测区范围及精度要求,导线分为一级导线、二级导线、三级导线和图根导线 4 个等级。它们可作为国家四等控制点或国家 E 级 GPS 点的加密,也可以作为独立地区的首级控制。

二、导线测量的外业工作

导线进行外业之前,应调查搜集测区已有的地形图和控制点的资料,先在已有的地形图上标出已知控制点点位,并拟定导线布设方案。

导线测量的外业工作包括:

1. 踏勘选点及建立标志

外业首先进行踏勘测区现场,核对已知控制点是否被破坏,修改和落实导线点点位。如果测区没有地形图资料,则需详细踏勘现场,根据已知控制点的分布、地形条件及测图和施工需要等具体情况,合理选定导线点的位置。选点时应满足规范要求。确定导线点位后,应在地上打入木桩,桩顶钉一小钉作为导线点的标志。导线点应按顺序编号。为便于寻找,可根据导线点与周围地物的相对关系绘制导线点点位略图。

2. 量边

导线边长应当采用电磁波测距仪或检定过的钢尺进行往返测量。满足要求时,取其平均值作为测量的结果。

3. 测角

导线的转折角有左、右之分,在导线前进方向左侧的角称为左角,而右侧的称为右角。对于附合导线应统一观测左角;对于闭合导线,则观测内角。

导线的转折角通常采用测回法进行观测。对于图根导线，一般用 DJ_6 级经纬仪测一个测回，盘左、盘右测得角值的较差不大于40"时，取其平均值作为最后观测结果。

三、导线测量的内业计算

（一）基本公式

1. 坐标方位角的推算

如图 4-3-4 所示，A、B 为已知控制点，A 到 B 点的坐标方位角为 α_{AB}，其距离为 D_{AB}。由 A、B 两点坐标求 α_{AB} 和 D_{AB} 的过程称为坐标反算。P 点为导线上的一个待求平面点；D_{AP} 为 A 点与 P 点之间的水平距离；β 角为导线观测左角，α_{BP} 为 B 到 P 点的坐标方位角；由 B 点坐标、α_{BP} 和 D_{AP} 计算 P 点坐标的过程称为坐标正算。

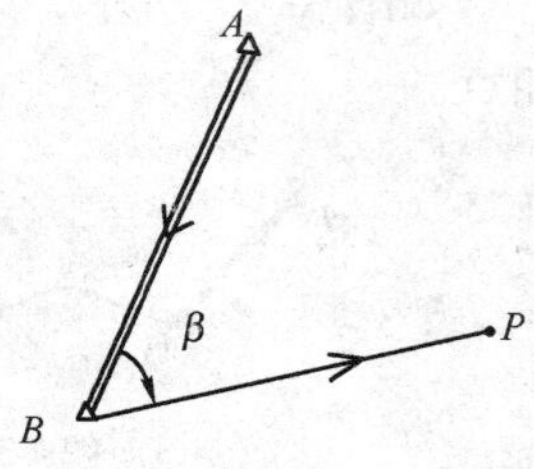

图 4-3-4　坐标方位角的推算

BA 的坐标方位角计算公式为：

$$\tan\alpha_{BA} = \frac{\Delta y_{BA}}{\Delta x_{BA}} = \frac{y_A - y_B}{x_A - x_B} \tag{4-3-1}$$

式中：Δx_{BA}、Δy_{BA}——分别为 BA 的 x 轴和 y 轴的坐标增量。

于是反正切可计算出 α_{BA}，由于反正切值的值域为（$-90°$，$+90°$），而坐标方位角的取值范围为 $0°$~$360°$，因此，计算出的 α_{BA} 是否是 $B \to A$ 边的坐标方位角，必须通过 Δy_{BA} 和 Δx_{BA} 的正负符号来确定。计算时应注意按下列关系区别开来：

（1）当 $\Delta x_{BA} > 0$ 且 $\Delta y_{BA} \geqslant 0$ 时：

$$\alpha_{BA} = \arctan\frac{\Delta y_{BA}}{\Delta x_{BA}} \tag{4-3-2}$$

（2）当 $\Delta x_{BA} < 0$ 时：

$$\alpha_{BA} = 180° + \arctan\frac{\Delta y_{BA}}{\Delta x_{BA}} \tag{4-3-3}$$

（3）当 $\Delta x_{BA} > 0$ 且 $\Delta y_{BA} < 0$ 时：

$$\alpha_{BA} = 360° + \arctan\frac{\Delta y_{BA}}{\Delta x_{BA}} \tag{4-3-4}$$

（4）当 $\Delta x_{BA} = 0$ 且 $\Delta y_{BA} > 0$ 时：

$$\alpha_{BA} = 90°$$

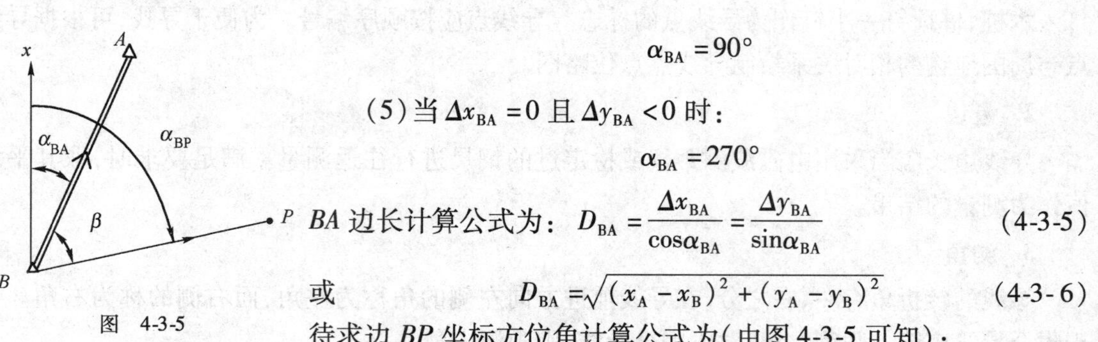

图　4-3-5

（5）当 $\Delta x_{BA} = 0$ 且 $\Delta y_{BA} < 0$ 时：

$$\alpha_{BA} = 270°$$

BA 边长计算公式为：

$$D_{BA} = \frac{\Delta x_{BA}}{\cos\alpha_{BA}} = \frac{\Delta y_{BA}}{\sin\alpha_{BA}} \tag{4-3-5}$$

或

$$D_{BA} = \sqrt{(x_A - x_B)^2 + (y_A - y_B)^2} \tag{4-3-6}$$

待求边 BP 坐标方位角计算公式为（由图 4-3-5 可知）：

$$\alpha_{BP} = \alpha_{BA} + \beta = \alpha_{AB} + \beta \pm 180° \tag{4-3-7}$$

推广到一般公式为：

$$\alpha_{前} = \alpha_{后} + \beta \pm 180° \tag{4-3-8}$$

式中：$\alpha_{前}$——前一条边的坐标方位角；

$\alpha_{后}$——相邻后一条边的坐标方位角。

注意，在运用式(4-3-8)时，必须保证所有边坐标方位角的方向与导线前进方向一致，且所有 β 角均为左角；当 $\alpha_{后} + \beta < 180°$ 时取 +180°，反之取 −180°。

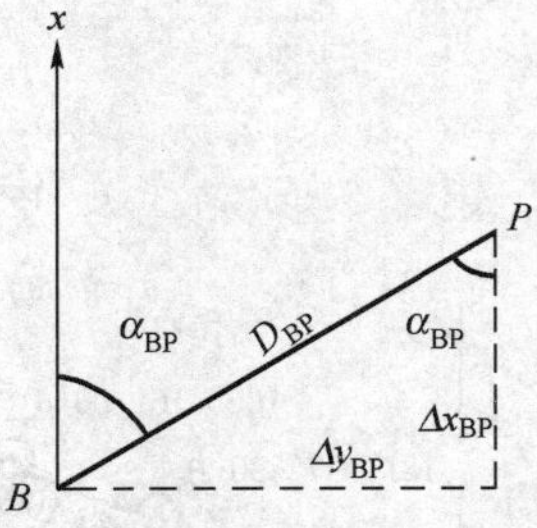

2. 坐标增量的计算

如图 4-3-6 所示，$B \rightarrow P$ 点 x 轴、y 轴坐标增量分别为：

图　4-3-6

$$\Delta x_{BP} = D_{BP} \cdot \cos\alpha_{BP} \tag{4-3-9}$$

$$\Delta y_{BP} = D_{BP} \cdot \sin\alpha_{BP} \tag{4-3-10}$$

由上式可以扩展为坐标增量的一般表达式为：

$$\Delta x = D \cdot \cos\alpha \tag{4-3-11}$$

$$\Delta y = D \cdot \sin\alpha \tag{4-3-12}$$

运用式(4-3-11)和式(4-3-12)计算某一边的 Δx 坐标增量和 Δy 坐标增量时，必须用本边的水平距离和本边的坐标方位角进行计算。

坐标方位角和坐标增量均带有方向性，注意下标的书写。当坐标方位角位于第一象限时，坐标增量均为正数；当坐标方位角位于第二象限时，Δx 为负数，Δy 为正数；当坐标方位角位于第三象限时，坐标增量均为负数；当坐标方位角位于第四象限时，Δx 正数，Δy 为负数。

3. 待求点坐标的计算

如图 4-3-6 所示：

$$x_P = x_B + \Delta x_{BP} \tag{4-3-13}$$

$$y_P = y_B + \Delta y_{BP} \tag{4-3-14}$$

由上式可以扩展为坐标计算的一般表达式为：

$$x_{前} = x_{后} + \Delta x_{后前} \tag{4-3-15}$$

$$y_{前} = y_{后} + \Delta y_{后前} \tag{4-3-16}$$

式中：$x_{前}$、$y_{前}$——表示前一点的坐标；

$x_{后}$、$y_{后}$——表示相邻后一点的坐标。

(二)附和导线计算

附和导线计算因为有多余观测值，就产生了检核条件，也就产生了两类闭合差：其一为角度闭合差 f_β；其二为坐标闭合差 f_x 和 f_y。

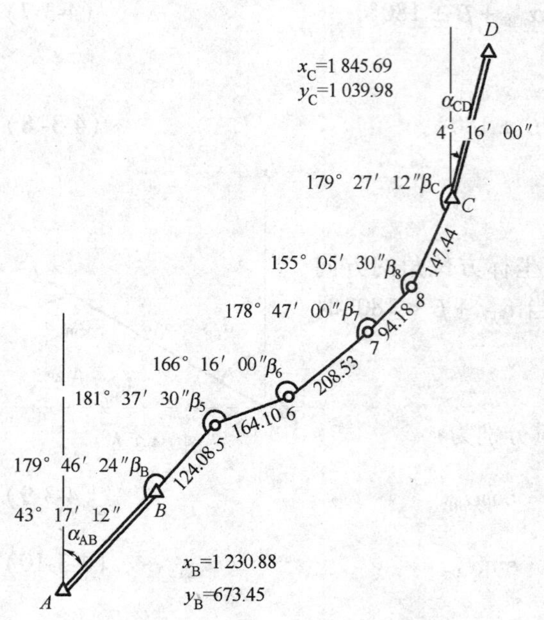

图 4-3-7　观测左角的图根导线略图

表 4-3-1 为附和导线计算表和实例，计算过程如下。

1．角度闭合差的计算

如图 4-3-7 为观测左角的图根导线略图，A、B、C、D 均为高级控制点，它们的坐标均为已知，起始边 AB 和终止边 CD 的坐标方位角 α_{AB}（即 $\alpha_{起}$）、α_{CD}（即 $\alpha_{终}$）可根据坐标反算求得。如果没有测角误差，理论上由起始边坐标方位角 α_{AB} 经各观测角 β_i 推算终止边的方位角 α'_{CD} 应与已知值 α_{CD} 相等。由于测角有误差，推算的 α'_{CD} 与已知值 α_{CD} 不相等，其差值即为附合导线角度闭合差 f_β，即：

$$f_\beta = \alpha'_{CD} - \alpha_{CD} = \alpha'_{终} - \alpha_{终} \tag{4-3-17}$$

一般计算公式：

$$\alpha'_{终} = \alpha_{起} + \sum\beta_{左} - n \cdot 180° \tag{4-3-18}$$

$$f_\beta = \alpha_{起} + \sum\beta_{左} - \alpha_{终} - n \cdot 180° \tag{4-3-19}$$

式中：n——观测角 β_i 的个数。

根据式(4-3-19)可以计算出本例题中的 f_β：

$$\alpha'_{CD} = 43°17'12'' + 1\,040°59'36'' - 6 \times 180° = 4°16'48''$$

$$f_\beta = \alpha'_{CD} - \alpha_{CD} = 4°16'48'' - 4°16'00'' = +48''$$

根据《公路勘测规范》(JTG C10—2007)的规定，图根附和导线允许角度闭合差 $f_{\beta容}$ 的数值为：

$$f_{\beta容} = \pm 40''\sqrt{n} = \pm 40''\sqrt{6} = \pm 97''$$

要求 $|f_\beta| < |f_{\beta容}|$；否则，应分析情况进行重测。本例题中 $f_\beta = +48'' < f_{\beta容} = \pm 97''$，说明测角精度满足图根测角精度的最低要求。

2．角度闭合差 f_β 的调整

分配调整的原则是，将 f_β 以相反的符号平均分配到各观测角 β_i 中，分配的数值称为角度改正数，用 V_β 来表示，分配调整后的观测角用 β' 来表示。则：

$$V_\beta = -\frac{f_\beta}{n} \tag{4-3-20}$$

$$\beta'_i = \beta_i + V_\beta \tag{4-3-21}$$

若不能均分，一般情况下，给短边的夹角多分配一点，使各角改正数的总和与反号的闭合差相等；即：

$$\sum V_\beta = -f_\beta。$$

3．推算各边的坐标方位角

根据起始方位角及改正后的观测角，可按式(4-3-8)依次推算各边的坐标方位角，填入计算表 4-3-1 中 5 栏。

4．计算各边的坐标增量

根据各边的坐标方位角 α 和边长 D，按式(4-3-11)和式(4-3-12)计算各边的坐标增量，将

附和导线计算表

表 4-3-1

点号	观测角 (° ′ ″)	V_β (″)	改正后观测角 (° ′ ″)	坐标方位角 (° ′ ″)	边长 (m)	坐标增量(m) Δx	V_x	Δy	V_y	改正后坐标增量(m) $\Delta x'$	$\Delta y'$	坐标(m) x	y	点号
1	2	3	4	5	6	7	8	9	10	11	12	13	14	1
A														A
				43 17 12										
B	179 46 24	−8	179 46 16									1 230.88	673.45	B
				43 03 28	124.08	+90.66	−2	+84.71	+2	+90.64	+84.73			
5	181 37 30	−8	181 37 22									1 321.52	758.18	5
				44 03 28	164.10	+116.68	−2	+115.39	+3	+116.66	+115.42			
6	166 16 00	−8	166 15 52									1 438.18	873.60	6
				30 56 42	208.53	+178.85	−2	+107.23	+3	+178.83	+107.26			
7	178 47 00	−8	178 46 52									1 617.01	980.86	7
				29 43 34	94.18	+81.79	−1	+46.70	+2	+81.78	+46.72			
8	155 05 30	−8	155 05 22									1 698.79	1 027.58	8
				4 48 56	147.44	+146.92	−2	+12.38	+2	146.90	+12.40			
C	179 27 12	−8	179 27 04									1 845.69	1 039.98	C
				4 16 00										
D														D
Σ														

备注：

$f_\beta=\alpha_{起}+\sum\beta_{左}-\alpha_{终}-n\times180=+48''<f_{\beta容}=\pm40\sqrt{n}=\pm97''$

$f_x=x_{起}+\sum\Delta x-x_{终}=+0.09\text{m}=+9\text{cm}$, $f_y=y_{起}+\sum\Delta y-y_{终}=-0.12\text{m}=-12\text{cm}$

$f_s=\sqrt{f_x^2+f_y^2}=0.15\text{m}$　　$K=\dfrac{f_s}{\sum D}=\dfrac{0.15\text{m}}{738.33\text{m}}=\dfrac{1}{4\,900}<K_{容}=1/2\,000$

计算结果填入表4-3-1中7、9栏。

5. 坐标增量闭合差的计算与分配调整

附和导线两端点为已知点，其坐标为已知，所以也会产生坐标增量闭合差。按式(4-3-15)和式(4-3-16)，C点的推算坐标为：

$$x_{C推算} = x_B + \sum \Delta x$$
$$y_{C推算} = y_B + \sum \Delta y$$

如果导线的边长和角度观测中没有误差存在，则$x_{C推算} = x_C$，$y_{C推算} = y_C$；而实际的边长和角度观测中不可避免地存在误差，因此，$x_{C推算} \neq x_C$，$y_{C推算} \neq y_C$；其差值即为x轴方向闭合差f_x和y轴方向闭合差f_y。计算方法为：

$$f_x = x_{C推算} - x_C = x_B + \sum \Delta x - x_C = 1\,230.88 + 614.90 - 1\,845.69 = +0.09\text{m} = +9\text{cm}$$
$$f_y = y_{C推算} - y_C = y_B + \sum \Delta y - y_C = 673.45 + 366.41 - 1\,039.98 = -0.12\text{m} = -12\text{cm}$$

由此可以扩展为坐标增量闭合差的一般公式为：

$$f_x = x_{起} + \sum \Delta x - x_{终} \tag{4-3-22}$$
$$f_y = y_{起} + \sum \Delta y - y_{终} \tag{4-3-23}$$

导线全长闭合差f_s为：

$$f_s = \sqrt{f_x^2 + f_y^2} \tag{4-3-24}$$

导线越长，其全长闭合差也越大。因此，为确保准确反映导线的整体精度，通常用导线的相对精度K来衡量导线测量的精度高低。计算公式为：

$$K = \frac{f_s}{\sum D} \tag{4-3-25}$$

式中：$\sum D$——导线边长的总和。

若K值符合精度要求，则可将坐标增量闭合差f_x、f_y以相反符号，按与边长成正比分配到各坐标增量中，任一边分配的改正数按下式计算：

$$V_{x_i} = -\frac{f_x}{\sum D} D_i = -\frac{D_i}{\sum D} f_x \tag{4-3-26}$$

$$V_{y_i} = -\frac{f_y}{\sum D} D_i = -\frac{D_i}{\sum D} f_y \tag{4-3-27}$$

改正数应按增量取位的要求凑整至cm或mm，并且必须使改正数的总和与反符号闭合差相等，即：

$$\sum V_{\Delta x} = -f_x$$
$$\sum V_{\Delta y} = -f_y$$

将改正数的计算数值填入表4-3-1中8、10栏。

改正后的坐标增量$\Delta x_i'$、$\Delta y_i'$为改正前的坐标增量与其所对应的改正数之和；填入表4-3-1中的11、12栏。即：

$$\Delta x_i' = \Delta x_i + V_{xi} \tag{4-3-28}$$
$$\Delta y_i' = \Delta y_i + V_{yi} \tag{4-3-29}$$

6. 坐标计算

根据起始点的已知坐标和改正后的坐标增量，按式(4-3-15)和式(4-3-16)依次推算各点的坐标，填入表中13、14栏。

为了检查坐标推算过程中是否存在差错，最后还应推算到终点的坐标，看其是否和已知值相等，以此作为附和导线的最后一项计算校核。

（三）闭合导线计算

闭合导线的坐标计算与附合导线的坐标计算基本上相同，但由于闭合导线的起点和终点为同一个已知点，所以在计算角度闭合差和坐标增量闭合差时不同。下面介绍这两项的计算方法。

1. 闭合导线的角度闭合差

闭合导线的角度闭合差 f_β 为多边形内角观测值之和与其理论值之差。其公式为：

$$f_\beta = \sum\beta_{测} - (n-2) \times 180° \tag{4-3-30}$$

式中：n——多边形的边数，同时也是多边形内角的个数。

2. 闭合导线坐标增量闭合差的计算

由于闭合导线的起点和终点为同一点，$x_{起}$ 与 $x_{终}$ 相等，$y_{起}$ 与 $y_{终}$ 相等；因此，闭合导线是附和导线的特例。由附和导线坐标增量闭合差的计算式（4-3-22）和式（4-3-24）可得：

$$f_x = x_{起} + \sum\Delta x - x_{终} = \sum\Delta x \tag{4-3-31}$$

$$f_y = y_{起} + \sum\Delta y - y_{终} = \sum\Delta y \tag{4-3-32}$$

其他计算同附和导线。

（四）支导线计算

支导线中没有多余的观测值，因此也没有任何闭合差产生，导线的角度和相邻点之间的坐标增量都无法进行检核和改正，按基本的坐标正算公式，即可得到待测点的坐标。

第三节　交 会 定 点

控制点的加密，可以用导线测量和小三角测量的方法，也可用交会法。交会法分为测角交会和测边交会两类。已知 A、B 两点的坐标，为了计算未知点 P 的坐标，只需观测水平角 α 和 β 就行了，这种测定未知点 P 平面坐标的方法，如图 4-3-8a），称为前方交会。如果是通过观测水平角 α 和 γ 或者 β 和 γ 来测定未知点 P 的平面坐标，如图 4-3-8b），称为侧方交会。如果为求得未知点 P 的坐标，在 P 点上瞄准 A、B、C 三个已知点测得水平角 α 和 β，如图 4-3-8c），这种方法称为后方交会。

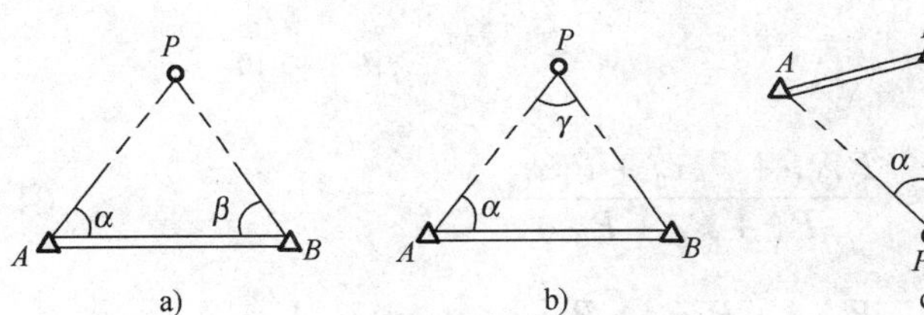

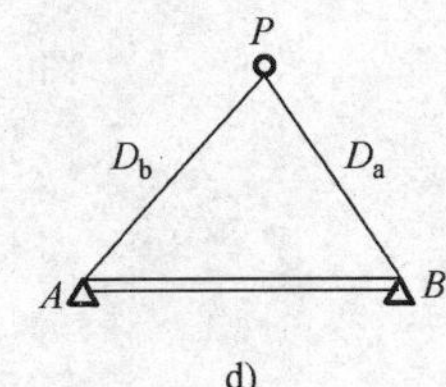

图 4-3-8　交会定点

a）前方交会；b）侧方交会；c）后方交会；d）测边交会

前方交会、侧方交会和后方交会统称为测角交会法。这种方法图形结构简单,外业工作量少,是加密控制点常用的方法。

目前电磁波测距仪已被广泛应用,在测定未知点坐标时,采用测量边长 D_a 和 D_b 的方法,如图4-3-8d),称为测边交会法。

一、前方交会

如图4-3-8a),已知点 A、B 的坐标为 x_A、y_A 和 x_B、y_B。在 A、B 两点设站,测出水平角 α 和 β,按式(4-3-31)计算未知点 P 的坐标:

$$x_p = \frac{x_A\cot\beta + x_B\cot\alpha + (y_B - y_A)}{\cot\alpha + \cot\beta} \tag{4-3-33}$$

$$y_p = \frac{y_A\cot\beta + y_B\cot\alpha + (x_B - x_A)}{\cot\alpha + \cot\beta} \tag{4-3-34}$$

为了校核和提高 P 点的精度,前方交会通常是在3个已知点上进行观测。如图4-3-9所示,测定 α_1、β_1 和 α_2、β_2 然后由两个交会三角形各自按式(4-3-31)和式(4-3-32)计算 P 点的坐标。因测角误差的影响,求得的两组 P 点坐标不完全相同,其点位较差为:

$$\Delta D = \sqrt{\delta_x^2 + \delta_y^2}$$

式中:δ_x、δ_y——分别为两组 x_p、y_p 坐标值之差。

当 $\Delta D \leqslant 2\times 0.1\text{mm}\times M$ 时(M 为测图比例尺分母),可取两组坐标的平均值作为最后结果。

二、后方交会

后方交会是在待定点 P 设站,向3个已知点 A、B、C 进行观测,如图4-3-10所示,然后根据测定的水平角 α、β、γ 和已知点的坐标,计算 P 点的坐标。未知点 P 的坐标按下式计算:

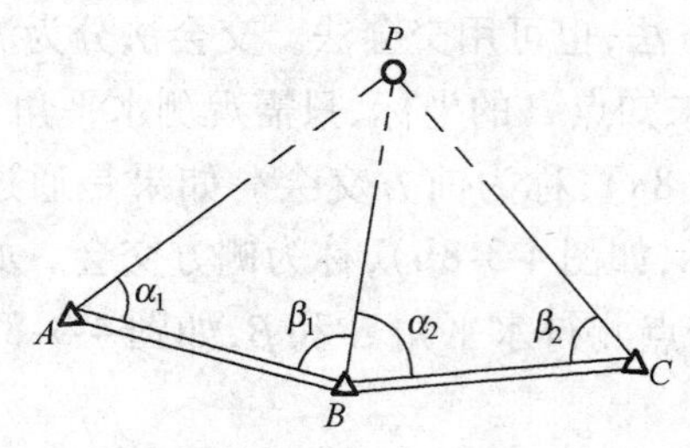

图　4-3-9

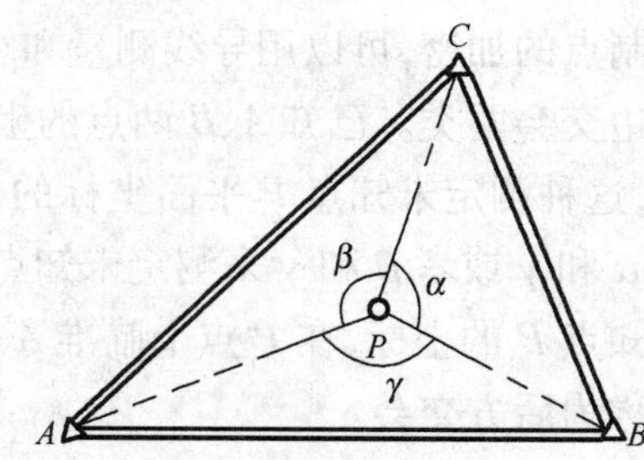

图　4-3-10

$$x_P = \frac{P_A x_A + P_B x_B + P_C x_C}{P_A + P_B + P_C} \tag{4-3-35}$$

$$y_P = \frac{P_A y_A + P_B y_B + P_C y_C}{P_A + P_B + P_C} \tag{4-3-36}$$

式中:

$$P_A = \frac{1}{\cot\angle A - \cot\alpha} \tag{4-3-37}$$

$$P_B = \frac{1}{\cot\angle B - \cot\beta} \tag{4-3-38}$$

$$P_C = \frac{1}{\cot\angle C - \cot\gamma} \tag{4-3-39}$$

A、B、C 3 个已知点编排时无一定顺序，$\angle A$、$\angle B$、$\angle C$ 为它们构成的三角形的内角。未知点 P 上的 3 个角 α、β、γ 必须分别与已知点 A、B、C 相对应，其总和应等于 360°。

三、测边交会

如图 4-3-11 所示，已知点 A、B、C 按逆时针方向编号，它们之间的边长分别用 S_1 和 S_2 表示，a、b、c 为测定的边长。在△ABP 和△BCP 中：

$$\cos\angle A = \frac{S_1^2 + a^2 - b^2}{2S_1 a}$$

$$\alpha_{AP} = \alpha_{AB} - \angle A$$

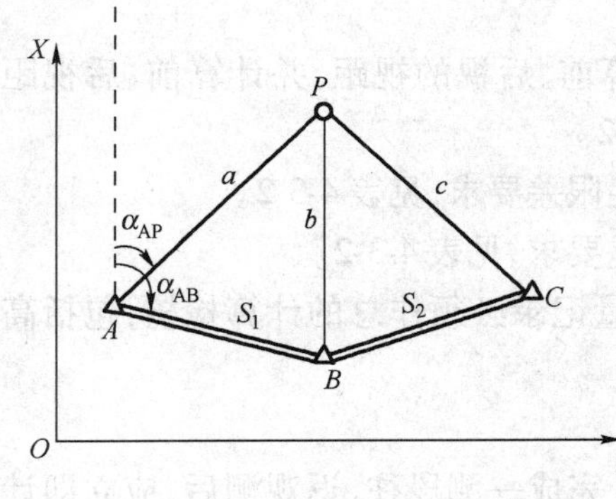

图 4-3-11

所以

$$x_p = x_A + a \cdot \cos\alpha_{AP} \tag{4-3-40}$$

$$y_p = y_A + a \cdot \sin\alpha_{AP} \tag{4-3-41}$$

同理

$$x_p = x_C + c \cdot \cos\alpha_{CP} \tag{4-3-42}$$

$$y_p = y_C + c \cdot \sin\alpha_{CP} \tag{4-3-43}$$

根据式(4-3-40)、式(4-3-41)和式(4-3-42)、式(4-3-43)计算的两组坐标，如果点位较差在限差之内(同前方交会)，则取其平均值作为最后结果。

第四节 高程控制测量

一、四等水准测量

在地形测图和施工测量中，多采用三、四等水准作为首级高程控制。

(一)三、四等水准测量的技术要求

三、四等水准路线的布设，在加密国家控制点时，多布设为附合水准路线、结点网的形式。路线一般沿道路布设，尽量避开土质松软地段，水准点间的距离一般为 2 ~ 4km，在城区为 1 ~ 2km。水准点应选在地基稳固、能长久保存和便于观测的地点。

在观测中，对于每一测站的技术要求见表 4-3-2。

四等水准测量测站技术要求　　表 4-3-2

等　级	视线长度(m)	前、后视距差(m)	前、后视距累差(m)	视线离地面高度(m)	黑、红面读数差(mm)	黑、红面所测高差之差(mm)
三　等	≤65	≤3	≤6	≥0.3	≤ ±2	≤ ±3
四　等	≤80	≤5	≤10	≥0.2	≤3	≤5

（二）三、四等水准测量的方法

1. 观测方法

三、四等水准测量的观测应在外界条件良好的情况下进行。下面介绍用双面尺法在一测站的观测程序。

（1）在测站上安置水准仪，后视水准尺黑面，用上、下视距丝读数，记入记录表。转动微倾螺旋，使符合水准气泡居中，即水准气泡影像符合，读中丝读数，记入记录表。

（2）前视水准尺黑面，用上、下视距丝读数，记入记录表。转动微倾螺旋，使符合水准气泡居中，读中丝读数，记入记录表。

（3）前视水准尺红面，转动微倾螺旋，使符合水准气泡居中，读中丝读数，记入记录表。

（4）后视水准尺红面，转动微倾螺旋，使符合水准气泡居中，读中丝读数，记入记录表。

至此，一测站数据观测完毕，仪器原地不动，等待测站计算与检核，检核合格后方可搬动仪器到下一站。

2. 测站计算与检核

（1）视距计算：根据前、后视的上、下视距丝读数计算前、后视的视距，并计算前、后视距差，前、后视距累差。测量结果须满足限差要求，见表4-3-2。

（2）中丝读数检核：同一水准尺黑、红面读数差须满足限差要求，见表4-3-2。

（3）高差计算与检核：黑面、红面高差计算须满足限差要求，见表4-3-2。

（4）记录表每页水准测量的计算检核。每页水准测量记录必须作总的计算检核，包括高差检核、视距差检核、本页总视距。

3. 成果计算

在完成一测段单程测量后，须立即计算其高差总和。完成一测段往、返观测后，应立即计算高差闭合差，进行成果检核。其高差闭合差应符合相关的规定，然后对闭合差进行调整，最后按调整后的高差计算各水准点高程。

二、三角高程测量

（一）三角高程测量原理

三角高程测量是根据两点间的水平距离或倾斜距离和竖直角，应用三角学的公式计算两点间的高差。如图4-3-12所示，已知 A 点的高程，要求测 AB 两点间高差 h_{AB}，计算 B 点的高程；在已知点 A 上安置经纬仪或测距仪，在 B 点竖立标尺或安置棱镜，量取望远镜旋转轴到地面点 A 的高度 i（称为仪器高）和 B 点标尺高度或安置棱镜的高度 v（称为觇标高），望远镜横丝瞄准 B 点标尺高度或安置棱镜的高度，测出竖直角 α。根据 AB 之间的水平距离 D，则可得：

$$h_{AB} = D\tan\alpha + i - v \tag{4-3-44}$$

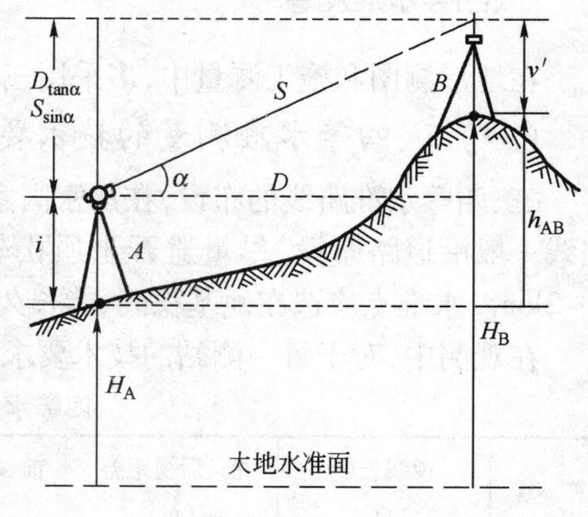

图4-3-12　三角高程测量

若是用测距仪测得斜距 S，则：

$$h_{AB} = S\sin\alpha + i - v \tag{4-3-45}$$

B 点的高程为：

$$H_B = H_A + h_{AB} \tag{4-3-46}$$

当两点间距离较大时，三角高程测量还必须考虑地球曲率及大气折光对高差的影响。

（二）三角高程测量的观测与计算

三角高程测量根据采用的仪器不同而分为测距仪三角高程测量与经纬仪三角高程测量。对于三角高程控制测量，一般分为四等和等外三角高程测量两级，它们可作为测区的首级控制。三角高程测量的观测与计算方法如下：

（1）安置仪器于测站，测量仪器高和目标高度，读数至毫米。

（2）用经纬仪采用测回法观测竖直角 1～3 个测回。半测回之间的较差及指标差如果符合限差规定，则取其平均值作为最后的结果。

（3）高差及高程按式（4-3-44）、式（4-3-45）和式（4-3-46）进行运算。采用对向观测法且对向观测高差较差符合限差要求时，取其平均值作为最后高差结果。

若采用全站仪进行三角高程测量时，可先将球气差改正数参数及其他参数输入仪器，然后直接测定测点高程。

（三）三角高程测量中水平距离的解求方法

在三角高程测量中水平距离的解求方法有多种形式，根据仪器和精度要求的不同选择不同的方法。

（1）当两点坐标已知时，可以直接解算出两点间的水平距离。

（2）当用测距仪或全站仪测距时，可以直接测出两点间的倾斜距离或水平距离。

（3）当用经纬仪的视距丝测距时，也可以测出两点间的水平距离，但测距精度比较低。

（四）视距测量

1．视准轴水平时的平距和高差的计算公式

在经纬仪的视距丝上有两条与横丝平行的上、下丝称为视距丝。由于两视距丝的间距固定，因此从这两条视距丝引出的视线在竖直面内的夹角 φ 也是一个固定的角值。

$$l = |\text{上丝读数} - \text{下丝读数}|$$

水平距离公式为：

$$D = Kl$$

式中：$K = 100$。

测站点与目标点之间的高差 h 为：

$$h = i - v$$

2．视准轴不水平时的平距和高差的计算公式

如图 4-2-13 所示：

$$S' = Kl'$$

水平距离为：

$$D = S'\cos\alpha = Kl'\cos\alpha$$

$$l' = l\cos\alpha$$

$$D = Kl\cos^2\alpha$$

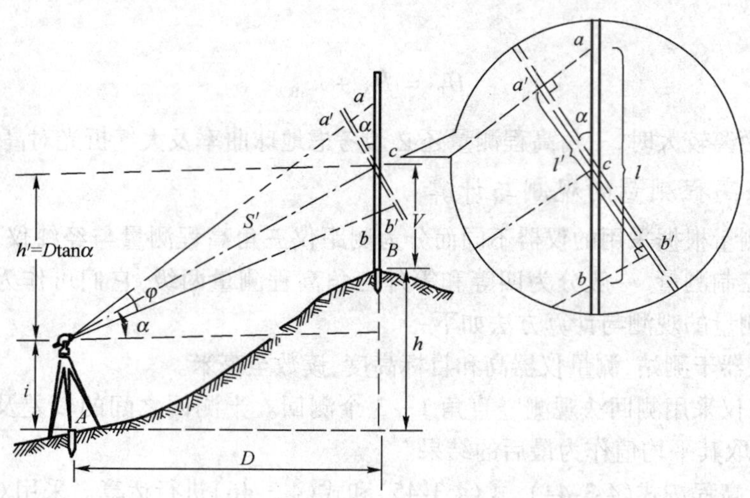

图 4-3-13　视距测量

两点之间的高差 h 为：

$$h = D\tan\alpha + i - v$$

$$h = \frac{1}{2}Kl\sin 2\alpha + i - v$$

第五节　坐标的换带计算

一、坐标换带计算的目的

1．解决投影带的统一性

所谓投影带的统一性，即工程建设需要的地面点坐标必须统一于同一个投影带，或者说必须统一于同一个高斯投影面。工程建设经常要用到国家基础测绘已建立的地面固定点，但这些点位坐标属于各自的高斯平面投影带。如图 4-3-14a）和图 4-3-14b）中，M、N、O 3 个地面点，地面点 M、O 的坐标分别在带号位 20、21 的 6°带中，见图 4-3-14c）；地面点 N 的坐标在带号为 40 的 3°带中，见图 4-3-14d）。各点坐标见表 4-3-3。这种不同投影带的地面点平面直角坐标不便于工程建设的应用，因此必须进行换带计算，使所需的地面点的坐标符合投影带的统一性原则。

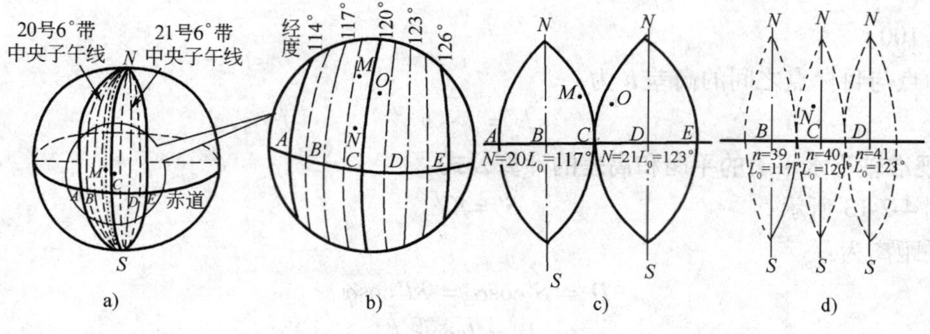

图　4-3-14

M、N、O 三个地面点的大地坐标及所在投影带的高斯平面坐标 表 4-3-3

点 名		M	N	O
大地坐标系	B	29°33′45.″8036	29°29′21.″8590	29°33′21.″7576
	L	119°51′28.″7441	119°52′45.″2203	120°02′48.″0114
高斯平面直角坐标系	x	3 275 110.535	3 263 732.959	3 274 601.170
	y	20 777 021.233	40 488 287.915	21 213 713.998
投影带带号		20 号 6°带	40 号 3°带	21 号 6°带

2. 解决投影变形大的问题

图 4-3-15b)中，M、N 两点投影在 20 号 6°带，y 坐标平均值为 y_{20}。在图 4-3-15c)中，M、N 两点可投影在 40 号 3°带，y 坐标平均值为 y_{40}。从图 4-3-15 中可见，按不同的高斯投影带，投影结果为：$|y_{20}| > |y_{40}|$。

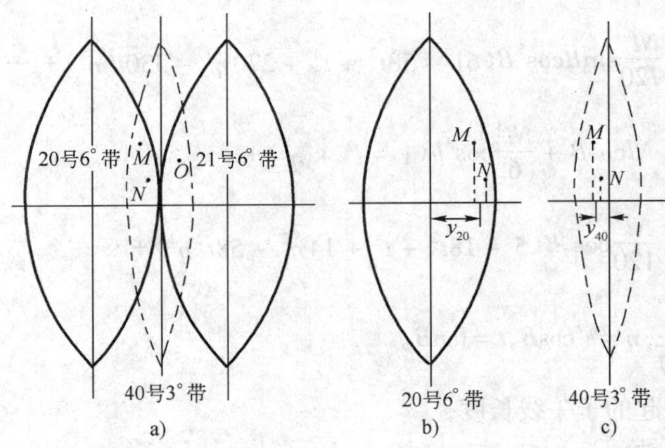

图 4-3-15

由上述情况可见，若通过坐标换带为地面点提供新的投影带，使换带后的点位新坐标比较靠近新的投影带中央子午线(见表 4-3-4)，其平均 y 坐标引起的变形很小，甚至可以忽略不计。由此可见，坐标换带可解决投影变形大的问题。

M、N 两个地面点所在投影带的高斯平面坐标 表 4-3-4

点 名		M	N
20 号 6°带	x	3 275 110.535	3 267 183.168
	y	20 777 021.233	20 779 278.980
		y_{20}:278 150.106	
40 号 3°带	x	3 271 708.378	3 263 732.959
	y	40 486 237.537	40 488 287.915
投影带带号		y_{40}: −12 737.274	

二、坐标换带计算

坐标换带计算有直接法和间接法，本节以间接法为例介绍换带计算的基本思路。

1. 正算

以椭球体面地面点的大地坐标(B、L)，按高斯投影理论公式计算该地面点的高斯平面直角坐标(x、y)，称为正算。正算的步骤为：

(1)根据点位大地经度 L 选投影带中央子午线 L_0。

(2)求经差 l，即：

$$l = L - L_0 \tag{4-3-47}$$

式中：L——地面点所在子午线的经度；

L_0——所选定的投影带中央子午线经度。

(3)计算地面点的坐标(x、y)。即以地面点的大地纬度 B 及经度差 l，按高斯投影理论公式求出地面点的坐标(x、y)。

正算的基本公式如下：

$$x = X + \frac{Nl^2}{2}\sin B\cos B + \frac{Nl^4}{24}\sin B\cos^3 B(5 - t^2 + 9\eta^2 + 4\eta^4) + \frac{Nl^6}{720}\sin B\cos^5 B(61 - 58t^2 + t^4 + 270\eta^2 - 330t^2\eta^2) + \cdots \tag{4-3-48}$$

$$y = Nl\cos B + \frac{Nl^3}{6}\cos^3 b(1 - t^2 + \eta^2) + \frac{Nl^6}{120}\cos^5 B(5 - 18t^2 + t^4 + 14\eta^2 - 58t^2\eta^2) + \cdots \tag{4-3-49}$$

式中：$N = \dfrac{a}{\sqrt{1 - e^2\sin^2 B}}$，$\eta = e'\cos B$，$t = \tan B$。

X——自赤道量起的子午线长度；

a——椭圆长半轴；

e——椭圆第一偏心率；

e'——椭圆第二偏心率。

例如，根据表 4-3-3 中 M 点的大地坐标正算：

(1)选 M 点所在 6°带，$N = 20$，按式(4-1-1)得 $L_0 = 117°$，按式(4-3-47)得经度差 $l = 2°51'28.''7441$。把 M 点纬度 B 及经度差 l 代入高斯正算公式得 M 点在 20 号 6°带的坐标(见表4-3-4)。M 点位置如图 4-3-15b)所示，M 点的实际坐标 $y'(6) = 277\,021.233$m。

(2)选 M 点所在 3°带，$n = 40$，按式(4-1-2)得 $L'_0 = 120°$，按式(4-3-47)得经度差 $l = -0°08'31.''2599$。把 M 点纬度 B 及经度差 l 代入高斯正算公式得 M 点在 40 号 3°带的坐标(见表 4-3-4)。M 点位置如图 4-3-15c)所示，M 点的实际坐标 $y'(3) = -13\,762.463$m。

M 点的两种正算表明：选择的投影带不同，即中央子午线的经度不同，则计算出的经度差 l 不同，故正算变换得到的高斯平面直角坐标(x,y)也不同。因此，选择投影带是正算的关键。

选择两种投影带得到的 M 点，y 坐标实际值差别很大，如 $|y'(3)| < |y'(6)|$，表明通过选择不同的投影带，可改变 M 点的位置参数，使之更靠近所选择的投影带中央子午线。

2. 反算

把高斯平面位置变换成椭球体面大地点位置的计算工作，称为反算。这一计算的结果是把地面点的高斯平面直角坐标(x,y)变换为大地坐标(B,L)。反算涉及的理论公式运算比较复杂，但对于计算机来说已不成问题。反算的基本公式如下：

$$l = \frac{y}{N_1 \cos B_1} - \frac{y^3}{6N_1^3 \cos B_1}(1 + 2t_1^2 + \eta_1^2) + \frac{y^5}{120N_1^5 \cos B_1}(5 + 28t_1^2 + 24t_1^4 + 6\eta_1^2 + 8\eta_1^2 t_1^2) \tag{4-3-50}$$

$$\Delta B = -\frac{y^2}{2N_1^2}t_1(1 + \eta_1^2) + \frac{y^4}{24N_1^4}t_1(5 + 3t_1^2 + 6\eta_1^2 - 6t_1^2\eta_1^2 - 3\eta_1^4 + 9t_1^4\eta_1^4) - \frac{y^6}{720N_1^6}t_1(61 + 90t_1^2 + 45t_1^4 + 107\eta_1^2 + 162t_1^2\eta_1^2 + 45t_1^4\eta_1^2) \tag{4-3-51}$$

式中：$N_1 = \frac{a}{\sqrt{1 - e^2\sin^2 B_1}}$；$\eta_1 = e'\cos B_1$；$t_1 = \tan B_1$；

B_1——纵坐标在椭球面上的投影的垂足纬度。

3. 间接法换带计算的步骤

(1)将原投影带地面点的高斯平面直角坐标(x,y)反算为椭球体面的大地坐标(B,L)。在几何意义上，反算的结果是把地面点的高斯平面位置搬回椭球体面位置上。

(2)选择新的投影带，确认新投影带的中央子午线的经度，计算经差l。

(3)利用反算得到的地面点大地纬度B及经度差l正算，最后获得新投影带的高斯平面直角坐标。在几何意义上，正算结果按选择的新投影带，把椭球面的地面点位置搬回新中央子午线所定的高斯平面直角坐标系中。

第六节　公路控制测量相关要求

一、平面控制测量

(一)一般规定

(1)公路平面控制测量，包括路线、桥梁、隧道及其他大型建筑物的平面控制测量。平面控制网的布设应符合因地制宜、技术先进、经济合理、确保质量的原则。

(2)路线平面控制网是公路平面控制测量的主控制网，沿线各种工点平面控制网应联系于主控制网上，主控制网宜全线贯通，统一平差。

(3)平面控制网的建立，可采用全球定位系统(GPS)测量、三角测量、三边测量和导线测量等方法。平面控制测量的等级，当采用三角测量、三边测量时依次为二、三、四等和一、二级小三角；当采用导线测量时依次为三、四等和一、二、三级导线。

(4)各级公路、桥梁、隧道及其他建筑物的平面控制测量等级的确定，应符合表4-3-5的规定。

平面控制测量等级　　表4-3-5

高架桥、路线控制测量	多跨桥梁总长L(m)	单跨桥梁L_K(m)	隧道贯通长度L_G(m)	测量等级
—	$L \geqslant 3\,000$	$L_K \geqslant 500$	$L_G \geqslant 6\,000$	二等
—	$2\,000 \leqslant L < 3\,000$	$300 \leqslant L_K < 500$	$3\,000 \leqslant L_G < 6\,000$	三等

续上表

高架桥、路线控制测量	多跨桥梁总长 L(m)	单跨桥梁 L_K(m)	隧道贯通长度 L_G(m)	测量等级
高架桥	$1\,000 \leqslant L < 2\,000$	$150 \leqslant L_K < 300$	$1\,000 \leqslant L_G < 3\,000$	四等
高速、一级公路	$L < 1\,000$	$L_K < 150$	$L_G < 1\,000$	一级
二、三、四级公路	—	—	—	二级

(5)平面控制网坐标系的确定，宜满足测区内投影长度变形值不大于2.5cm/km。根据测区所处地理位置和平均高程，可按下列方法选择坐标系：

①当投影长度变形值不大于2.5cm/km时，采用高斯正形投影3°带平面直角坐标系。

②特殊情况下，当投影长度变形值大于2.5cm/km时，可采用：

a.投影于抵偿高程面上的高斯正形投影3°带平面直角坐标系。

b.投影于1954年北京坐标系或1980西安坐标系椭球面上的高斯正形投影任意带平面直角坐标系。

③投影于抵偿高程面上的高斯正形投影任意带平面直角坐标系。

④二级和二级以下的公路、独立桥梁、隧道等，可采用假定坐标系。

(6)大型构造物控制网与国家或路线控制网进行联系且其等级高于国家或路线控制网时，应保持其本身的精度。

(7)采用GPS测量平面控制网时，应符合《公路全球定位系统(GPS)测量规范》(JTJ 066—98)的规定。

(二)三角测量的主要技术要求

(1)三角测量的技术要求应符合表4-3-6的规定。

三角测量的技术要求 表4-3-6

等级	平均边长(km)	测角中误差(″)	起始边边长相对中误差	最弱边边长相对中误差	三角形闭合差(″)	测回数		
						DJ_1	DJ_2	DJ_3
二等	3.0	±1.0	1/250 000	1/120 000	±3.5	12	—	—
三等	2.0	±1.8	1/150 000	1/70 000	±7.0	6	9	—
四等	1.0	±2.5	1/100 000	1/40 000	±9.0	4	6	—
一级小三角	0.5	±5.0	1/40 000	1/20 000	±15.0	—	3	4
二级小三角	0.3	±10.0	1/20 000	1/10 000	±30.0	—	1	3

(2)各等级控制网应布设为近似等边三角形的网(锁)，三角形内角一般不小于30°，受限制时亦不应小于25°。

(3)加密网可采用插点的方法。交会插点点位应在高等三角形的中心附近。同一插点各方向距离之比不得超过1∶3。对于单插点，三等点应有6个内外交会方向测定，其中至少有2个交角为60°~120°的外方向；四等点应有5个交会方向，图形欠佳时其中应有外方向。对于双插点，交会方向数应2倍于上述规定(其中包括两待定点间的对向观测方向)。

(4)一、二级小三角可采用线形锁，线形锁宜近于直伸，传距角应大于40°且小于100°，三角形的个数不得多于8个，超过8个时，应增加基线边。

(三)导线测量的主要技术要求

(1)导线测量的技术要求应符合表4-3-7的规定。

导线测量的技术要求　　表 4-3-7

测量等级	附(闭)合导线长度(km)	边　数	每边测距中误差(mm)	单位权中误差(″)	导线全长相对闭合差	方位角闭合差(″)
三等	≤18	≤9	≤±14	≤±1.8	≤1/52 000	$\leq 3.6\sqrt{n}$
四等	≤12	≤12	≤±10	≤±2.5	≤1/35 000	$\leq 5\sqrt{n}$
一级	≤6	≤12	≤±14	≤±5.0	≤1/17 000	$\leq 10\sqrt{n}$
二级	≤3.6	≤12	≤±11	≤±8.0	≤1/11 000	$\leq 16\sqrt{n}$

注：①表中 n 为测站数。

②以测角中误差为单位权中误差。

③导线网节点间的长度不得大于表中长度的 0.7 倍。

(2)导线应尽量布设成直伸形状，相邻边长不宜相差过大。

(3)当导线平均边长较短时，应控制导线边数。当导线长度小于表 4-3-7 规定长度的 1/3 时，导线全长的绝对闭合差不应大于 13cm；如果点位中误差要求为 20cm 时，不应大于 52cm。

二、高程控制测量

(一)一般规定

(1)公路高程系统，宜采用 1985 国家高程基准。同一条公路应采用同一个高程系统，不能采用同一系统时，应给定高程系统的转换关系。独立工程或三级以下公路联测有困难时，可采用假定高程。

(2)公路高程测量采用水准测量。在进行水准测量确有困难的山岭地带以及沼泽、水网地区，四、五等水准测量可用光电测距三角高程测量。

(二)各级公路及构造物的水准测量等级要求(表 4-3-8)

公路及构造物水准测量等级　　表 4-3-8

测 量 项 目	等　级	水准路线最大长度(km)
4 000m 以上特长隧道、2 000m 以上特大桥	三等	50
高速公路、一级公路、1 000 ~ 2 000m 特大桥、2 000 ~ 4 000m 长隧道	四等	16
二级及二级以下公路、1 000m 以下桥梁、2 000m 以下隧道	五等	10

(三)各等水准测量的精度要求(表 4-3-9)

水准测量的精度　　表 4-3-9

测 量 等 级	往返较差、附合或环线闭合差(mm)		检测已测测段高差之差(mm)
	平原、微丘	重丘、山岭	
二等	$\leq 4\sqrt{l}$	$\leq 4\sqrt{l}$	$\leq 6\sqrt{L_i}$
三等	$\leq 12\sqrt{l}$	$\leq 3.5\sqrt{n}$或$\leq 15\sqrt{l}$	$\leq 20\sqrt{L_i}$
四等	$\leq 20\sqrt{l}$	$\leq 6.0\sqrt{n}$或$\leq 25\sqrt{l}$	$\leq 30\sqrt{L_i}$
五等	$\leq 30\sqrt{l}$	$\leq 45\sqrt{l}$	$\leq 45\sqrt{L_i}$

(四)光电测距三角高程

(1)光电测距三角高程测量应采用高一级的水准测量联测一定数量的控制点，作为三角高程测量的起闭依据。

（2）光电测距三角高程测量，视距长度不得大于1km，垂直角不得超过15°。高程导线的最大长度不应超过相应等级水准路线的最大长度。

（3）光电测距三角高程测量的技术要求应符合表4-3-10的规定。

光电测距三角高程测量的技术要求 表4-3-10

测量等级	测回内同向观测高差较差(mm)	同向测回间高差较差(mm)	对向观测高差较差(mm)	附合或环线闭合差(mm)
四等	$\leqslant 8\sqrt{D}$	$\leqslant 10\sqrt{D}$	$\leqslant 40\sqrt{D}$	$\leqslant 20\sqrt{\sum D}$
五等	$\leqslant 8\sqrt{D}$	$\leqslant 15\sqrt{D}$	$\leqslant 60\sqrt{D}$	$\leqslant 30\sqrt{\sum D}$

注：D为光电测距边长度。

（4）对向观测宜在较短时间内进行，计算时应考虑地球曲率和大地折光差的影响。

（5）仪器高度、反射镜高度或觇牌高度，应在观测前后量测。对于四等测量应采用量杆量测，其取值精确至1mm，当较差不大于2mm时，取平均值；五等取值精确至1mm，当较差不大于4mm时，取平均值。

（6）内业计算时，垂直角度的取值应精确至0.1"，高程的取值应精确至1mm。

第四章　地形图测绘及应用

第一节　地形图的基本知识

地面上的各种固定物体,如房屋、道路、桥梁等,称为地物。地表面的高低起伏形态如山岭、斜坡、洼地等,称为地貌。地物和地貌又总称为地形。

将地面上各种地物的平面位置按一定比例、用规定的符号和线条缩绘图纸上,并注有代表性的高程点,这种图称平面图。如果既表示各种地物,又用等高线表示出地貌,这种图称为等高线地形图。

一、地形图的比例尺

(一)比例尺的表示方法

图上一段直线距离与地面上相应线段的实际水平距离之比,称为图的比例尺。比例尺有数字比例尺和图示比例尺两种表示方法。

1. 数字比例尺

数字比例尺可表示为分子为1、分母为整数的分数。设图上一段直线距离为 d,相应实地的水平距离为 D,则该图的数字比例尺为:

$$\frac{d}{D}=\frac{1}{\frac{D}{d}}=\frac{1}{M} \tag{4-4-1}$$

式中:M——数字比例尺分母。

此分数值越大(M 值越小),则比例尺越大。数字比例尺一般写成1∶500、1∶1 000、1∶2 000等形式。

2. 图示比例尺

最常见的图示比例尺为直线比例尺,图4-4-1所示为1∶500的直线比例尺。取2cm长度为基本单位,从直线比例尺上可直接读得基本单位的1/10,可估读到1/100。

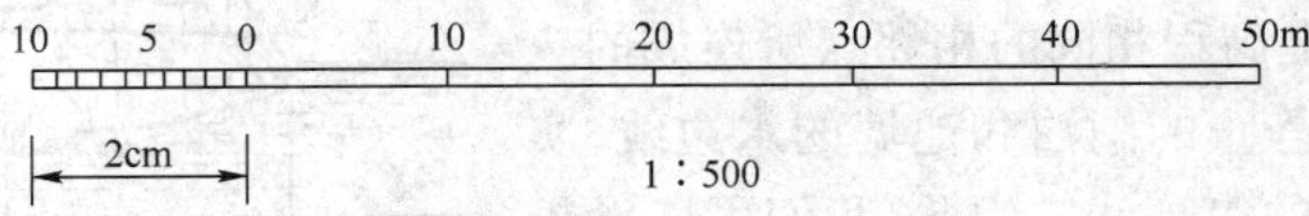

图4-4-1　直线比例尺

图示比例尺印刷于图纸的下方,便于用分规直接在图上量取直线段的水平距离,并且可以部分抵消由于图纸伸缩产生的误差影响。

通常把1∶500,1∶1 000,1∶2 000,1∶5 000比例尺的地形图称为大比例尺图;把1∶1万、

1∶2.5 万、1∶10 万比例尺的地形图称为中比例尺图；把 1∶20 万、1∶50 万、1∶100 万比例尺的地形图称为小比例尺图。

大比例尺地形图为城市和工程建设所需要。比例尺为 1∶500 ~ 1∶1 000 的地形图一般用平板仪、经纬仪或全站仪等测绘；中比例尺地形图是国家的基本图，由国家测绘部门负责测绘。

（二）比例尺精度

人们用肉眼能分辨的图上最小距离为 0.1mm，因此，一般在图上量度或者实地测图描绘时，就只能达到图上 0.1mm 正确性。我们把相当于图上 0.1mm 的实地水平距离称为比例尺精度。显然，比例尺越大，其比例尺精度越高。

比例尺精度的概念对测图和用图有重要的意义。例如，以 1∶1 000 的比例尺测图时，实地量距只需取到 0.1m，若量得再精细，在图上则无法表示。

二、地形图图式

为便于测图和用图，用各种符号将实地的地物和地貌在图上表示出来，这些符号总称为地形图图式。图式中的符号有地物符号、地貌符号和注记符号 3 类。

（一）地物符号

地物符号分为比例符号、非比例符号和半比例符号，可以按测图比例尺缩小、用规定符号画出的地物符号称为比例符号，如地面上的房屋、桥梁、旱田等。某些地物轮廓较小，如三角点、水准点、电线杆、水井等，按比例缩小无法画出，只能用特定的符号表示它的中心位置，这种地物符号称为非比例符号。对于一些线状而延伸的地物，如围墙、篱笆等，其长度能按比例缩绘，但其宽度不能按比例尺表示，这种地物符号称为半比例符号。

（二）地貌符号

地形图上表示地貌的方法有多种，目前最常用的是等高线法。对峭壁、冲沟、梯田等特殊地形，不便用等高线表示时，则绘注相应的符号。

（三）注记

有些地物除了用相应的符号表示外，对于地物的性质、名称等在图上还需要用文字和数字加以注记，如房屋的结构和层数、地名、路名、单位名、等高线高程以及河流的水深、流速等。

三、等高线

（一）等高线基本概念

等高线是地面上高程相同的相邻点所连成的一条闭合曲线。水面静止的湖泊和池塘的水边线，实际上就是一条闭合的等高线。为此，我们可以设想有一座在静止湖水中的小岛，见图 4-4-2，最初，水面的高程为 70m，因此，水面与地表面的交线即为 70m 的等高线。如果水面涨高 10m，即这时水面的高程已为 80m，则水面与地面的交线即为 80m 的等高线，依此类推。然后把地面上的各条等高线沿铅垂线方向

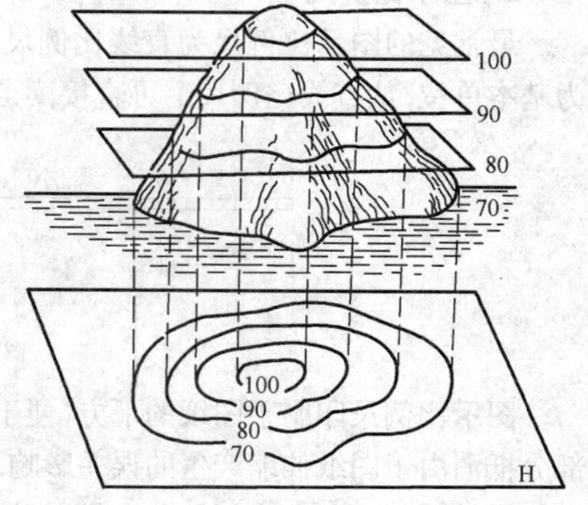

图 4-4-2 等高线概念

投影到水平面上(正射投影),最后再按一定的比例缩绘在图上,这样就成为一张等高线地形图。等高线的数字代表等高线的高程。相邻等高线之间的高差,称为等高线间隔或等高距,一般用 h 表示,在图 4-4-2 中,$h=10\text{m}$。在同一幅地形图上,各处的等高距应当相同。相邻等高线之间的水平距离称为等高线平距,一般用 d 表示,它随着地面的起伏情况而改变。h 与 d 比值就是地面坡度 i:

$$i=\frac{h}{d} \tag{4-4-2}$$

坡度一般以百分率表示,向上为正,向下为负。

(二)典型地貌

地貌是地形图要表示的重要信息之一。地貌尽管千姿百态、错综复杂,但其基本形态可以归纳为几种典型地貌,如山头、山脊、山谷、山坡、鞍部、洼地、绝壁等。

凸起而高于四周的高地称为山地,山的最高部分称为山头,山头下来隆起的凸棱称为山脊,山脊上的最高棱线称为山脊线。山的侧面为山坡,近于垂直的山坡称为峭壁或绝壁,上部凸出、下部凹入的绝壁称为悬崖。两山脊之间凹部称为山谷,山谷中最低点的连线称为山谷线。相邻两个山头之间的最低处形似马鞍状的地形为鞍部,它的位置是两个山脊和两个山谷交会之处。低于四周的低地称为洼地,大的洼地称为盆地。

典型地貌用等高线表示的图形有着自己的特点。

(三)等高线的特性

为了掌握用等高线表示地貌时的规律性,现将等高线的特性归纳如下:

(1)同一条等高线上各点的高程都相同。

(2)等高线是一条条闭合的曲线,不能中断,如果不在同一幅图内闭合,则必定跨越邻幅或许多幅图后闭合。

(3)等高线只有在绝壁或悬崖处才会重合或相交。

(4)等高线经过山脊或山谷时转变方向,因此,山脊线和山谷线应与较变方向处的等高线的切线垂直相交。

(5)在同一幅地形图上,等高线间隔是相同的,因此,等高线平距大(等高线疏),表示地面坡度小(地形平坦);等高线平距小(等高线密),表示地面坡度大(地形陡峻)。

四、地形图的分幅与编号

为了便于管理和使用地形图,需要将大面积的各种比例尺的地形图进行统一分幅和编号。地形图分幅分为两类:一类是按经纬线分幅的梯形分幅法,另一类是按坐标格网分幅的矩形分幅法。前者用于中、小比例尺的国家基本图的分幅,后者用于城市大比例尺图的分幅。

(一)梯形分幅与编号

我国基本比例尺地形图(1:100 万～1:5 000)采用经纬线分幅,地形图图廓由经纬线构成。它们均以 1:100 万地形图为基础,按规定的经差和纬差划分图幅,行列数和图幅数成简单的倍数关系。

1. 20 世纪 70～80 年代我国基本比例尺地形图的分幅和编号

20 世纪 70 年代以前,我国基本比例尺地形图分幅和编号以 1:100 万地形图为基础,伸展

出1∶50万、1∶20万、1∶10万三个系列；70～80年代1∶25万取代了1∶20万，则伸展出了1∶50万、1∶25万、1∶10万三个系列，在1∶10万后又分为1∶5万、1∶2.5万以及1∶1万、1∶5 000的一支，见表4-4-1。

国家基本比例尺地形图图幅分幅编号关系表　　表4-4-1

分幅基础图			分出新图幅					
比例尺	经差	纬差	幅数	比例尺	经差	纬差	序号	图幅关系示例
1∶100万	6°	4°	4	1∶50万	3°	2°	A,B,C,D	J-51-A
1∶100万	6°	4°	16	1∶25万	1° 30′	1°	[1],[2],…[16]	J-51-[2]
1∶100万	6°	4°	144	1∶10万	30′	20′	1,2,…144	J-51-5
1∶10万	30′	20′	4	1∶5万	15′	10′	A,B,C,D	J-51-5-B
1∶10万	30′	20′	64	1∶1万	3′ 45″	2′ 30″	(1),(2),…,(64)	J-51-5-(24)
1∶5万	15′	10′	4	1∶2.5万	7′ 30″	5′	1,2,3,4	J-51-5-B-4
1∶1万	3′45″	2′30″	4	1∶5 000	1′ 52.5″	1′ 15″	a,b,c,d	J-51-5-(24)-b

2. 现行的国家基本比例尺地形图分幅和编号

为适应计算机管理和检索，1992年国家标准局发布了《国家基本比例尺地形图分幅和编号》(GB/T 13989—92)国家标准。

该标准仍以1∶100万比例尺地形图为基础，采用国际1∶100万地图分幅和编号标准，编号由其所在的行号（字符码）与列号（数字码）组合而成。

国家基本比例尺地形图(1∶1 000 000～1∶5 000)采用梯形分幅，均以1∶1 000 000地形图为基础，按规定的经差和纬差划分图幅。

1∶100万比例尺地形图的分幅与编号与原来的分幅相同。如北京所在的1∶100万地形图的图号仍为J50。

1∶50万～1∶5 000地形图的分幅与编号以1∶100万比例尺地形图为基础，采用行列编号方法，由其所在1∶100万比例尺地形图的图号、比例尺代码和图幅的行列号共10位码组成，见图4-4-3。

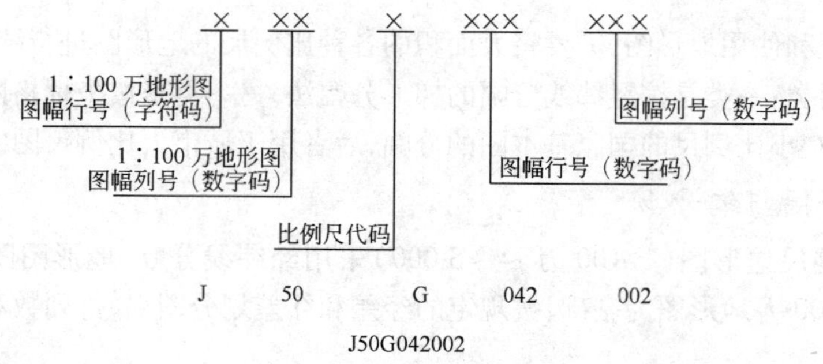

图　4-4-3

比例尺代码表见表4-4-2。

比 例 尺 代 码 表　　　　表4-4-2

比例尺	1:50万	1:25万	1:10万	1:5万	1:2.5万	1:1万	1:5千
代码	B	C	D	E	F	G	H

国家基本比例尺地形图分幅关系见表4-4-3。

国家基本比例尺地形图分幅关系表　　　　表4-4-3

比　例　尺		1:100万	1:50万	1:25万	1:10万	1:5万	1:2.5万	1:1万	1:5 000
图幅范围	经差	6°	3°	1°30′	30′	15′	7′30″	3′45″	1′52.5″
	纬差	4°	2°	1°	20′	10′	5′	2′30″	1′15″
行列数量	行数	1	2	4	12	24	48	96	192
	列数	1	2	4	12	24	48	96	192

(二)矩形分幅与编号

大比例尺地形图通常采用以坐标网格线为图框的矩形分幅,图幅的大小为50cm×50cm,50cm×40cm、或40cm×40cm,每幅图中以10cm×10cm为基本方格。一般规定,对1:5 000比例尺的图幅,采用纵、横各40cm的图幅,即实地$2km \times 2km = 4km^2$的面积;对1:2 000,1:1 000和1:500比例尺的图幅,采用纵、横各50cm的图幅,即实地分别为$1km^2$、$0.25km^2$和$0.0625km^2$的面积。以上均为正方形分幅,也可采作纵距40cm、横距50cm的分幅,总称为矩形分幅。

地形图按矩形分幅时常用的编号方法为:图幅西南角坐标编号法,以每幅图的图幅西南角坐标值x、y的公里数作为该图幅的编号。这种方法的编号和测区的坐标值联系在一起,便于按坐标查找。

第二节　地形图的测绘

一、测图前的准备工作

(一)图根控制点的布设

图根控制点是直接供测图使用的平面和高程控制点,是在各等级控制点下加密的控制点。图根控制点一般用图根导线和交会定点等方法进行加密布设。图根控制点的密度根据测图比例尺和地形条件而定。

(二)准备图纸

地形图测绘一般选用聚酯薄膜(涤纶薄膜),一面打毛,其厚度约为0.07~0.1mm,经过热定型处理,其伸缩率小于0.2%。

图纸上要精确地绘制直角坐标方格网,每个方格为10cm×10cm。坐标格网线的旁边要注记坐标值,每幅图的格网线的坐标是按照图的分幅来确定的。

根据控制点坐标值,将各控制点展绘在图纸上。然后用比例尺在图纸上量取相邻控制点之间的距离和已知的距离相比较，作为展绘控制点的检核，其最大误差在图纸上不应超过 ±0.3mm；否则控制点应重新展绘。

二、地物平面图测绘

平面图测绘的常用方法是经纬仪和平板仪测图，下面只介绍经纬仪测图。经纬仪测图法是按极坐标法定位的解析测图法，利用经纬仪的水平度盘、竖盘和视距装置（或安装在经纬仪上的测距仪），读取测定点位的必要数据，然后可以用各种作图方法进行绘图。

如图 4-4-4 所示，在图根控制点 A 上安置经纬仪，量取仪器高 i。瞄准另一图根据控制点 B，使水平度盘读数为 0°00′0″（或为 AB 边坐标方位角的数值）。转动照准部，依次瞄准地物点 1、2、3 上竖立的标尺，测定地物点方向与已知边（AB）之间的水平角 β_i。同时，用视距读数或测距仪测定测站至地物点的水平距离及高差 h_i。根据已知边的坐标方位角及测站点的坐标和高程，可以算出地物点的坐标 x_i、y_i 和高程 H_i。有了这些点位的解析数据以后，就可以选择一种合适的方法绘图。经纬仪测图法需要把观测数据记录下来，根据数据进行绘图，所以又称测记法。

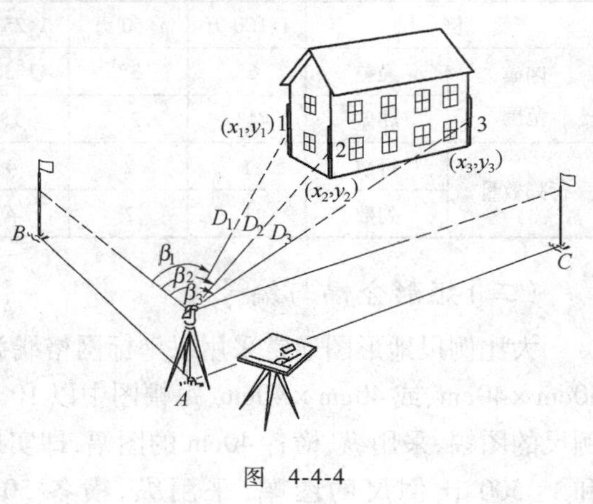

图 4-4-4

经纬仪测图最常用的绘图方法如下：在经纬仪测图时，将小平板放在经纬仪旁边，作为一张野外的绘图桌。图根控制点事先展绘在图纸上；地物点相对于已知边的水平角 β_i 与水平距离 S_i 测定后，随即用量角器和比例尺，按极坐标法标定点位；将有关点位用线条连接，即可在图上绘出地物。这种测绘方法，可以与平板仪测图一样，在现场完成地物的测绘，便于与实地的地物相对照，易于发现测图中可能发生的错误和遗漏。

三、等高线地形图测绘

（一）地形特征点的选择与测定

在测绘等高线地形图时，对于地物，仍与测绘地物平面图一样测定其特征点。而对于高低起伏、从表面上看来没有规则的地形（地貌），也应该测定其特征点，然后才能用等高线正确地表示其形状，因此，地形特征点的选择是十分重要的。

不管地形怎样复杂，实际上都可以把地面看成是由向着各个不同方向倾斜和具有不同坡度的面所组成的多面体。山脊线、山谷线、山脚线等可以看作是多面体的棱线，测定这些棱线的空间位置，地形轮廓也就确定下来了。因此，这些棱线上的转折点（方向变化和坡度变化处）就是地形特征点。地形特征点还包括山顶、鞍部、洼坑底部等以及其他地面坡度变化处。山脊线、山谷线和山脚线又称为地性线。

在地形图测绘中，地物点和地形点的平面位置测定与地物平面图测绘的方法相同，但是，对于每个地形点，必须测定其高程，注记于点旁，并且用一定的临时性线条标明是山脊线、山谷线或是山脚线（例如，用点划线表示山脊线，用虚线表示山谷线），用一定的临时性符号标明是山头还是鞍部等，以便于正确地进行等高线勾绘。

地形图测绘的方法按所用的仪器分为大平板仪测图、小平板经纬仪合用法测图和经纬仪测图等，测定点位的方法主要用极坐标法、方向距离交会法。

（二）地形点的分布与最大视距

在进行地形图测绘时，立尺员必须正确选定地形特征点，如山头、鞍部、山脊线和山谷线上方向或坡度变化处的点。但如果某处的地面坡度变化甚小，地性线的方向也没有什么变化，则每隔一定的距离，也要测定一些地形点，使其均匀分布，这样才能较精确地勾绘等高线。进行大比例尺测图时，地形点的间距要满足有关规定。

用光电测距仪测量时，最大视距可以适当放长。

（三）等高线的内插与勾绘

在地形图上，为了能详尽地表示地貌的变化情况，又不使等高线过密而影响地形图的清晰，等高线必须按规定的间隔（基本等高距）进行勾绘。

对于不能用等高线表示的地形，如悬崖、峭壁、土坎、土堆、冲沟等，应按地形图图式所规定的符号表示。

由于等高线所代表的地面高程为整米数（少数为0.5m），而测定的地面点高程一般不为整数，因此，在这些地面点之间，必须用内插法确定高程为整米数的点，这些点就是等高线通过的位置。内插法是建立在两个地形立尺点之间地面坡度不变的基础上的，因此，在图上两地形点的连线上，按高差与平距成比例的关系可以求得两点间各条等高线通过的位置。

根据地形点的高程，用内插法求得整米高程点，然后用光滑曲线连接等高点勾绘而成的局部等高线地形图。

当地形测量数据通过计算机处理用绘图仪自动绘图时，则等高线的内插计算、曲线的光滑处理品和绘制都可以自动进行，最后绘制成等高线地形图。

（四）图的拼接、检查和整饰

1. 图的拼接

当测区面积超过一幅图的范围时，必须采用分幅测图。在相邻图幅的接边处，由于测量和绘图的误差，使地物轮廓线和等高线都不会完全吻合，因此有必要进行修正。

为了图的拼接，规定测图时每图幅的四周（东南）图边应测出图框外1cm，使相邻图幅有一条重叠带，便于拼接检查。

图的拼接误差不应大于规定的细部点平面、高程中误差的$2\sqrt{2}$倍。

2. 图的检查

地形图的检查包括图面检查、野外巡视和设站检查。

1）图面检查

检查图面上的一切线条、符号、注记是否合理、有无遗漏等。检查中发现的问题要作出记号，经实地检查后修改。

2）野外巡视

到测区现场将图面内容与实地的地物、地貌进行全面核对，相邻地物点的间距、地物的长、宽可以用卷尺实量检查。野外巡视中发现的问题，应当场在图上进行修正或补充。

3）设站检查

在上述检查的基础上，对每一幅图还要进行图面内容的设站检查，把仪器重新安置在图根

控制点上,对一些主要地物进行重测。如果发现点位误差超限,应按正确的观测结果修正。

3. 图的整饰

地形图经过上述拼接、检查和修正后,最后进行清绘和整饰,使图面清晰、美观,才能作为地形原图保存。

第三节　地形图的识读

为了正确地应用地形图,首先必须识图。在识图过程中,应掌握以下识图要点。

一、地形图图廓外注记

(一)图号、图名和图幅结合表

为了区别各幅地形图所在的位置和拼接关系,每一幅地形图上都编有图号。图号是根据统一的分幅进行编号的。除图号以外,还要注明图名,图名是用本地形图内最著名的地名、突出的地物、地貌等的名称来命名的。图号、图名注记在北图廓上方的中央。

在图的北图廓左上方,画有该幅图四邻各图号(或图名)的略图,称为图幅结合表。中间一格画有斜线的代表本图幅。按照图幅结合表,就可找到相邻的图幅。

(二)比例尺

在每幅图的南图框外的中央均注有测图的数字比例尺,同时绘出直线比例尺。

(三)经纬度及坐标格网

图 4-4-5 所示为一幅 1∶10 000 比例尺的地形图图廓样式。梯形图幅的图廓是由上、下两条纬线和左、右两条经线所构成的。对于 1∶10 000的图幅,经差为3′45″,纬差为2′30″。本图幅位于东经 116°15′00″~116°18′45″、北纬 39°55′00″~39°57′30″所包括的范围。

图 4-4-5 中的方格网为平面直角坐标格网,它是平行于以投影带的中央子午线为 x 轴和以赤道为 y 轴的直线,其间隔通常是 1km,所以也称为公里格网。

按照直角坐标系的规定,横坐标值 y 位于中央子午线以西为负。为了避免横坐标 y 出现负值,特将每一带的纵坐标轴西移 500km。同时在点的坐标值前直接标明所属投影带的号数。在图 4-4-5 中,第一条坐标纵线 y 为 20 340km,其中 20 为带号,其横坐标值为 340km－500km＝－160km,即位于中央子午线以西 160km 处。图中第一条坐标横线 x 为 4 287km,则表示位于赤道以北 4 287km 处。

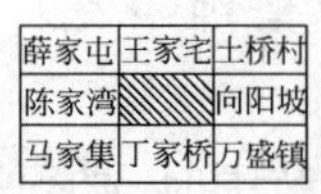

薛家屯	王家宅	土桥村
陈家湾	(本图幅)	向阳坡
马家集	丁家桥	万盛镇

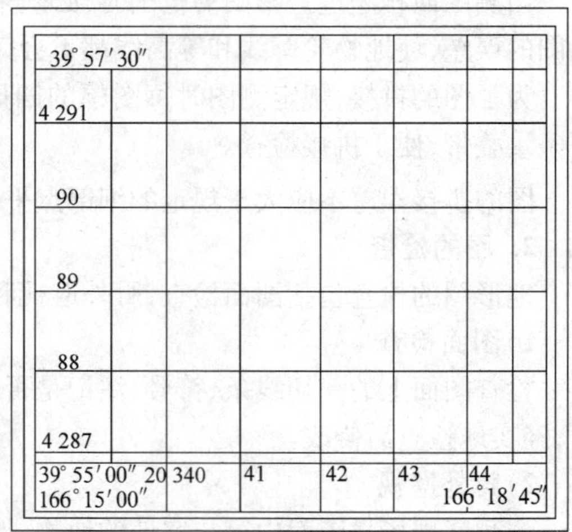

图 4-4-5　1∶10 000 比例尺的地形图图廓样式

由经纬线格网可以决定各点的地理坐标。而公里格网可以用来确定图上任一点的平面直角坐标和任一直线的坐标方位角。

（四）三北方向线关系图

在许多中、小比例尺图的南图廓线右下方，还绘有真子午线 N、磁子午线 N' 和坐标纵线这三者的角度关系图，称为三北方向线，见图 4-4-5 右下角。该图幅中，磁偏角为 2°45′（西偏）；坐标纵线偏于真子午线以西 0°15′。利用该关系图，可对图上任一方向的真方位角、磁方位角和坐标方位角三者间作相互换算。

（五）坡度尺

坡度尺是一种在地形图上量测地面坡度和倾角的图解工具。如图 4-4-6 所示，它按下列关系式制成：

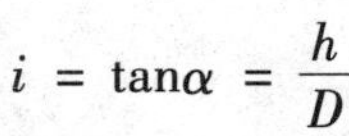

$$i = \tan\alpha = \frac{h}{D}$$

式中：i——地面坡度；

α——地面倾角；

h——等高距；

D——相邻等高线平距（实际距离）。

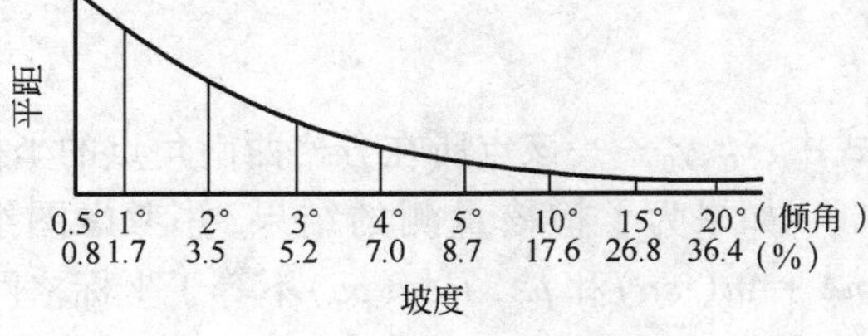

图 4-4-6

使用坡度尺，用分规卡出图上相邻等高线的平距后，在坡度尺上使分规的两针尖下面对准底线，上面对准曲线，即可在坡度比例尺上读出地面坡度 i（百分比值）和地面倾角（度数）。

二、地形图图式和等高线

使用地形图应了解地形图所使用的地形图图式，熟悉一些常用的地物符号和地貌符号，了解图上文字注记和数字注记的确切含义。了解等高线的特性，能根据等高线判读出山头、山脊、山谷和鞍部等各种地貌。

三、测图时间

地形图上所反映的是测绘当时的地形情况，因此，需要知道测图的时间，应与实地进行对照。对于测图后的地面变化情况，应根据需要即以修测或补测。

四、地形图的精度

1. 平面精度要求

城市大比例尺地形图上，地物点平面位置精度为：地物点相对于邻近图根点的点位中误差在图上不得超过 0.5mm；邻近地物点间距中误差在图上不得超过 0.4mm 。山地、高山地和设站施测困难的旧街坊内部，其精度要求按上述规定适当放宽，分别为 0.75mm 和 0.6mm。

2. 高程精度要求

《公路勘测规范》（JTG C10—2007）规定：城市建筑区和平坦地区的铺装地面的高程注记点相对于邻近图根点的高程中误差不得超过 0.07m，一般地面则不超过 0.15m。在等高线地形图中，平地不得超过 1/2 等高距，在山地不得超过 2/3 等高距，在高山地不得超过 1 个等高距。

第四节　地形图的应用

一、地形图应用的基本内容

(一)点位坐标的量测

在大比例尺地形图上,都绘有纵、横坐标方格网(或在方格的交点处绘一十字线)。如图4-4-7 所示,欲从图上求 A 点的坐标时,可先通过 A 点作坐标格网的平行线 mn 和 pq,再按测图比例尺量出 mA 和 pA 的长度,则:

$$\begin{aligned} x_A &= x_0 + mA \\ y_A &= y_0 + pA \end{aligned} \tag{4-4-3}$$

式中:x_0、y_0——该点所在方格西南角点的坐标,图 4-4-7 中,$x_0 = 500\text{m}$,$y_0 = 1\,200\text{m}$。

如果为了检核量测的结果,并考虑图纸伸缩的影响,则还需量出 An 和 Aq 的长度,若 $mA + An(mn)$ 和 $pA + Aq(pq)$ 不等于坐标格网的理论长度 i(一般为 10cm),则 A 点坐标应按下式计算:

$$x_A = x_0 + \frac{10}{mA + An(mn)} mA \tag{4-4-4}$$

$$y_A = y_0 + \frac{10}{pA + Aq(pq)} pA \tag{4-4-5}$$

(二)两点间的水平距离量测

如果需要确定图上 A、B 两点间的水平距离 D 时,可以根据式(4-4-4)和式(4-4-5)求得 A、B 两点的坐标值,然后再根据两点坐标反算水平距离 D。此种方法可以消除一部分图纸伸缩的影响;另外,也可以用比例尺直接在图上量取。

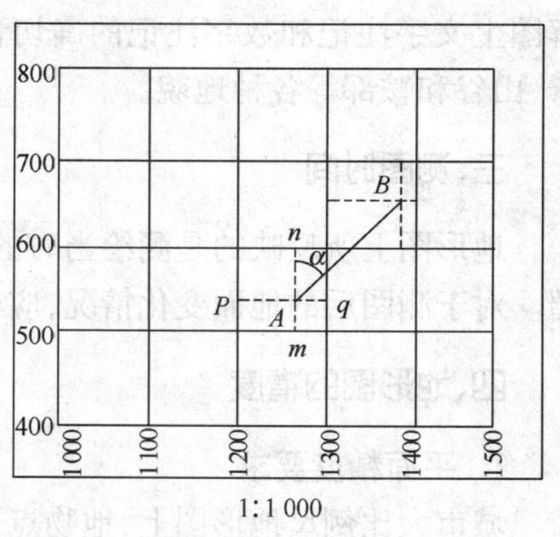

图 4-4-7　点位坐标的量测

(三)直线的方位角量测

如图 4-4-7 所示,欲求直线 A 到 B 的坐标方位角,先利用公式求得 A、B 两点的坐标,再用坐标反算的公式计算 AB 边的坐标方位角;或者可以通过 A 点作平行于坐标纵轴的直线,然后用量角器直接在图上量取 AB 边的坐标方位角 α。

(四)点的高程及两点间的坡度量测

如果所求点恰好位于某一根等高线上,则该点的高程就等于该等高线的高程。如图4-4-8 中 E 点的高程为 54m。如果所求点位于两根等高线之间,则可以按比例关系求得其高程。如图 4-4-8 中 F 点位于 53m 和 54m 两根等高线之间,可通过 F 点作一大致与两根等高线相垂直的直线,交两根等高线于 m、n,从图上量得 $mn = d$,$mF = d_1$,设等高距为 h,则 F 点的高程为:

$$H_F = H_m + \frac{d_1}{d} \cdot h \tag{4-4-6}$$

在地形图上求得相邻两点间的水平距离 D 和高差 h 以后，可以按下式计算两点间的坡度：

$$i = \tan\alpha = \frac{h}{D} \tag{4-4-7}$$

式中：α——地面两点连线相对于水平线的倾角。

坡度 i 一般用百分率表示，升坡为正，降坡为负。

(五)在图上设计等坡线

在山地或丘陵地区进行道路、管线等工程设计时，往往要求在不超过某一坡度 i 的条件下选定一条最短线路。例如，在图 4-4-8 中，需要从 A 点到高地 B 点定出一条路线，要求坡度限制为 3.3%。图中，等高距为 1m，则按式(4-4-7)求出符合该坡度的等高线间平距为：

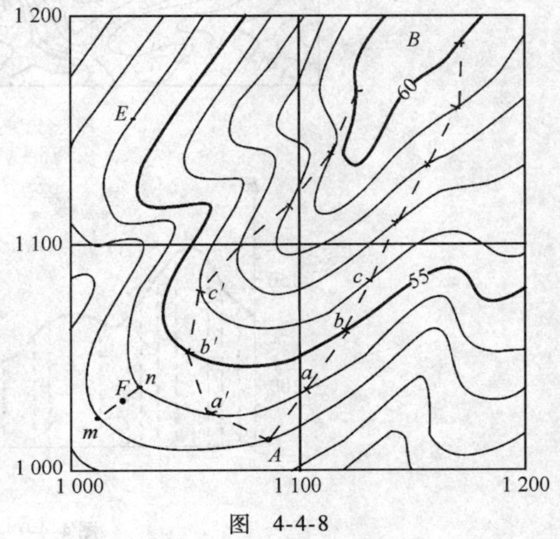

图　4-4-8

$$D = \frac{h}{i} = \frac{1\text{m}}{0.033} = 30\text{m}$$

按地形图的比例尺，用分规截取 30m 的图上长度，然后在地形图上以 A 点为圆心，以此长度为半径，用分规截交 54m 等高线，得到 a 点；再以 a 点为圆心，用分规截交 55m 等高线，得到 b 点；以此进行，然后将相邻点连接，便得 3.3% 的等坡度路线。在该图上，按同样方法沿另一方向定出第二条路线，在所选的范围外侧进行方案设计。

二、工程建设中地形图的应用

(一)绘制地形断面图

在进行道路、隧道、管线等工程设计时，往往需要了解两点之间的地面起伏情况，这时，可根据等高线地形图来绘制断面图。

如图 4-4-9 所示，在地形图上作 A、B 两点的连线，与各等高线相交，各交点的高程即各等高线的高程，而各交点的平距可在图上用比例尺量得。作地形断面图时，先在毫米方格纸上画出两条相互垂直的轴线，以横轴 Ad 表示平距，以纵轴 AH 表示高程。然后在地形图上量取 A 点至各交点及地形特征点 a、b 的平距，并把它们分别转绘在横轴上，以相应的高程作为纵坐标，得到各交点在断面上的位置。连接这些点，即得到 AB 方向上的地形断面图。

为了更明显地表示地面的高低起伏情况，断面图上的高程比例尺一般比平距比例尺大5～10 倍。

(二)确定汇水范围

当铁路、道路跨越河流或山谷时，需要建造桥梁或涵洞。在设计桥梁或涵洞的孔径大小时

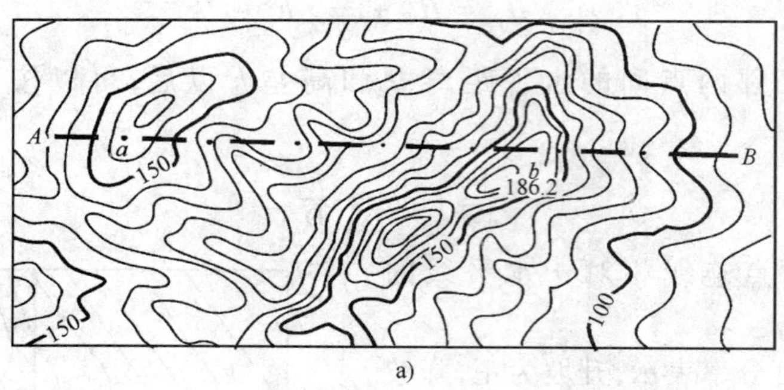

a)

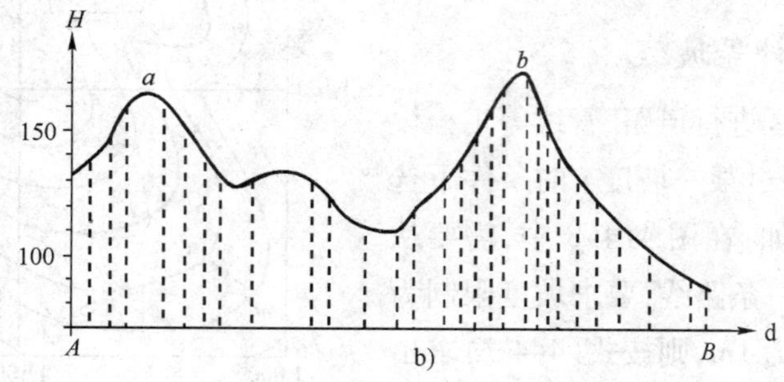

b)

图 4-4-9　绘制地形断面图

需要知道将来通过桥梁或涵洞的水流量，而水流量是根据汇水面积来计算的。汇水面积是指降雨时有多大面积的雨水汇集起来并通过桥涵排泄出去。

为了计算汇水面积，需要先在地形图上确定汇水范围，汇水范围的边界线是由一系列的分水线连接而成的。根据山脊线是分水线的特点，将山顶 $B, C, D, \cdots, H$ 等沿着山脊线通过鞍部用虚线连接起来，即得到通过桥涵 A 的汇水范围，如图 4-4-10 所示。

（三）整理水平场地

（1）确定填、挖边界线。

（2）在地形图上绘制方格网。

（3）各方格顶点的地面高程减去设计高程，即得填、挖数值，并注在相应顶点左上方。

（4）计算填、挖土方量。

如图 4-4-11 所示，在图上所示范围内要求平整高程为 50m 的平面，要求确定其填挖边界和计算其填挖土方量。

设 V 为土方量，A 为填、挖土的面积，则图中方格 I 的挖土土方量为：

$$V_{\text{I挖}} = \frac{1}{4}(2.0 + 2.6 + 1.5 + 0.9) \cdot A_{\text{I挖}} = 1.75 \cdot A_{\text{I挖}}$$

方格 II 中以 50m 等高线为分界线，分为挖方区和填方区，挖土土方量为：

$$V_{\text{II挖}} = \frac{1}{5}(0.9 + 1.5 + 0.3 + 0 + 0) \cdot A_{\text{II挖}} = 0.54 \cdot A_{\text{II挖}}$$

填土土方量为：

图 4-4-10　确定汇水范围

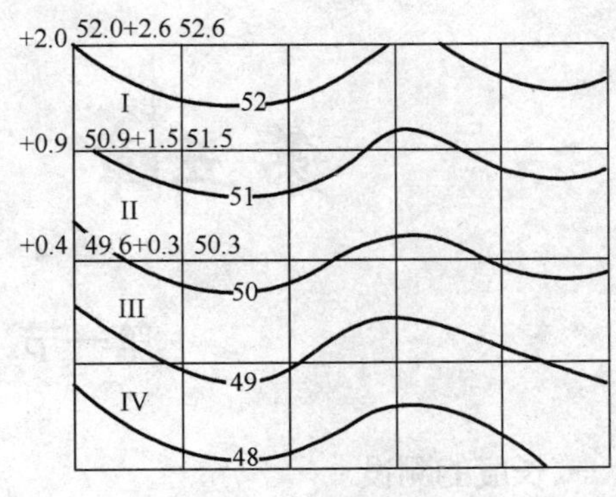

图 4-4-11　计算填、挖土方量

$$V_{\text{II填}} = \frac{1}{3}(0 + 0 - 0.4) \cdot A_{\text{II填}} = -0.13 \cdot A_{\text{II填}}$$

第五节　数字地形图的应用

数字地形图是以磁盘为载体、用数字形式记录的地形信息。通过地面数字测图、数字摄影测量和卫星遥感测量等方法，可以得到各种数字地形图。它已广泛地应用于国民经济建设的各个方面，如工程建设的设计、交通工具的导航、环境监测和土地利用调查等。

有了数字地形图，在相应软件环境下，可以输出绘制各种比例尺的地形图和专题图，也可以很容易地获取各种地理信息，主要有如下几方面：

(1)可以量测各个点位的坐标、点与点之间的距离、直线的方位角、点位的高程、两点间的坡度和在图上设计坡度线等。

(2)可以在电子屏幕上直接观察实地的三维地形。

(3)可以用不同颜色显示出不同性质的地块，以及各地块的数据资料等。

(4)可以输出不同用途的专题图。

有了数字地形图，可以建立数字地面模型(DTM)，即相当于得到了地面立体的形态。利用该模型，可以绘制各种比例尺的等高线地形图、地形立体透视图、地形断面图，确定汇水范围和计算面积，确定场地平整的填挖边界和计算土方量。在公路和铁路设计中，可以绘制地形的三维轴视图和纵、横断面图，进行自动选线设计。

随着科学技术的高速发展和社会信息化程度的不断提高，数字地形图将会发挥越来越大的作用。

第五章　路线测量

第一节　测设基本方法

一、长度的测设

（一）钢尺法

测量地面上一段直线的距离时，是先量出两端点间的距离 D'，再计算尺长改正、温度改正和高差改正数，以求得此直线的正确的水平距离 D。而测设（放样）已知水平距离的一段直线时，其程序正好相反：应先按所用钢尺的尺长改正值，并测定地面的倾斜度（两端的高差），预计或当场测定丈量时的地面温度，预先计算出上述3项改正，按设计的水平距离 D 和3项改正求出在实地应量的距离 D'。

$$D' = D - \Delta D_k - \Delta D_i - \Delta D_h \tag{4-5-1}$$

式中：ΔD_k——尺长改正；

ΔD_i——温度改正；

ΔD_h——高差改正。

（二）测距仪法

用测距仪测设水平距离时，可以预先设置改正值，因此比钢尺法更为简便。测设时，在 A 点安置仪器，按施测当时的气温、气压在仪器上设置改正值，瞄准 AC 方向，指挥装于小标杆上的棱镜前后移动（移动的距离可根据初次测得的距离计算），直至测得的水平距离（已经过仪器的乘常数、加常数和气象改正）为设计所指定的数值，即可定出 B 点，使 AB 的水平长度符合设计要求。

二、设计水平角度的测设

测设设计的水平角时，根据已知的水平角值和地面上已有的一个已知方向，把该角的另一个方向测设到地面上。测设的方法如下。

（一）正倒镜分中法

如图4-5-1所示，设在地面上已有 AB 方向，要在 A 点以 AB 为起始方向向右测设出指定的水平角。为此，将经纬仪安置在 A 点，用盘左瞄准 B 点，读取度盘读数；松开照准部向右旋转，当度盘读数增加 β 角值时，在视线方向上定出点 C'；然后倒转望远镜（盘右），用同样方法在视线方向上定出另一点 C''，取 $C'C''$ 的中点 C，则 $\angle BAC$ 就是要测设的角。

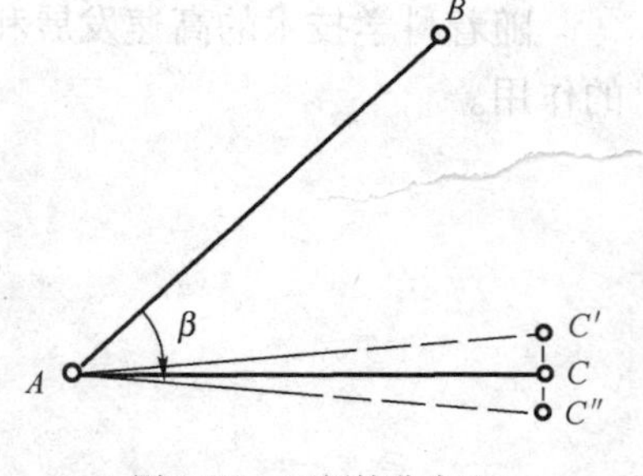

图4-5-1　正倒镜分中法

(二)多测回修正法

如图 4-5-2 所示,在 A 点安置经纬仪,先用上述一般的方法,测设出 β 角,在地面上定出 C_1 点;再用多测回法较精确地测出 $\angle BAC_1 = \beta_1$,设角比需要测设的 β 角值小了 $\Delta\beta$,即可根据 AC_1 的长度和小角值 $\Delta\beta$ 计算出垂直距离 C_1C 为:

$$C_1C = AC_1\tan\Delta\beta = AC_1 \times \frac{\Delta\beta''}{\rho''} \qquad (\rho'' = 206\,365'')$$

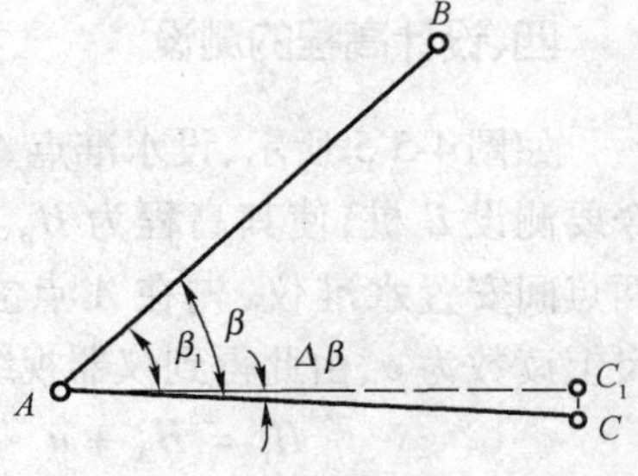

图 4-5-2　多测回修正法

三、设计平面点位的测设

测设设计的平面点位置有直角坐标法、极坐标法、距离交会法、角度交会法等方法。一般可按平面控制点的分布、地形情况、施工现场条件、仪器设备和施工放样的精度要求而选择测设的方法。

(一)直角坐标法

图 4-5-3 所示,A、B、C、D 为方格控制点,要在地面上测设一点 P。施测方法是沿 AB 边量取 AE 长度,使之等于 P 点与 A 点横坐标之差。再将经纬仪安置在 E 点上,作 AB 的垂线,并在此垂线上量取 EP 长度,使之等于 P 点与 A 点纵坐标之差,得到 P 点的位置。

(二)极坐标法

如图 4-5-4 所示,首先根据控制点 A、B 的坐标和 P 点的设计坐标,按下式计算测设数据:

$$D = \sqrt{(x_p - x_A)^2 + (y_P - y_A)^2}$$

$$\alpha_{AP} = \arctan\frac{y_P - y_A}{x_P - x_A}$$

$$\beta = \alpha_{AP} - \alpha_{AB}$$

式中:D——测站至测设点的水平距离;

α——方位角;

β——水平角。

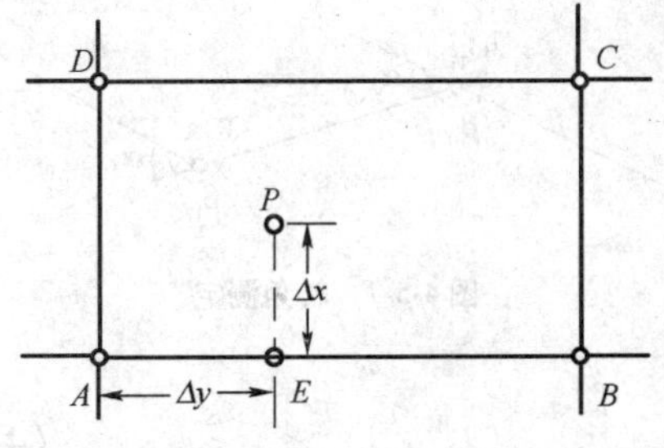

图 4-5-3　直角坐标法

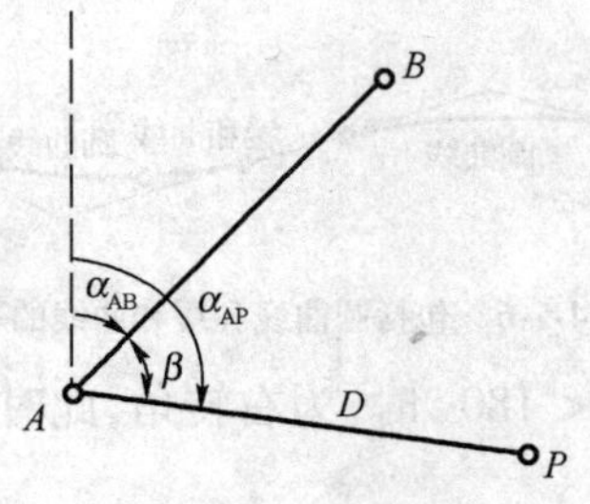

图 4-5-4　极坐标法

将经纬仪安置于 A 点,测设水平角 β,得到 AP 方向,然后在此方向上测设水平长度 D,即可确定 P 点的位置。AP 方向也可以直接根据方位角来确定:在 A 点瞄准另一已知点 B 时,将水平度盘读数设置成 α_{AB} 的数值,然后转动经纬仪照准部,使水平度盘读数为 α_{AP},此时,视准轴的方向即为 AP 方向。

四、设计高程的测设

如图4-5-5所示，设水准点A的高程为H_A，今要测设B桩，使其高程为H_B。为此，在A、B两点间安置水准仪，先在A点立水准尺，读得尺上读数为a，由此得到仪器视线高程为：

$$H_i = H_A + a$$

要使B点桩顶的高程为设计高程，则竖立在桩顶的尺上读数应为：

$$b = H_i - H_B$$

这时，逐渐将桩打入土中，使在桩顶的尺上读数逐渐增加到b，这样，在B点桩顶就标出了设计高程H_B。

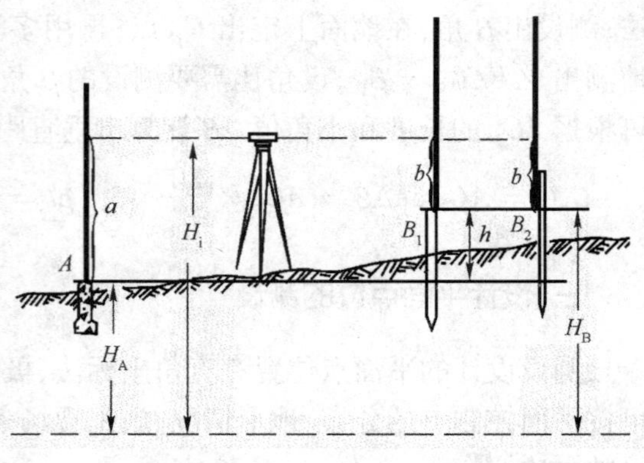

图4-5-5 设计高程的测设

第二节 中线测量概述

无论是公路，还是城市道路，平面线形均要受到地形、地物、水文、地质及其他因素的限制而改变路线方向。在直线转向处要用曲线连接起来，这种曲线称为平曲线。平曲线包括圆曲线与缓和曲线两种，如图4-5-6所示。圆曲线是具有一定曲率半径的圆弧。缓和曲线是在直线与圆曲线之间加设的，曲率半径由无穷大逐渐变化为圆曲线半径的曲线。我国公路采用辐射螺旋线，亦称回旋线。

中线测量是通过直线和曲线的测设，将道路的中线具体地测设到地面上，并测出其里程。

一、路线转角的测定

转角是指路线由一个方向偏转至另一方向时，偏转后的方向与原方向间的夹角，以α表示。如图4-5-7，当偏转后的方向位于原方向左侧时，为左转角；当位于原方向右侧时，为右转角。在路线测量中，转角通常是通过观测路线的右角β计算求得。

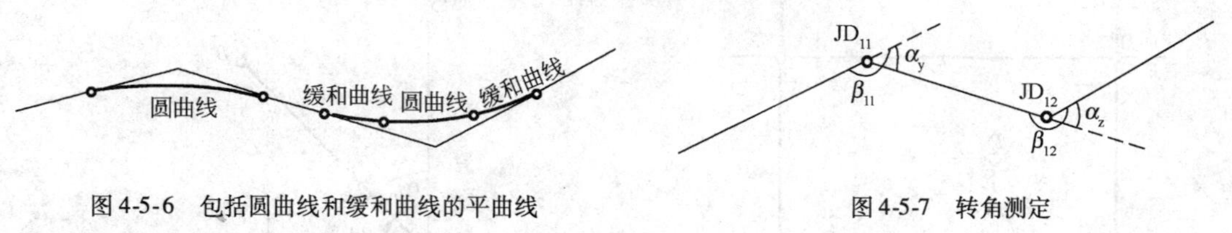

图4-5-6 包括圆曲线和缓和曲线的平曲线

图4-5-7 转角测定

当$\beta < 180°$时，为右转角，此时：

$$\alpha_y = 180° - \beta \tag{4-5-2}$$

当$\beta > 180°$时，为左转角，此时：

$$\alpha_z = \beta - 180° \tag{4-5-3}$$

右角β的测定，通常用J_6级经纬仪以测回法观测一个测回，两个半测回所测角值的不符值视公路等级而定，一般不超过1′。如在容许范围内可取其平均值作为最后结果。

为了保证测角的精度,还须进行路线角度闭合差的检核。当路线导线与高级控制点连接时,可按附合导线计算角度闭合差。如在限差之内,则可进行闭合差的调整。当路线未与高级控制点联测时,可每隔一段距离,观测一次真方位角用来检核角度。为了及时发现测角错误,可在每日作业开始与收工前用罗盘仪各观测一次磁方位角,与以测角度推算的方位角核对。

二、里程桩的设置

里程桩亦称中桩,桩上写有桩号,表示该桩至路线起点的水平距离。

里程桩分为整桩和加桩两类。整桩是按规定每隔 20m 或 50m,桩号为整数而设置的里程桩。百米桩和公里桩均属于整桩,一般情况下均应设置。

加桩分为地形加桩、地物加桩、曲线加桩和关系加桩。地形加桩是在中线地形变化点设置的桩;地物加桩是在中线上桥梁、涵洞等人工构造物处,以及与公路、铁路交叉处设置的桩;曲线加桩是在曲线起点、中点、终点等设置的桩;关系加桩是在转点和交点上设置的桩。在书写曲线加桩和关系加桩时,应在桩号之前,加写其缩写名称。目前,我国公路采用汉语拼音的缩写名称,如表 4-5-1 所示。

主点桩号名称中文与英文对照表 表 4-5-1

名称	简称	汉语拼音缩写	英语缩写
交点		JD	IP
转点		ZD	TP
圆曲线起点	直圆点	ZY	BC
圆曲线中点	曲中点	QZ	MC
圆曲线终点	圆直点	YZ	EC
公切点		GQ	CP
第一缓和曲线起点	直缓点	ZH	TS
第一缓和曲线终点	缓圆点	HY	SC
第一缓和曲线起点	圆缓点	YH	CS
第一缓和曲线终点	缓直点	HZ	ST

里程桩的设置是在中线丈量的基础上进行的,一般是边丈量边设置。丈量一般使用钢尺。

第三节 圆曲线测设

一、圆曲线测设元素的计算和主点测设

圆曲线是根据《公路工程技术标准》(JTG B01—2003)和地形条件所选定的一定半径的圆弧,所以圆曲线又称单曲线。

(一)单圆曲线测设元素的计算

如图 4-5-8 所示,当曲线的半径 R 和转角 α 已知时,则:

切线长　　$T = R \times \tan\frac{\alpha}{2}$

曲线长　　$L = R \times \alpha \frac{\pi}{180^\circ}$

外　距　　$E = R \times \left(\sec\frac{\alpha}{2} - 1\right)$

切曲差　　$D = 2T - L$

T、L、E、D 称为圆曲线的曲线测设元素。

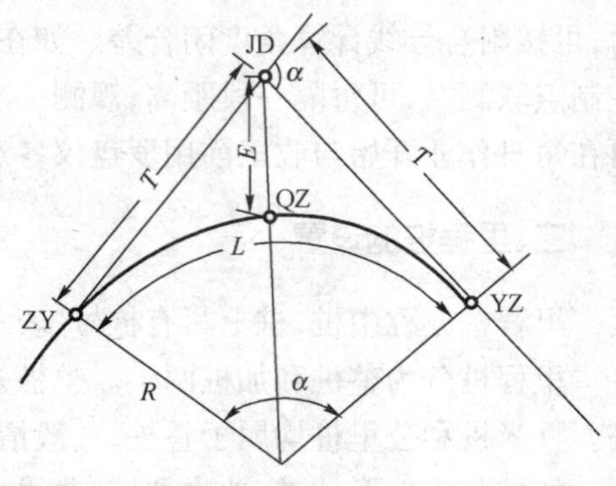

图 4-5-8　单圆曲线测设计算

（二）圆曲线主点里程的计算

当曲线的交点里程测出以后，便可以计算曲线各主点的里程。由图 4-5-8 可知：

$$
\begin{aligned}
ZY_{里程} &= JD_{里程} - T \\
YZ_{里程} &= ZY_{里程} + L \\
QZ_{里程} &= YZ_{里程} - \frac{L}{2} \\
JD_{里程} &= QZ_{里程} + \frac{D}{2}（校核）
\end{aligned}
\tag{4-5-4}
$$

（三）主点的测设

在进行曲线主点的测设时，应先将经纬仪安置在 JD_i 上，照准后一个交点 JD_{i-1} 或此方向上的转点，然后在此方向量取切线长 T 便得曲线的起点 ZY，量取该点至最近一个直线桩的距离。若该距离与两个桩号之差的差值在允许范围内则可在 ZY 处打下一个桩，若距离之差超限，应当查明原因，确保桩位的准确性。同样方法，在交点 JD_i 上照准前一个交点 JD_{i+1} 或此方向上的转点，量取切线长 T，便得 YZ 点。然后测设曲中点 QZ，QZ 点的设置可在 JD_i 处照准前一个交点，置度盘于零度后倒转望远镜顺时针拨 $90 + \alpha/2$，即得角分线方向，在此方向上量取外距 E，打下一木桩即可得到 QZ 点。

二、圆曲线的测设方法

单圆曲线的测设方法较多，但常用的方法有切线支距法、偏角法、极坐标法等。

（一）切线支距法

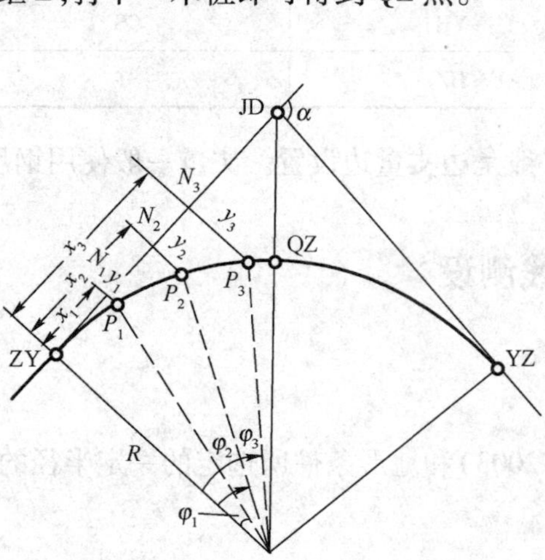

如果曲线是在比较开阔的地区，且曲线的偏角不大、曲率较小时，最宜采用切线支距法。

切线支距法是以曲线的起点 ZY 点或终点 YZ 点为原点，以切线为 x 轴，以过原点的半径为 y 轴，用曲线上各点的坐标 x、y 来测设曲线。如图 4-5-9 所示，设 P_i 为曲线上欲加测的点位，该点距曲线的起点 ZY（或终点 YZ）的弧长为 l_i，φ_i 为 l_i 所对的圆

图 4-5-9　切线支距法

心角,R 为曲线半径,则曲线上任意一点 P_i 的坐标为:

$$\left.\begin{aligned} x_i &= R\sin\varphi_i \\ y_i &= R(1-\cos\varphi_i) \end{aligned}\right\} \tag{4-5-5}$$

$$\varphi = \frac{l_i \times 180^\circ}{\pi R}(^\circ)$$

切线支距法测设曲线时,如果能用仪器精确定出支距方向,可从 ZY 一直测设到 YZ,但有时用方向架配合钢尺测设时,支距过长会产生较大误差,故应从曲线两端向 QZ 测设,具体步骤如下:

(1)从曲线的 ZY 点或 YZ 点开始,沿曲线的切线方向量取 P_i 点的横坐标 x_i,得 P 点在切线上的垂足 N_i。

(2)在垂足 N_i 上用方向架(支距长时应当用仪器)定出垂直方向,在此方向上量取该点的纵坐标 y_i,则得到该点 P_i。

(3)按照同样方法可测设出其他各点。

(4)曲线上各点测设完后,应当检查相邻各桩的距离,若此距离与桩号差相等或在限差之内,则曲线测设合格。若超限应当查明原因。

此方法的最大优点就是误差不累积。

(二)偏角法

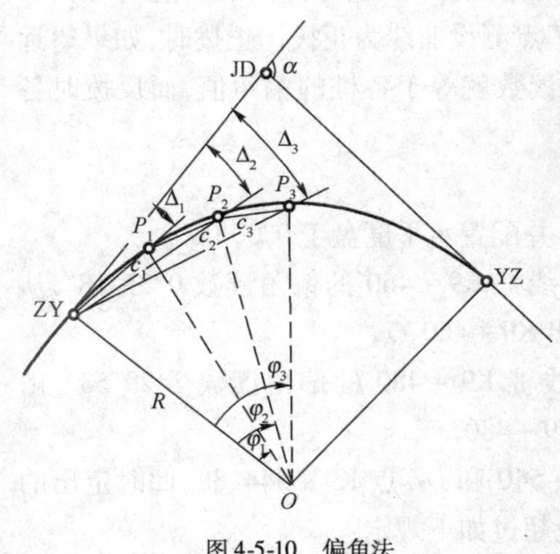

图 4-5-10 偏角法

偏角法是用曲线的起点 ZY 或终点 YZ 到曲线上任意一点 P_i 的弦线与切线方向间的夹角弦切角(偏角)Δ_I 和相邻两中桩弦长 c_i 来确定 P_i 点的位置的一种方法。如图 4-5-10,根据几何学的原理可以得到偏角和弦长的计算公式为:

$$\Delta_I = \frac{\varphi_i}{2} = \frac{l_i}{R}\cdot\frac{90^\circ}{\pi}$$

$$c_i = l_i - \frac{l_i^3}{24R^2} + \cdots \tag{4-5-6}$$

式中:l_i——弧长(点 P_i 至 ZY 点或 YZ 点的距离)。

其中弧弦差:

$$\delta_i = l_i - c_i = \frac{l_i^3}{24R^2} \tag{4-5-7}$$

[例 4-5-1] 已知某交点里程为 K9 +547.78,曲线转角 $\alpha_{右} = 34°46'27''$,曲线半径为 $R = 300$m,采用偏角法来计算各整桩号的偏角值,各桩偏角及弦长见表 4-5-2。

各桩偏角及弦长计算表 表 4-5-2

桩 号	各桩至 ZY 或 YZ 的曲线长度 l_i	偏角值 ° ′ ″	偏角读数 ° ′ ″	相邻桩的弧长	相邻桩的弦长
ZY K9 +453.84	0	0 00 00	0 00 00	0	0
+460	6.16	0 35 18	0 35 18	6.16	6.16
+480	26.16	2 29 53	2 29 53	20	20

续上表

桩　　号	各桩至 ZY 或 YZ 的曲线长度 l_i	偏角值	偏角读数	相邻桩的弧长	相邻桩的弦长
		°　′　″	°　′　″		
+500	46.16	4　24　29	4　24　29	20	20
+520	66.16	6　19　04	6　19　04	20	20
+540	86.16	8　13　40	8　13　40	20	20
QZ　K9 +544.88	91.04	8　41　37	8　41　37	4.879	4.879
			351　18　23	15.12	15.12
+560	75.92	7　14　59	352　45　01	20	20
+580	55.92	5　20　24	354　39　36	20	20
+600	35.92	3　25　48	356　34　12	20	20
+620	15.92	1　31　13	358　28　47	15.92	15.92
YZ　K9 +635.917	0	0　00　00	0　00　00	0	0

在测设曲线时可以在曲线的起点 ZY 或终点 YZ 分别向曲线的中点 QZ 测设，但在不同的点位测设时就有正拨和反拨两种情况。当曲线为右偏时，在 ZY 点安置仪器测设曲线，曲线偏角增加的方向与度盘的增加方向一致，都是顺时针增加，这时称为正拨；而在 YZ 点安置仪器测设曲线，曲线偏角增加的方向（逆时针）与水平度盘的增加方向（顺时针）相反，这时称为反拨。当曲线为左偏时，在 ZY 点测设曲线为反拨，在 YZ 点测设曲线为正拨。正拨时，如果望远镜照准切线方向如果水平度盘配置为 0°，各桩的偏角读数就等于各桩的偏角值，而反拨时各桩的偏角读数应等于 360°减去各桩的偏角值。

曲线的详细测设步骤如下（以例 4-5-1 为例）：

（1）将经纬仪安置于 ZY 点（对中、整平），照准 JD 并配置水平度盘于 0°00′00″。

（2）转动照准部使水平度盘的读数为最近一个曲线桩 K9 +460 的偏角读数 0°35′18″，从 ZY 点开始，沿此方向用钢尺量取弦长 6.16m，即可定出 K9 +460 点。

（3）转动照准部使水平度盘的读数为第二个曲线桩 K9 +480 的偏角读数 2°29′53″，由 K9 +460桩量取弦长 20m，与视线方向相交即可定出 K9 +480。

（4）按上述方法逐一定出 K9 +500、K9 +520、K9 +540 和 QZ 点 K9 +544.88，此时定出的 QZ 应当与主点测设时的 QZ 点重合，若不重合，也不应超过如下规定：

$$纵向（切线方向）：\pm\frac{L}{1\,000}$$

$$横向（半径方向）：\pm 0.1\text{m}$$

式中：L——为所测设的曲线长度。

（5）将仪器安置于 YZ 点，照准 JD 并配置水平度盘于 0°00′00″。

（6）转动照准部使水平度盘的读数为 K9 +620 的偏角读数 358°28′47″，从 YZ 点开始，沿方向用钢尺量取弦长 15.92m，即可定出 K9 +620 点。

（7）转动照准部使水平度盘的读数为桩 K9 +600 的偏角读数 356°34′12″，由 K9 +620 桩量取弦长 20m，与视线方向相交即可定出 K9 +600。

按上述方法逐一定出 K9 +580、K9 +560、K9 +540 和 QZ 点 K9 +544.88，这时定出的 QZ

点的偏差也应当满足上述规定。

偏角法测设圆曲线,不仅可以在 ZY 点或 YZ 点安站测设,也可以在曲线上任意点测设,该方法的最大缺点是误差有累积,故应采取从曲线两侧向中间测设的方法。

(三)极坐标法

随着测距仪和全站仪的日益普及,公路上常用极坐标法来测设曲线。即在已知控制点上安置仪器,通过计算求得欲测设点的放样元素(距离和夹角)并在该点上测设曲线。用极坐标法测设曲线,首先应计算测站点和待测点的坐标,根据测站点和待测点的坐标计算两点间的距离及该边与后视边的夹角,即可测出各待测点的位置。

1. 置仪点坐标及放样元素的计算

极坐标法测设曲线时,应先选定一个直角坐标系,一般以 ZY(或 YZ)点为坐标原点,切线为 x 轴,且正向朝向 JD,自 x 轴顺时针转 90°为 y 轴的正向。这时曲线上各点的坐标 x_p、y_p 按式(4-5-5)计算,当曲线位于 x 轴正向左侧时,y_p 应为负值。

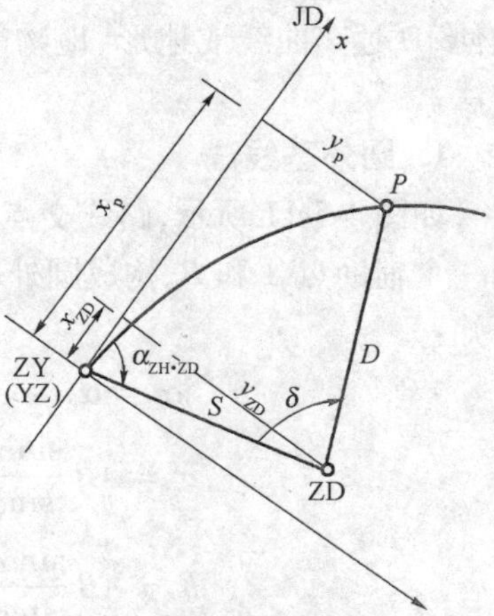

图 4-5-11 极坐标法

如图 4-5-11,在曲线附近选择一个通视条件较好的 ZD,将仪器置于 ZY(或 YZ)上,测定 S 及 α_{ZY-ZD}(即 ZY－ZD 直线在该坐标系中的方位角),则转点 ZD 在该坐标系中的坐标为:

$$x_{ZD} = S\cos\alpha_{ZH-ZD}$$
$$y_{ZD} = S\sin\alpha_{ZH-ZD}$$

直线 ZD－ZH 和 ZD－P 的方位角为:

$$\alpha_{ZD-ZH} = \alpha_{ZY-ZD} \pm 180°$$

$$\alpha_{ZD-P} = \arctan\frac{y_p - y_{ZD}}{x_p - x_{ZD}}$$

于是

$$\delta = \alpha_{ZD-P} - \alpha_{ZD-ZY}$$

$$D = \frac{x_p - x_{ZD}}{\cos\alpha_{ZD-P}} = \frac{y_p - y_{ZD}}{\sin\alpha_{ZD-P}} = \sqrt{(x_p - x_{ZD})^2 + (y_p - y_{ZD})^2}$$

2. 置仪点的设置

采用任意点置仪器,极坐标法测设曲线时,置仪点可根据现场情况设置。在一般情况下,尽量置仪器于曲线上的控制点 ZY(或 YZ)点上,当置仪于 ZY(或 YZ)点上测设曲线范围较小或局部视线受阻时,可以在中线上或中线外设置任意点。任意点一般设在通视条件好、便于测设较多甚至全部曲线的地方,测设曲线转点数不宜多于 2 个。

3. 测设步骤

(1)置仪于 ZY(YZ)或切线上的已知点(转点、交点等),后视切线上另一个已知点,根据地形条件设置任意点 ZD。

(2)在任意点 ZD 安置仪器,后视 ZY(或 YZ)点,置水平度盘于 0°00′00″。

(3)转动照准部拨角 δ,便可得 P 点的方向,在此方向上量取距离 D,得 P 点的位置。

(4)重复上述步骤,即可逐一定出曲线上各点。

第四节　特殊情况下圆曲线测设

一、虚交单圆曲线的测设

虚交是指路线的交点不能设桩、无法安置仪器。有时交点虽然可以钉出,但因转角过大,致使 JD 远离曲线或地形、地物等障碍不易到达,也作虚交处理。下面介绍两种虚交的处理方法。

1. 圆外基线法

如图 4-5-11 所示,路线交点落入河里,不能安置仪器,为此,在曲线外侧沿两切线方向各选一个辅助点 A 和 B,构成圆外基线 AB。测出水平角 α_A 和 α_B,并丈量 AB 距离。由图 4-5-12 可知:

$$\alpha = \alpha_A + \alpha_B \tag{4-5-8}$$

$$\left.\begin{aligned} a &= AB\frac{\sin\alpha_B}{\sin\alpha} \\ b &= AB\frac{\sin\alpha_A}{\sin\alpha} \end{aligned}\right\} \tag{4-5-9}$$

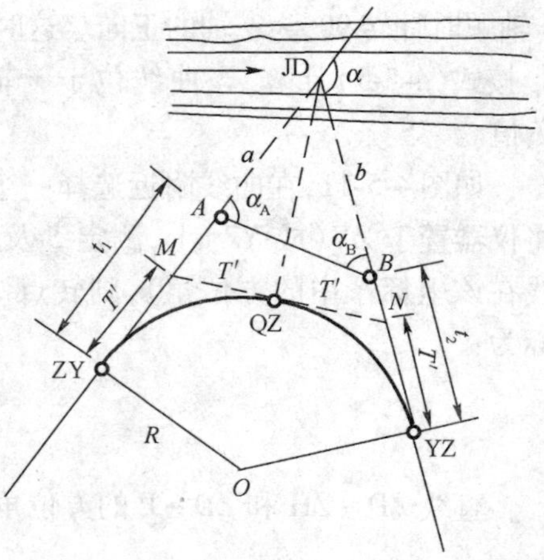

根据转角 α 和选定的半径 R,即可算得切线长 T 和曲线长 L 及 a、b。根据 A 点的里程,可计算出曲线主点的里程。再由 a、b、T,计算辅助点 A、B 至曲线 ZY 点和 YZ 点的距离 t_1 和 t_2:

$$\left.\begin{aligned} t_1 &= T - a \\ t_2 &= T - b \end{aligned}\right\} \tag{4-5-10}$$

图 4-5-12　图外基线法

计算时如果 t_1、t_2 出现负值,说明曲线的 ZY 点、YZ 点位于辅助点与虚交点之间,根据 t_1、t_2 即可定出曲线的 ZY 点和 YZ 点。

曲中点 QZ 的测设,可采用以下方法:

如图 4-5-12,设 MN 为 QZ 点的切线,则:

$$T' = R \cdot \tan\frac{\alpha}{4}$$

测设时由 ZY 和 YZ 点分别沿切线方向量出 T'得 M 点和 N 点,再由 M 点和 N 点沿 MN 或 NM 方向量 T'即得 QZ 点。

曲线的主点测出后,即可用切线支距法或偏角法进行曲线详细测设。

2. 切基线法

与圆外基线法比较,切基线法计算简单,而且容易控制曲线位置,是解决虚交问题的常用方法。如图 4-5-13 所示,基线 AB 与圆曲线相切于一点,该点称为公切点,用 GQ 表示。以 GQ 点将曲线分为两个相同半径的两条曲线。AB 称为切基线,可以起到控制曲线位置的作用。用经纬仪测出 α_A 和 α_B,并测量 AB 的距离。设两个同半径圆曲线的半径为 R,切线长分别为 T_1 和 T_2,则:

$$AB = T_1 + T_2 = R \cdot \tan\frac{\alpha_A}{2} + R \cdot \tan\frac{\alpha_B}{2} = R \cdot \left(\tan\frac{\alpha_A}{2} + \tan\frac{\alpha_B}{2}\right)$$

因此

$$R = \frac{AB}{\tan\frac{\alpha_A}{2} + \tan\frac{\alpha_B}{2}} \quad (4\text{-}5\text{-}11)$$

半径 R 应精确至厘米，R 算得后，根据 R、α_A、α_B，即可算出两个同半径曲线的测设元素 T_1、L_1 和 T_2、L_2。

测设时，由 A 沿切线方向向后量取 T_1，得 ZY 点，由 A 沿 AB 向前量 T_1 得 GQ 点，由 B 沿切线方向向前量 T_2 得 YZ 点。

QZ 点的测设也可按圆外基线法中所述方法进行测设，或者以 GQ 点为坐标原点，用切线支距法进行设置。

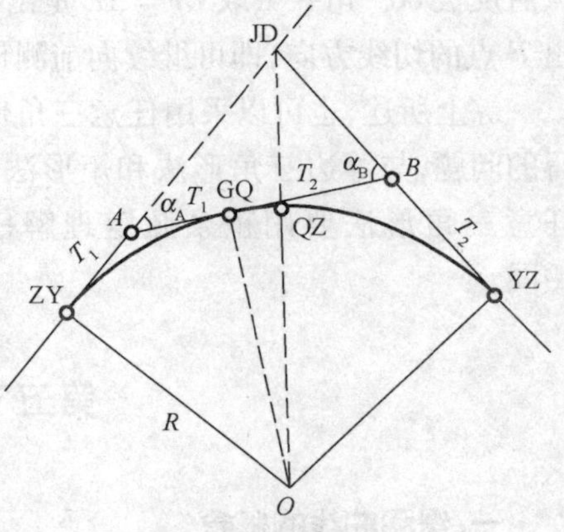

图 4-5-13　切基线法

二、曲线上遇障碍的测设

曲线上遇障碍时可采用等量偏角法、等边三角形和矩形法三种方法进行测设。

(一)等量偏角法

如图 4-5-14，置仪于 0 点用偏角法测设 1、2、3 点后，4 点不通视，可按下述方法进行：因圆曲线上同一弧的正偏角等于反偏角，而且弧长每增加等长的一段，偏角也就增加相应等量的值。所以，可置仪于 3 点，照准 0 点后度盘置于 180°，则 0°时视线即在 0 ~ 3 方向上，读数为 δ_3……时，视线即在 3 点的切线方向上，读数 δ_4、δ_5…… 时，视线就在 4、5……各点的方向上，即用原来从 0 点测设各点的偏角继续向前测设。当从第 3 点测设第 6 点时，视线又被阻，则可置仪器于 5 点，由于 0 点受阻，故可以 180° + δ_3，照准后视 3 点，当读数为 0°时，视线即在 0 ~ 5 方向上，读数为 δ_5 时，视线就在 5 点的切线方向上，读数为 δ_6、δ_7 时视线就在 5 到 6、7 点的各方向上。

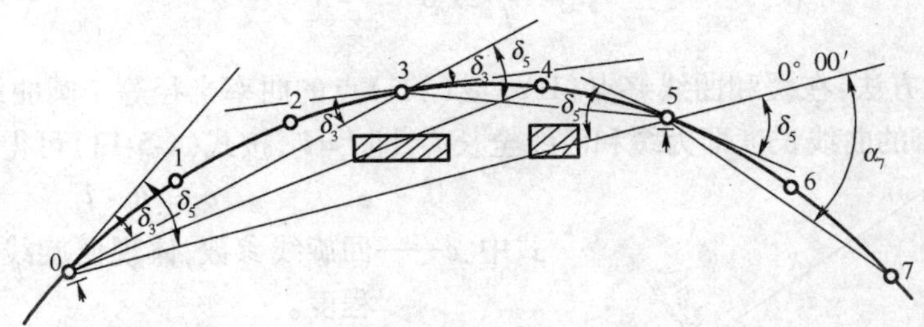

图 4-5-14　等量偏角法

结论：无论置于何点，当后视某一点时，应把度盘先拨到 180°加(左偏时为减)该后视点的偏角(即原来从 0 点测设该点的偏角)，去照准后视点，然后拨到原来计算好的各点偏角值，向前继续测设各点。这样可利用原来计算好的偏角值，而无需重新计算。

(二)等边三角形法

如图 4-5-15 所示，仪器设置点 A 点测设曲线遇障碍时，可在障碍物后先选一待测点 F，算

出 AF 的弦长及偏角 δ_F，后视曲线上某一已知点 B，按 δ_B 求出 A 点的切线方向，由切线方向测设 $(60° - \delta_F)$ 角，并量取 $AC = AF$ 定出 C 点，仪器设置于 C 点后反拨 60° 角并量取 $CF = AF$ 定出 F，按 $(60° - \delta_F)$ 角定出 F 点的切线方向，即可继续向前测设。

综上所述，也可以采用任意三角形法解决曲线上遇障碍的问题，与等边三角形法和矩形法的不同之处，就在于任意三角形法要用正余弦定理解任意三角形，其余皆相同。

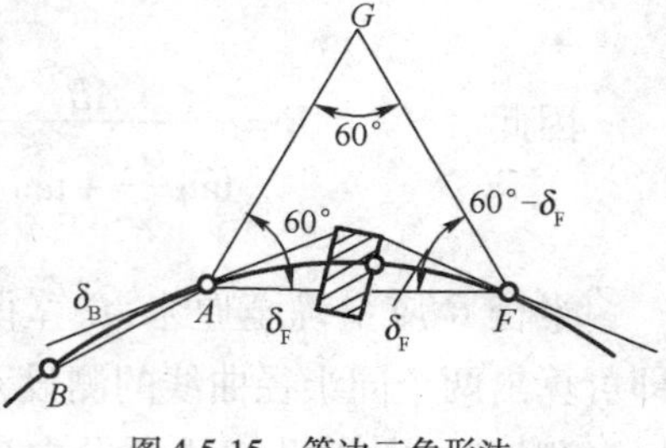

图 4-5-15 等边三角形法

第五节 缓和曲线的测设

一、缓和曲线的概念

为了缓和行车方向的突变和离心力的突然产生与消失，确保高速行车的安全和舒适，需要在直线和圆曲线之间插入一段曲率半径由无穷大逐渐变化至圆曲线半径的过渡性曲线，此曲线称为缓和曲线。缓和曲线由直线段逐渐过渡到圆曲线段，或由圆曲线段逐渐过渡到直线段。在设有超高和加宽时，缓和曲线部分亦作为逐步超高及加宽的部分。

缓和曲线的形式有回旋线、三次抛物线和双纽线 3 种。目前，我国公路设计中大多以回旋线作为缓和曲线。

二、回旋型缓和曲线公式

（一）基本公式

如图 4-5-16，回旋型缓和曲线是曲率半径随曲线的长度的增大而成反比例地均匀减小的曲线，即在回旋线上任意点的曲率半径 ρ 与曲线的长度 l 成反比。用下式表示：

$$\rho = \frac{c}{l} \text{ 或 } \rho \cdot l = c \tag{4-5-12}$$

c 值的确定方法：在缓和曲线终点（HY）或（YH）点的曲率半径等于圆曲线半径，即 $\rho = R$，曲线起点到该点的曲线长度即为缓和曲线全长 l_s，即 $l = l_s$，按式（4-5-13）可得：

$$c = R \cdot l_s \tag{4-5-13}$$

式中：c——回旋线参数，体现回旋线曲率变化的缓急程度。

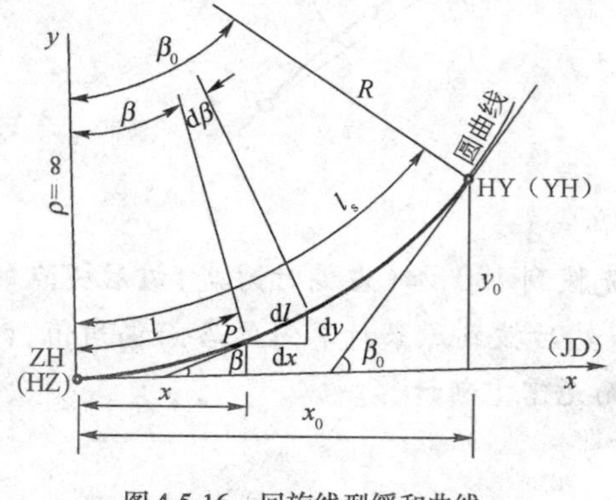

图 4-5-16 回旋线型缓和曲线

（二）切线角公式

如图 4-5-16 设回旋线上任一点 P 的切线与起点 ZH 或 HZ 切线的交角为 β，该角值与 P_1 点至起点曲线长 l 所对的中心角相等。在 P 处取一段微分弧 dl，所对中心角为 $d\beta$，于是得：

$$d\beta = \frac{dl}{\rho} = \frac{l \cdot dl}{c}$$

积分得：

$$\beta = \frac{l^2}{2c} = \frac{l^2}{2Rl_s} \tag{4-5-14}$$

当时 $l = l_s$，以 β_0 代替 β，得：

$$\beta_0 = \frac{l_s}{2R}(\text{rad}) \tag{4-5-15}$$

用角度来表示，则：

$$\beta_0 = \frac{l_s}{2R} \cdot \frac{180°}{\pi}(°) \tag{4-5-16}$$

β_0 即为缓和曲线全长 l_s 所对应的中心角即切线角，也称缓和曲线角。

（三）缓和曲线的参数方程

如图 4-5-16，以缓和曲线的起点为原点，过该点的切线为 x 轴，半径为 y 轴，取任一点 P 的坐标为 (x,y)，则微分弧 dl 在坐标轴上的投影为：

$$\begin{aligned} dx &= dl\cos\beta \\ dy &= dl\sin\beta \end{aligned} \tag{4-5-17}$$

将上式中的 $\cos\beta$、$\sin\beta$ 展开，并将 $\beta = l^2/2Rl_s$ 代入，略去高次项便得：

$$\left.\begin{aligned} x &= l - \frac{l^5}{40R^2 l_s^2} \\ y &= \frac{l^3}{6Rl_s} - \frac{l^7}{336R^3 l_s^3} \end{aligned}\right\} \tag{4-5-18}$$

式(4-5-18)即为缓和曲线的参数方程，当 $l = l_s$ 时即可得缓和曲线的终点坐标：

$$\left.\begin{aligned} x_0 &= l_s - \frac{l_s^3}{40R^2} \\ y_0 &= \frac{l_s^2}{6R} - \frac{l_s^4}{336R^3} \end{aligned}\right\} \tag{4-5-19}$$

三、带有缓和曲线的曲线主点测设

（一）曲线的内移值与切线增长值

如图 4-5-17，在直线与圆曲线之间插入缓和曲线时，必须将原有的圆曲线向内移动距离 p 才能使缓和曲线的起点位于直线方向上，这时切线增长了 q。公路上一般采用圆心不动的平行移动方法，即未设缓和曲线时的圆曲线为 $\overset{\frown}{FG}$，其半径为 $(R+p)$；插入两段缓和曲线 $\overset{\frown}{AC}$ 和 $\overset{\frown}{BD}$ 后，圆曲线向内移，其保留部分为 $\overset{\frown}{CMD}$，半径为 R，所对的圆心角为 $(\alpha - 2\beta_0)$。由图可知：

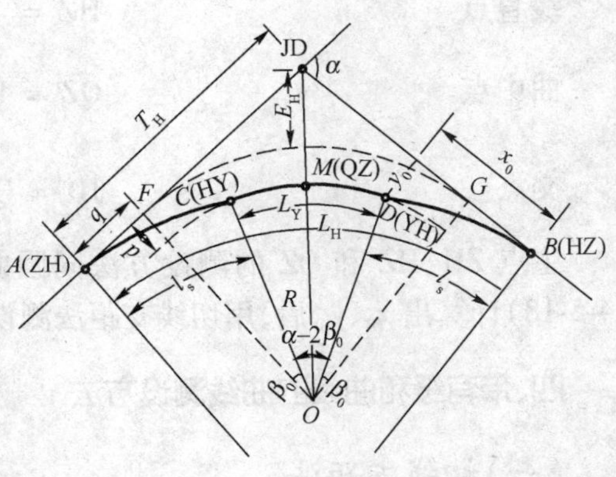

图 4-5-17　带有缓和曲线的平曲线

$$\left.\begin{aligned} p &= y_0 - R(1-\cos\beta_0) \\ q &= x_0 - R\sin\beta_0 \end{aligned}\right. \tag{4-5-20}$$

将式中 $\sin\beta_0$、$\cos\beta_0$ 展开,并略去高次项,并按式(4-5-16)和式(4-5-19)将 β_0、x_0 和 y_0 代入,便可得:

$$\left.\begin{aligned} p &= \frac{l_s^3}{24R} \\ q &= \frac{l_s}{2} - \frac{l_s^3}{240R^2} \end{aligned}\right\} \tag{4-5-21}$$

(二)曲线测设元素的计算

当测得曲线的转角 α、圆曲线半径 R 和缓和曲线长 l_s 确定后,即可按式(4-5-16)及式(4-5-20)计算切线角 β_0、内移值 p 及增长值 q。并在此基础上计算曲线测设元素。如图4-5-17,曲线测设元素的计算公式如下:

$$\left.\begin{aligned} &\text{切线长} && T_H = (R+p)\tan\frac{\alpha}{2} + q \\ &\text{曲线长} && L_H = R(\alpha - 2\beta_0)\frac{\pi}{180^\circ} + 2l_s \\ &\text{或} && L_H = R\cdot\alpha\frac{\pi}{180} + l_s \\ &\text{其中圆曲线长} && L_Y = R(\alpha - 2\beta_0)\frac{\pi}{180^\circ} \\ &\text{外距} && E_H = (R+p)\sec\frac{\alpha}{2} - R \\ &\text{切曲差} && D_H = 2T_H - L_H \end{aligned}\right\} \tag{4-5-22}$$

(三)曲线主点里程及主点测设

根据交点的里程和曲线测设元素,可计算出主点里程:

$$\left.\begin{aligned} &\text{直缓点} && ZH = JD - T_H \\ &\text{缓圆点} && HY = ZH + l_s \\ &\text{圆缓点} && YH = HY + L_y \\ &\text{缓直点} && HZ = YH + l_s \\ &\text{曲中点} && QZ = HZ - \frac{L_H}{2} \\ &\text{交点} && JD = QZ + \frac{D_H}{2}\text{(校核)} \end{aligned}\right\} \tag{4-5-23}$$

主点 ZH、HZ 和 QZ 的测设方法同圆曲线的主点测设方法相同。HY 和 YH 点可按式(4-5-18)计算出 x_0、y_0 后,用切线支距法测设。

四、带有缓和曲线的曲线测设方法

(一)切线支距法

切线支距法是以曲线的起点 ZH 点或终点(HZ 点)为坐标原点,以切线为 x 轴,过原点的

半径为 y 轴，利用缓和曲线和圆曲线上各点的坐标 x、y 来测设曲线。如图 4-5-18，曲线上各点的坐标按下式计算：

(1)在缓和曲线范围内：

$$\left.\begin{aligned} x &= l - \frac{l^5}{40R^2 l_s} \\ y &= \frac{l^3}{6Rl_s} - \frac{l^7}{336R^3 l_s^3} \end{aligned}\right\} \tag{4-5-24}$$

(2)在圆曲线范围内：

$$\left.\begin{aligned} x &= R\sin\varphi + q \\ y &= R(1-\cos\varphi) + p \\ \varphi &= \frac{l-l_s}{R}\cdot\frac{180°}{\pi} + \beta_0 \end{aligned}\right\} \tag{4-5-25}$$

式中：l——测点至 ZH 或 HZ 的曲线长；

l_s——缓和曲线长；

β_0——缓和曲线角，见式(4-5-16)（或 $\varphi = \frac{l}{R}\cdot\frac{180°}{\pi} + \beta_0$，$l$ 为该点到 HY 或 YH 的曲线长，仅为圆曲线部分的长度）。

测设步骤：

在算出缓和曲线和圆曲线上各点坐标后，即可按圆曲线的切线支距法的测设方法进行测设。

圆曲线上的各点亦可以 HY 点或 YH 点为原点用切线支距法进行测设，但此时要找出 HY 点（或 YH 点）的切线方向。

如图 4-5-19，计算出 T_d 长度，在 ZH 点（或 HZ 点）沿切线方向量出 T_d 之长，即可在 HY 点或 HZ 点确定切线方向。

$$T_d = x_0 - \frac{y_0}{\tan\beta_0} = \frac{2}{3}l_s + \frac{l_s^3}{360R^2} \tag{4-5-26}$$

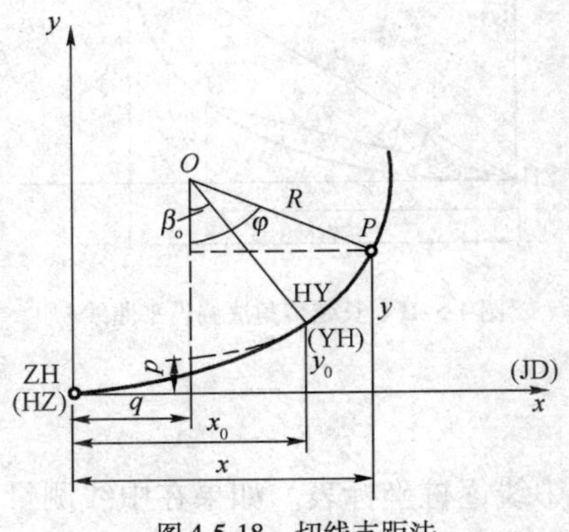

图 4-5-18　切线支距法

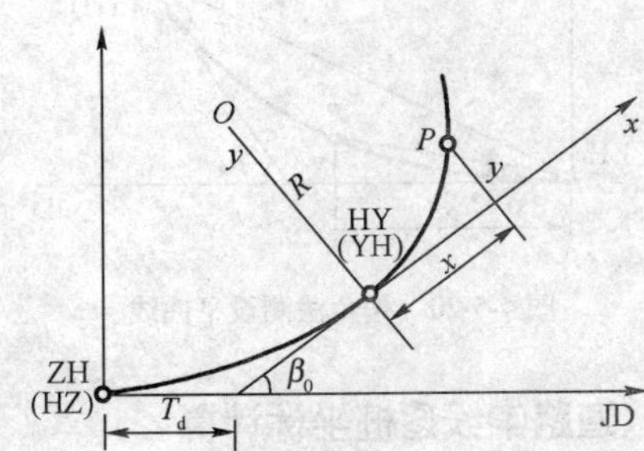

图4-5-19　切线支距法测设带有缓和曲线的平曲线

(二)偏角法

缓和曲线也可以用偏角法来进行测设。如图 4-5-20，设曲线上任一点 p 的坐标为(x、y)，则其偏角 δ 和弦长 c 的计算可由三角形得：

$$\left.\begin{aligned}\delta &= \arctan\frac{y}{x} \\ c &= \sqrt{x^2+y^2}\end{aligned}\right\} \tag{4-5-27}$$

可用上式计算偏角和弦长,也可由下式确定曲线上任一点 P 的偏角 δ:

$$\delta = \frac{l^2}{6Rl_s} \tag{4-5-28}$$

计算出缓和曲线上任一点的偏角 δ 后,可将仪器置于 ZH 点或 HZ 点上,用与偏角法测设圆曲线相同的方法来测设缓和曲线。由于缓和曲线的弧长近似等于弦长,因而实际测量时,用弦长代替弧长。半径较小时(一般 $R\leqslant300$m 或桩距 $\geqslant20$m 时),应考虑弧弦差。

缓和曲线测设结束后,应将仪器搬至 HY 点(或 YH 点)进行圆曲线的测设。其测设方法与单圆曲线偏角法测设相同。这时,问题的关键是找 HY 点(或 YH 点)的切线方向,即图 4-5-20中的 b_0 角,由图中可以看出:

$$b_0 = \beta_0 - \delta_0 = 2\delta_0 \tag{4-5-29}$$

测设时,将仪器安置于 HY 点(YH 点)上,照准 ZH 点(或 HZ 点),置度盘于 b_0(右偏时为 $360-b_0$),旋转照准部使水平度盘为零度时倒镜,此时的视线方向即为 HY 点的切线方向。

(三)长弦偏角法

长弦偏角法的计算和测设方法与偏角法的原理相同,区别只是此方法直接用置仪点到各待测点的长弦来取代相邻点的弦长,如图 4-5-21,置仪点到各测点的弦长按下式计算:

$$c_i = \sqrt{x^2+y^2} \tag{4-5-30}$$

偏角为:

$$\delta_i = \arctan\left(\frac{y_i}{x_i}\right) \tag{4-5-31}$$

式中,x_i、y_i 的计算公式就是切线支距法的公式。

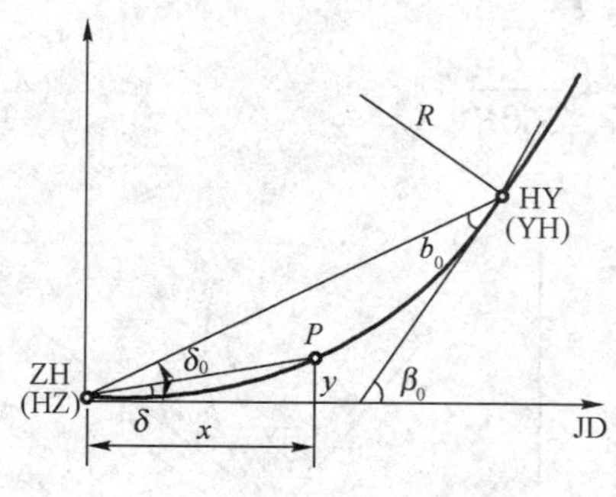

图 4-5-20 偏角法测设平曲线

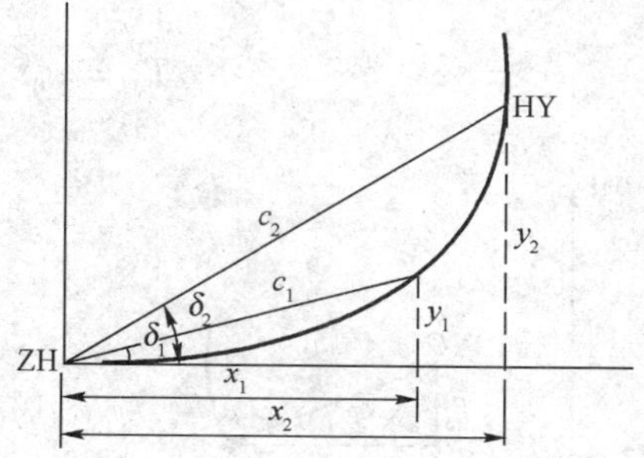

图 4-5-21 长弦偏角法测设平曲线

五、道路中线逐桩坐标计算

目前,在高等级道路工程的设计文件中,要求编制中线逐桩坐标表。如果在中线测量时采用红外测距仪或全站仪,也会给测设带来诸多方便。如图 4-5-22,交点 JD 的坐标(为区别于切线支距法坐标,故用大写)已经测定(如采用纸上定线,可在地形图上量取),路线导线的坐标方位角(为区别于路线转角)和边长按坐标反算求得。在选定各圆曲线半径和缓和曲线长度后,根据各桩的里程桩号,按下述方法即可算出相应的坐标值。

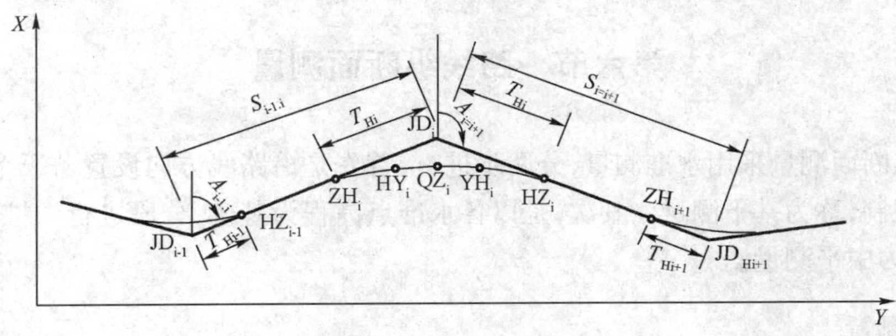

图 4-5-22　中桩坐标计算图

(一)HZ 点(包括路线起点)至 ZH 点之间的中桩坐标计算

如图 4-5-22,此段为直线,桩点的坐标按下式计算:

$$\left.\begin{aligned} X_i &= X_{HZi-1} + D_i\cos A_{i-1,i} \\ Y_i &= Y_{HZi-1} + D_i\sin A_{i-1,i} \end{aligned}\right\} \tag{4-5-32}$$

式中:　$A_{i-1,i}$——路线导线 JD_{i-1} 至 JD_i 的坐标方位角;

D_i——桩点至 HZ_{i-1} 点的距离,即桩点里程与 HZ_{i-1} 点里程之差;

X_{HZi-1}、Y_{HZi-1}——HZ_{i-1} 点的坐标,由下式计算:

$$\left.\begin{aligned} X_{HZ_{i-1}} &= X_{JD_{i-1}} + T_{H_{i-1}}\cos A_{i-1,i} \\ Y_{HZ_{i-1}} &= Y_{JD_{i-1}} + T_{H_{i-1}}\sin A_{i-1,i} \end{aligned}\right\} \tag{4-5-33}$$

式中:X_{JDi-1}、Y_{JDi-1}——交点 JD_{i-1} 的坐标;

T_{Hi-1}——切线长。

ZH 点为直线的终点,除可按式(4-5-33)计算外,亦可按下式计算:

$$\left.\begin{aligned} X_{ZH_i} &= X_{JD_{i-1}} + (S_{i-1,i} - T_H)\cos A_{i-1,i} \\ Y_{ZH_i} &= Y_{JD_{i-1}} + (S_{i-1,i} - T_H)\sin A_{i-1,i} \end{aligned}\right\} \tag{4-5-34}$$

式中:$S_{i-1,i}$——路线导线 JD_{i-1} 至 JD_i 的边长。

(二)ZH 点至 YH 点之间的中桩坐标计算

此段包括第一缓和曲线及圆曲线,可先算出切线支距法坐标,然后通过坐标变换将其转换为测量坐标。坐标变换公式为:

$$\begin{bmatrix} X_i \\ Y_i \end{bmatrix} = \begin{bmatrix} X_{ZH_i} \\ Y_{ZH_i} \end{bmatrix} + \begin{bmatrix} \cos A_{i-1,i} & -\sin A_{i-1,i} \\ \sin A_{i-1,i} & +\cos A_{i-1,i} \end{bmatrix} \begin{bmatrix} x_i \\ y_i \end{bmatrix} \tag{4-5-35}$$

在运用式(4-5-33)计算时,当曲线为左转角,应以 $y_i = -y_i$ 代入。

(三)YH 点至 HZ 点之间的中桩坐标计算

此段为第二缓和曲线,仍先计算支距法坐标,再按下式转换为测量坐标:

$$\begin{bmatrix} X_i \\ Y_i \end{bmatrix} = \begin{bmatrix} X_{HZ_i} \\ Y_{HZ_i} \end{bmatrix} - \begin{bmatrix} \cos A_{i,i+1} & -\sin A_{i,i+1} \\ \sin A_{i,i+1} & +\cos A_{i,i+1} \end{bmatrix} \begin{bmatrix} x_i \\ y_i \end{bmatrix} \tag{4-5-36}$$

当曲线为右转角时,以 y_i 以负值代入。

第六节　路线纵断面测量

路线的纵断面测量采用水准测量，分两步进行，首先是沿路线方向设置若干个水准点，建立路线高程控制，称为基平测量。其次，是以各水准点高程为基础，分段进行中桩地面高程的水准测量，称为中平测量。

一、基平测量

基平测量的主要工作是沿路线设置水准点，并用水准测量的方法测定其高程，用以建立路线的高程控制，作为中平测量、施工放样以及竣工验收的依据。

1．水准点的设置

应根据不同的用途和需要，设置永久性或临时性水准点。路线的起、终点或需长期观测的重点工程附近应当设置永久性水准点。水准点的密度应根据地形和工程需要而定，在山岭重丘区应每隔0.5～1km设置一个水准点，在平原微丘区每1～2km设置一个水准点。大桥、隧道口及其他大型构造物的附近应增设水准点。根据规范规定水准点距中线应在50～200m之间。

水准点是路线高程测量的控制点，在勘测和施工阶段要长期使用，因此，其位置应选在稳固、醒目、便于引测及施工时不宜遭受破坏的地方。永久性水准点可埋设标石，也可设在永久性建筑的基础上或用金属标志嵌在基岩上。水准点应统一编号，以“BM”表示，为便于寻找，应绘点之记。

2．基平测量

基平测量时，首先应将起始水准点与附近国家水准点进行联测，以获取绝对高程。如有可能，应尽量构成附和水准路线。当路线附近没有国家水准点或联测困难时，则可参考地形图选定一个与实地高程接近的高程作为起始水准点的假定高程。

水准点高程的测定，应根据水准测量的等级选定水准仪和水准尺类型。通常采用一台水准仪在水准点间往返观测，或采用两台水准仪作单程双测。所得高差不符值应符合水准测量的精度要求，且不得超过容许值。

当测段高差不符值在规定容许限差之内时，取其平均值作为两水准点间的高差。超限后必须重测。

二、中平测量

中平测量是在基平测量设置的水准点间进行附合水准测量，测出中桩地面高程，作为绘制路线纵断面地面线的依据。

中平测量是以相邻两个水准点为一个测段，从一个水准点开始沿路线逐个测定中桩的地面高程，直到附合至下一个水准点。在每一个测站上，要在一定距离内设置转点，在相邻两个转点内测定的中桩称中间点。其读数为中视读数。因为转点起着传递高程的作用，故在每一个测站上应首先观测转点，再观测中间点。转点的读数读至mm，视线长不应大于150m，且水准尺应立在尺垫或稳固的岩石上。中间点读数至cm，水准尺应立于靠中桩的地面上。

如图 4-5-23，水准仪置于 I 站，后视水准点 BM_1，前视转点 ZD_1，将读数记入记录表后视、前视栏内。然后观测 BM_1 至 ZD_1 之间的中间点 K0 +000、+020、+040、+060、+080，将读数记入中视栏。再将仪器搬至 II 站，后视转点 ZD_1，前视转点 ZD_2，然后观测各中间点 K0 +100、+120、+140、+160、+180，将读数分别记入后视、前视和中视栏。按上述方法继续向前观测，直至附合于水准点 BM_2。

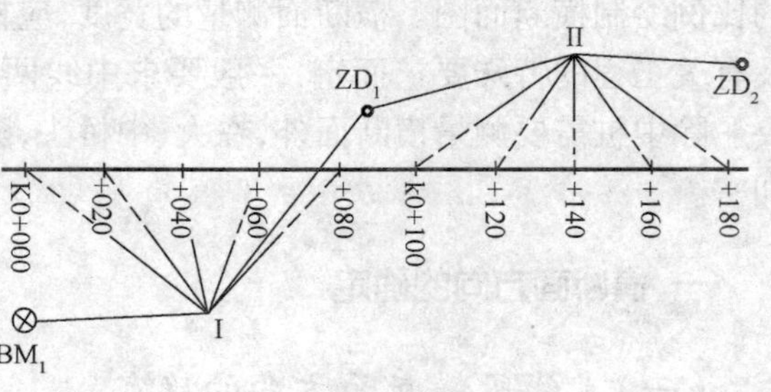

图 4-5-23　中平测量

中平测量一般只做单程测量。一个测段观测结束后，应计算测段高差 $\Delta h_{中}$。它与基平所测测段两端水准点之差 $\Delta h_{基}$之差，称为测段高差闭合差 f_h。测段高差闭合差应符合中桩高程测量精度要求，否则重测。中桩测量的精度要求：高速公路、一级公路为 $\pm 30\sqrt{L}$(mm)；二级及二级以下公路为 $\pm 50\sqrt{L}$(mm)。中桩高程检测限差：高速公路、一级公路为 ±5(cm)；二级及二级以下公路为 ±10(cm)。中桩高程测量，对需要特殊控制的建筑物、铁轨顶等，应按规定测其高程，检测限差为 ±2cm。

中桩的地面高程以及前视点的高程应按所属测站的视线高进行计算。每一测站的计算按下式进行：

视线高程 = 后视点高程 + 后视读数

中桩高程 = 视线高程 − 中视读数

转点高程 = 视线高程 − 前视读数

精度符合要求，不需进行闭合调整，以原计算各中桩高程值作为绘制纵断图的依据。

三、纵断面图的绘制

在公路设计中，纵断面图是非常重要的设计资料。它是根据路线水准测量资料绘制的，表示公路中线上地面的起伏状态。而纵断面设计图则表示中线地面起伏与设计高程的关系，把它与平面线形结合起来，就能反映出公路路线的空间位置。

纵断面图采用直角坐标法绘制，横坐标表示水平距离，纵坐标表示地面高程。绘图时，为明显地表示地面的起伏状态，通常使高程比例尺为水平距离比例尺的 10 倍。常用的水平比例尺为 1:5 000、1:2 000、1:1 000 几种。

在图的上部从左至右绘有两条贯穿全图的线，其中细折线表示中线上的地面线，粗线表示路线的设计线。图上还标注有水准点位置、编号和高程，桥梁的类型、孔径、跨数、长度、里程桩号和设计水位，竖曲线示意图及其曲线元素，同现有公路、铁路等工程建筑物的交叉点位置和有关说明等。

第七节　路线横断面测量

横断面测量就是测定中桩两侧垂直于中线的地面起伏变化的工作，因此，首先要确定横断面的方向，然后在此方向上测定地面坡度变化点和地物特征点与中桩的距离和高差，再按一定的比例绘制横断面图。横断面测量的宽度，应根据路基宽度、填挖高度、边坡大小、地形情况以及有关工程的特殊要求而定，一般要求中线两侧各测 10～50m，以满足路基和排水设计的需要。除中桩需要测量横断面外，在大、中桥头，隧道洞口、挡土墙等重点工程地段，可根据需要加密。

一、横断面方向的确定

（一）直线段横断面方向的确定

直线段横断面方向与路线中线垂直，一般采用方向架测定。如图 4-5-24，将方向架置于中桩点位上，方向架上有两个相互垂直的固定片，用其中一个瞄准该直线上任一中桩，另一个所指示方向即为该桩点的横断面方向。

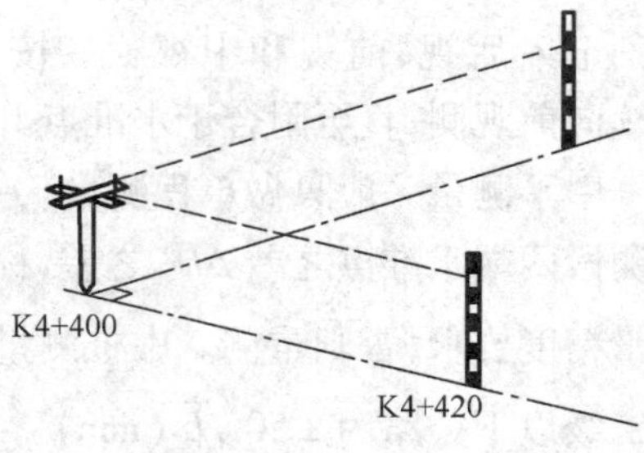

K4+400
K4+420

图 4-5-24　测定直线段横断面方向

（二）圆曲线横断面方向的确定

1. 方向架法

圆曲线段的横断面方向是圆曲线桩点指向圆心的方向，当欲测定圆曲线上桩点的横断面方向时，一般采用求心方向架。所谓求心方向架，是在方向架上安装一个可以转动的活动片，并有一固定螺旋可将其固定。如图 4-5-25 所示，将求心方向架置于 ZY（或 YZ）点上，用固定片 *ab* 瞄准切线方向（如交点），则另一固定片 *cd* 所指的方向即为 ZY（或 YZ）点的横断面方向。保持方向架不动，转动活动片 *ef* 瞄准 1 点并将其固定。然后将方向架搬至 1 点，用固定片 *cd* 瞄准 ZY（或 YZ）点，则活动片 *ef* 所指方向即为 1 点的横断面方向。在测定 2 点的横断面方向时，可在 1 点的横断面方向插一花杆，用固定片 *cd* 瞄准它，*ab* 片的方向即为切线方向。此后的操作与测定 1 点的横断面方向时完全相同，保持方向架不动，用活动片 *ef* 瞄准 2 点并固定，将方向架搬至 2 点，用固定片 *cd* 瞄准 1 点，活动片 *ef* 的方向即为 2 点的横断面方向。如果圆曲线上桩距相同，在定出 1 点的横断面方向后，保持 *ef* 的原来位置，将其搬至 2 点上，用固定片 *cd* 瞄准 1 点，活动片 *ef* 即为 2 点的横断面方向。圆曲线上其他各点亦可按照上述方法进行。

2. 皮尺三角形法

当采用方向架确定横断面方向时，操作比较繁琐，速度也较慢，而采用皮尺三角形法来确定横断面方向时，则更为灵活、方便。如图 4-5-26 所示，A、B、C 为圆曲线上的中桩点位，其桩距为 λ，圆曲线半径为 R，根据 λ 可算得 AB 弧所对的中心角 φ 和 AB 的弦长 a。

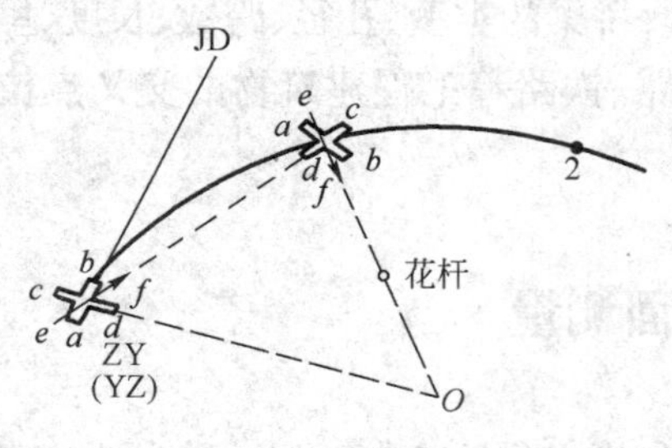

图 4-5-25　测定圆曲线的横断面方向

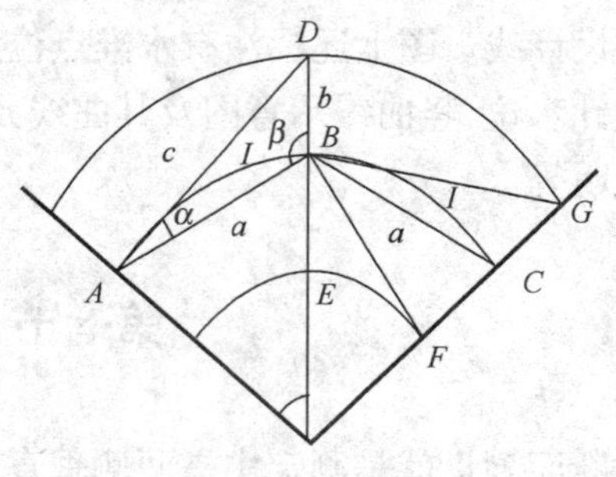

图 4-5-26　皮尺三角形法

在过 B 点的横断面方向的适宜宽度选一点 D，令 $BD=b$，则在 $\triangle ABD$ 中：

可得到：

$$
\begin{aligned}
c^2 &= 2R^2(1-\cos\varphi) \div b^2 - 2R\sqrt{2(1-\cos\varphi)}\cdot b\cdot\cos(90+\frac{\varphi}{2}) \\
&= 2R^2(1-\cos\varphi) + b^2 + 2bR\sqrt{2(1-\cos\varphi)}\cdot\sin\frac{\varphi}{2}
\end{aligned}
\tag{4-5-37}
$$

式中：$\varphi=\frac{\lambda}{R}\cdot\frac{180}{\pi}=\frac{180}{\pi R}\cdot\lambda$

据式(4-5-33)可求出 c 值。

测设横断面时，在皮尺的 cm 处作一标记，在 $(c+b)$m 处再作一标记，其中甲、乙两人将皮尺的零点和 $(c+b)$ 处的标记分别对准相邻两个中桩（A、B），另一人丙手捏皮尺的 c 处的标记将尺的两侧拉直，则丙手中的标记落在地面上 D 点的位置就是 B 点的横断面方向。延长 DB 方向量取 $BE=b$，即可确定曲线内侧的 E 点。同样方法，甲、乙分别移至 B、C 点，丙便可确定 G 点的位置和 F 点的位置，直至测定完全部曲线。

二、横断面的测量

（一）横断面的测量方法

1. 花杆皮尺法

如图 4-5-27，A、B、C 等为横断面方向上所选定的变坡点，将花杆立于 A 点，从中桩处地面将尺拉平后量出该中桩至 A 点的距离，并测出皮尺水平截于花杆位置的高度，即相对于中桩地面的高差。用同样的方法也可测出 A 到 B、B 到 C 等的距离和高差，一直测到所需的宽度为止。中桩的一侧测完后再测另一侧。

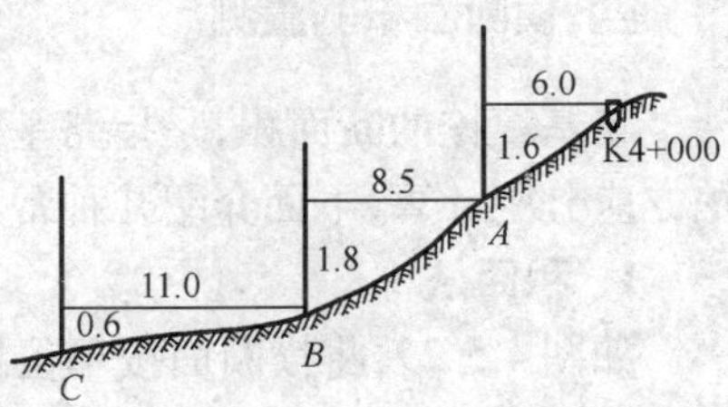

图 4-5-27　花杆皮尺法（尺寸单位：m）

2. 手持测距仪法

目前，手持测距仪测距时可发出激光束，类似于花杆皮尺法。将手持测距仪和水准尺分别立于坡度变化处，通过观察手持测距仪上的水准管可使手持测距仪保持水平，测距仪发出的红色激光斑，可读出在水准尺上的读数，即两点间的高差，而平距则直接由手持测距仪读出，此方法即节省人力（只需两个人）又提高观测速度。

3. 水准仪法

置水准仪于一合适点，依次测得横断面方向上各变化点的高程，之后再换算成相对高差，水平距离可用皮尺直接量取。这样可同时测得几个断面。用水准仪测量横断面的精度高于其他任何一种方法。

（二）横断面测量的精度

在横断面测量中，距离与高程的数值取至 0.1m 即可。其测量限差如下：

高速、一级公路横断测量限差：

高程：　$\pm\left(\frac{h}{100}+\frac{L}{200}+0.1\right)$m

水平距离：　$\pm\left(\frac{L}{100}+0.1\right)$m

二级及以下公路横断测量限差：

高程：
$$\pm\left(\frac{h}{50}+\frac{L}{100}+0.1\right)\text{m}$$

水平距离：
$$\pm\left(\frac{L}{50}+0.1\right)\text{m}$$

式中：h——测点至路线中桩的高差（m）；

L——测点至路线中桩的水平距离（m）。

三、横断面图的绘制

在测量横断面时，最好采用在现场边测边绘的方法，以便及时与现场情况进行核对，发现问题及时改正。但也可在现场记录，然后回到室内绘横断图。横断面图的绘图比例一般采用 1∶200 或 1∶100。将图绘在方格纸上。绘图时，可先将中桩位置标出，然后分左右两侧按照记录的水平距离和高差，逐一将高程变化点展在图上，再用折线连接相邻各点，即可得到横断面的地面线。图 4-5-28 即为横断面图，其上绘有路基断面设计线。

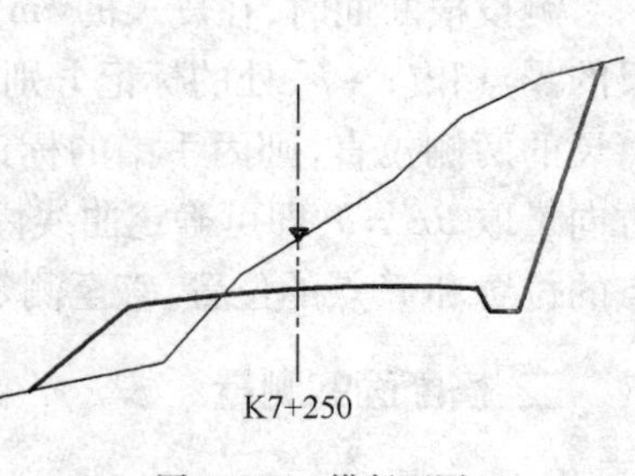

图 4-5-28　横断面图

四、横断面积的量测

路基填挖的断面积，是指路基横断面中的原地面线与路基设计线所包围的面积。填方和挖方应分别计算，下面介绍几种常用的计算方法。

1．积距法

如图 4-5-29，将横断面按单位横宽划分为若干个梯形和三角形条带，每个条带的近似面积为：

$$F_{\text{i}} = b \cdot h_{\text{i}}$$

则横断面积为：

$$F = bh_1 + bh_2 + \cdots + bh_{\text{n}} = b\sum_{i=1}^{n} h_{\text{i}}$$

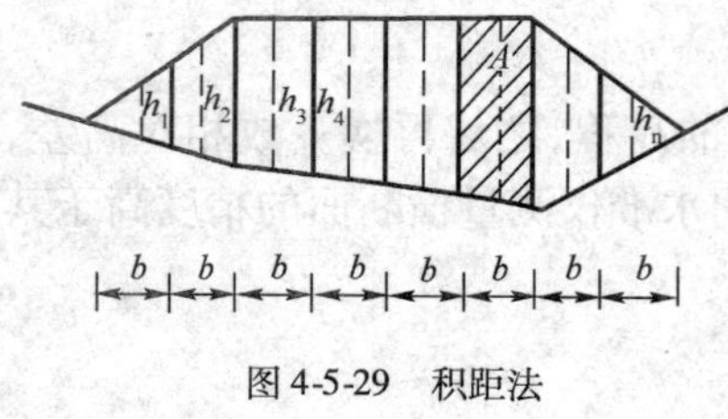

图 4-5-29　积距法

当 $b = 1\text{m}$ 时，则 F 在数值上等于各小条带平均高度之和 $\sum h_{\text{i}}$。为求 $\sum h_{\text{i}}$ 的值，可用卡规逐一量取各小条带高度的累积值。当面积较大，卡规长度不够用时，也可用厘米纸折成窄条代替卡规量取积距。应用此种方法计算面积简单、迅速，若地面线较顺直也可直接增大 b 值。

2．坐标法

坐标法又称解析法。这种方法是将各断面看成一个闭合多边形，首先绘出各角点坐标，然后用坐标来计算断面面积，见图 4-5-30。其计算公式为：

$$A = \frac{1}{2}\sum_{i=1}^{n} x_{\text{i}}(y_{\text{i}+1} - y_{\text{i}-1}) = \frac{1}{2}\sum_{i=1}^{n} y_{\text{i}}(x_{\text{i}+1} - x_{\text{i}-1})$$

式中：A——断面面积；

x_i、y_i——第 i 个角点的坐标值；

n——角点个数，$i=1,2,\cdots,n$。

3. 求积仪法

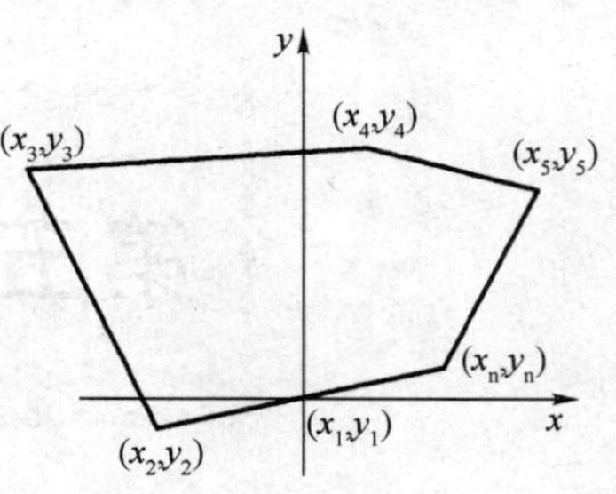

图 4-5-30　坐标法

路基的横断面积也可用求积仪量取。求积仪有机械式和电子式两种，利用求积仪量取断面积速度较快，精度也较高。

随着电子计算机技术的日益普及，目前已经出现了各种道路设计软件，利用软件可方便地进行横断面积的计算，即快又准，从而解决了人工绘图与计算的复杂工作，大大提高了绘图与计算速度。

第五篇　结构设计原理

第一章　钢筋混凝土结构设计原则

第一节　钢筋混凝土简述

钢筋混凝土是由钢筋和混凝土两种不同力学性能的材料组成的建筑材料。

混凝土为人造石料，其抗拉强度仅为抗压强度的1/8～1/18。如将素混凝土用于构件[图5-1-1a)]，从材料力学知道，在荷载P_1作用下，梁的中性轴以上为受压区，中性轴以下为受拉区，随着荷载的增大，梁下边缘混凝土的拉应力将率先达到极限抗拉强度，此时梁上边缘混凝土的压应力还远小于其极限抗压强度，下边缘混凝土一旦受拉开裂即导致梁的整体破坏[图5-1-1b)]，破坏具有突然性，属于脆性破坏，故素混凝土梁的承载能力通常很低。混凝土由于其抗拉强度很小，一般不能用于可能承受较大拉应力的结构，只能用于不受拉或受拉力很小的基础、垫层等非承重结构。

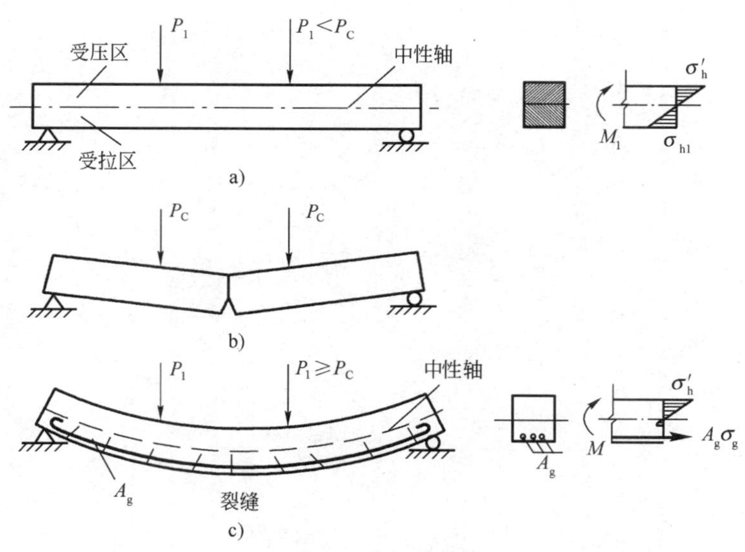

图5-1-1　素混凝土梁和钢筋混凝土梁

若在混凝土梁的受拉区适当位置加入适量钢筋，情况就与素混凝土梁有很大的不同[图5-1-1c)]。当梁的受拉区混凝土开裂后，由于钢筋表面和混凝土之间的黏结力，两种材料还可以共同受力，受拉区钢筋可以代替开裂后退出工作的混凝土承担拉力，梁的受压区混凝土仍然

承受压力，故受拉区混凝土开裂后的梁还可以继续承担更大的荷载，直至受拉钢筋屈服，受压区混凝土达到极限抗压强度而破坏。这样钢筋和混凝土两种材料的强度优势都得到充分发挥，因此钢筋混凝土梁的承载能力可以为素混凝土梁的几倍乃至几十倍。此外，配筋适度的钢筋混凝土梁破坏前均具有明显预兆（即明显的裂缝和挠度），属于延性破坏，不同于素混凝土梁的一旦开裂即突然破坏。有预兆的破坏对于结构而言是一件好事。

钢筋和混凝土能够共同工作的三要素如下：

（1）钢筋表面和混凝土之间具有良好的黏结力，使得钢筋和混凝土能够共同变形，共同受力。

（2）钢筋和混凝土具有近似相等的温度线膨胀系数（钢筋为 1.2×10^{-5}，混凝土为 $1.0\times10^{-5}\sim1.5\times10^{-5}$），使钢筋混凝土结构不致因温度变化产生明显的温度应力，破坏两者间的黏结力。

（3）混凝土包裹钢筋，可以保护钢筋免遭锈蚀。

钢筋混凝土之所以在20世纪成为建筑界不可或缺的建筑材料，就在于它充分发挥了混凝土和钢筋的物理和力学性能的优势。

第二节　钢筋与混凝土的黏结

钢筋与混凝土之所以能够共同工作，其基本前提是两者之间有可靠的黏结作用，能够承受由于两者的相对变形或滑移在界面上产生的作用力。这种分布在钢筋与混凝土接触面上的剪应力，称为黏结应力，黏结应力之总和为黏结力。

对于钢筋混凝土构件而言，要保证其承载能力至关重要的一点是，保证钢筋在支座、节点及基础中的锚固。而要做到这一点，则必须保证钢筋在混凝土中有足够的锚固长度，通过这段长度上黏结应力的积累，足以抵抗钢筋受到的外力，使钢筋在达到屈服前不会被拔出而引起构件提前破坏。

一、钢筋与混凝土的黏结机理

光圆钢筋与混凝土的黏结作用由三部分组成：①混凝土中水泥胶体与钢筋表面的化学胶着力；②钢筋与混凝土接触面上的摩擦力；③钢筋表面与水泥胶产生的机械咬合力。其中，摩擦和咬合是构成黏结力的主要部分，化学胶着力的作用较小。

对于光圆钢筋，常常要在端部做成弯钩来确保不出现黏结破坏。

变形钢筋表面肋纹与混凝土的机械咬合力较之光圆钢筋强得多，是构成变形钢筋黏结力的主要部分，因而其黏结强度也比光圆钢筋大得多。

变形钢筋受力时（图5-1-2），其突出的肋纹对混凝土的斜向挤压形成了滑移阻力，斜向挤

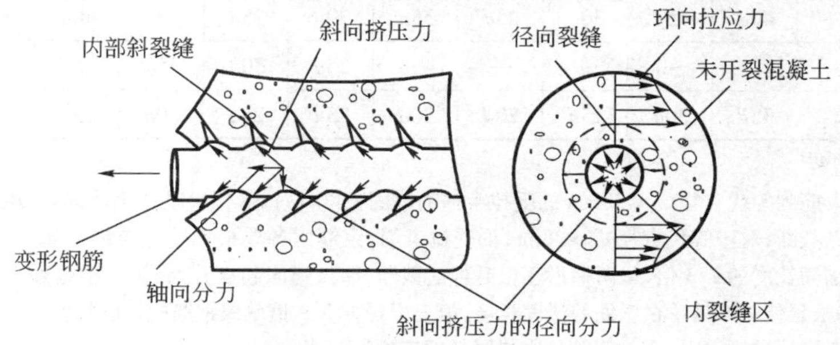

图5-1-2　变形钢筋横肋处的挤压力和内部裂缝

压力沿钢筋轴向的分力使变形钢筋表面横肋之间的混凝土受到弯曲和剪力，引起斜裂缝；斜向挤压力的径向分力使周围混凝土受到环向拉力，引起径向裂缝。

试验证明，如果混凝土保护层厚度不足或钢筋净间距过小，在没有环向箍筋的情况下，径向裂缝可能延伸到混凝土表面，形成沿钢筋纵向的裂缝，进而导致黏结破坏。黏结破坏是钢筋混凝土构件破坏的一种形式，设计中主要通过保证钢筋有足够的锚固长度、足够的保护层厚度、足够的净距以及配置适当的箍筋来防止这种破坏，规范对以上各项都有相应的构造要求。

影响黏结强度的主要因素可以概括为以下几点。

（1）钢筋表面情况：钢筋表面愈粗糙，黏结强度愈高。

（2）混凝土强度：混凝土黏结强度随混凝土强度提高而提高。

（3）混凝土保护层厚度：足够的保护层厚度是黏结强度能够达到充分发挥的重要因素。

（4）钢筋的净距：充足的钢筋净距也是确保黏结强度的重要因素。

（5）箍筋：箍筋对混凝土形成横向约束，阻止纵向裂缝开展，改变黏结破坏形态，延缓黏结破坏的发生。

（6）钢筋在构件中的位置：混凝土浇筑时的集料下沉和泌水现象将对黏结强度产生影响，竖向钢筋的黏结强度大于水平钢筋的黏结强度；同样水平布置的钢筋，上层钢筋的黏结强度高于下层钢筋的黏结强度。

二、钢筋的锚固

《公路钢筋混凝土及预应力混凝土桥涵设计规范》（JTG D62—2004）（以下简称《公路桥规》）规定的钢筋最小锚固长度 l_a 按下列公式计算得出：

$$l_a = \frac{f_{sk}A_s}{\pi d\tau} = \frac{f_{sk}d}{4\tau} \tag{5-1-1}$$

式中：f_{sk}——钢筋抗拉强度标准值；

d——钢筋直径；

τ——钢筋与混凝土极限锚固黏结应力，其值见《公路桥规》表9-1。

当计算中充分利用钢筋的强度时，其最小锚固长度应符合表5-1-1的规定。

钢筋最小锚固长度 l_a　　表5-1-1

钢筋种类 / 混凝土强度等级 / 项目		R235				HRB335				HRB400，KL400			
		C20	C25	C30	≥C40	C20	C25	C30	≥C40	C20	C25	C30	≥C40
受压钢筋（直端）		$40d$	$35d$	$30d$	$25d$	$35d$	$30d$	$25d$	$20d$	$40d$	$35d$	$30d$	$25d$
受拉钢筋	直端	—	—	—	—	$40d$	$35d$	$30d$	$25d$	$45d$	$40d$	$35d$	$30d$
	弯钩端	$35d$	$30d$	$25d$	$20d$	$30d$	$25d$	$25d$	$20d$	$35d$	$30d$	$30d$	$25d$

注：①d 为钢筋直径。

②对于受压束筋和等代直径 $d_e \leq 28$mm 的受拉束筋的锚固长度，应以等代直径按表值确定，束筋的各单根钢筋在同一锚固终点截断；对于等代直径 $d_e > 28$mm 的受拉束筋，束筋内各单根钢筋应自锚固起点开始，以表内规定的单根钢筋的锚固长度的1.3倍，呈阶梯形逐根延伸后截断，即自锚固起点开始，第一根延伸1.3倍单根钢筋的锚固长度，第二根延伸2.6倍单根钢筋的锚固长度，第三根延伸3.9倍单根钢筋的锚固长度。

③采用环氧树脂涂层钢筋时，受拉钢筋最小锚固长度应增加25%。

④当混凝土在凝固过程中易受扰动时，锚固长度应增加25%。

第三节 极限状态设计法

目前,我国使用的《公路桥规》采用以概率理论为基础的极限状态设计法,按分项系数的设计表达式进行设计。

一、极限状态设计法的基本概念

1. 结构的功能要求

(1)应能承受在正常施工和正常使用期间可能出现的各种作用。

(2)在正常使用条件下具有良好的工作性能,不产生过大的变形或局部损坏。

(3)在正常使用和正常维护的条件下具有足够的耐久性,在规定时间内混凝土不出现影响结构寿命的侵蚀和碳化,钢筋不因裂缝过宽而锈蚀。

(4)在预计的偶然事件发生时或发生后,仍能保持必需的整体稳定性,不发生全局性垮塌。

上述功能要求中,(1)、(4)为安全性功能,是结构最重要和最基本的功能;(2)为适用性功能;(3)为耐久性功能。

结构的安全性、适用性和耐久性总称为结构的可靠性。

结构设计的目的是要使结构在规定的条件下、规定的时间内具有足够的可靠性,完成全部上述功能。

上面所说"规定的时间"即指结构的设计基准期,它是进行结构可靠性分析时,考虑持久设计状况下各项基本变量与时间关系所采用的基准时间参数。设计基准期不能简单理解为结构的使用寿命,两者有联系而不完全等同。当结构的使用年限超过设计基准期时,表明其可靠度有所降低,而不是结构全部报废。按照《公路桥规》的规定,钢筋混凝土结构的设计基准期为100年。

2. 结构的极限状态

结构能满足各项功能要求而良好地工作,则称结构"可靠",反之则称结构"失效"。而结构是处于可靠还是失效状态是以"极限状态"来衡量的。当整体结构或结构的一部分超过某一特定状态就不能满足设计规定的某一功能要求时,此特定状态为该功能的极限状态。

《公路桥规》规定,公路桥涵应进行以下两类极限状态设计。

(1)承载能力极限状态:对应于桥涵及其构件达到最大承载能力或出现不适于继续承载的变形或变位的状态。

当结构或构件出现下列状态之一时,即认为超过了承载能力极限状态:

①结构或结构的一部分作为刚体失去平衡(如滑动、倾覆等)。

②结构、结构构件或其连接处因超过材料强度而破坏(含疲劳破坏),或因过度的塑性变形而不能继续承载。

③结构转变成机动体系(如结构中的梁可沿一个方向任意滑动或转动)。

④结构或结构构件丧失稳定(如柱的压曲失稳)。

(2)正常使用极限状态:对应于桥涵及其构件达到正常使用或者耐久性的某项限值的状态。

当结构或结构构件出现下列状态之一时，即认为超过了正常使用极限状态：

①影响正常使用或外观的变形（如挠度过大）。

②影响正常使用或耐久性的局部损坏（如过宽的裂缝宽度）。

③影响正常使用的振动（如风载下结构振动过大）。

④影响正常使用的其他特定状态（如混凝土严重侵蚀、钢筋严重锈蚀等）。

二、《公路桥规》的极限状态设计表达式

《公路桥规》根据桥梁在施工和使用过程中面临的不同情况，规定公路桥涵应考虑以下三种设计状况，对不同的设计状况应分别进行相应的极限状态设计。

(1) 持久状况。桥涵建成后承受自重、车辆荷载等作用持续时间很长的状况，该状况桥涵应作承载能力极限状态和正常使用极限状态的设计。

(2)短暂状况。桥涵施工过程中承受临时性作用的状况，该状况桥涵应作承载能力极限状态设计，必要时才作正常使用极限状态的设计。

(3)偶然状况。在桥涵使用过程中偶然出现的如罕遇地震的状况，该状况仅作承载能力极限状态设计。

1. 持久状况承载能力极限状态设计表达式

按照《公路工程结构可靠度设计统一标准》(GB/T 50283—1999)的规定，公路桥涵进行持久状况承载能力极限状态设计时，应根据桥涵破坏后可能产生的后果（危及人身安全、造成经济损失、产生的社会影响等）的严重程度，按表5-1-2将其划分为三个安全等级。

公路桥涵安全等级　　　　表5-1-2

安全等级	桥涵类型	安全等级	桥涵类型
一级	特大桥、重要大桥	三级	小桥、涵洞
二级	大桥、中桥、重要小桥		

注：本表所列的特大、大、中桥等系按《公路桥涵设计通用规范》(JTG D60—2004)表1.0.11中的单孔跨径确定，对多跨不等跨桥梁，以其中最大跨径为准；本表冠以"重要"的大桥和小桥，系指高速公路和一级公路上、国防公路上以及城市附近交通繁忙公路上的桥梁。

同座桥梁的各种构件宜取相同的安全等级，必要时部分构件可作适当调整，但调整后的级差不应超过一个等级。

公路桥涵的持久状况设计应按承载能力极限状态的要求，对构件进行承载力及稳定计算，必要时尚应进行结构的倾覆和滑移验算（如挡土墙、桥台桥塔等）。在进行承载能力极限状态计算时，作用（或荷载）的效应（其中汽车荷载应计入冲击系数）应采用其组合设计值；结构材料性能采用其强度设计值。

桥梁构件的承载能力极限状态计算，应采用下列基本表达式：

$$\gamma_0 S \leqslant R \tag{5-1-2}$$

$$R = R(f_d, a_d) \tag{5-1-3}$$

式中：γ_0——桥梁结构的重要性系数，按公路桥涵的设计安全等级，一级、二级、三级分别取为1.1、1.0、0.9；桥梁的抗震设计不考虑结构的重要性系数；

S——作用(或荷载)效应的组合设计值(汽车荷载要考虑冲击系数),当进行预应力混凝土连续梁等超静定结构的承载能力极限状态计算时,公式(5-1-2)中的作用(或荷载)效应改为$\gamma_0 S+\gamma_p S_p$,其中S_p为预应力(扣除全部预应力损失后)引起的次效应;γ_p为预应力分项系数,当预应力效应对结构有利时,取$\gamma_p=1.0$;对结构不利时,取$\gamma_p=1.2$;

R——构件承载力设计值;

$R(f_d,a_d)$——构件承载力函数;

f_d——材料强度设计值;

a_d——几何参数设计值,当无可靠数据时,可采用几何参数标准值a_k,即设计文件规定值。

2. 持久状况正常使用极限状态设计表达式

公路桥涵的持久状况设计应按正常使用极限状态的要求,采用作用(或荷载)的相应组合,对构件的抗裂、裂缝宽度和挠度进行验算,并使各项计算值不超过规范规定的限值。在上述组合中,汽车荷载效应可不计冲击系数。

(1)抗裂验算。抗裂计算是将结构或构件作为没有开裂的弹性或弹塑性连续体来考虑的,在此基础上计算结构或构件的应力,并与规定的限值进行比较。

抗裂计算分为正截面抗裂验算和斜截面抗裂验算。

抗裂验算的基本表达式为:

$$\sigma_j \leqslant \sigma_g \tag{5-1-4}$$

式中:σ_j——按规定的作用效应计算得到的构件边缘混凝土法向拉应力(正截面抗裂)或主拉应力(斜截面抗裂);

σ_g——规范规定的拉应力限值。

(2)裂缝宽度验算。基本表达式为:

$$W_{tk} \leqslant W_g \tag{5-1-5}$$

式中:W_{tk}——按规定的作用效应计算得出的裂缝宽度;

W_g——规范规定的裂缝宽度限值。

(3)挠度验算。挠度验算的关键是结构和构件刚度的计算,有了刚度之后即可用结构力学的方法计算挠度,并与规定的挠度限值加以比较,其基本表达式为:

$$f_j \leqslant f_g \tag{5-1-6}$$

式中:f_j——按照规定的作用效应计算得出的挠度;

f_g——规范规定的挠度限值,一般用跨度的百分比来表示。

三、作用效应组合

1. 作用的分类

作用按随时间的变异可分为永久作用、可变作用和偶然作用三类。

(1)永久作用:在设计基准期内量值不随时间变化,或其变化与平均值相比可忽略的作用。

(2)可变作用:在设计基准期内量值随时间变化,且其变化与平均值相比不可忽略的作用。

(3)偶然作用:在设计基准期内不一定出现,而一旦出现其量值很大且持续时间很短的作用。

公路桥涵结构上的作用类型如表5-1-3所示。

作用分类　　表5-1-3

作用编号	作用分类	作用名称
1	永久作用	结构重力(包括结构附加重力)
2		预加力
3		土的重力
4		土侧压力
5		混凝土收缩徐变作用
6		水的浮力
7		基础变位作用
8	可变作用	汽车荷载
9		汽车冲击力
10		汽车离心力
11		汽车引起的土侧压力
12		人群荷载
13		汽车制动力
14		风荷载
15		流水压力
16		冰压力
17		温度(均匀温度和梯度温度)作用
18		支座摩阻力
19	偶然作用	地震作用
20		船舶或漂流物的撞击作用
21		汽车撞击作用

2. 作用的代表值

作用的代表值是针对不同的设计目的所采用的规定值。结构设计时,应根据各种极限状态的设计要求采用不同的荷载代表值。永久作用的代表值采用标准值;可变作用的代表值应采用标准值、频遇值或准永久值;偶然作用的代表值可以考虑仅采用标准值。

1)作用的标准值

作用的标准值是结构或构件设计时,采用的各种作用的基本代表值。其值应取设计基准期内可能出现的最不利值,也即作用最大值概率分布的某一分位值。

规范规定,永久作用应采用标准值作为代表值。结构自重,可以按照设计尺寸与材料的重力密度计算标准值。

在进行承载能力极限状态计算时，一般应采用标准值作为可变作用的代表值。可变作用的标准值可按《公路桥涵设计通用规范》(JTG D60—2004)的规定采用。

2)可变作用的频遇值

可变作用的频遇值是指结构上时而出现的量值较大的作用取值。

正常使用极限状态按短期效应组合设计时，采用频遇值为可变作用的代表值。可变作用的频遇值为可变作用标准值乘以频遇值系数 ψ_1。

3)可变作用的准永久值

可变作用的准永久值是指在结构上经常出现的作用取值，是正常使用极限状态长期效应组合设计时采用的作用代表值。它可按可变作用超过准永久值的总时间约为设计基准期一半来确定。可变作用的准永久值为可变作用标准值乘以准永久值系数 ψ_2。

3. 作用效应组合

设计时应考虑结构上可能同时出现的作用，按承载能力极限状态和正常使用极限状态进行作用效应组合，取其最不利效应组合进行设计。进行组合时应注意如下两点：

(1)只有在结构上可能同时出现的作用，才进行其效应的组合。当结构或结构构件需作不同受力方向的验算时，则应以不同方向的最不利的作用效应进行组合。

(2)当可变作用的出现对结构或结构构件产生有利影响时，该作用不应参加组合，实际不可能同时出现的作用或同时参与组合概率很小的作用，按表 5-1-4 规定不考虑其作用效应的组合。

可变作用不同时组合表　　表 5-1-4

可变作用编号	作用名称	不与该作用同时参与组合的作用编号
13	汽车制动力	15,16,18
15	流水压力	13,16
16	冰压力	13,15
18	支座摩阻力	13

注：①施工阶段作用效应的组合，应按计算需要及结构所处条件而定，结构上的施工人员和施工机具设备均应作为临时荷载加以考虑。组合式桥梁，当把底梁作为施工支撑时，作用效应宜分两个阶段组合，底梁受荷为第一阶段，组合梁受荷为第二阶段。

②多个偶然作用不同时参与组合。

1)按承载能力极限状态设计

公路桥涵结构按承载能力极限状态设计时，应采用以下两种作用效应组合：

(1)基本组合。永久作用的标准值效应与可变作用标准值效应相组合，这种组合用于结构的常规设计，是所有公路桥涵结构都应该考虑的，其表达式为：

$$\gamma_0 S_d = \gamma_0 \left(\sum_{i=1}^{m} \gamma_{Gi} S_{Gik} + \gamma_{Q1} S_{Q1k} + \psi_c \sum_{j=2}^{n} \gamma_{Qj} S_{Qjk} \right) \tag{5-1-7}$$

式中：S_d——承载能力极限状态下作用基本组合的效应组合设计值；

γ_0——结构重要性系数，按结构安全等级采用，对于公路桥梁，安全等级一级、二级和三级，分别为 1.1、1.0 和 0.9；

γ_{Gi}——第 i 个永久作用效应的分项系数，按表 5-1-5 查用；

永久作用效应的分项系数　表 5-1-5

<table>
<tr><th rowspan="2">编号</th><th colspan="2" rowspan="2">作 用 类 别</th><th colspan="2">永久作用效应分项系数</th></tr>
<tr><th>对结构的承载能力不利时</th><th>对结构的承载能力有利时</th></tr>
<tr><td rowspan="2">1</td><td colspan="2">混凝土和圬工结构重力（包括结构附加重力）</td><td>1.2</td><td rowspan="2">1.0</td></tr>
<tr><td colspan="2">钢结构重力（包括结构附加重力）</td><td>1.1 或 1.2</td></tr>
<tr><td>2</td><td colspan="2">预应力</td><td>1.2</td><td>1.0</td></tr>
<tr><td>3</td><td colspan="2">土的重力</td><td>1.2</td><td>1.0</td></tr>
<tr><td>4</td><td colspan="2">混凝土的收缩徐变作用</td><td>1.0</td><td>1.0</td></tr>
<tr><td>5</td><td colspan="2">土侧压力</td><td>1.4</td><td>1.0</td></tr>
<tr><td>6</td><td colspan="2">水的浮力</td><td>1.0</td><td>1.0</td></tr>
<tr><td rowspan="2">7</td><td rowspan="2">基础变位作用</td><td>混凝土和圬工结构</td><td>0.5</td><td>0.5</td></tr>
<tr><td>钢结构</td><td>1.0</td><td>1.0</td></tr>
</table>

注：本表编号 1 中，当钢桥采用钢桥面板时，永久作用效应分项系数取 1.1；当采用混凝土桥面板时，取 1.2。

S_{Gik}——第 i 个永久作用效应的标准值；

γ_{Q1}——汽车荷载效应（含汽车冲击力、离心力）的分项系数，取 $\gamma_{Q1}=1.4$。当某个可变作用在效应组合中其值超过汽车荷载效应时，则该作用取代汽车荷载，其分项系数应采用汽车荷载的分项系数；对专为承受某作用而设置的结构或装置，设计时该作用的分项系数取与汽车荷载系数同值；计算人行道板和人行栏杆的局部荷载，其分项系数也与汽车荷载系数同值；

S_{Q1k}——汽车荷载效应（含汽车冲击力、离心力）的标准值；

γ_{Qj}——在作用效应组合中除汽车荷载效应（含汽车冲击力、离心力）、风荷载外的其他第 j 个可变作用效应的分项系数，取 $\gamma_{Qj}=1.4$，但风荷载的分项系数取 $\gamma_{Qj}=1.1$；

S_{Qjk}——在作用效应组合中除汽车荷载效应（含汽车冲击力、离心力）外的其他第 j 个可变作用效应的标准值；

ψ_c——在作用效应组合中除汽车荷载效应（含汽车冲击力、离心力）外的其他可变作用效应的组合系数，当永久作用与汽车荷载和人群荷载（或其他一种可变作用）组合时，人群荷载（或其他一种可变作用）的组合系数 $\psi_c=0.8$；当除汽车荷载（含汽车冲击力、离心力）外尚有两种可变作用参与组合时，其组合系数取 $\psi_c=0.70$；尚有三种其他可变作用参与组合时，$\psi_c=0.60$；尚有四种及多于四种可变作用参与组合时，$\psi_c=0.50$。

（2）偶然组合。偶然组合的极限状态设计表达式应按以下原则确定：

偶然作用效应取标准值，其分项系数取 1.0；与偶然作用同时出现的可变作用，可根据观测资料和工程经验取适当的代表值；各种情况作用效应组合的设计表达式，可按公路工程有关规范的规定采用。

2）按正常使用极限状态设计

公路桥涵结构按正常使用极限状态设计时，应根据不同的设计要求，采用以下两种效应

组合：

(1)作用短期效应组合。该组合是永久作用标准值效应与可变作用频遇值效应相组合，其基本表达式为：

$$S_{sd}=\sum_{i=1}^{m}S_{Gik}+\sum_{j=1}^{n}\psi_{1j}S_{Qjk} \tag{5-1-8}$$

式中：S_{sd}——作用短期效应组合设计值；

ψ_{1j}——第 j 个可变作用效应的频遇值系数，汽车荷载(不计冲击力)$\psi_1=0.7$；人群荷载 $\psi_1=1.0$，风荷载 $\psi_1=0.75$，温度梯度作用 $\psi_1=0.8$，其他作用 $\psi_1=1.0$；

$\psi_{1j}S_{Qjk}$——第 j 个可变作用效应的频遇值。

(2)作用长期效应组合。该组合是永久作用标准值效应与可变作用准永久值效应相组合，其基本表达式为：

$$S_{ld}=\sum_{i=1}^{m}S_{Gik}+\sum_{j=1}^{n}\psi_{2j}S_{Qjk} \tag{5-1-9}$$

式中：S_{ld}——作用长期效应组合设计值；

ψ_{2j}——第 j 个可变作用效应的准永久值系数，汽车荷载(不计冲击力)$\psi_2=0.4$，人群荷载 $\psi_2=0.4$，风荷载 $\psi_2=0.75$；温度梯度作用 $\psi_2=0.8$，其他作用取1.0；

$\psi_{2j}S_{Qjk}$——第 j 个可变作用效应的准永久值。

四、材料的设计强度

钢筋混凝土结构的主要材料是钢筋和混凝土。材料的实测强度具有变异性，其值是具有离散性的随机变量。材料强度标准值是材料强度的代表值，是人为取定的一个值，它由标准试件按标准试验方法经数理统计得到的材料性能概率分布的某一分位值确定。公路桥涵中材料强度标准值取其概率分布的0.05分位值，具有不小于95%的保证率。

材料的设计强度是用材料强度标准值除以材料性能分项系数后的值，其取值依据是满足结构的可靠度要求，主要用于极限状态法设计计算中。

1. 混凝土

混凝土强度等级是以边长为150mm的立方体试件，用标准方法制作、养护至28d龄期，以标准试验方法测得的具有95%保证率的抗压强度标准值(以MPa计)来确定的。

公路桥涵受力构件的混凝土强度等级应按下列规定采用：

(1)钢筋混凝土构件不应低于C20，当用HRB400、KL400级钢筋配筋时，不应低于C25。

(2)预应力混凝土构件不应低于C40。

混凝土轴心抗压强度标准值 f_{ck} 和轴心抗拉强度标准值 f_{tk} 应按表5-1-6采用，混凝土轴心抗压强度设计值 f_{cd} 和轴心抗拉强度设计值 f_{td} 应按表5-1-7采用，混凝土的弹性模量 E_c 应按表5-1-8采用。

混凝土强度标准值(MPa) 表5-1-6

强度种类 \ 强度等级	C15	C20	C25	C30	C35	C40	C45	C50	C55	C60	C65	C70	C75	C80
f_{ck}	10.0	13.4	16.7	20.1	23.4	26.8	29.6	32.4	35.5	38.5	41.5	44.5	47.4	50.2
f_{tk}	1.27	1.54	1.78	2.01	2.20	2.40	2.51	2.65	2.74	2.85	2.93	3.00	3.05	3.10

混凝土强度设计值(MPa)　　表 5-1-7

强度种类 \ 强度等级	C15	C20	C25	C30	C35	C40	C45	C50	C55	C60	C65	C70	C75	C80
f_{cd}	6.9	9.2	11.5	13.8	16.1	18.4	20.5	22.4	24.4	26.5	28.5	30.5	32.4	34.6
f_{td}	0.88	1.06	1.23	1.39	1.52	1.65	1.74	1.83	1.89	1.96	2.02	2.07	2.10	2.14

注:计算现浇钢筋混凝土轴心受压和偏心受压构件时,如截面的长边或直径小于300mm,表中数值应乘以系数0.8;当构件质量(混凝土成型、截面和轴线尺寸等)确有保证时,可不受此限。

混凝土的弹性模量(MPa)　　表 5-1-8

混凝土强度等级	C15	C20	C25	C30	C35	C40	C45	C50	C55	C60	C65	C70	C75	C80
E_c	2.20×10^4	2.55×10^4	2.80×10^4	3.00×10^4	3.15×10^4	3.25×10^4	3.35×10^4	3.45×10^4	3.55×10^4	3.60×10^4	3.65×10^4	3.70×10^4	3.75×10^4	3.80×10^4

注:当采用引气剂及较高砂率的泵送混凝土且无实测数据时,表中C50~C80的 E_c 值应乘以折减系数0.95。

2. 钢筋

公路混凝土桥涵的钢筋应按下列规定采用:

(1)钢筋混凝土及预应力混凝土构件中的普通钢筋宜选用热轧R235、HRB335、HRB400及KL400钢筋,预应力混凝土构件中的箍筋应选用其中的带肋钢筋;按构造要求配置的钢筋网可采用冷轧带肋钢筋。

(2)预应力混凝土构件中的预应力钢筋应选用钢绞线、钢丝;中、小型构件或竖、横向预应力钢筋,也可选用精轧螺纹钢筋。

普通钢筋的抗拉强度标准值 f_{sk} 应按表5-1-9采用,普通钢筋的抗拉强度设计值 f_{sd} 和抗压强度设计值 f'_{sd} 应按表5-1-10采用,钢筋的弹性模量 E_s 应按表5-1-11采用。

预应力钢筋的强度值按《公路桥规》表3.2.2-2、表3.2.3-2采用。

普通钢筋抗拉强度标准值(MPa)　　表 5-1-9

钢筋种类	符号	f_{sk}	钢筋种类	符号	f_{sk}
R235 $d=8\sim20$	ϕ	235	HRB400 $d=6\sim50$	⌀	400
HRB335 $d=6\sim50$	ϕ	335	KL400 $d=8\sim40$	⌀^{R}	400

注:表中 d 系指国家标准中的钢筋公称直径,单位mm。

普通钢筋抗拉、抗压强度设计值(MPa)　　表 5-1-10

钢筋种类	f_{sd}	f'_{sd}	钢筋种类	f_{sd}	f'_{sd}
R235 $d=8\sim20$	195	195	HRB400 $d=6\sim50$	330	330
HRB335 $d=6\sim50$	280	280	KL400 $d=8\sim40$	330	330

注:①钢筋混凝土轴心受拉和小偏心受拉构件的钢筋抗拉强度设计值大于330 MPa时,仍应按330 MPa取用。
②构件中配有不同种类的钢筋时,每种钢筋应采用各自的强度设计值。

钢筋的弹性模量(MPa)　　表 5-1-11

钢筋种类	E_s	钢筋种类	E_p
R235	2.1×10^5	消除应力光面钢丝、螺旋肋钢丝、刻痕钢丝	2.05×10^5
HRB335、HRB400、KL400、精轧螺纹钢筋	2.0×10^5	钢绞线	1.95×10^5

第二章 受弯构件承载力计算

受弯构件是指以承受弯矩和剪力为主的构件,钢筋混凝土梁和板是中小桥梁中应用广泛的受弯构件。

在弯矩作用下,构件可能出现正截面破坏;在弯矩和剪力的共同作用下,构件可能出现斜截面破坏;另外,构件的挠度和裂缝宽度可能超过规定值。为防止出现以上情况,应对钢筋混凝土受弯构件进行以下的设计计算:

(1)正截面承载力计算。

(2)斜截面承载力计算。

(3)变形验算。

(4)裂缝宽度验算。

第一节 受弯构件的截面形式与构造

一、截面形式和尺寸

矩形、T形和箱形截面是中、小桥梁钢筋混凝土受弯构件常用的截面形式。

桥梁钢筋混凝土构件可以采用现浇或预制制作。现浇是指在构件设计位置现场制模、绑扎钢筋和浇筑混凝土;预制是指在专门的工场预先浇制构件,待构件具有一定强度后运至现场进行安装。为了减轻构件自重,构件截面常采用空心、T形(箱形截面可视为相连的T形截面)形式。

在确定构件的截面尺寸时,主要考虑构件自身的稳定和跨度大小,同时还要便于施工。对桥梁工程中常用受弯构件的截面尺寸可按下述建议选用:

(1)现浇矩形截面梁的宽度 b 常取用120mm、150mm、180mm、200mm、220mm和250mm,其后按50mm一级增加(当梁高不大于800mm时)或100mm增加(当梁高大于800mm时)。

矩形截面的高宽比 h/b 一般取2.0~2.5,截面的高跨比宜为1/8~1/12。

(2)预制T形截面梁,其高跨比一般为 $h/l=1/11\sim1/16$,跨径较大时取偏小比值。T形或箱形截面梁的腹板宽度不应小于140mm,常取150~180mm,根据梁内主筋布置及抗剪要求而定。

预制T形截面梁或箱形截面梁翼缘悬臂端的厚度不应小于100mm,与腹板相连处的翼缘厚度不应小于梁高的1/10。

(3)现浇板的截面宽度较大,计算时可取单位宽度(1m)。预制板宽度一般为1~1.5m,可采用矩形实心板或空心板。

为了保证施工质量和板的耐久性,《公路桥规》规定了各种板的最小厚度:空心板桥的顶板和底板厚度均不应小于80mm;人行道板的厚度,就地浇筑的板不应小于80mm,预制板不应小于60mm。

二、受弯构件的钢筋构造

只在钢筋混凝土梁(板)受拉区布置受力钢筋的截面,称为单筋截面;在受拉区和受压区都布置受力钢筋的截面称为双筋截面。

截面上钢筋用量的多少是一个非常重要的指标,通常用受拉钢筋的配筋率ρ来表示:

$$\rho = \frac{A_s}{bh_0} \tag{5-2-1}$$

式中:A_s——界面中纵向受拉钢筋全部截面积;

b——矩形截面宽度或T形截面腹板宽度;

h_0——截面的有效高度(图5-2-1),$h_0 = h - a_s$,h为截面高度,a_s为纵向受拉钢筋全部截面的重心到受拉边缘的距离。

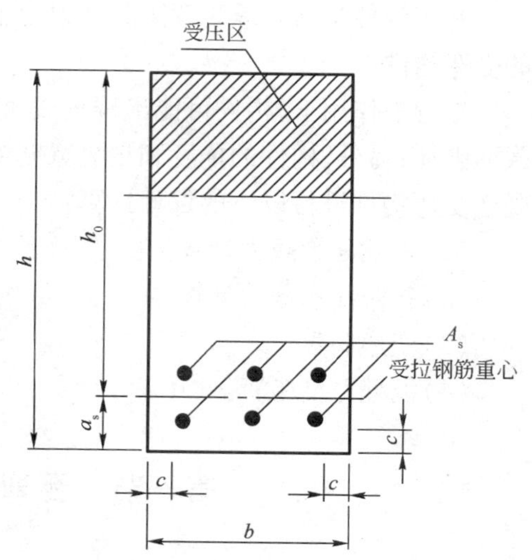

图5-2-1　截面配筋率ρ的计算图式

图5-2-1中c是混凝土保护层厚度,它是最外层受力钢筋外表面到混凝土最近表面的净距离。混凝土保护层厚度与构件的耐久性和裂缝开展宽度及变形密切相关。《公路桥规》规定,钢筋的最小混凝土保护层厚度不应小于钢筋的公称直径,且应符合表5-2-1的规定。

普通钢筋和预应力直线形钢筋最小混凝土保护层厚度(mm)　　表5-2-1

序号	构件类别	环境条件		
		I	II	III、IV
1	基础、桩基承台 (1)基坑底面有垫层或侧面有模板(受力主筋) (2)基坑底面无垫层或侧面无模板(受力主筋)	40 60	50 75	60 85
2	墩台身、挡土结构、涵洞、梁、板、拱圈、拱上建筑(受力主筋)	30	40	45
3	人行道构件、栏杆(受力主筋)	20	25	30
4	箍筋	20	25	30
5	缘石、中央分隔带、护栏等行车道构件	30	40	45
6	收缩、温度、分布、防裂等表层钢筋	15	20	25

注:对于环氧树脂涂层钢筋,可按环境类别I取用。

1. 板的钢筋

按照板的受力特性,可以将板分为单向板和双向板。

单向板上的荷载只向短边方向传递。单边或两对边支承的板一定是单向板;两相邻边、三边、四边支承的板(图5-2-2),当长短边之比$l_2/l_1 \geq 2$时,长边弯矩较小可以忽略不计,可按单向板计算。单向板内受力主钢筋沿板的跨度方向(短边)布置。

双向板上的荷载向两个方向(长边和短边)传递。两相邻边、三边、四边支承的板,当 $l_2/l_1<2$ 时称为双向板。双向板内受力主钢筋沿板的两个方向(长边和短边)布置。

板内受力主钢筋的直径不应小于10mm(行车道板)或8mm(人行道板),其数量由计算决定,在工程中要特别注意受力钢筋布置方向应与计算跨度一致。

行车道板内主钢筋可在沿板高中心纵轴线的1/4~1/6计算跨径处按30°~45°弯起,以承受支座处的负弯矩。通过支点的不弯起的主钢筋,在每米板宽内不应少于三根,并不少于主钢筋截面面积的1/4。

在简支板的跨中和连续板的支点处,板内主钢筋间距不应大于200mm。

板内应设置垂直于主钢筋方向的分布钢筋(图5-2-3)。分布钢筋的主要作用是为了将板面上的荷载更加均匀地传递给主钢筋,同时还能够抵抗温度和混凝土收缩产生的应力,以及固定受力钢筋的位置。分布钢筋是一种构造钢筋,其数量不需要计算,只要按照规范规定的数量适当布置即可。规范规定分布钢筋截面面积不宜小于板的截面面积的0.1%。分布钢筋设置在主钢筋的内侧,其直径不小于8mm(行车道板)或6mm(人行道板),其间距不大于200mm。在主钢筋的弯折处均应布置分布钢筋。

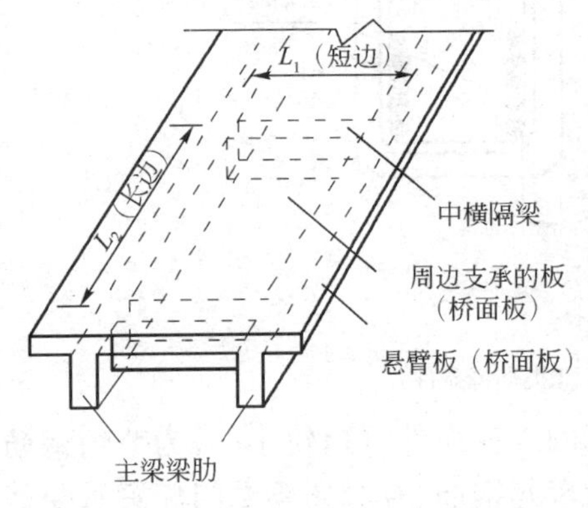

图5-2-2　桥面板示意图

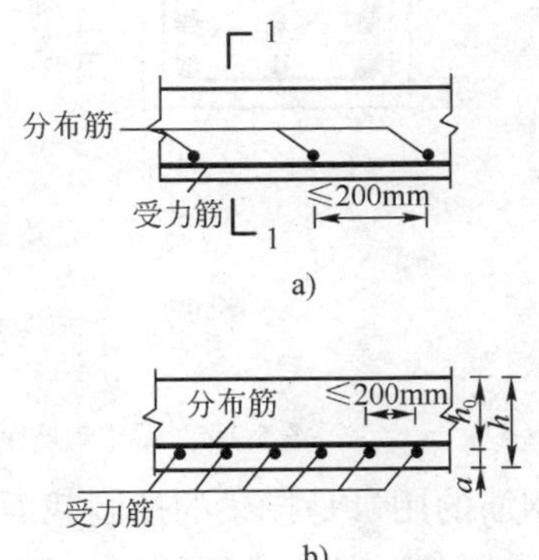

图5-2-3　单向板内的钢筋

a)顺板跨方向;b)垂直板跨方向(1-1)

2. 梁的钢筋

梁内的钢筋种类有:受力主钢筋、弯起钢筋或斜钢筋、箍筋、架立钢筋和水平纵向钢筋。

梁内的钢筋常常在浇筑混凝土前形成钢筋骨架,骨架可以是绑扎的(图5-2-4),也可以是焊接的(图5-2-5)。无论何种骨架,其基本要求是骨架本身应有一定的刚度,以便搬运和定位,同时还应易于浇筑和捣实混凝土。

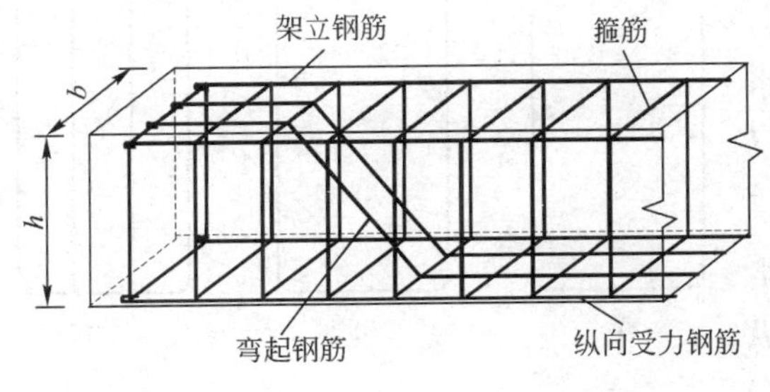

图5-2-4　绑扎钢筋骨架

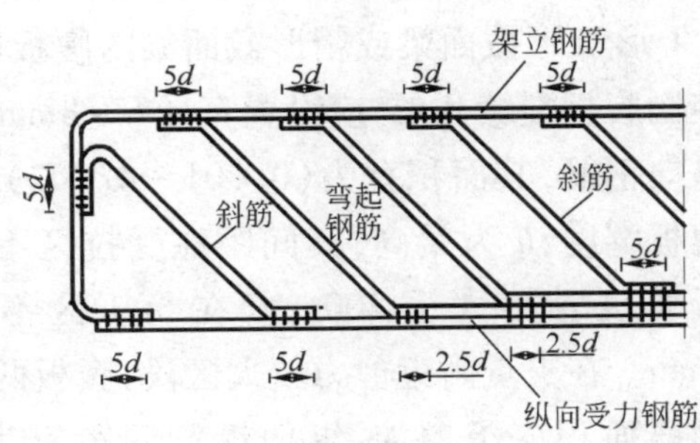

图5-2-5　焊接钢筋骨架

梁内主钢筋的数量由计算决定。钢筋的直径一般选为 12～32mm。在同一根梁内宜用直径相同的主钢筋，若用两种以上直径的钢筋，为便于施工识别，直径差应在 2mm 以上。

受弯构件的钢筋净距应考虑浇筑混凝土时，振捣器可以顺利插入，以保证混凝土的密实性。各主钢筋间横向净距和层与层之间的竖向净距，当钢筋为三层或三层以下时，不应小于 30mm 和钢筋直径；当钢筋为三层以上时，不小于 40mm 和钢筋直径的 1.25 倍（图 5-2-6）。对于束筋，此处直径采用等代直径。

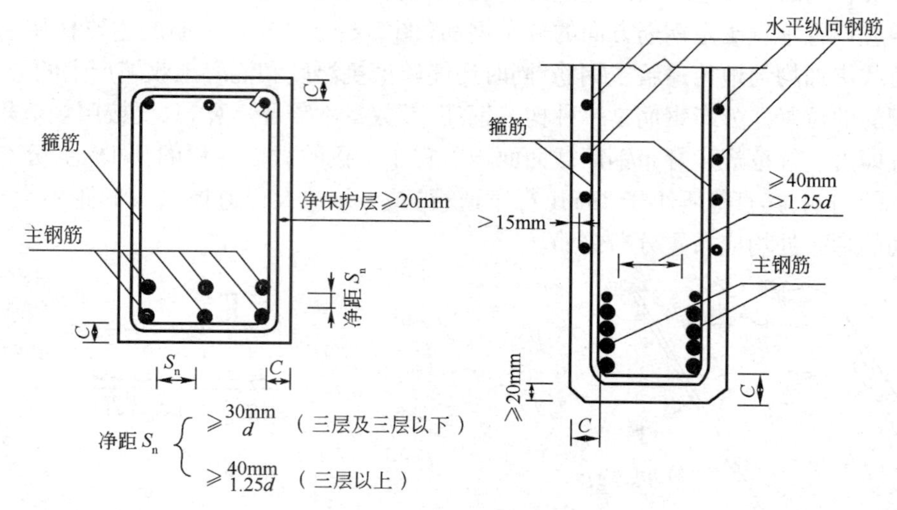

图 5-2-6　梁主钢筋净距和混凝土保护层（Ⅰ类环境条件）

梁内主钢筋的用量是按梁的控制截面设计弯矩计算的。在设计弯矩较小处，为节约钢筋和承受剪力，可以将一部分主钢筋按一定规律弯起，称为弯起钢筋；有时还要专门配置承受剪力的斜钢筋。弯起钢筋和斜钢筋的数量均由抗剪计算确定。

在梁中与主钢筋垂直的方向上，必须布置箍筋。箍筋有以下作用：协助混凝土抗剪，固定主钢筋的位置以形成骨架，在梁一旦出现斜向裂缝后可以限制斜向裂缝的宽度，并对混凝土的收缩裂缝有一定控制作用。梁内箍筋形式如图 5-2-7 所示。箍筋直径不宜小于 8mm 和主钢筋直径的 1/4。

梁中还应布置为形成钢筋骨架所需的架立钢筋，在没有主钢筋的箍筋转角处必须布置架立钢筋，架立钢筋的直径通常为 10～14mm。

T 形、I 形截面梁或箱形截面梁的腹板两侧，为控制腹板裂缝开展，应设置直径 6～8mm 的水平纵向钢筋，其面积宜为（0.001～0.002）bh，b 为腹板宽度，h 为梁高；其间距在受拉区不大于腹板宽度且不大于 200mm，在受压区不大于 300mm。在支点附近剪力较大区段，腹板两侧纵向钢筋面积应予增加，纵向钢筋间距宜为 100～150mm。

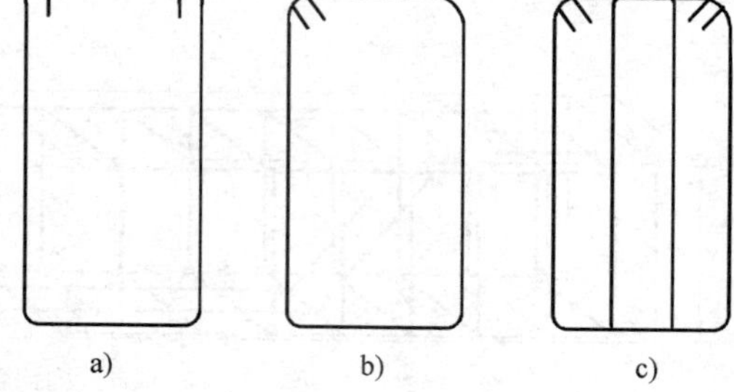

图 5-2-7　箍筋的形式

a）双肢、开口式；b）双肢、封闭式；c）四肢、封闭式

第二节　受弯构件正截面受力全过程和破坏特征

一、受弯构件正截面受力全过程

纵向受拉钢筋用量适当的梁称为适筋梁。

图 5-2-8 为适筋梁从加载开始至破坏的 *M-f* 曲线。曲线被两个明显的转折点分成三段，表明适筋梁的受力全过程经历了三个阶段。

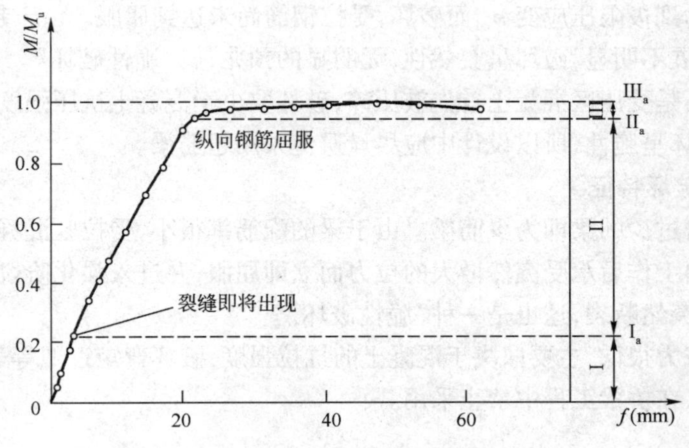

图 5-2-8　适筋梁的弯矩—挠度(*M-f*)图

第 I 阶段：弹性工作阶段(加载开始至混凝土即将开裂)

在这一阶段，弯矩很小，*M-f* 曲线基本上呈直线，梁近似为弹性体工作。受拉区和受压区混凝土应力较小，呈三角形分布，截面应变符合平截面假定，混凝土尚未开裂，全截面参与工作。

随着弯矩的增加，受拉区混凝土拉应力达到抗拉强度 f_t，受拉边缘混凝土应变增至极限拉应变 ε_{tu}，混凝土即将开裂。

第 II 阶段：带裂缝工作阶段(混凝土开裂至受拉钢筋屈服)

混凝土出现第一条裂缝后，*M-f* 曲线出现第一个转折点，梁的刚度下降，挠度 *f* 增加的速度较快。混凝土开裂后退出工作，拉应力转卸给钢筋承担，使钢筋的应力突增。截面平均应变仍符合平截面假定，受压区压应力分布图形逐渐弯曲。

在第 II 阶段，随着弯矩增大，裂缝数量逐渐增多，裂缝宽度也逐渐增大，并逐渐向受压区延伸。开裂截面钢筋的拉应力逐渐增大，当钢筋拉应力增大至屈服时，*M-f* 曲线出现第二个转折点。

第 III 阶段：破坏阶段(受拉钢筋屈服至混凝土压坏)

钢筋屈服后，梁进入破坏阶段。此时裂缝迅速开展，挠度急剧增大，表现出明显的破坏征兆；受压区混凝土的塑性表现充分，其压应力分布图形更加弯曲；最后，当混凝土受压区边缘应变达到极限压应变 ε_{cu} 时，梁达到极限承载能力而破坏。

二、受弯构件正截面破坏特征

1. 适筋梁的破坏特征

适筋梁在破坏前钢筋先达到屈服，然后到受压区混凝土压坏有一个相对较长的过程，裂缝开展和挠度增加都非常明显，破坏前有明显的预兆，这种破坏称为“延性破坏”。

适筋梁的承载力既取决于钢筋的屈服强度，又取决于混凝土抗压强度，充分发挥了两种材料的优势，破坏又呈延性性质，所以设计适筋梁是设计者的目标。

2. 超筋梁的破坏特征

受拉钢筋配得过多的梁即为超筋梁。由于配筋率过大，受拉钢筋的拉应力增加缓慢，致使受压区混凝土先达到极限压应变 ε_{cu} 而破坏，受拉钢筋尚未达到屈服。由于超筋梁破坏前裂缝开展较小，挠度发展不明显，破坏呈突然性，无明显的预兆，属“脆性破坏”。

超筋梁的破坏是受压区混凝土首先被压碎，破坏取决于混凝土抗压强度，梁中受拉钢筋过多造成浪费，且破坏呈脆性，所以设计中应尽量避免采用超筋梁。

3. 少筋梁的破坏特征

受拉钢筋配得过少的梁即为少筋梁。由于梁的配筋率很小，受拉区混凝土一旦开裂，钢筋就会因混凝土退出工作后承受突然增大的拉力而立即屈服，并进入强化阶段，裂缝迅速延伸至梁顶部，导致梁的突然断裂，这也是一种“脆性破坏”。

少筋梁的承载力很低，主要取决于混凝土的抗拉强度，破坏弯矩近似等于素混凝土梁的开裂弯矩，破坏突然，在桥梁工程中禁止采用。

第三节　受弯构件正截面承载力计算

一、正截面承载力计算的一般规定

1. 基本假定

对于钢筋混凝土构件，在进行正截面承载力计算时应采用以下基本假定。

(1)构件弯曲后，其截面仍保持为平面，即满足平截面假定。这是在分析了大量试验梁截面变形特点后得出的假定，这一假定是近似的，但由此引起的误差完全能符合工程计算的要求。

(2)截面受压混凝土的应力图形简化为矩形，其压力强度取混凝土的轴心抗压强度设计值 f_{cd}；截面受拉混凝土的抗拉强度不予考虑。

截面破坏时混凝土受压区应力分布图形为一曲线，在设计时要求出其合力及合力作用点比较麻烦。为简化计算，在保持合力大小及合力作用点不变的条件下，用等效矩形应力图来替换原曲线应力分布图。

在混凝土受拉区，从竖向裂缝顶端到中性轴之间的混凝土还可以承受拉力，考虑到这部分拉力较小且内力臂也很小，故在计算中不予考虑，拉力全部由受拉区钢筋承担。

(3)极限状态计算时，受拉区钢筋应力取其抗拉强度设计值 f_{sd}（小偏压构件除外）；受压区或受压较大边钢筋应力取其抗压强度设计值 f'_{sd}。

《公路桥规》中钢筋抗压强度设计值f'_{sd}按以下两个条件确定：

①钢筋的受压应变$\varepsilon'_s = 0.002$。

②钢筋的抗压强度设计值$f'_{sd} = \varepsilon'_s E_s$，必须不大于钢筋的抗拉强度设计值$f_{sd}$。

要使第(1)的条件得到满足，混凝土受压区高度x必须满足$x \geqslant 2a'_s$，也就是说，受压钢筋达到屈服强度的前提条件是$x \geqslant 2a'_s$。

(4)钢筋应力等于钢筋应变与其弹性模量的乘积，但不大于其强度设计值。即采用简化的理想弹性—塑性应力应变曲线：在钢筋屈服之前，钢筋应力与应变成正比；钢筋屈服以后，其应力保持不变。

2. 混凝土相对界限受压区高度ξ_b

界限破坏是指纵向受拉钢筋达到屈服的同时，受压区混凝土边缘达到极限压应变的破坏状态。界限破坏是适筋梁和超筋梁的临界情况。

根据平截面假定，界限破坏和超筋梁、适筋梁破坏时截面应变分布如图5-2-9所示。要避免出现超筋梁破坏，只需混凝土受压区高度$x_c \leqslant \xi_b h_0$，或相对受压区高度$\xi \leqslant \xi_b$。

各种条件下的相对界限受压区高度ξ_b值按表5-2-2采用。

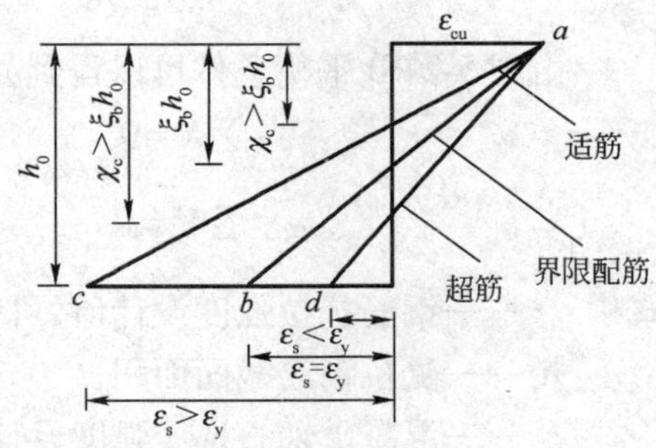

图5-2-9　梁破坏时截面应变分布

相对界限受压区高度ξ_b　　表5-2-2

钢筋种类＼混凝土强度等级	C50及以下	C55、C60	C65、C70	C75、C80
R235	0.62	0.60	0.58	—
HRB335	0.56	0.54	0.52	—
HRB400、KL400	0.53	0.51	0.49	—
钢绞线、钢丝	0.40	0.38	0.36	0.35
精轧螺纹钢筋	0.40	0.38	0.36	—

注：截面受拉区内配置不同种类钢筋的受弯构件，其ξ_b值应选用相应于各种钢筋的较小者。

3. 最小配筋率ρ_{min}

受弯构件的受拉钢筋最小配筋率ρ_{min}是根据素混凝土梁开裂时的弯矩，与同尺寸的钢筋混凝土梁所能承担的弯矩相等而确定的，其目的是当混凝土受拉边缘出现裂缝时，梁不致因配筋过少而脆性破坏。

根据上述要求，并考虑到混凝土温度收缩的需要，《公路桥规》规定受弯构件中受拉钢筋的最小配筋百分率应符合下列要求：

$$\rho_{min} \geqslant 45 f_{td}/f_{sd}(\%)\text{且不小于}0.2\%$$

其中，f_{td}为混凝土轴心抗拉强度设计值，f_{sd}为钢筋抗拉强度设计值，可查表得到。

二、矩形截面或翼缘位于受拉边的T形截面受弯构件

1. 基本公式

矩形截面或翼缘位于受拉边的T形截面受弯构件，其正截面承载力计算简图如图5-2-10所示。

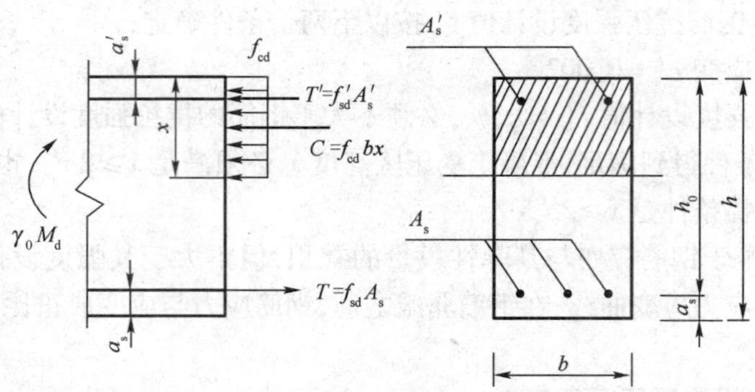

图 5-2-10　矩形截面受弯构件正截面承载力计算图式

由图 5-2-10 平衡条件可以得到如下基本公式：

$$\sum X=0 \qquad f_{sd}A_s=f_{cd}bx+f'_{sd}A'_s \tag{5-2-2}$$

$$\sum M=0 \qquad \gamma_0 M_d \leqslant M_u=f_{cd}bx\left(h_0-\frac{x}{2}\right)+f'_{sd}A'_s(h_0-a'_s) \tag{5-2-3}$$

式中：f_{sd}——钢筋抗拉强度设计值，可查表得到；

A_s——受拉钢筋截面面积；

f_{cd}——混凝土轴心抗压强度设计值，可查表得到；

b——矩形截面宽度或 T 形截面腹板宽度；

x——按等效矩形应力图的受压区计算高度；

f'_{sd}——钢筋抗压强度设计值，可查表得到；

A'_s——受压钢筋截面面积；

γ_0——桥梁结构的重要性系数，可查表得到；

M_d——弯矩组合设计值；

M_u——截面能承受的极限弯矩值；

a'_s——受压区钢筋合力点到受压区边缘的距离。

2. 基本公式的适用条件

$$x \leqslant \xi_b h_0 \qquad \text{（防止发生超筋破坏）} \tag{5-2-4}$$

$$x \geqslant 2a'_s \qquad \text{（保证受压钢筋屈服）} \tag{5-2-5}$$

$$\rho \geqslant \rho_{min} \qquad \text{（防止发生少筋破坏）} \tag{5-2-6}$$

3. 计算方法

桥涵中钢筋混凝土受弯构件的正截面计算，一般选取正、负弯矩最大的截面作为计算控制截面；另外，在变截面梁中通常选取 $l/2$、$l/4$ 截面等作为校核截面。

在实际设计计算中，可以把问题分为截面设计和截面复核两类。

1）截面设计

在受弯构件设计中，外荷载产生的弯矩 M_d 可根据第一章的办法求出，并根据构件的跨度和设计经验选取适当的截面尺寸和材料级别。因此，在截面设计问题中，弯矩 M_d、材料特性和截面尺寸往往作为已知条件来对待，需要计算的是受力钢筋的截面面积。

当需要承受的弯矩很大，而截面尺寸受限制时；或截面承受正反两个方向弯矩时，则需在截面受压区配置适当的受压钢筋，即采用双筋截面。

(1)截面设计时,基本公式中的截面有效高度 $h_0 = h - a_s$,a_s 为受拉钢筋合力点到混凝土受拉边缘的距离。对于绑扎钢筋骨架梁,当混凝土保护层厚度为30mm时,预计受力钢筋为一层,可假定 $a_s = 40\text{mm}$;预计为两层,可假定 $a_s = 65\text{mm}$。对于人行道板,可取 $a_s = 25\text{mm}$;行车道板,取 $a_s = 35\text{mm}$。

(2)先验算 $\gamma_0 M_d > f_{cd} b h_0^2 \xi_b (1 - 0.5\xi_b)$,若此式满足,需配置双筋;若不满足,则只配受拉钢筋即可。

(3)若只需配受拉钢筋,$A'_s = 0$,将已知条件代入两个基本公式,联立求解即可。

(4)若需配置双筋,则因两个基本公式中有三个未知量,需附加一个条件。设计时为了尽量节约钢材,充分利用混凝土的抗压强度,可令 $x = \xi_b h_0$,代入基本公式即可求解 A_s 和 A'_s。

(5)截面设计时还可能碰到截面受压区已配有受压钢筋的情况,即 A'_s 已知,此时可直接把已知条件代入两个基本公式,联立求解即可。

(6)计算中如果出现 $x > \xi_b h_0$,说明截面尺寸偏小,应加大截面尺寸或提高混凝土强度等级或采用双筋截面重新计算。

(7)计算中如果出现 $x < 2a'_s$,说明受压钢筋数量过多,破坏时达不到屈服,可近似取 $x = 2a'_s$,即假定受压区混凝土的压力点在受压纵筋的合力点上,以该点取矩,即得:

$$\gamma_0 M_d \leqslant f_{sd} A_s (h_0 - a'_s) \tag{5-2-7}$$

由此式解得 A_s。

(8)如果 $\rho < \rho_{min}$,说明截面尺寸偏大,可修改后重新计算,或取 $\rho = \rho_{min}$。

2)截面复核

截面复核时,截面尺寸、混凝土强度等级、钢筋种类和级别、钢筋面积及其布置均为已知,要求计算截面抗弯承载力 M_u,或弯矩设计值 $\gamma_0 M_d$ 也已知,问截面是否满足 $\gamma_0 M_d \leqslant M_u$。

(1)检验钢筋布置是否符合规范要求。

(2)计算配筋率 ρ,并需满足 $\rho \geqslant \rho_{min}$。

(3)由式(5-2-2)计算受压区高度 x。

(4)若 $x > \xi_b h_0$,则截面为超筋截面,截面承载力由受压区混凝土决定,则:

$$M_u = f_{cd} b h_0^2 \xi_b (1 - 0.5\xi_b) + f'_s A'_s (h_0 - a'_s) \tag{5-2-8}$$

(5)若 $2a'_s \leqslant x \leqslant \xi_b h_0$,则可由式(5-2-3)求得 M_u。

(6)若 $x < 2a'_s$,说明受压钢筋破坏时达不到屈服,可近似取 $x = 2a'_s$,按式(5-2-7)计算,$M_u = f_{sd} A_s (h_0 - a'_s)$。

(7)若 $\gamma_0 M_d \leqslant M_u$,则截面符合要求,若 $\gamma_0 M_d > M_u$,则应按截面设计步骤重新设计截面。

有时可直接选用经济配筋率进行截面设计,如矩形梁可以选 $\rho = 0.006 \sim 0.015$,板可选 $\rho = 0.003 \sim 0.008$。

[例5-2-1]　已知矩形截面尺寸 $b \times h = 250\text{mm} \times 500\text{mm}$,弯矩组合设计值 $M_d = 136\text{kN} \cdot \text{m}$,拟采用C25混凝土,HRB335级钢筋,桥梁结构重要性系数 $\gamma_0 = 1.1$,I类环境条件。求所需钢筋截面面积 A_s(图5-2-11)。

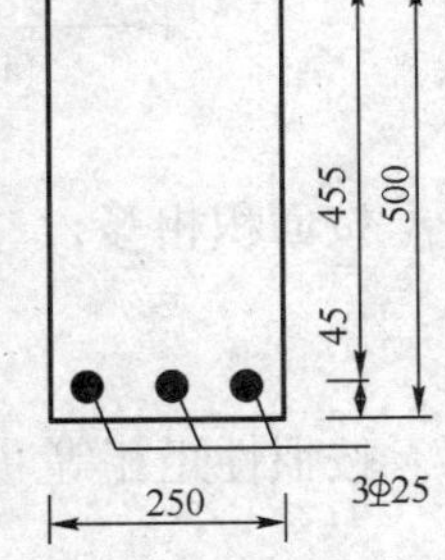

图5-2-11　(尺寸单位:mm)

解: 查表5-1-7、5-1-10、5-2-2得 $f_{cd} = 11.5\text{MPa}$,$f_{sd} = 280\text{MPa}$,$f_{td} = 1.23\text{MPa}$,$\xi_b = 0.56$。

假设钢筋按单排布置,取 $a_s = 45\text{mm}$,$h_0 = 500 - 45 = 455\text{mm}$。

$$\gamma_0 M_d = 1.1 \times 136 \times 10^6 = 149.6 \times 10^6 \text{N} \cdot \text{mm}$$

$$< f_{cd} b h_0^2 \xi_b (1 - 0.5\xi_b) = 11.5 \times 250 \times 455^2 \times 0.56 \times (1 - 0.5 \times 0.56) = 240 \times 10^6 \text{N} \cdot \text{mm}$$

按单筋截面设计即可。

由公式 $\gamma_0 M_d = f_{cd} bx\left(h_0 - \frac{x}{2}\right)$,可得:

$$x = h_0 - \sqrt{h_0^2 - \frac{2\gamma_0 M_d}{f_{cd} b}}\text{,代入数值得}$$

$$x = 455 - \sqrt{455^2 - \frac{2 \times 1.1 \times 136 \times 10^6}{11.5 \times 250}}$$

$$= 134.1\text{mm} < \xi_b h_0 = 0.56 \times 460 = 257.6\text{mm}$$

$$A_s = \frac{f_{cd} bx}{f_{sd}} = \frac{11.5 \times 250 \times 134.1}{280} = 1\,377\text{mm}^2$$

查钢筋表选取 3 ϕ 25,$A_s = 1\,473\text{mm}^2$,钢筋一排布置,所需截面最小宽度:

$$b_{min} = 2 \times 25 + 3 \times 28.4 + 2 \times 30 = 195\text{mm} < b = 250\text{mm}$$

梁的实际有效高度:$h_0 = 500 - (30 + 28.4/2) = 455\text{mm}$ 与假设的基本一致。

最小配筋率:

$$\rho_{min} = 45 \frac{f_{td}}{f_{sd}}\% = 45 \times \frac{1.23}{280}\% = 0.198\% < 0.2\%\text{,取 } \rho_{min} = 0.2\%$$

$$\rho = \frac{A_s}{bh_0} = \frac{1\,473}{250 \times 456.5} = 0.012\,9 = 1.29\% > \rho_{min} = 0.2\%$$

配筋率满足规范要求。

三、翼缘位于受压区的 T 形截面受弯构件

翼缘位于受压区的 T 形截面可以看作矩形截面受拉区混凝土挖去一部分后剩下的截面。因为 T 形截面自重轻,材料利用充分,所以,T 形截面梁是桥梁工程中应用最广泛的梁。

工程中常用的圆孔空心板、方孔空心板和箱形截面均可换算为 T 形截面,其换算步骤如下(图 5-2-12):

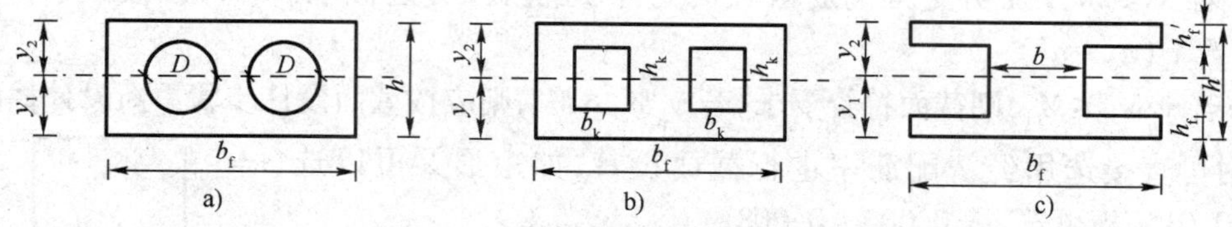

图 5-2-12　空心板截面换算成等效工字形截面

按面积相等:

$$b_k h_k = \frac{\pi}{4} D^2$$

按惯性矩相等:

$$\frac{1}{12} b_k h_k^3 = \frac{\pi}{64} D^4$$

联解方程得：

$$b_k = \frac{\sqrt{3}}{6}\pi D \qquad h_k = \frac{\sqrt{3}}{2}D$$

于是，可以将圆孔换算为方孔，并可进一步简化为T形截面。

试验和理论分析都证明，T形截面梁受弯时，受压翼缘上法向应力的分布是不均匀的，靠近腹板处较大，离腹板越远则越小（图5-2-13）。在设计中为简化计算，按等效原则，将翼缘上曲线分布的压应力代之以均匀应力分布宽度，称为翼缘有效宽度 b_f'，在该宽度范围以外的翼缘，则认为不参与受力。《公路桥规》第4.2.2条规定了T形截面梁的翼缘有效宽度 b_f' 的确定方法。

T形截面梁按中性轴位置的不同分为两类：中性轴位于翼缘内（$x \leqslant h_f'$）为第一类T形截面；中性轴位于腹板内（$x > h_f'$）为第二类T形截面（图5-2-14）。

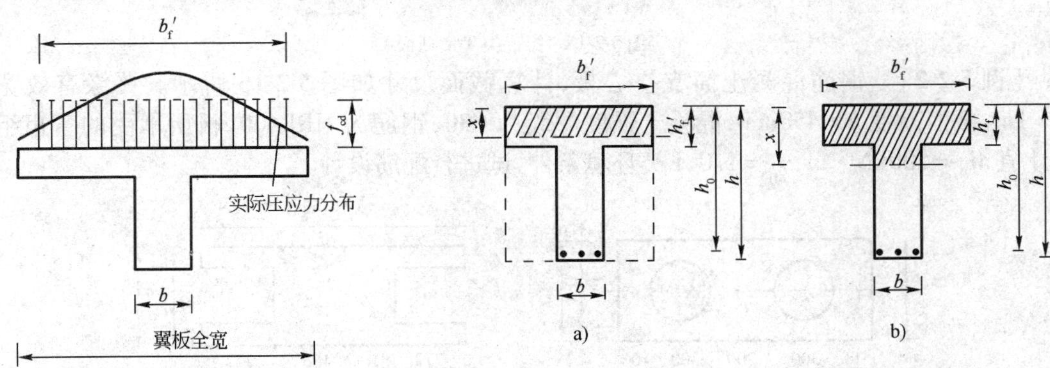

图5-2-13　T形截面受压翼缘法向应力分布

图5-2-14　两类T形截面

a）第一类T形截面；b）第二类T形截面

当满足

$$f_{cd}b_f'h_f' + f'_{sd}A_s' \geqslant f_{sd}A_s\text{（截面复核时）} \tag{5-2-9}$$

或

$$f_{cd}b_f'h_f'\left(h_0 - \frac{h_f'}{2}\right) + f'_{sd}A_s'(h_0 - a_s') \geqslant \gamma_0 M_d\text{（截面设计时）} \tag{5-2-10}$$

按第一类T形截面计算：

当满足

$$f_{cd}b_f'h_f' + f'_{sd}A_s' < f_{sd}A_s\text{（截面复核时）} \tag{5-2-11}$$

或

$$f_{cd}b_f'h_f'\left(\mathrm{h}_0 - \frac{h_f'}{2}\right) + f'_{sd}A_s'(h_0 - a_s') < \gamma_0 M_d\text{（截面设计时）} \tag{5-2-12}$$

按第二类T形截面计算。

1. 第一类T形截面

按宽度为 b_f' 的矩形截面计算正截面抗弯承载力。注意：验算 $\rho = \dfrac{A_s}{bh_0} \geqslant \rho_{min}$ 时，公式中 b 为T形截面的腹板宽度。

2. 第二类T形截面

计算中应考虑截面腹板受压的作用（图5-2-15），其正截面抗弯承载力按下列公式计算：

$$\sum X=0 \quad f_{sd}A_s=f_{cd}bx+f_{cd}(b_f'-b)h_f'+f_{sd}'A_s' \tag{5-2-13}$$

$$\sum M=0 \quad \gamma_0 M_d \leqslant M_u=f_{cd}bx\left(h_0-\frac{x}{2}\right)+f_{cd}(b_f'-b)h_f'\left(h_0-\frac{h_f'}{2}\right)+f_{sd}'A_s'(h_0-a_s') \tag{5-2-14}$$

适用条件：$x\leqslant\xi_b h_0$

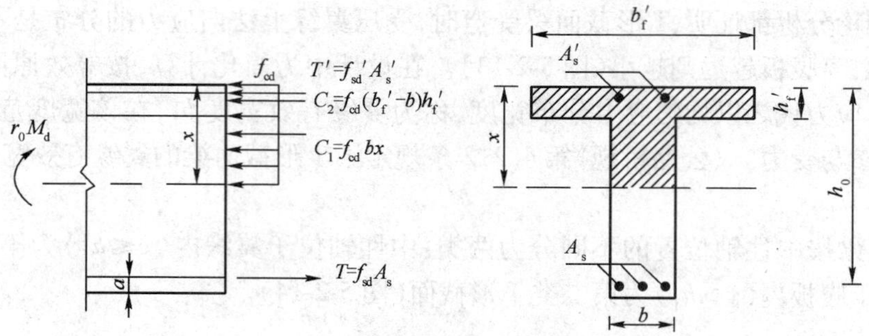

图 5-2-15　第二类 T 形截面

［例 5-2-2］　钢筋混凝土简支空心板，计算截面尺寸如图 5-2-16 所示。翼缘有效宽度 $b_f'=1\text{m}$，截面高度 $h=450\text{mm}$，混凝土强度等级为 C30，钢筋为 HRB400，板所承受的弯矩组合设计值 $M_d=500\text{kN}\cdot\text{m}$，$\gamma_0=1.0$，I 类环境条件，试进行配筋设计。

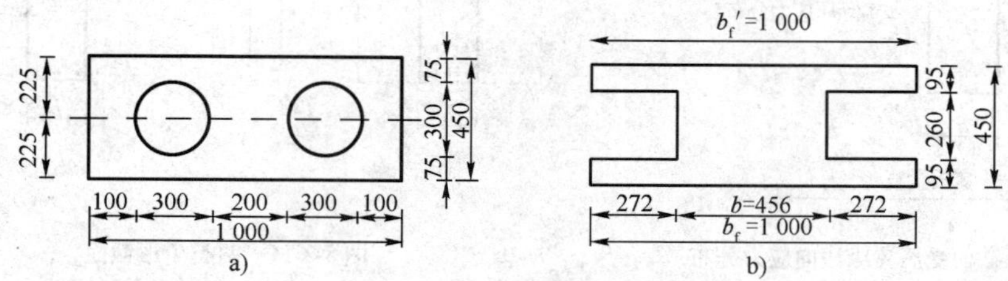

图 5-2-16　截面尺寸图（尺寸单位：mm）

解：查规范表格得：$f_{sd}=330\text{MPa}$，$f_{cd}=13.8\text{MPa}$，$\xi_b=0.53$，$\gamma_0=1.0$。

将空心板截面换算为等效工字形截面。

方孔宽度：

$$b_k=\frac{\sqrt{3}}{6}\pi D=\frac{\sqrt{3}}{6}\times 3.14\times 300=272\text{mm}$$

方孔高度：

$$h_k=\frac{\sqrt{3}}{2}D=\frac{\sqrt{3}}{2}\times 300=260\text{mm}$$

翼板厚度：

$$h_f=h_f'=\frac{450-260}{2}=95\text{mm}$$

腹板厚度：

$$b=1\,000-272\times 2=456\text{mm}$$

假定受拉钢筋采用单排布置，取 $a=40\text{mm}$

有效高度：

$$h_0=h-a=450-40=410\text{mm}$$

判别截面类型：

$$f_{cd}b'_f h'_f\left(h_0-\frac{h'_f}{2}\right)=13.8\times1\,000\times95\times\left(410-\frac{95}{2}\right)$$

$$=475.24\times10^6\text{N}\cdot\text{mm}<\gamma_0 M_d=500\text{kN}\cdot\text{m}\quad 属第二类 T 形截面$$

求受压区高度 x：

将已知数据代入式 $\gamma_0 M_d=f_{cd}bx\left(h_0-\frac{x}{2}\right)+f_{cd}(b'_f-b)h'_f\left(h_0-\frac{h'_f}{2}\right)$中，得

$$1.0\times500\times10^6=13.8\times456x\left(410-\frac{x}{2}\right)+13.8\times(1\,000-456)\times95\times\left(410-\frac{95}{2}\right)$$

整理得：

$$x^2-820x+76\,745=0$$

方程的有效解：

$$x=121\text{mm}\begin{cases}>h'_f=95\text{mm}\\<\xi_b h_0=217.3\text{mm}\end{cases}$$

$$A_s=\frac{f_{cd}bx+f_{cd}(b'_f-b)h'_f}{f_{sd}}$$

$$=\frac{13.8\times456\times121+13.8\times(1\,000-456)\times95}{330}$$

$$=4\,469\text{mm}^2$$

选钢筋 8 Φ 25mm + 4 Φ 18mm（图 5-2-17），实际面积 $A_s=4\,945\text{mm}^2$，钢筋布置满足要求。

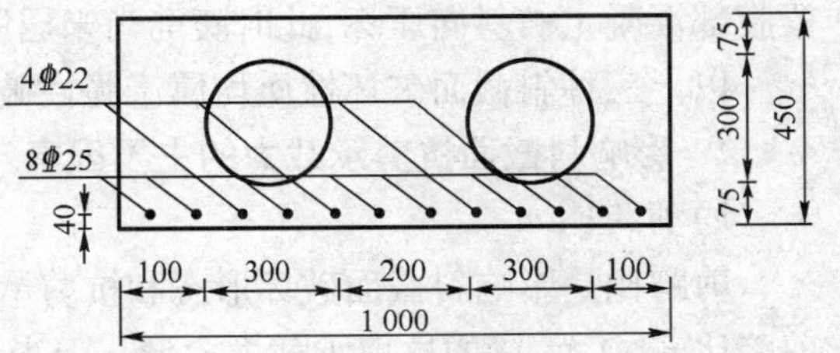

图 5-2-17　（尺寸单位：mm）

第四节　受弯构件斜截面受力特点和破坏形态

受弯构件在弯矩和剪力共同作用下，主拉应力方向与构件纵轴斜交，当主拉应力较大时，就可能产生垂直于主拉应力方向的斜裂缝，从而导致构件沿斜截面发生破坏。

为了保证斜截面的承载力，在受弯构件中需配置箍筋和弯起钢筋以承担剪力，习惯上把箍筋和弯起钢筋统称为腹筋。

1. 斜截面受剪破坏形态

试验研究表明，剪跨比是影响斜截面破坏形态的重要因素。剪跨比定义为 $m=\frac{M}{Vh_0}$，它反映了截面上弯矩与剪力的相对大小。对于集中荷载作用下的简支梁，其剪跨比可更为简单地表示为 $m=\frac{a}{h_0}$，其中，a 为集中力作用点至简支梁最近的支座之间的距离，称为“剪跨”。

根据构件剪跨比的不同以及腹筋用量的多少，梁斜截面受剪破坏主要有下面三种形态（图 5-2-18）。

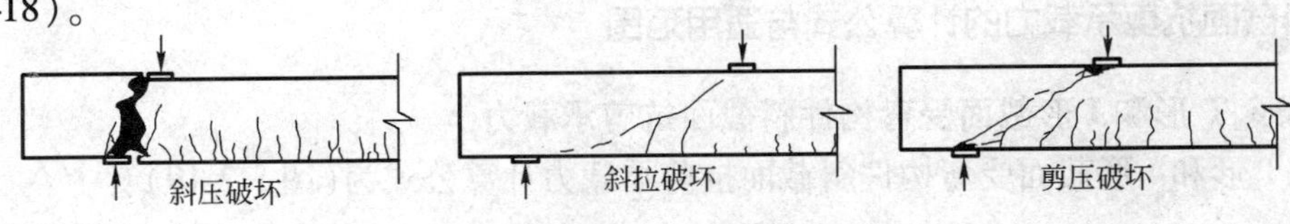

图 5-2-18　斜截面破坏形态

1)斜拉破坏

当梁的剪跨比较大($m>3$)且梁中腹筋过少时,将发生斜拉破坏。梁内斜裂缝一旦出现,迅速形成临界斜裂缝,向上延伸至梁顶集中荷载作用点附近,与斜裂缝相交的腹筋很快达到屈服,梁斜向被拉裂成两部分而破坏。

2)剪压破坏

当梁的剪跨比适中($m=1\sim3$),且梁中腹筋数量不过多时;或剪跨比较大,但腹筋数量不过少时,常发生剪压破坏。首先在梁的剪弯段受拉边缘出现竖向裂缝,并随荷载的增加斜向上延伸,在众多的斜裂缝中会形成一条主要斜裂缝(称为临界斜裂缝),再继续加大荷载,与斜裂缝相交的腹筋屈服,最后斜裂缝顶端的剪压区混凝土在剪压复合应力作用下达到复合受力强度而破坏。

3)斜压破坏

当梁的剪跨比较小($m<1$),或梁内腹筋配置过多,或梁腹板较薄时,常发生斜压破坏。梁的剪弯段腹部首先出现多条大体平行的斜裂缝,将混凝土分割为多条斜向受压"短柱",最终梁腹部混凝土被斜向压坏,此时腹筋尚未屈服。

以上三种斜截面破坏性质均属于脆性破坏,其中斜拉破坏的脆性最为明显。

2. 影响斜截面抗剪承载力的主要因素

1)剪跨比 m

剪跨比是影响斜截面破坏形态和抗剪承载力的主要因素。分析表明,当其他条件相同时,剪跨比 m 愈大,梁的抗剪承载力愈低。但当 $m>3$ 后,斜截面抗剪承载力趋于稳定,剪跨比的影响就不明显了。

2)混凝土强度等级 $f_{cu,k}$

梁的斜截面抗剪承载力随混凝土强度等级的提高而提高。试验表明,对于剪跨比 $1\leqslant m\leqslant3$ 的梁,斜截面抗剪承载力与$\sqrt{f_{cu,k}}$成正比。

3)纵向钢筋配筋率 ρ

纵向钢筋不仅能抑制斜裂缝的开展,还能起抗剪的销栓作用。试验表明,梁的斜截面抗剪承载力随纵向钢筋配筋率的提高而增大。

4)配箍率 ρ_{sv} 和箍筋强度 f_{sv}

梁出现斜裂缝后,箍筋不仅直接承担相当一部分剪力,而且能有效地抑制斜裂缝的开展和延伸,增加混凝土剪压区的面积,综合提高混凝土及纵筋的抗剪能力。

在一定范围内,梁的斜截面抗剪承载力与配箍率和箍筋强度的乘积大体成线性关系。

第五节　受弯构件的斜截面抗剪承载力

一、斜截面抗剪承载力的计算公式与适用范围

1. 矩形、T 形和 I 形截面受弯构件斜截面抗剪承载力

矩形、T 形和 I 形截面受弯构件斜截面抗剪承载力计算公式为(图 5-2-19):

$$\gamma_0 V_d \leqslant V_{cs} + V_{sb} \tag{5-2-15}$$

$$V_{cs}=\alpha_1\alpha_2\alpha_3 0.45\times10^{-3}bh_0\sqrt{(2+0.6P)\sqrt{f_{cu,k}}\rho_{sv}f_{sv}}\tag{5-2-16}$$

$$V_{sb}=0.75\times10^{-3}f_{sd}\sum A_{sb}\sin\theta_s\tag{5-2-17}$$

式中：V_{cs}——斜截面内混凝土和箍筋共同的抗剪承载力设计值(kN)；

V_{sb}——与斜截面相交的弯起钢筋抗剪承载力设计值(kN)；

α_1——异号弯矩影响系数，计算简支梁和连续梁近边支点梁段的抗剪承载力时，$\alpha_1=1.0$；计算连续梁和悬臂梁近中间支点梁段的抗剪承载力时，$\alpha_1=0.9$；

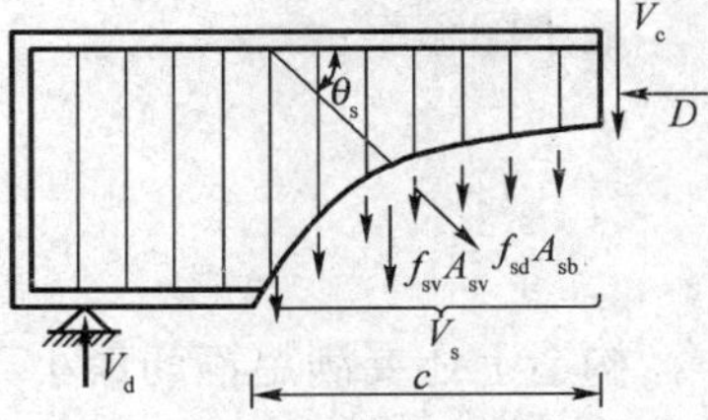

图 5-2-19　斜截面抗剪承载力验算

α_2——预应力提高系数，对钢筋混凝土受弯构件，$\alpha_2=1.0$；对预应力受弯构件，$\alpha_2=1.25$，但当由钢筋合力引起的截面弯矩与外弯矩的方向相同时，或允许出现裂缝的预应力受弯构件，取$\alpha_2=1.0$；

α_3——受压翼缘的影响系数，取$\alpha_3=1.1$；

b——斜截面受压端正截面处，矩形截面宽度(mm)，或T形和I形截面腹板宽度(mm)；

h_0——斜截面受压端正截面的有效高度，自纵向受拉钢筋合力点至受压边缘的距离(mm)；

P——斜截面内纵向受拉钢筋的配筋百分率，$P=100\rho$，$\rho=A_s/(bh_0)$，当$P>2.5$时，取$P=2.5$；

$f_{cu,k}$——边长为150mm的混凝土立方体抗压强度标准值(MPa)；

ρ_{sv}——斜截面内箍筋配筋率，$\rho_{sv}=A_{sv}/s_v b$；

f_{sv}——箍筋抗拉强度设计值(MPa)；

A_{sv}——斜截面内配置在同一截面的箍筋各肢总截面面积(mm^2)；

s_v——斜截面内箍筋的间距(mm)；

A_{sb}——斜截面内同一弯起平面的弯起钢筋的截面面积(mm^2)；

θ_s——弯起钢筋的切线与水平线的夹角。

2. 计算公式的适用范围

1)上限值——截面最小尺寸要求

目的：①防止发生斜压破坏；②防止使用阶段斜裂缝宽度过大。

矩形、T形和I形截面的受弯构件，其抗剪截面应符合下列要求：

$$\gamma_0 V_d\leqslant 0.51\times10^3\sqrt{f_{cu,k}}bh_0\text{(kN)}\tag{5-2-18}$$

式中：V_d——验算截面处由作用(或荷载)产生的剪力组合设计值(kN)；

b——相应于剪力组合设计值处的矩形截面宽度(mm)或T形和I形截面腹板宽度(mm)；

h_0——相应于剪力组合设计值处的截面有效高度(mm)，即自纵向受拉钢筋合力点至受压边缘的距离(mm)。

若式(5-2-18)不满足时，应加大截面尺寸或提高混凝土强度等级。

2)下限值——按构造要求配置箍筋

矩形、T形和I形截面的受弯构件，当符合下列条件时，则不需要进行斜截面抗剪承载力计算，而仅需按构造要求配置箍筋。

$$\gamma_0 V_d \leqslant 0.50 \times 10^{-3} \alpha_2 f_{td} b h_0 \tag{5-2-19}$$

最小配箍率：

$$\rho_{sv,min} = \begin{cases} 0.18\% & \text{R235} \\ 0.12\% & \text{HRB335} \end{cases}$$

构造上还要满足箍筋最小直径及最大间距要求，详见《公路桥规》第9.3.13条。

二、梁斜截面抗剪承载力计算方法与步骤

1. V_d 的取值（图5-2-20）

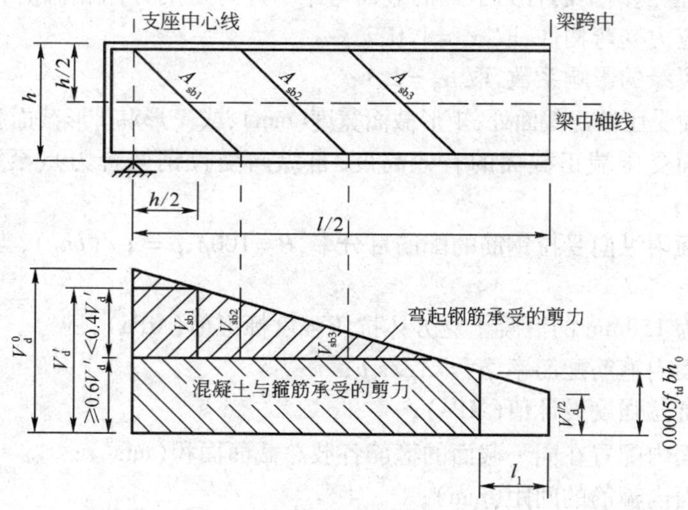

图5-2-20　斜截面抗剪承载力腹筋设计计算图

（1）最大剪力取距支座中心 $h/2$ 截面处的数值 V'_d。

绘出剪力设计值包络图，将 V'_d 分成两部分，其中不少于60%的剪力由混凝土与箍筋共同承担，即 $V_{cs} \geqslant 0.6V'_d$，弯起钢筋承担的部分剪力不超过40%，即 $V_{sb} < 0.4V'_d$。

（2）计算第一排弯起钢筋时，取用距支座中心 $h/2$ 处由弯起钢筋承担的那部分剪力值 V_{sb1}。

（3）计算后一排弯起钢筋时，取用前一排弯起钢筋弯起点处由弯起钢筋承担的那部分剪力值 V_{sb2}、V_{sb3}……

2. 箍筋设计

预先选定箍筋种类和直径，可按下式计算箍筋间距：

由　$V_{cs} = \alpha_1 \alpha_3 0.45 \times 10^{-3} b h_0 \sqrt{(2+0.6\mathrm{P})\sqrt{f_{cu,k}}\, \rho_{sv} f_{sv}}$　得：

$$S_v = \frac{\alpha_1^2 \alpha_3^2 \times 0.2 \times 10^{-6} (2+0.6P) \sqrt{f_{cu,k}}\, A_{sv} f_{sv} b h_0^2}{(\xi \gamma_0 V_d)^2} (\mathrm{mm}) \tag{5-2-20}$$

3. 弯起钢筋设计

每排弯起钢筋的总截面面积按下式计算：

$$A_{\mathrm{sbi}}=\frac{\gamma_0 V_{\mathrm{sbi}}}{075\times10^{-3}f_{\mathrm{sd}}\sin\theta_{\mathrm{s}}}(\mathrm{mm}^2) \tag{5-2-21}$$

三、斜截面抗剪承载力复核

受弯构件斜截面抗剪承载力验算的位置按下列规定采用(图 5-2-21)。

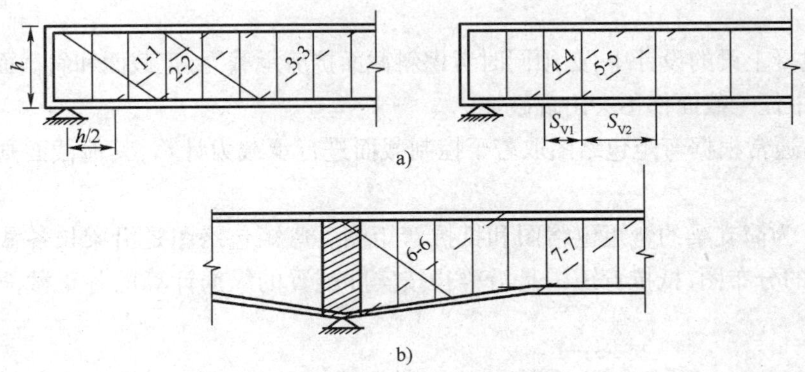

图 5-2-21　斜截面抗剪承载力计算位置示意图

a)简支梁;b)连续梁中间支点

1. 简支梁和连续梁近边支点梁段

(1)距支座中心 $h/2$(梁高一半)处的截面(图 5-2-21 截面 1-1)。

(2)受拉区弯起钢筋弯起点处的截面(图 5-2-21 截面 2-2、3-3)。

(3)锚于受拉区的纵向钢筋开始不受力处的截面(图 5-2-21 截面 4-4)。

(4)箍筋数量或间距改变处的截面(图 5-2-21 截面 5-5)。

(5)构件腹板宽度改变处的截面。

2. 连续梁和悬臂梁近中间支点梁段

(1)支点横隔梁边缘处截面(图 5-2-21 截面 6-6)。

(2)变高度梁高度突变处截面(图 5-2-21 截面 7-7)。

(3)参照简支梁的要求,需要进行验算的截面。

将已知数据代入式(5-2-16)、式(5-2-17)即可计算各斜截面抗剪承载力。

四、斜截面抗弯承载力计算

梁的剪弯段在弯矩和剪力共同作用下,可能发生斜截面剪切破坏,也可能发生斜截面弯曲破坏,如图 5-2-22所示,当斜裂缝产生后,梁被斜裂缝分开的两部分将绕斜裂缝顶端剪压区的公共铰转动,最后导致受压区混凝土被压碎而破坏。对斜裂缝顶端剪压区混凝土合力 D 作用点中心 O 取矩,可得斜截面抗弯承载力的

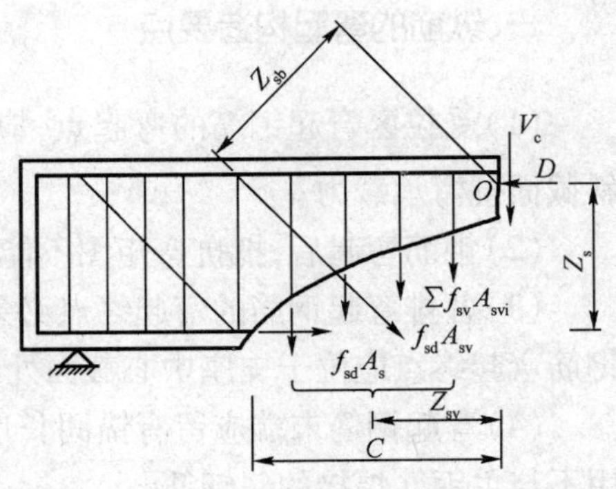

图 5-2-22　斜截面抗弯承载力计算图式

计算公式：

$$\gamma_0 M_d \leqslant f_{sd}A_s Z_s + \sum f_{sd}A_{sb}Z_{sb} + \sum f_{sv}A_{sv}Z_{sv} \tag{5-2-22}$$

受弯构件的纵向钢筋和箍筋，当符合《公路桥规》第 9.1.4 条、第 9.3.9 条至第 9.3.13 条的要求时，可不进行斜截面抗弯承载力计算。

第六节　全梁承载力校核与构造要求

在钢筋混凝土梁的设计中，必须同时考虑斜截面抗剪承载力、正截面和斜截面的抗弯承载力，以保证梁中任一截面都不会出现破坏。

梁设计时通常根据弯矩包络图取若干控制截面进行承载力计算，其他截面则需通过图解法来校核。

图 5-2-23 为简支梁的弯矩包络图和抵抗弯矩图。弯矩包络图是沿梁长各截面上弯矩组合设计值 M_d 的分布图，抵抗弯矩图是沿梁长按实际配置的纵筋计算的各正截面抗弯承载力 M_u 的分布图。

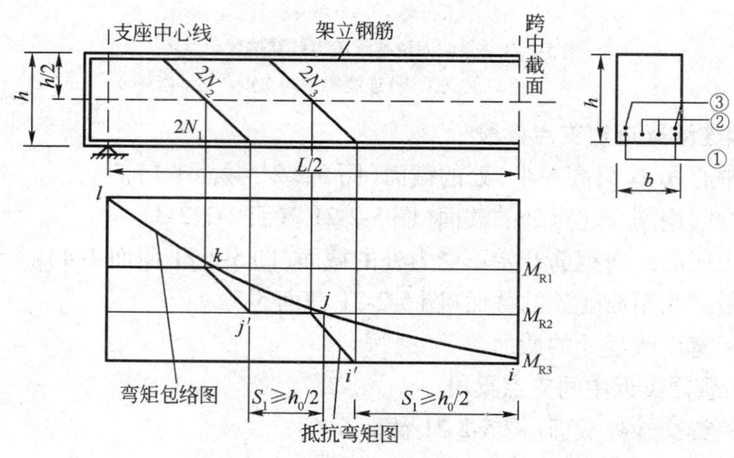

图 5-2-23　简支梁的弯矩包络图和抵抗弯矩图（半跨）

一、纵筋的弯起构造要点

（1）受拉区弯起钢筋的弯起点，应设在该钢筋强度充分利用点以外不小于 $h_0/2$ 处，保证斜截面抗弯承载力。

（2）钢筋弯起后，抵抗弯矩图不能切入弯矩包络图内，保证正截面抗弯承载力。

（3）各排弯起钢筋的弯起终点必须落在前一排钢筋弯起点截面以内。对简支梁，第一排钢筋弯起终点应位于支座中心截面处。

（4）弯起钢筋末端应留有锚固长度：受拉区不应小于 $20d$，受压区不应小于 $10d$。不得采用不与主钢筋焊接的斜钢筋。

（5）弯起钢筋宜先弯上层，后弯下层；尽量对称；底层两侧的钢筋不能弯起；弯起角一般为

45°，特殊情况时 30°≤α≤60°。

二、纵筋的截断与锚固

纵向受拉钢筋不宜在受拉区截断；如需截断时，应从按正截面抗弯承载力计算充分利用点至少延伸(l_a+h_0)(图 5-2-24)；同时应考虑从正截面抗弯承载力计算的不需要点至少延伸 $20d$(环氧涂层钢筋 $25d$)。

纵向受压钢筋如在跨间截断时，应延伸至按计算不需要点以外至少 $15d$(环氧涂层钢筋 $20d$)。

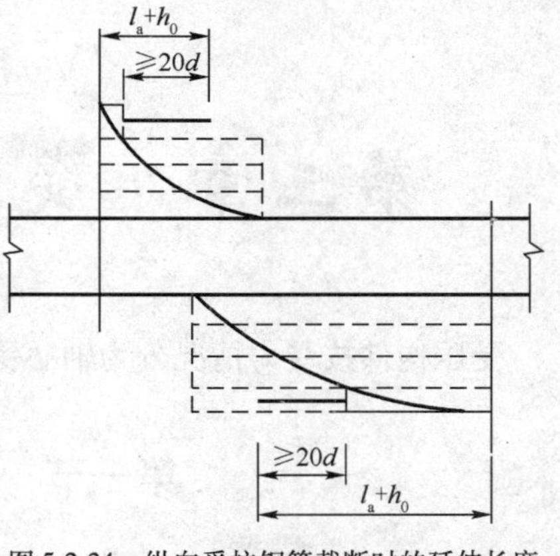

图 5-2-24　纵向受拉钢筋截断时的延伸长度

第七节　连续梁的斜截面抗剪承载力

对于连续梁的斜截面抗剪，国内外试验表明，连续梁近边支点梁段，其混凝土和箍筋共同抗剪的性质与简支梁相同，斜截面抗剪承载力可按简支梁的规定计算；连续梁近中间支点梁段，则因为有异号弯矩的影响，抗剪承载力有所降低。试验指出，当广义剪跨比较大$\left(m=\dfrac{M}{Vh_0}=2.67\right)$时，梁破坏时在反弯点两侧出现两条主斜裂缝，它们各不越过反弯点，沿梁顶和梁底的纵向钢筋的应力性质(拉、压)完全与弯矩图正负号一致[图 5-2-25a)]；当剪跨比较小$\left(m=\dfrac{M}{Vh_0}=1.0\right)$时，梁破坏时主斜裂缝越过了反弯点，跨越了正、负弯矩区[图 5-2-25b)]，于是与主斜裂缝相交的纵向钢筋产生了应力重分配，原来受压的变为受拉，沿纵筋的黏结力遭到破坏，出现撕裂裂缝，降低了抗剪的销栓作用；受压区混凝土的压力也加大了，减小了混凝土的抗剪能力。上述原因导致承受异号弯矩的连续梁抗剪能力的降低。

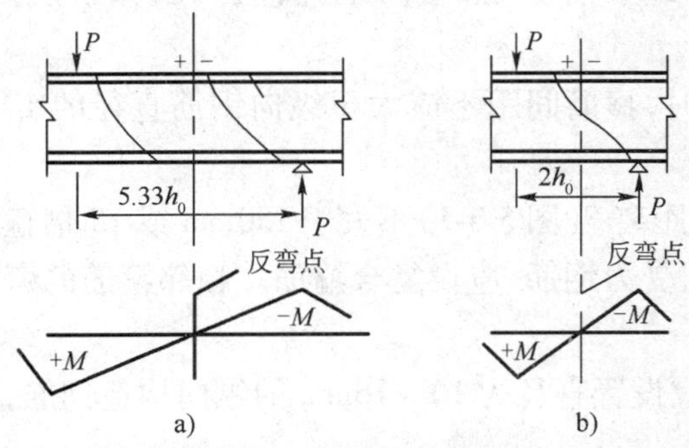

图 5-2-25　承受异号弯矩钢筋混凝土梁的典型剪切破坏

综合以上分析，《公路桥规》对连续梁的斜截面抗剪承载力计算与简支梁采用了同一个计算公式，仅在公式中引入异号弯矩影响系数 α_1，计算简支梁和连续梁近边支点梁段的抗剪承载力时，$\alpha_1=1.0$；计算连续梁和悬臂梁近中间支点梁段的抗剪承载力时，$\alpha_1=0.9$。

第三章　受压构件的承载力计算

受压构件按受力情况分为轴心受压构件和偏心受压构件两类。

第一节　受压构件的一般构造要求

(1)纵向受力钢筋一般选 R235、HRB335 级钢筋,有特殊要求时,可用 HRB400 级钢筋。钢筋的直径不应小于 12mm,净距不应小于 50mm 且不应大于 350mm。构件全部纵向钢筋的配筋百分率不应小于 0.5%(当混凝土强度等级在 C50 及以上时,不应小于 0.6%);同时,一侧钢筋的配筋百分率不应小于 0.2%。构件的全部纵筋配筋率不宜超过 5%。要注意,配筋率应按构件的毛截面面积计算。

(2)纵向受力钢筋应伸入基础和盖梁,伸入长度不应小于《公路桥规》表 9.1.4 规定的锚固长度。

(3)箍筋应做成闭合式,其直径不应小于纵向钢筋直径的 1/4,且不小于 8mm。

(4)箍筋间距不应大于纵向受力钢筋直径的 15 倍、不大于构件短边尺寸(圆形截面采用 0.8 倍直径)并不大于 400mm。纵向受力钢筋搭接范围内的箍筋间距应符合《公路桥规》9.3.13条的规定。

纵向钢筋截面面积大于混凝土截面面积 3% 时,箍筋间距不应大于纵向钢筋直径的 10 倍,且不大于 200mm。

(5)构件内纵向受力钢筋应设置于离角筋中心距离 S(图 5-3-1)不大于 150mm 或 15 倍箍筋直径(取较大者)范围内,如超出此范围设置纵向受力钢筋,应设复合箍筋。相邻箍筋的弯钩接头,在纵向应错开布置。

(6)当构件的截面高度 $h \geqslant 600$mm 时,在侧面应设置直径为 10～16mm 的纵向构造钢筋,必要时相应设置复合箍筋,用以保持钢筋骨架刚度。

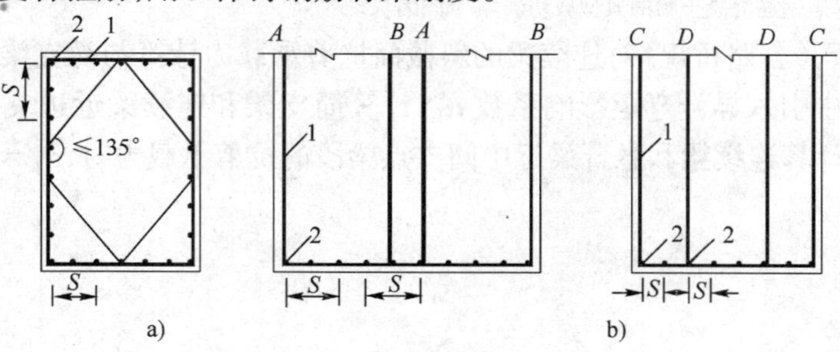

图 5-3-1　柱内复合箍筋布置

a)内设三根纵向受力钢筋;b)内设二根纵向受力钢筋

1-箍筋;2-角筋;A、B、C、D-箍筋编号

[图 a)、b)内,箍筋 A、B 与 C、D 两组设置方式可根据实际情况选用]

对矩形截面偏心受压构件，应注意将长边设在弯矩作用方向，纵向受力钢筋沿截面短边配置。

第二节　轴心受压构件正截面抗压承载力

当构件受到位于截面形心的轴向压力时，为轴心受压构件。钢筋混凝土轴心受压构件中应配置纵向受压钢筋和箍筋。纵向钢筋的主要作用在于协助混凝土受压，增加构件的延性，承受可能出现的拉力。

普通箍筋轴心受压构件中配置的箍筋可固定纵筋的位置以形成钢筋骨架，防止纵筋在屈服前被压屈。另外，箍筋对核心混凝土有一定的约束作用，可改善构件的脆性性质。

螺旋箍筋轴心受压构件中配置的螺旋箍筋可以有效地约束核心混凝土的横向变形，使其处于三向受压的状态，从而提高混凝土的抗压强度和构件的延性。

一、普通箍筋轴心受压构件

1. 短柱的受力特点

当钢筋混凝土短柱受到的轴心压力较小时，钢筋和混凝土处于弹性阶段，钢筋和混凝土的应力随荷载的增加而增加。当荷载较大时，混凝土出现塑性，钢筋与混凝土之间的应力发生重分布，钢筋的应力增长快于混凝土的应力增长。当达到破坏荷载时，构件出现纵向裂缝，纵筋已受压屈服而外鼓，随之混凝土达到极限压应变而破坏。

如果纵筋的抗压强度较高，可能混凝土先达到极限压应变而破坏，而纵筋尚未屈服。因此，在轴心受压构件中配置强度高的钢筋不经济，一般采用 R235 级、HRB335 级钢筋即可。

构件加载后，如果维持荷载不变，由于混凝土的徐变，随着荷载作用时间的增加，混凝土的压应力会逐渐变小，钢筋的压应力会逐渐增大。初期变化比较快，经过一定时间后趋于稳定。在荷载突然卸载时，构件回弹，由于混凝土徐变变形的大部分不可恢复，而钢筋的变形基本上可全部恢复，两者之间的变形差会使钢筋受压而混凝土受拉。若构件的配筋率过大，还可能将混凝土拉裂。为了防止出现这种情况，要求构件中全部纵筋配筋率不超过5%。

2. 轴心受压构件的稳定系数 φ

对于长细比较大的轴心受压构件，由于各种因素影响产生的初始偏心距，会导致构件产生附加弯矩和相应的侧向挠曲，因而降低构件的抗压承载力。当长细比很大时，还可能发生失稳破坏。此外，在长期荷载作用下，由于混凝土的徐变，也会使构件的抗压承载力降低。

《公路桥规》用稳定系数 φ 计入长细比对构件抗压承载力降低的影响，其值见表 5-3-1。

钢筋混凝土轴心受压构件的稳定系数 φ　　表 5-3-1

l_0/b	≤8	10	12	14	16	18	20	22	24	26	28
$l_0/2r$	≤7	8.5	10.5	12	14	15.5	17	19	21	22.5	24
l_0/i	≤28	35	42	48	55	62	69	76	83	90	97
φ	1.0	0.98	0.95	0.92	0.87	0.81	0.75	0.70	0.65	0.60	0.56

续上表

l_0/b	≤8	10	12	14	16	18	20	22	24	26	28
l_0/b	30	32	34	36	38	40	42	44	46	48	50
$l_0/2r$	26	28	29.5	31	33	34.5	36.5	38	40	41.5	43
l_0/i	104	111	118	125	132	139	146	153	160	167	174
φ	0.52	0.48	0.44	0.40	0.36	0.32	0.29	0.26	0.23	0.21	0.19

注：①表中 l_0 为构件计算长度；b 为矩形截面的短边尺寸；r 为圆形截面的半径；i 为截面最小回转半径。

②构件计算长度 l_0，当构件两端固定时，取 $0.5l$；当一端固定一端为不移动的铰时取 $0.7l$；当两端均为不移动的铰时取 l；当一端固定一端自由时取 $2l$；l 为构件支点间长度。

3. 正截面抗压承载力计算

钢筋混凝土轴心受压构件，当配有普通箍筋时（图 5-3-2），其正截面抗压承载力按下式计算：

$$\gamma_0 N_d \leqslant 0.9\varphi(f_{cd}A + f'_{sd}A'_s) \tag{5-3-1}$$

式中：N_d——轴向力组合设计值；

φ——轴压构件稳定系数，按表 5-3-1 采用；

A——构件毛截面面积，当纵向钢筋配筋率大于 3% 时，A 应改用 $A_n = A - A'_s$；

A'_s——全部纵向钢筋的截面面积。

二、配有纵向钢筋和螺旋箍筋的轴心受压构件

螺旋箍筋轴心受压构件施工较为复杂，用钢量较多，一般不宜采用。当构件承受很大轴向压力且其截面尺寸受限，采用普通箍筋轴心受压构件不足以满足承载力要求时，可考虑采用螺旋箍筋轴心受压构件。

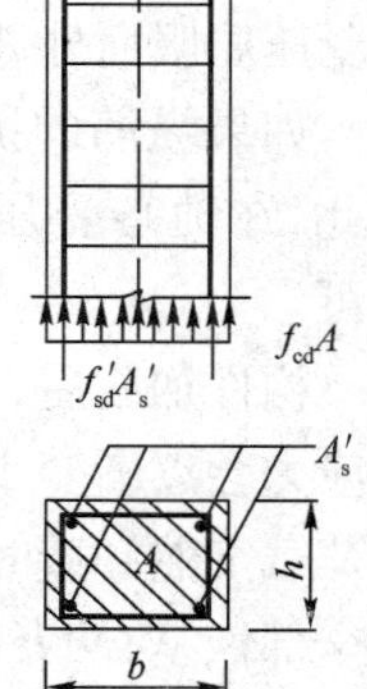

图 5-3-2　配有普通箍筋的轴心受压构件

1. 受力特点

当螺旋箍筋柱受力较小时，其应力应变情况与普通箍筋柱基本相同。当螺旋箍筋柱承受的轴心压力较大时，混凝土的横向变形明显增大，此时包围着核心混凝土的密距螺旋箍筋犹如套筒一样，约束着核心混凝土的横向膨胀，使其处于三向受压状态，从而明显地提高了核心混凝土的轴心抗压强度，直到螺旋箍筋达到受拉屈服，失去了对混凝土的有效约束，混凝土被压碎，构件破坏。

同时，螺旋箍筋柱具有很好的延性，其变形能力大大高于普通箍筋柱。

2. 正截面抗压承载力计算

钢筋混凝土轴心受压构件，当配有螺旋式或焊接环式间接钢筋时（图 5-3-3），其正截面抗压承载力按下式计算：

$$\gamma_0 N_d \leqslant 0.9\varphi(f_{cd}A_{cor} + f'_{sd}A'_s + k f_{sd}A_{so}) \tag{5-3-2}$$

$$A_{so} = \frac{\pi d_{cor} A_{so1}}{S} \tag{5-3-3}$$

式中：A_{cor}——构件核芯截面面积；

A_{so}——螺旋式或焊接环式间接钢筋的换算截面面积；

d_{cor}——构件截面的核芯直径；

k——间接钢筋影响系数，混凝土强度等级为 C50 及以下时，取 $k=2.0$；混凝土强度等级为 C50～C80 时，取 $k=2.0\sim1.70$，中间值直线插入取用；

A_{so1}——单根间接钢筋的截面面积；

S——沿构件轴线方向间接钢筋的螺距或间距。

在应用上述公式时应注意以下两点：

(1)按式(5-3-2)算得的构件抗压承载力值不应大于按普通箍筋轴心受压构件计算公式(5-3-1)算得值的1.5倍。这是为了防止混凝土保护层过早脱落。

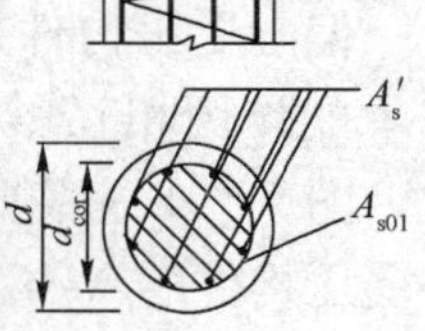

图 5-3-3　配置螺旋箍筋的轴心受压构件

(2)凡属下列情况之一者，不考虑间接钢筋的影响，而按普通箍筋轴心受压构件计算。

①间接钢筋的换算截面面积 A_{so} 小于全部纵向钢筋截面面积的 25%，或间接钢筋的间距大于 80mm 或 $d_{cor}/5$ 时，认为间接钢筋配置得太少，套箍作用的效果不明显。

②构件长细比 $l_0/i>48$ 时，因长细比较大，有可能因纵向弯曲使间接钢筋不能发挥其约束作用。

③当按式(5-3-2)算得的构件抗压承载力小于按式(5-3-1)算得的抗压承载力时。

第三节　偏心受压构件的受力特点与破坏形态

钢筋混凝土偏心受压构件是实际工程中应用广泛的受力构件，如拱桥的主拱圈、桁架的上弦杆、刚架的立柱、墩(台)柱、桩基础等均属偏心受压构件。

一、偏心受压构件的正截面破坏形态

钢筋混凝土偏心受压构件的破坏形态可分为受拉破坏和受压破坏两种。

1. 受拉破坏(大偏心受压破坏)

破坏特点是受拉钢筋达到屈服强度在先，受压区混凝土压碎在后，受压钢筋通常能达到屈服强度。破坏时有明显预兆，属延性破坏。当相对偏心距 e_0/h_0 较大，而受拉钢筋 A_s 配置得不太多时，会发生受拉破坏。

2. 受压破坏(小偏心受压破坏)

截面是因受压区混凝土先被压碎而宣告破坏，同一侧的钢筋压应力达到屈服强度，而另一侧的钢筋可能受拉也可能受压，但均未屈服；破坏时无明显预兆，属脆性破坏。当相对偏心距 e_0/h_0 较大，但受拉钢筋 A_s 数量过多；或者相对偏心距 e_0/h_0 较小时，会发生受压破坏。当相对偏心距 e_0/h_0 很小，而远离纵向力一侧钢筋 A_s 数量少，靠近纵向力一侧钢筋 A'_s 较多时，由于截面的实际形心和构件的几何中心不重合，也可能发生离纵向力较远一侧的混凝土先压坏的情况。

3. 两类偏心受压破坏的界限及设计判别条件

两类偏心受压破坏的根本区别在于破坏时受拉钢筋应力是否达到屈服强度。若受拉钢筋应力达到屈服强度的同时受压区边缘混凝土刚好达到极限压应变，则为区分两类破坏的界限

状态,此状态所对应的相对受压区高度为 ξ_b。所以,判别大、小偏心受压破坏的条件是:$\xi \leqslant \xi_b$ 为大偏心受压;$\xi > \xi_b$ 为小偏心受压。

二、偏心受压构件的 N-M 相关曲线

偏心受压构件处于弯矩和轴力共同作用之下,二者的作用相互影响,使构件的承载力随之发生变化。图 5-3-4 是根据截面承载力计算分析得到的偏心受压构件的 N-M 相关曲线,曲线内部为承载力安全区域,外部表示破坏区域。

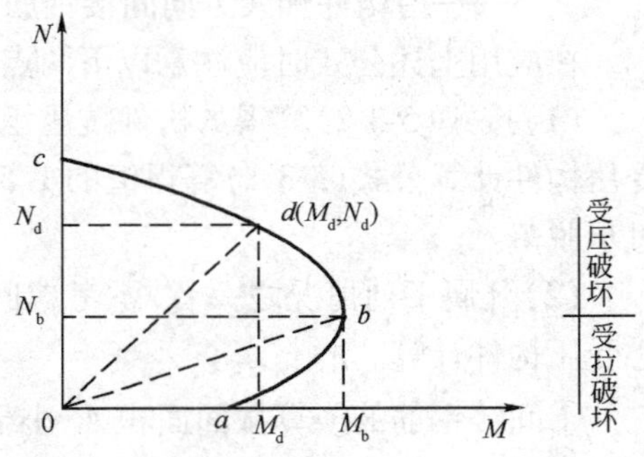

图 5-3-4 偏心受压构件的 $N-M$ 相关曲线

图 5-3-4 表明,在小偏心受压情况下,随着轴向压力的增大,截面所能承担的弯矩随之减小;在大偏心受压情况下,随着轴向压力的增大,截面所能承担的弯矩反而随之提高。在界限状态下(b 点),构件承受的弯矩达到最大值。

三、偏心受压构件的纵向弯曲

偏心受压构件在偏心压力作用下,将产生纵向弯曲变形,即侧向挠曲。对于长细比小的短柱,侧向挠曲小,计算时可不予考虑,构件的破坏属于“材料破坏”。而对长细比较大的长柱,侧向挠曲不可忽略,截面上的弯矩由原来的 Ne_0 增大为 $N(e_0+f)$,f 为构件的侧向挠度,导致构件破坏时所能承受的压力比短柱低。从其破坏特征来讲,仍属于“材料破坏”。

长细比过大的细长柱,弯矩的增长速度远远快于纵向压力,在尚未达到材料破坏之前,纵向压力的微小增量就可引起构件弯矩的不收敛增加而导致破坏,即发生“失稳破坏”。此种构件能够承受的纵向压力远远小于短柱,破坏时钢筋和混凝土均未达到材料破坏。在工程中应尽量不采用细长柱。

上述由于构件纵向弯曲所产生的附加弯矩称为二阶弯矩(Nf),或称二阶效应。《公路桥规》规定,对长细比 $l_0/i > 17.5$ 的偏心受压构件,应考虑构件在弯矩作用平面内的挠曲对轴向力偏心距的影响。此时,应将轴向力对截面重心轴的偏心距 e_0 乘以偏心距增大系数 η。

矩形、T 形、I 形和圆形截面偏心受压构件的偏心距增大系数 η 可按下列公式计算:

$$\eta = 1 + \frac{1}{1\,400 e_0/h}\left(\frac{l_0}{h}\right)^2 \zeta_1 \zeta_2 \tag{5-3-4}$$

$$\zeta_1 = 0.2 + 2.7\frac{e_0}{h_0} \leqslant 1.0 \tag{5-3-5}$$

$$\zeta_2 = 1.15 - 0.01\frac{l_0}{h} \leqslant 1.0 \tag{5-3-6}$$

式中:l_0——构件的计算长度;

e_0——轴向力对截面重心轴的偏心距;

h_0——截面有效高度,对圆形截面取 $h_0 = r + r_s$;

h——截面高度,对圆形截面取 $h = 2r$,r 为圆形截面半径;

ζ_1——荷载偏心率对截面曲率的影响系数；

ζ_2——长细比对截面曲率的影响系数。

当构件长细比满足 $l_0/i \leqslant 17.5(l_0/h \leqslant 5)$ 时，可不考虑二阶效应的影响，取 $\eta = 1$。

第四节　矩形截面偏心受压构件正截面承载力计算

一、正截面抗压承载力计算公式（图 5-3-5）

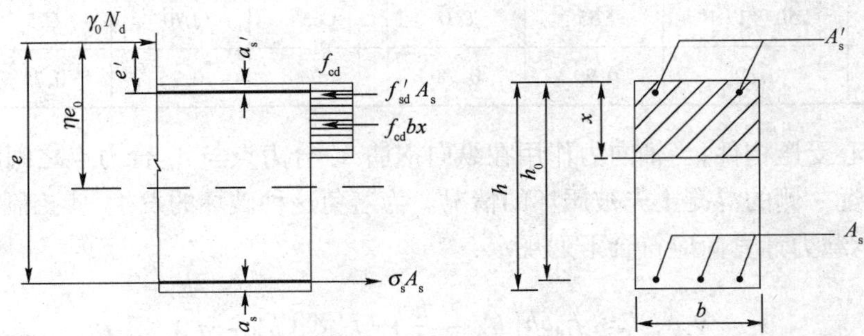

图 5-3-5　矩形截面偏心受压构件正截面抗压承载力计算

矩形截面偏心受压构件的正截面抗压承载力按下列公式计算：

$$\gamma_0 N_d \leqslant f_{cd}bx + f'_{sd}A'_s - \sigma_s A_s \tag{5-3-7}$$

$$\gamma_0 N_d e \leqslant f_{cd}bx\left(h_0 - \frac{x}{2}\right) + f'_{sd}A'_s(h_0 - a'_s) \tag{5-3-8}$$

$$e = \eta e_0 + \frac{h}{2} - a \tag{5-3-9}$$

式中：e——轴向力作用点至截面受拉边或受压较小边纵向钢筋 A_s 和 A_p 合力点的距离；

e_0——轴向力对截面重心轴的偏心距，$e_0 = M_d/N_d$；

M_d——相应于轴向力的弯矩组合设计值；

h_0——截面受压较大边边缘至受拉边或受压较小边纵向钢筋合力点的距离，$h_0 = h - a$；

η——偏心受压构件轴向力偏心距增大系数。

在承载力计算中，若考虑截面受压较大边的纵向受压钢筋时，受压区高度应符合以下要求：

$$x \geqslant 2a'_s \tag{5-3-10}$$

截面受拉边或受压较小边纵向钢筋的应力 σ_s 应按下列情况采用。

（1）当 $\xi \leqslant \xi_b$ 时为大偏心受压构件，取 $\sigma_s = f_{sd}$，此处，相对受压区高度 $\xi = x/h_0$。

（2）当 $\xi > \xi_b$ 时为小偏心受压构件，σ_s 按以下规定计算：

$$\sigma_{si} = \varepsilon_{cu}E_s\left(\frac{\beta h_{0i}}{x} - 1\right) \tag{5-3-11}$$

$$-f'_{sd} \leqslant \sigma_{si} \leqslant f_{sd} \tag{5-3-12}$$

式中：h_{0i}——第 i 层纵向钢筋截面重心至受压较大边边缘的距离；

E_s——钢筋的弹性模量；

σ_{si}——第 i 层纵向钢筋的应力，按公式计算正值表示拉应力，负值表示压应力；

ε_{cu}——截面非均匀受压时，混凝土的极限压应变，当混凝土强度等级为 C50 及以下时，取 $\varepsilon_{cu}=0.0033$；当混凝土强度等级为 C80 时，取 $\varepsilon_{cu}=0.003$；中间强度等级用直线插入求得；

β——截面受压区矩形应力图与实际受压区高度的比值，按表 5-3-2 取用。

系 数 β 值 表 5-3-2

混凝土强度等级	C50 及以下	C55	C60	C65	C70	C75	C80
β	0.80	0.79	0.78	0.77	0.76	0.75	0.74

对于小偏心受压构件，当轴向力作用在纵向钢筋 A'_s 合力点与 A_s 合力点之间时，有可能出现离轴向力较远一侧的混凝土先被压坏的情况。为避免这种破坏的发生，应控制 A_s 的数量不能太少，抗压承载力计算尚应符合下列规定：

$$\gamma_0 N_d e' \leqslant f_{cd} bh\left(h'_0 - \frac{h}{2}\right) + f'_{sd} A_s (h'_0 - a_s) \tag{5-3-13}$$

$$e' = \frac{h}{2} - e_0 - a' \tag{5-3-14}$$

$$h'_0 = h - a'_s \tag{5-3-15}$$

二、矩形截面偏心受压构件的计算方法

在实际工程中，矩形截面偏心受压构件中的钢筋除了非对称配置外，当构件承受数值相差不大的异号弯矩时，为了构造简单，施工方便，宜采用对称配筋。

（1）大小偏心受压的判定。判别构件是大偏心受压还是小偏心受压的条件是：

①当 $\xi \leqslant \xi_b$ 时为大偏心受压。

②当 $\xi > \xi_b$ 时为小偏心受压。

但是对于截面设计问题，由于钢筋数量未知，无法计算 ξ 值，故无法利用上述条件进行判断。根据计算分析和经验，此时可以采用如下初步判别方法：

①当 $\eta e_0 > 0.3h_0$ 时，可先按大偏心受压构件计算。

②当 $\eta e_0 \leqslant 0.3h_0$ 时，可先按小偏心受压构件计算。

③对于对称配筋的偏压构件，这个判别条件不一定适用，此时可设 $A_s = A'_s$，$f'_{sd} = f_{sd}$，则可得到如下判别条件：$\gamma_0 N_d \leqslant f_{cd} b \xi_b h_0$ 为大偏心受压构件，$\gamma_0 N_d > f_{cd} b \xi_b h_0$ 为小偏心受压构件。

（2）矩形截面对称配筋的钢筋混凝土小偏心受压构件，在计算中不可避免地会出现一元三次方程，为了简化计算，《公路桥规》推荐用以下公式计算其钢筋截面面积：

$$A_s = A'_s = \frac{\gamma_0 N_d e - \xi(1 - 0.5\xi) f_{cd} b h_0^2}{f'_{sd}(h_0 - a'_s)} \tag{5-3-16}$$

式中，相对受压区高度 ξ 可按下列公式计算：

$$\xi = \frac{\gamma_0 N_d - \xi_b f_{cd} b h_0}{\dfrac{\gamma_0 N_d e - 0.43 f_{cd} b h_0^2}{(\beta - \xi_b)(h_0 - a_s')} + f_{cd} b h_0} + \xi_b \tag{5-3-17}$$

(3)不论是大偏心还是小偏心受压构件，除应计算弯矩作用平面抗压承载力外，尚应按轴心受压构件验算垂直于弯矩作用平面的抗压承载力，此时不考虑弯矩的作用，计算公式(5-3-1)中的钢筋面积 A_s' 应取全部纵向钢筋的截面面积；稳定系数 φ 应按 l_0/b 查表5-3-1，b 为截面短边尺寸。

第五节　I形和T形截面偏心受压构件

为了节省混凝土和减轻自重，对于截面尺寸较大的偏心受压构件，例如大跨径拱桥的拱肋、钢筋混凝土刚架桥的立柱、斜拉桥的索塔以及钢筋混凝土薄壁墩等，常采用I形、箱形和T形等截面形式。

对于I形和T形截面偏心受压构件的构造要求，与矩形偏心受压构件相同。在箍筋的布置上，应注意不允许采用有内折角的箍筋[图5-3-6c)]，因为有内折角的箍筋受力后有拉直的趋势，其合力使内折角处混凝土崩裂。应采用图5-3-6a)、b)所示的箍筋形式，并要求在箍筋转角处设置纵向钢筋，以形成骨架。

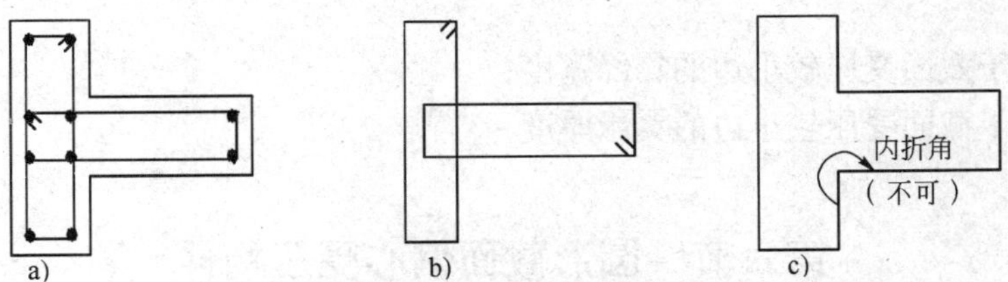

图5-3-6　T形截面偏心受压构件的箍筋形式

试验研究和计算分析表明，I形和T形截面偏心受压构件的破坏形态、计算原理都与矩形截面偏心受压构件相同，仅因受压区的图形可能为T形或矩形两种情况而在具体计算公式的表达上有所差异。

翼缘位于截面受压较大边的T形截面或I形截面偏心受压构件，其正截面抗压承载力应按下列规定计算：

(1)当受压区高度 $x \leqslant h_f'$ 时，应按 $b_f' \times h$ 的矩形截面计算。

(2)当受压区高度 $x > h_f'$ 时，应按下列公式计算(图5-3-7)：

$$\gamma_0 N_d \leqslant f_{cd} b x + f_{cd}(b_f' - b) h_f' + f_{sd}' A_s' - \sigma_s A_s \tag{5-3-18}$$

$$\gamma_0 N_d e_s \leqslant f_{cd} b x \left(h_0 - \frac{x}{2}\right) + f_{cd}(b_f' - b) h_f' \left(h_0 - \frac{h_f'}{2}\right) + f_{sd}' A_s' (h_0 - a_s') \tag{5-3-19}$$

公式中钢筋应力 σ_s 的确定，受压区高度 x 应符合的条件，均参考矩形截面的相关规定处理。

翼缘位于截面受拉边或受压较小边的T形截面或I形截面构件，当 $x > h - h_f$ 时，其正截面抗压承载力计算应考虑翼缘受压部分的作用。

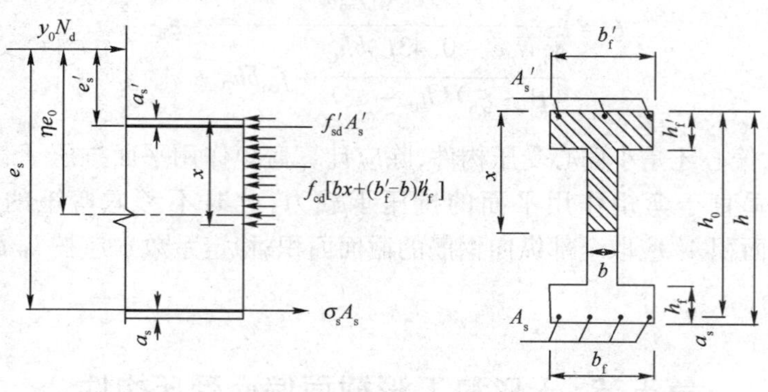

图 5-3-7　T 形截面偏心受压构件正截面抗压承载力计算

翼缘位于截面受压较大边的 T 形截面小偏心受压构件，当轴向力作用在纵向钢筋 A_s' 合力点与 A_s 合力点之间时，尚应按下列规定进行计算：

$$\gamma_0 N_d e' \leqslant f_{cd} bh\left(h_0' - \frac{h}{2}\right) + f_{cd}(b_f' - b)h_f'\left(\frac{h_f'}{2} - a_s'\right) + f_{sd}' A_s(h_0' - a_s) \tag{5-3-20}$$

翼缘位于截面受压较小边的 T 形截面小偏心受压构件，尚应按下列规定进行计算：

$$\gamma_0 N_d e' \leqslant f_{cd} bh\left(h_0' - \frac{h}{2}\right) + f_{cd}(b_f - b)h_f\left(h_0' - \frac{h_f}{2}\right) + f_{sd}' A_s(h_0' - a_s) \tag{5-3-21}$$

式中：b_f——位于截面受压较小边的翼缘宽度；

h_f——位于截面受压较小边的翼缘厚度。

第六节　圆形截面偏心受压构件

试验研究表明，钢筋混凝土圆形截面偏心受压构件的破坏，最终表现为受压区混凝土压碎。随轴向力对截面形心的偏心距不同，也会出现类似矩形截面偏心受压构件那样的“受压破坏”和“受拉破坏”两种破坏形态。但是，对于钢筋沿周边均匀布置的圆形截面来说，构件破坏时各根钢筋的应变是不等的，应力也不完全相同。随着轴向力偏心距的增大，构件的破坏由“受压破坏”向“受拉破坏”的过渡基本上是连续的。

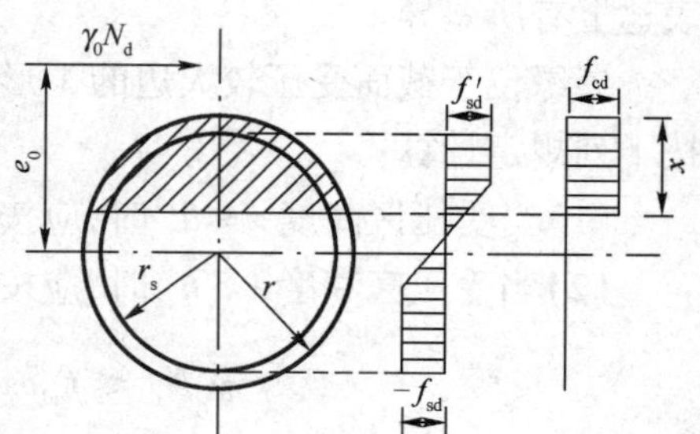

图 5-3-8　沿周边均匀配筋的圆形截面偏心受压构件计算

沿周边均匀配置纵向钢筋的圆形截面钢筋混凝土偏心受压构件（图 5-3-8），其正截面抗压承载力计算应符合下列规定（仅适用于强度等级 C50 及以下混凝土制作的构件）：

$$\gamma_0 N_d \leqslant Ar^2 f_{cd} + C\rho r^2 f_{sd}' \tag{5-3-22}$$

$$\gamma_0 N_d e_0 \leqslant Br^3 f_{cd} + D\rho g r^3 f_{sd}' \tag{5-3-23}$$

式中：e_0——轴向力偏心距，$e_0=\frac{M_d}{N_d}$，应乘以偏心距增大系数 η；

A、B——有关混凝土承载力的计算系数，按《公路桥规》表 C.0.2 查得；

C、D——有关纵向钢筋承载力的计算系数，按《公路桥规》表 C.0.2 查得；

r——圆形截面的半径；

g——纵向钢筋所在圆周的半径 r_s 与圆截面半径之比，$g=\frac{r_s}{r}$；

ρ——纵向钢筋配筋率，$\rho=\frac{A_s}{\pi r^2}$。

第四章　钢筋混凝土受弯构件的应力、裂缝和变形验算

对钢筋混凝土构件，除应进行承载能力极限状态计算外，还要根据施工和使用条件进行持久状况正常使用极限状态和短暂状况的验算。

第一节　换算截面

在进行钢筋混凝土受弯构件正常使用阶段的验算时，一般采用梁受力的第Ⅱ阶段，即带裂缝工作阶段作为计算依据。在第Ⅱ阶段中，竖向裂缝已开展，中性轴以下大部分混凝土已退出工作，拉力由钢筋承担，钢筋的应力还远远小于其屈服强度，受压区混凝土的压应力图形大致是抛物线。

为了利用材料力学中匀质弹性梁的计算方法以简化计算，在此引入“换算截面”的概念。所谓换算截面，是将钢筋和受压区混凝土两种材料组成的实际截面换算成一种由匀质弹性材料组成的截面，从而能采用材料力学公式进行截面计算。

一、换算截面

钢筋混凝土受弯构件第Ⅱ阶段的计算，采用以下三项基本假定。

（1）平截面假定。即沿梁高同一水平纤维的应变与其到中性轴的距离成正比。同时，由于钢筋与混凝土之间的黏结力，钢筋与其同一水平处的混凝土应变相等。

（2）弹性体假定。在第Ⅱ阶段中，钢筋远未屈服，可视为线弹性材料；混凝土此时的塑性不大，也可近似作为弹性材料。

（3）受拉区混凝土不承担拉力，拉力仅由钢筋承担。

根据以上假定，可以推导出如下结论：钢筋的拉应力 σ_s 是同一水平位置处混凝土拉应力 σ_c 的 α_{ES}倍。即：

$$\sigma_s = \alpha_{ES}\sigma_c \tag{5-4-1}$$

式中：α_{ES}——钢筋与混凝土弹性模量之比，即 $\alpha_{ES}=E_s/E_c$。

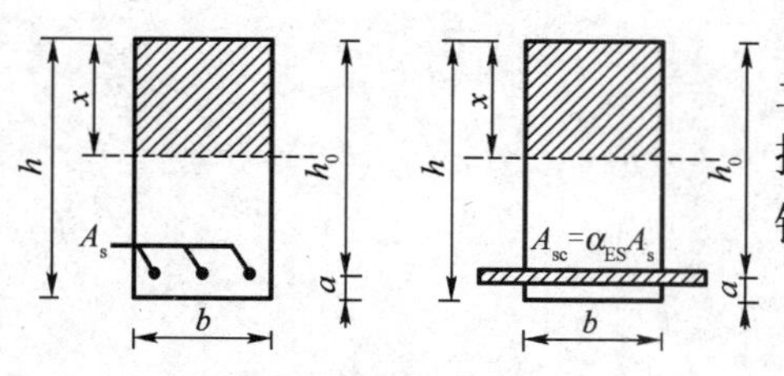

图 5-4-1　换算截面图示

通常将钢筋截面面积 A_s 换算成等效的受拉混凝土截面面积 A_{sc}，位于钢筋的重心处（如图 5-4-1）。依据力的等效原则，换算混凝土 A_{sc}承受的总拉力应该与钢筋承受的总拉力相等，即：

$$A_s\sigma_s = A_{sc}\sigma_c \tag{5-4-2}$$

将式（5-4-1）代入式（5-4-2）可得：

$$A_{sc} = A_s\sigma_s/\sigma_c = \alpha_{ES}A_s \tag{5-4-3}$$

将 $A_{sc}=\alpha_{ES}A_s$ 称为钢筋的换算面积,而将受压区的混凝土面积和受拉区的钢筋换算面积所组成的截面称为钢筋混凝土构件开裂截面的换算截面(图 5-4-1),这样就可以按材料力学的方法来计算换算截面的几何特性。

二、常用换算截面的几何特性

1. 单筋矩形截面梁开裂截面的换算截面(图 5-4-1)

换算截面面积 A_{cr}:

$$A_{cr}=bx+\alpha_{ES}A_s \tag{5-4-4}$$

换算截面对中性轴的面积矩 S_0:

$$受压区\ S_{0c}=\frac{1}{2}bx^2 \tag{5-4-5}$$

$$受拉区\ S_{0t}=\alpha_{ES}A_s(h_0-x) \tag{5-4-6}$$

换算截面惯性矩 I_{cr}:

$$I_{cr}=\frac{1}{3}bx^3+\alpha_{ES}A_s(h_0-x)^2 \tag{5-4-7}$$

受压区高度 x。对于受弯构件,开裂截面的中性轴通过其换算截面的形心轴,即 $S_{0c}=S_{0t}$,可得:

$$\frac{1}{2}bx^2=\alpha_{ES}A_s(h_0-x) \tag{5-4-8}$$

化简后得:

$$x=\frac{\alpha_{ES}A_s}{b}\left[\sqrt{1+\frac{2bh_0}{\alpha_{ES}A_s}}-1\right] \tag{5-4-9}$$

2. 翼缘位于受压区的 T 形截面开裂截面的换算截面(图 5-4-2)

(1)当受压区高度 $x\leqslant h_f'$ 时,应按宽度为 b_f' 的矩形截面计算,应用式(5-4-4)~式(5-4-9)来计算开裂截面的换算截面几何特性。

(2)当受压区高度 $x>h_f'$ 时,表明中性轴位于 T 形截面的肋部,这时换算截面的受压区高度 x 按下式计算:

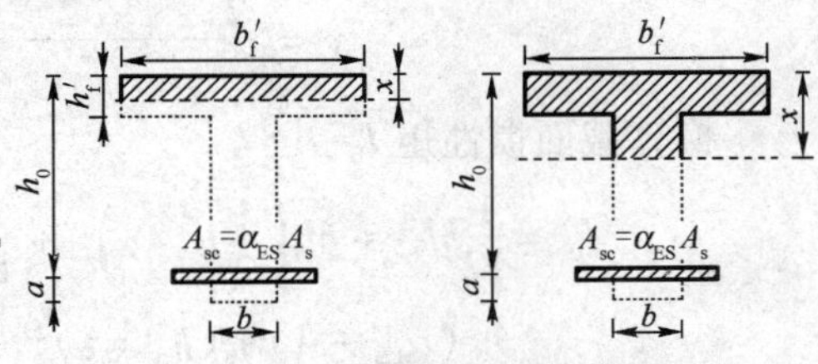

图 5-4-2　开裂状态下 T 形换算截面图示

$$x=\sqrt{A^2+B}-A$$

$$A=\frac{\alpha_{ES}A_s+(b_f'-b)h_f'}{b}$$

$$B=\frac{2\alpha_{ES}A_sh_0+(b_f'-b)(h_f')^2}{b} \tag{5-4-10}$$

换算截面惯性矩 I_{cr}:

$$I_{cr}=\frac{b_f'x^3}{3}-\frac{(b_f'-b)(x-h_f')^3}{3}+\alpha_{ES}A_s(h_0-x)^2 \tag{5-4-11}$$

3. 矩形全截面的换算截面(图 5-4-3)

在进行钢筋混凝土受弯构件开裂前的计算中,应采用全截面换算截面的截面几何特性。

全截面的换算截面是混凝土全截面面积和钢筋的换算面积所组成的截面。对于如图5-4-3所示的矩形截面,全截面的换算截面几何特性计算式如下:

换算截面面积 A_0:

$$A_0 = bh + (\alpha_{ES} - 1)A_s \tag{5-4-12}$$

受压区高度 x:

$$x = \frac{\frac{1}{2}bh^2 + (\alpha_{ES} - 1)A_s h_0}{A_0} \tag{5-4-13}$$

换算截面惯性矩 I_0:

$$I_0 = \frac{1}{12}bh^3 + bh\left(\frac{1}{2}h - x\right)^2 + (\alpha_{ES} - 1)A_s(h_0 - x)^2 \tag{5-4-14}$$

4. T形全截面的换算截面(图5-4-4)

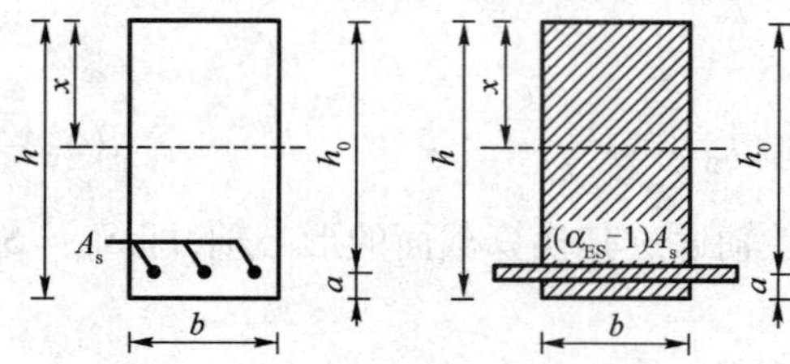

图5-4-3 矩形全截面的换算截面

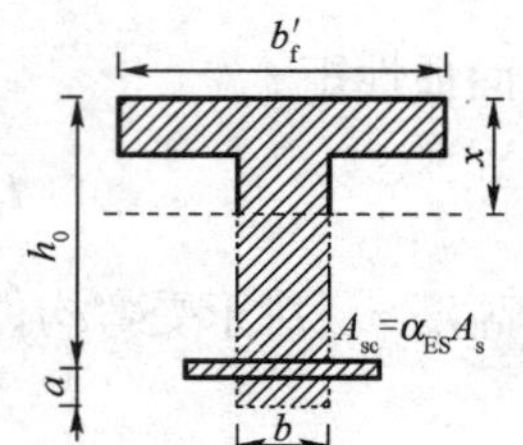

图5-4-4 T形全截面的换算截面

换算截面面积 A_0:

$$A_0 = bh + (b'_f - b)h'_f + (\alpha_{ES} - 1)A_s \tag{5-4-15}$$

受压区高度 x:

$$x = \frac{\frac{1}{2}bh^2 + \frac{1}{2}(b'_f - b)(h'_f)^2 + (\alpha_{ES} - 1)A_s h_0}{A_0} \tag{5-4-16}$$

换算截面惯性矩 I_0:

$$I_0 = \frac{1}{12}bh^3 + bh\left(\frac{1}{2}h - x\right)^2 + \frac{1}{12}(b'_f - b)(h'_f)^3 + (b'_f - b)h'_f\left(\frac{1}{2}h'_f - x\right)^2 + (\alpha_{ES} - 1)A_s(h_0 - x)^2 \tag{5-4-17}$$

第二节 受弯构件的裂缝宽度验算

一、裂缝原因及对策

因为混凝土的抗拉强度很低,大致为其抗压强度的1/10,在不大的拉力作用下混凝土就可能开裂,因而钢筋混凝土构件一般是带裂缝工作的。

钢筋混凝土结构裂缝产生的原因大致可分为以下三类。

1. 外加变形或约束变形(温差、收缩等)引起的裂缝

对于这一类非正常裂缝,可通过采取相应的构造措施和施工工艺予以控制。例如,混凝土收缩引起的裂缝,往往发生在混凝土的结硬初期,因此需要良好的初期养护条件和合适的混凝

土配合比设计。另外,对大体积混凝土,浇筑时可设置施工缝或后浇带,以减小温差和收缩应力。同时,《公路桥规》还规定,对于钢筋混凝土薄腹梁,应沿腹板两侧设置水平纵向钢筋,并且具有规定的钢筋直径和配筋率以防止过宽的收缩裂缝。

2. 钢筋锈蚀引起的裂缝

由于这种裂缝将降低结构的耐久性,危害性较大,故必须防止其出现。在实际工程中,应采取切实措施,在施工上保证混凝土的密实性,在设计上采用必要的混凝土保护层厚度,以防止它的出现;并应严格控制早凝剂、早强剂的掺入量。一旦钢筋锈蚀裂缝出现,应当及时进行处理。

3. 荷载作用引起的裂缝

在钢筋混凝土结构的使用阶段,由荷载作用引起的裂缝,只要裂缝宽度符合规范要求且处于基本稳定状态,均属于正常情况。若裂缝宽度过大,会造成裂缝处钢筋锈蚀,影响结构的耐久性。对于在荷载作用下产生的裂缝,主要通过设计计算和构造措施来控制裂缝宽度。

二、最大裂缝宽度限值

在钢筋混凝土结构中,如果混凝土的裂缝过宽,则由于水汽和有害气体等的侵入,将会导致钢筋的锈蚀,尤其在海水侵蚀的情况下,钢筋更易腐蚀,这将大大缩短钢筋混凝土结构的使用寿命;同时必将显著降低构件的刚度,导致结构物变形的增大,影响结构物的使用;另外,过宽的裂缝会影响结构的外观,引起人们心理上的不安全感。因此,控制裂缝的宽度就显得十分重要。

《公路桥规》规定,钢筋混凝土构件在作用(或荷载)短期效应组合并考虑长期效应组合影响下构件的垂直裂缝,其最大裂缝宽度不应超过以下限值:对一般性环境条件的I类和II类环境为0.20mm;对海水或受侵蚀性物质影响的III类和IV类环境为0.15mm。

三、矩形、箱形、T形和I形截面钢筋混凝土受弯构件最大裂缝宽度的计算公式

《公路桥规》规定,其最大裂缝宽度可按下列公式计算:

$$W_{fk} = C_1 C_2 C_3 \frac{\sigma_{ss}}{E_s}\left(\frac{30 + d}{0.28 + 10\rho}\right) \quad (\mathrm{mm}) \tag{5-4-18}$$

$$\rho = \frac{A_s}{bh_0 + (b_f - b)h_f} \tag{5-4-19}$$

式中:C_1——钢筋表面形状系数,对光面钢筋 $C_1 = 1.4$,对带肋钢筋 $C_1 = 1.0$;

C_2——作用(或荷载)长期效应影响系数,$C_2 = 1.0 + 0.5\frac{N_l}{N_s}$,其中 N_l 和 N_s 分别为按作用(或荷载)长期效应组合和短期效应组合计算的内力值;

C_3——与构件受力性质有关的系数,当为钢筋混凝土板式受弯构件时,$C_3 = 1.15$,其他受弯构件 $C_3 = 1.0$,轴心受拉构件 $C_3 = 1.2$,偏心受拉构件 $C_3 = 1.1$,偏心受压构件 $C_3 = 0.9$;

σ_{ss}——由作用(或荷载)短期效应组合引起的开裂截面纵向受拉钢筋的应力,受弯构件 $\sigma_{ss} = \frac{M_s}{0.87A_s h_0}$,其他受力构件可按《公路桥规》第6.4.4条的规定计算;

d——纵向受拉钢筋直径（mm），当用不同钢筋时，d 改用换算直径 d_e；

ρ——纵向受拉钢筋配筋率，对钢筋混凝土构件，当 $\rho>0.02$ 时，取 $\rho=0.02$；当 $\rho<0.006$ 时，取 $\rho=0.006$；对轴心受拉构件，ρ 按全部受拉钢筋截面面积 A_s 的一半计算；

b_f——构件受拉翼缘宽度；

h_f——构件受拉翼缘厚度。

公式（5-4-18）中 C_1、C_2、C_3、σ_{ss}、d、ρ 分别表示了钢筋表面形状、作用（或荷载）长期效应、构件受力性质、纵向受拉钢筋应力、受拉钢筋直径、受拉钢筋配筋率对构件裂缝宽度的影响。

四、圆形截面钢筋混凝土偏心受压构件最大裂缝宽度的计算公式

《公路桥规》依据对圆形截面钢筋混凝土偏心受压构件裂缝试验资料的统计回归，建立了其裂缝宽度的计算公式。计算公式考虑的主要因素有：受拉区最外缘钢筋应变、钢筋直径与配筋率的比值、混凝土保护层厚度等，还考虑了在试验中直接表现出来的重复荷载对裂缝宽度的影响。

$$W_{fk}=C_1C_2\left[0.03+\frac{\sigma_{ss}}{E_s}\left(0.004\frac{d}{\rho}+1.52C\right)\right]\quad(\mathrm{mm})\tag{5-4-20}$$

$$\sigma_{ss}=\left[59.42\frac{N_s}{\pi r^2 f_{cu,k}}\left(2.8\frac{\eta_s e_0}{r}-1.0\right)-1.65\right]\cdot\rho^{-\frac{2}{3}}\quad(\mathrm{MPa})\tag{5-4-21}$$

式中：N_s——按作用（或荷载）短期效应组合计算的轴向力（N）；

σ_{ss}——截面受拉区最外缘钢筋应力，当按公式（5-4-21）计算的 $\sigma_{ss}\leqslant 24\mathrm{MPa}$ 时，可不必验算裂缝宽度；

ρ——截面配筋率，$\rho=A_s/\pi r^2$；

C——混凝土保护层厚度（mm）；

η_s——使用阶段的偏心距增大系数，$\eta=1+\dfrac{1}{4\,000e_0/(r+r_s)}\left(\dfrac{l_0}{2r}\right)^2$，当 $l_0/2r\leqslant 14$ 时，可取 $\eta_s=1.0$；

e_0——轴向力 N_s 的偏心距（mm）；

$f_{cu,k}$——边长为 150mm 的混凝土立方体抗压强度标准值，设计时可取混凝土的强度等级（MPa）；

r_s——构件截面纵向钢筋所在圆周的半径（mm）；

l_0——构件的计算长度；

C_1、C_2 的定义与取值与前面相同。

第三节　受弯构件的变形验算

一、受弯构件的刚度

由材料力学知，匀质弹性材料梁的跨中挠度为：

$$f=S\frac{M}{EI}l_0^2\tag{5-4-22}$$

式中：S——与荷载形式、构件支承条件有关的系数；

l_0——梁的计算跨度；

EI——梁的截面抗弯刚度，截面抗弯刚度的物理意义是指截面产生单位转角所需施加的弯矩，它体现了构件截面抵抗弯曲变形的能力。

对于钢筋混凝土受弯构件，上述关于匀质弹性材料梁的力学概念仍然适用。但是，带裂缝工作的钢筋混凝土构件与匀质弹性构件的刚度存在明显的差别，前者的刚度是沿梁长和梁高方向变化的，裂缝截面处刚度小，两裂缝间刚度大，因此是一根不等刚度的构件。

《公路桥规》在确定钢筋混凝土受弯构件的抗弯刚度时，既考虑了开裂对构件刚度的削弱，也考虑了未开裂截面对构件挠曲的有利影响，按在两端部弯矩作用下构件转角相等的原则，把带裂缝的变刚度构件等效为等刚度构件，求出带裂缝受弯构件的等效抗弯刚度 B。其计算公式为：

$$B = \frac{B_0}{\left(\frac{M_{cr}}{M_s}\right)^2 + \left[\left(1 - \frac{M_{cr}}{M_s}\right)^2\right]\frac{B_0}{B_{cr}}} \tag{5-4-23}$$

$$M_{cr} = \gamma f_{tk} W_0 \tag{5-4-24}$$

式中：B——开裂构件等效截面的抗弯刚度；

B_0——全截面的抗弯刚度，$B_0 = 0.95E_c I_0$；

B_{cr}——开裂截面的抗弯刚度，$B_{cr} = E_c I_{cr}$；

M_{cr}——开裂弯矩；

γ——构件受拉区混凝土塑性影响系数，$\gamma = \frac{2S_0}{W_0}$；

S_0——全截面换算截面重心轴以上（或以下）部分面积对重心轴的面积矩；

W_0——换算截面抗裂边缘的弹性抵抗矩；

I_0——全截面的换算截面惯性矩；

I_{cr}——开裂截面的换算截面惯性矩。

二、受弯构件的变形

钢筋混凝土受弯构件在正常使用极限状态下的挠度，可根据公式（5-4-24）计算的刚度，用结构力学的方法计算得到。

随着时间的增长，钢筋混凝土受弯构件的刚度要降低，挠度要增大。这是因为：受压区混凝土发生徐变；受拉区裂缝间混凝土与钢筋之间的黏结逐渐退化，钢筋平均应变增大；受压区与受拉区混凝土收缩不一致，构件曲率增大以及混凝土弹性模量降低等。因此，在计算受弯构件的挠度时应考虑荷载长期效应的影响，即按荷载短期效应组合计算的挠度值，乘以挠度长期增长系数 η_θ。

挠度长期增长系数 η_θ 可按下列规定取用：

当采用 C40 以下混凝土时，$\eta_\theta = 1.60$；当采用 C40 ~ C80 混凝土时，$\eta_\theta = 1.45 \sim 1.35$；中间强度等级可按直线内插取用。

钢筋混凝土受弯构件按上述计算的长期挠度值，在消除结构自重产生的长期挠度后，梁式桥主梁的最大挠度不应超过计算跨径的 1/600；梁式桥主梁悬臂端的最大挠度不应超过悬臂长度的1/300。

三、受弯构件的预拱度

桥梁中受弯构件的变形是由结构重力（恒载）和可变荷载两部分作用产生的。设置预拱度可消除结构重力引起的变形，使桥梁建成后行车较为平顺。

《公路桥规》规定，当由荷载短期效应组合并考虑荷载长期效应影响产生的长期挠度不超过计算跨径的1/1 600时，可不设预拱度；当不符合上述规定时应设预拱度，且其值应按结构自重和1/2可变荷载频遇值计算的长期挠度值之和采用。

第五章　预应力混凝土结构

第一节　预应力混凝土的基本原理

一、预应力混凝土的基本概念

普通钢筋混凝土是由钢筋和混凝土自然地结合在一起而共同工作的。它的最大缺点是抗裂性差。由于混凝土的抗拉强度很小,构件在使用荷载下一般带裂缝工作,刚度小而挠度大,故不能用于不允许开裂的结构。它的另一缺点是不能充分利用高强材料。如果在构件中采用高强材料,可大幅减少材料用量,相应减轻构件自重;但要使高强钢筋达到屈服,其相应的拉应变必将很大,致使构件出现远远超过规范限值的变形和裂缝宽度。另外,高强混凝土的抗拉强度提高很少,也不能有效地起到减小裂缝宽度的作用。特别是在桥梁工程中,荷载随着跨度的增大而增大,此时靠增加构件的截面尺寸或钢筋用量的方法来控制裂缝和变形是不经济的,将直接导致构件的自重增加,因而限制其跨越能力。因此,要使钢筋混凝土结构得到进一步发展,就必须克服其抗裂性差这一缺点。于是人们经过长期的理论和实践,终于创造了预应力混凝土结构。

所谓预应力混凝土,是指事先人为地在混凝土中引入内部应力,使其大小和分布能抵消使用荷载产生的应力至期望程度的混凝土。也就是说,在构件承受外荷载之前,对受拉区的混凝土施加压力,使其产生预压应力,以抵消外荷载引起的拉应力,改善构件的受力性能。我们把这种对混凝土预先施加的应力称为预应力,这类构件称为预应力混凝土构件。

现以图 5-5-1 所示的预应力混凝土简支梁为例,说明预应力混凝土的基本原理。

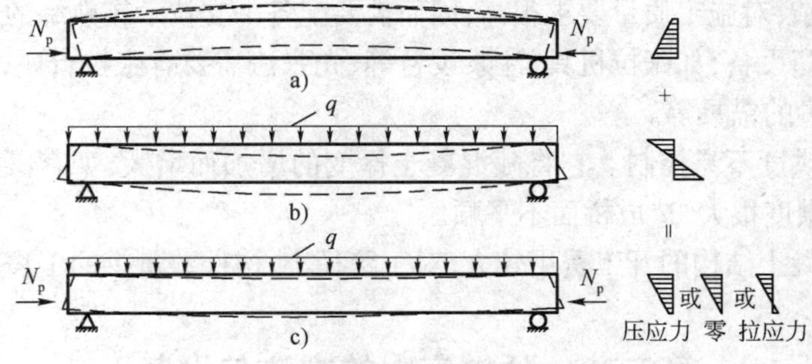

图 5-5-1　预应力混凝土的基本原理

该梁在外荷载作用之前,预先在梁的受拉区施加一对偏心压力 N_p,使梁截面混凝土中产生预压应力[如图 5-5-1a)];当荷载 q(包括梁自重)作用时,梁跨中截面应力如图 5-5-1b)所示。将图 5-5-1a)、b)叠加后,梁跨中截面的应力分布如图 5-5-1c)所示,通过人为控制预压力 N_p 的大小,可使受拉边缘混凝土处于压应力、零应力或很小的拉应力状态。由此可见,由于预先给混凝土梁施加了预压力 N_p,使混凝土梁在荷载 q 作用下,其下边缘产生的拉应力被预压应力完全或大部分抵消，因而可以避免混凝土出现裂缝（或将裂缝宽度控制在容许范围之内），这就改善了钢筋混凝土梁的抗裂性能，并能充分发挥高强度材料的作用。

二、预应力混凝土的特点

1. 优点

预应力混凝土与普通钢筋混凝土相比，有如下优点。

1）提高了构件的抗裂度和刚度

对构件施加预应力，可控制构件在使用荷载作用下不出现裂缝，或使裂缝大大推迟出现，有效地改善了构件的使用性能，提高了构件的刚度，增加了结构的耐久性。

2）可以节省材料，减少自重，增大跨越能力

预应力混凝土由于采用了高强材料，可减小构件截面尺寸，节省材料用量，降低结构的自重。这对自重比例很大的大跨径桥梁来说，有更显著的优越性。大跨度和重荷载结构，采用预应力混凝土结构一般是经济合理的。

3）可以减小混凝土梁的竖向剪力和主拉应力

预应力混凝土梁的曲线钢筋（束），可使梁支座附近的竖向剪力减小；还由于混凝土截面上预压应力的存在，使荷载作用下的主拉应力也相应减小。这有利于减小梁的腹板厚度，梁的自重可以进一步减小。

4）结构质量安全可靠

对构件施加预应力时，钢筋（束）与混凝土都经受了一次强度检验。如果在张拉钢筋时钢筋质量表现良好，那么，在使用时也可以认为构件是安全可靠的。因此，有人称预应力混凝土结构是经过预先检验的结构。

5）其他优点

预应力可作为结构构件连接的手段，促进了桥梁结构新体系和新施工方法的发展。

2. 缺点

预应力混凝土结构也存在一些缺点，主要有。

（1）工艺较复杂，对施工质量要求很高，因而需要配备一支技术较熟练的专业队伍。

（2）需要有专门设备，如张拉机具、注浆设备等，先张法需要有张拉台座，后张法需要耗费数量较多、价格较贵的锚具等。

（3）预应力反拱度不易控制。它将随混凝土徐变的增加而增大，如存梁时间过久再进行安装，就可能因上拱度很大，造成桥面不平顺。

（4）预应力混凝土结构的开工费用较大，对于跨径小、构件数量少的工程，成本较高。

第二节 预加应力的方法与设备

一、预加应力的方法

常用的预加应力方法主要有先张法和后张法两类。

1. 先张法

先张法即先张拉钢筋，后浇筑混凝土构件的方法，施工工序如图 5-5-2 所示。先在台座上

张拉预应力钢筋至控制应力,并用锚具临时固定;再浇筑构件混凝土;待混凝土达到规定强度后,切断或放松预应力钢筋,混凝土构件借助钢筋的弹性恢复获得预压应力。先张法预应力混凝土构件是通过预应力钢筋与混凝土之间的黏结力来保持和传递预应力的。

先张法通常适合在长线台座(50~200m)上成批生产直线预应力布筋的中小型构件。其主要优点是生产效率高、施工工艺简单、夹具可多次重复使用。

2. 后张法

后张法即先浇筑构件混凝土,后张拉预应力钢筋的方法,施工工序如图5-5-3所示。先浇筑构件混凝土,并在混凝土构件中预留孔道;待混凝土达到规定强度后,将钢筋穿过预留孔道;以混凝土构件本身作为支承件,张拉预应力钢筋至控制应力;然后用专用锚具将预应力钢筋锚固于构件端面上,使混凝土构件获得并保持预应力;在预留孔道内压注水泥浆,以使预应力钢筋与梁体黏结为整体;最后浇筑封端混凝土以保护锚具不致锈蚀。

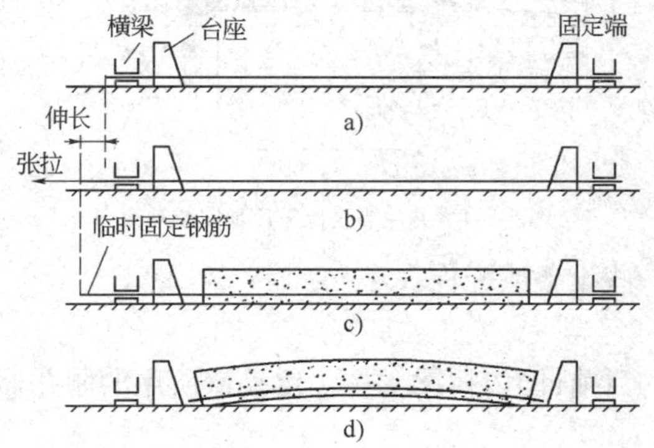

图5-5-2　先张法施工工序示意

a)预应力钢筋就位;b)张拉预应力钢筋;c)临时固定钢筋,浇筑构件混凝土并养护;d)松锚,预应力钢筋回缩,混凝土受预压而上拱

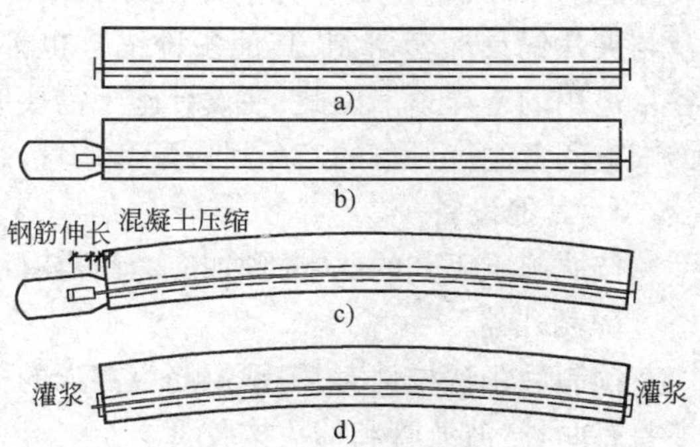

图5-5-3　后张法工序示意

a)制作构件,预留孔道,穿入预应力钢筋;b)千斤顶支于构件上;c)张拉预应力钢筋;d)锚固预应力钢筋,拆除千斤顶,孔道压力灌浆

后张法预应力混凝土构件主要是通过锚具来保持和传递预应力的。

后张法不需要专门台座,适用于在现场制作大型结构构件,可配置直线或曲线预应力钢筋。但施工工艺较复杂,锚具消耗量较大,成本较高。

二、预加应力的设备

1. 锚具

1)对锚具的要求

无论是先张法所用的临时锚具,还是后张法所用的永久性工作锚具,都是保证预应力混凝土施工安全、结构可靠的关键性技术设备。因此,在设计、制造或选择锚具时,应注意满足:受力安全可靠,刚度大,预应力损失小;构造简单、紧凑,制作方便,用钢量少;张拉锚固方便迅速,设备简单。

2)锚具的分类及类型

锚具的种类繁多,按其传力锚固的受力原理,可分为:

(1)依靠摩阻力锚固的锚具。如楔形锚、锥形锚和用于锚固钢绞线的JM锚与夹片式群锚等,都是借张拉筋束的回缩或千斤顶的顶压,带动锥销或夹片将筋束楔紧于锥孔中而锚固的。

(2)依靠承压锚固的锚具。如墩头锚、钢筋螺纹锚等,是利用钢丝的墩粗头或钢筋螺纹承压达到锚固的。

(3)依靠黏结力锚固的锚具。如先张法的筋束锚固,以及后张法固定端的钢绞线压花锚具等,都是利用筋束与混凝土之间的黏结力进行锚固的。

对于不同形式的锚具,往往需要有专门的张拉设备配套使用。因此,在设计施工中,锚具与张拉设备的选择应同时考虑。

目前,国内在桥梁结构中常用的几种锚具有:锥形锚、墩头锚、高强精轧螺纹钢筋锚具、夹片锚具等。

2. 千斤顶

各种锚具都必须配置相应的张拉设备,才能顺利地进行张拉、锚固。与夹片锚具配套的张拉设备,是一种大直径的穿心千斤顶(图5-5-4),它常与夹片锚具配套研制,其他各种锚具也都具有各自适用的千斤顶。因此,在设计施工需要时,应详细查阅各生产厂家的产品目录配套购置。

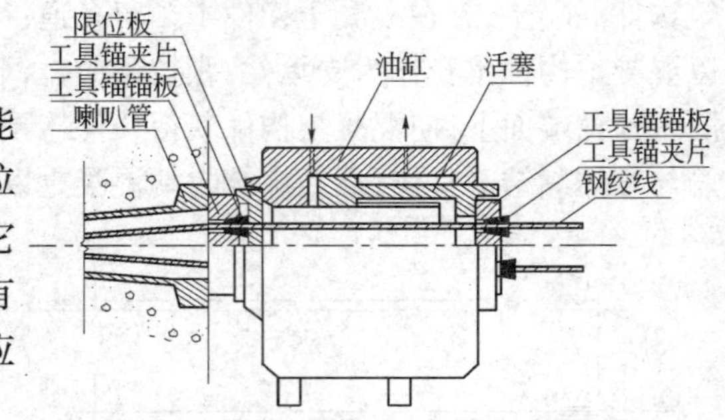

图5-5-4　夹片锚张拉千斤顶安装示意图

3. 其他设备

按照施工工艺的要求,预加应力尚需有以下一些设备或配件。

1)制孔器

预制后张法构件时,需预留筋束穿入的孔道。目前,国内桥梁构件预留孔道所用的制孔器主要有两种:波纹管和抽拔橡胶管。

2)穿索机

当采用后张法时,一般都采用后穿法穿束。但当构件的筋束很长时,人工穿束十分困难,需采用穿索(束)机。穿索(束)机有两种类型:一是液压式;二是电动式。

3)灌孔水泥浆及压浆机

在后张法预应力混凝土构件中,筋束张拉锚固后必须给预留孔道压注水泥浆,以免钢筋锈蚀,并使筋束与梁体混凝土结合为一整体。施工时应严格控制水灰比并保证孔道内水泥浆密实。

压浆机是孔道灌浆的主要设备,它主要由灰浆搅拌桶、存浆桶和压送灰浆的灰浆泵以及供水系统组成。

4)张拉台座

采用先张法生产预应力混凝土构件时,需设置用作张拉和临时锚固筋束的张拉台座。张拉台座将承受张拉筋束巨大的回缩力,设计时应保证具有足够的强度、刚度和稳定性。

第三节　预应力损失与有效预应力

一、张拉控制应力

张拉控制应力σ_{con}是指张拉预应力钢筋锚固前,张拉千斤顶的油压表所显示的总拉力除以预应力钢筋截面积所得的应力值。对后张法构件为梁体内锚下(扣除锚圈口损失后)的钢筋应力,σ_{con}应符合下列规定。

1）钢丝、钢绞线的张拉控制应力值

$$\sigma_{con} \leqslant 0.75f_{pk} \tag{5-5-1}$$

2）精轧螺纹钢筋的张拉控制应力值

$$\sigma_{con} \leqslant 0.90f_{pk} \tag{5-5-2}$$

式中：f_{pk}——预应力钢筋抗拉强度标准值。

当对构件进行超张拉或计入锚圈口摩擦损失时，钢筋中最大控制应力（千斤顶油泵上显示的值）对钢丝和钢绞线不应超过 $0.80f_{pk}$；对精轧螺纹钢筋不应超过 $0.95f_{pk}$。

为充分发挥预应力的效果，预应力钢筋的张拉控制应力宜尽量取得高些，以使混凝土获得较大的预压应力，从而提高构件的抗裂性。但张拉控制应力也不宜定得过高，否则可能引起如下问题：

（1）在高应力状态下可能使构件预压区出现纵向裂缝。

（2）可能造成后张法构件端部混凝土局部承压破坏。

（3）钢筋的应力松弛大。

（4）在束筋中每根钢丝或钢绞线获得的张拉应力不均匀而导致断筋。

二、预应力损失

在施工和使用过程中，由于张拉工艺和材料特性等原因，构件中预应力钢筋的应力将逐渐降低，这种现象称作预应力损失。了解预应力损失的产生原因，正确估算预应力损失值以及采用有效的措施减少损失，是预应力混凝土结构设计与施工的重要内容。下面分别讨论各种预应力损失。

1. 后张法构件张拉时，预应力钢筋与管道壁之间摩擦引起的预应力损失 σ_{l1}

后张法的预应力钢筋一般由直线段和曲线段组成。张拉时，预应力筋将沿着管道壁滑移而产生摩擦力，使钢筋中的预拉应力形成张拉端高，向构件跨中方向逐渐减小的情况，减小的部分即为预应力损失（图 5-5-5）。预应力筋的摩擦损失 σ_{l1} 主要由管道的弯曲和管道位置偏差两部分引起。σ_{l1} 可按下式计算：

$$\sigma_{l1} = \sigma_{con}\left[1 - e^{-(\mu\theta + kx)}\right] \tag{5-5-3}$$

式中：μ——预应力钢筋与管道壁的摩擦系数，按《公路桥规》表 6.2.2 采用；

θ——从张拉端至计算截面曲线管道部分切线的夹角之和（rad）（图 5-5-6）；

k——管道每米局部偏差对摩擦的影响系数，按《公路桥规》表 6.2.2 采用；

x——从张拉端至计算截面的管道长度，可近似地取该段管道在构件纵轴上的投影长度（m）。

减少 σ_{l1} 的措施有：

（1）采用两端张拉，以减小 θ 值及管道长度 x 值。

（2）采用超张拉。

2. 由锚具变形、钢筋回缩和接缝压缩引起的预应力损失 σ_{l2}

预应力钢筋张拉结束进行锚固时，锚具将受到巨大的压力而变形，锚下垫板间的所有缝隙被挤紧，同时钢筋在锚具内回缩；此外，拼装式构件的接缝也被压密，所有这些变形都将使锚固后的预应力钢筋放松，从而引起预应力损失。

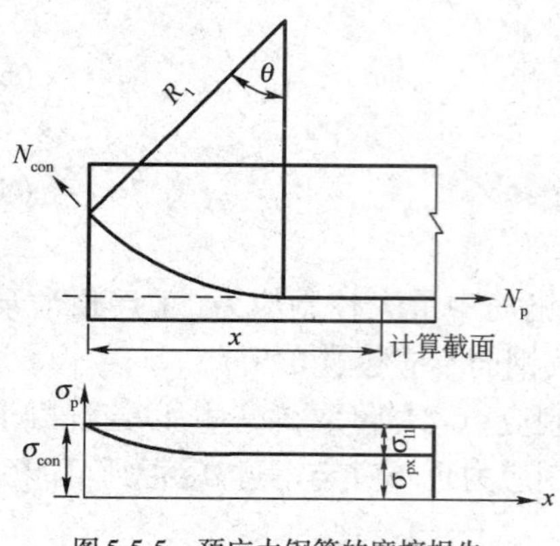

图 5-5-5　预应力钢筋的摩擦损失

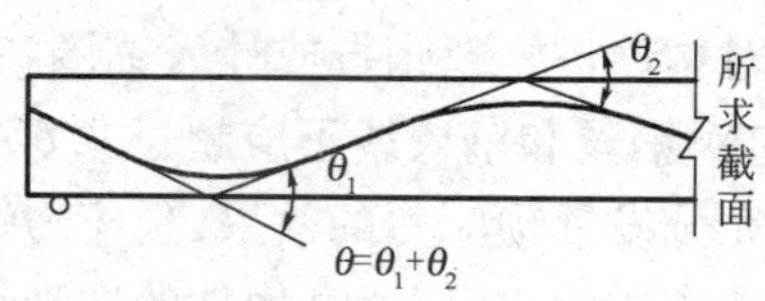

图 5-5-6　θ 的计算图示

对直线预应力钢筋，该项预应力损失按下式计算：

$$\sigma_{l2}=\frac{\sum \Delta l}{l}E_p \tag{5-5-4}$$

式中：Δl——张拉端锚具变形、钢筋回缩和接缝压缩值（mm），按《公路桥规》表 6.2.3 采用；

l——张拉端至锚固端之间的距离（mm）。

对曲线或折线预应力钢筋的后张法构件，当将预应力钢筋张拉至 σ_{con} 并锚固在构件端部时，由于锚具变形所引起的钢筋回缩同样会受到管道壁反向摩擦的影响，σ_{l2} 只在一定长度 l_f 内发生，该长度称为反向摩擦影响长度。计算时需考虑这种反向摩擦的影响。具体计算可参照《公路桥规》第 6.2.3 条和附录 D 进行。

σ_{l2} 只考虑发生在张拉端。至于锚固端，因在张拉过程中锚具变形和钢筋回缩已经完成，故不应考虑。

减小 σ_{l2} 的措施有：

(1)选择锚具变形和钢筋回缩值较小的锚具，并尽量少用垫板。

(2)对先张法，宜采用长线台座。

3. 先张法预应力混凝土构件，当采用加热方法养护时，由钢筋与台座之间的温差引起的预应力损失 σ_{l3}

制作先张法构件时，为了缩短生产周期，常采用蒸汽养护，促使混凝土快硬。当新浇筑的混凝土尚未结硬时，加热升温，预应力钢筋受热伸长，但台座因与大地相连，温度基本上不变，台座间距离也保持不变，这样预应力钢筋的伸长就受到约束，相当于将预应力钢筋压缩了一个长度，使其应力下降。当停止升温养护时，混凝土已结硬并与预应力钢筋结成整体，钢筋应力不能恢复原值，于是就产生了预应力损失 σ_{l3}。σ_{l3} 可按下式计算：

$$\sigma_{l3}=2(t_2-t_1)\quad (\text{MPa}) \tag{5-5-5}$$

式中：t_2——混凝土加热养护时，受拉钢筋的最高温度（℃）；

t_1——张拉钢筋时，制造场地的温度（℃）。

注意，当台座与构件共同受热时，不考虑温差引起的预应力损失。

减小 σ_{l3} 损失的措施有：

(1)采用分阶段养护措施。第一阶段用低温养护，温差控制在 20℃左右，然后恒温养护，待混凝土达到一定强度预应力钢筋与混凝土结成整体时，再进行第二阶段的升温养护。此时

σ_{l3}仅计入第一阶段温差引起的预应力损失。

(2)采用钢模生产预应力构件,钢模与构件一起整体入池养护。

4. 由混凝土弹性压缩引起的预应力损失 σ_{l4}

当预应力混凝土构件受到预压应力而产生压缩变形时,对于已张拉并锚固于该构件上的预应力钢筋来说,也将产生压缩变形,其大小与该预应力钢筋重心水平处混凝土相同,因而产生预应力损失,即混凝土弹性压缩损失 σ_{l4}。这项损失的计算与构件预加应力的方式有关。

(1)后张法预应力混凝土构件当采用分批张拉时,先张拉的钢筋由张拉后批钢筋所引起的混凝土弹性压缩的预应力损失,可按下式计算:

$$\sigma_{l4}=\alpha_{EP}\sum\Delta\sigma_{pc} \tag{5-5-6}$$

式中:$\Delta\sigma_{pc}$——在计算截面先张拉的钢筋重心处,由后张拉各批钢筋产生的混凝土法向应力(MPa);

α_{EP}——预应力钢筋弹性模量与混凝土弹性模量的比值。

(2)先张法预应力混凝土构件,放松钢筋时由混凝土弹性压缩引起的预应力损失,计算公式为:

$$\sigma_{l4}=\alpha_{EP}\sigma_{pc} \tag{5-5-7}$$

式中:σ_{pc}——在计算截面钢筋重心处,由全部钢筋预加力产生的混凝土法向应力(MPa)。

5. 预应力钢筋由于钢筋松弛引起的预应力损失 σ_{l5}

钢筋在持续荷载作用下,其应变不变,应力随时间增长而降低的现象称作钢筋的应力松弛。

钢筋的应力松弛有如下特点:

(1)应力松弛最初发展迅速,以后逐渐减慢,最后趋于稳定。第1h可完成全部应力松弛值的50%左右,24h可达约80%,1 000h趋于稳定。

(2)钢筋的初拉应力越高,应力松弛越大。

(3)热处理钢筋的应力松弛较小,钢丝、钢绞线应力松弛较大,但低松弛钢绞线的应力松弛明显小于普通钢绞线。

(4)钢筋松弛与温度变化有关,它随温度升高而增加,这对采用蒸汽养护的预应力混凝土构件会有所影响。

试验表明,当初始应力小于钢筋极限强度的50%时,其松弛量很小,可忽略不计。

预应力钢筋由于应力松弛引起的预应力损失终极值 σ_{l5},可按下列规定计算:

1)预应力钢丝、钢绞线

$$\sigma_{l5}=\psi\cdot\zeta\left(0.52\frac{\sigma_{pe}}{f_{pk}}-0.26\right)\sigma_{pe} \tag{5-5-8}$$

式中:ψ——张拉系数,一次张拉时,$\psi=1.0$;超张拉时,$\psi=0.9$;

ζ——钢筋松弛系数,I级松弛(普通松弛),$\zeta=1.0$;II级松弛(低松弛),$\zeta=0.3$;

σ_{pe}——传力锚固时的钢筋应力,对后张拉构件,$\sigma_{pe}=\sigma_{con}-\sigma_{l1}-\sigma_{l2}-\sigma_{l4}$;对先张法构件,$\sigma_{pe}=\sigma_{con}-\sigma_{l2}$。

2)精轧螺纹钢筋

一次张拉

$$\sigma_{l5}=0.05\sigma_{con} \tag{5-5-9}$$

超张拉

$$\sigma_{l5} = 0.035\sigma_{con} \tag{5-5-10}$$

当需分阶段计算钢筋应力松弛损失时，其中间值应根据建立预应力的时间按表 5-5-1 确定。

钢筋松弛损失中间值与终极值的比值　　表 5-5-1

时　间(d)	2	10	20	30	40
比值	0.5	0.61	0.74	0.87	1.00

钢筋应力松弛损失的计算，应根据钢筋不同受力阶段的持荷时间进行。对于先张法构件，在预加应力阶段，一般按松弛损失的一半计算，其余一半认为在随后的使用阶段中完成；对于后张拉构件，其松弛损失可认为全部在使用阶段完成。

采用超张拉可以减小钢筋的应力松弛损失。预应力钢筋在超过张拉控制应力的高应力下持荷 2min，使本来在低应力下需较长时间完成的松弛在 2min 内完成大部分，即这部分应力松弛发生在钢筋锚固之前，此后应力再回降至张拉控制应力并锚固，此时一部分应力松弛已完成，锚固后损失减小。

6. 由混凝土收缩、徐变引起预应力钢筋的预应力损失 σ_{l6}、σ'_{l6}

混凝土具有收缩和徐变的特性。

收缩：混凝土在凝结硬化过程中产生体积缩小的现象。

徐变：混凝土在持续应力作用下，应变随时间而增大的现象。若加载龄期越小，应力水平越高，荷载持续时间越长，则混凝土的徐变越大；另外，水灰比和水泥用量越大，集料品质和施工及养护质量越差，混凝土的徐变和收缩也越大。

混凝土的收缩和徐变都会导致预应力混凝土构件长度的缩短，预应力钢筋随之回缩而产生预应力损失。

由混凝土收缩、徐变引起的构件受拉区和受压区预应力钢筋的预应力损失 σ_{l6}、σ'_{l6}，可按下列公式计算：

$$\sigma_{l6}(t) = \frac{0.9[E_P\varepsilon_{cs}(t,t_0) + \alpha_{EP}\sigma_{pc}\phi(t,t_0)]}{1 + 15\rho\rho_{ps}} \tag{5-5-11}$$

$$\sigma'_{l6}(t) = \frac{0.9[E_P\varepsilon_{cs}(t,t_0) + \alpha_{EP}\sigma'_{pc}\phi(t,t_0)]}{1 + 15\rho'\rho'_{ps}} \tag{5-5-12}$$

$$\rho = \frac{A_p + A_s}{A}, \rho' = \frac{A'_p + A'_s}{A} \tag{5-5-13}$$

$$\rho_{ps} = 1 + \frac{e_{ps}^2}{i^2}, \rho'_{ps} = 1 + \frac{e'^2_{ps}}{i^2} \tag{5-5-14}$$

$$e_{ps} = \frac{A_p e_p + A_s e_s}{A_p + A_s}, e'_{ps} = \frac{A'_p e'_p + A'_s e'_s}{A'_p + A'_s} \tag{5-5-15}$$

上述式中：σ_{pc}、σ'_{pc}——构件受拉区、受压区全部纵向钢筋截面重心处由预应力产生的混凝土法向压应力（MPa），应按《公路桥规》第 6.1.5 条和第 6.1.6 条规定计算；

E_P——预应力钢筋的弹性模量；

α_{EP}——预应力钢筋弹性模量与混凝土弹性模量的比值；

ρ、ρ'——构件受拉区、受压区全部纵向钢筋配筋率；

A——构件截面面积，对先张法构件，$A=A_0$；对后张法构件，$A=A_n$。此处，A_0为换算截面，A_n为净截面；

i——截面回转半径，$i^2=I/A$，先张法构件取$I=I_0$，$A=A_0$；后张法构件取$I=I_n$，$A=A_n$，此处，I_0和I_n分别为换算截面惯性矩和净截面惯性矩；

e_P、e'_P——构件受拉区、受压区预应力钢筋截面重心至构件截面重心的距离；

e_s、e'_s——构件受拉区、受压区纵向普通钢筋截面重心至构件截面重心的距离；

e_{ps}、e'_{ps}——构件受拉区、受压区预应力钢筋和普通钢筋截面重心至构件截面重心轴的距离；

$\varepsilon_{cs}(t,t_0)$——预应力钢筋传力锚固龄期为t_0，计算考虑的龄期为t时的混凝土收缩应变，其终极值$\varepsilon_{cs}(t_u,t_0)$可按《公路桥规》表6.2.7取用；

$\phi(t,t_0)$——加载龄期为t_0，计算考虑的龄期为t时的徐变系数，其终极值$\phi(t_u,t_0)$可按《公路桥规》表6.2.7取用。

三、有效预应力

上述六种预应力损失，有的只发生在先张法构件中（如σ_{l3}），有的只发生在后张法构件中（如σ_{l1}），有的损失两种构件均有，而且损失发生的时间也是各不相同的。

预应力钢筋的有效预应力定义为：张拉控制应力扣除相应预应力损失后，预应力钢筋中剩余的预应力。因为各项预应力损失是先后发生的，则有效预应力值亦随不同受力阶段而变。

预应力钢筋的永存预应力是指张拉控制应力扣除全部预应力损失后，预应力钢筋中剩余的预应力。

为了便于分析计算，将预应力损失分为两个阶段进行组合。这两个阶段的划分以混凝土受到预压为界：对先张法，是指放松预应力钢筋的时刻；对后张法，是指张拉预应力钢筋至σ_{con}并锚固的时刻。则第一阶段损失指在传力锚固时已发生的损失，称为第一批损失，以σ_{lI}表示；第二阶段损失指在传力锚固以后的损失，称为第二批损失，以σ_{lII}表示。各阶段预应力损失值的组合见表5-5-2。

各阶段预应力损失值的组合　　表5-5-2

预应力损失的组合	先张法构件	后张法构件
传力锚固时的损失（第一批）σ_{lI}	$\sigma_{l2}+\sigma_{l3}+\sigma_{l4}+0.5\sigma_{l5}$	$\sigma_{l1}+\sigma_{l2}+\sigma_{l4}$
传力锚固后的损失（第二批）σ_{lII}	$0.5\sigma_{l5}+\sigma_{l6}$	$\sigma_{l5}+\sigma_{l6}$

第四节　预应力混凝土受弯构件的承载力计算

一、正截面抗弯承载力计算

对构件施加预应力主要是为了提高构件的抗裂能力，并可利用高强材料以减小截面尺寸和自重。截面和配筋条件完全相同的钢筋混凝土构件和预应力混凝土构件，其破坏荷载是相同的，也就是说，预加应力本身对正截面承载能力没有影响。

预应力混凝土受弯构件正截面破坏特征与普通钢筋混凝土受弯构件相同，其正截面抗弯承载力计算的基本假定、计算图式和计算公式与普通钢筋混凝土受弯构件基本相同，不同之处是，设于受压区的预应力钢筋在构件破坏时并未达到相应的条件极限。具体计算参阅《公路桥规》第5.2.2~5.2.5条。

二、斜截面抗剪承载力计算

由于预应力钢筋的轴向预压力抑制了斜裂缝的出现和发展，增加了剪压区混凝土高度和斜裂缝面上的集料咬合作用，从而提高了斜截面的抗剪承载力；预应力混凝土梁的斜裂缝长度比钢筋混凝土梁有所增长，也提高了斜裂缝内箍筋的抗剪能力。《公路桥规》中预应力混凝土受弯构件与普通钢筋混凝土受弯构件采用了同一斜截面抗剪承载力计算公式，仅以预应力提高系数 α_2 予以区别：对钢筋混凝土受弯构件，$\alpha_2=1.0$；对预应力混凝土受弯构件，$\alpha_2=1.25$，但当由钢筋合力引起的截面弯矩与外弯矩的方向相同时，或允许出现裂缝的预应力混凝土受弯构件，取 $\alpha_2=1.0$。

预应力混凝土受弯构件的抗剪截面限制条件和最小配箍率与钢筋混凝土受弯构件相同。

第五节　抗 裂 验 算

预应力混凝土构件的抗裂验算是以应力控制来进行的，属于正常使用极限状态计算的范畴，在考虑的各种作用效应组合中，汽车荷载效应可不计冲击系数，预应力应作为荷载考虑，荷载分项系数取为1.0。对连续梁等超静定结构，尚应计入由预应力、温度作用等引起的次效应。

预应力混凝土构件可根据桥梁使用和所处环境的要求，设计为全预应力混凝土构件或部分预应力混凝土构件。全预应力混凝土构件在作用（或荷载）短期效应组合下控制的正截面的受拉边缘不允许出现拉应力（不得消压）。部分预应力混凝土构件在作用（或荷载）短期效应组合下控制的正截面的受拉边缘可出现拉应力：当拉应力加以限制时，为A类预应力混凝土构件；当拉应力超过限值时，为B类预应力混凝土构件。

《公路桥规》规定，对于全预应力混凝土构件和A类预应力混凝土构件，必须进行正截面抗裂验算和斜截面抗裂验算；对B类预应力混凝土构件，必须进行斜截面抗裂验算。

1. 正截面抗裂

对构件正截面混凝土的拉应力进行验算，应符合下列要求：

1）全预应力混凝土构件，在作用（或荷载）短期效应组合下

预制构件：

$$\sigma_{st}-0.85\sigma_{pc}\leqslant 0 \tag{5-5-16}$$

分段浇筑或砂浆接缝的纵向分块构件：

$$\sigma_{st}-0.80\sigma_{pc}\leqslant 0 \tag{5-5-17}$$

2）A类预应力混凝土构件，在作用（或荷载）短期效应组合下

$$\sigma_{st}-\sigma_{pc}\leqslant 0.70f_{tk} \tag{5-5-18}$$

但在荷载长期效应组合下：

$$\sigma_{lt}-\sigma_{pc}\leqslant 0 \tag{5-5-19}$$

2. 斜截面抗裂

预应力混凝土桥梁的腹部出现斜裂缝是不能自动闭合的，它不像构件的正截面裂缝，在使用阶段的多数情况下是闭合的。因此，对构件的斜截面抗裂应要求更严格些，也更应引起设计人员的重视。无论哪类受弯构件均不希望出现斜裂缝，《公路桥规》都要求进行斜截面抗裂验算。

对构件斜截面混凝土的主拉应力 σ_{tp} 进行验算，应符合下列要求：

1）全预应力混凝土构件，在作用（或荷载）短期效应组合下

预制构件：

$$\sigma_{tp} \leqslant 0.6f_{tk} \tag{5-5-20}$$

现场浇筑（包括预制拼装）构件：

$$\sigma_{tp} \leqslant 0.4f_{tk} \tag{5-5-21}$$

2）A 类和 B 类预应力混凝土构件，在作用（或荷载）短期效应组合下

预制构件：

$$\sigma_{tp} \leqslant 0.7f_{tk} \tag{5-5-22}$$

现场浇筑（包括预制拼装）构件：

$$\sigma_{tp} \leqslant 0.5f_{tk} \tag{5-5-23}$$

上述式中：σ_{st}——在作用（或荷载）短期效应组合下构件抗裂验算边缘混凝土的法向拉应力，按《公路桥规》第 6.3.2 条的规定计算；

σ_{lt}——在荷载长期效应组合下构件抗裂验算边缘混凝土的法向拉应力，按《公路桥规》第 6.3.2 条的规定计算；

σ_{pc}——扣除全部预应力损失后的预加力在构件抗裂验算边缘产生的混凝土预压应力，按《公路桥规》第 6.1.5 条的规定计算；

σ_{tp}——由作用（或荷载）短期效应组合和预加力产生的混凝土主拉应力，按《公路桥规》第 6.3.3 条的规定计算。

其中，对于预应力混凝土连续梁和连续刚构的主拉应力计算，除了考虑直接施加于桥梁的荷载如恒载、汽车荷载外，还应考虑间接作用如日照温差、混凝土收缩和徐变等影响。

注意，对于 B 类预应力混凝土受弯构件，在结构自重作用下，控制截面受拉边缘不得消压。

第六节　端部锚固区计算

一、端部锚固区的受力分析

后张法构件的预压力是通过锚具传递的，在布置锚具的局部区域，巨大的预加压力 P_1 将通过锚具及其下面不大的垫板面积传递给混凝土（图 5-5-7），使锚下混凝土承受很大的应力。锚具的局部压力要经过一个过渡区段传递到整个截面上。试验和理论研究表明，这个过渡区段的长度大约等于构件的高度 h，因此常把构件端部 h 范围内的这一区段称为端块。端块的混凝土处于复杂的三向应力状态，在局部压力作用下，靠近垫板处产生横向压应力，在其他部位则产生横向拉应力。当锚具的吨位很大时，有可能导致构件纵向开裂，甚至发生局部破坏。故对后张法构件设计时，必须验算锚下混凝土局部承压的抗裂度和承载力，并配置足够的局部加强钢筋，以防止在横向拉应力的作用下出现裂缝。

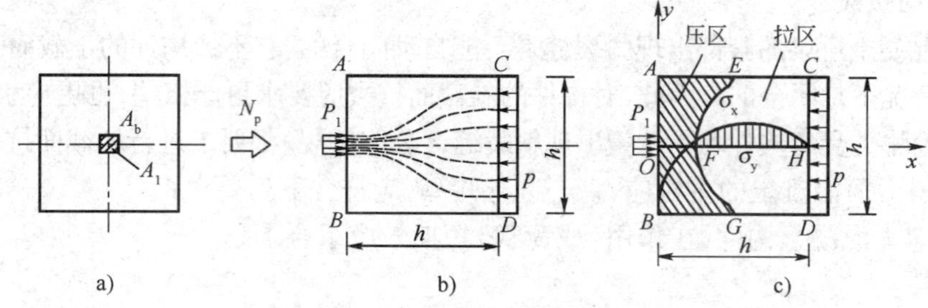

图 5-5-7　混凝土局部受压时的应力分布

对于后张法构件的端部锚固区，宜对区段内的局部应力进行分析，并结合构造要求配置闭合式箍筋，其局部抗压承载力的计算，可根据《公路桥规》第 5.7.1、5.7.2 条的规定进行。

二、端部锚固区的构造要求

后张法构件端部锚固区的应力状态比较复杂，设计时应采取如下加强措施：

（1）在锚下应设置厚度不小于 16mm 的钢垫板或采用具有喇叭管的锚具垫板。梁端平面尺寸由锚具尺寸、锚具间距以及张拉千斤顶的要求等布置而定。

（2）在锚下梁体内，尚需设置间接钢筋（钢筋网或螺旋箍筋），其体积配筋率 ρ_v 不应小于 0.5%，其布置深度不应小于局部承压面积的最大边长。

（3）当预应力钢筋需要在构件中间锚固时，其锚固点宜设在截面重心轴附近或外荷载作用下的受压区，如因锚固而削弱梁截面，应用普通钢筋补强。当箱形截面梁的顶、底板内的预应力钢筋引出板外时，应在专设的齿板上锚固，此时，预应力钢筋宜采用较大弯曲半径，并按《公路桥规》第 9.4.8 条设置箍筋。

另外，在预加应力施加完毕后，埋封于梁体内的锚具周围应设置构造钢筋与梁体连接，然后浇筑混凝土封锚。封锚混凝土强度等级不应低于构件本身混凝土强度等级的 80%，且不低于 C30。

第七节　预应力混凝土受弯构件的构造要求

一、预应力混凝土梁的常用截面形式（图 5-5-8）

1. 预应力混凝土空心板［图 5-5-8a)］

其芯模可采用圆形、圆端形等形式，跨径较大的后张法空心板则向薄壁箱形截面靠拢。施工方法一般采用现场制作直线配筋的先张法（多用长线法生产），适于跨径 8 ~ 20m 的桥梁。近年来，空心板跨径有加大的趋势；方法也由先张法扩展到后张法；预应力筋束由有黏结的扩展到使用无黏结预应力筋；板宽由过去的 1m 扩展到 1.4m 等。目前，最大跨径已达到 30m，简支板的高跨比 h/l 一般为 1/15 ~ 1/20。

2. 预应力混凝土 T 形梁［图 5-5-8b)］

这是我国最常用的预应力混凝土简支梁截面形式。标准设计跨径为 25 ~ 40m。在梁的下缘，为了布置筋束和承受强大预压力的需要，常将腹板下缘加厚成“马蹄”形。T 梁的腹板主要是承受剪应力和主应力，一般做得较薄；但构造上要求应能满足预留孔道的需要，一般最小为 140 ~ 160mm，而梁端锚固区段（即约等于梁高的范围）内，应满足布置锚具和局部承压的需

要，故常将其做成与“马蹄”同宽。其上翼缘宽度，一般为1.6～2.5m，随跨径增大而增加。预应力混凝土简支T形梁的高跨比一般为1/15～1/25。

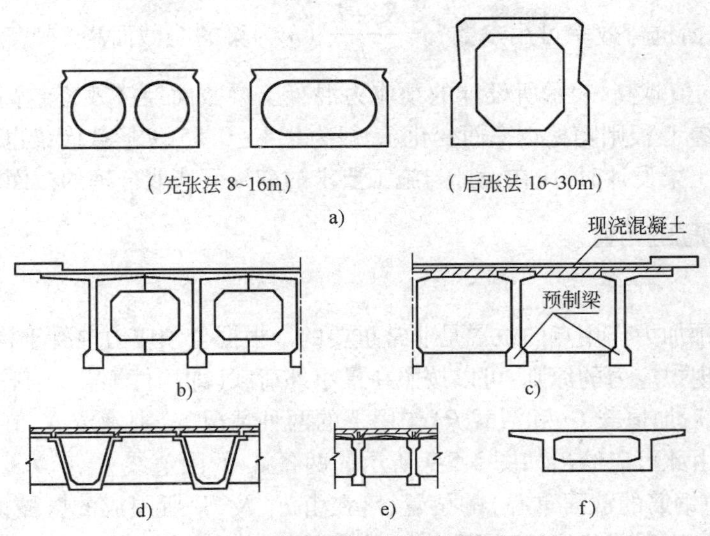

图5-5-8 预应力混凝土梁的常用截面形式

3. 预制预应力混凝土I形梁现浇整体化截面梁[图5-5-8c)]

它是在预制I形梁安装定位后，再现浇横梁和桥面(包括部分翼缘宽度)混凝土使截面整体化。其部分翼缘为现浇，故其起吊重量相对较轻，对斜梁桥或曲率半径较大的弯梁桥，在平面布置时较易处理。但预制I形梁侧弯刚度小，易出现侧向弯曲。

4. 预应力混凝土槽形截面梁[图5-5-8d)]

槽形梁属于组合式截面梁，一般采用标准设计，工厂预制，用先张法施工，适用于跨径为16～25m的中小跨径桥梁，高跨比 h/l 约为1/16～1/20。

5. 预应力混凝土I形梁[图5-5-8e)]

为了减轻吊装重量，而采用预应力混凝土I形梁加预制微弯板(或钢筋混凝土板)形成的组合式梁。现有标准设计图纸的跨径为16～20m，高跨比 h/l 为1/16～1/18。此种截面形式，因梁肋受力条件不利，故不如整体式T形梁用料经济。施工中应注意加强结合面处的连接，以保证肋与板能共同工作。

6. 预应力混凝土箱形截面梁[图5-5-8f)]

箱形截面为闭口截面，其抗扭刚度比一般开口截面(如T形截面梁)大得多，可使梁的荷载分布比较均匀。箱壁一般做得较薄，材料利用合理，自重较轻，跨越能力大。只有少数大跨度预应力混凝土简支梁采用箱形截面，箱形截面梁更多的是用于连续梁、T型刚构、连续刚构、斜梁桥等。

二、抗弯效率指标 ρ

预应力混凝土梁抵抗外弯矩的机理与钢筋混凝土梁不同。钢筋混凝土梁的抵抗弯矩主要是由变化的钢筋应力的合力(或变化的混凝土压应力的合力)与固定的内力偶臂 Z 的乘积所形成。

预应力混凝土梁是由基本不变的预加力 N_{pe}(或混凝土预压应力的合力)，与随外弯矩变化而变化的内力偶臂 Z 的乘积来抵抗荷载弯矩。其内力偶臂 Z 所能变化的范围越大，则在预

加力 N_{pe} 相同的条件下，抵抗外弯矩的能力也就越大，也即抗弯效率越高。在保证上、下缘混凝土不产生拉应力的条件下，内力偶臂 Z 可能变化的最大范围只能是上核心距 K_s 与下核心距 K_x 之间，因此，截面抗弯效率可用参数 $\rho=\dfrac{K_s+K_x}{h}$（h 为梁的全截面高）来表示，将 ρ 称为截面抗弯效率指标。ρ 值越高，表示所设计的预应力混凝土梁截面经济效率越高，例如，矩形截面的 ρ 值为1/3，而空心板则随挖空率而变化，一般为0.4～0.55，T形截面梁也可达到0.5左右。故在预应力混凝土梁设计时，应在设计与施工要求的前提下选取合理的截面形式。

三、预应力钢筋的布置

1. 束界

合理地确定预加力作用点的位置是非常重要的。根据全预应力混凝土构件的要求，其上、下缘混凝土不出现拉应力的原则，可以按照在最小外荷载（即构件恒载 G_1）作用下和最不利荷载（即梁恒载 G_1、后加恒载 G_2 和活载 P）作用下的两种情况，分别确定 N_p 在各个截面上偏心距的最大限值。由此可以绘出如图5-5-9所示的两条 e_p 的限值线 E_1 和 E_2。只要 N_p 作用点（即近似为预应力钢筋的截面重心）的位置，落在由 E_1 及 E_2 所围成的区域内，就能保证构件在最小外荷载和最不利荷载作用下，其上、下缘混凝土均不会出现拉应力。因此，我们把由 E_1 和 E_2 两条曲线所围成的钢束重心界限，称为束界（或索界）。

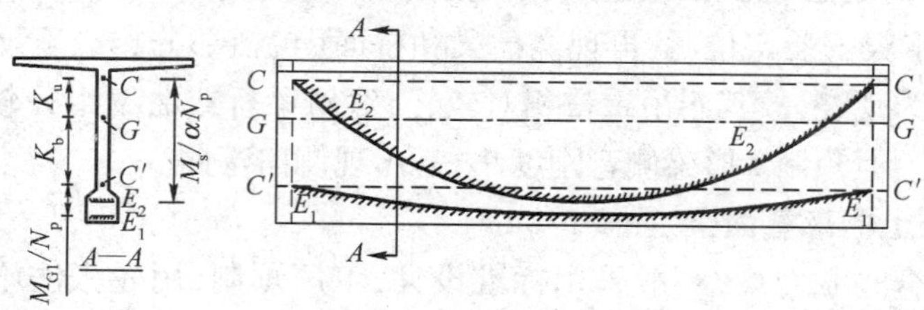

图5-5-9　全预应力混凝土简支梁的束界

2. 预应力钢筋的布置原则

布置预应力钢筋时，应使其重心线不超过束界范围。因此，后张法预应力混凝土梁（包括连续梁和连续刚构边跨现浇段）的部分预应力钢筋，应在靠近端支座区段横桥向对称成对弯起，宜沿梁端面均匀布置，同时沿纵向可将梁腹板加宽。在梁端部附近，宜按《公路桥规》第9.3.8条及第9.4.1条要求，设置间距较密的纵向钢筋和箍筋。

预应力钢筋逐步弯起主要考虑：适应构件弯矩变化的需要；抵消部分外荷载剪力；有利于构件端部分散布锚。

3. 预应力钢筋弯起点的确定

预应力钢筋的弯起点，应兼顾剪力与弯矩两方面的受力要求。

（1）从受剪考虑，一般是根据经验，在跨径的三分点到四分点之间开始弯起。

（2）从受弯考虑，应满足预应力钢筋弯起后的正截面抗弯承载力的要求。

（3）预应力钢筋的弯起点尚应考虑满足斜截面抗弯承载力的要求。

4. 预应力钢筋的弯起角度 θ

从减小曲线形预应力钢筋预拉时摩阻应力损失出发，弯起角度 θ 不宜大于20°，一般在梁端锚固时都不会达到此值。而对于弯出梁顶锚固的预应力钢筋，则往往超过20°，θ 常为25°～30°。θ 角较大的钢束，应注意采取减小摩擦系数值的措施，以减小由此引起的摩擦应力损失。

5. 曲线形预应力钢筋的曲线半径

(1)钢丝束、钢绞线束的钢丝直径等于或小于5mm时,曲线半径不宜小于4m;钢丝直径大于5mm时,不宜小于6m。

(2)精轧螺纹钢筋的直径等于或小于25mm时,曲线半径不宜小于12m;钢筋直径大于25mm时,不宜小于15m。

四、非预应力钢筋的布置

1. 箍筋

箍筋与弯起钢束同为预应力混凝土梁的腹筋,与混凝土一起共同承担着荷载剪力,故应按抗剪要求来确定箍筋数量。在剪力较小的梁段,按计算要求的箍筋数量很少,但为了防止混凝土受剪时的意外脆性破坏,仍要求按下列规定配置构造箍筋。

(1)预应力混凝土T形、I形截面梁和箱形截面梁腹板内应分别设置直径不小于10mm和12mm的箍筋,且应采用带肋钢筋,间距不应大于250mm;自支座中心起长度不小于一倍梁高范围内,应采用闭合式箍筋,间距不应大于100mm。

(2)在T形、I形截面梁下部的“马蹄”内,应另设直径不小于8mm的闭合式箍筋,间距不应大于200mm。此外,“马蹄”内尚应设直径不小于12mm的定位钢筋。这是因为“马蹄”在预加应力阶段承受着很大的预压应力。为了防止混凝土横向变形过大和沿梁轴方向发生纵向水平裂缝,而予以局部加强。

2. 水平纵向辅助钢筋

T形截面预应力混凝土梁,截面上有翼缘、下有“马蹄”,它们在梁横向的尺寸,都比腹板厚度大,在混凝土硬化或温度骤降时,腹板将受到翼缘与“马蹄”的钳制作用(因翼缘和“马蹄”部分尺寸较大,温度下降引起的混凝土收缩较慢),而不能自由地收缩变形,因而有可能产生裂缝。经验指出,对于未设水平纵向辅助钢筋的薄腹板梁,其下缘因有密布的纵向钢筋,出现的裂缝细而密,而过下缘(即“马蹄”)与腹板的交界处进入腹板后,其裂缝就常显得粗而稀。梁的截面越高,这种现象越明显。例如采用蒸汽养护的预应力混凝土T形梁,有的因出坑温度较高,出坑后温度骤降而在三分点处出现这种裂缝,且裂缝宽度较大。为了缩小裂缝间距,防止腹板裂缝较宽,一般需要在腹板两侧设置水平纵向辅助钢筋,通常称为防裂钢筋。对于预应力混凝土梁,这种钢筋宜采用小直径的钢筋网,紧贴箍筋布置于腹板的两侧,以增加与混凝土的黏结力,使裂缝的间距和宽度均减小。从这个意义上讲,将这种构造钢筋称为裂缝分散钢筋似更为合适。

3. 局部加强钢筋

对于局部受力较大的部位,应设置加强钢筋,如“马蹄”中的闭合式箍筋和梁端锚固区的加强钢筋等,除此之外,梁底支座处亦设置钢筋网加强。

4. 架立钢筋与定位钢筋

架立钢筋是用于支撑箍筋的,一般采用直径$d=12\sim20$mm的圆钢筋;定位钢筋系指用于固定预留孔道制孔器位置的钢筋,常做成网格式。

第六章 砌体结构

第一节 砌体结构的材料及受力性能

公路桥涵的基础、墩台、拱圈，隧道的衬砌，重力式挡土墙及涵洞的边墙等，一般采用石材或混凝土结构，可以充分利用材料的抗压能力强和就地取材的优点。石材与混凝土结构通常称为圬工结构。

一、材料强度等级

1. 混凝土

混凝土一般采用整体灌注的形式形成结构，也可以采用混凝土预制块砌体结构。

《公路圬工桥涵设计规范》(JTG D61—2005)规定采用的混凝土强度等级为：C40、C35、C30、C25、C20、C15。

片石混凝土为混凝土中掺入不多于其体积20%的片石，片石强度等级不应低于混凝土强度等级和表5-6-1规定的石材最低强度等级。片石混凝土各项强度、弹性模量和剪变模量可按同强度等级的混凝土采用。

圬工材料的最低强度等级　　表5-6-1

结构物种类	材料最低强度等级	砌筑砂浆最低强度等级
拱圈	MU50石材 C25混凝土(现浇) C30混凝土(预制块)	M10(大、中桥) M7.5(小桥涵)
大、中桥墩台及基础，轻型桥台	MU40石材 C25混凝土(现浇) C30混凝土(预制块)	M7.5
小桥涵墩台、基础	MU30石材 C20混凝土(现浇) C25混凝土(预制块)	M5

2. 石材

石材的强度等级，采用边长为70mm的含水饱和的立方体试件的抗压强度表示。《公路圬工桥涵设计规范》(JTG D61—2005)规定采用的石材强度等级为：MU120、MU100、MU80、MU60、MU50、MU40、MU30。

3. 砂浆

砂浆强度等级采用边长为70.7mm的立方体试件，在标准条件下养护28d的抗压强度表

示。《公路圬工桥涵设计规范》(JTG D61—2005)规定采用的混凝土强度等级为:M20、M15、M10、M7.5、M5。

砂浆必须具有良好的和易性,其稠度以标准圆锥体沉入度表示,用于石砌体时宜为50~70mm,气温较高时可适当增大。

小石子混凝土是由水泥和粒径不大于20mm的细卵石或碎石、细砂和水配制而成,但含石率不宜超过30%。小石子混凝土拌和物应具有良好的和易性,坍落度宜为50~70mm(片石砌体)或70~100mm(块石砌体)。

4. 圬工材料的最低强度等级

二、砌体的受力性能

1. 砌体的种类

根据所用块材的不同,常用砌体分为以下几类:

(1)细石料砌体。砌块厚度200~300mm的石材,宽度为厚度的1.0~1.5倍,长度为厚度的2.5~4.0倍,表面凹陷深度不大于10mm,外形方正的六面体,错缝砌筑。砌筑缝宽不应大于10mm。

(2)半细料石砌体。砌块表面凹陷深度不大于15mm,缝宽不大于15mm,其他要求同细料石砌体。

(3)粗料石砌体。砌块表面凹陷深度不大于20mm,缝宽不大于20mm,其他要求同细石料砌体。

(4)块石砌体。砌块厚度200~300mm的石材,形状大致方正,宽度约为厚度的1.0~1.5倍,长度约为厚度的1.5~3.0倍,每层石材高度大致相同,并错缝砌筑。

(5)片石砌体。砌块厚度不小于150mm的石材,砌筑时敲去其尖锐凸出部分,平稳放置,可用小石块填塞空隙。

混凝土预制块砌体各项规格、尺寸同细料石砌体。

2. 砌体的抗压强度

砌体是由单块块材用砂浆黏结砌筑而成,其受压工作性能与单块块材有较大差异。砌体受压时的应力状态如下。

1)砌体中块材处于压、弯、剪复合受力状态

砌体在砌筑过程中,水平砂浆铺设不饱满、不均匀,加之块材表面可能不平整,使块材在砌体中并非均匀受压,而是处于压、弯、剪复合受力状态(图5-6-1)。通常块材的抗拉、抗剪强度较低,弯曲产生的拉应力和剪应力可使单块块材首先出现裂缝。

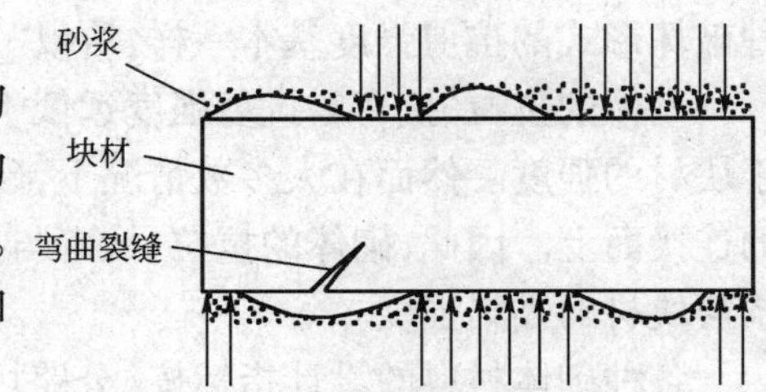

图5-6-1　受压砌体中块材的受力状态

2)砌体中块材承受水平拉应力

砌体在受压时要产生横向变形,块材和砂浆的弹性模量及横向变形系数不同,一般情况下,块材的横向变形小于砂浆的变形。由于块材与砂浆之间黏结力和摩擦力的作用,使二者的横向变形保持协调,块材与砂浆的相互制约使块材内产生横向拉应力,使砂浆内产生横向压应力(图5-6-2)。

3）竖向灰缝应力集中

砌体中竖向灰缝一般不密实饱满，加之砂浆硬化过程中收缩，使砌体在竖向灰缝处整体性明显削弱。位于竖向灰缝处的块材内产生较大的横向拉应力和剪应力的集中，加速砌体中单块块材开裂，降低砌体强度。

综上所述，砌体的抗压强度明显低于单块块材的抗压强度。

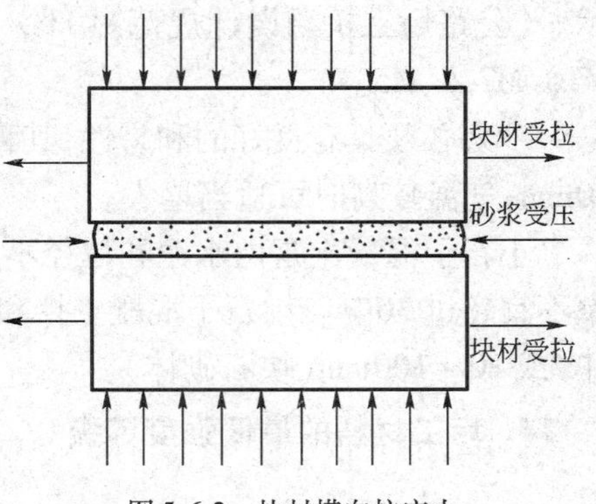

图 5-6-2　块材横向拉应力

3．砌体的抗拉、弯拉与抗剪强度

圬工砌体除主要用于承压结构外，也常处于受拉、弯拉或受剪状态。

（1）砌体受拉时有三种破坏形式：沿齿缝；沿块体和竖向灰缝；沿水平通缝。其中前两种受力情况类同，仅破坏形式不一，砌体抗拉强度设计值取两者较小者，称“齿缝”。水平通缝虽有一定的黏结力，但很不稳定、不可靠，所以不允许设计中出现通缝受力。

（2）砌体受弯拉时，在受拉区破坏。砌体弯拉有三种破坏形式：砌体在竖向受弯时，水平通缝截面受拉破坏，如轻型桥台受台背土压力和上部结构偏心压力使轻型桥台前面水平通缝受拉［图 5-6-3a）］；砌体在水平方向受弯时，有沿齿缝破坏和沿块体及竖向灰缝破坏两种，其受力情况类同，但破坏形式不一，砌体抗拉强度设计值取两者较小者，称“齿缝”，如后肋式挡土墙的挡土面板，即为水平方向受弯一例［图 5-6-3b）］。

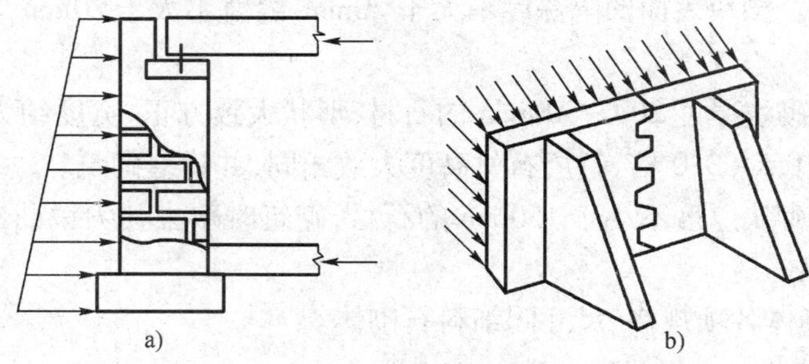

图 5-6-3　砌体弯曲受拉

a）通缝截面弯曲受拉；b）齿缝截面弯曲受拉

（3）砌体受剪时，有三种破坏形式：通缝抗剪；齿缝抗剪和阶梯形抗剪。根据试验，上述三种破坏形式的抗剪强度基本一样，所以“直接抗剪”不再分开叙述破坏特征。

砌体的抗拉、抗弯与抗剪强度远低于砌体的抗压强度，这是因为砌体的抗压强度主要取决于块材的强度。然而在大多数情况下，砌体的受拉、受弯及受剪破坏一般均发生于砂浆与块材的连接面上。因此，砌体的抗拉、抗弯与抗剪强度将取决于砌缝的强度，亦即取决于砌缝中砂浆与块材的黏结强度。

各种砌体材料的设计指标按《公路圬工桥涵设计规范》（JTG D61—2005）的规定采用。

第二节　受压构件正截面承载力计算

圬工桥涵结构除了按承载能力极限状态进行设计外，并应根据桥涵的结构特点，采取相应的构造措施来保证正常使用极限状态的要求。

一、砌体(包括砌体与混凝土组合)受压构件

(1)砌体(包括砌体与混凝土组合)受压构件,在表5-6-5规定的受压偏心距限值范围内的承载力按下列公式计算:

$$\gamma_0 N_d < \varphi A f_{cd} \tag{5-6-1}$$

式中:N_d——轴向力设计值;

A——构件截面面积,对于组合截面按强度比换算,即 $A = A_0 + \eta_1 A_1 + \eta_2 A_2 + \cdots$,$A_0$ 为标准层截面积,A_1、A_2、…为其他层的截面积,$\eta_1 = f_{c1d}/f_{c0d}$、$\eta_2 = f_{c2d}/f_{c0d}$、…,f_{c0d} 为标准层轴心抗压强度设计值,f_{c1d}、f_{c2d} 为其他层的轴心抗压强度设计值;

f_{cd}——砌体或混凝土轴心抗压强度设计值,应按《公路圬工桥涵设计规范》(JTG D61—2005)第3.3.2条、第3.3.3条及第3.3.4条的规定采用;对组合截面应采用标准层的轴心抗压强度设计值;

φ——构件轴向力的偏心距和长细比对受压构件承载力的影响系数,按公式(5-6-2)计算。

(2)砌体偏心受压构件承载力影响系数 φ,按下列公式计算:

$$\varphi = \frac{1}{\dfrac{1}{\varphi_x} + \dfrac{1}{\varphi_y} - 1} \tag{5-6-2}$$

$$\varphi_x = \frac{1 - \left(\dfrac{e_x}{x}\right)^m}{1 + \left(\dfrac{e_x}{i_y}\right)^2} \cdot \frac{1}{1 + \alpha\beta_x(\beta_x - 3)\left[1 + 1.33\left(\dfrac{e_x}{i_y}\right)^2\right]} \tag{5-6-3}$$

$$\varphi_y = \frac{1 - \left(\dfrac{e_y}{y}\right)^m}{1 + \left(\dfrac{e_y}{i_x}\right)^2} \cdot \frac{1}{1 + \alpha\beta_y(\beta_y - 3)\left[1 + 1.33\left(\dfrac{e_y}{i_x}\right)^2\right]} \tag{5-6-4}$$

式中:φ_x、φ_y——x 方向和 y 方向偏心受压构件承载力影响系数;

x、y——x 方向和 y 方向截面重心至偏心方向的截面边缘的距离,见图5-6-4;

e_x、e_y——轴向力在 x 方向、y 方向的偏心距,$e_x = M_{yd}/N_d$、$e_y = M_{xd}/N_d$,其值不应超过表5-6-5及图5-6-6所示在 x 方向、y 方向的规定值,其中 M_{yd}、M_{xd} 分别为绕 x 轴、y 轴的弯矩设计值,N_d 为轴向力设计值,见图5-6-4;

m——截面形状系数,对于圆形截面取2.5;对于T形或U形截面取3.5;对于箱形截面或矩形截面(包括两端设有曲线形或圆弧形的矩形墩身截面)取8.0;

i_x、i_y——弯曲平面内的截面回转半径,$i_x = \sqrt{I_x/A}$、$i_y = \sqrt{I_y/A}$;I_x、I_y 分别为截面绕 x 轴和绕 y 轴的惯性矩,A 为截面面积;对于组合截面,A、I_x、I_y 应按弹性模量比换算,即 $A = A_0 + \psi_1 A_1 + \psi_2 A_2 + \cdots$,$I_x = I_{0x} + \psi_1 I_{1x} + \psi_2 I_{2x} + \cdots$,$I_y = I_{0y} + \psi_1 I_{1y} + \psi_2 I_{2y} + \cdots$,$A_0$ 为标准层截面积,A_1、A_2、…为其他层截面面积,I_{0x}、I_{0y} 为绕 x 轴和绕 y 轴的标准层惯性矩,I_{1x}、I_{2x}、…和 I_{1y}、I_{2y}、…为绕 x 轴和绕 y 轴的其他层惯性矩;$\psi_1 = E_1/E_0$、$\psi_2 = E_2/E_0$、…,E_0 为标准层弹性模量,E_1、E_2、…为其他层的弹性模量。对于矩形截面,$i_y = b/\sqrt{12}$,$i_x = h/\sqrt{12}$,b、h 见图5-6-4;

α——与砂浆强度等级有关的系数，当砂浆强度等级大于或等于M5或为组合构件时，α为0.002；当砂浆强度为0时，α为0.013；

β_x、β_y——构件在x方向、y方向的长细比，按式(5-6-5)、式(5-6-6)计算，当β_x、β_y小于3时取3。

$$\beta_x = \frac{\gamma_\beta l_0}{3.5 i_y} \tag{5-6-5}$$

$$\beta_y = \frac{\gamma_\beta l_0}{3.5 i_x} \tag{5-6-6}$$

式中：γ_β——不同砌体材料构件的长细比修正系数，按表5-6-2的规定采用；

l_0——构件计算长度，按表5-6-3的规定采用；拱的纵、横向计算长度见《公路圬工桥涵设计规范》(JTG D61—2005)第5.1.4条；

i_x、i_y——弯曲平面内的截面回转半径，对于等截面构件，见式(5-6-2)的说明；对于变截面构件，可取等代截面的回转半径。

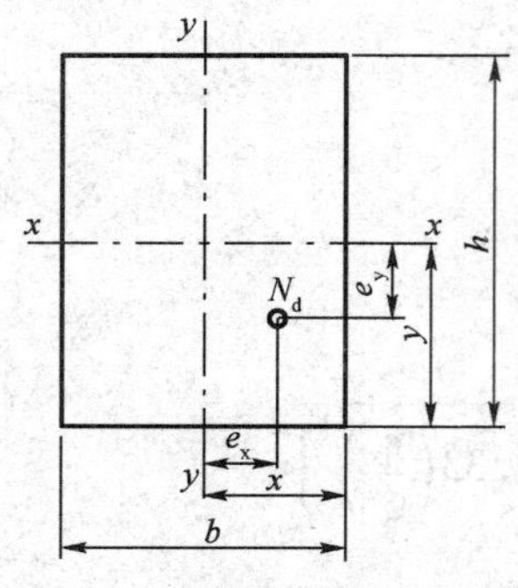

图5-6-4　砌体构件偏心受压

长细比修正系数 γ_β　　表5-6-2

砌体材料类别	γ_β
混凝土预制块砌体或组合构件	1.0
细料石、半细料石砌体	1.1
粗料石、块石、片石砌体	1.3

构件计算长度 l_0　　表5-6-3

构件及其两端约束情况		计算长度 l_0
直　杆	两端固结	$0.5l$
	一端固定，一端为不移动的铰	$0.7l$
	两端均为不移动的铰	$1.0l$
	一端固定，一端自由	$2.0l$

注：l为构件支点间长度。

二、混凝土偏心受压构件的承载力计算

混凝土构件和砌体构件的偏心受压承载力计算，如按弹性状态，两者可采用同一计算方法。如果进入塑性状态，两者并不一致。砌体是由单块石块用砂浆衬垫黏结而成；混凝土则相对来讲较为匀质，其整体性较好。所以在塑性状态，砌体的承载力计算公式不应用于混凝土结构。

混凝土偏心受压构件承载力计算时，认为其进入了塑性状态。根据试验分析，可以认为受压区的法向应力图形为矩形，其应力可取混凝土抗压强度设计值，受压应力的合力点与轴向力作用点重合。在确定偏心受压构件的受压区面积时，可先根据轴向力偏心距e，得出受压区面积重心离截面重心轴的距离$e_c = e$(图5-6-5)，即可求出受压区面积。

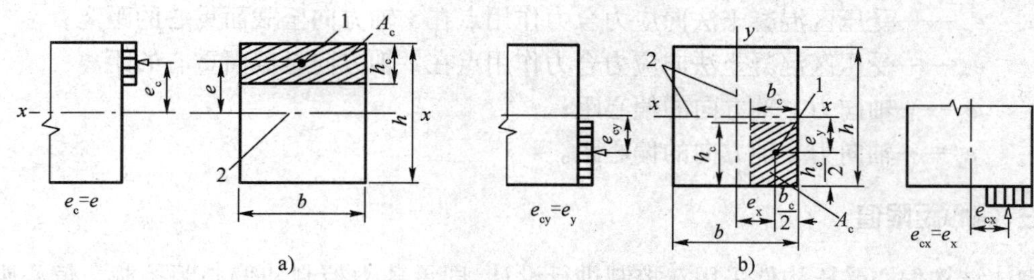

图 5-6-5 混凝土构件偏心受压

a)单向偏心受压;b)双向偏心受压

1-受压区重心(法向压应力合力作用点);2-截面重心轴;e-单向偏心受压偏心距;e_c-单向偏心受压法向应力合力作用点距重心轴距离;e_x、e_y-双向偏心受压在 x 方向、y 方向的偏心距;e_{cx}、e_{cy}-双向偏心受压法向应力合力作用点在 x、y 方向的偏心距;A_c-受压区面积;h_c、b_c-矩形截面受压区高度、宽度

混凝土偏心受压构件的承载力按下式计算:

$$\gamma_0 N_d < \varphi f_{cd} A_c \tag{5-6-7}$$

1. 单向偏心受压

其受压区高度 h_c 按 $e_c = e$[图 5-6-5a)]的条件确定。

矩形截面的受压承载力可按下式计算:

$$\gamma_0 N_d < \varphi f_{cd} b(h - 2e) \tag{5-6-8}$$

上述式中:φ——弯曲平面内轴心受压构件的弯曲系数,按表 5-6-4 采用;

A_c——混凝土受压区面积;

e_c——受压区混凝土法向应力合力作用点至截面重心的距离;

e——轴向力的偏心距;

b——矩形截面宽度;

h——矩形截面高度。

当构件弯曲平面外长细比大于弯曲平面内长细比时,尚应按轴心受压构件验算其承载力。

混凝土轴心受压构件的弯曲系数 φ 表 5-6-4

l_0/b	<4	4	6	8	10	12	14	16	18	20	22	24	26	28	30
l_0/i	<14	14	21	28	35	42	49	56	63	70	76	83	90	97	104
φ	1.00	0.98	0.96	0.91	0.86	0.82	0.77	0.72	0.68	0.63	0.59	0.55	0.51	0.47	0.44

注:①l_0 为计算长度,按表 5-6-3 的规定采用。

②在计算 l_0/b 或 l_0/i 时,b 或 i 的取值:对于单向偏心受压构件,取弯曲平面内截面高度或回转半径;对于轴心受压构件及双向偏心受压构件,取截面短边尺寸或截面最小回转半径。

2. 双向偏心受压

其受压区高度和宽度按下列条件确定[图 5-6-5b)]:

$$e_{cy} = e_y$$

$$e_{cx} = e_x$$

矩形截面的偏心受压承载力可按下式计算:

$$\gamma_0 N_d < \varphi f_{cd}[(h - 2e_y)(b - 2e_x)] \tag{5-6-9}$$

上述式中:φ——弯曲平面内轴心受压构件的弯曲系数,按表 5-6-4 采用;

e_{cy}——受压区混凝土法向应力合力作用点在 y 轴方向至截面重心的距离;

e_{cx}——受压区混凝土法向应力合力作用点在 x 轴方向至截面重心的距离;

e_y——轴向力 y 轴方向的偏心距;

e_x——轴向力 x 轴方向的偏心距。

三、偏心距限值

砌体结构偏心受压构件采用双控制进行设计,即承载力控制和偏心距控制。偏心距限值的制定考虑了抗压强度、裂缝和截面稳定三方面的要求。一般要求砌体和混凝土的单向和双向偏心受压构件,偏心距不得超过表 5-6-5 的规定。

受压构件偏心距限值 表 5-6-5

作用组合	偏心距限值 e
基本组合	$\leqslant 0.6s$
偶然组合	$\leqslant 0.7s$

注:①混凝土结构单向偏心的受拉一边或双向偏心的各受拉一边,当设有不小于截面面积 0.05% 的纵向钢筋时,表内规定值可增加 0.1s。

②表中 s 值为截面或换算截面重心轴至偏心方向截面边缘的距离(图 5-6-6)。

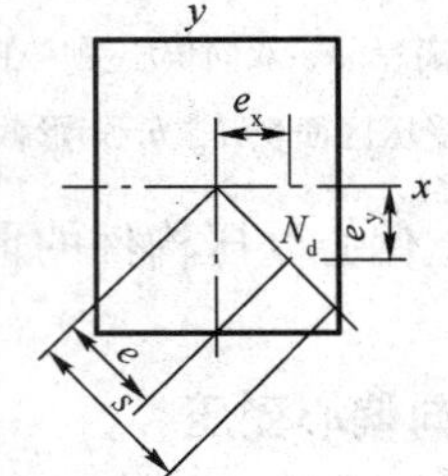

图 5-6-6 受压构件偏心距

N_d-轴向力;e-偏心距;s-截面重心至偏心方向截面边缘的距离

当构件截面的轴向力比较小而偏心距 e 比较大,超过了表 5-6-5 规定的限值时,在截面受拉边还有可能小于抗弯拉强度设计值。在这种情况下,构件承载力应按式(5-6-10)或式(5-6-11)计算,此时结构将不出现裂缝,因此也不需要通过限制偏心距的办法来控制结构的裂缝。

单向偏心:

$$\gamma_0 N_d \leqslant \varphi \frac{Af_{tmd}}{\dfrac{Ae}{W}-1} \tag{5-6-10}$$

双向偏心:

$$\gamma_0 N_d \leqslant \varphi \frac{Af_{tmd}}{\left(\dfrac{Ae_x}{W_y}+\dfrac{Ae_y}{W_x}-1\right)} \tag{5-6-11}$$

上述式中:N_d——轴向力设计值;

A——构件截面面积,对于组合截面应按弹性模量比换算为换算截面面积;

W——单向偏心时,构件受拉边缘的弹性抵抗矩,对于组合截面应按弹性模量比换算为换算截面弹性抵抗矩;

W_y、W_x——双向偏心时,构件 x 方向受拉边缘绕 y 轴的截面弹性抵抗矩和构件 y 方向受拉边缘绕 x 轴的截面弹性抵抗矩,对于组合截面应按弹性模量比换算为换算截面弹性抵抗矩;

f_{tmd}——构件受拉边层的弯曲抗拉强度设计值;

e——单向偏心时,轴向力偏心距;

e_x、e_y——双向偏心时,轴向力在 x 方向和 y 方向的偏心距;

φ——砌体偏心受压构件承载力影响系数或混凝土轴心受压构件弯曲系数。

第六篇 职 业 法 规

第一章 建设工程法律制度

第一节 法 律 概 述

一、法的概念

关于法的概念和本质,在法学研究史上曾有过多种不同的观点。马克思主义法学家认为:法是由一定的国家机关制定或认可,并由国家强制力保障实施的行为规则的总和。这为我国法学界所普遍接受。

广义的"法律"一词是与"法"通用的。但狭义的"法律"则仅仅是指有立法权的国家机构颁布的规范性文件。在这种情况下,它与"法"的概念存在着以下的区别:

(1)法律是具体的行为规范,而法仍是抽象的概念。

(2)法律的范围较小,如国务院颁布的条例是法的表现形式,但不是此含义下的法律。

建设工程法律制度是我国法律体系的重要组成部分,它直接体现国家组织、管理、协调城乡建设、工程建设、建筑业、房地产业、市政公用事业等各项建设活动的方针、政策和基本原则,是调整国家管理机关、法人、有关组织以及公民在建设活动中所发生的社会关系的法律规范的总称。

二、我国法的形式

法的形式是指法的存在和表现形式,即国家制定和认可的法律规范的各种表现形式,也被称为法的渊源。

1. 宪法

宪法是我国的最高法律形式,是国家的根本大法。它所规定的是关于国家生活中最根本的问题。宪法具有最高的法律效力,是一般法律的立法基础。宪法的制定和修改要经过特定的程序,宪法的制定和修改只能由全国人民代表大会进行,且须经全国人民代表大会以全体代表的三分之二以上的人数通过。

2. 法律的制定

法律的制定机关是全国人民代表大会及其常务委员会。全国人民代表大会可以制定和修改刑事、民事、国家机构的和其他的基本法律。全国人民代表大会常委会可以制定除应由全国人民代表大会制定的法律以外的其他法律。

3．行政法规

行政法规是由国务院制定，是次于宪法和法律的一种法律形式。国务院是国家最高权力机关的执行机关，有权根据宪法和法律，规定行政措施，制定行政法规。它所发布的决议和命令，对在全国范围内贯彻执行宪法和法律，完成国家的组织和管理活动，具有重要的作用。

4．部门规章

国务院所属机构，包括各部、各委员会制定的规范性的文件，也是我国法律形式之一。但这些规范性的文件只能在制定和颁布的部、委管辖的业务范围内产生法律效力。

5．地方法规

在不与宪法、法律、行政法规相抵触的前提下，省、自治区、直辖市及有立法权的城市的人民代表大会及其常委会，可以制定并发布地方性法规。这些规范性文件也是我国法的形式之一。

6．地方规章

地方规章是省、自治区、直辖市以及省会（自治区首府）城市和经国务院批准较大城市的人民政府，根据法律和国务院的行政法规，制定并颁布的规范性文件。地方规章也是我国法的形式之一。

7．国际条约

我国与各国签订的国际条约也是我国的法律形式之一。国际条约是指国家之间，就相互交往中的权利与义务关系所达成的各种书面形式的协议。我国同外国签订的条约生效后，对国内的社会组织、公民也具有普遍约束力，因此也是我国法的形式之一。

第二节　《中华人民共和国公路法》的相关内容

1997 年 7 月 3 日第八届全国人民代表大会常务委员会第二十六次会议通过，1999 年 10 月 31 日第九届全国人民代表大会常务委员会第十二次会议修正。

一、掌握公路法第二章“公路规划”中的具体规定

有关“公路规划”的具体条款如下：

第十二条　公路规划应当根据国民经济和社会发展以及国防建设的需要编制，与城市建设发展规划和其他方式的交通运输发展规划相协调。

第十三条　公路建设用地规划应当符合土地利用总体规划，当年建设用地应当纳入年度建设用地计划。

第十四条　国道规划由国务院交通主管部门会同国务院有关部门并商国道沿线省自治区、直辖市人民政府编制，报国务院批准。

省道规划由省自治区、直辖市人民政府交通主管部门会同同级有关部门并商省道沿线下一级人民政府编制，报省自治区、直辖市人民政府批准，并报国务院交通主管部门备案。

县道规划由县级人民政府交通主管部门会同同级有关部门编制，经本级人民政府审定后，报上一级人民政府批准。

乡道规划由县级人民政府交通主管部门协助乡、民族乡、镇人民政府编制，报县级人民政

府批准。依照第三款、第四款规定批准的县道、乡道规划,应当报批准机关的上一级人民政府交通主管部门备案。

省道规划应当与国道规划相协调。县道规划应当与省道规划相协调。乡道规划应当与县道规划相协调。

第十五条 专用公路规划由专用公路的主管单位编制,经其上级主管部门审定后,报县级以上人民政府交通主管部门审核。

专用公路规划应当与公路规划相协调。县级以上人民政府交通主管部门发现专用公路规划与国道、省道、县道、乡道规划有不协调的地方,应当提出修改意见,专用公路主管部门和单位应当作出相应的修改。

第十六条 国道规划的局部调整由原编制机关决定。

国道规划需要作重大修改的,由原编制机关提出修改方案,报国务院批准。

经批准的省道、县道、乡道公路规划需要修改的,由原编制机关提出修改方案,报原批准机关批准。

第十七条 国道的命名和编号,由国务院交通主管部门确定;省道、县道、乡道的命名和编号,由省、自治区、直辖市人民政府交通主管部门按照国务院交通主管部门的有关规定确定。

第十八条 规划和新建村镇、开发区,应当与公路保持规定的距离并避免在公路两侧对应进行,防止造成公路街道化,影响公路的运行安全与畅通。

第十九条 国家鼓励专用公路用于社会公共运输。专用公路主要用于社会公共运输时,由专用公路的主管单位申请,或者由有关方面申请,专用公路的主管单位同意,并经省、自治区、直辖市人民政府交通主管部门批准,可以改划为省道、县道或者乡道。

二、熟悉公路法第三章"公路建设"中的具体规定

有关"公路建设"的具体条款如下:

第二十条 县级以上人民政府交通主管部门应当依据职责维护公路建设秩序,加强对公路建设的监督管理。

第二十一条 筹集公路建设资金,除各级人民政府的财政拨款,包括依法征税筹集的公路建设专项资金转为的财政拨款外,可以依法向国内外金融机构或者外国政府贷款。

国家鼓励国内外经济组织对公路建设进行投资。开发、经营公路的公司可以依照法律、行政法规的规定发行股票、公司债券筹集资金。

依照本法规定出让公路收费权的收入必须用于公路建设。

向企业和个人集资建设公路,必须根据需要与可能,坚持自愿原则,不得强行摊派,并符合国务院的有关规定。

公路建设资金还可以采取符合法律或者国务院规定的其他方式筹集。

第二十二条 公路建设应当按照国家规定的基本建设程序和有关规定进行。

第二十三条 公路建设项目应当按照国家有关规定实行法人负责制度、招标投标制度和工程监理制度。

第二十四条 公路建设单位应当根据公路建设工程的特点和技术要求,选择具有相应资格的勘查设计单位、施工单位和工程监理单位,并依照有关法律、法规、规章的规定和公路工程技术标准的要求,分别签订合同,明确双方的权利义务。

承担公路建设项目的可行性研究单位、勘查设计单位、施工单位和工程监理单位，必须持有国家规定的资质证书。

第二十五条 公路建设项目的施工，须按国务院交通主管部门的规定报请县级以上地方人民政府交通主管部门批准。

第二十六条 公路建设必须符合公路工程技术标准。

承担公路建设项目的设计单位、施工单位和工程监理单位，应当按照国家有关规定建立健全质量保证体系，落实岗位责任制，并依照有关法律、法规、规章以及公路工程技术标准的要求和合同约定进行设计、施工和监理，保证公路工程质量。

第二十七条 公路建设使用土地依照有关法律、行政法规的规定办理。

公路建设应当贯彻切实保护耕地、节约用地的原则。

第二十八条 公路建设需要使用国有荒山、荒地或者需要在国有荒山、荒地、河滩、滩涂上挖砂、采石、取土的，依照有关法律、行政法规的规定办理后，任何单位和个人不得阻挠或者非法收取费用。

第二十九条 地方各级人民政府对公路建设依法使用土地和搬迁居民，应当给予支持和协助。

第三十条 公路建设项目的设计和施工，应当符合依法保护环境、保护文物古迹和防止水土流失的要求。

公路规划中贯彻国防要求的公路建设项目，应当严格按照规划进行建设，以保证国防交通的需要。

第三十一条 因建设公路影响铁路、水利、电力、邮电设施和其他设施正常使用时，公路建设单位应当事先征得有关部门的同意；因公路建设对有关设施造成损坏的，公路建设单位应当按照不低于该设施原有的技术标准予以修复，或者给予相应的经济补偿。

第三十二条 改建公路时，施工单位应当在施工路段两端设置明显的施工标志、安全标志。需要车辆绕行的，应当在绕行路口设置标志；不能绕行的，必须修建临时道路，保证车辆和行人通行。

第三十三条 公路建设项目和公路修复项目竣工后，应当按照国家有关规定进行验收；未经验收或者验收不合格的，不得交付使用。

建成的公路，应当按照国务院交通主管部门的规定设置明显的标志、标线。

第三十四条 县级以上地方人民政府应当确定公路两侧边沟（截水沟、坡脚护坡道，下同）外缘起不少于一米的公路用地。

三、了解公路法第一章中的如下条款

第一条 为了加强公路的建设和管理，促进公路事业的发展，适应社会主义现代化建设和人民生活的需要，制定本法。

第二条 在中华人民共和国境内从事公路的规划、建设、养护、经营、使用和管理，适用本法。本法所称公路，包括公路桥梁、公路隧道和公路渡口。

第三条 公路的发展应当遵循全面规划、合理布局、确保质量、保障畅通、保护环境、建设改造与养护并重的原则。

第四条 各级人民政府应当采取有力措施，扶持、促进公路建设。公路建设应当纳入国民

经济和社会发展计划。国家鼓励、引导国内外经济组织依法投资建设、经营公路。

第五条 国家帮助和扶持少数民族地区、边远地区和贫困地区发展公路建设。

第六条 公路按其在公路路网中的地位分为国道、省道、县道和乡道，并按技术等级分为高速公路、一级公路、二级公路、三级公路和四级公路。具体划分标准由国务院交通主管部门规定。新建公路应当符合技术等级的要求。原有不符合最低技术等级要求的等外公路，应当采取措施，逐步改造为符合技术等级要求的公路。

第七条 公路受国家保护，任何单位和个人不得破坏、损坏或者非法占用公路、公路用地及公路附属设施。

任何单位和个人都有爱护公路、公路用地及公路附属设施的义务，有权检举和控告破坏、损坏公路、公路用地、公路附属设施和影响公路安全的行为。

第三节 《中华人民共和国建筑法》的相关内容

《中华人民共和国建筑法》(以下简称《建筑法》)于1997年11月1日第八届全国人民代表大会常务委员会第二十八次会议通过，自1998年3月1日起施行。《建筑法》是一部规范建筑活动的重要法律，它的立法主要目的在于：加强对建筑活动的监督管理，维护建筑市场秩序，保障建筑工程的质量和安全，促进建筑业健康发展。《建筑法》共有八章八十五条，它以规范建筑市场行为为起点，以建筑工程质量和安全为主线，主要设置了总则、建筑许可、建筑工程发包与承包、建筑工程监理、建筑安全生产管理、建筑工程质量管理、法律责任、附则等内容。

一、掌握建筑施工许可的主要内容

1. 建筑施工许可的概念

许可是指行政机关根据个人、组织的申请，依法准许个人、组织从事某种活动的行政行为，通常是通过授予书面证书形式赋予个人、组织以某种权利能力，或确认具备某种资格。

建筑施工许可是指建设行政主管部门根据建设单位和从事建筑活动的单位、个人的申请，依法准许建设单位开工或确认单位、个人具备从事建筑活动资格的行政行为。

根据《建筑法》第二章的规定，建筑许可包括三种制度，即：建筑工程施工许可制度、从事建筑活动单位资质制度、个人资格制度。建筑工程施工许可制度是指建设行政主管部门根据建设单位的申请，依法对建筑工程是否具备施工条件进行审查，符合条件者，准许该建筑工程开始施工并颁发施工许可证的一种制度。从事建筑活动的单位资质制度是指建设行政主管部门对从事建筑活动的建筑施工企业、勘察单位、设计单位和工程监理单位为人员素质、管理水平、资金数量、业务能力等进行审查，以确定其承担任务的范围，并发给相应的资质证书的一种制度。从事建筑活动的个人资格制度是指建设行政主管部门及有关部门对从事建筑活动的专业技术人员，依法进行考试和注册，并颁发执业资格证书的一种制度。

2. 从业单位的条件

建筑活动不同于一般的经济活动，从业单位条件的高低直接影响建筑工程质量和建筑安全生产，因此，从事建筑活动的单位必须有严格的法律条件。根据《建筑法》第十二条的规定，从事建筑活动的建筑施工企业、勘察单位、设计单位和工程监理单位应当具备四个方面的条件：

(1)有符合国家规定的注册资本。注册资本反映的是企业法人的财产权,也是判断企业经济力量的依据之一。从事经营活动的企业组织,都必须具备基本的责任能力,能够承担与其经营活动相适应的财产义务,这既是法律权利与义务相一致、利益与风险相一致原则的反映,也是保护债权人利益的需要,因此,建筑施工企业、勘察单位、设计单位和工程监理单位的注册资本必须适应从事建筑活动的需要,不得低于最低限额。注册资本由国家规定,既可以由全国人大及其常委会通过制定法律来规定,也可以由国务院或国务院建设行政主管部门来规定。

(2)有与其从事的建筑活动相适应的具有法定执业资格的专业技术人员。建筑活动具有技术密集的特点,因此,从事建筑活动的建筑施工企业、勘察单位、设计单位和工程监理单位必须有足够的专业技术人员。如建筑施工企业不仅要有工程技术人员,而且要有经济、会计、统计等管理人员。设计单位不仅要有建筑师,还需要有结构、水、电等方面的工程师。建筑活动是一种涉及到公民生命和财产安全的一种特殊活动,因此,从事建筑活动的专业技术人员还必须有法定执业资格。这种法定执业资格必须依法通过考试和注册才能取得。如工程设计文件必须由注册建筑师签字才能生效。建筑工程的规模和复杂程度各不相同,因此,建筑活动所要求的专业技术人员的级别和数量也不同,建筑施工企业、勘察单位、设计单位和工程监理单位必须有与其从事的建筑活动相适应的专业技术人员。

(3)有从事相关建筑活动所应有的技术装备。建筑活动具有专业性、技术性强的特点,没有相应的技术装备则无法进行。如从事建筑施工活动,必须有相应的施工机械设备与质量检验测试手段;从事勘察设计活动,必须有相应的勘察仪具设备和设计机具仪器。因此,从事建筑活动的建筑施工企业、勘察单位、设计单位和工程监理单位必须有从事相关建筑活动所应有的技术装备。没有相应技术装备的单位,不得从事建筑活动。

(4)法律、行政法规规定的其他条件。建筑施工企业、勘察单位、设计单位和工程监理单位除了应具备从事建筑活动所必需的注册资本、专业技术人员和技术装备外,还须具备从事经营活动所应具备的其他条件。如按照《民法通则》第三十七条规定,法人应当有自己的名称、组织机构和场所。按照《公司法》规定,设立从事建筑活动的有限责任公司和股份有限公司,股东或发起人必须符合法定人数;股东或发起人共同制定公司章程(股份有限公司的章程还须经创立大会通过);有公司名称,建立符合要求的组织机构;有固定的生产经营场所和必要的生产经营条件。

3. 从业单位资质审查

《建筑法》第十三条对从事建筑活动的建筑施工、勘察单位、设计单位和工程监理单位进行资质审查作出了明确规定,从法律上确立了从业单位资质审查制度。

资质审查是指从事建筑活动的建筑施工企业、勘察单位、设计单位和工程监理单位,均须经过建设行政主管部门对其拥有的注册资本、专业技术人员、技术装备和已完成的建筑工程业绩、管理水平等进行审查,以确定其承担任务的范围,并发给相应的资质证书,并须在其资质等级许可的范围内从事建筑活动。

4. 专业技术人员执业资格

《建筑法》第十四条对从事建筑活动的专业技术人员实行执业资格制度作出了明确规定。

执业资格制度是指对具备一定专业学历的从事建筑活动的专业技术人员,通过考试和注册确定其执业的技术资格,获得相应建筑工程文件签字权的一种制度。

对从事建筑活动的专业技术人员实行执业资格制度非常必要。一是深化我国建筑工程管

理体制改革的需要。以往由于专业技术人员的责、权、利不明确，常常出现高资质单位承接的业务，由低水平的专业技术人员来完成的现象，影响了建筑工程质量和投资效益的提高。实行专业技术人员执业资格制度，可以保证建筑工程由具有相应资格的专业技术人员主持完成设计、施工、监理任务。二是我国工程建设领域与国际惯例接轨，适应对外开放的需要。随着我国对外开放的不断扩大，我国的专业技术人员走向世界，其他国家和地区的专业技术人员希望进入中国建筑市场，建立专业技术人员执业资格制度有利于对等互认和加强管理。三是加速人才培养，提高专业技术人员业务水平和队伍素质的需要。执业资格制度有一套严格的考试和注册办法和继续教育的要求，这种激励机制有利于促进建筑工程质量、专业技术人员水平和从业能力的不断提高。

目前，我国建筑工程的执业人员主要包括：注册建筑师、注册结构工程师、注册监理工程师、注册工程造价师、注册建造师以及法律、法规规定的其他人员。

二、掌握建筑法关于建筑工程发承包的主要内容

1. 禁止肢解工程发包的有关规定

《建筑法》第二十四条规定：提倡对建筑工程实行总承包，禁止将建筑工程肢解发包。建筑工程的发包单位可以将建筑工程的勘察、设计、施工、设备采购一并发包给一个工程总承包单位，也可以将建筑工程勘察、设计、施工、设备采购的一项或者多项发包给一个工程总承包单位；但是，不得将应当由一个承包单位完成的建筑工程肢解成若干部分发包给几个承包单位。

2. 承揽工程的有关规定

(1)承包建筑工程的单位应当持有依法取得的资质证书，并在其资质等级许可的业务范围内承揽工程。禁止建筑施工企业超越本企业资质等级许可的业务范围或者以任何形式用其他建筑施工企业的名义承揽工程。禁止建筑施工企业以任何形式允许其他单位或者个人使用本企业的资质证书、营业执照，以本企业的名义承揽工程。

(2)大型建筑工程或者结构复杂的建筑工程，可以由两个以上的承包单位联合共同承包。共同承包的各方对承包合同的履行承担连带责任。两个以上不同资质等级的单位实行联合共同承包的，应当按照资质等级低的单位的业务许可范围承揽工程。

3. 分包的有关规定

(1)禁止承包单位将其承包的全部建筑工程转包给他人，禁止承包单位将其承包的全部建筑工程肢解以后以分包的名义分别转包给他人。

(2)建筑工程总承包单位可以将承包工程中的部分工程发包给具有相应资质条件的分包单位；但是，除总承包合同中约定的分包外，必须经建设单位认可。施工总承包的，建筑工程主体结构的施工必须由总承包单位自行完成。建筑工程总承包单位按照总承包合同的约定对建设单位负责；分包单位按照分包合同的约定对总承包单位负责。总承包单位和分包单位就分包工程对建设单位承担连带责任。

禁止总承包单位将工程分包给不具备相应资质条件的单位。禁止分包单位将其承包的工程再分包。

三、了解建筑法关于勘察设计单位法律责任的规定

《建筑法》中对勘察设计单位违反本法应承担的法律责任做出了相关规定，具体条款

如下:

第六十五条 发包单位将工程发包给不具有相应资质条件的承包单位的,或者违反本法规定将建筑工程肢解发包的,责令改正,处以罚款。超越本单位资质等级承揽工程的,责令停止违法行为,处以罚款,可以责令停业整顿,降低资质等级;情节严重的,吊销资质证书;有违法所得的,予以没收。未取得资质证书承揽工程的,予以取缔,并处罚款;有违法所得的,予以没收。以欺骗手段取得资质证书的,吊销资质证书,处以罚款;构成犯罪的,依法追究刑事责任。

第六十七条 承包单位将承包的工程转包的,或者违反本法规定进行分包的,责令改正,没收违法所得,并处罚款,可以责令停业整顿,降低资质等级;情节严重的,吊销资质证书。

承包单位有前款规定的违法行为的,对因转包工程或者违法分包的工程不符合规定的质量标准造成的损失,与接受转包或者分包的单位承担连带赔偿责任。

第六十八条 在工程发包与承包中索贿、受贿、行贿,构成犯罪的,依法追究刑事责任;不构成犯罪的,分别处以罚款,没收贿赂的财物,对直接负责的主管人员和其他直接责任人员给予处分。对在工程承包中行贿的承包单位,除依照前款规定处罚外,可以责令停业整顿,降低资质等级或者吊销资质证书。

第七十三条 建筑设计单位不按照建筑工程质量、安全标准进行设计的,责令改正,处以罚款;造成工程质量事故的,责令停业整顿,降低资质等级或者吊销资质证书,没收违法所得,并处罚款;造成损失的,承担赔偿责任;构成犯罪的,依法追究刑事责任。

第四节 《中华人民共和国森林法》的相关内容

《中华人民共和国森林法》于1984年9月20日第六届全国人民代表大会常务委员会第七次会议通过,1998年4月29日第九届全国人民代表大会常务委员会第二次会议进行修正,1998年7月1日起施行。

应熟悉以下条款。

第十八条 进行勘查、开采矿藏和各项建设工程,应当不占或者少占林地;必须占用或者征用林地的,经县级以上人民政府林业主管部门审核同意后,依照有关土地管理的法律、行政法规办理建设用地审批手续,并由用地单位依照国务院有关规定缴纳森林植被恢复费。森林植被恢复费专款专用,由林业主管部门依照有关规定统一安排植树造林,恢复森林植被,植树造林面积不得少于因占用、征用林地而减少的森林植被面积。上级林业主管部门应当定期督促、检查下级林业主管部门组织植树造林、恢复森林植被的情况。

任何单位和个人不得挪用森林植被恢复费。县级以上人民政府审计机关应当加强对森林植被恢复费使用情况的监督。

第二十三条 禁止毁林开垦和毁林采石、采砂、采土以及其他毁林行为。

第四十条 违反本法规定,非法采伐、毁坏珍贵树木的,依法追究刑事责任。

第四十四条 违反本法规定,进行开垦、采石、采砂、采土、采种、采脂和其他活动,致使森林、林木受到毁坏的,依法赔偿损失;由林业主管部门责令停止违法行为,补种毁坏株数一倍以上三倍以下的树木,可以处毁坏林木价值一倍以上五倍以下的罚款。

第五节 《中华人民共和国合同法》的相关内容

1999年3月15日第九届全国人民代表大会第二次会议通过，现予公布，自1999年10月1日起施行。

一、掌握合同的有关概念

1. 合同的概念

合同是平等主体的自然人、法人、其他组织之间设立、变更、终止民事权利义务关系的协议。民法中的合同有广义和狭义之分。广义的合同是指两个以上的民事主体之间设立、变更、终止民事权利义务关系的协议；狭义的合同是指债权合同，即两个以上的民事主体之间设立、变更、终止债权关系的协议。广义的合同除了民法中债权合同之外，还包括物权合同、身份合同，以及行政法中的行政合同和劳动法中的劳动合同等。我国《合同法》中所称的合同是指狭义上的合同。此外，《合同法》第二条第二款还明确规定，“婚姻、收养、监护等有关身份关系的协议，适用其他法律的规定”。

《合同法》第十二条规定：“合同的内容由当事人约定，一般包括以下条款：①当事人的名称或者姓名和住所；②标的；③数量；④质量；⑤价款或者报酬；⑥履行期限、地点和方式；⑦违约责任；⑧解决争议的方法。”

2. 合同无效的概念

合同无效，是指虽经合同当事人协商订立，但因其不具备或违反了法定条件，法律规定不承认其效力的合同。

《合同法》第五十二条规定：有下列情形之一的，合同无效：

(1)一方以欺诈、胁迫的手段订立合同，损害国家利益。

(2)恶意串通，损害国家、集体或者第三人利益。

(3)以合法形式掩盖非法目的。

(4)损害社会公共利益。

(5)违反法律、行政法规的强制性规定。

《合同法》第五十四条规定：“下列合同，当事人一方有权请人民法院或者仲裁机构变更或者撤销：

(1)因重大误解订立的。

(2)在订立合同时显失公平的。

一方以欺诈、胁迫的手段或者乘人之危，使对方在违背真实意思的情况下订立的合同，受损害方有权请求人民法院或者仲裁机构变更或者撤销。”

重大误解，是指当事人一方因自己的过失导致对合同的内容等发生重大误解而订立的合同的行为。

显失公平，是当事人一方处于紧迫或者缺乏经验的情况下而订立的明显对自身有重大不利的合同的行为。

3. 合同条款空缺的处理

合同条款空缺，是指合同生效后，当事人对合同条款约定有缺陷。

《合同法》第六十一条规定:“合同生效后,当事人就质量、价款或者报酬、履行地点等内容没有约定或者约定不明确的,可以协议补充;不能达成补充协议的,按照合同有关条款或者交易习惯确定。”

《合同法》第六十二条规定:“当事人就有关合同内容约定不明确,依照本法第六十一条的规定仍不能确定的,适用下列规定:

(1)质量要求不明确的,按照国家标准、行业标准履行;没有国家标准、行业标准的,按照通常标准或者符合合同目的的特定标准履行。

(2)价款或者报酬不明确的,按照订立合同时履行地市场价格履行;依法应当执行政府定价或者政府指导价的,按照规定履行。

(3)履行地点不明确,给付货币的,在接受货币一方所在地履行;交付不动产的,在不动产所在地履行;其他标的,在履行义务一方所在地履行。

(4)履行期限不明确的,债务人可以随时履行,债权人也可以随时要求履行,但应当给对方必要的准备时间。

(5)履行方式不明确的,按照有利于实现合同目的的方式履行。

(6)履行费用的负担不明确的,由履行义务一方负担。”

《合同法》第六十三条规定:“执行政府定价或者政府指导价的,在合同约定的交付期限内政府价格调整时,按照交付时的价格计价。逾期交付标的物的,遇价格上涨时,按照原价格执行,价格下降时,按照新价格执行。逾期提取标的物或者逾期付款的,遇价格上涨时,按照新价格执行,价格下降时,按照原价格执行。”

4. 效力待定合同的概念

效力待定合同,是指合同一方当事人签订的合同,已经成立,但因其不完全符合有关合同生效要件的规定,其法律效力能否发生,尚未确定,一般须经有权人表示承认方能生效的合同。

(1)限制民事行为能力人订立的合同,经法定代理人追认后,该合同有效,但纯获利益的合同或者与其年龄、智力、精神健康状况相适应而订立的合同,不必经法定代理人追认。

(2)行为人没有代理权、超越代理权限范围代理或者代理权终止后仍以被代理人的名义订立的合同,属于效力待定的合同。

无权代理人代订的合同对被代理人不发生效力,未经被代理人追认,对被代理人不发生效力,由行为人承担责任;行为人没有代理权、超越代理权或者代理权终止后以被代理人名义订立合同,相对人有正当理由相信行为人有代理权的,该代理行为有效。

(3)法定代表人、负责人依法享有相应的权利订立的合同是有效的;只有在相对人知道或者应当知道法定代表人、负责人超越权限时,才属无效。

(4)当事人订立合同处分财产时,应当享有财产处分权,否则合同无效。但是,法律规定,无处分权的人处分他人的财产,经权利人追认或者无处分权的人订立合同后取得处分权的,该合同有效。

5. 合同转让的概念

合同转让,是指合同成立后,当事人依法可以将合同中的全部权利、部分权利或者合同中的全部义务、部分义务转让或转移给第三人的法律行为。合同转让分为权利转让和义务转移,《合同法》还规定了当事人将权利和义务一并转让时适用的法律条款。

1)债权人转让权利

债权转让,是指合同债权人通过协议将其债权全部或者部分转让给第三人的行为。债权转让又称债权让与或合同权利的转让。

《合同法》第七十九条规定:"债权人可以将合同的权利全部或者部分转让给第三人,但是下列情形之一的除外:根据合同性质不得转让;按照当事人约定不得转让;依照法律规定不得转让。"

《合同法》第八十条规定:"债权人转让权利的,应当通知债务人。未经通知,该转让对债务人不发生效力。债权从转让权利的通知不得撤销,但经受让人同意的除外。"

2)债务人转移义务

债务转移,是指合同债务人与第三人之间达成协议,并经债权人同意,将其义务全部或部分转移给第三人的法律行为。债务转移又称债务承担或合同义务转让。

《合同法》第八十四条规定:"债务人将合同的义务全部或者部分转移给第三人的,应当经债权人同意。"

3)合同当事人对合同中权利和义务的概括转让

债权、债务概括转让是指合同当事人一方将其债权债务一并转移给第三人,由第三人概括地接受原当事人的债权和债务的法律行为。

债权债务概括转让的法律规定《合同法》第八十八条规定:"当事人一方经对方同意,可以将自己在合同中的权利和义务一并转让给第三人。"

《合同法》第九十条规定:"当事人订立合同后合并的,由合并后的法人或者其他组织行使合同权利,履行合同义务。当事人订立合同后分立的,除债权人和债务人另有约定的以外,由分立的法人或者其他组织对合同的权利和义务享有连带债权,承担连带债务。"

6. 合同终止的概念

合同终止是指因某种原因而引起的合同权利义务客观上不复存在。

《合同法》第九十一条规定,导致合同终止的原因主要有:

(1)债务已经按照约定履行。

(2)合同解除。

(3)债务相互抵销。

(4)债务人依法将标的物提存。

(5)债权人免除债务。

(6)债权债务同归于一人。

(7)法律规定或者当事人约定终止的其他情形。

二、掌握《合同法》对建设工程合同的具体规定

《合同法》对建设工程合同的具体规定在其第十六章中体现,具体条款如下:

第二百六十九条 建设工程合同是承包人进行工程建设,发包人支付价款的合同。

建设工程合同包括工程勘察、设计、施工合同。

第二百七十条 建设工程合同应当采用书面形式。

第二百七十一条 建设工程的招标投标活动,应当依照有关法律的规定公开、公平、公正进行。

第二百七十二条 发包人可以与总承包人订立建设工程合同,也可以分别与勘察人、设计

人、施工人订立勘察、设计、施工承包合同。发包人不得将应当由一个承包人完成的建设工程肢解成若干部分发包给几个承包人。

总承包人或者勘察、设计、施工承包人经发包人同意,可以将自己承包的部分工作交由第三人完成。第三人就其完成的工作成果与总承包人或者勘察、设计、施工承包人向发包人承担连带责任。承包人不得将其承包的全部建设工程转包给第三人或者将其承包的全部建设工程肢解以后以分包的名义分别转包给第三人。

禁止承包人将工程分包给不具备相应资质条件的单位。禁止分包单位将其承包的工程再分包。建设工程主体结构的施工必须由承包人自行完成。

第二百七十三条 国家重大建设工程合同,应当按照国家规定的程序和国家批准的投资计划、可行性研究报告等文件订立。

第二百七十四条 勘察、设计合同的内容包括提交有关基础资料和文件(包括概预算)的期限、质量要求、费用以及其他协作条件等条款。

第二百七十五条 施工合同的内容包括工程范围、建设工期、中间交工工程的开工和竣工时间、工程质量、工程造价、技术资料交付时间、材料和设备供应责任、拨款和结算、竣工验收、质量保修范围和质量保证期、双方相互协作等条款。

第二百七十六条 建设工程实行监理的,发包人应当与监理人采用书面形式订立委托监理合同。发包人与监理人的权利和义务以及法律责任,应当依照本法委托合同以及其他有关法律、行政法规的规定。

第二百七十七条 发包人在不妨碍承包人正常作业的情况下,可以随时对作业进度、质量进行检查。

第二百七十八条 隐蔽工程在隐蔽以前,承包人应当通知发包人检查。发包人没有及时检查的,承包人可以顺延工程日期,并有权要求赔偿停工、窝工等损失。

第二百七十九条 建设工程竣工后,发包人应当根据施工图纸及说明书、国家颁发的施工验收规范和质量检验标准及时进行验收。验收合格的,发包人应当按照约定支付价款,并接收该建设工程。建设工程竣工经验收合格后,方可交付使用;未经验收或者验收不合格的,不得交付使用。

第二百八十条 勘察、设计的质量不符合要求或者未按照期限提交勘察、设计文件拖延工期,造成发包人损失的,勘察人、设计人应当继续完善勘察、设计,减收或者免收勘察、设计费并赔偿损失。

第二百八十一条 因施工人的原因致使建设工程质量不符合约定的,发包人有权要求施工人在合理期限内无偿修理或者返工、改建。经过修理或者返工、改建后,造成逾期交付的,施工人应当承担违约责任。

第二百八十二条 因承包人的原因致使建设工程在合理使用期限内造成人身和财产损害的,承包人应当承担损害赔偿责任。

第二百八十三条 发包人未按照约定的时间和要求提供原材料、设备、场地、资金、技术资料的,承包人可以顺延工程日期,并有权要求赔偿停工、窝工等损失。

第二百八十四条 因发包人的原因致使工程中途停建、缓建的,发包人应当采取措施弥补或者减少损失,赔偿承包人因此造成的停工、窝工、倒运、机械设备调迁、材料和构件积压等损失和实际费用。

第二百八十五条 因发包人变更计划，提供的资料不准确，或者未按照期限提供必需的勘察、设计工作条件而造成勘察、设计的返工、停工或者修改设计，发包人应当按照勘察人、设计人实际消耗的工作量增付费用。

第二百八十六条 发包人未按照约定支付价款的，承包人可以催告发包人在合理期限内支付价款。发包人逾期不支付的，除按照建设工程的性质不宜折价、拍卖的以外，承包人可以与发包人协议将该工程折价，也可以申请人民法院将该工程依法拍卖。建设工程的价款就该工程折价或者拍卖的价款优先受偿。

第二百八十七条 本章没有规定的，适用承揽合同的有关规定。

三、熟悉合同的担保形式

担保，是指合同的当事人双方为了使合同能够得到全面按约履行，根据法律、行政法规的规定，经双方协商一致而采取的一种具有法律效力的保护措施。

我国《担保法》规定的担保形式有五种，即保证、抵押、质押、留置和定金。

1. 保证

保证，是指保证人和债权人约定，当债务人不履行债务时，保证人按照约定履行债务或承担责任的法律行为。

保证人须是具有代为清偿债务能力的人，既可以是法人，也可以是其他组织或公民。下列单位不可以做保证人：

(1)国家机关不得做保证人，但经国务院批准为使用外国政府或国际经济组织贷款而进行的转贷除外。

(2)学校、幼儿园、医院等以公益为目的的事业单位、社会团体不得做保证人。

(3)企业法人的分支机构、职能部门不得做保证人，但有法人书面授权的，可在授权范围内提供保证。

保证的方式有两种，一是一般保证，二是连带保证。保证方式没有约定或约定不明确的，按连带保证承担保证责任。

一般保证，是指当事人在保证合同中约定，当债务人不履行债务时，由保证人承担保证责任的保证方式。一般保证的保证人在主合同纠纷未经审判或仲裁，并就债务人财产依法强制执行仍不能履行债务前，对债权人可以拒绝承担保证责任。

连带保证，是指当事人在保证合同中约定保证人与债务人对债务承担连带责任的保证方式。连带责任保证的债务人在主合同规定的债务履行期届满没有履行债务的，债权人可以要求债务人履行债务，也可以要求保证人在其保证范围内承担保证责任。

当事人对保证方式没有约定或者约定不明确的，按照连带保证承担保证责任。

2. 抵押

抵押是指债务人或者第三人不转移对特定财产(主要是不动产)的占有，将该财产作为债权的担保。禁止抵押的财产有：

(1)土地所有权。

(2)耕地、宅基地、自留地、自留山等集体所有的土地使用权；抵押人依法承包并经发包方同意抵押的荒山、荒沟、荒丘、荒滩等荒地的土地使用权以乡镇村企业厂房等建筑抵押的除外。

(3)学校、幼儿园、医院等以公益为目的的事业单位、社会团体的教育设施、医疗设施和其他社会公益设施。

(4)所有权、使用权不明确或有争议的财产。

(5)依法被查封、扣押、监管的财产。

(6)依法不得抵押的其他财产。

当债务履行期届满而抵押权人未受清偿的,债权人可以与抵押人协议以抵押物折价或者以拍卖、变卖该抵押物所得的价款受偿。协议不成的,抵押权人可以向人民法院提起诉讼。

抵押物折价或者拍卖、变卖后,其价款超过债权数额的部分归抵押人所有,不足部分由债务人清偿。

3. 质押

质押,是指债务人或第三人将其动产或权利转移债权人占有,用以担保债权的实现,当债务人不能履行债务时,债权人依法有权就该动产或权利优先得到清偿的担保法律行为。

质押包括动产质押和权利质押两种。

法律规定下列权利可以质押:

第一,汇票、支票、本票、债券、存款单、仓单、提单。

第二,依法可以转让的股份、股票。

第三,依法可以转让的商标专用权、专利权、著作权中的财产权。

第四,依法可以质押的其他权利。

4. 留置

留置,是指合同当事人一方依据法律规定或合同约定,占有合同中对方的财产,有权留置以保护自身合法利益的法律行为。因保管合同、运输合同,加工承揽合同发生的债权,债务人不履行债务的,债权人有留置权。

5. 定金

定金,是指合同当事人一方为了证明合同的成立和担保合同的履行,在按合同规定应给付的款额内,向对方预先给付一定数额的货币。定金的数额由当事人约定,但不得超过主合同标的额的20%。

法律规定债务人履行债务后,定金应当抵作价款或者收回,给付定金的一方不履行约定的债务的,无权要求返还定金;收受定金的一方不履行约定的债务的,应当双倍返还定金。

第六节 《中华人民共和国招标投标法》的相关内容

《中华人民共和国招标投标法》(以下简称《招标投标法》)由第九届全国人大常委会第十一次会议于1999年8月30日通过,自2000年1月1日施行。《招标投标法》的立法目的是为了规范招标投标活动,保护国家利益、社会公共利益和招标投标活动当事人的合法权益,提高经济效益,保证项目质量,制定本法。《招标投标法》共六章六十八条,分别从招标、投标、开标、评标和中标等各主要阶段对招投标活动作出了规定。

一、掌握招标投标法的基本原则

1. 必须招标的建设工程项目的规定

1)工程建设项目招标范围

(1)大型基础设施、公用事业等关系社会公共利益、公众安全的项目。

(2)全部或者部分使用国有资金投资或者国家融资的项目。

(3)使用国际组织或者外国政府资金的项目。

2)工程建设项目招标规模标准

根据《工程建设项目招标范围和规模标准规定》规定,上述各类工程建设项目,包括项目的勘察、设计、施工、监理以及与工程建设有关的重要设备、材料等的采购,达到下列标准之一的,必须进行招标:

(1)施工单项合同估算价在200万元人民币以上的。

(2)重要设备、材料等货物的采购,单项合同估算价在100万元人民币以上的。

(3)勘察、设计、监理等服务的采购,单项合同估算价在50万元人民币以上的。

(4)单项合同估算价低于第(1)、(2)、(3)项规定的标准,但项目总投资额在3000万元人民币以上的。

2. 招投标活动的基本原则

1)公开原则

招标投标活动的公开原则,首先要求进行招标活动的信息要公开。采用公开招标方式,应当发布招标公告,依法必须进行招标的项目的招标公告,必须通过国家指定的报刊、信息网络或者其他公共媒介发布。无论是招标公告、资格预审公告,还是投标邀请书,都应当载明能大体满足潜在投标人决定是否参加投标竞争所需要的信息。另外,开标的程序、评标的标准和程序、中标的结果等都应当公开。

2)公平原则

招标投标活动的公平原则,要求招标人严格按照规定的条件和程序办事,同等地对待每一个投标竞争者,不得对不同的投标竞争者采用不同的标准。招标人不得以任何方式限制或者排斥本地区、本系统以外的法人或者其他组织参加投标。

3)公正原则

在招标投标活动中招标人行为应当公正,对所有的投标竞争者都应平等对待,不能有特殊。特别是在评标时,评标标准应当明确、严格,对所有在投标截止日期以后送到的投标书都应拒收,与投标人有利害关系的人员都不得作为评标委员会的成员。招标人和投标人双方在招标投标活动中的地位平等,任何一方不得向另一方提出不合理的要求,不得将自己的意志强加给对方。

4)诚实信用原则

诚实信用是民事活动的一项基本原则,招标投标活动是以订立采购合同为目的的民事活动,当然也适用这一原则。诚实信用原则要求招标投标各方都要诚实守信,不得有欺骗、背信的行为。

3. 招标方式

根据《招标投标法》第十条规定,“招标分为公开招标和邀请招标。公开招标,是指招标人以招标公告的方式邀请不特定的法人或者其他组织投标。邀请招标,是指招标人以投标邀请书的方式邀请特定的法人或者其他组织投标。”

《招标投标法》第十一条规定:“国务院发展计划部门确定的国家重点项目和省、自治区、直辖市人民政府确定的地方重点项目不适宜公开招标的,经国务院发展计划部门或者省、自治区、直辖市人民政府批准,可以进行邀请招标。”

二、掌握招标投标法关于招标的主要规定

1. 招标程序

根据《招标投标法》和《工程建设项目施工招标投标办法》的规定,招标程序如下:

(1)成立招标组织,由招标人自行招标或委托招标。

(2)编制招标文件和标底(如果有)。

(3)发布招标公告或发出投标邀请书。

(4)对潜在投标人进行资质审查,并将审查结果通知各潜在投标人。

(5)发售招标文件。

(6)组织投标人踏勘现场,并对招标文件答疑。

(7)确定投标人编制投标文件所需要的合理时间。

(8)接受投标书。

(9)开标。

(10)评标。

(11)定标、签发中标通知书。

(12)签订合同。

2. 招标代理

招标人有权自行选择招标代理机构,委托其办理招标事宜,任何单位和个人不得以任何方式为招标人指定招标代理机构。招标人具有编制招标文件和组织评标能力的,可以自行办理招标事宜。任何单位和个人不得强制其委托招标代理机构办理招标事宜。依法必须进行招标的项目,招标人自行办理招标事宜的,应当向有关行政监督部门备案。

招标代理机构是依法设立、从事招标代理业务并提供相关服务的社会中介组织。

招标代理机构应当具备下列条件:

(1)有从事招标代理业务的营业场所和相应资金。

(2)有能够编制招标文件和组织评标的相应专业力量。

(3)有可以作为评标委员会成员人选的技术、经济等方面的专家库。

从事工程建设项目招标代理业务的招标代理机构,其资格由国务院或者省、自治区、直辖市人民政府的建设行政主管部门认定。具体办法由国务院建设行政主管部门会同国务院有关部门制定“从事其他招标代理业务的招标代理机构,其资格认定的主管部门由国务院规定,招标代理机构与行政机关和其他国家机关不得存在隶属关系或者其他利益关系。”

招标代理机构应当在招标人委托的范围内办理招标事宜,并遵守本法关于招标人的规定。

三、掌握招标投标法关于投标的主要规定

1. 投标的要求和程序

1)投标的要求

《招标投标法》第二十六条规定："投标人应当具备承担招标项目的能力；国家有关规定对投标人资格条件或者招标文件对投标人资格条件有规定的，投标人应当具备规定的资格条件。"

投标人应当具备承担招标项目的能力。依据建设部2001年7月25日发布并实施的第93号令《建设工程勘察设计企业资质管理规定》，工程勘察资质分为工程勘察综合资质、工程勘察专业资质、工程勘察劳务资质；工程设计资质分为工程设计综合资质、工程设计行业资质、工程设计专项资质，每种资质各有其相应等级（如工程勘察、设计综合资质只设甲级）。

根据《建筑法》的有关规定，承包建筑工程的单位应当持有依法取得的资质证书，并在其资质等级许可的范围内承揽工程。《建设工程勘察设计企业资质管理规定》规定的各等级具有不同的承担工程项目的能力，各企业应当在其资质等级范围内承担工程。

2）投标程序

（1）组织投标机构。

（2）编制投标文件。

（3）投标文件的送达。

2. 联合体投标

1）联合投标的含义

根据《招标投标法》第三十一条第一款的规定，联合投标是指"两个以上法人或者其他组织可以组成一个联合体，以一个投标人的身份共同投标。"

2）联合体各方的资格要求

《招标投标法》第三十一条第二款规定："联合体各方均应当具备承担招标项目的相应能力；国家有关规定或者招标文件对投标人资格条件有规定的，联合体各方均应当具备规定的相应资格条件。由同一专业的单位组成的联合体，按照资质等级较低的单位确定资质等级。"

3）联合体各方的权利和义务

《招标投标法》第三十一条第三款规定："联合体各方应当签订共同投标协议，明确约定各方拟承担的工作和责任，并将共同投标协议连同投标文件一并提交招标人。联合体中标的，联合体各方应当共同与招标人签订合同，就中标项目向招标人承担连带责任。"根据该规定，联合体各方的权利和义务分为内部和外部两种。

（1）联合体各方内部的权利和义务

共同投标协议属于合同关系，即平等主体的自然人、法人、其他组织之间通过设立、变更、终止民事权利义务关系的协议而形成的关系。联合体内部各方通过协议明确约定各方在中标后要承担的工作和责任，该约定必须详细、明确，以免日后发生争议。同时，该共同协议应当同投标文件一并提交招标人，使招标人了解有关情况，并在评标时予以考虑。

（2）联合体各方外部的权利和义务

联合体各方就中标项目对外向招标人承担连带责任。

所谓连带责任，是指在同一债权债务关系中两个以上的债务人中，任何一个债务人都负有向债权人履行债务的义务。债权人可以向其中任何一个或者多个债务人请求履行债务，可以请求部分履行，也可以请求全部履行。负有连带责任的债务人不得以债务人之间对债务分担比例有约定来拒绝部分或全部履行债务。连带债务人中一个或者多人履行了全部债务后，其他连带债务人对债权人的履行义务即行解除。但是,对连带债务人内部关系而言,根据其内部约定,债务人清偿债务超过其应承担份额的,有权向其他连带债务人追偿。联合体各方在中标后承担的连带责任包括以下两种情况:

第一种:联合体在接到中标通知书未与招标人签订合同前,除不可抗力外,联合体放弃中标项目的,其已提交的投标保证金不予退还,给招标人造成的损失超过投标保证金数额的,还应当对超过部分承担连带赔偿责任。

第二种:中标的联合体除不可抗力外,不履行与招标人签订的合同时,履约保证金不予退还,给招标人造成的损失超过履约保证金数额的,还应当对超过部分承担连带赔偿责任。

四、掌握投标的禁止性规定

1. 投标人之间串通投标

《招标投标法》第三十二条第一款规定:“投标人不得相互串通投标报价,不得排挤其他投标人的公平竞争,损害招标人或者其他投标人的合法权益。”《关于禁止串通招标投标行为的暂行规定》列举了以下几种表现形式:

(1)投标者之间相互约定,一致抬高或者压低投标价。

(2)投标者之间相互约定,在招标项目中轮流以高价位或低价位中标。

(3)投标者之间进行内部竞价,内定中标人,然后再参加投标。

(4)投标者之间其他串通投标行为。

2. 投标人与招标人之间串通招标投标

《招标投标法》第三十二条第二款规定:“投标人不得与招标人串通投标,损害国家利益、社会公共利益或者他人的合法权益。”《关于禁止串通招标投标行为的暂行规定》列举了下列几种表现形式:

(1)招标者在公开开标前,开启标书,并将投标情况告知其他投标者,或者协助投标者撤换标书,更改报价。

(2)招标者向投标者泄露标底。

(3)投标者与招标者商定,在招标投标时压低或者抬高标价,中标后再给投标者或者招标者额外补偿。

(4)招标者预先内定中标者,在确定中标者时以此决定取舍。

(5)招标者和投标者之间其他串通招标投标行为(如通过贿赂等不正当手段),使招标人在审查、评选投标文件时,对投标文件实行歧视待遇;招标人在要求投标人就其投标文件澄清时,故意作引导性提问,以使其中标等。

3. 投标人以行贿的手段谋取中标

《招标投标法》第三十二条第三款规定:“禁止投标人以向招标人或者评标委员会成员行贿的手段谋取中标。”

投标人以行贿的手段谋取中标是违背招标投标法基本原则的行为,对其他投标人是不公平的。投标人以行贿手段谋取中标的法律后果是中标无效,有关责任人和单位应当承担相应的行政责任或刑事责任,给他人造成损失的,还应当承担民事赔偿责任。

4. 投标人以低于成本的报价竞标

《招标投标法》第三十三条规定,投标人不得以低于成本的报价竞标。

投标人以低于成本的报价竞标，其目的主要是为了排挤其他对手。

这里的成本应指个别企业的成本。投标人的报价一般由成本、税金和利润三部分组成。当报价为成本价时，企业利润为零。

5. 投标人以非法手段骗取中标

《招标投标法》第三十三条规定，投标人不得以他人名义投标或者以其他方式弄虚作假，骗取中标。在工程实践中，投标人以非法手段骗取中标的现象大量存在，主要表现在以下几方面：

(1)非法挂靠或借用其他企业的资质证书参加投标。

(2)投标文件中故意在商务上和技术上采用模糊的语言骗取中标，中标后提供低档劣质货物、工程或服务。

(3)投标时递交虚假业绩证明、资格文件。

(4)假冒法定代表人签名，私刻公章，递交假的委托书等。

五、掌握招标投标法关于开标、评标和中标的主要规定

1. 开标程序

开标应当在招标文件确定的提交投标文件截止时间的同一时间公开进行；开标地点应当为招标文件中预先确定的地点。开标由招标人主持，邀请所有投标人参加。

开标时，由投标人或者其推选的代表检查投标文件的密封情况，也可以由招标人委托的公证机构检查并公证；经确认无误后，由工作人员当众拆封，宣读投标人名称、投标价格和投标文件的其他主要内容。

招标人在招标文件要求提交投标文件的截止时间前收到的所有投标文件，开标时都应当当众予以拆封、宣读。

开标过程应当记录，并存档备查。

2. 评标委员会和评标程序

1)评标委员会

评标由招标人依法组建的评标委员会负责。评标委员会由招标人的代表和有关技术、经济等方面的专家组成，成员人数为五人以上单数，其中技术、经济等方面的专家不得少于成员总数的三分之二。评标委员会专家应当从事相关领域工作满八年并具有高级职称或者具有同等专业水平，由招标人从国务院有关部门或者省、自治区、直辖市人民政府有关部门提供的专家名册或者招标代理机构的专家库内的相关专业的专家名单中确定；一般招标项目可以采取随机抽取方式，特殊招标项目可以由招标人直接确定。与投标人有利害关系的人不得进入相关项目的评标委员会；已经进入的应当更换。评标委员会成员的名单在中标结果确定前应当保密。

2)评标程序

(1)招标人应当采取必要的措施，保证评标在严格保密的情况下进行。任何单位和个人不得非法干预、影响评标的过程和结果。

(2)评标委员会可以要求投标人对投标文件中含义不明确的内容作必要的澄清或者说明，但是澄清或者说明不得超出投标文件的范围或者改变投标文件的实质性内容。

(3)评标委员会应当按照招标文件确定的评标标准和方法，对投标文件进行评审和比较；

设有标底的，应当参考标底。评标委员会完成评标后，应当向招标人提出书面评标报告，并推荐合格的中标候选人。

(4)招标人根据评标委员会提出的书面评标报告和推荐的中标候选人确定中标人。招标人也可以授权评标委员会直接确定中标人。

(5)评标委员会经评审，认为所有投标都不符合招标文件要求的，可以否决所有投标。依法必须进行招标项目的所有投标被否决的，招标人应当依照本法重新招标。

(6)在确定中标人前，招标人不得与投标人就投标价格、投标方案等实质性内容进行谈判。

六、熟悉中标通知书的有关规定

1. 中标条件

(1)能够最大限度地满足招标文件中规定的各项综合评价标准。

(2)能够满足招标文件的实质性要求，并且经评审的投标价格最低，但是投标价格低于成本的除外。

2. 中标通知书

中标人确定后，招标人应当向中标人发出中标通知书，并同时将中标结果通知所有未中标的投标人。

中标通知书对招标人和中标人具有法律效力。中标通知书发出后，招标人改变中标结果的，或者中标人放弃中标项目的，应当依法承担法律责任。

招标人和中标人应当自中标通知书发出之日起三十日内，按照招标文件和中标人的投标文件订立书面合同。招标人和中标人不得再行订立背离合同实质性内容的其他协议。

招标文件要求中标人提交履约保证金的，中标人应当提交。

依法必须进行招标的项目，招标人应当自确定中标人之日起十五日内，向有关行政监督部门提交招标投标情况的书面报告。

七、了解违反招投标法的有关法律责任规定

1. 应该招标而未招标的法律责任

违反本法规定，必须进行招标的项目而不招标的，将必须进行招标的项目化整为零或者以其他任何方式规避招标的，责令限期改正，可以处项目合同金额千分之五以上千分之十以下的罚款；对全部或者部分使用国有资金的项目，可以暂停项目执行或者暂停资金拨付；对单位直接负责的主管人员和其他直接责任人员依法给予处分。

2. 招标代理机构法律责任

招标代理机构违反本法规定，泄露应当保密的与招标投标活动有关的情况和资料的，或者与招标人、投标人串通损害国家利益、社会公共利益或者他人合法权益的，处五万元以上二十五万元以下的罚款，对单位直接负责的主管人员和其他直接责任人员处单位罚款数额百分之五以上百分之十以下的罚款；有违法所得的，并处没收违法所得；情节严重的，暂停直至取消招标代理资格；构成犯罪的，依法追究刑事责任。给他人造成损失的，依法承担赔偿责任。上述所列行为影响中标结果的，中标无效。

3. 招标人法律责任

(1)招标人以不合理的条件限制或者排斥潜在投标人的,对潜在投标人实行歧视待遇的,强制要求投标人组成联合体共同投标的,或者限制投标人之间竞争的,责令改正,可以处一万元以上五万元以下的罚款。

(2)依法必须进行招标的项目的招标人向他人透露已获取招标文件的潜在投标人的名称、数量或者可能影响公平竞争的有关招标投标的其他情况的,或者泄露标底的,给予警告,可以并处一万元以上十万元以下的罚款;对单位直接负责的主管人员和其他直接责任人员依法给予处分;构成犯罪的,依法追究刑事责任。上述所列行为影响中标结果的,中标无效。

(3)依法必须进行招标的项目,招标人违反本法规定,与投标人就投标价格、投标方案等实质性内容进行谈判的,给予警告,对单位直接负责的主管人员和其他直接责任人员依法给予处分。上述所列行为影响中标结果的,中标无效。

(4)招标人在评标委员会依法推荐的中标候选人以外确定中标人的,或依法必须进行招标的项目在所有投标被评标委员会否决后自行确定中标人的,中标无效。责令改正,可以处中标项目金额千分之五以上千分之十以下的罚款;对单位直接负责的主管人员和其他直接责任人员依法给予处分。

4. 投标人法律责任

(1)投标人相互串通投标或者与招标人串通投标的,投标人以向招标人或者评标委员会成员行贿的手段谋取中标的,中标无效,处中标项目金额千分之五以上千分之十以下的罚款,对单位直接负责的主管人员和其他直接责任人员处单位罚款数额百分之五以上百分之十以下的罚款;有违法所得的,并处没收违法所得;情节严重的,取消其一年至二年内参加依法必须进行招标的项目的投标资格并予以公告,直至由工商行政管理机关吊销营业执照;构成犯罪的,依法追究刑事责任。给他人造成损失的,依法承担赔偿责任。

(2)投标人以他人名义投标或者以其他方式弄虚作假,骗取中标的,中标无效,给招标人造成损失的,依法承担赔偿责任;构成犯罪的,依法追究刑事责任。依法必须进行招标的项目的投标人有上述所列行为尚未构成犯罪的,处中标项目金额千分之五以上千分之十以下的罚款,对单位直接负责的主管人员和其他直接责任人员处单位罚款数额百分之五以上百分之十以下的罚款;有违法所得的,并处没收违法所得;情节严重的,取消其一年至三年内参加依法必须进行招标的项目的投标资格并予以公告,直至由工商行政管理机关吊销营业执照。

5. 中标人法律责任

(1)中标人将中标项目转让给他人的,将中标项目肢解后分别转让给他人的,违反本法规定将中标项目的部分主体、关键性工作分包给他人的,或者分包人再次分包的,转让、分无效,处转让、分包项目金额千分之五以上千分之十以下的罚款;有违法所得的,并处没收违法所得;可以责令停业整顿;情节严重的,由工商行政管理机关吊销营业执照。

(2)中标人不履行与招标人订立的合同的,履约保证金不予退还,给招标人造成的损失超过履约保证金数额的,还应当对超过部分予以赔偿;没有提交履约保证金的,应当对招标人的损失承担赔偿责任。

(3)中标人不按照与招标人订立的合同履行义务,情节严重的,取消其二年至五年内参加依法必须进行招标的项目的投标资格并予以公告,直至由工商行政管理机关吊销营业执照。

第七节　《中华人民共和国安全生产法》的相关内容

《中华人民共和国安全生产法》（以下简称《安全生产法》）于2002年6月29日由第九届全国人大常委会第28次会议通过，并于2002年11月1日起实施，是我国第一部有关安全生产管理的综合性法律，该法对安全生产工作的方针，生产经营单位的安全生产保障，从业人员的权利和义务，生产安全事故的应急救援和调查处理以及违法行为的法律责任等都作出了明确的规定，是加强安全生产管理，提高安全生产工作的重要的法律依据。

一、掌握《安全生产法》的立法目的

我国《安全生产法》明确规定，制定《安全生产法》是为了加强安全生产监督管理，防止和减少生产安全事故，保障人民群众的生命和财产安全，促进经济发展。

二、掌握安全生产"三同时"制度及有关规定

生产经营单位新建、改建、扩建工程项目（以下统称建设项目）的安全设施，必须与主体工程同时设计、同时施工、同时投入生产和使用。安全设施投资应当纳入建设项目概算。

矿山建设项目和用于生产、储存危险物品的建设项目，应当分别按照国家有关规定进行安全条件论证和安全评价。建设项目安全设施的设计人、设计单位应当对安全设施设计负责。矿山建设项目和用于生产、储存危险物品的建设项目的安全设施设计应当按照国家有关规定报经有关部门审查，审查部门及其负责审查的人员对审查结果负责。

安全设备的设计、制造、安装、使用、检测、维修、改造和报废，应当符合国家标准或者行业标准。生产经营单位不得使用国家明令淘汰、禁止使用的危及生产安全的工艺、设备。

三、熟悉安全生产中从业人员的权利和义务

1. 安全生产中从业人员的权利

（1）知情权，即有权了解其作业场所和工作岗位存在的危险因素、防范措施和事故应急措施。

（2）建议权，即有权对本单位的安全生产工作提出建议。

（3）批评权和检举、控告权，即有权对本单位安全生产管理工作中存在的问题提出批评、检举、控告。

（4）拒绝权，即有权拒绝违章作业指挥和强令冒险作业。

（5）紧急避险权，即发现直接危及人身安全的紧急情况时，有权停止作业或者在采取可能的应急措施后撤离作业场所。

（6）依法向本单位提出要求赔偿的权利。

（7）获得符合国家标准或者行业标准劳动防护用品的权利。

（8）获得安全生产教育和培训的权利。

2. 安全生产中从业人员的义务

（1）自律遵规的义务，即从业人员在作业过程中，应当遵守本单位的安全生产规章制度和

操作规程,服从管理,正确佩戴和使用劳动防护用品。

(2)自觉学习安全生产知识的义务,要求掌握本职工作所需的安全生产知识,提高安全生产技能,增强事故预防和应急处理能力。

(3)危险报告义务,即发现事故隐患或者其他不安全因素时,应当立即向现场安全生产管理人员或者本单位负责人报告。

四、了解生产安全事故应急救援与调查处理的法律规定

1. 安全生产责任事故应急救援

县级以上地方各级人民政府应当组织有关部门制定本行政区域内特大生产安全事故应急救援预案,建立应急救援体系。单位负责人接到事故报告后,应当迅速采取有效措施,组织抢救,并按照国家有关规定立即如实报告当地负有安全生产监督管理职责的部门,不得隐瞒不报、谎报或拖延不报,不得故意破坏事故现场、毁灭有关证据。

危险物品的生产、经营、储存单位以及矿山、建筑施工单位应当建立应急救援组织;生产经营规模较小、可以不建立应急救援组织的,应当指定兼职的应急救援人员。

危险物品的生产、经营、储存单位以及矿山、建筑施工单位应当配备必要的应急救援器材、设备,并进行经常性维护、保养,保证正常运转。

2. 安全生产责任事故报告

(1)生产经营单位发生生产安全事故后,事故现场有关人员应当立即报告本单位负责人。

(2)负有安全生产监督管理职责的部门接到事故报告后,应当立即按照国家有关规定上报事故情况。负有安全生产监督管理职责的部门和有关地方人民政府对事故情况不得隐瞒不报、谎报或者拖延不报。

(3)有关地方人民政府和负有安全生产监督管理职责部门的负责人接到重大生产安全事故报告后,应当立即赶到事故现场,组织事故抢救。

3. 安全生产责任事故调查处理

(1)事故调查处理应当按照实事求是、尊重科学的原则,及时、准确的查清事故原因,查明事故性质和责任,总结事故教训,提出整改措施,并对事故责任者提出处理意见。

(2)生产经营单位发生生产安全事故,经调查确定为责任事故的,除了应当查明事故单位的责任并依法予以追究外,还应当查明对安全生产的有关事项负有审查批准和监督职责的行政部门的责任,对有失职、渎职行为的,追究法律责任。

(3)任何单位和个人不得阻挠和干涉对事故的依法调查处理。

(4)县级以上地方各级人民政府负责安全生产监督管理的部门应当定期统计分析本行政区域内发生生产安全事故的情况,并定期向社会公布。

第八节 《建设工程安全生产管理条例》的相关内容

《建设工程安全生产管理条例》于 2003 年 11 月 12 日国务院第 28 次常务会议通过,自 2004 年 2 月 1 日起施行。

一、掌握《建设工程安全生产管理条例》的如下内容

1. 立法目的

(1)直接目的——贯彻《中华人民共和国建筑法》和《中华人民共和国安全生产法》。

(2)间接目的——为了加强建设工程安全生产监督管理。

(3)根本目的——保障人民群众生命和财产安全。

2. 适用范围

(1)在中华人民共和国境内从事建设工程的新建、扩建、改建和拆除等有关活动及实施对建设工程安全生产的监督管理,必须遵守本条例。

本条例所称建设工程,是指土木工程、建筑工程、线路管道和设备安装工程及装修工程。

(2)抢险救灾和农民自建低层住宅的安全生产管理不适用本条例;军事建设工程的安全生产管理,按照中央军事委员会的有关规定执行。

3. 方针

安全第一、预防为主。

4. 建设工程安全生产管理基本制度

1)安全生产责任制度

安全生产责任制度是建筑生产中最基本的安全管理制度,是所有安全管理制度的核心。安全生产责任制度是指各种不同的安全责任落实到负责有安全管理责任的人员和具体岗位人员身上的一种制度。这一制度是安全第一、预防为主方针的具体体现,是建筑安全生产的基本制度。安全生产责任制的主要内容有包括:一是从事建筑活动的负责人的责任制。比如,施工单位的法定代表人要对本企业的安全负主要的安全责任。二是从事建筑活动的职能机构或职能处室负责人及其工作人员的安全生产责任制。比如,施工单位根据需要设置的安全处室或者专职安全人员要对安全负责。三是岗位人员的安全生产责任制。岗位人员必须对安全负责。从事特种作业的安全人员必须进行培训,经过考核合格后方能上岗作业。

2)群防群治制度

这一制度要求建设企业的职工在施工中应当遵守有关生产的法律、法规和建设行业安全规章、规程,不得违章作业;对于危及生命安全和身体健康的行为有权提出批评、检举和控告。

3)安全生产教育培训制度

4)安全生产检查制度

安全生产检查制度是上级管理部门或企业自身对安全生产状况进行定期或不定期检查的制度。通过检查可以发现问题,查出隐患,从而采取有效措施,把事故消灭在发生之前。

5)伤亡事故处理报告制度

施工中发生事故时,企业应当采取紧急措施减少人员伤亡和事故损失,并且按照国家有关规定及时向有关部门报告的制度。事故处理必须遵循一定的程序,做到原因不清不放过,事故责任者和群众没有受到教育不放过,没有防范措施不放过。

6)安全责任追究制度

建设单位、设计单位、施工单位、监理单位,由于没有履行职责造成人员伤亡和事故损失的,视情节轻重给予相应的处理;情节严重的,责令停业整顿,降低资质等级,直至吊销资质证

书;构成犯罪的,依法追究刑事责任。

5．勘察、设计有关单位的安全责任

1)勘察单位的安全责任

根据《建设工程安全生产管理条例》第十二条规定,勘察单位的安全责任包括:

勘察单位应当按照法律、法规和工程建设强制性标准进行勘察,提供的勘察文件应当真实、准确,满足建设工程安全生产的需要。

勘察单位在勘察作业时,应当严格执行操作规程,采取措施保证各类管线、设施和周边建筑物、构筑物的安全。

2)设计单位的安全责任

根据《建设工程安全生产管理条例》第十三条规定,设计单位的安全责任包括:

设计单位应当按照法律、法规和工程建设强制性标准进行设计,防止因设计不合理导致生产安全事故的发生。

设计单位应当考虑施工安全操作和防护的需要,对涉及施工安全的重点部位和环节在设计文件中注明,并对防范生产安全事故提出指导意见。

采用新结构、新材料、新工艺的建设工程和特殊结构的建设工程,设计单位应当在设计中提出保障施工作业人员安全和预防生产安全事故的措施建议。

设计单位和注册建筑师等注册执业人员应当对其设计负责。

二、熟悉建设单位安全生产管理的如下责任和义务

1．不得向有关单位提出不符合建设工程安全生产法律、法规和强制性标准规定的要求

根据《建设工程安全生产管理条例》第七条规定,建设单位不得对勘察、设计、施工、工程监理等单位提出不符合建设工程安全生产法律、法规和强制性标准规定的要求,不得压缩合同约定的工期。

2．应当确定安全生产所需费用

根据《建设工程安全生产管理条例》第八条规定,建设单位在编制工程概算时,应当确定建设工程安全作业环境及安全施工措施所需费用。

三、了解条例对勘察、设计单位的法律责任规定

违反本条例的规定,勘察单位、设计单位有下列行为之一的,责令限期改正,处10万元以上30万元以下的罚款;情节严重的,责令停业整顿,降低资质等级,直至吊销资质证书;造成重大安全事故,构成犯罪的,对直接责任人员,依照刑法有关规定追究刑事责任;造成损失的,依法承担赔偿责任:

(1)未按照法律、法规和工程建设强制性标准进行勘察、设计的。

(2)采用新结构、新材料、新工艺的建设工程和特殊结构的建设工程,设计单位未在设计中提出保障施工作业人员安全和预防生产安全事故的措施建议的。

(3)注册执业人员未执行法律、法规和工程建设强制性标准的,责令停止执业3个月以上1年以下;情节严重的,吊销执业资格证书,5年内不予注册;造成重大安全事故的,终身不予注册;构成犯罪的,依照刑法有关规定追究刑事责任。

第九节　《建设工程质量管理条例》的相关内容

《建设工程质量管理条例》于2000年1月10日国务院第25次常务会议通过，2000年1月30日中华人民共和国国务院令第279号发布并起施行。

一、掌握《建设工程安全生产管理条例》的如下内容

1. 立法目的

为了加强对建设工程质量的管理，保证建设工程质量，保护人民生命和财产安全，根据《中华人民共和国建筑法》，制定本条例。

2. 适用范围

凡在中华人民共和国境内从事建设工程的新建、扩建、改建等有关活动及实施对建设工程质量监督管理的，必须遵守本条例。

本条例所称建设工程，是指土木工程、建筑工程、线路管道和设备安装工程及装修工程。

3. 建设工程质量管理的基本制度

1）工程质量监督管理制度

建设工程质量必须实行政府监督管理。政府对工程质量的监督管理主要以保证工程使用安全和环境质量为主要目的，以法律、法规和强制性标准为依据，以地基基础、主体结构、环境质量和与此有关的工程建设各方主体的质量行为为主要内容，以施工许可制度和竣工验收备案制度为主要手段。

2）工程竣工验收备案制度

《建设工程质量管理条例》确立了建设工程竣工验收备案制度。该项制度是加强政府监督管理，防止不合格工程流向社会的一个重要手段。结合《建设工程质量管理条例》和《房屋建筑工程和市政基础设施工程竣工验收备案管理暂行办法》（2000年4月4日建设部令第78号发布）的有关规定，建设单位应当在工程竣工验收合格后的15天内到县级以上人民政府建设行政主管部门或其他有关部门备案。建设单位办理工程竣工验收备案应提交以下材料：

（1）工程竣工验收备案表。

（2）工程竣工验收报告：竣工验收报告应当包括工程报建日期，施工许可证号，施工图设计文件审查意见，勘察、设计、施工、工程监理等单位分别签署的质量合格文件及验收人员签署的竣工验收原始文件，市政基础设施的有关质量检测和功能性试验资料以及备案机关认为需要提供的有关资料。

（3）法律、行政法规规定应当由规划、公安消防、环保等部门出具的认可文件或者准许使用文件。

（4）施工单位签署的工程质量保修书。

（5）法规、规章规定必须提供的其他文件。

（6）商品住宅还应当提交《住宅质量保证书》和《住宅使用说明书》。

建设行政主管部门或其他有关部门收到建设单位的竣工验收备案文件后，依据质量监督机构的监督报告，发现建设单位在竣工验收过程中有违反国家有关建设工程质量管理规定行

为的,责令停止使用,重新组织竣工验收后,再办理竣工验收备案。

3)工程质量事故报告制度

建设工程发生质量事故后,有关单位应当在24小时内向当地建设行政主管部门和其他有关部门报告。对重大质量事故,事故发生地的建设行政主管部门和其他有关部门应当按照事故类别和等级向当地人民政府和上级建设行政主管部门和其他有关部门报告。

4)工程质量检举、控告、投诉制度

任何单位和个人对建设工程的质量事故、质量缺陷都有权检举、控告、投诉。工程质量检举、控告、投诉制度是为了更好地发挥群众监督和社会舆论监督的作用,是保证建设工程质量的一项有效措施。

4. 勘察、设计单位的质量责任和义务

《建设工程质量管理条例》第三章明确了勘察、设计单位的质量责任和义务。

第十八条 从事建设工程勘察、设计的单位应当依法取得相应等级的资质证书,并在其资质等级许可的范围内承揽工程。

禁止勘察、设计单位超越其资质等级许可的范围或者以其他勘察、设计单位的名义承揽工程。禁止勘察、设计单位允许其他单位或者个人以本单位的名义承揽工程。

第十九条 勘察、设计单位必须按照工程建设强制性标准进行勘察、设计,并对其勘察、设计的质量负责。

注册建筑师、注册结构工程师等注册执业人员应当在设计文件上签字,对设计文件负责。

第二十条 勘察单位提供的地质、测量、水文等勘察成果必须真实、准确。

第二十一条 设计单位应当根据勘察成果文件进行建设工程设计。

设计文件应当符合国家规定的设计深度要求,注明工程合理使用年限。

第二十二条 设计单位在设计文件中选用的建筑材料、建筑构配件和设备,应当注明规格、型号、性能等技术指标,其质量要求必须符合国家规定的标准。

除有特殊要求的建筑材料、专用设备、工艺生产线等外,设计单位不得指定生产厂、供应商。

第二十三条 设计单位应当就审查合格的施工图设计文件向施工单位作出详细说明。

第二十四条 设计单位应当参与建设工程质量事故分析,并对因设计造成的质量事故,提出相应的技术处理方案。

二、熟悉建设单位质量管理的如下责任和义务

(1)建设单位应当将工程发包给具有相应资质等级的单位,不得将工程肢解发包。

(2)建设单位应当依法对工程建设项目的勘察、设计、施工、监理以及与工程建设有关的重要设备、材料等的采购进行招标。

(3)建设单位不得对承包单位的建设活动进行不合理干预。

(4)施工图设计文件未经审查批准的,建设单位不得使用。

(5)涉及建筑主体和承重结构变动的装修工程,建设单位要有设计方案。

(6)建设单位应按照国家有关规定组织竣工验收,建设工程验收合格的,方可交付使用。

三、了解条例对勘察、设计单位的法律责任规定

第六十条　违反本条例规定，勘察、设计、施工、工程监理单位超越本单位资质等级承揽工程的，责令停止违法行为，对勘察、设计单位或者工程监理单位处合同约定的勘察费、设计费或者监理酬金1倍以上2倍以下的罚款；对施工单位处工程合同价款百分之二以上百分之四以下的罚款，可以责令停业整顿，降低资质等级；情节严重的，吊销资质证书；有违法所得的，予以没收。

以欺骗手段取得资质证书承揽工程的，吊销资质证书，依照本条第一款规定处以罚款；有违法所得的，予以没收。

第六十一条　违反本条例规定，勘察、设计、施工、工程监理单位允许其他单位或者个人以本单位名义承揽工程的，责令改正，没收违法所得，对勘察、设计单位和工程监理单位处合同约定的勘察费、设计费和监理酬金1倍以上2倍以下的罚款；对施工单位处工程合同价款百分之二以上百分之四以下的罚款；可以责令停业整顿，降低资质等级；情节严重的，吊销资质证书。

第六十二条　违反本条例规定，承包单位将承包的工程转包或者违法分包的，责令改正，没收违法所得，对勘察、设计单位和工程监理单位处合同勘察费、设计费百分之二十五以上百分之五十以下的罚款；对施工单位处工程合同价款千分之五以上千分之十以下的罚款；可以责令停业整顿，降低资质等级；情节严重的，吊销资质证书。

第六十三条　违反本条例规定，有下列行为之一的，责令改正，处10万元以上30万元以下的罚款：

（1）勘察单位未按照工程建设强制性标准进行勘察的。

（2）设计单位未根据勘察成果文件进行工程设计的。

（3）设计单位指定建筑材料、建筑构配件的生产厂、供应商的。

（4）设计单位未按照工程建设强制性标准进行设计的。

有前款所列行为，造成工程质量事故的，责令停业整顿，降低资质等级；情节严重的，吊销资质证书；造成损失的，依法承担赔偿责任。

第七十二条　违反本条例规定，注册建筑师、注册结构工程师、监理工程师等注册执业人员因过错造成质量事故的，责令停止执业1年；造成重大质量事故的，吊销执业资格证书，5年以内不予注册；情节特别恶劣的，终身不予注册。

第七十七条　建设、勘察、设计、施工、工程监理单位的工作人员因调动工作、退休等原因离开该单位后，被发现在该单位工作期间违反国家有关建设工程质量管理规定，造成重大工程质量事故的，仍应当依法追究法律责任。

第十节　《建设工程勘察设计管理条例》的相关内容

《建设工程勘察设计管理条例》于2000年9月20日国务院第31次常务会议通过，2000年9月25日中华人民共和国国务院令第293号发布并起施行。

一、掌握第二章“资质资格管理”和第四章“建设工程勘察设计文件的编制与实施”的如下条款

第七条 国家对从事建设工程勘察、设计活动的单位,实行资质管理制度。具体办法由国务院建设行政主管部门商国务院有关部门制定。

第八条 建设工程勘察、设计单位应当在其资质等级许可的范围内承揽建设工程勘察、设计业务。

禁止建设工程勘察、设计单位超越其资质等级许可的范围或者以其他建设工程勘察、设计单位的名义承揽建设工程勘察、设计业务。禁止建设工程勘察、设计单位允许其他单位或者个人以本单位的名义承揽建设工程勘察、设计业务。

第九条 国家对从事建设工程勘察、设计活动的专业技术人员,实行执业资格注册管理制度。

未经注册的建设工程勘察、设计人员,不得以注册执业人员的名义从事建设工程勘察、设计活动。

第十条 建设工程勘察、设计注册执业人员和其他专业技术人员只能受聘于一个建设工程勘察、设计单位;未受聘于建设工程勘察、设计单位的,不得从事建设工程的勘察、设计活动。

第二十五条 编制建设工程勘察、设计文件,应当以下列规定为依据:

(1)项目批准文件。

(2)城市规划。

(3)工程建设强制性标准。

(4)国家规定的建设工程勘察、设计深度要求。

铁路、交通、水利等专业建设工程,还应当以专业规划的要求为依据。

第二十六条 编制建设工程勘察文件,应当真实、准确,满足建设工程规划、选址、设计、岩土治理和施工的需要。

编制方案设计文件,应当满足编制初步设计文件和控制概算的需要。

编制初步设计文件,应当满足编制施工招标文件、主要设备材料订货和编制施工图设计文件的需要。

编制施工图设计文件,应当满足设备材料采购、非标准设备制作和施工的需要,并注明建设工程合理使用年限。

第二十七条 设计文件中选用的材料、构配件、设备,应当注明其规格、型号、性能等技术指标,其质量要求必须符合国家规定的标准。

除有特殊要求的建筑材料、专用设备和工艺生产线等外,设计单位不得指定生产厂、供应商。

第二十八条 建设单位、施工单位、监理单位不得修改建设工程勘察、设计文件;确需修改建设工程勘察、设计文件的,应当由原建设工程勘察、设计单位修改。经原建设工程勘察、设计单位书面同意,建设单位也可以委托其他具有相应资质的建设工程勘察、设计单位修改。修改单位对修改的勘察、设计文件承担相应责任。

施工单位、监理单位发现建设工程勘察、设计文件不符合工程建设强制性标准、合同约定的质量要求的，应当报告建设单位，建设单位有权要求建设工程勘察、设计单位对建设工程勘察、设计文件进行补充、修改。

建设工程勘察、设计文件内容需要作重大修改的，建设单位应当报经原审批机关批准后，方可修改。

第二十九条　建设工程勘察、设计文件中规定采用的新技术、新材料，可能影响建设工程质量和安全，又没有国家技术标准的，应当由国家认可的检测机构进行试验、论证，出具检测报告，并经国务院有关部门或者省、自治区、直辖市人民政府有关部门组织的建设工程技术专家委员会审定后，方可使用。

第三十条　建设工程勘察、设计单位应当在建设工程施工前，向施工单位和监理单位说明建设工程勘察、设计意图，解释建设工程勘察、设计文件。

建设工程勘察、设计单位应当及时解决施工中出现的勘察、设计问题。

二、熟悉建设工程勘察、设计的概念及其发包与承包规定

1. 工程勘察、设计的概念及有关规定

本条例所称建设工程勘察，是指根据建设工程的要求，查明、分析、评价建设场地的地质地理环境特征和岩土工程条件，编制建设工程勘察文件的活动。本条例所称建设工程设计，是指根据建设工程的要求，对建设工程所需的技术、经济、资源、环境等条件进行综合分析、论证，编制建设工程设计文件的活动。

从事建设工程勘察、设计活动，应当坚持先勘察、后设计、再施工的原则。

建设工程勘察、设计单位必须依法进行建设工程勘察、设计，严格执行工程建设强制性标准，并对建设工程勘察、设计的质量负责。

国家鼓励在建设工程勘察、设计活动中采用先进技术、先进工艺、先进设备、新型材料和现代管理方法。

2. 建设工程勘察设计发包与承包

建设工程勘察、设计发包依法实行招标发包或者直接发包。

下列建设工程的勘察、设计，经有关主管部门批准，可以直接发包：

(1)采用特定的专利或者专有技术的。

(2)建筑艺术造型有特殊要求的。

(3)国务院规定的其他建设工程的勘察、设计。

发包方不得将建设工程勘察、设计业务发包给不具有相应勘察、设计资质等级的建设工程勘察、设计单位。发包方可以将整个建设工程的勘察、设计发包给一个勘察、设计单位；也可以将建设工程的勘察、设计分别发包给几个勘察、设计单位。

除建设工程主体部分的勘察、设计外，经发包方书面同意，承包方可以将建设工程其他部分的勘察、设计再分包给其他具有相应资质等级的建设工程勘察、设计单位。

建设工程勘察、设计单位不得将所承揽的建设工程勘察、设计转包。

建设工程勘察、设计的发包方与承包方，应当执行国家规定的建设工程勘察、设计程序并签订建设工程勘察、设计合同。

建设工程勘察、设计发包方与承包方应当执行国家有关建设工程勘察费、设计费的管理规定。

三、了解条例对勘察、设计单位的法律责任规定

违反本条例规定,未经注册,擅自以注册建设工程勘察、设计人员的名义从事建设工程勘察、设计活动的,责令停止违法行为,没收违法所得,处违法所得2倍以上5倍以下罚款;给他人造成损失的,依法承担赔偿责任。

违反本条例规定,建设工程勘察、设计注册执业人员和其他专业技术人员未受聘于一个建设工程勘察、设计单位或者同时受聘于两个以上建设工程勘察、设计单位,从事建设工程勘察、设计活动的,责令停止违法行为,没收违法所得,处违法所得2倍以上5倍以下的罚款;情节严重的,可以责令停止执行业务或者吊销资格证书;给他人造成损失的,依法承担赔偿责任。

[19] 中华人民共和国行业标准. JTG E42—2005 公路工程集料试验规程. 北京:人民交通出版社,2005.

[20] 中华人民共和国行业标准. JTJ 059—95 公路路基路面现场测试规程. 北京:人民交通出版社,1995.

[21] 中华人民共和国行业标准. JTG F80—2004 公路工程质量检验评定标准(第一册土建工程). 北京:人民交通出版社,2004.

[22] 中华人民共和国行业标准. JTG C10—2007 公路勘测规范. 北京:人民交通出版社,2007.

[23] 中华人民共和国行业标准. JTG D70—2004 公路隧道设计规范. 北京:人民交通出版社,2004.

[24] 中华人民共和国行业标准. JTG D81—2006 公路交通安全设施设计技术规范. 北京:人民交通出版社,2006.

[25] 中华人民共和国行业标准. JTJ 003—86 公路自然区划标准. 北京:人民交通出版社,1986.

[26] 中华人民共和国行业标准. JTG E40—2007 公路土工试验规程. 北京:人民交通出版社,2007.

[27] 中华人民共和国行业标准. JTG D20—2006 公路路线设计规范. 北京:人民交通出版社,2006.

[28] 中华人民共和国行业标准. GB 5768—1999 道路交通标志和标线. 北京:中国标准出版社,1999.

[29] 中华人民共和国行业标准. GB 50220—95 城市道路交通规划设计规范. 北京:中国标准出版社,1995.

[30] 中华人民共和国行业标准. GB 50289—98 城市工程管线综合规划规范. 北京:中国建筑工业出版社,1998.

[31] 中华人民共和国行业标准. CJJ 37—90 城市道路设计规范. 北京:中国建筑工业出版社,1990.

[32] 中华人民共和国行业标准. CJJ 56—94 市政工程勘察规范. 北京:中国计划出版社,1994.

[33] 中华人民共和国行业标准. CJJ 69—95 城市人行天桥与人行地道技术规范. 北京:中国建筑工业出版社,1995.

[34] 中华人民共和国行业标准. CJJ 75—97 城市道路绿化规划与设计规范. 北京:中国建筑工业出版社,1992.

[35] 中华人民共和国行业标准. CJJ 77—98 城市桥梁设计荷载标准. 北京:中国建筑工业出版社,1998.

[36] 中华人民共和国行业标准. CJJ 11—93 城市桥梁设计准则. 北京:中国建筑工业出版社,1993.

[37] 中华人民共和国行业标准. JGJ 50—2001 T 114—2001 城市道路和建筑物无障碍设计规范. 北京:中国建筑工业出版社,2001.

[38] 中华人民共和国行业标准. GBJ 22—87 厂矿道路设计规范. 北京:中国计划出版

社,1987.

[39] 市政公用工程设计文件编制深度规定(建质[2004]16号).

[40] 交通部第二公路勘察设计院.公路设计手册 路基(第二版).北京:人民交通出版社,1991.

[41] 凌天清.道路工程.北京:人民交通出版社,2005.

[42] 方左英.路基工程.北京:人民交通出版社,1996.

[43] 全国一级建造师执业资格考试用书编写委员会.全国一级建造师执业资格考试用书.公路工程管理与实务.北京:中国建筑工业出版社,2004.

[44] 交通部公司.公路建设管理法规文件汇编.北京:人民交通出版社,2008.

[45] 中华人民共和国森林法(1998年4月29日 中华人民共和国主席令第3号).

[46] 中华人民共和国担保法(1995年6月30日 中华人民共和国主席令第50号).